普通高等教育"十一五"国家级规划教材
国家林业和草原局普通高等教育"十三五"规划教材

植物生物学

（第 2 版）

高述民　　李凤兰　主

U0161964

中国林业出版社

图书在版编目（CIP）数据

植物生物学/高述民，李凤兰主编 . —2 版 . —北京：中国林业出版社，2022. 3
普通高等教育"十一五"国家级规划教材　国家林业和草原局普通高等教育"十三五"规划教材
ISBN 978-7-5219-1577-8

Ⅰ . 植… Ⅱ .①高…②李… Ⅲ . 植物学 – 生物学 – 高等学校 – 教材　Ⅳ. Q94

中国版本图书馆 CIP 数据核字（2022）第 025137 号

中国林业出版社教育分社
策划、责任编辑：肖基浒
电　　话：(010) 83143555　　　　传　　真：(010) 83143516

出版发行　中国林业出版社(100009　北京市西城区刘海胡同 7 号)
　　　　　E-mail：jiaocaipublic@ 163. com　电话：(010)83143500
　　　　　网　址：http://www. forestry. gov. cn/lycb. html
印　　刷　中农印务有限公司
版　　次　2008 年 9 月第 1 版(共印 5 次)
　　　　　2022 年 3 月第 2 版
印　　次　2022 年 3 月第 1 次印刷
开　　本　850mm ×1168mm　1/16
印　　张　26
字　　数　627 千字
定　　价　70. 00 元

《植物生物学》（第 2 版）
编写人员

主　　编：高述民　李凤兰

副 主 编：郭惠红　刘忠华　王秀华

编写人员：(按姓氏笔画排序)

王秀华（东北林业大学）

刘　迪（北京林业大学）

刘小敏（北京林业大学）

刘忠华（北京林业大学）

李凤兰（北京林业大学）

陈发菊（三峡大学）

赵良成（北京林业大学）

高述民（北京林业大学）

郭惠红（北京林业大学）

《植物生物学》（第1版）
编写人员

主　　编：李凤兰　高述民

副 主 编：郭惠红　刘忠华

编写人员：(按姓氏笔画排序)

王秀华（东北林业大学）

刘忠华（北京林业大学）

李凤兰（北京林业大学）

陈发菊（三峡大学）

赵良成（北京林业大学）

郭惠红（北京林业大学）

高述民（北京林业大学）

第 2 版前言

《植物生物学》第 1 版出版至今已 13 年，先后历经 5 次印刷。作为一本全国高等农林院校教材，在生物、林学、园林、水保、草业和环境等专业的植物学专业基础课教学中发挥了重要作用。然而，教材是一定历史时期科学技术进步与教学水平的体现，随着教育事业和科学技术的不断发展，本着与时俱进和科学性原则，需要更新、充实部分内容。

第 1 版《植物生物学》教材从细胞、组织、器官到个体，将结构与功能有机地融合起来；将大类群、裸子植物、被子植物分类与生态系统、系统演化有机地联系起来，从微观到宏观贯穿一条进化的主线，能在一定程度上体现 21 世纪学科交叉的特点和人才培养方案的需要。本教材是在保留原教材有用框架及内容的基础上，充分借鉴和吸纳国内外相关新近教材及科研成果的基础上，系统总结本教研组教学科研成果而编写的。既吸收了植物学科近十多年他人教材及科研的亮点，也突出了本教材主编人员在植物生长发育、遗传育种等方面的创新点。

与第 1 版相比，《植物生物学》第 2 版的主要特点在于：补充新知识；外部形态、内部解剖结构的内容实现结构与功能的有机融合；形态建成与细胞、分子机理的有机融合。第 1 章增加了植物干细胞。

全书共分 8 章，绪论、植物细胞、植物组织及植物种子和幼苗部分由高述民撰写，刘小敏参与植物细胞部分撰写；种子植物营养器官部分由郭惠红撰写；种子植物繁殖器官部分由李凤兰、高述民、刘迪撰写；植物界的基本类群中，植物基本类群的基础知识、藻类植物、菌类植物、地衣、苔藓植物、蕨类植物、植物基本类群的系统与进化由王秀华撰写，种子植物部分由赵良成撰写；被子植物分类基础部分由刘忠华撰写；植物生态学基础部分由陈发菊撰写。

北京林业大学植物学教研室李晓娟、王若涵参与部分章节的修订；胡青参与了教材编写过程中的材料收集、文字录入及其他辅助性工作，在此表示感谢。同时还要感谢多年来支持、鼓励我们的教研室各位老师；感谢学校教务处及中国林业出版社相关老师为教材的编写、出版提供的帮助与支持。

　　本教材适用于高等农林院校生物、林学、园林、园艺、水土保持与荒漠化防治、环境科学、草业科学、野生动物与自然保护区管理、森林康养、自然地理与资源环境等专业植物学和植物生物学课程的教学。各专业可根据需要作相应取舍，一些章节也可作为读者自学内容。

　　由于水平和经验有限，教材中难免有不足或错误之处，恳请各位专家、教师、同学及读者提出宝贵意见。

编　者

2021 年 6 月

第1版前言

教材是一定历史时期教学和科学技术发展水平的体现，随着教育事业和科学技术的不断进步和发展，教材也存在着一个不断更新、充实的问题。

我校的《植物学》教学自1978年复校以来，一直使用曹慧娟教授主编、1978年由中国林业出版社出版、1989年修订的全国高等林业院校教材《植物学》。该教材是一本内容丰富、系统性强、知识点鲜明突出的好教材，经全国农林院校及部分其他院校采用，均受到师生们的好评。但随着近二十多年生物科学技术突飞猛进的发展，植物学科新知识、新研究热点层出不穷；不断发展的教育事业，特别是21世纪人才培养方案的改革，需要我们不断紧跟教学改革形势，在拓展专业面、夯实基础、加强学生思维和创新能力、实践能力培养等方面有所加强。因此植物学教材的充实、更新迫在眉睫。

植物学是全国高等林业院校生物、林学、园林、水保、环境等专业的一门重要的专业基础课。传统的植物学在植物形态、器官结构方面介绍得比较多，而联系其功能、发育等方面的内容相对较少，不利于学生从结构和功能统一的整体水平上深入把握植物各器官生长发育的规律。《植物生物学》教材则从细胞、组织、器官到个体，将结构与功能有机地融合起来；将大类群、裸子植物、被子植物分类与生态系统、系统演化有机地联系起来，从微观到宏观贯穿一条进化的主线，更能体现21世纪学科交叉的特点和人才培养方案的需要。

本教材是在充分借鉴、吸纳曹慧娟先生主编的《植物学》及其他国内外相关教材的基础上系统总结本课题组教学科研成果而编写的，既吸收了他人教材的闪光点，也突出了本教材主编人员的独到创新之处。教材不仅充分反映了植物学科近十多年的进展，同时也将课题组在木本植物生长发育等方面多年的科研成果积累在教材中得到了充分体现。

为避免不必要的重复，教材注意与相关后续课程，如细胞生物学、植物生理学等课程的衔接，涉及一些交叉内容时，本教材只作概括性或一般性的介绍，不作过细的阐述。

全书共分8章，绪论、细胞、组织及种子幼苗部分由高述民撰写；种子植物营养器官的结构与功能部分由郭惠红撰写；种子植物繁殖器官的形态结构和发育过程部分由李凤兰撰写；植物界的基本类群部分由王秀华撰写，裸子植物分类部分由赵良成撰写，被子植物分类部分由刘忠华撰写；植物与自然环境部分由陈发菊撰写。

全书由北京林业大学王沙生教授及贵州大学赵德刚教授主审。

北京林业大学植物学教研组胡青、刘顿、杨成云老师参与了教材编写过程中的样品材料收集、文字录入及其他辅助性工作，在此一并表示感谢。同时还要感谢多年来支持、鼓励我们的教研组各位老师；感谢教务处及图书馆外文资料室的刘燕娥等老师为教材编写提供的帮助、支持。

本教材适用于高等农林院校生物及林业、园林、环境、水保等专业植物学和植物生物学课程的教学。各专业可根据课程学时、教学大纲的要求，在内容安排上有所取舍，一些章节也可作为读者自学内容安排。

由于水平和经验有限，教材中难免有不妥之处，恳请各位专家、教师提出宝贵意见。

编　者

2008 年 6 月

目　录

第0章　绪　论

植物生物学是在植物学基础上发展起来的，它以崭新的视角，全面介绍了植物体、植物界和植物科学的全貌，涵盖了植物的形态、结构、生理、分类、分布、遗传变异和进化，以及植物与环境的相互关系等内容。

0.1　植物及其多样性

0.1.1　植物范畴的界定

自然界生物是多种多样的，植物仅是其中的一员。整个生物界类群的划分关系到植物界的涵盖范围。随着科学的发展，学者们对生物类群的划分有着不同的看法。

早在18世纪，现代生物分类学的奠基人、瑞典的博物学家林奈（C. Linnaeus, 1707—1778）把生物分成植物界（Plantae）和动物界（Animalia）两界。一般认为，动物是能运动的、异养的生物，而植物多为固着生活的、具有细胞壁、自养的生物。随着显微镜的广泛使用，人们发现有些生物兼有植物和动物的特征，例如裸藻（眼虫）（*Euglena*），它们是具有鞭毛的、能自由运动的、没有细胞壁的单细胞生物，但体内有叶绿体，能进行光合作用；黏菌（slime molds）在营养期为裸露、无细胞壁、多核的原生质团，可运动，但在生殖期能产生具纤维素壁的孢子，并固着生活。这样，在动物与植物之间的界线显得不明确了。为了解决这一矛盾，德国著名生物学家海克尔（E. Haeekel）1866年提出在动物界和植物界之间建立原生生物界（Protista），主要含一些原始的单细胞生物，从而形成了"三界系统"。1959年，美国人魏泰克（R. H. Whittake）将不含叶绿素的真核菌类从植物界中分出来，建立了真菌界（Fungi），形成了"四界系统"。1969年，魏泰克根据细胞结构和营养类型将生物分为五界，即动物界、植物界、原生生物界、原核生物界（Monera）、真菌界。尽管五界分类系统与流行了几百年的传统的两界分类系统相比无疑是一大进步，然而，在多数学校的植物生物学课程设置、教材编写、资料统计等方面仍采用两界分类系统。为便于授课，本书中仍采用林奈的"两界系统"，即植物界包括藻类（Algae）、菌类（Fungi）、地衣（Lichens）、苔藓（Bryophyta）、蕨类（Pteriophyta）和种子（Spermatophyta）植物。它们具有的共同特征是：

- 大多数植物是光合（photosynthetic）生物，以无机物为原料获得全部养料，即自养（autotrophic），是食物链的起点。
- 光合作用的色素是叶绿素（chlorophyⅡ），除了某些藻类植物外，所有植物的叶绿体中都含有两种色素，即叶绿素 a 和叶绿素 b。
- 多数植物具有主要由纤维素多糖组成的细胞壁（cell wall），细胞内有液泡（vacuole）。

- 具二倍体和单倍体的世代交替(generations alternation)。
- 多数植物固着生活,少数低等植物则可以运动。

0.1.2　植物的多样性

植物多样性(plant diversity)存在于分子、细胞、物种、种群、群落和植被等各个层次系统水平。体现在种类繁多、类型多样、基因型丰富、分布广泛和进化发育等诸多方面。

据估计,植物种类总数达 37 余万种,形态、大小各异,营养方式、生活习性及繁殖方式多种多样。从南极的南极发草(*Deschampsia antarctia* Desv.)到北极的北极柳(*Salix arctica* Pall.),从平地到高山,从海洋到陆地,甚至极端干旱的沙漠和高达 70℃ 的温泉中也有植物生活,如蓝藻等,形成了千姿百态、五彩缤纷的植物界。

我国物种多样性丰富,种子植物有 3 万余种,仅次于马来西亚和巴西,居世界第三位。木本植物 8 000 种,占全世界木本植物的 40%;特有植物占植物种总数的 1/3,其中裸子植物 250 种,是世界上裸子植物最多的国家。中国森林覆盖率为 23.04%,世界平均森林覆盖率为 31.7%,在世界上属于少林国家。中国有栽培和野生近缘植物 3 269 种,包含 1 339 种栽培植物和 1 930 种野生近缘植物(世界栽培植物有 12 000 余种)。中国是水稻、大豆、谷子等的原产地;中国栽培与野生果树种类总数居世界第一位,其中许多主要起源于中国或中国是其分布中心,如种类繁多的苹果属(*Malus* Mill.)、梨属(*Pyrus* L.)、李属(*Prunus* L.)以及柿(*Diospyros kaki* Thunb.)、猕猴桃(*Actinidia chinensis* Planch.),南方果树如柑橘类甜橙[*Citrus sinensis* (L.) Osbeck]、荔枝(*Litchi chinensis* Sonn.)、龙眼(*Dimocarpus longan* Lour.)、枇杷属(*Eriobotrya* Lindl.)和杨梅[*Myrica ruba*(Lour.)Sieb. et Zucc.]等。被誉为活化石的银杏(*Ginkgo biloba* L.)、水杉(*Metasequoia glyptostroboides* Hu et Cheng)、水松[*Glyptostrobus pensilis*(Staunt.) K. Koch]、银杉(*Cathaya argyrophylla* Chun et Kuang),更属稀世珍宝。我国的中药材资源尤为丰富,杜仲(*Eucommia ulmoides* Oliv.)、人参(*Panax ginseng* C. A. Mey.)、当归[*Angelica sinensis* (Oliv.) Diels]、石斛属(*Dendrobium* Sw.)植物等均为名贵药用植物。

0.2　植物在自然界中的作用及与人类的关系

(1)植物是自然界的第一生产力

绿色植物通过光合作用,将简单的无机物(CO_2、H_2O、H_2S 等)合成有机物($C_6H_{12}O_6$),并释放氧气(O_2)或其他物质(如 S 等)。光合作用是地球上进行的最大的有机合成反应。每天从太阳到达地球的能量约为 1.5×10^{22} kJ,其中约 1% 被光合作用吸收,通过光合作用转化为分子形式的化学能,并通过食物链为生物圈的其他成员所利用。

化石能源,如煤炭、石油和天然气,也多数为不同地质年代地区古植物光合产物经地质矿化而形成,是维持人类文明的最重要的能源。但是,随着这些不可再生能源资源的逐步减少,探索利用植物作为可再生能源资源,如利用植物提炼石油或制造乙醇作为汽车动力,已经受到世界的普遍关注,并在美国、欧盟和巴西等部分国家和地区得到部分应用。

各种生物的呼吸、残体腐烂均呼出 CO_2,燃烧可放出 CO_2。绿色植物进行光合作用时,

需要吸收大量的 CO_2 作为合成有机物的原料。据估计，每年地球上约有 1.55×10^{11} t CO_2 的碳被固定，其中三分之一是由海洋中的光合微生物固定。

长期以来，空气中的 CO_2 大致维持在 0.03% 的相对稳定水平，显然与植物的合成和分解作用的相对平衡密切相关。但是，现代工业迅速发展依赖于对矿石燃料的大量消耗，排放大量的 CO_2，导致地球的温室效应增强，气温增高，极地冰川覆盖的面积减少，海平面上升，陆地面积减少等。减少 CO_2 排放和营造更多的森林植被，对于减少温室效应具有十分重要的意义。绿色植物在光合作用过程中还释放出氧气，不断补充由于动植物呼吸和物质燃烧及分解时消耗的氧气，维持了自然界中氧的相对平衡，保证了地球上生命活动的正常进行。据专家计算，地球上氧的总量是 5.136×10^{15} t，植物每年大约产生 3.6×10^{11} t 的氧，耗氧量与产氧量大体持平。但是，现代工业化也同样使耗氧量迅速增加，使生态环境急剧恶化。除积极采取工业治理以外，恢复植被，增加"碳汇"，氧气净化大气，对保护生态平衡有重要意义。

在氮的循环中，固氮细菌和少数固氮蓝藻将空气中的游离氮固定，转化成为植物能够吸收利用的含氮化合物，进而合成蛋白质；动物摄食植物，又转而组成动物蛋白质等。生物有机体死亡后，经非绿色植物的分解作用释放出氨。其中一部分氨成为铵盐被植物再吸收；另一部分氨经过土壤中硝化细菌的硝化作用，形成硝酸盐，而成为植物的主要氮源。环境中的硝酸盐也可由反硝化细菌的反硝化作用，释放出游离氮或氧化亚氮返回大气，重新再被固定和利用。农业生产中，氮肥的使用量在所有肥料中是最大的，然而利用率并不高，约为 25%～40%。过量地施用氮肥还会带来环境污染等负面影响。到目前，地球上生物固氮量是工业氮肥总量的两倍，而其中由根瘤菌与豆科植物共生固定的氮占生物固氮总量的 65%，为最有效的固氮体系。如何提高利用豆科等植物根部的共生根瘤菌的固氮作用，一直是 21 世纪乃至以后生物科学研究的重要领域之一。

自然界中还有氢、磷、钾、镁、钙以及一些微量元素等，也多从土壤中被植物吸收到体内，经过一系列代谢，又重返土壤中。

总之，在物质的循环中，植物作为重要一员参与物质的合成和分解、吸收和释放等生命代谢活动，从而维持生态系统的平衡。

(2) 天然基因库，为人类提供丰富的植物资源

几十万种植物，构成了一个庞大的天然基因库，蕴藏着丰富而珍贵的植物种质资源。种质可以是大到一个遗传原种的综合体，小到控制个别遗传性状的某一个基因片段。植物界所包含的庞大种质资源，是人类引种驯化、品种改良的重要基因库。例如，普通小麦来自 4 个野生种祖先，这些种提供了丰富的种质基因和其他经济性状并传递给普通小麦，以至整个小麦组中表现的遗传变异都可作为潜在的种质资源被继续培育利用。我国籼型杂交水稻三系中的不育系就是利用野生"野稗"类型来突破的；我国东北森林中耐寒的野生山葡萄(可耐 $-50 \sim -40℃$ 的低温)与栽培品种"玫瑰香"杂交选育出的新品种，可以在华北地区露地安全越冬；树木中的三倍体山杨、三倍体毛白杨和四倍体刺槐等都是快速生长的优良种类；我国特有的金花茶种类是含有珍稀黄色基因的种源。

植物的遗传资源也为人类未来的生存和发展提供了物质基础。人类的衣、食、住、行等

方面都离不开植物。作为日常的重要粮食作物有稻、麦、玉蜀黍、高粱等；常见果蔬植物有苹果、梨、桃、杏、柑橘、香蕉、荔枝、龙眼、白菜、萝卜、番茄、辣椒等；重要油料植物有大豆、花生、油菜等；制糖植物有甘蔗、甜菜；纺织或造纸原料有棉、大麻、苎麻、竹、芦苇、芨芨草等。许多高大树木，如红松、云杉、栎树等，木材可供建筑房屋、桥梁或制造车船等用；悬铃木、杨、槐等为常见的行道树种。土生墙藓[*Tortula ruralis* (Hedw.) Gaertn.]是一种抗逆性很强的藓类，经长期干旱胁迫脱水后的修复能力特别强，人们正在克隆其耐干旱胁迫基因，通过基因工程技术培养耐干旱胁迫的农作物品种。

在农业、林业生产中，许多植物经过人类长期的引种驯化、杂交选育等工作，形成了无数丰产、优质、抗逆性强的优良品种。

许多植物分别含有各种生物碱、苷类、萜类、有机酸、氨基酸、激素、抗生素及鞣质等，多数是医药的主要有效成分。例如，红豆杉、甘草、麻黄、红景天、肉苁蓉、金鸡纳、颠茄、地黄、丹参、大黄、茵陈蒿、香附子等均为重要的药用植物。医药上常用的青霉素、土霉素、金霉素等，也是从低等植物的菌类中提制而成。

在工业方面，除上述制糖、纺织、造纸工业以外，食品、油脂、橡胶、油漆、酿造、生物质能，甚至冶金、煤炭、石油工业等都需要植物作为原料或参与作用。特别是在世界性能源短缺的今天，收集、筛选和培育新型的能源植物已成为全球关注的热点问题。

总之，人类的生活、繁衍和进步，同植物资源的开发、利用和保护息息相关。合理开发、利用和保护植物种质资源，已成为世界性的战略问题。

（3）植物对环境的保护作用

植物具有净化大气、水体、土壤以及改善环境方面的作用。工业化、城市化使得排放到大气、水体和土壤中的各种有害物质，如含二氧化硫、氟、铅、镉、钼、锌等的废气、废水、废渣等，影响人类的生活质量。有些植物具有抗性及吸收累积污染物的能力，例如银桦、滇杨、拐枣、蓝桉、桑树、垂柳等，具有较高的吸收氟的能力；杨树和槐树具有较高的吸收镉的能力。树木对大气污染具有不同程度的净化作用，除能吸收大气中污染物质以外，还能降低和吸附粉尘，例如茂密的树林能降低风速，使空气中的尘埃降落。草坪也有显著的减尘作用，并有调节气候、减弱噪声等作用。一些水生的藻类植物有分解和转化某些有毒物质、积累重金属的作用。水生植物能吸收和富集水中有毒物质，一般可高于水中有毒物质浓度的几十倍、几百倍甚至几千倍。有些细菌可以分解有毒物质，用于净化污水，改善水质。许多草本植物如菥蓂(*Thlaspi arvense* L.)等对重金属污染土壤的修复作用已被人们所关注。有些植物对污染物的危害表现相当敏感，在植物体上，特别是在叶片上显出可见的症状，据此可用来监测环境污染的程度。近年来，污染生物学的研究筛选出百种以上对大气、水质污染反应敏感或具有抗性和净化环境的植物。

植物具有保持水土的作用。植被对地面的覆盖，特别是森林植被，非常重要。植被可使雨水沿树冠及地被层缓缓流入土中，减少雨水在地表的流失和对表土的冲刷；防止水土流失，防止河床水库淤积，防止水、旱、风、沙灾害，进而改善人类的生活和生产环境。

0.3　植物科学的发展简史及分科

0.3.1　植物科学发展简史

植物科学是随着人类利用植物的生产活动建立和发展起来的，大体分为描述植物学、实验植物学和现代植物学三个主要时期。各时期的主要成就和特点简介如下。

（1）描述植物学时期

植物学的奠基著作一般认为是希腊的特奥弗拉斯托（Theophrastus，公元前370—前288）所著的《植物的历史》（*Historia Plantanum*）和《植物本原》（*De Causis Plantanum*）两本书。意大利的塞萨平诺（A. Caesalpino，1519—1603）根据植物的习性、形态、花和营养器官等性状，在《植物》一书中记述了1 500种植物并进行分类。1672年，英国的格鲁（N. Grew，1641—1712）出版了《植物解剖学》一书。1677年，荷兰的列文·虎克（A. von Leeuwen Hook，1632—1723）用自制的显微镜发现了细胞。1690年，英国的雷（J. Ray，1627—1705）首次给物种下定义。

这段时间内，植物学研究的内容主要是对植物进行认识与描述，积累植物学的基本资料和发展栽培植物；采用描述和比较的方法，对植物界各种类型的植物加以区别，确定类别的界限。

（2）实验植物学时期

1735年，瑞典植物学家林奈出版了《自然系统》一书。1753年发表的《植物种志》中对7300种植物正式使用了双名法进行命名。18世纪后半叶以后取得了许多重要的实验植物学的成就，如瑞士的塞内比尔（J. Senebier，1742—1809）证明光合作用需要CO_2。1804年，瑞士的索绪尔（N. T. de Saussure，1767—1845）指出绿色植物可以利用太阳光为能量，以CO_2和水为原料，形成有机物和释放氧气。1831年，英国的布朗（R. Brown，1773—1858）在兰科植物细胞中发现了细胞核。1838年，德国的施莱登（M. Schleiden，1804—1881）发表了《植物发生论》，指出细胞是植物的结构单位。1839年，德国的施旺（J. Schwann，1810—1882）出版了《关于动植物的结构和生长一致性的显微研究》，与施莱登共同建立了细胞学说。1843年，德国化学家李比希（J. von Liebig，1803—1873）出版了《化学在农业和生理学上的应用》，创立了植物的矿质营养学说。1859年，英国自然博物学家达尔文（C. Darwin，1809—1882）发表的《物种起源》等著作，创立了进化论，为植物分类学奠定了科学的基石。19世纪能量守恒定律的发现，促进了植物生理学研究植物生命活动中的能量关系，呼吸作用、光合作用、矿质营养和水分的运输等重要问题。1866年，孟德尔（G. Mendel，1822—1884）的《植物杂交试验》揭示了植物遗传的基本规律。1926年，美国的摩尔根（T. H. Morgan，1866—1945）在《基因论》一书中总结了当时的遗传学成就，完成了遗传学理论体系。

由描述阶段发展到主要以实验方法了解植物生命活动过程的阶段，是和19世纪的三大发现（进化论、细胞学说、能量守恒定律）有密切关系的。显微镜和实验技术的发展，对植物科学的发展起到了极其重要的作用。

（3）现代植物学时期

1902年，哈伯兰特提出细胞全能性学说。1953年，克里克和沃森发现了DNA双螺旋结构。1958 年美国植物学家 Stevard 和 1959 年德国的 Reamt 用胡萝卜根经组织培养获得体细胞胚，并进一步获得新的完整植株，证明了细胞的全能性。

进入 21 世纪，已相继完成了人类基因组和拟南芥基因组的测序工作。分子生物学中，基因组学和蛋白质组学成为人们揭示植物生长、发育和遗传进化分子机理的重要研究领域。

现代植物科学使得传统的植物学各分支学科彼此交叉渗透，界限逐渐淡化。而且植物学科也与其他生物学科、非生物学科间有了更广泛的交叉渗透。

(4) 我国植物学发展

我国是研究植物最早的国家，早在四五千年前就积累了有关植物学的知识。春秋时代(公元前 722—前 481)的诗经，记载描述了 200 多种植物。汉代(公元前 206—公元 220)的《神农本草经》记载药用植物 200 多种，郭橐驼的《种树书》曾描述过接枝法。晋代嵇含的《南方草木状》(304 年前后)是我国最古老的地方植物志。戴凯之著《竹谱》(256—419)、宋代刘蒙的《菊谱》(1104 年前后)、蔡襄著《荔枝谱》(1059 年前后)均为杰出的专著。北魏(533—544)贾思勰著《齐民要术》，总结出豆科植物可以肥田。明代王象晋的《群芳谱》(1621)、陈溪子的《花镜》(1688 年前后)等著作描述了农作物、果树等园艺植物的形态特征及栽培、嫁接、树木繁殖等技术。明代李时珍著《本草纲目》(1578)，详细描述了 1 892 种药物，其中各类植物 1 195 种；徐光启(1562—1639)著《农政全书》系统总结了我国农事经验和成就。清代吴其濬著《植物名实图考》(1849)记述了 1 714 种植物和野生植物。这类著作积累了极为丰富的植物学知识。

近代中国的植物科学以 1858 年李善兰(1811—1882)和英国韦廉臣(1829—1890)合编出版的《植物学》作为起点。至 20 世纪 30 年代，以钟观光、钱崇澍、戴芬澜、胡先骕、李继桐、罗宗洛、秦仁昌为代表的从西方和日本留学回国的一批植物学家成为我国植物学的奠基人。1923 年，邹秉文、胡先骕、钱崇澍编著了《高等植物学》；1937 年，陈嵘出版了《中国树木分类学》等。2004 年 10 月已全部出版了《中国植物志》(含 80 卷 126 册)。美国 Peter H. Raven 和吴征镒一起主编和修订了《中国植物志》英文版 Flora of China。被国际誉为"世界杂交水稻之父"的袁隆平突破经典遗传理论的禁区，提出水稻杂交新理论。1973 年实现三系配套，1975 年研制成功杂交水稻制种技术。1995 年研制成功两系杂交水稻，2004 年实现了超级水稻第三期目标。2020 年，袁隆平在海南三亚盐碱浓度 0.3% 以上的盐碱地种植耐盐碱水稻，亩产达 300kg，为世界粮食安全作出了杰出贡献，增产的粮食每年为世界解决了 7 000 万人的吃饭问题。

0.3.2　植物生物学研究内容及分科

植物生物学是研究植物界和植物体的生命活动和发展规律的科学。研究的目的是要了解和掌握植物生活、发育的规律，从而更好地调节控制、利用和改造植物，为社会的经济发展服务。

植物生物学研究的内容极为广泛，主要包括研究植物的形态结构、生理机制、生长发育的规律，植物与环境的相互关系以及植物分布的规律，植物的进化与分类和植物资源利用等方面。随着科学技术的发展，植物生物学的研究逐渐形成了一些比较专门的研究分科，主要有：

(1)植物形态学(plant morphology)

植物形态学是研究植物体内外形状和结构，器官的形成和发育，细胞、组织、器官在不同环境中以及个体发育和系统发育过程中的变化规律的科学，它是植物学的基础学科之一。其中研究植物细胞结构与功能的科学，称为植物细胞学(plant cytology)；研究植物胚胎发生发育的科学，称为植物胚胎学(plant embryology)。

(2)植物分类学(plant taxonomy)

植物分类学是研究植物类群的分类、探索植物间的亲缘关系和阐明植物界自然系统的科学。着重研究植物系统演化的称为植物系统学(systematic botany)，根据研究对象不同有种子植物分类学、蕨类植物分类学等；研究植物的分类、分布、引种、驯化和开发利用的植物资源学等。

(3)植物生理学(plant physiology)

植物生理学是研究植物体的生理功能(如光合、呼吸、蒸腾、营养、生殖等)各种功能的变化、生长发育的规律，以及在各种环境条件影响下所起的反应等的学科，其中专门研究植物细胞的活动和细胞组成方面的科学，称为植物细胞生理学(plant cell physiology)；研究植物体的化学组成，生命活动过程中各种物质化学性质及其合成分解的规律的科学，称为植物生物化学(plant biochemistry)。

(4)植物遗传学(plant genetics)

植物遗传学是研究植物遗传变异规律以及人工选择的理论与实践的科学。

(5)植物生态学(plant ecology)和地植物学(geobotany)

植物生态学和地植物学是研究植物与环境条件间相互关系的学科。其中研究植物个体与环境条件间相互关系的科学，称为植物生态学；研究植物群体和环境条件之间以及植物群体中植物相互关系的科学，称为地植物学。

随着数学、物理学、化学等学科的发展，电子显微镜、计算机、激光以及其他新技术的应用，生物学研究也发生了巨大的变化。近年来又形成了许多新的分科，如从分子水平上研究生物生命现象的物质基础的分子生物学。由于分子生物学的新概念和新技术被引入植物学领域，经典植物学与分子生物学相互渗透，形成了一些新的综合研究领域的新的分科。如植物细胞生物学、植物发育生物学、分子生物学、分子遗传学等。

0.3.3 植物学的研究方法

植物学的研究方法可简要地概括为描述、比较和实验 3 种方法。认识的规律是实践—理论—实践。描述的方法是对植物或某个生命现象进行由表及里的观察、描述记载，以掌握研究对象的特征、性质等，获得第一手的感性知识。例如，植物分类学工作者对植物标本特征的观察。使用光学显微镜和电子显微镜观察，研究人员对蛋白质分子结构的分析等，都属于描述方法。描述方法是研究事物不可取代的基本方法。比较的方法是在正确描述的基础上，通过对事物或现象的相互比较，找出本质性的或规律性的结论。例如，达尔文观察、研究记录了大量的生物，并比较了它们的形态构造、胚胎发育、系统发生、地理分布以及对环境的适应，总结出生物进化论的理论。这已进入了高层次的理性认识阶段。实验的方法是指将已获得的理性认识再经过实践的检验，证实其正确与否，从而获得新的感性经验，如植物细胞全能性的认识可以利用组织培养的实验方法来得到证实。

0.3.4　植物学与林业科学的关系

　　植物学是林学、农学、园艺、中草药、生物学以及一切以植物为生产对象或研究对象的专业的重要基础课程。现今世界上的三大社会问题：资源、环境和人口问题，无一不与植物科学有关。在我国现代化建设中，林业是发展国民经济、实现科学技术现代化的一个重要组成部分。它应用科学的方法来研究林木的生产和利用；解决大规模绿化荒山荒地、营造用材林、防护林、水土保持林、经济林以及为保护环境、绿化美化城镇工厂农村的风景林和"四旁"植树等生产问题；新品种的培育、野生植物的引种驯化；植物资源的调查和利用；珍稀濒危植物的保护；草原退化的防止以及城市草皮绿地建设等问题。这就需要掌握果树、观赏植物的选育，种苗的繁殖栽培管理，病虫害的防治等各方面的技术，其前提是必须学习森林培育学、林木种苗学、林木遗传育种学、果树学、树木学、园林花卉学、园林苗圃学、植物病理学、植物生理学、植物生态学、植物系统学和植物发育生物学等专业和专业基础课程，植物学是学习上述各课程的基础。

　　学习植物学必须理论联系实际，通过各教学环节，掌握植物学的基本理论、基本知识和基本技能，为学习专业课程打下必要的基础。

复习思考题

1. 生物类群的分类系统都有哪些?
2. 植物界具有的共同特征有哪些?
3. 举例说明植物在自然界中是如何体现多样性(plant diversity)的。
4. 举例说明植物在自然界中的作用及其与人类的关系。
5. 举例说明植物学研究的内容及与林业科学的关系。

推荐阅读书目

1. 周云龙，刘全儒主编 . 2016. 植物生物学(第 4 版). 北京：高等教育出版社.

2. 杨世杰，汪矛，张志翔主编 . 2017. 植物生物学(第 3 版). 北京：高等教育出版社 .

3. Kingsley R. Stern，Shelley Jansky，James E. Biollack. 2004. Introductory Plant Biology(植物生物学，影印版). 北京：高等教育出版社.

第1章　植物细胞

1.1　细胞的概念

1.1.1　细胞是构成植物体的基本单位

除病毒外，一切有机体都是由细胞构成的。植物界的种类形形色色，千差万别，但植物体也都是由细胞构成的。植物体有的很简单，如某些单细胞的低等植物，一个细胞就代表一个个体，一切生命活动，包括新陈代谢、生长、发育、繁殖，都由一个细胞来完成。低等的多细胞植物体由几个或几十个未分化的相同的细胞组成，它们实际上是单细胞植物和多细胞植物之间的过渡类型，而复杂的高等植物体则由无数功能和形态结构不同的细胞组成。

多细胞植物体中的每一个活细胞都是一个独立有序的、并且能够进行自我调控的代谢与功能体系。同时细胞彼此之间又相互联系，分工协作，保证整个有机体生命活动正常地进行。每个细胞都具有基本相同的遗传基因，指导细胞执行相同或特定的代谢活动，形成一定的形态结构，甚至可再生一个新的有机个体。因此，细胞是生命活动的基本结构、功能和遗传单位。

1.1.2　植物细胞的发现与细胞学说的发展

1665 年，英国物理学家虎克（Robert Hooke）用一台原始的显微镜（图 1-1）观察酒瓶软木塞的薄片时，看到似蜂窝状的小室，并且将这些小室称为细胞（cell）。实际上虎克看到的仅仅是软木塞上的死细胞的细胞壁。19 世纪显微镜有了重大改进，对细胞的认识不断深入。1809 年，法国著名的生物学家拉马克（Jean Baptiste de Lamarck）观察了种类足够多的细胞和组织，并推断"如果一个有机体的组成部分不是细胞组织或不是由细胞组织构成的，那么这个有机体就不会有生命"。1824 年，另一位法国人 Rene J. H. Dutrochet 强调了拉马克的观点，认为所有动物和植物的组织都是由各种各样的细胞组成的。但是他们都没有认识到：在很多情况下，每一个细胞都能独立的繁殖和存在。1831 年，英国的植物学

图 1-1　Robert Hooke 观察细胞的显微镜

家布朗(Robert Brown)发现所有的细胞都包含着一个相对大的细胞核。细胞核发现不久,德国的植物学家施来登(Matthias Schleiden)观察到了细胞核内的小体,称之为核仁。到 1840年前后已认识到细胞包含细胞核、细胞质和叶绿体等组成部分。施来登和德国动物学家施旺(Theodor Schwann)不是第一个发现细胞重要性的人,但是他们比前人解释的更清楚,见解更深刻。施来登于 1838 年发表《植物发生论》一文,指出细胞是植物体的结构单位。施旺于1839 年在《关于动植物的结构和生长一致性的显微研究》中指出了动物细胞和植物细胞的相似性,"推倒了分隔动植物界的巨大屏障,这便是结构多样性"。施来登和施旺共同创立了细胞学说,其主要内容是:①一切动植物有机体由细胞发育而来。②每个细胞是相对独立的单位,既有"自己的"生命,又与其他细胞共同组成整体生命而起着应有的作用。③新细胞来源于老细胞的分裂。细胞学说的创立是生物学发展史上的一个重要成就,它为揭示生物结构、功能、生长、发育规律的研究奠定了重要基础。恩格斯曾高度评价细胞学说,把它和能量守恒与转化定律及生物进化论并列为 19 世纪自然科学的三大发现。

1867 年 Maxchultze 总结前人工作,提出原生质理论,认为有机体的组织单位是一小团原生质。1880 年 Hanstein 提出原生质体的概念。Flemming、Strasburger 分别在动物和植物细胞中发现有丝分裂。1883 年 Van Beneden,1886 年 Strasburger 又分别在动植物细胞中发现减数分裂;1894 年 Altmann 发现线粒体;1898 年 Golgi 发现高尔基体。这些研究和发现形成了细胞研究的经典细胞学时期。此后,广泛采用了实验和分析研究手段和方法,而进入实验细胞学阶段。1888 年 Strasburger,1893 年 Overton 等发现植物的受精现象。有丝分裂和减数分裂的基本事实是形成染色体以及它们在分裂形成新的体细胞(子细胞)中均等分配,而生殖细胞染色体数则比体细胞的减少一半,并且发现各种生物体中细胞染色体数不同、而且是恒定的。与此同时,由于遗传学的发展,20 世纪初形成了染色体是遗传物质载体的概念,建立了基因学说,从而使细胞学和遗传学密切地结合起来,奠定了细胞遗传学(cytogenetics)的基础。1902 年,德国植物学家 Harblant 提出"细胞全能性"(totipotency)的概念,其基本含义是植物的每个细胞都包含着该物种的全部遗传信息,具备发育成完整植株的遗传能力。在适宜条件下,任何一个细胞都可以发育成一个新个体。植物细胞全能性是植物组织培养的理论基础。1909 年,Harrison 和 Carrel 创立了组织培养技术以及其他如用快速离心方法从活细胞中分离细胞器等,均为活细胞的实验研究提供了重要的途径。1958 年美国植物学家 Steward和 1959 年德国植物学家 Reint 分别用胡萝卜根的韧皮部组织进行体细胞胚(somatic embryo)培养,获得完整的植株,首次证明了植物细胞的全能性。

人类借助光学显微镜对微观世界有了一定的认识。光学显微镜经过 300 多年的改进和发展,目前使用的种类有荧光显微镜、偏(振)光显微镜、相差显微镜、微分干涉差显微镜,有效放大倍数极限约为 1 500 倍,分辨率*为 0.2μm。用光学显微镜观察细胞的结构通常可见细胞壁、核、核仁、原生质、叶绿体和液泡。20 世纪 50 年代以来,人们以电子束代替光束,以电磁透镜代替玻璃透镜,研制成电子显微镜(electron microscope)。其放大倍数为 20万倍或更高,分辨率达 0.2nm。可观察细胞内各种微小细胞器如线粒体、核糖核蛋白体等超

---

* 分辨率是指能区别的两点之间的最小距离。肉眼的分辨率为 0.1mm;光学显微镜的分辨率为 0.2μm;电子显微镜的分辨率为 0.2nm。

显微结构。扫描电子显微镜放大倍数通常为 3 000 ~ 10 000 倍，可用于表面结构特点的观察。1986 年，Ernst Ruska，Gerd Binning 和 Heinrich Rohrer 因发明了电子显微镜和扫描隧道电子显微镜(scanning tunneling microscope，STM)而获得诺贝尔物理学奖。

随着近代物理学、化学的发展，一些新技术如 X 射线衍射技术、同位素示踪、原子力显微镜(atomic force microscope，AFM)、多色荧光标记、核磁共振(magnetic resonance imaging，MRI)、纳米材料等技术的应用，人们已能对结晶状态的单分子进行观察和测定，使得对单分子的结构有了新的认识，使细胞的研究从超微结构发展到分子水平。

人们对细胞的认识和研究历史，是从静止的形态描述发展到对细胞结构与功能的动态的多方面研究，甚至可以通过基因工程途径改造细胞。

1.1.3　原核细胞与真核细胞的区别

根据细胞的结构和生命活动的主要方式，可以把构成生命有机体的细胞分为两大类，即原核细胞(procaryotic cell)和真核细胞(eucaryotic cell)。原核细胞没有核膜，其遗传物质分散在细胞质中，且通常集中在某一区域，遗传信息的载体仅为一环状 DNA，DNA 不与或很少与蛋白质结合；原核细胞没有分化出以膜为基础的具有特定结构和功能的细胞器；原核细胞通常体积很小，直径为 0.2 ~ 10μm 不等。由原核细胞构成的生物称为原核生物，主要包括支原体(Mycoplasma)、衣原体(Chlamydia)、立克次氏体(Rickettsia)、细菌、放线菌(Actinomycetes)和蓝藻等。相比之下，真核细胞的 DNA 主要集中在由核膜(nuclear membrane)包被的细胞核中，具典型的细胞核结构；真核细胞同时还分化出以膜为基础的多种细胞器。由真核细胞构成的生物称真核生物。高等植物和绝大多数低等植物均由真核细胞构成。真核细胞与原核细胞的具体区别见表 1-1。

表 1-1　真核细胞与原核细胞的主要区别

序号	真核细胞	原核细胞
1	有核膜	无核膜
2	每个细胞有 2 个至数百个染色体；DNA 为双链	有一个首尾相连的环状双链 DNA，通常加上几个至 40 个质粒
3	有膜包被的细胞器，如内质网、线粒体、高尔基体	缺少膜包被的细胞器
4	有 80S* 核糖体	有 70S 核糖体
5	通过有丝分裂进行无性生殖	通过裂殖进行无性生殖
6	通过融合进行有性生殖	有性生殖未知

* S 是沉降系数，用来测算离心悬浮颗粒沉降的速度，以每单位重力的沉降时间表示，并且通常为 $1 \times 10^{-13} \sim 200 \times 10^{-13}$ s 范围，10^{-13} 这个因子叫做沉降单位 S，即 $1S = 10^{-13}$ s。$S = v/\omega^2 r$，式中，ω 为离心转子的角速度(弧度/秒)；r 为到旋转中心的距离；v 为沉降速度。

质粒是染色体外能够进行自主复制的遗传单位，包括真核生物的细胞器和细菌细胞中染色体以外的脱氧核糖核酸(DNA)分子。现在习惯上用来专指细菌、酵母菌和放线菌等生物中染色体以外的 DNA 分子。在基因工程中质粒常被用作基因的载体。

1.2　植物细胞的形态结构

1.2.1　细胞的多样性

　　植物细胞的形状多种多样，有球形、椭圆形、多面体、圆柱形和纺锤形等。细胞的形状是由所处环境和担负的生理机能决定的。例如生长在植物体表面起保护作用的细胞呈多面体，互相连接非常紧密；游离的细胞或生长在疏松组织中的细胞多呈球形、椭圆形；而在细胞体内起支持和输导作用的细胞则呈圆柱形或长纺锤形(图1-2)。

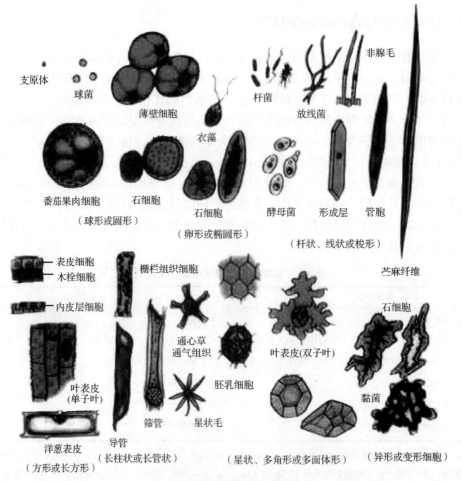

图1-2　植物细胞的形状与大小

　　植物细胞的大小差异很大，体积通常很小，高等植物的细胞直径一般在几微米至数十微米之间，多数处于 $15 \sim 30 \mu m$，因此要借助显微镜才能观察到。但有少数巨大的细胞，用肉眼就可以看见，如西瓜的果肉细胞直径 1mm，棉花纤维细胞的长度可达 75mm，苎麻茎中的纤维细胞，最长可达 550 mm，但这些细胞在横向直径上仍是很小的。各类细胞的大小比较如图1-3 所示。

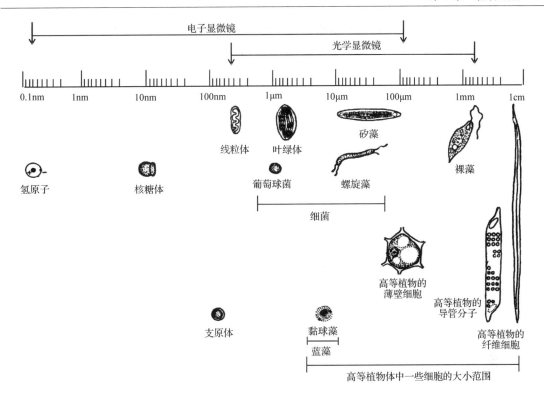

图 1-3　光学和电子显微镜的应用范围(以对数刻度尺表示)

1.2.2　植物细胞的结构与功能

　　以真核细胞为例,生活的植物细胞由细胞壁和原生质体两大部分组成。细胞壁是具有一定硬度和弹性的结构,它构成了细胞的外壳。原生质体由主要的生活物质——原生质组成,原生质分化形成各种不同的细微结构,如质膜、细胞核、膜包被的细胞器、非膜结构以及胞基质等(图 1-4)。

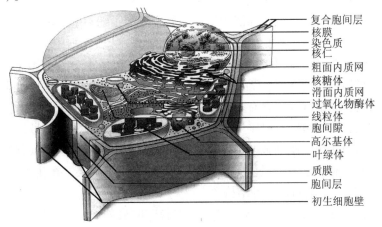

图 1-4　植物细胞的结构

(引自 Lincoln Taiz, 2015)

从细胞的结构体系来看，植物细胞中的一些细胞结构和细胞器是动物细胞所没有的，植物细胞特有的细胞结构和细胞器包括细胞壁、叶绿体和其他质体、液泡。植物细胞的组成部分可归纳如下：

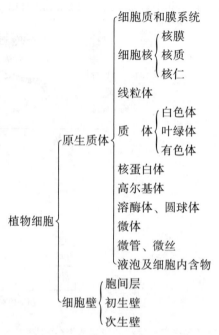

1.2.2.1 细胞壁

(1)细胞壁的结构与功能

细胞壁(cell wall)是植物细胞所特有的结构，是由原生质所分泌的物质形成的。细胞壁中最主要的成分是纤维素(cellulose)、半纤维素(hemicellulose)、木质素(lignin)、果胶(pectin)和糖蛋白(glycoprotein)。纤维素的微纤丝形成细胞壁的骨架，它是由 100 ~ 15 000 葡萄糖单体的长链组成的，是地球上最丰富的聚合体。细胞壁因富含纤维素等，是食草动物最主要的食物来源，并且至少是间接的为所有生活的有机体提供食物。人类生存也要依靠细胞壁，因为它为人类提供布匹、纸张和能源等。木质素增加了细胞壁的硬度。种内和种间的细胞壁的巨大差异性反映了每个细胞的结构和功能。例如，叶表皮细胞下能够找到薄壁细胞，它专门用来进行光合作用；木质部厚壁细胞能够高效地转运水分。细胞壁具有许多功能：①细胞壁构成支撑植物体的骨架；②细胞壁控制着原生质体的大小，并且防止原生质体过度吸水引起质膜破裂；③细胞壁中含有多种酶类，它们在细胞的物质吸收、运转和分泌等生理过程中起主要作用；④细胞壁可以接受和处理病原菌侵袭释放的化学信号，并把这些信号传递到质膜，经过基因活化，使细胞产生免疫反应，或合成单宁等物质，抵御病原菌的侵害。

根据形成的时间和化学成分的不同，可将细胞壁分为胞间层、初生壁和次生壁三部分(图 1-5)。壁上有纹孔、胞间连丝等结构。

①胞间层(intercellular layer)　胞间层位于细胞壁的最外面，是细胞分裂产生新细胞时在两个子细胞之间形成的一薄层，也称为中胶层(middle lamella)。一般为两个临近细胞共同所有。它主要由果胶类物质组成，这是一类无定形胶质，有很强的亲水性和可塑性。胞间层

将相邻细胞连接在一起，形成一个整体，同时又能缓冲细胞之间的挤压。果胶易被酸或酶分解，从而导致细胞分离。

②初生壁（primary wall） 有弹性的初生壁是由纤维素、半纤维素、果胶、糖蛋白形成的精细的网状结构，它位于中胶层的两边。初生壁是细胞生长过程中由原生质体分泌形成的，除纤维素、半纤维素和果胶外，初生壁中还有多种酶类和糖蛋白。在植物体中很多细胞只有初生壁，如活跃分裂的细胞和与光合、呼吸以及分泌作用有关的成熟细胞等，这些不具

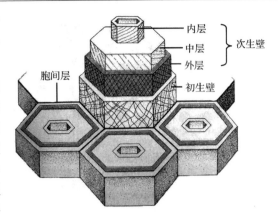

图 1-5 木材纤维细胞的细胞壁图解

有次生壁的生活细胞能恢复分裂能力并分化成不同类型的细胞。

③次生壁（secondary wall） 植物体内有一部分细胞，在停止生长以后，原生质体继续分泌纤维素等物质在初生壁上，称为次生壁。次生壁主要由纤维素和其他非纤维素的物质如木质素等组成。植物次生壁一般比初生壁多 40% ~ 80% 纤维素。随着细胞的生长，壁的厚度能够变化，其占据细胞的比率从不到 5% 至 95% 以上。在次生壁形成期间，组成细胞壁的其他物质如果胶质、半纤维素、胼胝质、黏液、蛋白质、水、栓质、木质素等，填充到纤维素微纤丝间隙，就像钢条嵌入水泥内形成抗压力的混凝土。

中胶层和大多细胞壁是具有透性的，能够允许细胞间水和可溶性物质缓慢移动。

④纹孔（pit） 通常初生壁生长时并不是均匀增厚的，初生壁上一些不增厚的薄壁区域叫做纹孔（pit）。相邻的细胞纹孔常常成对而生。纹孔是细胞间水分和物质交换的通道。根据纹孔加厚的方式不同，分具缘纹孔、单纹孔、半具缘纹孔 3 种类型（图 1-6）。

具缘纹孔（bordered pit）的四周增厚的壁向中隆起形成底大口小的纹孔腔。隆起部分称纹孔缘。纹孔缘包围留下的小口称纹孔口。相邻纹孔之间原来的细胞壁（即胞间层和初生壁的部分）称纹孔膜，纹孔膜中部常较厚形成纹孔塞。从正面观察，具缘纹孔出现一大一小两个同心环，小环是纹孔口的轮廓，大环是纹孔腔底部的影像，也就是纹孔膜的边缘。具缘纹孔主要发生在次生壁强烈增厚的细胞上。

单纹孔（simple pit）的构造比较简单，纹孔缘不隆起，所形成的纹孔口与底同大，纹孔腔呈圆筒形，正面观察呈一单个圆。纹孔膜上也不形成纹孔塞。单纹孔主要发生在薄壁细胞上。半具缘纹孔（half bordered pit）实际上是由具缘纹孔和单纹孔形成的纹孔对，主要发生在厚壁细胞与薄壁细胞相邻的细胞壁上。厚壁细胞上产生具缘纹孔，薄壁细胞上产生单纹孔，相对而形成了半具缘纹孔。

⑤胞间连丝 相邻的生活细胞之间，在细胞壁上还通过一些很细的原生质丝，称为胞间连丝（plasmodesma）（图 1-7、图 1-8），穿过纹孔和细胞壁上微小的孔隙，使细胞间的各种生理活动密切地联系起来，从而使植物体成为一个有机的整体。如糖、氨基酸、铁和其他物质的转运都可通过胞间连丝。

（2）细胞壁的超微结构

电子显微镜研究表明，组成细胞壁的主要物质纤维素呈纤维状的细丝交织排列组成细胞

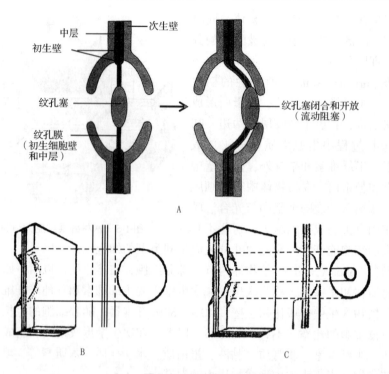

图1-6　纹孔类型

A. 具缘纹孔(引自 Murray W. Nabors)　B. 单纹孔　C. 半具缘纹孔

壁的骨架,其他组成壁的物质如果胶质、半纤维素、木质素等填充在骨架的空隙中。这种在电子显微镜下能够观察到的纤维状细丝称为微纤丝,微纤丝从化学结构上说是由纤维素组成的。由大约40个纤维素长链分子作束状排列形成基本纤丝或称微团(micella)。由基本纤丝平行排列形成微纤丝(microfibril),微纤丝直径10nm,电子显微镜下可以辨认出来。由微纤丝再聚集成光学显微镜下能观察到的纤丝称为大纤丝(macrofibril)(或称微纤丝束)(图1-9)。微纤丝在不同的壁层中排列方向不同。在初生壁中微纤丝呈网状排列,但多数微纤丝与细胞的长轴呈横向排列成不规则状。在次生壁中则往往比较规则,常表现为与细胞长轴呈一定角度的斜向排列。次生壁又可分为外、中、内3层,微纤丝在这3层中的排列方向互不一致,这种排列方式大大增强了细胞壁的坚固性。

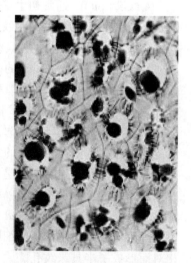

图1-7　柿胚乳细胞的胞间连丝

(3)细胞壁的生长和特化

细胞壁的生长包括壁的面积增长和厚度增长。初生壁形成阶段,进一步沉积增加微纤丝和其他物质,使细胞壁的面积扩大。壁的增厚生长则常以内填和附着方式进行。内填方式是新的壁物质插入原有的结构中;附着生长则是新的壁物质成层地附着在内表面。

由于细胞在植物体内担负的机能不同。在形成次生壁时,原生质体常分泌不同性质的化

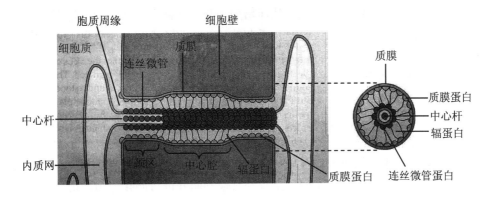

图 1-8　胚乳细胞的胞间连丝模型图

（引自 Lincoln Taiz，2015）

学物质填充在细胞壁内，与纤维素密切结合而使细胞壁的性质发生各种变化，常见的变化有木化、角化、栓化、矿化等。

①木化（lignification）　细胞壁上增加木质的称为木化。木质不是碳水化合物，而是苯基丙烷衍生物的单位构成的聚合物，是一种亲水性的物质，与纤维素结合在一起。木质渗入常常自中层开始，然后扩展到初生壁和次生壁。细胞壁木化以后硬度增加，加强了机械支持作用，同时木化的细胞仍可透过水分，木本植物体内即由大量木化的细胞（如导管、管胞、木纤维等）组成。

②角化（cutinization）　细胞壁上增加角质的称为角化。角质是一种脂类化合物。角化的细胞壁不易透水。这种变化大都发生在植物体表面的表皮细胞，以防止水分的过分蒸腾和微生物的侵袭，同时角质还在表皮细胞外堆积成层，称为角质层（cuticle）。

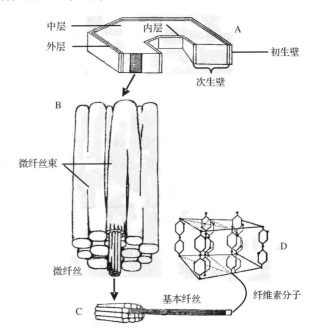

图 1-9　细胞壁超微结构图解

A. 具次生壁层次的细胞部分　B. 微纤丝束

C. 由基本纤丝组成的微纤丝部分

D. 2 个相连的纤维素空间结构

③栓化（suberization）　细胞壁中增加栓质的称为栓化。栓质是一种脂类化合物，栓化后的细胞壁失去透水和透气的能力。因此，栓化的细胞原生质体大都解体而成为死细胞。栓化的细胞壁富于弹性，日用的软木塞就是栓化细胞形成的。栓化细胞一般分布在植物茎秆、枝及老根的外层，以防止水分的蒸腾，保护植物免受恶劣条件的侵害。

④矿化　细胞壁中增加矿质的称为矿化。最普通的有钙或二氧化硅（SiO_2），多见于茎叶

的表层细胞。矿化的细胞壁硬度增大,从而增加细胞的支持力,并保护植物不易受到动物的侵害。禾本科植物如竹子、玉米、稻麦及禾草等的茎叶非常尖利,就是由于表皮中有许多硅化细胞。

1.2.2.2 原生质与原生质体

(1)原生质

细胞内有生命的物质称为原生质(protoplasm)。原生质主要由蛋白质、核酸、碳水化合物、脂类、无机盐和较多的水分等组成。原生质是一种无色半透明、半流动性的并有极强亲水性的胶体物质。原生质最重要的生理特性是具有生命现象,即具有新陈代谢的能力。也就是原生质能够从周围环境中吸取水分、空气和其他物质并进行同化作用,把这些简单的物质同化成为自己体内的物质;同时,又将体内复杂的物质进行异化作用,分解为简单的物质,并释放出能量。

①水和无机盐   细胞中细胞质和它所包含的物质约96%由碳、氢、氧和氮元素组成,3%由磷、钾和硫组成。剩余的1%含有钙、铁、镁、钠、氯、钼、锰、钴、锌和微量的其他元素。当植物从土壤或大气中吸收这些元素时,这些元素是以简单分子或离子的形式存在。这些简单的分子或离子通过细胞的新陈代谢可以参与形成大而复杂的分子。

由于植物种类不同、个体发育阶段不同和所处环境不同,细胞中原生质的含水量也不同,如旺盛生长的幼苗、嫩叶和浆果含水量可达鲜重的60%~90%,成长的树叶为40%~50%,成熟的贮藏种子只有10%~14%。

植物中已发现的一些主要元素的原子数质量和功能总结见表1-2。

表1-2   植物中已发现的一些元素的原子数质量和功能

元素	原子数	原子质量	功　能
H	1	1	几乎所有有机分子的组成部分
C	6	12	有机分子的骨架结构
N	7	14	氨基酸、核酸和叶绿素的成分
O	8	16	呼吸的重要物质,多数有机分子的成分
Mg	12	24	叶绿素的基本组成部分
P	15	31	ATP的组成
S	16	32	固定蛋白质的三维结构
K	19	39	有助于细胞内离子间平衡的稳定
Ca	20	40	细胞壁结构中的重要物质
Fe	26	56	参与呼吸过程中电子传递

②蛋白质、多肽和氨基酸   生物的细胞内含有从几百到几千种不同类型的蛋白质(protein),每种生物都有其特异的蛋白质化合物,具有不同的特性。例如,数百种雏菊,由于它们特殊的蛋白质化合物而互不相同。蛋白质的分析有助于进化植物学家分辨出植物间的亲缘性和遗传性,这也是现今较流行的研究领域,如蛋白质组学。

蛋白质由碳、氢、氧和氮原子组成，有时也有硫原子。蛋白质约占原生质干重的 60%，不仅是原生质的结构物质，而且还以酶的形式控制着细胞内的化学反应。蛋白质分子通常是很大的，由 1 个或多个多肽链组成，有些分子通过侧链彼此结合，也可通过侧链和其他物质结合。如和脂类物质结合成脂蛋白，和核酸结合成核糖核蛋白，和某些金属离子结合成色素蛋白等。

多肽是由 20 种不同的氨基酸连接而成的链，每个氨基酸有 2 个功能团和 1 条侧链即—R 基。一个功能团称氨基(—NH_2)；另一个是羧基(—COOH)。氨基酸靠肽键与另一个氨基酸相连。肽键是一个氨基酸的羧基碳与另一个氨基酸的氨基氮形成的共价键，在这个过程中脱去一分子的水。—R 基的组成可区别 20 种氨基酸。有些—R 基(仅仅是 1 个单个的氢原子，而有些可能是一个复杂的环状结构)有极性，有些无极性。氨基酸的分子结构的通式为 $H_2N—RCH—COOH$。

植物能利用它们细胞内的原始物质合成所需的氨基酸，而动物必须利用外界植物源的某些氨基酸补充它们所需的氨基酸，它们自身仅能合成少量的氨基酸。

蛋白质中每个多肽通常具有卷缩、弯曲和折叠的特殊构型，形成三级结构水平，有时还可以形成四级结构。

有些植物的贮藏养料的器官，如马铃薯的块茎、洋葱的鳞茎，除了贮藏大量的碳水化合物外，还贮藏少量的蛋白质。种子则除碳水化合物外，还含有大量的蛋白质，是人类和动物的最重要的营养源。如小麦麸质，是由几十种复杂的蛋白质组成。

③酶　酶通常是大而复杂的蛋白质，在特定的 pH 值和温度下，具有生物催化的功能。只需很低浓度的酶就能断裂键，形成新键，促进细胞的化学反应。它是生命活动所必需的。细胞内 2 000 多个化学反应都是在酶的参与下才能发生。酶能增加反应速率达 10 亿倍，没有它们，细胞内的化学反应将会很慢，以至于生物体将无法生存。酶通常可重复使用，并且在它们加速反应期间不会失效。

④核酸　核酸(nucleic acid)是由小分子的单位——核苷酸(nucleotide)经脱水聚合形成的高分子有机化合物。核苷酸是核酸的组成单位，可以由几十个核苷酸形成长链分子。有 2 种类型的核酸：脱氧核糖核酸(DNA)和核糖核酸(RNA)。核酸是细胞中主要的遗传物质，它是遗传信息的载体，在细胞遗传、生长、发育、细胞分裂以及在蛋白质分子和其他细胞成分的合成中起重要作用。

单个的核苷酸是由 1 个戊糖、1 个磷酸基团和 1 个含氮碱基组成。组成核苷酸的戊糖有 2 种，即脱氧核糖和核糖；含氮的碱基有 5 种，它们是腺嘌呤(A)、鸟嘌呤(G)、胞嘧啶(C)、胸腺嘧啶(T)和尿嘧啶(U)。由于碱基不同，组成核酸的核苷酸长链分子可以出现千变万化的碱基排列顺序。

脱氧核糖核酸(DNA)分子是由 2 条互补的多核苷酸长链形成的双螺旋结构，其中戊糖为脱氧核糖，在 2 条多核苷酸之间的碱基按照 A = T、G = C 的规律配对互补，这一特点决定了 DNA 能自我复制(图 1-10)。DNA 分子的碱基顺序决定了细胞中蛋白质合成时氨基酸的顺序。

核糖核酸(RNA)不同于 DNA，它是由 1 条多核苷酸长链组成，其中戊糖为核糖，以尿嘧啶(U)代替胸腺嘧啶(T)。RNA 主要存在于细胞质中，直接参与蛋白质的合成。

⑤脂质　脂质(lipid，也译脂类或类脂)是一类低溶于水而高溶于非极性溶剂的生物有机

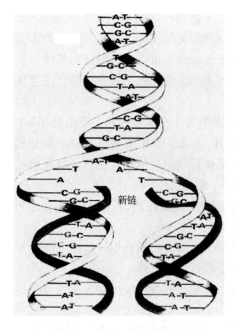

新链

图 1-10　DNA 双螺旋结构图解

化分子。对大多数脂质而言，其化学本质是脂肪酸(fatty acid，FA)和醇所形成的脂类及其衍生物。参与脂质组成的脂肪酸多是 4 碳以上的长链一元羧酸，醇成分包括甘油(丙三醇)、鞘氨醇、高级一元醇和固醇。脂质的元素组成主要是碳、氢、氧，有些尚含氮、磷及硫。脂质的生物学功能主要有三大类：a. 贮存脂质(storage lipid)。属于这一类的是三酰甘油和蜡。很多生物中油脂是能量的主要贮存形式，如植物种子中存在三酰甘油，为种子发芽提供能量和合成前体。1 g 油脂在体内完全氧化将产生 37 kJ 能量，而 1 g 糖或蛋白质只产生 17 kJ 能量。b. 结构脂质(structural lipid)。主要是由磷脂类构成生物膜(质膜、核膜和各种细胞器的膜)脂双层(lipid bilayer)。参与脂双层构成的膜脂还有固醇和糖脂。c. 活性脂质(active lipid)。在细胞中含量少，但具有重要的生物活性。如萜类(多种光合色素)、电子载体(线粒体泛醌和叶绿体中质体醌等)、糖基载体(细菌细胞壁肽聚糖合成中的十一异戊二烯醇磷酸和真核生物糖蛋白糖链合成中的多萜醇磷酸)和细胞内信号(真核细胞质膜上的磷脂酰肌醇-4,5-二磷酸，PIP_2 及其磷酸化衍生物——肌醇-1,4,5-三磷酸和二酰甘油)等。脂肪酸是由 1 条长的烃链和 1 个末端羧基组成的羧酸。很多脂肪酸由 16 ~ 18 个碳原子组成。烃链不含双键(和三键)的为饱和脂肪酸(saturated FA)，如动物脂肪。烃链含 1 个或多个双键的为不饱和脂肪酸(unsaturated FA)。只含单个双键的脂肪酸称单不饱和脂肪酸(monounsaturated FA)；含 2 个或 2 个以上双键的称为多不饱和脂肪酸(polyunsaturated FA)，如菜籽油、橄榄油或红花油。人类过多食用饱和脂肪酸，常常会导致动脉的阻塞和其他的心脏病，而食用少量的饱和脂肪酸能促进身体健康。因为它也是动物和人类正常生命活动所必需。

蜡也属脂类，是由很多长链脂肪酸聚合成 1 个很长的链。蜡在室温下是固体，存在于植物的叶和茎的表面。它们通常嵌入角质层或软木脂的基质内，角质层和软木脂也是不溶于水的脂质聚合物。蜡和角质层或蜡和软木脂的化合物具有防水功能，能减少水分损失，防止微生物和小昆虫的侵入。

⑥糖类　糖类(saccharide)是自然界中最丰富的有机化合物。它们包括糖、淀粉，含有一定比例的碳、氢、氧或三者近似 1:2:1 的比例。在糖类中 CH_2O 的单位数目会相差很大，从少于 3 个到多达几千个。有 3 类基本的碳水化合物：

单糖是碳骨架由 3 ~ 7 个碳原子组成的简单糖类。葡萄糖($C_6H_{12}O_6$)和果糖是最普通的单糖，果糖是葡萄糖的同分异构体。同分异构体是分子具有同类原子且数目相同而结构和形状不同的分子。果糖因富含于水果中而得名。绿色植物细胞的光合作用产生葡萄糖，是一切生物细胞的重要能源。

二糖是由 2 个单糖分子通过缩水聚合在一起而形成。普通的食用蔗糖($C_{12}H_{22}O_{11}$)就是一种二糖，由 1 分子的葡萄糖和 1 分子的果糖形成。蔗糖通常是植物体内的糖类运输的主要形式，也是甜菜的根部与甘蔗的茎秆内的贮藏糖。

多糖是几个至多个单糖聚合而成。多糖聚合体有时由上千个单糖分子以长的支链或直链或卷缩在一起组成。例如，淀粉是植物体内主要的碳水化合物的贮藏物，通常由几百个至几千个葡萄糖单位盘卷而成。当很多的葡萄糖分子变成 1 个淀粉分子时，每个葡萄糖释放 1 个水分子，淀粉的分子式为 $(C_6H_{10}O_5)_n$。淀粉分子成为细胞内可利用的能量时，必须先水解，即通过每个单位的水分子的恢复而分散成单个的葡萄糖分子。

淀粉是人类消耗的碳水化合物的主要来源。最重要的淀粉作物有温带的土豆、小麦、水稻和谷类与热带的木薯和芋头。

纤维素是由 3 000~10 000 个直链葡萄糖组成的多糖，它是细胞壁的主要结构物质。尽管纤维素普遍存在于自然界，但它的葡萄糖单位之间的糖苷键不同于淀粉，很多动物很难消化纤维素。生活在白蚁、毛虫内脏中的原生动物，以及一些真菌，由于体内拥有能拆开这种特殊糖苷键的酶，因此能够消化纤维素。

（2）原生质体

细胞壁以内的全部原生质统称为原生质体（protoplast）。原生质体包括由原生质分化形成的质膜、细胞质和各种细胞器，如细胞核、内质网、线粒体、质体（叶绿体、白色体、有色体）、核糖体、高尔基体、溶酶体、圆球体、微体、微管、微丝等部分。细胞器是细胞质中具有一定形态结构和特定功能的细微结构。原生质体是细胞有生命的部分，是细胞内各种代谢活动进行的场所。

在幼嫩的生活细胞中，细胞质（cytoplasm）充满细胞腔；在成熟的细胞中，由于液泡形成与增大，细胞质逐渐成为紧贴细胞壁的薄层，介于细胞壁和液泡之间。液泡与细胞质分界的一层膜称为液泡膜。质膜与核膜、液泡膜之间的细胞质部分也称胞基质（cytoplasmic matrix）。胞基质中埋藏着许多细胞器。

原生质体紧贴细胞壁的膜状结构称为质膜（plasma membrane），也称细胞膜。质膜的主要成分是磷脂和蛋白质。1970 年就有证据表明，细胞膜是由磷脂双层和散布其中的蛋白质组成的。膜的许多重要功能都是由插入磷脂双层的蛋白质完成的。以共价键与蛋白质或脂类分子结合的糖，称为膜糖，也有多种功能，如细胞识别现象。质膜厚约 8 nm，光学显微镜下是看不见的，电子显微镜下可看出呈现"暗—明—暗" 3 条平行的带，两侧暗层约 0.25 nm，中间透明层为 0.25~0.35 nm（图 1-11、图 1-12）。有些蛋白质能够伸展触及整个质膜的厚度，而有些则能够嵌入或明显地散布在外表面。

①质膜的特性　质膜是一种半透膜；活细胞的膜具有选择透性，即水分可以自由通过、非极性分子和小分子可以渗透通过，而大分子物质不能经自由扩散通过。

②质膜的功能　a. 使细胞与环境隔离，为细胞的生命活动提供一个相对稳定的内环境。b. 具有选择性吸收的能力。即对物质的跨膜运输具有选择性，如控制一些物质进出细胞，另外也会允许某些物质自由运动，包括简单扩散（simple diffusion）、促进扩散（facilitated diffusion）、主动运输（active transport）、胞吞作用（endocytosis）、胞吐作用（exocytosis）等。c. 具有信息传递与能量传递的功能。如黄化苗植株细胞质膜上有光受体，感受光信号后茎、叶会变绿。d. 是细胞识别和进行生化反应的重要场所。膜上有大量的蛋白质和酶，在细胞间的识别以及进行生化反应中起重要作用。

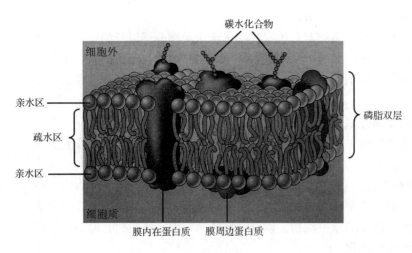

图 1-11 细胞膜

(引自 Lincoln Taiz, 2015)

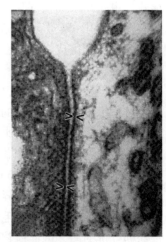

图 1-12 细胞膜(电子显微镜)

有些特殊膜蛋白被束缚在胞外基质和细胞骨架上来帮助调控细胞的形态和运动。另外一些特殊膜蛋白则参与膜中由胞外向胞内的化学信号运转。其作为信号运转通道的简单工作机理如下：a. 首先胞外分子作为第一信使与膜上的特殊受体蛋白结合并激活该受体蛋白。b. 受体蛋白又激活一个依赖蛋白。c. 依赖蛋白又刺激另一膜蛋白(效应蛋白)。d. 效应蛋白为酶蛋白，在细胞质中使未活化的第二信使激活成活化的第二信使。e. 活化的第二信使激发细胞内各种各样的新陈代谢和结构变化等反应(图 1-13)。随着分子生物学突飞猛进的发展，人们越来越多地从分子水平上来研究细胞膜的结构与功能。

细胞内的细胞质经常推动质膜挤压细胞壁，因为渗透作用而产生压力，但是质膜非常有弹性，通常会形成褶皱。实验证明，在膜不断增长时加入去垢剂，膜会破坏或消失；当移走去垢剂时，有些部分会有所恢复，膜甚至会收缩而临时地离开细胞壁。但是如果膜断裂，细胞将死亡。

(3) 内质网

内质网(endoplasmic reticulum，ER)是分布在细胞质中的膜层结构，是由扁平囊或管延伸、扩展形成各种管、泡、腔交织的网状、密闭管道系统，扁平囊或管是穿越细胞质的通道，不同细胞其数量和形式都有很大的变化。电子显微镜下可以观察到内质网之间相互连接，同时内质网膜又与单层的质膜以及核膜的外层膜相连，组成膜系统。在细胞质、细胞核以及与其他细胞器之间的物质交换中起重要的调控作用。内质网由 2 层平行的膜组成。每层膜厚 5 nm，具

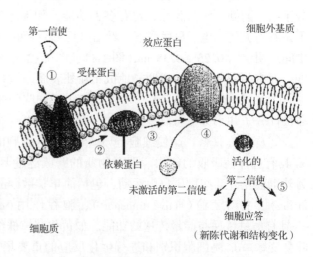

图 1-13 细胞膜在信号转导中的作用

有一般生物膜的共同特点，2
层膜之间的距离 40 ~ 70 nm，
其中充满基质。内质网有 2 种
类型：一种是在膜表面附着许
多核糖体小颗粒的粗面内质网
（rough endoplasmic reticulum，
RER）（图 1-14A），其主要功
能是合成、分泌和贮存蛋白
质；另一种是表面光滑的光面
内质网（smooth endoplasmic re-
ticulum，SER）（图 1-14B），它
与脂类和糖类的合成、分泌关
系密切。同一细胞内可同时含
有这 2 种内质网，并且可根据
细胞的需要相互转化。

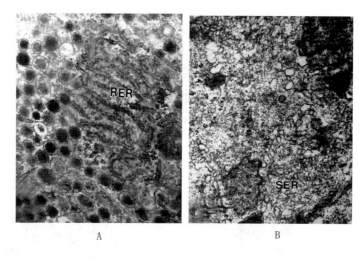

图 1-14　内质网
A. 粗面内质网（RER）　B. 光滑内质网（SER）

内质网的功能是提供了细胞内空间的支持骨架，增加了膜系统的表面积，使细胞的代谢
活动在膜上高效率地进行；内质网是蛋白质合成的场所，如细胞呼吸过程中所涉及的酶都是
在内质网表面合成的；内质网还是蛋白质等的运输和贮存系统，通过胞间连丝中内质网的活
动，保持了细胞间的联系，帮助细胞之间通信和物质运输。此外，细胞内很多重要的活动，
例如，其他细胞器膜的合成、蛋白质的修饰，都发生在内质网的表面或其间隔内。

（4）细胞核

细胞核（nucleus）总是被埋藏在细胞质中，细胞核呈灰色，球形或椭圆形，不同细胞核
的大小有很大差异，一般直径为 2 ~ 15 μm 或更大。细胞核具有一定的结构，由核膜、染色
质、核仁和核液组成。核膜有 2 层膜，膜使细胞核形成一个相对稳定的内环境，同时，核膜
具有选择透性，起着控制核和细胞质之间物质交换的作用。核膜上有核孔（nuclear pore），
占据了核膜整个表面区域的 1/3，作为分子通道的蛋白嵌入孔内。核孔只允许某些分子（例
如，被转运至细胞核内的蛋白质和被运出的 RNA）穿过核膜（图 1-15）。细胞核内含有颗粒状
物质的液体称为核质（nucleoplasm），被直径为 1 nm 的短纤维包裹，很多不同大小的物质都
悬浮其内，包括染色质的细丝。除非被染色或在细胞分裂的过程中，在光学显微镜下通常观
察不到。当细胞核分裂时，染色质螺旋化变短变粗，凝缩在一起变成染色体。染色体由
DNA 和蛋白质组成。每一种植物或动物的细胞的染色体都有不同的数目和组成。性细胞的
染色体数目为同物种其他细胞的一半。一般细胞核内染色体的数目与有机体的大小和复杂性
无关。此外，细胞核内最显著的是核仁，含有 RNA 且大小是可变的。

细胞核主要含有蛋白质、核酸、脂类、酶和其他无机成分。其中 DNA 是染色质的主要
组成成分，也是遗传的物质基础，提供细胞生长和分化所需要的全套信息。这些信息随着新
细胞形成从一个细胞传递给另一个细胞。细胞核的主要功能是存储遗传信息并控制细胞的遗
传、生长和发育，近代科学的很多研究都证实了这一点，德国藻类学家哈姆林的伞藻嫁接的
核移植实验则是很好的证明。伞藻是一种单细胞海藻，植物体高达 3 ~ 5 cm，分伞帽及伞柄

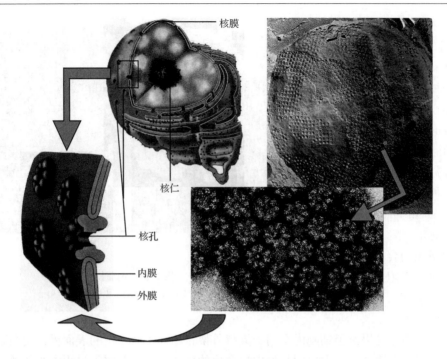

核膜

核仁

核孔

内膜

外膜

图 1-15　细胞核结构

(引自 Sylvia S. Mader, 2001)

两部分，细胞核位于伞柄基部的假根内，不同种伞藻其伞帽形状不同。每一种伞藻如果切除其伞帽，能再生出自己原有的伞帽。如果用具有不同形状伞帽的 2 种伞藻 A 和 B，分别切除其伞帽和假根，再将切下的带核的假根部分，交换嫁接到另一种的伞柄上，最后在 A 种的伞柄上长出 B 种的伞帽；B 种的伞柄上长出 A 种的伞帽。这一实验证明，形成再生的新的伞帽所需要的遗传信息是受假根中的细胞核控制的。说明核在细胞生长、发育中起着决定性作用。但细胞核并不是贮存形成生物所有性状信息的唯一场所，部分信息存在于细胞质中，直接或间接与细胞核中存在的信息相互作用。例如十字花科植物油菜、菊科向日葵等作物的雄性不育性状受细胞质控制。因此，细胞核和细胞质是密不可分的。

(5)线粒体

线粒体(mitochondrion)是生活细胞中普遍含有的细胞器，由 2 层膜组成。线粒体的形状呈杆状或球形，大多数长 $1 \sim 3 \mu m$，宽 $0.5 \mu m$，光学显微镜下很难分辨。内膜在不同的部位向内折叠，形成嵴，嵴大大增加了内膜的表面积。在嵴之间充满基质，其中含有蛋白质、上百种酶及少量的 DNA、RNA、核糖体和可溶性的物质。线粒体的膜主要由磷脂和蛋白质构成(图 1-16)。线粒体是呼吸供能的场所，是细胞的动力工厂，提供维持生命活动所需要的能量 ATP。嵴的数量同线粒体本身的数量一样，可随着发育时期而变化，由细胞内发生的活动而决定，可用来判断线粒体的活性及细胞生活力。在生活细胞内，线粒体不断移动，并且哪里需要能量，线粒体就会在哪里聚集。线粒体的增殖可通过一分为二的分裂而完成。

(6)质体

质体(plastid)是绿色植物特有的细胞器，它是一类与碳水化合物的合成、贮藏有密切关

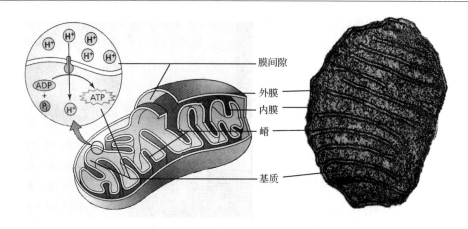

图 1-16 线粒体超微结构

系的细胞器。在根、茎尖端的分生组织细胞以及胚细胞中，其质体尚未分化成熟，称为原质体。原质体体积小，暗绿色或无色，是形状和大小与线粒体相近的细胞器。它们的内部结构比质体简单，有很少的类囊体（这个类囊体不是叶绿体基粒内垛叠的类囊体）。原质体频繁地分裂并分散在细胞内。随着细胞生长和分化，原质体逐渐分化为成熟质体。根据成熟质体所含色素及功能不同，可分为叶绿体、有色体和白色体 3 种类型。

叶绿体（chloroplast）存在于植物绿色部分的细胞中。其形状和大小随植物种类不同而有所差异，例如，绿藻水绵属藻类细胞中有螺旋带状的载色体。然而，高等植物的叶绿体形状通常呈椭圆形，外形轮廓像橄榄球。叶绿体以二元分裂的方式进行增殖，高等植物中成熟叶肉细胞内的叶绿体数量变化较大，一般为 75～125 个，有些植物的细胞内甚至能达到几百个。叶绿体直径为 2～10μm，由 2 层精细的膜包被。叶绿体所含色素有叶绿素 A、叶绿素 B、胡萝卜素、叶黄素，由于所含色素的 2/3 是叶绿素，故呈绿色。叶绿体中充满无色的液体状的基质，基质内含有 DNA、核糖体、淀粉粒、脂质体和酶等。每个叶绿体内具有多个拷贝数的环形 DNA 分子；DNA 分子内含有指令密码，它指导着蛋白质合成，但是叶绿体中 90% 以上的蛋白质是由细胞核基因所编码。这些蛋白质进一步调控光合作用以及其他生命活动。在基质中由膜形成的圆盘状的颗粒称为基粒，每个叶绿体内都含有 40～60 个基粒相连、每个基粒含有 2～100 多个垛叠的类囊体（thylakoids）[或称基粒片层（grana lamella）]。连接基粒的片层结构称为基质片层（stroma lamella），呈交织的网状，使类囊体腔彼此相通，形成一个封闭的系统。类囊体膜含绿色的叶绿素和其他色素。叶绿体的主要功能是进行光合作用。其中光反应在类囊体上进行；而暗反应在基质中进行。除光合作用外，叶绿体也能合成自己的 DNA、RNA 和蛋白质。此外，叶绿体中含有约 30 种酶，是生化代谢的活动中心之一（图 1-17）。

有色体（chromoplast）是含绿色以外色素的质体。所含色素为胡萝卜素和叶黄素，故呈现黄色、红色或橙色。例如黄色的花瓣，橙色的柑橘，红色的山楂、番茄和辣椒果实，橙红色的胡萝卜等，都是细胞中含有有色体的缘故。尽管有色体与叶绿体大小相同，但由于胡萝卜素很容易结晶，在显微镜下有色体常呈多边形、杆状、颗粒状等不规则形状（图 1-18）。有色体与一些物质的贮存有关。

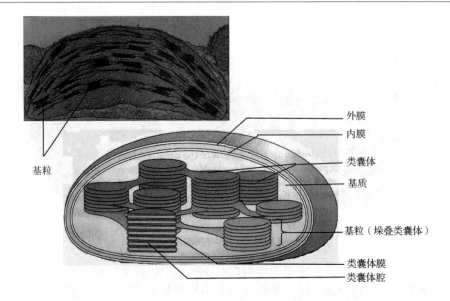

图 1-17　叶绿体超微结构图

白色体(leucoplast)是一种不含色素的质体。多见于幼嫩或不见光的组织细胞中，例如，能积累淀粉的造粉体和参与油脂形成的造油体。在光照和一定的条件下，一些白色体能转变成叶绿体或有色体；反之亦然(图1-19)。

(7)核糖体

核糖体(ribosome)是没有膜结构的细胞器，几乎存在于所有的生活细胞内。在电子显微镜下呈小而圆的颗粒(图1-20)。是由2个半圆形的亚基组成，其直径为 1.5 ~ 2.5 nm，主要成分为约占40%的蛋白质和约占60%的 RNA 组成。其唯

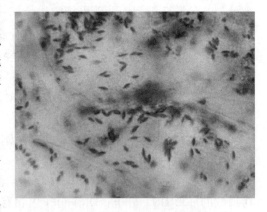

图 1-18　辣椒果肉中的有色体

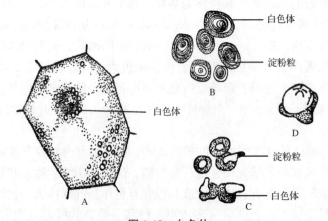

图 1-19　白色体

A. 乌桕嫩茎髓细胞的白色体　B、C. 白色体形成淀粉粒(B. 马铃薯块茎　C. 鸢尾根状茎)　D. 造油体

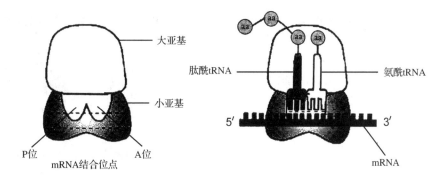

图 1-20　核糖体结构图

一的功能是将氨基酸组装成肽链，是合成蛋白质的场所。核糖体亚基在核仁内装配、释放，同 mRNA 分子结合一起完成蛋白质的合成。一旦聚合，所有的核糖体会在内质网外面线状分布，但在细胞质、叶绿体或其他细胞器内也可分散分布。原核生物细胞每一个核糖体内大约有 55 种蛋白质，真核生物种的数量会更多一些。

（8）高尔基体

细胞内含有几个至数百个不同的略呈圆形的扁平囊状结构散布在细胞质内。这些囊状结构在植物细胞内称为高尔基体（dictyosome）（动物细胞内称为 Golgi bodies）。高尔基体内含有由起源于内质网但不直接与内质网相连的枝状小管。高尔基体一般由 5~8 个堆叠整齐的扁囊组成，但是在比较简单的生物体内 30 个或以上的堆叠较为常见，其向细胞核的一侧且靠近内质网面的为形成面或称为顺面（cis cistemae），朝向质膜的一侧为成熟面或称为反面（trans cistemae）。每一扁囊是由双层平行的膜构成（图 1-21）。高尔基体与蛋白质、碳水化合物的修饰有关，这些蛋白质在内质网内合成并装配。复杂的多糖也在高尔基体内装配并在高

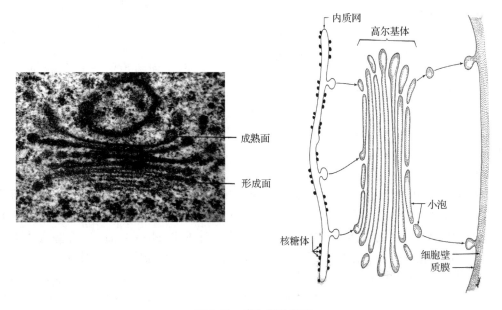

图 1-21　高尔基体结构

尔基体的边缘收缩的小泡内聚合。这些小泡移向质膜并与之融合，向细胞外分泌内容物。小泡分泌的物质包括多糖和草本植物体内重要的油类等。装配蛋白质所需的酶由内质网产生并在高尔基体内进一步加工。高尔基体的主要功能是收集、加工包装和传递细胞质内合成的物质，如半纤维素、纤维素、果胶等，向细胞的一定方向运输，参与细胞壁的形成。

(9) 溶酶体和圆球体

溶酶体(lysosome)是由单层膜组成的呈囊泡状结构的细胞器。膜内含多种水解酶(具有分解蛋白质、核酸、多糖等生物大分子物质的能力)，而以酸性磷酸酶为特有的酶。大小为 0.5 μm 至几个微米(图 1-22)。

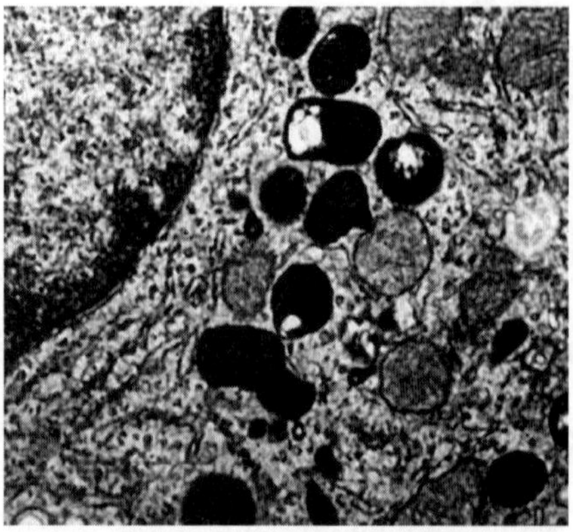

图 1-22　溶酶体结构

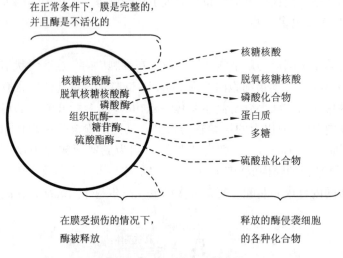

在正常条件下，膜是完整的，并且酶是不活化的

核糖核酸酶　————————→ 核糖核酸
脱氧核糖核酸酶　——————→ 脱氧核糖核酸
磷酸酶　——————————→ 磷酸化合物
组织朊酶　————————→ 蛋白质
糖苷酶　——————————→ 多糖
硫酸酯酶　————————→ 硫酸盐化合物

在膜受损伤的情况下，酶被释放　　　释放的酶侵袭细胞的各种化合物

图 1-23　溶酶体功能的图解

溶酶体的主要功能是：①正常分解细胞内贮存物质；②自体吞噬，即消化分解细胞自身的局部细胞质或细胞器；③自溶作用，即溶解衰老与不需要的部分，以利于分化及个体发育。溶酶体膜对其内的酶活性具有控制作用。一般认为，在溶酶体的膜没有破坏以致酶被释放之前，溶酶体内存在的酶活性很低甚至是不活化的；当膜破裂时，酶被释放，则酶活性大增，这些活化的酶使细胞的各种化合物分解破坏，这是很多植物细胞，特别是维管细胞分化成熟的一个重要过程(图 1-23)。

圆球体(spherosome)是直径为 0.5~1.0 μm 的小圆颗粒，为单层膜所包围，除含有水解酶外，还含有脂肪酶，能积累脂肪，是一种主要起贮存作用的细胞器。有人认为圆球体同时也具溶酶体性质。

(10) 微体

微体(microbody)也是单层膜包围的细胞器，直径为 0.2~1.5 μm，形状、大小与溶酶体相似，二者区别在于含有不同的酶。微体中含氧化酶和过氧化氢酶类。植物细胞中已研究证实的 2 种微体即过氧化物酶体(peroxisome)和乙醛酸循环体(glyoxysome)。有些微体中含有晶朊物质。过氧化物酶体存在于高等植物叶肉细胞内，它与叶绿体、线粒体相配合，共同参与光呼吸过程中的乙醇酸循环，即把光合作用中的乙醇酸转化成己糖。过氧化物酶体内进行的是将乙醛酸和过氧化氢有毒物质转变成无毒物质，即使该 2 种物质在叶绿体中浓度很低。乙醛酸循环体所包含的酶能使脂肪转化为碳水化合物。例如，富含脂肪的种子萌发时有乙醛

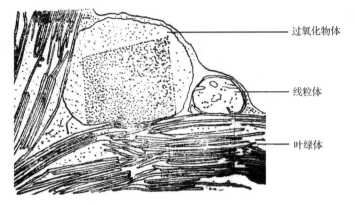

过氧化物体

线粒体

叶绿体

图 1-24　叶肉细胞内的过氧化物酶体

酸循环体酶的参与。在植物的生活周期中，当植物需要乙醛酸循环体和过氧化物酶体时，微体的数量会大大增加（图 1-24）。

（11）细胞骨架

细胞骨架（cytoskeleton）是细胞内以纤维状蛋白质性质细丝交织形成的网络系统，主要维持着细胞的形态结构及内部结构的有序性，同时在细胞运动、物质运输、能量转换、信息传递、细胞

分化等一系列方面起重要作用。细胞骨架包括微管（microtubule）、微丝（microfilament）和中间纤维（intermediate filament，IF）3 种不同粗细的纤维状蛋白质细丝。

①微管　微管是由 α、β 2 种类型的微管蛋白亚基形成微管蛋白异二聚体，并以蛋白异二聚体为基本结构单位，通过非共价键，形成细长的、具有极性的原纤丝（protofilament），13 条原纤丝纵向平行排列组成微管的壁，形成直径约为 25 nm 的中空长管状结构（图 1-25A）。微管在细胞中有 3 种存在形式：a. 单管（singlet）：单管微管是由 13 条原纤维丝组成。大部分细胞质微管是单管微管，它在低温、Ca^{2+} 和秋水仙素作用下容易解聚，属于不稳定微管。b. 二联管（doublet）：主要构成纤毛和鞭毛的周围小管，是运动类型的微管，它对低温、Ca^{2+} 和秋水仙素不敏感，因而能够稳定存在。c. 三联管（triplet）：组成中心粒的微管，由 33 条原纤维构成。三联管对于低温、Ca^{2+} 和秋水仙素的作用是稳定的。微管多分布在质膜内侧和细胞核、线粒体、高尔基体小泡的周围。细胞内微管呈网状和束状分布，并能与其他蛋白共同组装成纺锤体、基粒、中心粒、纤毛、鞭毛等结构。微管的主要功能：a. 构成细胞的网状支架，维持细胞形状，固定和支持细胞器的位置。实验证明，用秋水仙素处理细胞破坏微管，导致细胞变圆，说明微管维持细胞的形状是重要的；b. 参与形成纺锤丝并牵引染色体分裂和移动，还与细胞器的移动有关；c. 参与细胞收缩和运动，是纤毛、鞭毛等细胞运动器官的基本结构成分；d. 参与细胞内物质运输，控制着含有细胞壁物质的囊泡向细胞壁运送物质。

②微丝　微丝是由肌动蛋白（actin）组成的呈双股螺旋状，直径为 7 nm，螺旋间的距离为 37 nm 的细长丝，又称肌动蛋白纤维（actin fila-

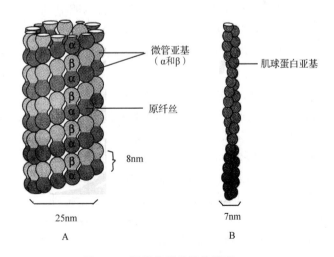

微管亚基
（α和β）

原纤丝

肌球蛋白亚基

8nm

25nm

7nm

A

B

图 1-25　微管和微丝结构模型

（引自 Lincoln Taiz, 2015）

A. 微管　B. 微丝

ment)(图 1-25B)。肌动蛋白以 2 种分子形式存在，即单体和多聚体。单体肌动蛋白(globular actin，G-actin)是由一种具有不对称结构的多肽构成的球形分子，又称肌球蛋白。肌动蛋白的多聚体形成纤维状肌动蛋白(fibro actin，F-actin)。微丝的主要功能：a. 作为细胞骨架，维持细胞的形态。b. 在所有生活细胞内的胞质环流(cyclosis)中起很大作用。环流有利于细胞内物质交换，并且在细胞间物质的运输中起到一定的作用。同微管一样，微丝在细胞内可以作为运输的轨道，参与物质运输。c. 细胞质分裂(cytokinesis)。在细胞有丝分裂完成之前，正在分裂的细胞要发生一系列的形态变化，将母细胞的细胞质和细胞器均等分为两部分，并分配到子细胞中去，这一过程称为胞质分裂。在有丝分裂末期，2 个即将分裂的子细胞之间产生一个收缩环。收缩环是由大量平行排列的微丝组成，随着收缩环的收缩，2 个子细胞被分开。胞质分裂后，收缩环即消失。

③中间纤维 中间纤维又称 10 nm 纤维，它的直径介于微管和微丝之间，为 10 nm 的中空管状纤维。中间纤维是 3 种骨架纤维中最复杂的一种，具有一个 α 螺旋的中间杆状区域，长短不等，40 ~ 50 nm。两端是非螺旋的头部区(氨基端)和尾部区(羧基端)。头部和尾部的大小及氨基酸组成在不同类型的中间纤维中区别较大，而杆状区域是高度保守的。

1.2.2.3 液泡及后含物

液泡(vacuole)及后含物(ergastic substance)都是原生质体生命活动的产物。

(1)液泡

液泡是植物细胞所特有的结构(图 1-26)。幼小细胞中不具液泡或仅具很多小而不明显的液泡。当细胞生长时，代谢产物增多，细胞从外界吸收大量水分，许多小液泡逐渐增大，并且互相合并，最后形成一个大液泡，它可占整个细胞体积的 90%，这时的细胞质和细胞核被挤压紧贴细胞壁。液泡里的水溶液称细胞液(cell sap)，呈微酸性，它是原生质生命活动过程中各种产物的混合液。其成分以水为主，还含有可溶性物质，例如，无机盐类、糖类、有机酸、单宁、植物碱和少量的可溶性蛋白质。它常含水溶性的色素，这些色素称为花青素，决定着花的红色、蓝色或紫色，一些淡红色的叶片也与其相关。在秋季低温下，花青素会聚合。然而它们不能同有色体内的红色、橘黄色等类胡萝卜色素相混淆。黄色的类胡萝卜色素

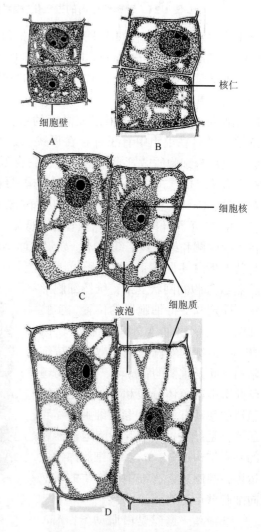

细胞壁
核仁
细胞核
液泡
细胞质

图 1-26　细胞的生长和液泡形成

(引自 Thomas *et al.*，1984)

A ~ D. 示细胞体积增大，液泡由小变大的过程

在秋季叶片的着色中起着一定的作用。液泡膜(tonoplast)和质膜的结构和功能有许多共同点。

液泡在植物的生命活动中起着重要的作用。可以控制水分出入细胞；维持细胞内一定的膨压，使细胞处于丰满的状态以保持植物体挺直；它还是各种营养及代谢产物的贮藏场所。

（2）后含物

植物细胞在生长过程中，原生质体不断进行新陈代谢活动，渐渐积累了多种代谢产物，称为后含物。它们都是非生命的物质，其中最为普遍的是淀粉、蛋白质和脂肪。此外，原生质在生命活动过程中，还产生一些单宁、生长素、维生素等。这些物质虽然含量极少，但在新陈代谢过程中却起着重要的作用。后含物有的存在于细胞液中，有的存在于细胞质中，或两处均有。

后含物有的以贮藏物质形式存在，有的是代谢中间产物，其中多数是细胞生命活动过程中不可缺少的物质。多数后含物是人类生活中食物、医药、工业原料等的重要来源。后含物的种类和含量随植物种类、部位、生长发育时期和环境条件不同而异。

①贮藏的营养物质

淀粉粒（starch grain）　光合作用产生的碳水化合物，除供应植物生长发育所需的营养、能量以外，剩余的产物多转化为淀粉。淀粉是一种多糖，以淀粉粒的形式贮藏在细胞质中，一般是由白色体转化而成。淀粉积累时，先从白色体上一点开始，形成淀粉粒的核心，以后围绕核心继续积淀，最后淀粉充满整个白色体，形成淀粉粒。由于白天和黑夜淀粉积累量不同而呈现出轮纹。各种植物淀粉粒的形态、大小、结构有差异，因此淀粉粒的这些特征可作为鉴定植物种类的依据之一（图1-27）。淀粉不溶于水，在热水中膨胀成糊状，遇碘呈蓝色，这是淀粉的特殊反应，可以根据这个反应鉴定淀粉。

淀粉粒是植物界最普遍的贮藏物质，在人类食物、能源需求中占有非常重要的地位。农作物的水稻、小麦、玉米、马铃薯等，木本植物板栗、榛子等都含有极其丰富的淀粉，是粮食的主要来源，也是制备燃料的重要原料，如我国用木薯、美国用玉米等制备燃料乙醇。

蛋白质（protein）　细胞内贮藏的蛋白质与构成细胞活性物质的蛋白质不同，贮藏蛋白质是没有生命的，呈比较稳定的状态。初期常以溶解状态存在于液泡中，当细胞进入成熟阶段，随着液泡内水分的丧失而成为固体粒状，称为糊粉粒(aleurone grain)。糊粉粒是一团无定形的蛋白质，内含有一个球晶体和几个拟晶体。拟晶体是蛋白质结晶，球晶体是由球蛋白、磷酸和镁结合而成。除糊粉粒形式以外，蛋白质的另一种贮藏形式是结晶状（图1-28）。

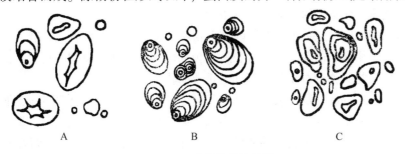

A　　　　　　　　B　　　　　　　　C

图1-27　几种植物的淀粉粒

A. 板栗　B. 马铃薯　C. 栓皮栎

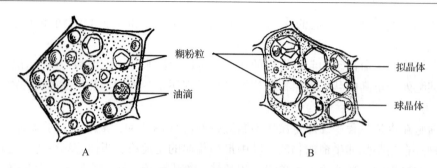

图 1-28 核桃、蓖麻种子的糊粉粒
A. 核桃 B. 蓖麻

蛋白质遇碘–碘化钾溶液呈黄色反应。可以根据这个反应鉴定蛋白质。蛋白质在油类种子中贮藏最多，如核桃、花生、大豆、蓖麻等。

脂肪(fat) 是一种高能量的贮藏物质，常以油滴状态存在于细胞质内，折光率很强，在光学显微镜下清晰可见(图1-28)，用苏丹Ⅲ滴染立即呈现橙黄色或橘红色。脂肪普遍存在于植物种子和果实的细胞中，如重要的油料植物花生、芝麻、油茶、油桐、核桃、油橄榄以及许多野生油料植物，是食用及工业用油的主要来源。

②生理活性物质 细胞在新陈代谢过程中，还产生一些含量很少，但对细胞生命活动起着非常重要作用的物质，这些物质统称为生理活性物质，如酶、维生素、植物激素等，是由蛋白质和类脂组成的一类活性物质，能保证细胞内一切生化反应的正常进行，调节和控制植物生长、发育、繁殖以至遗传、变异等一系列生命活动过程。集中分布在线粒体、叶绿体、微体和溶酶体中，同时在细胞核、细胞质和细胞液内也有分布。

③其他物质 细胞在代谢过程中，还产生一些其他物质：

糖类(saccharide) 液泡中的糖类呈溶解状态，主要是葡萄糖、果糖、蔗糖。它是植物生命活动过程中能源的物质基础。甘蔗、甜菜等植物的细胞液内贮藏了大量的糖分。

有机酸(organic acid) 细胞液中所含的有机酸，常见的有草酸、苹果酸、柠檬酸、酒石酸等。果实的酸味是由于含有有机酸引起的，有机酸多数为植物体内代谢的中间产物。

单宁(tannin) 是多聚的酚类化合物，有涩味，遇铁盐呈现蓝色以至黑色，可根据此反应来检验单宁。因单宁广泛分布在多种植物的细胞里，使未成熟的果实具有涩味。黑荆树、麻栎属、栗属、柳属、木麻黄属等植物的树皮中含有大量的单宁。单宁是重要的工业原料，可用于制革、防腐、印染、医药和钻井等方面。

精油(essential oil) 是一种挥发性的芳香物质。很多植物细胞内含有精油，例如樟树的树皮、叶和木材，柑橘属的花、果、叶，桉属植物的叶以及许多植物的花中，都含有丰富的精油。含精油的植物又称芳香植物。精油是重要的化工原料。

花青素(anthocyanin) 是植物体内比较普遍存在的一种色素，通常溶解在细胞液中，有些植物的花瓣、果实呈现红色、紫色、蓝色以及某些植物的茎叶呈现红色，都是花青素所显示的色泽。花青素的颜色与细胞液的酸碱度(pH值)有关，酸性呈红色，碱性呈蓝色，中性则呈紫色，植物在开花过程中花色发生变化正是花青素对细胞液不同酸碱度的反应。

植物碱(alkaloid) 是一种含氮的有机化合物，种类很多，因植物的种类不同而异，如咖啡、茶叶中含有咖啡碱，烟草中含有烟碱等。许多植物碱是重要的医药原料，例如萝芙木根中提取的利血平碱、阿吗立新碱、蛇根碱具镇静降血压的作用；金鸡纳树皮中提取的金鸡纳碱是治疗疟疾的特效药；小檗属植物中提取的小檗碱具杀菌作用；中药的许多有效成分也是植物碱。

无机盐类(inorganic salts)和**结晶体**(crystalline)　细胞液内，还含有一些无机盐类，有的呈溶解状态，有的呈结晶体。最常见的是草酸钙结晶。此外，还有些树木中的细胞含有一些特殊的物质，如橡胶树含有丰富的橡胶，松柏类树木中含有丰富的松脂等，均为工业上的重要原料。

1.3　植物细胞的繁殖

1.3.1　植物细胞周期及其调控

1.3.1.1　植物细胞周期

细胞分裂有自己的活动周期，细胞周期(cell cycle)是指从一次细胞有丝分裂结束开始到下一次细胞分裂结束之间细胞所经历的全部过程。包括间期(interphase)的 G_1、S、G_2 期和有丝分裂期(mitosis，M)4 个时期(图 1-29)。

G_1 期(gap1)，即 DNA 合成前期，是 DNA 合成前的准备时期，此时 DNA 合成尚未开始，细胞内 DNA 的相对含量保持原来二倍体细胞的量，以 $2C^*$ 表示。此期细胞内各个染色体均处于染色质丝的阶段，G_1 期细胞极其活跃地合成 RNA、蛋白质和磷脂等。

S 期(synthesis)，即 DNA 合成期，或称 DNA 复制期，DNA含量由 2C 增加为 4C，RNA 和蛋白质的合成继续进行。

G_2 期(gap2)，即 DNA 合成后期，也可称为有丝分裂的准备时期，此期内 DNA 相对含量稳定

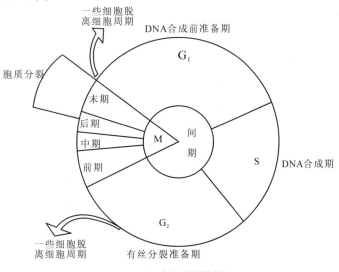

图 1-29　细胞分裂周期图

在 4C 水平，细胞中每条染色体具 2 条完全相同的 DNA 分子组成的染色质丝。RNA 和蛋白质合成继续进行。

M 期(mitosis)，即有丝分裂期，又可分为 4 个时期。

细胞周期中，各个时期所经历的时间随植物的种类、细胞的类型、温度及其他环境因素的变化而异，但通常持续的时间可在十几个小时到几十个小时之间，S 期最长，M 期最短，G_1 和 G_2 期变动较大。然而在很多情况下，分裂间期会占到整个细胞周期的90%甚至更多的

---

* C 表示一套染色体的 DNA 的含量，2C 为 2 套，3C 为 3 套，……依此类推。

时间。实际分裂的时间相对很短，因此，当我们在显微镜下观察根尖分生区细胞分裂相时，大多数细胞处于分裂间期，而处于分裂期的细胞相对较少。

间期的 G_1、S、G_2 三个时期，由于染色质为细丝状，在光学显微镜下一般看不出核内的变化，与 M 期中出现染色体等结构明显变化相比，属于相对"静止"状态。实际上，间期核中有着旺盛的生理生化活动，如 DNA 复制，染色单体的形成，代谢作用的加强以及高能化合物的大量积累等。细胞进行分裂时，必须要经历间期这一重要的阶段，才能进入分裂期。

1.3.1.2　植物细胞周期调控

细胞周期是受中央控制系统(central control system)控制的。它们根据在不同过程中的信息反馈来进行自我调节。在每一个过程中，都有特定的检测器在起作用，并向控制中心发回信号。

（1）细胞周期调控因子

细胞周期控制系统中有两种关键的蛋白质家族，第一种是周期蛋白依赖性的蛋白激酶(cyclin-dependent protein kinase, Cdk)，第二种是特殊的激活蛋白家族，称为周期蛋白(cyclin)，它能够同 Cdk 结合，并控制 Cdk 的蛋白磷酸化。

（2）细胞周期调控机理

对纯化的成熟促进因子(mature promoting factor, MPF)的分析发现，它是一种蛋白激酶，能够使丝氨酸和苏氨酸残基磷酸化。

不同的细胞周期蛋白与细胞周期依赖性蛋白激酶1(Cdk1/p34cdc2)结合，激活催化亚基的激酶活性，越过不同的控制点，进入不同的时期。当 Cdk1/p34cdc2 同周期蛋白 A 结合，可促使细胞进入 S 期；若 Cdk1/p34cdc2 同周期蛋白 B 结合，则促进细胞进入 M 期。

周期蛋白 A 是 G_1 细胞周期蛋白，在 G_1 期表达，进入 S 期降解；周期蛋白 B 在 S 期开始表达，在 G_2/M 期达

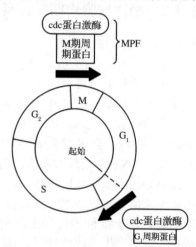

图 1-30　细胞周期调控

到高峰，中期向后期转换时被水解，一旦细胞周期蛋白降解，Cdk1/p34cdc2 也就没有活性了（图 1-30）。

1.3.2　细胞染色体结构

1.3.2.1　染色体和染色质

染色体(chromosome)是细胞在有丝分裂和减数分裂过程中染色质丝高度螺旋化，折叠缩短变粗的结构。染色体和染色质在化学本质上没有差异，只是在构型上不同，是遗传物质在细胞周期不同阶段的 2 种表现形式。染色质是伸展了的染色体，而染色体是凝聚的染色质，两者是不同时期细胞遗传物质存在的形式。每条染色体无论在间期或分裂期都是由 1 条 DNA 双螺旋分子长链螺旋折叠而成。染色体的基本结构是核小体。

染色质(chromatin)是指间期细胞核内由 DNA 和组蛋白等组成的能被碱性染料染色的细丝状结构，同时含有少量的 RNA。与 DNA 结合组成染色质的蛋白质称为 DNA 结合蛋白，分为组蛋白(histone)和非组蛋白(nonhistone)两大类。DNA 和组蛋白含量比较稳定，非组蛋白和 RNA 的含量是随细胞生理状态不同而改变。

　　组成染色质的基本结构单位是核小体(nucleosome)，染色质细丝是由许多核小体连接组成串珠状长链，每个核小体的中心有8个组蛋白分子，DNA双螺旋盘绕在它的表面，核小体之间有一段DNA双螺旋并由另一组蛋白分子相连形成一条伸展的染色质丝。由染色质丝再经进一步螺旋盘绕形成2级、3级、4级结构，成为染色单体(chromatid)，从而构成染色体。在多次螺旋化过程中，DNA双螺旋分子的长度压缩近万倍，于是一个数厘米长的分子长链变成几微米的染色体(图1-31)。

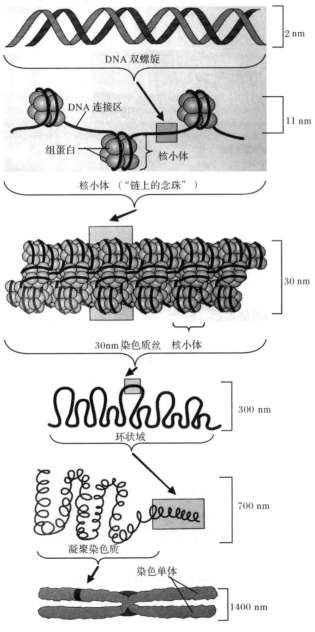

图1-31　染色体的四级结构

(引自 Alberts *et al*., 1984)

1.3.2.2　核型与染色体分带

（1）核型（karyotype）

核型是指染色体组在有丝分裂中期的表型，是染色体数目、大小、形态特征的总和。在对染色体进行测量计算的基础上，进行分组、排队、配对，并进行形态分析的过程叫核型分析。染色体一般常呈杆形、"V"形、"L"形。每条染色体有相对不着色而直径较小的主缢痕区域，称为着丝点（centromere）（图1-32）。由于着丝点在染

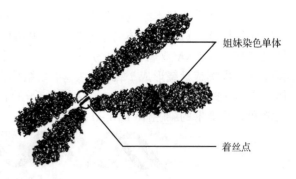

姐妹染色单体

着丝点

图1-32　细胞染色体结构

色体上的位置不同，使染色体出现不同的形状。着丝点位于染色体一端则染色体呈杆状；位于中部呈"V"形；位于近中部时呈"L"形。某些染色体的一端具1个圆形球体，称为随体（satellite）。

（2）染色体分带（chromosome banding）

使用特殊的染色方法，使染色体产生明显的色带（暗带）和未染色的明带相间的带型（banding pattern），以此作为鉴别单个染色体和染色体组的一种手段。

染色体的数目因植物种不同而异。但在同一种生物中，每个细胞里的染色体数目一般总是恒定的。例如种子植物中染色体数目已发现最少的为一种菊科植物 *Haplopapus gracillis*，仅2对，最多的为蕨纲瓶尔草属（*Phioglossum*）的一些物种，可达400~600对。一些树木如桃、李为16对；柑橘、乌桕为18对；刺槐、朴树为20对；扁柏、圆柏、杉木、油桐、桉树为22对；银杏、松树、樟树、栎树为24对；茶树、枫香树为30对；核桃、枫杨为32对；梨、苹果、杜仲为34对；杨树、柳树、鹅掌楸为38对；油橄榄、女贞为46对。一种生物的体细胞具一定数目和大小、形状的染色体，这些特征的总和称为染色体组型。染色体组型代表了一个个体、一个种甚至一个属或更大类群的特征。要观察植物种的染色体，就必须注意它们的染色体组型。生殖细胞所含染色体数目只有体细胞染色体数的一半，即生殖细胞只含有1个染色体组为单倍体（haploid），用 n 表示，而体细胞含有2个染色体组，为二倍体（diploid），用 $2n$ 表示。例如，松树生殖细胞（精子或卵）染色体为12条，故 $n=12$，体细胞为24条，则 $2n=24$；杉木 $n=11$，$2n=22$；杨树 $n=19$，$2n=38$；板栗 $n=12$，$2n=24$；油桐 $n=11$，$2n=22$。染色体计数常用根尖或茎尖压片法、流式细胞术（flow cytometry）法。染色体数常用根尖或茎尖压片法、流式细胞术（flow cytometry）法。染色体数目的多少与物种的进化的关系尚无定论，但对鉴别物种间的亲缘关系有着重要意义。此外，不同生物间的染色体形态差别也很大。

在有丝分裂过程中，染色体的分离主要是靠纺锤丝的移动。

1.3.3　植物细胞的有丝分裂和减数分裂

植物个体的生长以及个体的繁衍都是由于细胞的分裂、增大和分化的结果。细胞的分裂方式主要有3种：有丝分裂、减数分裂和无丝分裂。

1.3.3.1　细胞有丝分裂

有丝分裂(mitosis)是一种最普通的分裂方式，植物器官的生长一般都是以有丝分裂方式进行的。主要发生在植物根尖、茎尖及生长快的幼嫩部位的细胞中。植物生长主要靠有丝分裂增加细胞的数量。有丝分裂包括 2 个过程，第一个过程是核分裂，第二个过程是胞质分裂。分裂结果形成 2 个新的子细胞。在分裂间期，细胞核的结构具有明显的核膜、核仁及染色质粒或染色质丝。有丝分裂是一个连续的过程，一般把它分为前期、中期、后期和末期共 4 个时期(图 1-33)。

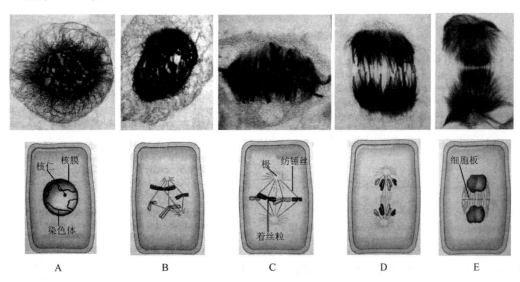

图 1-33　细胞有丝分裂
A. 早前期　B. 晚前期　C. 中期　D. 后期　E. 末期

①前期(prophase)　当细胞进入有丝分裂前期，细胞核内染色质丝由于螺旋化而逐渐缩短变粗形成染色体，每一个染色体含有早在 S 期即已复制的完全相同的 2 条染色单体，但不分开。接着核膜、核仁消失，开始从两极出现纺锤丝(spindle fiber)，标志着前期结束。

②中期(metaphase)　染色体有规律地排在细胞中部的赤道面上，形成赤道板，同时由两极伸出的纺锤丝与染色体上的着丝点相连，形成纺锤体(spindle)。在电子显微镜下可观察到纺锤丝是由微管组成的束形成的。中期染色体的形状缩短到比较固定的状态，排列也比较规律，因此在中期计算染色体的数目比较容易。

③后期(anaphase)　每个染色体的着丝点分裂为二，使每条染色单体都具有自己的着丝点，每个染色体单体已不再是染色体的一半而是一个完整的染色体。新的染色体随着纺锤丝的收缩向两极移动。此时两极就各有一套数目与母细胞完全相同的染色体组。

④末期(telophase)　到达两极后的子染色体随之又开始恢复成丝状、颗粒状，并且越变越细，越变越扩散，这时新的核膜、核仁重新出现，形成完整的子细胞核。在上述核变化的同时核质的分裂也在进行。位于赤道板的纺锤丝逐渐收缩增粗，形成成膜体。最后成膜体在赤道面上融合成一薄层，叫细胞板。细胞板将细胞质分成两部分，在此基础上形成 2 个子细胞之间的胞间层和初生壁，最后形成 2 个子细胞。

细胞有丝分裂的结果，由 1 个母细胞产生 2 个与母细胞遗传性完全相同的子细胞。子细胞的染色体数仍保持母细胞的染色体数为$2n$。有丝分裂各时期持续的时间是不同的,它们随植物种不同和所处环境条件不同而变化。前期通常时间最长,可持续 1~2 h 甚至更长,中期较短,一般在 5~15 min,后期最短,仅 2~10 min,末期则可在 10~30 min 内完成。以上数字仅是各时期持续时间的参考值,并不是绝对的。

1.3.3.2　细胞减数分裂

减数分裂(meiosis)是与生殖细胞和性细胞形成有关的一种细胞分裂,高等植物在开花过程中形成雌雄性生殖细胞——卵和精子,必须经过减数分裂。减数分裂是一种特殊的有丝分裂,即在连续 2 次核分裂中,DNA 只复制 1 次,因此,所形成的子细胞染色体数较母细胞中染色体数减少一半,由$2n$变成n。故精子和卵的染色体数都是n。植物的有性生殖过程必须经过精子和卵细胞的结合。这样融合后的细胞——合子,染色体又恢复原来的数目$2n$。

减数分裂全过程包括 2 次连续的分裂,即减数第一次分裂和减数第二次分裂。减数第一次分裂的前期发生同源染色体配对。配对的 2 个染色体,一个来自父方,是精子带来的;另一个来自母方,是卵细胞中的。它们形状、大小相似,由它们配合成对的过程,就叫同源染色体配对。每对同源染色体的每一个染色体含有 2 个染色单体,但 2 个染色单体并不立即分开,所以此时的每对同源染色体共有 4 个染色单体。2 个配对的同源染色单体之间可发生交叉互换,导致遗传物质的交换。减数第一次分裂的后期,每对同源染色体相互分离并移向细胞两极,这个过程导致染色体数目较原来母细胞的减少了一半,即移到两极的染色体只有原来母细胞($2n$)的一半(n)。随后再进入减数第二次分裂,该过程是普通的有丝分裂,每一染色体的着丝点分裂,2 个染色单体分开并分别移向细胞两极。这样通过减数分裂全过程就形成了 4 个子细胞,而每个子细胞核内染色体数较原来母细胞二倍数($2n$)减半,只含有单倍数(n)的染色体。

减数分裂的具体过程如下。

(1)减数第一次分裂(减数分裂 I)

包括前期 I、中期 I、后期 I、末期 I 共 4 个时期,前期经历时间最长,变化最大。

①前期 I　又分为下面 5 个时期(图 1-34)。

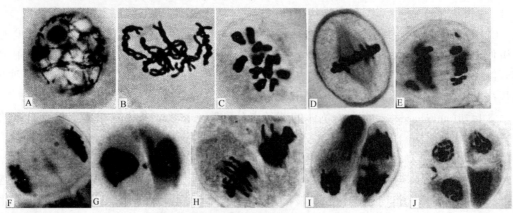

图 1-34　细胞减数分裂

A. 前期 I:偶线期　B. 前期 I:双线期　C. 前期 I:终变期　D. 中期 I

E. 后期 I　F. 末期 I　G. 前期 II　H. 中期 II　I. 后期 II　J. 末期 II

(引自 Thomas *et al.*, 1984)

细线期(leptotene)　染色体在核内出现，呈极细的线状。

偶线期(zygotene)　染色体配对过程开始，是由来自父方和母方的形状、大小、长度相似的 2 个染色体配对，这样的染色体称为同源染色体对。这种染色体配对的现象称为联会(synthesis)。

粗线期(pachytene)　每对同源染色体缩短变粗，此时每条染色体纵裂成 2 个染色单体，但着丝点不分开，每对同源染色体含有 4 个染色单体，又称二价体(bivalent)。

双线期(diplotene)　每对同源染色体的 4 个染色单体开始分离，但在一点或更多点上仍然保持接触，互相交叉，外观上呈"X""V""8""O"等形状。通过接触点断裂和与相关的另一染色单体再连接引起染色单体各段的相互交换，也就是染色体上遗传因子——基因的交换，这对生物的遗传变异具有重要意义。

终变期(diakinesis)　染色体更加收缩，变得更短更粗达到最小的体积。同源染色体对的每条染色体的 2 个染色单体彼此进一步分离。前期 I 结束时核膜核仁消失。

②中期 I　纺锤体出现，通过交叉而仍然结合在一起的同源染色体对的 2 个染色体的着丝点各向相反的极方，与赤道板保持相等的距离。

③后期 I　同源染色体对的 2 个染色体分别移向两极。染色体的着丝点并不分开，移向两极的染色体数为母细胞染色体数的一半。

④末期 I　染色体周围形成核膜而形成 2 个子核，但染色体并不完全消失。每个子核中染色体数目只有母细胞的一半。

减数第一次分裂的终变期和中期，染色体最清晰，因此常用处于这一时期的花粉母细胞来计算植物染色体的数目。

(2)减数第二次分裂(减数分裂 II)

在第一次分裂结束后，很快便开始了减数第二次分裂。它实际上就是一般的有丝分裂，也分 4 个时期，即前期 II、中期 II、后期 II、末期 II。前期 II 时间较短，中期 II 染色体排在赤道面上形成纺锤体，后期 II 着丝点彼此分开，2 个染色单体分别向两极移动，末期 II 染色体消失，核膜出现，细胞板出现，形成 4 个结合在一起的子细胞，称为四分体(tatrad)，每个子细胞的染色体数都是 $2n$ 的一半，成为单倍数(n)。

减数分裂具有重要的生物学意义。它是有性生殖中必需的一个过程，经过减数分裂，后代染色体数目才能维持不变，否则一代代染色体成倍增加，引起细胞的无限增大和遗传性的混乱。经减数分裂的细胞染色体数为 n，即只有 1 个染色体组；称为单倍体，以 n 表示。在有性生殖过程中，经雌雄性生殖细胞(雌配子和雄配子)结合，染色体又恢复为 2 个染色体组。细胞中含有 2 个染色体组的个体称为二倍体，以 $2n$ 表示。

植物有丝分裂和减数分裂的特点不同：有丝分裂主要发生在植物根尖、茎尖及生长快的幼嫩部位的体细胞中，而减数分裂只发生在植物的生殖细胞中；有丝分裂形成的子细胞其染色体数目与母细胞染色体数目相同，而减数分裂形成的子细胞染色体数目为母细胞染色体数目的一半；有丝分裂形成 2 个子细胞，而减数分裂由 2 次连续的分裂来完成，形成 4 个子细胞；有丝分裂过程无染色体配对、交换等现象，而减数分裂过程中，染色体有配对，交换分离等现象。

1.3.3.3 无丝分裂

无丝分裂(amitosis)是一种简单的分裂形式,分裂过程中核内不出现染色体等一系列复杂变化。分裂时,首先是核仁分裂为二,随着细胞核伸长,中部核膜向中央收缩横缢成 2 个子核。然后细胞质随之分裂而形成 2 个子细胞(图 1-35)。也有分裂出几个核而不进行胞质分裂的。无丝分裂有各种不同的形式。

无丝分裂在高等植物中也较普遍,在植物组织培养时以及一些植物的胚乳形成过程中常有发生。

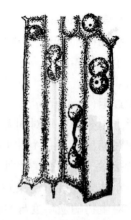

图 1-35 鸭跖草细胞的无丝分裂

1.3.4 细胞程序化死亡与衰老

植物的衰老(senescence)是指一个器官或整个植株的生命功能逐渐衰退的过程。衰老可以发生在整株植物水平上,也可以发生在器官或细胞水平上。对许多 1 年生或 2 年生植物而言,一生中只开 1 次花,当果实和种子成熟后,整个植株就进入衰老状态,最后死亡;但对多年生植物而言,只有当顶端分生组织开始衰退时,整株植物才进入衰老阶段,然而即使在常绿或旺盛生长的植株中,也不断有旧器官的衰老死亡和新器官的发生。叶片的衰老和死亡就是自然界非常普遍的现象,有些植物的叶子是按照它们的发育顺序相继发黄、衰老、死亡,也有些植物在某一段时间内形成的所有叶子在同一时间里全部衰老死亡。

当细胞衰老时,通常发生一些特征性的变化,如在叶肉细胞衰老早期,核酮糖二磷酸羧化酶(RuBP 羧化酶)降解,随后叶绿素破坏,类囊体消失;在细胞质中,内膜系统皱褶,磷脂分子物理化学性质改变从而导致膜的透性改变,可溶性糖、氨基酸和离子的渗漏加快;水解酶、蛋白酶、过氧化物酶以及多酚氧化酶活性增加;多种酶的积累使液泡具备了溶酶体的性质,甚至在细胞区域化遭到破坏之前,叶片和果实中出现呼吸峰。

目前发现在 1 年生植物中,启动衰老的信号主要来自种子,花和未成熟的种子的摘除可以延长植株的寿命;在多年生植物中,衰老的信号主要来自外界环境如短日照、临界温度等。就整体植株而言,激素对衰老的影响十分显著,如脱落酸和茉莉酸可以诱发导致落叶的生理反应,乙烯则可加速器官脱落;相反,高浓度的细胞分裂素可以减缓叶片的衰老。

衰老是一种极其复杂的生物学现象,植物细胞衰老过程中,细胞结构和代谢过程都会发生显著的变化,其中有些可能是导致衰老的原因,有些则可能是衰老的结果。迄今为止,还没有任何一种理论能够圆满地解释衰老现象,揭示衰老的机理。尽管如此,有关衰老的研究近年来仍然取得了一些重要的进展,如近年来有关花药开裂和木质部导管分化过程中程序性细胞死亡(programmed cell death)的研究,为深入探讨植物细胞衰老的机理提供了很好的研究系统。

所谓程序性细胞死亡,是指胚胎发育、细胞分化及许多病理过程中,细胞遵循其自身的"程序",主动结束其生命的生理性死亡过程,是一种由细胞内在因素引起的非坏死性变化。程序性死亡发生时,细胞表现出一系列特有的形态学和生物化学变化。在电子显微镜下观察,可以发现早期凋亡细胞的细胞核缩小,电子密度增高,核膜皱缩,染色体密集于核膜下，分布不均匀，进一步发展的结果是细胞核高度凝集、致密化，以致核膜消失，染色体断裂，核分解成碎片，在细胞质中与细胞器等一起被膜包裹成凋亡小体；细胞质的密度增高，细胞骨架被破坏。在生物化学方面，凋亡细胞最显著的变化特征是基因组 DNA 的琼脂糖凝胶电泳图谱呈 180～200bp 间隔的阶梯状电泳条带（DNA ladder），这是由于内源 DNA 内切酶活性表达的缘故。细胞程序性死亡通常采取细胞凋亡（apoptosis）的形式，但细胞凋亡除了细胞程序性死亡外，还可被一些外界因子如紫外线、有毒物质等所诱发，因此，细胞凋亡并非全是细胞程序性死亡。

目前发现在植物胚胎发育、细胞分化和形态建成过程中，普遍存在细胞的程序性死亡，如木质部导管的分化、根冠细胞的死亡脱落以及胚柄的消失等，都是程序性细胞死亡的结果，性别决定过程也与程序性细胞死亡有密切联系。

程序性细胞死亡理论不仅可以说明植物发育过程中很多重要的细胞分化和形态发生问题，而且它被视为一种很有前途的细胞衰老学说，植物发育过程中的程序性细胞死亡正在成为一个新的研究热点。

1.4　植物细胞的生长和分化

1.4.1　植物细胞的生长

细胞生长是指细胞体积和重量不可逆的增加，其表现形式为细胞鲜重和干重增长的同时，细胞发生纵向的伸长或横向的扩展。细胞生长是植物个体生长的基础，对单细胞植物而言，细胞的生长就是个体的生长，而多细胞植物体的生长则依赖于细胞的生长和细胞数量的增加。

植物细胞的生长包括原生质体生长和细胞壁生长两个方面。原生质体生长过程中最为显著的变化是液泡化程度的增加，原生质体中原来小而分散的液泡逐渐长大，合并成为中央大液泡，细胞质的其余部分则变成一薄层紧贴于细胞壁，细胞核也移至细胞侧面；此外，原生质体中的其他细胞器在数量和分布上也发生着各种复杂的变化，比如，内质网的增加，并由稀疏变为密集的网状结构；质体也由幼小的前质体逐渐发育成各种质体等。细胞壁的生长包括表面积的增加和壁的加厚，其生长过程受原生质体生物化学反应的严格控制，原生质体在细胞生长过程中不断分泌壁物质，使细胞壁随原生质体长大而延伸，同时壁的厚度和化学组成也发生变化，细胞壁（初生壁）厚度增加，并且由原来含有大量的果胶和半纤维素转变成有较多的纤维素和半纤维素多糖。

植物细胞的生长是有一定限度的，当体积达到一定大小后，便会停止生长。细胞最后的大小，随植物的种类和细胞的类型而异，受遗传因子的控制；但细胞生长的速度和细胞的大小也会受环境条件的影响，例如在水分充足、营养条件良好、温度适宜时，细胞生长迅速，体积亦较大，在植物体上反映出根、茎生长迅速，植株高大，叶宽而肥嫩；反之，如果水分缺乏、营养不良、温度偏低时，细胞生长缓慢，而且体积较小，在植物体上反映出生长缓慢、植株矮小、叶小而薄。

1.4.2　植物细胞的分化

　　同源植物细胞逐渐变为结构、功能、生化特征相异的细胞的过程，称为分化(cell differ-entiation)。通过分化，使本来差别不大的幼嫩细胞成为形态结构、功能不同的细胞。例如，根尖分生区分裂形成的细胞，经过生长分化形成成熟区结构、功能各异的各种细胞。因此，细胞分化就是指细胞功能上、结构上的特化。生理功能变化是形态结构变化的基础，而形态结构变化是生理功能变化的表现。对多细胞植物而言，不同的细胞往往执行不同的功能；并与之相适应，执行不同功能的细胞常常在细胞形态或结构上表现出各种变化。例如，表皮细胞在细胞壁的表面形成明显的角质层以加强保护作用；叶肉细胞中前质体发育形成了大量的叶绿体进行光合作用；而贮藏细胞既不含叶绿体，也没有特化的细胞壁，但往往具有大的中央液泡和大量的白色体。植物的进化程度越高，植物体结构越复杂，细胞分工就越细，细胞的分化程度就越高。细胞分化使多细胞植物体中的细胞功能趋于专门化，这样有利于提高各种生理功能的效率。事实上，不仅在多细胞植物体中存在细胞分化，在单细胞植物中也存在着分化，但它们与多细胞植物不同，细胞分化不表现为细胞间的差异，而是在它们的生活史中发生有规律的形态和生理上的阶段性变化。例如，许多单细胞藻类在营养时期是固着不动的，但在繁殖时期却产生了游动的孢子或配子；在寄生或共生的菌类植物中，个体发育过程中细胞表现型的变异更为普遍。在单细胞植物中，细胞分化往往是植物个体完成其生活史或抵御不良环境所必需的。

　　细胞分化是一个非常复杂的过程，它涉及许多调节和控制因素，因为组成同一植物体的所有细胞均来自于受精卵，它们具有相同的遗传信息，但它们为什么会分化成不同的形态？是受哪些因素控制？这是发育生物学研究的中心问题之一。目前对植物个体发育过程中某些特殊类型细胞的分化和发育机制已经有了一定程度的了解，已发现一些特殊的发育调控基因、细胞的极性、细胞在植物体中的位置、各种不同的激素或化学物质，以及光照、温度和湿度等外界环境条件，都可能对植物细胞的分化过程产生影响。

　　细胞全能性的概念在植物细胞中已被大量事实证明，不论是未分化的胚性细胞(或幼嫩细胞)，还是高度分化的成熟细胞，如根、茎、叶、花等器官中的生活细胞，不论是二倍性的体细胞，还是单倍性的生殖细胞，均有经过体外培养诱导从单个细胞的分化、脱分化等过程而形成完整植株的能力。这说明植物体内任何一种生活细胞都有分化为各种细胞的潜在能力。未分化的细胞都具有分化为各种结构和功能的细胞全能性，因为它们都具有整套基因，以幼嫩细胞来说，其中 80% 以上的基因都处于非活性状态。分化的本质实际上是某些原来非活性的基因被激活，经分化产生的细胞也就各异。在已分化的细胞中，已激活的一些基因也可经诱导从激活状态变为非激活状态，即从"开放"基因变为"关闭"基因而达到脱分化，重新恢复到胚性细胞，此过程称为脱分化(dedifferentiation)。细胞全能性的概念对细胞分化及脱分化的解释深入了一步，奠定了生物技术的理论和实践基础。

　　细胞分化是一个复杂、重要的过程，也是现代生物学研究领域中的一个重要问题。科学家们围绕细胞分化问题进行了多方面研究，试图进一步查明细胞分化的原因、过程，从而达到控制细胞分化的目的。

1.5　植物干细胞

　　植物干细胞(plant stem cell)是植物体内具有自我更新和分化形成多种组织器官的细胞群体。主要位于植物体茎端分生组织、根端分生组织和维管形成层中，是植物胚后发育形成各种组织和器官的细胞来源和调控中心。

　　植物茎端分生组织(shoot apical meristem, SAM)位于茎的顶端，呈凸起的穹顶状，根据细胞的密度与分裂频率分为中心区(central zone, CZ)、周边区(peripheral zone, PZ)和肋状区(rib zone, RZ)。中心区位于 SAM 的前端，是 SAM 的干细胞龛，干细胞分裂产生的子细胞一部分用于自我更新，另一部分进入周边区和肋状区内，是植物后续生长发育的干细胞源。周边区位于中心区的两侧，进入该区域的子干细胞进一步分裂、分化形成侧生器官。肋状区处于中心区的底部，进入该区域的子干细胞经过分裂、分化形成茎的内部组织结构(图 1-36)。

　　近些年来，遗传学研究阐明了一些维持植物顶端分生组织正常功能的基因主要有 *WUS*(*WUSCHEL*)、*CLV3*(*CLAVATA3*)、*CLV1*(*CLAVATA1*)和 *STM*(*SHOOT MERISTEMLESS*)等，研究最多的机制是 *WUS* 和 *CLV3* 的反馈调节环。*WUS* 基因编码同源异构型转录因子，促进干细胞形成，抑制干细胞分化且维持干细胞数量；*CLV*(*CLV1*、*CLV2*、*CLV3*)基因促进器官发生。*WUS* 直接与 *CLV3* 启动子结合以激活 *CLV3* 转录；反之，*CLV3* 也可抑制 *WUS* 的转录，且与其他基因协同调控 *WUS* 的功能，从而形成一个反馈调节环，调控植物顶端分生组织干细胞的活性(图 1-37)。

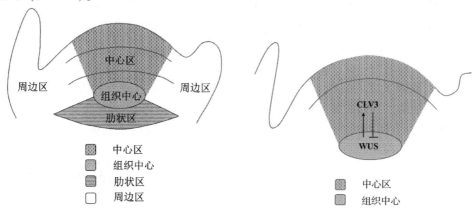

图1-36　植物茎端分生组织(SAM)结构模式图　　图1-37　植物茎端分生组织(SAM)功能调控

　　植物根端分生组织(RAM)中心有静止中心(quiescent center, QC)，静止中心和围绕在其周围的细胞组成干细胞龛(stem cell niche, SCN)。根尖干细胞龛中存在小柱干细胞(columella stem cells, CSCs)、表皮干细胞(epidermal stem cells)、皮层干细胞(cortex/endodermal initials, CEIs)和维管干细胞(vascular stem cells)4 类干细胞(图 1-38)。

　　静止中心和干细胞龛的干细胞之间存在 WOX5/CLE40/ACR4 反馈抑制调控途径，在维持植物根端分生组织干细胞生理功能方面具有重要作用。CLE40 蛋白通过与其受体 ACR4 结合间接抑制 WOX5 的表达；WOX5 参与了小柱干细胞活性的维持；WOX5 蛋白从静止中心移动到 CSCs 区域，通过招募 TPL/TPR 共抑制子和组蛋白脱乙酰酶 HDA19 共同抑制分化因子

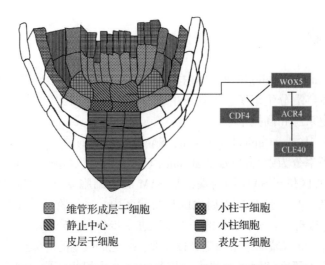

图1-38　植物根端分生组织(RAM)结构模式图及功能调控

CDF4 的表达，以此方式来维持干细胞的稳态。WOX5 信号从静止中心移动到 CSCs 中，通过 WOX5 – CLE40 – ACR4 构成一个负反馈调节，维持植物根端分生组织干细胞分裂与分化的动态平衡(图 1-38)。

　　维管形成层(vascular cambium，VACM)干细胞是沿着茎或者根呈环状排列的一类细胞，它们具有自我更新和分裂能力，能够使茎或者根变粗。它是一种次生分生组织，存在于大部分的双子叶植物和裸子植物中。它是由原形成层和周围的一些薄壁细胞如茎的髓射线薄壁细胞和根的中柱鞘细胞所组成。形成层干细胞通过平周分裂分化出次生木质部和次生韧皮部，最终形成次生维管组织(图 1-39)。

　　维管形成层干细胞中也存在类似的 CLE/RLE 反馈调节途径。目前已知的包含 WOX4 和 WOX14，CLE 家族蛋白成员包含 CLE41 和 CLE44。TDIF 信号肽既能促进原形成层细胞分裂，又能抑制其向木质部细胞分化。TDR 位于原形成层细胞的质膜上，对 TDIF 信号肽有特异性的识别作用。TDIF 扩散到维管形成层中，与维持原形成层干细胞定向分裂的受体激酶

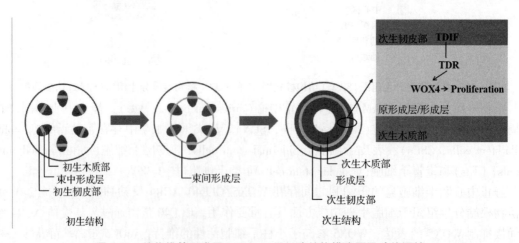

图1-39　植物维管形成层(VACM)干细胞结构模式图及功能调控

TDR 结合形成复合体。当 TDR 受体接收到 TDIF 信号后，发生一系列的生理变化，激活 WOX4 的表达，从而构成 TDIF – TDR – WOX4 调控通路，维持维管形成层干细胞的分裂活性（图 1-39）。

本章小结

植物细胞是构成植物体的基本结构、功能和遗传单位。德国的植物学家施来登（Matthias Schleiden）和动物学家施旺（Theodor Schwann）共同创立了细胞学说，其主要内容是：①一切动植物有机体由细胞发育而来。②每个细胞是相对独立的单位，既有"自己的"生命，又与其他细胞共同组成整体生命而起着应有的作用。③新细胞来源于老细胞的分裂。细胞学说的创立是生物学发展史上的一个重要成就，它为揭示生物结构、功能、生长、发育规律的研究奠定了重要基础。1902 年，德国植物学家 Harblant 提出"细胞全能性"（totipotency）的概念，其基本含义是植物的每个细胞都包含着该物种的全部遗传信息，从而具备发育成完整植株的遗传能力。根据细胞的结构和生命活动的主要方式，可以把构成生命有机体的细胞分为两大类，即原核细胞（procaryotic cell）和真核细胞（eucaryptic cell）。从细胞的结构体系来看，植物细胞中区别于动物细胞特有的细胞结构和细胞器包括细胞壁、液泡、叶绿体和其他质体。细胞壁是由原生质所分泌的物质形成的。细胞壁中最主要的成分是纤维素（cellulose）、半纤维素（hemicellulose）、木质素（lignin）、果胶（pectin）和糖蛋白。通常初生壁生长时并不是均匀增厚的，初生壁上一些不增厚的圆形薄壁区域叫做纹孔（pit）。相邻的生活细胞之间，在细胞壁上还通过一些很细的原生质丝相连，称为胞间连丝。细胞壁以内的全部有生命部分统称为原生质体。原生质体包括由原生质分化形成的细胞质和各种细胞器，如细胞核、内质网、线粒体、质体（叶绿体、白色体、有色体）、核糖体、高尔基体、溶酶体、圆球体、微体、微管、微丝等。细胞器是细胞质中具有一定形态结构和特定功能的细微结构。原生质体是细胞内各种代谢活动进行的场所。原生质主要由蛋白质、核酸、碳水化合物、脂类、无机盐和较多的水分等组成。细胞周期是指从一次细胞分裂结束开始到下一次细胞分裂结束之间细胞所经历的全部过程。可划分为 4 个时期：G_1 期（gap1）、S 期（synthesis）、G_2 期（gap2）和 M 期（mitosis）。细胞的分裂方式主要有 3 种：有丝分裂、减数分裂和无丝分裂。植物生长主要靠有丝分裂增加细胞数量。植物细胞的分化本质实际上是某些原来非活性的基因被激活，已激活的一些基因也可经诱导从激活状态变为非激活状态，即从"开放"基因变为"关闭"基因而达到脱分化，重新恢复到胚性细胞，此过程称为脱分化。植物干细胞是植物体内具有自我更新和分化形成多种组织器官的细胞群体。干细胞在植物生长发育过程中起到了至关重要的作用，是植物组织和器官产生的源泉。不同部位的植物干细胞受到不同因子的调控，了解植物干细胞的相关知识对于认识植物生长和发育过程以及它们的调控机制具有重要意义。

复习思考题

1. 真核细胞与原核细胞在结构上有哪些区别？
2. 植物细胞区别于动物细胞的显著特征有哪些？
3. 植物细胞中各种细胞器的结构与功能如何？
4. 细胞壁的结构与功能如何？
5. 细胞周期及其各阶段的主要特征是什么？细胞周期是如何调控的？
6. 有丝分裂与减数分裂的区别是什么？

7. 细胞的生长与分化的含义是什么? 对植物生长发育有何意义?

8. 细胞全能性的含义是什么? 在组织培养中有何意义?

9. 什么是植物干细胞?

10. 植物干细胞位于植物的哪些部位? 其有何特点?

11. 不同部位的植物干细胞是如何被调控的?

推荐阅读书目

1. B. B. 布坎南, W. 格鲁依森姆, R. L. 琼斯, 2004. 植物生物化学与分子生物学(Biochemistry & Molecular Biology of Plants). 瞿礼嘉, 顾红雅, 白书农, 等译. 北京: 科学出版社.

2. 方炎明, 2015. 植物学(第 2 版). 北京: 中国林业出版社.

3. Kingsley R Stern, Shelley Jansky, James E Bidlack, 2003. Introductory Plant Biology(9th ed). New York: The McGraw – Hill Companies, Inc.

4. R 兰萨, A 阿塔拉, 2020. 干细胞生物学基础. 北京: 化学工业出版社.

5. Thomas L Rost, Michael G Barbour, Robert M Thornton, et al. , 1984. Botant: a brief introduction to plant biology(2nd ed.). New York: John Wiley & Sons, Inc.

6. 王佃亮, 陈海佳, 2017. 细胞与干细胞. 北京: 化学工业出版社.

7. 杨继, 2007. 植物生物学(第 2 版). 北京: 高等教育出版社.

8. James D Mauseth, PHD. 2017. Botany: an introduction to plant biology(6th ed.). Burlington, Massachusetts: Jones & Bartlett Learning, LLC.

9. Lincoln Taiz, Eduardo Zeiger, Ian Max Møller, Angus Murphy, 2015. Plant physiology and development (6th ed.). Sunderland: Sinauer Associates, Inc.

第2章 植物组织

细胞经分裂、生长和分化，使本来差别不大的幼嫩细胞成为形态结构、功能、生理特征不同的细胞。

2.1 植物组织的概念

植物在长期进化过程中，由低等的单细胞植物向高等的多细胞植物演化。一般来说，低等的类群没有细胞分化或只有简单的分化（如生殖细胞、营养细胞的分化等）；但高等植物，特别是种子植物，对陆生等复杂环境产生了高度的适应，在体内分化出许多生理功能不同、形态构造不同的细胞群。通常将在个体发育中来源相同、功能相同、形态结构相似并相互联系在一起，执行共同生理机能的细胞群称为组织（tissue）。由各种不同的组织组合在一起形成植物的器官（organ）——根、茎、叶、花、果实、种子。

组成植物组织的细胞，其形态构造是和它们的生理功能相适应的。例如，叶是植物进行光合作用的器官，其中细胞主要分化成含大量叶绿体的同化组织，以进行光合作用；细胞的排列比较疏松，便于气体交换；在叶片的表面分化出保护组织以防止水分过度蒸腾。在叶脉中分化出输导组织，以保证水分和营养物质的运输。因而细胞形态构造取决于生理功能，而生理功能则取决于对环境的适应。就个体发育而言，组织的形成是植物体内细胞分裂、生长、分化的结果；就系统发育而言，植物组织的出现是长期进化的结果，植物进化程度越高，其体内细胞分工也就越细，组织分化也就越明显。

2.2 植物形态发生

植物形态建成是指胚胎发育过程中的器官发生或器官原基的形成过程。Mayer 等人把植物胚胎自上而下分为三个区域并认为这三个区域分别由独立的基因控制，这三个区域是：上区，由子叶、上胚轴和顶端生长点构成；中区，即为下胚轴；下区，包括根生长点和根冠。胚胎发育过程中，建立这三个区域的过程称为上下胚轴模式形成（apical-basal pattern formation），或称为根茎轴模式形成（图2-1）。

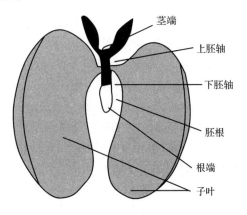

茎端
上胚轴
下胚轴
胚根
根端
子叶

图 2-1 刺槐种子胚结构

2.3　细胞分裂的方向及分裂面

细胞分裂的方向有平周、垂周和横向 3 种(图 2-2)。平周分裂(periclinal division)又称为切向分裂或弦向分裂,细胞分裂面(或产生的新壁)与器官的表面相平行,用以增加细胞的层数,使器官或组织增粗、变厚。垂周分裂(anticlinal division)又称为径向分裂,细胞分裂面(或产生的新壁)与器官的表面相垂直,用以扩大组织或器官的周径。横向分裂(transverse division)产生的分裂面(或新壁)与器官的长轴方向相垂直,增加轴向细胞数目,使组织或器官伸长。3 种分裂方式在植物体的不同部位和组织中有不同表现,单独或共同作用建成了植物体。

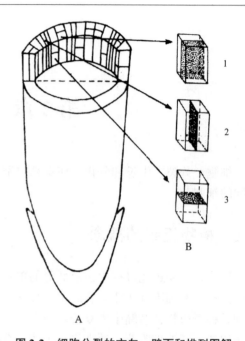

图 2-2　细胞分裂的方向、壁面和排列图解
A. 根尖的一部分,示在组织结构中细胞的各种分裂方向
B. 示细胞的壁面、细胞的分裂方向和排列以及新壁的方向
1. 平周分裂　2. 垂周分裂　3. 横向分裂

2.4　植物组织的类型

根据植物组织的生理功能、形态及解剖结构的差异,将植物组织分为分生组织(meristem)、薄壁组织(parenchyma)、保护组织(protective tissue)、机械组织(mechanical tissue)、输导组织(conducting tissue)和分泌组织(secretorytissue)。后 5 种组织都是在器官形成时由分生组织细胞分裂衍生分化而成的,因此,称为成熟组织(mature tissue)。

2.4.1　分生组织

由具有分裂能力的细胞组成的细胞群称为分生组织(meristem),也称形成组织。分布于植物体的根端和茎端(图 2-3),以及茎和根中的形成层等部位。植物的根和茎的伸长生长以及加粗生长,都与分生组织有直接关系。依照分生组织的来源和发展不同,可分为原分生组织(promeristem)、初生分生组织(primary meristem)和次生分生组织(secondary meristem);依照发生的部位则可分为顶端分生组织(apical meristem,位于根、茎顶端)、侧生分生组织(lateral meristem,位于根、茎的形成层和木栓形成层)和居间分生组织(位于节间的初生分生组织)(图 2-4)。原分生组织是位于根尖和茎尖的先端(生长锥)的一部分细胞,又称原始细胞或胚性细胞,能较长期地保持分裂机能。初生分生组织是由原分生组织衍生的细胞组成,位于原分生组织之后。其特点是一方面细胞仍具有分裂能力,另一方面细胞已开始分化,因而初生分生组织可以区分为原表皮(protoderm)、原形成层(procambium)和基本分生组织(ground meristem)3 部分,它们继续分化形成表皮(epidermis)、皮层(cortex)、维管组织(vascular tissue)、髓(pith)等成熟部分(图 2-5)。原分生组织和初生分生组织按位置合称为

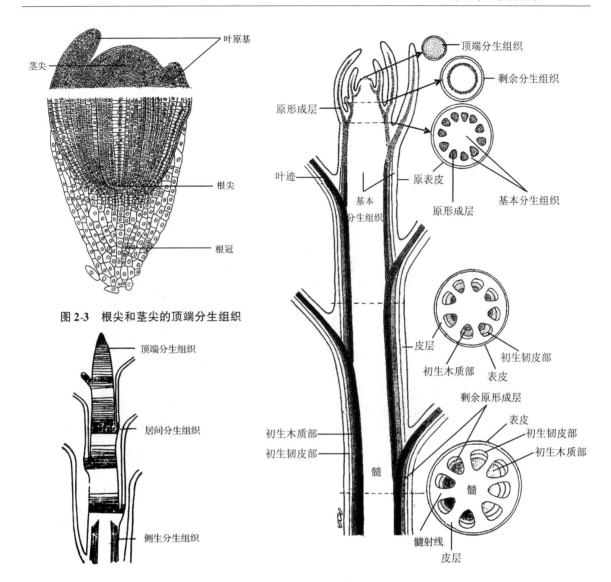

图 2-3　根尖和茎尖的顶端分生组织

图 2-4　分生组织的位置

图 2-5　初生分生组织的位置及维管的发育模式

（引自 Thomas *et al.*，1984）

顶端分生组织。次生分生组织是由初生分生组织产生的薄壁组织在一定条件下恢复分裂机能转化而成的，其特点是细胞具有分裂能力，例如，形成层（cambium）和木栓形成层（cork cambium），按位置属侧生分生组织。次生分生组织仅见于裸子植物和双子叶植物。

2.4.2　薄壁组织

薄壁组织（parenchyma）也称基本组织（ground tissue），指广泛分布于植物体的各个器官内，具有同化、贮藏、通气和吸收等功能的组织。其特点是细胞壁薄，有细胞间隙（一般在间隙内充满空气）。根据其功能不同，又可分为：

①吸收组织(absorptive tissue) 吸收水分、矿物质盐类或其他养料,如根毛及根的表皮等。

②同化组织(assimilating tissue) 具有大量叶绿体,能进行光合作用,如叶肉组织。

③贮藏组织(storage tissue) 积聚或暂时保存各类养料(图 2-6、图 2-7)。

④贮水组织(aqueous tissue) 耐旱肉质植物中用以保存水分的薄壁细胞群。

⑤通气组织(aerenchyma tissue) 生于水域或沼泽中的莲、水稻、芦苇等的根、茎或叶中有发达的通气组织。薄壁组织细胞分化程度较低,在一定条件下,可以恢复分生组织的生理机能,形成次生分生组织。如扦插和嫁接时所产生的愈伤组织多数是由薄壁组织恢复分裂而产生的。

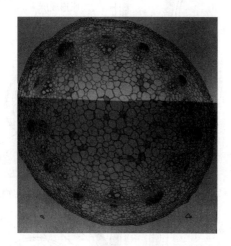

图 2-6 向日葵茎薄壁组织

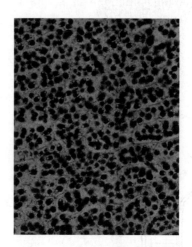

图 2-7 蓖麻胚乳中贮藏组织

2.4.3 输导组织

运输植物体内水分和各种营养物质的组织称为输导组织(conducting tissue)。输导组织的细胞一般呈长管形,细胞间相互联系,贯穿于整个植物体内,形成一个连续的运输系统。根据运输物质的不同,输导组织又分为两类:一类是输送水分和溶解于水中无机盐的导管和管胞;另一类是输送有机养分的筛管和筛胞。

2.4.3.1 导管和管胞

(1)导管(vessel)

导管属于被子植物的输水组织,每一导管是由许多管状的死细胞以端壁连接而成的,相连细胞间的横壁消失或部分消失,因而成为上下贯通的多细胞的长管。有时将组成导管的每一个细胞称为导管分子(vessel element, vessel member)。初期的导管分子细胞内可看到微管、高尔基体等细胞器,以后在微管集中的部位形成次生壁加厚并木化,而且形成不同纹式的增厚,随后液泡破裂、水解酶释放而使原生质体逐渐消失,端壁消失而形成不同形式的穿孔(perforation)(图 2-8),水分和无机盐经过穿孔运输。导管的长度通常由数厘米至 1m,藤本植物的导管有长达数米的,如紫藤的导管可超 5m。

根据导管壁增厚方式的不同,可以把导管分为以下 5 种类型(图 2-8、图 2-9):

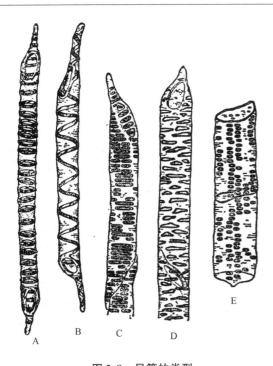

图 2-8　导管的类型

A. 环纹导管　B. 螺纹导管　C. 梯纹导管

D. 网纹导管　E. 纹孔导管

①环纹导管（annular vessel）　导管的直径比较小，在导管壁上每隔一定距离，有环状的增厚部分，因此显出环状的花纹。

②螺纹导管（spiral vessel）　管径比环纹导管稍大，导管壁上的增厚部分呈螺纹状，显出螺纹状的花纹。

③梯纹导管（scalariform vessel）　导管壁上的增厚部分呈横条突起，与未增厚的部分相间隔，呈梯状花纹。

④网纹导管（reticulated vessel）　导管壁上的增厚部分交错连接成网状，"网眼"为未增厚的部分。

⑤纹孔导管（pitted vessel）　导管壁全部增厚，仅留下具缘纹孔处没有加厚。

环纹和螺纹导管通常在器官形成初期出现，在器官继续生长过程中常遭受破坏；梯纹、网纹和纹孔导管在器官发育过程中出现较晚，是在伸长生长停止以后分化形成的。一般管径较大，增厚部分较多，输

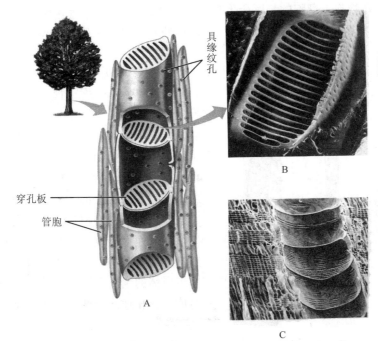

图 2-9　导管分子结构

A. 导管和管胞立体图　B. 穿孔板　C. 导管分子立体图

导效率也较高。木本植物次生木质部中的导管多是纹孔导管。

导管是一种比较完善的输水组织,水流通过导管的穿孔上升,同时也可以通过侧壁上的纹孔传递。但导管的输导功能并非是永久保持的,其有效期的长短因植物的种类而异,有的不过数年,有的长达十余年。当植物形成新的导管后,较老的导管往往由于侵填体(tylosis)的产生而失去输导功能。侵填体是由于导管周围的薄壁细胞的涨大,通过导管侧壁上未增厚部分或纹孔侵入导管而形成的。起初,细胞质和细胞核流入其中,最后常被单宁、淀粉、晶体或树脂等物质把导管堵塞住。侵填体在木本植物中很普遍,如刺槐、榆树、悬铃木、樟树、核桃、栎树、黄连木等树木老的木质部导管中常具侵填体(图 2-10)。侵填体能够阻止菌类的侵害,增进木材的坚实度和耐水性。侵填体通常是自然产生的,也可以因创伤而产生,能起到防止水液外渗的作用。

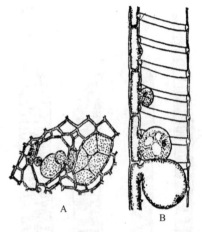

图 2-10　刺槐导管内的侵填体
A. 横切面　B. 纵切面

(2)管胞(tracheid)

管胞是蕨类植物和裸子植物唯一的输水结构。多数被子植物中导管与管胞并存。每一管胞是一个细胞,细胞狭长而两端斜尖,略呈纺锤形,横切面呈长方形或近方形,细胞壁增厚并木化,最后细胞原生质体消失,仅存细胞壁。根据细胞壁增厚方式的不同,可分为环纹、螺纹、梯纹和纹孔管胞。管胞的长度介于0.1mm 至数厘米之间,一般长1~2mm。各管胞呈纵向排列并以斜端互相贴合,在贴合面上分布有许多具缘纹孔,水分和无机盐主要经过具缘纹孔由一个管胞进入另一个管胞,互相沟通(图 2-11),其输导效率不及导管。松、杉、柏等裸子植物的木质部主要由管胞组成,并无另外的机械组织,管胞担负着输导和支持双重作用。这也是裸子植物较被子植物原始的一个重要性状。

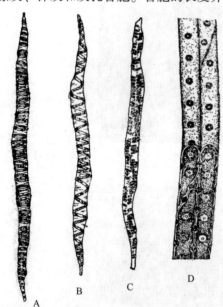

图 2-11　管胞的类型
A. 环纹管胞　B. 螺纹管胞
C. 梯纹管胞　D. 纹孔管胞

2.4.3.2　筛管和筛胞

(1)筛管(sieve tube)

筛管是被子植物输送有机养分的部分,由多个生活细胞连接形成管状结构。组成筛管的每一个细胞称为筛管分子(sieve element)。它们是具有原生质体的生活细胞,细胞壁由纤维素和果胶质组成。在相连两个生活细胞的横壁上形成许多小孔,称为筛孔。具有筛孔的横壁,称作筛板(图 2-12、图 2-13)。相连两个细胞的细胞质通过筛孔而彼此相连,类似胞间连丝但较粗,称做联络索。有些植物的筛管在侧壁上也有筛板,细胞质也可以通过侧壁上的筛孔彼此相连。

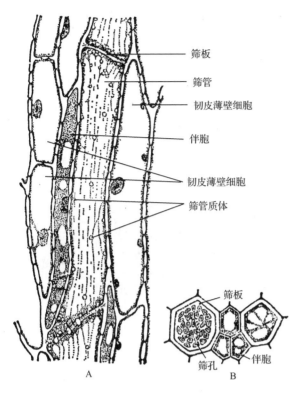

图 2-12　筛管和伴胞

A. 纵切面　B. 横切面

筛管分子在发育的早期阶段，原生质体中含大的细胞核和液泡，在浓厚的细胞质中还有线粒体、高尔基体、内质网、质体以及一种特殊的黏液体。黏液体是筛管分子特有的蛋白质黏稠物质，称为 P-蛋白体。随着筛管分子分化，细胞核逐渐解体，因而成熟的筛管是由无核但具有生活的原生质体的细胞组成。

被子植物的筛管旁边常有 1 个或几个小型的薄壁细胞，称为伴胞(companion cell)。伴胞具有大的细胞核、丰富的细胞质和细胞器，具有代谢活跃的细胞学特征。伴胞和筛管分子是由同一母细胞分裂形成的，它们之间有稠密的胞间连丝相通，因而认为筛管分子的运输功能、生理活动与伴胞的活动密切相关。光合产物在筛管中长途运输的速率每小时可达 10 ~ 100 cm 或更多，远比一般的薄壁细胞迅速。

在筛管分化过程中，伴随着筛板的

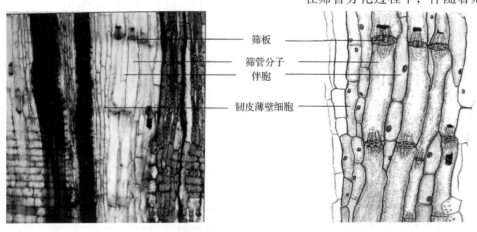

图 2-13　刺槐(*Robinia pseudoacacia*)韧皮部纵切结构

(引自 Kingsley *et al.*，2003)

形成，常有一种称为胼胝质(callose)的物质(黏性碳水化合物)沿着筛孔周围，环绕联络索而积累起来。当筛管将近衰老时，由于胼胝质的不断积累，在筛板上逐渐形成了一种垫状物，将整个筛板盖住，这种垫状物称作胼胝体(callosity)。胼胝体形成后，联络索中断，筛管失去输导机能。有些植物如椴树、葡萄等的筛管在冬季形成胼胝体，翌年春季，胼胝体溶化，筛管的输导作用又能恢复。一般植物的筛管输导机能只能维持 1~2 年，但是竹类等单子叶植物的筛管可维持多年。

（2）筛胞(sieve cell)

筛胞是蕨类植物和裸子植物唯一的输送有机物的细胞。它不像筛管由许多细胞连接成纵行的长管，而是单个的细胞聚集成群。筛胞通常比较细长，直径比筛管分子小得多，细胞末端渐尖。筛胞之间以侧壁上的筛域（筛孔集结的区域）保持细胞质的联系，行使输导功能。与筛管相比，筛胞结构比较原始。

2.4.4 机械组织

在植物体内起机械支持作用的组织称为机械组织(mechanical tissue)。细胞多为长柱形。植物体越大，所需要的支持力量越大，体内的机械组织也就越发达。如木本植物体内的机械组织非常发达。机械组织的主要特征是细胞的次生壁强烈加厚。根据细胞形状、加厚程度与加厚方式的不同，机械组织可分为厚角组织（图2-14）和厚壁组织两类。

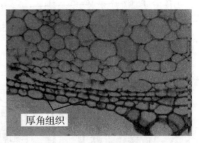

图2-14　向日葵茎厚角组织

（1）厚角组织

厚角组织(collenchyma)是由长形的生活的细胞组成的，常含叶绿体。其特点是细胞彼此接触的角隅处加厚，故称为厚角组织。它硬度不强，但具有弹性，因此，它既有支持作用，又不妨碍幼嫩器官的生长。一般分布在幼茎和叶柄内，如芹菜的叶柄棱线，就是厚角组织密集的部位。

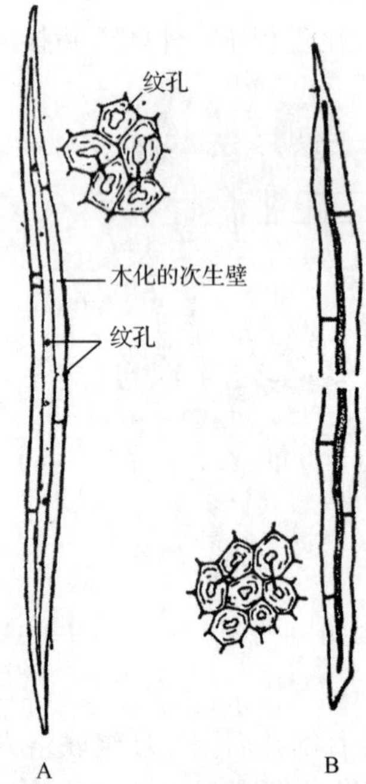

（2）厚壁组织

厚壁组织(scherenchyma)的细胞壁强烈次生加厚，细胞腔小，成熟细胞一般没有生活的原生质体，成为死细胞。根据厚壁组织的形状不同，又可分为纤维和石细胞两种。

① 纤维(fiber)　纤维细胞细长，两端尖细，略呈纺锤形，细胞壁极厚，细胞腔极小，纹孔很小，多呈缝隙状。长成后的纤维，生活物质消失，成为死细胞（图2-15）。根据存在的部位和细胞壁特化程度的不同，纤维又可分为韧皮纤维(phloem fiber)和木纤维(xylem fiber)。

韧皮纤维主要存在于植物的韧皮部中，也出现在皮层或中柱鞘中。韧皮纤维较其他纤维细胞长，一般长 1~2 mm，麻类作物的韧皮纤维更长。如亚麻的长约40 mm，苎麻的长达200 mm 以上，最长可达550 mm。韧皮纤维细胞在横切面上呈圆形、长圆形或多角形，细胞腔很小，仅在中央留一小孔。细胞壁上的纹孔是单纹孔，呈缝隙状（图2-15B）。韧皮纤维的次生壁主要由纤维素形成，不木化或木化程度较低。这种纤维韧性很强，是重要的纺织工业原料。麻类作物具有

纹孔

木化的次生壁

纹孔

A　　　　　B

图2-15　纤维的结构
A. 木纤维　B. 韧皮纤维

非常发达的韧皮纤维，许多树木也具有发达的韧皮纤维，如构树、桑树、滇朴等。这类树木枝条韧性强不易折断。

木纤维主要存在于双子叶植物的木质部中，是木质部的主要组成部分。木纤维也是长纺锤状细胞，但长度比韧皮纤维短，通常1mm(图2-15A)。木纤维次生壁增厚的程度一般不及韧皮纤维。其增厚程度因植物种类而异，同时和生长时期有关。如板栗和栎类，木纤维的壁很厚，杨、柳的木纤维的壁较薄；春季生长的木纤维壁较薄，而秋季生长的则较厚。一般认为，木纤维是由管胞演化来的，具单纹孔，次生壁常木化，因而细胞硬度大，抗压力强，可增强树干的支持力和坚固性。但木纤维的韧性不及韧皮纤维，易折断。木纤维是重要的造纸原料。木纤维的含量、排列方式和次生壁加厚的程度直接影响木材的性质。例如栎类的材质坚实，杨、柳的木材松软，都与这些因素有关。

从系统发育和进化的观点来看，木纤维和导管都是由管胞演变来的，裸子植物的木质部中(除极少进化程度高的种类以外)没有木纤维和导管的分化，管胞兼有输导水分和机械支持的功能，而演化到被子植物，功能进一步专化，分化出专营输导的导管和专营机械支持的纤维，这进一步说明了细胞组织的分化是长期适应环境进化的结果。

② 石细胞(sclereid, stone cell)　石细胞一般呈球形、椭圆形或多角形，也有呈骨状或不规则的分枝状，细胞壁极度增厚，并常木化、栓化或角化，细胞腔亦极小，原生质体消失。由于细胞壁不断增厚，细胞腔逐渐变小，因此单纹孔常汇合成分枝的管状，形成分枝纹孔(图2-16)。石细胞由于木化，能够增加组织的坚硬度和支持效能。石细胞主要分布于茎、叶、果实和种子中，特别是在果皮、种皮中为多。在梨果肉中，石细胞普遍存在，石细胞含量越高，梨的品质就越差。

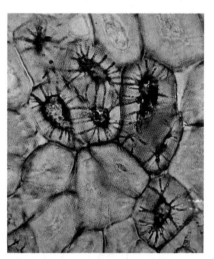

图 2-16　梨果肉石细胞厚壁组织

2.4.5　保护组织

分布于植物体各器官表面，由1层或数层细胞组成的保护层，称为保护组织(protective tissue)。它的主要功能是控制蒸腾，防止水分过度丧失，防止机械损伤和避免其他生物的侵害。保护组织根据来源和形态特征的不同，可分为表皮和周皮2种类型。

2.4.5.1　表皮、气孔、表皮毛

(1)表皮

表皮(epidermis)是一层连续的组织，包被在整个植物体的表面，通常由1层细胞组成。表皮细胞是生活细胞，排列紧密，一般不含叶绿体。表皮细胞的外壁常形成角质层或蜡被。

(2)气孔

表皮上有许多小孔称为气孔(stomata)，是植物与外界进行气体交换的通道。多数植物的气孔是由2个肾形的保卫细胞以凹入面相对，在相向面的中部细胞壁彼此分离形成的开口(图2-17)。保卫细胞(guard cell)具有叶绿体且细胞壁不均等加厚，一般与表皮细胞相连的

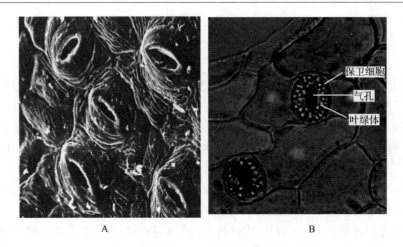

图2-17 叶片下表皮气孔

A. 双子叶植物叶片气孔电镜图 B. 玉簪叶片下表皮肾形保卫细胞气孔图

一面细胞壁较薄,与气孔相邻的一面细胞壁较厚,有利于保卫细胞充水膨胀时弯曲,保持气孔开张,失水时保卫细胞恢复原形,气孔关闭。有的单子叶植物如竹类和其他禾本科、莎草科的气孔由哑铃形的保卫细胞和副卫细胞(subsidiary cell, accessory cell)组成(图2-18)。保卫细胞两端球形部分是薄壁的,中间窄的部分是厚壁的。气孔的开闭是由膨压变化改变球形部分大小来控制的。

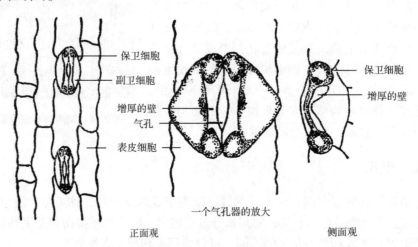

图2-18 竹叶的表皮和气孔

(3)表皮毛

表皮上除了具有气孔外,还具有各种类型的表皮毛(epidermic hair)(图2-19)。表皮毛是由表皮细胞向外引伸而成的。有单细胞的,有多细胞的;有单条的,有分枝的;有的是活细胞,有的是死细胞。表皮毛的形状因植物种类而异,有的呈管状,有的呈"丁"字形、星状或鳞片状的,因此可作为植物分类上的特征之一。表皮毛的作用有:①可以相对地防止生物侵害。②削弱强光的影响,加强对蒸腾的控制。③有些植物的表皮毛具有重要的经济价

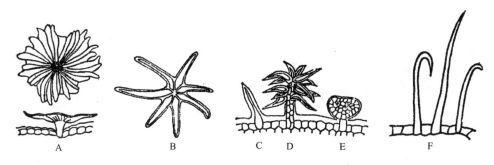

图 2-19　表皮毛的类型

A. 油橄榄的鳞片　B. 椴树的星状毛　C. 苦楝的单细胞毛　D. 簇生毛　E. 腺毛　F. 苹果的表皮毛

值。如棉花和木棉的纤维，实际上是这两种植物种皮上的表皮毛。④有一些植物的表皮毛可以分泌芳香油、树脂、樟脑等物质。

2.4.5.2　周皮、皮孔、树皮

（1）周皮

木本植物的根、茎由于多年生长不断增粗，而表皮细胞本身又不具分裂能力，因而表皮就会逐渐被破坏。周皮（periderm）可代替表皮行使保护功能。它是由木栓形成层（phellogen，次生分生组织）活动产生的，属于次生保护组织。

木栓形成层是由已经成熟的薄壁细胞恢复分裂机能转化而成的，出现的部位因植物种类而异。茎中的木栓形成层最初是由表皮或皮层细胞转化来的。例如，柳树通常是由表皮细胞形成的，栎树、槭树、樱桃、松树等多是由皮层细胞产生的。根中的木栓形成层则起始于中柱鞘。木栓形成层的活动主要是进行平周分裂，向外产生木栓层（phellem），向内产生栓内层（phelloderm）。木栓层由数层细胞壁栓化的死细胞构成，结构紧密，不易透水透气，因此，加强了对植物体内部组织的保护作用。栓内层由生活的薄壁细胞组成。木栓层、木栓形成层和栓内层合称为周皮（图 2-20）。

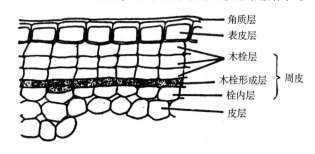

图 2-20　茎的一部分横切（示周皮结构）

（2）皮孔

在已形成周皮的茎上，肉眼可以看到一些褐色或白色的圆形、椭圆形、方形等各种形状的突起斑点，这就是皮孔（lenticell）。它是在周皮形成后植物体与外界环境进行气体交换的通道。皮孔一般在气孔或气孔群的下方产生。在这些部位木栓形成层向外不产生木栓细胞，而是产生许多排列疏松的薄壁细胞，称作补充细胞。由于补充细胞的数目不断增多，逐渐向外扩张，结果将表皮及木栓层胀破，形成唇形突起，显出各种外形的皮孔（图 2-21）。

（3）树皮

由于木栓形成层的分裂能力有限，因而随着树木的继续增粗，周皮破裂而丧失保护作用，这时在原来周皮以内重新形成新的周皮。如此反复，多层周皮的积累构成了树皮（bark，

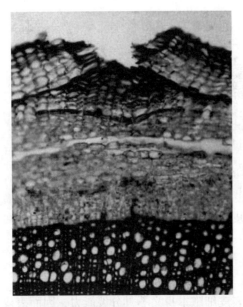

图 2-21　椴树枝条上的皮孔结构

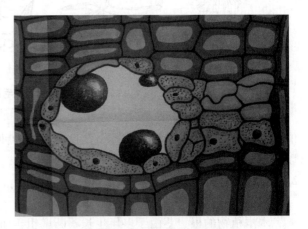

图 2-22　松树幼茎的树脂道

真正意义上的)。树皮是树木茎干外围的保护结构。俗称的树皮则是指形成层以外的所有部分，即多层周皮及次生韧皮部。

2.4.6　分泌组织

在某些植物体的体内或表面，常有一些分散的、具有分泌树脂、蜜汁、精油、黏液、挥发油、乳汁等分泌物的细胞或细胞群，称为分泌组织(secretory tissue)，如腺毛、蜜腺、分泌囊、树脂道和乳汁管等。组成分泌组织的细胞，称为分泌细胞。分泌组织有 2 种情况：一种是分泌物质排泄到植物体外，如泡桐茎、叶和花序上的腺毛(glandular hair)，苹果等虫媒植物花上的蜜腺(nectary)，柽柳、胡杨等盐生植物茎叶表面形成的盐腺(salt gland)。另一种是分泌物质积贮在植物体内或积贮在细胞中，如樟科植物中的含油细胞；或积贮在细胞间隙中，如松树的树脂道(resin canal)(图 2-22)，柑橘的分泌囊(secretory cavity)；或植物体内有一种能分泌乳汁的管状组织——乳汁管(laticifer)，如橡胶树、番木瓜以及桑科、罂粟科、菊科、夹竹桃科、萝藦科、桔梗科、旋花科和大戟属植物的乳汁管。乳汁管细胞为多核的生活细胞，主要分布于韧皮部中；此外，有些植物的乳汁管还可出现于表皮、皮层、木质部以及髓部等。

2.5　植物体内的维管系统

在蕨类和种子植物的器官中，有一种以输导组织为主体，由输导、机械、薄壁等几种组织组成的复合组织，称为维管组织(vascular tissue)。当维管组织在器官中呈分离的束状结构存在时，称为维管束(vascular bandle)。如叶片中的叶脉，丝瓜的瓜络，都是维管束。维管束一般包括三部分：韧皮部(phloem)、木质部(xylem)和束中形成层(fascicular cambium)。被子植物木质部一般包含导管、管胞、木薄壁组织和木纤维等组成分子，韧皮部包含筛管、伴胞、韧皮薄壁组织和韧皮纤维等组成分子。但不同类群植物其所含组成分子是不同的，如裸子植物无导管、木纤维、筛管、伴胞，而仅有管胞和筛胞行使其功能。木质部和韧皮部是植物体内主要起输导作用的组织。束中形成层是位于韧皮部和木质部之间的一层具有分裂能力的细胞。

维管束是由初生分生组织的原形成层束分化而来。裸子植物和双子叶植物茎中的原形成层除大部分分化为木质部和韧皮部外，在二者之间保留部分分生组织——束中形成层，它能继续分裂分化形成次生维管组织，称为无限维管束(open bundle)；在大多数的单子叶植物中，其原形成层分化时全部分化为木质部和韧皮部，没有保留束中形成层，此种维管束不能形成次生维管组织，称为有限维管束(closed bundle)。维管束在茎中的排列因植物不同而异。裸子植物和双子叶植物茎中的维管束通常沿茎呈环状排列；单子叶植物茎中的维管束多呈散生或星散状排列，但有少数呈环状排列。

依据维管束中木质部和韧皮部的位置不同，维管束可分为 5 种类型：韧皮部靠着茎周，木质部靠近中心的称为外韧维管束(collateral bundle)(图 2-23A)，绝大多数植物都属此类型；在靠向茎周和靠向中心的每边各具有韧皮部，木质部处于韧皮部之间的称为双韧维管束(bicollateral bundle)(图 2-23B)，如某些葫芦科和茄科植物的维管束；韧皮部位于中央，木质部包围其外成同心圆的称为周木维管束(amphivasal bundle)(图 2-23C)，如某些单子叶植物(菖蒲、朱蕉、鸢尾等)的维管束；木质部在中央，韧皮部包围其外成同心圆的称为周韧维管束(amphicribral bundle)(图 2-23D)，主要见于蕨类植物，是一种较原始的类型，被子植物中的大黄、秋海棠等也属于此类型；木质部和韧皮部呈辐射状相间排列的称为辐射维管束(图 2-23E)，是存在于初生根中的一种类型。维管束类型的变化，是植物长期进化的结果。因此，维管束类型也反映了植物的特征和大类群的亲缘及演化关系。

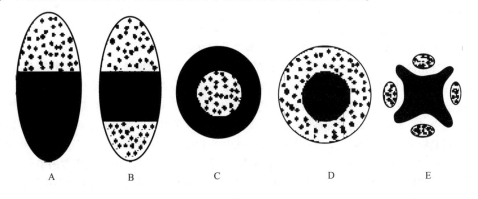

图 2-23　维管束的类型

A. 外韧维管束　B. 双韧维管束　C. 周木维管束　D. 周韧维管束　E. 辐射维管束

(图中黑色部分表示木质部，小点部分表示韧皮部)

本章小结

　　个体发育中来源相同、形态结构相似，相互联系在一起，执行共同生理机能的细胞群称为组织。根据植物组织的生理功能、形态及解剖结构的差异，将植物组织分为分生组织、薄壁组织、保护组织、机械组织、输导组织和分泌组织。后 5 种组织都是在器官形成时由分生组织细胞分裂衍生分化而成的，因此，称为成熟组织。由具有分裂能力的细胞组成的组织称为分生组织。依照分生组织的来源和发展不同，可分为原分生组织、初生分生组织和次生分生组织；依照发生的部位则可分为顶端分生组织、侧生分生组织和居间分生组织。原分生组织位于根尖和茎尖的先端(生长锥)，能较长期地保持分裂机能；初生分生组织是由原分生组织衍生的细胞组成，其特点是一方面细胞仍具有分裂能力，另一方面细胞已开始分化，因而初生分生组织可以区分为原表皮、原形成层和基本分生组织三部分，它们继续分化形成根或茎的表皮、皮层、维管组织、髓等成熟部分。原分生组织和初生分生组织按位置合称为顶端分生组织；次生分生组织是由初生分生组织产生的薄壁组织在一定条件下恢复分裂机能转化而成的，其特点是细胞具有分裂能力，例如形成层和木栓形成层，按位置属于侧生分生组织。薄壁组织根据其功能不同，又可分为吸收组织、同化组织、贮藏组织、贮水组织、通气组织。运输植物体内水分和各种营养物质的组织称为输导组织。根据运输物质的不同，输导组织又分为 2 类：一类是输送水分和溶解于水中的无机盐的导管和管胞；另一类是输送有机养分的筛管和筛胞。导管属于被子植物的输水组织，由于有穿孔，输水效率高。导管往往由于侵填体的产生而失去输导功能。管胞是蕨类植物和裸子植物唯一的输水细胞。管胞担负输导和支持双重作用。筛管属于被子植物输送有机养分的组织，由多个生活细胞连接形成管状结构，筛管分子旁边常有 1 个或几个小型的薄壁细胞，称为伴胞。伴胞与筛管分子的运输功能、生理活动密切相关。筛管由于胼胝质的不断积累，在筛板上逐渐形成了一种垫状物叫做胼胝体。胼胝体形成后，筛管失去输导机能。筛胞是蕨类植物和裸子植物唯一的输送有机物的细胞。筛胞之间以侧壁上的筛域保持细胞质的联系，行使输导功能。这不及筛管的输导效率高。在植物体内起机械支持作用的组织称为机械组织，可分为厚角组织和厚壁组织两类。厚壁组织又可分为纤维和石细胞两种。分布于植物体各器官表面，由 1 层或数层细胞组成的保护层称为保护组织。保护组织可分为表皮和周皮两种类型。表皮上有许多气孔，是植物与外界进行气体交换的通道。木本植物的根、茎由木栓形成层(次生分生组织)活动产生木栓层和栓内层，用以替代表皮起保护作用，合称为周皮。在老的树干上，多次周皮的积累构成树皮。在某些植物体的体内或表面，常有一些分散的、具有分泌树脂、蜜汁、精油、黏液、挥发油、乳汁等分泌物的细胞或细胞群，称为分泌组织，如腺毛、蜜腺、分泌囊、树脂道和乳汁管等。组成分泌组织的细胞，称为分泌细胞。在蕨类和种子植物的器官中，有一种以输导组织为主体由输导、机械、薄壁等几种组织组成的复合组织，称为维管组织。当维管组织在器官中呈分离的束状结构存在时，称为维管束。维管束一般包括韧皮部、木质部和束中形成层 3 部分。被子植物木质部一般包含导管、管胞、木薄壁组织和木纤维等组成分子，韧皮部包含筛管、伴胞、韧皮薄壁组织和韧皮纤维等组成分子。木质部和韧皮部是植物体内主要起输导作用的组织。束中形成层是位于韧皮部和木质部之间的一层具有分裂能力的细胞。维管束是由初生分生组织的原形成层束分化而来。裸子植物和双子叶植物有束中形成层，它能继续分裂分化形成次生维管组织，称为无限维管束；在大多数的单子叶植物中，没有保留束中形成层，此种维管束不能形成次生维管组织，称为有限维管束。维管束在茎中的排列因植物不同而异。裸子植物和双子叶植物茎中的维管束通常沿茎呈环状排列；单子叶植物茎中的维管束多呈散生或星散状排列。依据维管束中木质部和韧皮部的位置不同可分为 5 种类型：外韧维管束(绝大多数植物都属此类型)、双韧维管束(如某些葫芦科和茄科植物)、周木维管束(如某些单子叶植物)、周韧维管束(主要见于蕨类植物)和辐射维管束(是存在于初生根中的一种类型)。

复习思考题

1. 什么是组织？植物有哪些主要的组织类型？
2. 木质部与韧皮部的结构与功能有何区别？
3. 从输导组织的结构与组成分析，为什么说被子植物比裸子植物更进化？
4. 厚角组织与厚壁组织的区别是什么？
5. 表皮有哪些特征，这些特征与其功能有何关系？
6. 气孔有哪些结构特征？举例说明与皮孔的异同点。
7. 周皮是如何形成的？老根和茎的周皮起源有何不同？
8. 分泌组织有哪些类型？举例说明其功能。
9. 何谓植物形态建成？举例说明之。
10. 细胞分裂的方向有哪几种？简述各种分裂的特征。

推荐阅读书目

1. Kingsley R Stern, Shelley Jansky, James E Bidlack, 2004. Introductory Plant Biology（植物生物学影印版）. 北京：高等教育出版社.

2. 杨世杰，汪矛，张志翔，2017. 植物生物学（第 3 版）. 北京：高等教育出版社.

第3章　植物种子和幼苗

细胞是植物的结构和生理功能的基本单位，植物细胞之间不仅有密切的联系，而且有一定的分化，在分化过程中，形成了各种组织。由多种不同的组织构成具有一定形态结构和生理功能的器官。根、茎、叶是种子植物的营养器官（vegetative organ）（图3-1），与个体的生存同始终；花、果实和种子是种子植物的生殖器官（reproductive organ），仅出现在生殖阶段。种子植物的营养器官执行着养分吸收、支撑、光合作用、养料运输和储存的功能；而生殖器官起着繁衍下一代的功能。在结构和功能上，营养器官分化程度低，具有可塑性，易受环境变化的影响而变异；生殖器官分化程度高，具较高的稳定性和保守性。因此，生殖器官的性状在分类上往往具有更重要的参考价值。

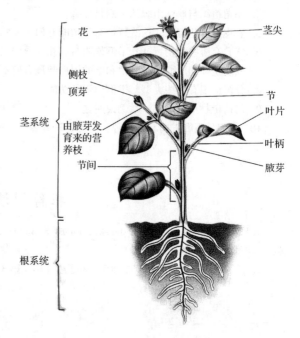

图 3-1　被子植物结构

3.1　种子的构造与类型

种子是由母体植物的胚珠经受精后形成合子，再由合子发育而来的具有种皮、胚和胚乳（有或无）的结构体。各种植物的种子，在形状、大小、色泽和硬度等方面，都有很大的差别，常常作为识别各类种子和鉴定种子质量的根据。

3.1.1　种子的组成

（1）种皮

种皮（testa；seed coat）是种子最外面的保护层。有些植物的种皮仅1层，但有些植物则具有内外2层种皮。通常外种皮由木化或角化的厚壁组织组成，具有保护作用。内种皮由薄壁细胞组成，细胞内储存养料；在种子发育过程中，养料往往被吸收，因此当种子成熟时，内种皮变为一薄层。成熟的种子在种皮上有种脐（hilum），它是种子从种柄脱落时留下的痕迹。种脐的一端有一细孔称为种孔（micropyle），是种子萌发时胚根穿出的孔道；种脐的另

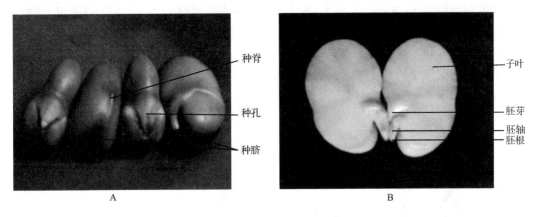

图 3-2　菜豆种子结构
A. 种皮外部结构　B. 种胚结构

一端与种孔相对处有一隆起的脊，称为种脊（raphe）（图 3-2A）。有些植物种皮扩展成翅，如油松。也有些种子的种皮附生长毛，如棉花和楸树种皮的纤维毛。此外，如蓖麻、橡胶树的种皮下端延展出海绵状的突起，称为种阜（caruncle）。有些植物种皮外面还包有一层肉质的被套，但它与一般种皮的来源不同，特称为假种皮（aril），如荔枝、龙眼等。种子外面有种脐和珠孔，是每种植物种子都具有的，而种脊、种阜等则不是每种植物种子都具有的。

（2）胚

胚（embryo）是种子中最重要的部分，是包在种子内的幼小植物体，它由胚芽（plumule）、胚根（radicle）、胚轴（hypocotyl）和子叶（cotyledon）四部分组成。胚轴上端连着胚芽，下端连着胚根，子叶着生在胚轴上（图 3-2B，图 3-3）。胚芽将来发育成地上主茎和叶，胚根发育成初生根。子叶的功能是储藏养料或吸收养料，供幼苗生长。胚具有 1 片子叶的叫单子叶植物，如小麦、竹类等；有 2 片子叶的植物称为双子叶植物，如豆类种子、楝树等。裸子植物的子叶通常有 2 枚以上，又可称为多子叶植物（图 3-5C）。

（3）胚乳

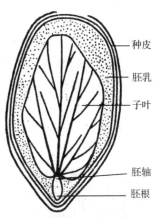

图 3-3　油桐种子的纵切面

胚乳（endosperm）位于种皮和胚之间，是成熟的种子为第二代的幼体贮备养分的地方，胚乳内的储藏物质主要为淀粉、油脂、蛋白质等，在种子萌发时供胚生长用。如油桐、橡胶树、松、柏、稻、麦等都是有胚乳种子（albuminous seed）。许多双子叶植物、大多数单子叶植物和全部裸子植物的种子，都是有胚乳种子。

禾本科植物的颖果，种皮与果皮愈合，种子不能分离出来，所谓的种子实际上是含有种子的果实。其果皮由 4~5 层栓化细胞组成，种皮由 1 层薄壁细胞组成，并与果皮及胚乳愈合。其胚乳由两部分组成，紧贴种皮的是糊粉层，糊粉层细胞内积累了蛋白质、油脂等营养物质，但没有淀粉；糊粉层以内的大部分是含淀粉的胚乳细胞。如小麦的糊粉层为 1 层细胞，水稻的糊粉层为1~3层、甚至5~6层细胞。胚小，紧贴胚乳。胚根先端有胚根鞘(co-leorrhiza)，胚芽先端有胚芽鞘(coleoptile)，在胚轴的一侧生有一肉质的子叶，称为盾片(scutellum)或称内子叶，位于胚乳和胚之间，并与它们紧贴在一起；在盾片相对的另一边的胚轴上有一退化的极小的外子叶。只有一个子叶(盾片)发育形成单子叶类型，它能吸收胚乳中的养分并供给胚萌发生长所需(图3-4)。

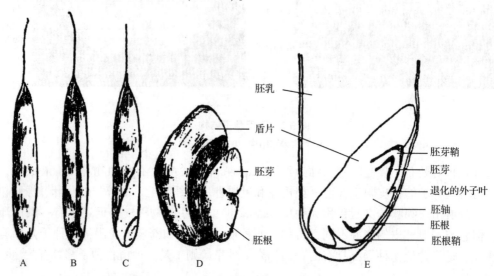

图3-4　毛竹的"种子"(颖果)
A~C. 种子外形(A. 背面　B. 腹面　C. 侧面)　D. 剥出的胚　E. "种子"纵切面

　　裸子植物如松属的种子，具2层种皮，外种皮由4~5层木化的石细胞组成，其外有1层栓化的厚壁细胞；内种皮膜质。许多松的种子脱落时还连着一片薄的珠鳞组织，称为翅。胚乳白色，包在胚的外面，中央的白色棒状体为胚。胚由胚根、胚轴、胚芽和子叶四部分组成。胚根尖端带有一细长的丝状体，是胚柄的残留物。在胚轴上轮生着4~16个子叶，形成多子叶的类型(图3-5)。

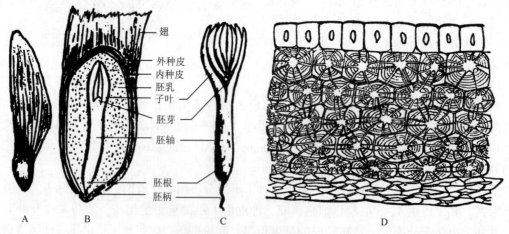

图3-5　松属的种子结构
A. 外形　B. 纵切的一部分　C. 剥离的胚　D. 种皮横切面

有些植物的胚乳在种子的发育过程中，被胚吸收，胚乳贮藏的养分则转移到子叶中，由子叶替代了胚乳的功能，因此它的子叶肥厚发达。这类种子成熟后没有胚乳，叫无胚乳种子（exalbuminous seed），如豆类、栎树、核桃等。

3.1.2　种子的类型

种子按有无胚乳分为有胚乳种子和无胚乳种子。

有的植物种子表面光滑，如海棠、油松种子，有的植物种子表面有附属物，如菊科植物种子上有冠毛，有利于种子传播。

植物种子的寿命长短不一，短寿命植物种子，像可可的种子，从母体中取出 35h 以后就失去了发芽能力。甘蔗、金鸡纳树和一些野生谷物的种子，最多只能活上几天或几个星期；橡树、核桃、栗子、白杨和其他一些温带植物种子的生命力，都不能保持很久。这些植物种子的寿命为什么这样短呢？有的学者认为，有些植物种子容易死亡，是由于干燥、脱水的原因。还有的学者认为，生长在热带或亚热带的植物种子，它们的寿命之所以这样短，是因为热带的雨水充足，再加上气温高，种子的新陈代谢旺盛，种子里贮存的一点儿养分，很快就被消耗完了，由于没有充足的养分，也就维持不了种子的生命活动，从而失去生命力。另外一些人认为，在寿命短的种子中，有的含有大量的脂肪，像可可、核桃、油茶等，由于新陈代谢的关系，在脂肪转化的过程中可能会产生一种有毒物质，能把种子里的胚杀死，或者使种子变质。近年来，越来越多的科学家认为，这些种子之所以寿命短，主要是由于种子胚部细胞核的生理机能逐渐衰退造成的。

总之，决定种子寿命的因素是复杂多样的。因植物种类而异。如何保持贮藏种子的生命力和萌芽品质是具有重要理论意义和经济价值的研究课题。

3.2　种子休眠与萌发

种子是种子植物特有的繁殖器官，一般情况下，种子植物个体的生长发育是从种子的萌发开始的。

3.2.1　种子的休眠

很多植物的种子成熟后，只要环境条件适宜就能萌发成幼苗；但不是所有植物的种子成熟后都能立即萌发，有些植物如人参的种子成熟后，即使在适宜的环境条件下也不能立即萌发，而必须经过一段相对静止的阶段以后才能萌发，种子的这一性质称为种子的休眠（dormancy）。种子休眠是植物长期对外界环境条件所形成的一种适应。由于多数植物种子成熟时，面临的是严冬或旱季，不利于种子萌发生长，而以休眠的形式保存种胚。处于休眠期的种子代谢活动十分微弱。就不同种类的植物而言，种子休眠期的有无和休眠期的长短是不一样的，引起种子休眠的原因主要有以下几种。

（1）种皮限制

有些植物的种皮过厚或含有角质及酚类物质等，使水分不易透过，对氧气的渗透作用也很微弱。例如，珙桐、樱花、苍耳、车前、野燕麦等植物的种子往往因为种皮不透气，得不到萌发所需的最低氧气量而休眠；莲子和豆科植物中的"硬实"种子，常因为种皮过厚、不透水或不吸水而很难萌发。对于种皮限制引起的休眠，只要采取机械方法造成种皮损伤，改善其透水、透气性，即可打破休眠。

（2）胚未成熟或种子的后熟作用

有些植物的种子在脱离母体时，胚体并未发育完全，因而不能萌发，如人参、银杏等；另有一些植物种子在收获时，胚的形态似乎已成熟，但在生理上并未完全成熟，它们必须在适当的温度、湿度和空气条件下，经过数周或数月以后才能萌发，这种现象称为种子的后熟作用（after-ripening）。例如，莴苣种子要经过几个月的干燥贮藏后才能完成后熟；大麦种子在40℃下干燥3d，当麦粒含水量下降到12.8%时，才能完成后熟作用。促进植物种子完成后熟作用的有效办法往往是低温层积或高温处理，也可以用植物激素来加快某些植物种子的后熟，缩短种子后熟所需的时间，例如，用赤霉素处理可以将人参种子的后熟期从几个月缩短到1~2d。

（3）种子中存在萌发抑制剂

有些植物种子的休眠是由于种子或果实中存在抑制剂的缘故。抑制种子萌发的物质种类很多，如挥发油、有机酸、植物激素、生物碱、酚、醛等，只有经过各种代谢活动降低或消除这些抑制剂以后，种子才能正常萌发。植物种子中的这些抑制物质并不是永久性的，在种子贮藏过程中，抑制物质经过生理生化变化，其浓度下降后，就失去抑制种子萌发的作用，有时甚至有促进萌发的作用。

休眠期的有无或长短随植物种类不同而异，如红松种子的休眠期长达2年，而杨、柳、小麦、水稻、西瓜以及某些热带植物的种子几乎没有休眠期。

在生产实践中，人们常常利用种子休眠的特性，通过控制种子贮藏的环境条件来迫使植物种子处于休眠状态，以满足特定生产目的的需要。但并不是所有植物的种子都可以无限期贮藏的，这与种子的寿命和贮藏条件有关。

植物种子具有一定的寿命。其长短因植物不同而差异很大。短则几天或更短，如三叶橡胶树仅1周；寿命长者可达几十年或百年以上，如莲、扁羽豆等的种子。种子寿命的长短取决于植物的遗传性，同时也受贮藏条件的影响。

3.2.2　种子萌发的过程及其控制

种子一旦解除休眠，并处于适宜的环境条件下，种子的胚就会转入活动状态，开始生长，这一过程称为种子的萌发（seed germination）。种子萌发时不可缺少的外界条件是充足的水分、足够的氧气和适宜的温度。

一般情况下，水分是控制种子萌发的最重要因素。干燥种子的含水量通常只占种子总重量的5%~10%，此时细胞原生质处于凝胶状态，只能进行微弱的呼吸作用，物质转化也很缓慢。只有当种子吸收了足够的水分时，萌发才能顺利进行。水分对于种子萌发的作用主要表现在以下几个方面：①水分使种皮膨胀变软，氧气易于透过，改善呼吸作用；②吸水使种子细胞的原生质由不活跃的凝胶状态过渡到活跃的溶胶状态，酶的活性因此加强，代谢速度加快；③水分提供了种子萌发过程中各种物质的运输媒介；④胚的生长需要充足的水分，无论是细胞分裂与伸长都离不开水。各种植物种子萌发时的吸水量很不一致，通常以脂类作为主要贮藏物的种子吸水较少，而含蛋白质较多的种子吸水量较多。

种子萌发涉及呼吸作用的变化和一系列酶促物质转化过程，这些过程只有在一定温度下才能顺利进行，所以温度也构成了种子萌发的必要条件之一。温度过低，种子发芽慢，易烂种；温度过高，呼吸作用很强，贮藏物质过多消耗，不利于幼苗生长。不同植物种子萌发时，对温度的要求是不同的，通常原产高纬度地区的植物种子，萌发要求的温度较低，而原产低纬度地区的植物种子，萌发要求的温度较高。

种子吸足水分后，需氧量急剧增加，而在完全缺氧时，种子是不能正常萌发的。一般来说，当空气中含氧量达到10%以上时，植物种子才能正常发芽；当空气中含氧量低于5%时，多数植物的种子不能发芽。作物播种前的松土，就是为了能够给种子萌发提供足够的氧气。

除以上3个必要条件外，光对某些植物种子的萌发，也有一定的影响。有些植物种子的萌发需要光，如莴苣、烟草等，通常把这些植物种子称为需光种子；另一些植物种子的萌发受光抑制，如番茄、茄子以及瓜类的种子，称为嫌光种子。光对种子萌发的促进或抑制，与种子中光敏色素系统的作用有关。

种子在萌发过程中，不仅要受到氧气、水分、温度和光等外界环境因子的影响，而且还受到植物内源激素和植物体内遗传物质对萌发的调节和控制。目前在植物体内发现的5大类植物激素几乎都参与种子的萌发过程，总的来看，在萌发早期，种子中的生长素、赤霉素、细胞分裂素和乙烯的含量都有所增加，而脱落酸和其他抑制剂含量下降。激素调节中研究最多的是赤霉素在禾谷类种子萌发中的作用。禾谷类的种子属于有胚乳种子，与其他有胚乳种子不同的是，禾谷类种子胚乳的外面环绕着一种特殊的细胞，它们富含蛋白质和脂肪，并且与种皮紧贴，特称为糊粉层（aleurone layer）。在种子萌发期间，糊粉层细胞将产生水解酶类（如淀粉酶和蛋白酶），以帮助降解胚乳的贮藏物质，从而为种子萌发提供能源和底物。然而糊粉层的这种作用只有胚存在时才能发生，如果在发芽前除去胚，在去掉胚的种子中便不能产生淀粉酶等水解酶。假如把赤霉素加入到去胚种子中，糊粉层细胞可恢复正常活动，这说明种子萌发期间糊粉层细胞合成水解酶的作用受到来自胚的赤霉素的诱导。

当萌发所需的条件得到满足时，具备发芽力的种子即可萌发。种子萌发过程中最显著的变化就是种子形态的变化。首先可以观察到的形态变化是种子吸水后的膨胀（即吸涨），种子吸水使原来坚硬、干燥的种皮逐渐变软，水分进一步渗入胚乳和胚细胞中，于是整个种子因为吸水而膨胀；种子吸水膨胀后，由胚乳（或子叶）供应充足的养料，加之适宜的环境条件，胚根、胚芽迅速生长。一般情况下，胚根总是先突破种皮，露于种子之外，然后向下生长，形成主根；与此同时，胚轴细胞也相应地生长和伸长，把胚芽或胚芽连同子叶一起推出土面；最后，胚芽突出种皮，向上生长，形成茎和叶。

种子萌发是一种异养过程，胚生长发育所需要的营养物质主要来自胚乳或子叶。通常，胚乳或子叶中含有大量的糖类物质、脂肪、蛋白质以及胚生长发育所需的其他物质，如磷、植物激素等。种子萌发时，胚乳或子叶中储藏物质被分解成单糖、脂肪酸和氨基酸，并运送到胚中，在那里被用于合成细胞生长发育所需要的结构物质或用作呼吸的底物，以满足胚生长发育的物质和能量需求。当幼苗的光自养系统建立以后，植株即转入自养过程。

3.3　幼苗出土类型

各种不同的植物有不同形态的幼苗。常见的幼苗主要有2种类型：子叶出土的幼苗和子叶留土的幼苗。

(1)子叶出土幼苗

种子萌发时，下胚轴迅速伸长，将子叶和胚芽推出土面，称为子叶出土幼苗(图3-6)。大多数裸子植物和双子叶植物的幼苗都属这种类型，如菜豆、刺槐、槐树、油松等。

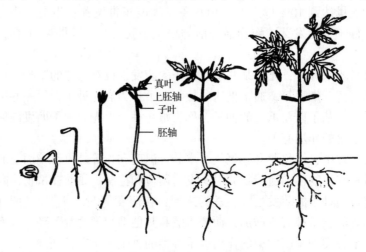

真叶
上胚轴
子叶
胚轴

图3-6　楝树种子的萌发

(2)子叶留土幼苗

种子萌发时，上胚轴(指子叶和第一片真叶之间的部分)和胚芽迅速生长，而下胚轴并不伸长，子叶留在土中，胚芽伸出土面，称为子叶留土幼苗(图3-7)。一部分双子叶植物如核桃、油茶、豌豆、蚕豆等及大部分单子叶植物如小麦、玉米、毛竹、棕榈、蒲葵等的幼苗都属此类型。

子叶出土与子叶留土，是植物体对外界环境条件的一种适应。根据这一特性，对播种的深浅、覆土的厚薄有不同的要求，一般子叶出土的植物宜浅播。

(3)壮苗指标

幼苗生长发育的好坏直接关系到植物产量的形成。俗语说"苗好三成收"，

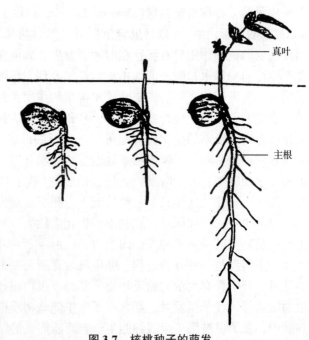

真叶

主根

图3-7　核桃种子的萌发

农(林)业生产中培育壮苗是丰产栽培的重要环节之一。健壮的幼苗形态上应具备胚轴短粗、子叶肥大、颜色浓绿(子叶出土类型)、根系发达，生理代谢旺盛，无病虫害侵染等特征。

本章小结

　　种子是由母体植物的胚珠经受精后形成的，由种皮、胚和胚乳(有或无)三部分组成。胚是由胚芽、胚根、胚轴和子叶四部分组成。许多双子叶植物、大多数单子叶植物和全部裸子植物的种子，都是有胚乳种子。有些植物的胚乳在种子发育的过程中，被胚吸收，胚乳贮藏的养分则转移到子叶中，这类种子成熟后没有胚乳，叫无胚乳种子。很多植物的种子成熟后，只要环境条件适宜就能萌发成幼苗，但不是所有植物的种子成熟后都能立即萌发，有些植物如人参的种子成熟后，即使在适宜的环境条件下也不能立即萌发，而必须经过一段相对静止的阶段以后才能萌发，种子的这一性质称为种子的休眠。引起种子休眠的原因主要有种皮限制、胚未成熟或种子的后熟作用和种子中存在萌发抑制剂。种子萌发时不可缺少的外界条件是充足的水分、足够的氧气和适宜的温度。各种不同的植物有不同形态的幼苗。常见的幼苗主要有2种类型：子叶出土的幼苗和子叶留土的幼苗。种子萌发时，下胚轴迅速伸长，将子叶和胚芽推出土面，叫子叶出土幼苗。种子萌发时，下胚轴并不伸长，只是上胚轴和胚芽迅速生长，子叶留在土中，胚芽伸出土面，叫子叶留土幼苗。子叶出土与子叶留土，是植物体对外界环境条件的一种适应。根据这一特性对播种的深浅、覆土的厚薄有不同的要求，一般子叶出土的植物宜浅播。

复习思考题

1. 种子结构由哪几部分组成？各部分的功能如何？
2. 幼苗出土类型有哪几种？与农业生产有何关系？
3. 植物种子休眠的原因有哪些？如何打破休眠？
4. 短命植物种子有何特征？
5. 壮苗指标主要有哪些？

推荐阅读书目

方炎明，2015. 植物学(第2版). 北京：中国林业出版社.

第4章 种子植物营养器官

4.1 根

4.1.1 根的功能

根(root)通常生长在土壤之中,是种子植物重要的地下营养器官,在植物的生命周期中担负着多种功能。

(1)固着与支持

根在地下反复分枝能形成约占植物体干重1/3的庞大根系,将植物牢固地固着于土壤之中,以其内部的维管组织、机械组织共同支持着地上部分的茎干和分枝繁多的枝叶,维持整个植株重力的平衡。

(2)吸收与输导

根的主要生理功能是吸收土壤中的水分和矿质元素等无机盐类以及溶于水中的 O_2 和 CO_2,通过根中的输导组织运送到地上部分的茎叶,供植物生长发育之用。同时,根也能吸收来自茎、叶的有机养分,供根生命活动所需。

(3)合成与分泌

研究证明,根是一些植物激素(如赤霉素和细胞分裂素)、植物碱(如尼古丁)和多种氨基酸的合成部位。这些物质合成后,被运至植物的地上部分,参与地上器官的生长和形态建成。根还能分泌黏液质的多糖物质,一方面可减少根与土壤颗粒之间的摩擦力;另一方面可促进根际微生物的生长,这些微生物能增强植物的吸收、代谢和抗病能力,如固氮菌的生长能促进植物对氮素的吸收。

(4)贮藏与繁殖

有些植物根内的薄壁组织较发达,内含大量贮藏物质,许多可供食用、药用及工业原料所用。此外,有些植物的根能产生不定芽而具繁殖功能。林业上,利用根能繁殖的特点,可使一些森林树种得以更新。

4.1.2 根的形态

4.1.2.1 根的类型

根据来源和发生部位的不同,根可分为定根(normal root)和不定根(adventitious root)2

大类。将来源于胚根，在植物体上有固定发生位置的根称为定根，包括主根（main root）和侧根（lateral root）。种子萌发时，由胚根直接发育形成的根称为主根或初生根（primary root）。主根向地生长到一定长度后，在主根的一定位置上生出许多分枝，称为侧根或次生根（secondary root）。侧根上又能生出新的次一级侧根。侧根和主根往往形成锐角，有利于植物的吸收、支持和固着作用。

将从胚轴、茎、叶和老根上产生的，发生位置不固定的根称为不定根。例如单子叶植物的须根和用枝条扦插繁殖所产生的根就是不定根。不定根具有和定根同样的构造和生理功能。林业生产中，利用一些树种能产生不定根的特性进行扦插繁殖，是常见的育苗方法之一。

4.1.2.2　根系的类型

植物个体地下部分全部根的总和，称为根系（root system）。根据它的起源和形态的不同，可分为直根系（tap root system）和须根系（fibrous root system）2 种基本类型（图 4-1）。

A　　　　　　　　B

图 4-1　根系的类型
A. 直根系　B. 须根系

直根系由主根及其各级侧根组成，主根发达，较各级侧根粗壮且长，能明显区分出主根和侧根。大多数双子叶植物和裸子植物的根系属于直根系，如杨树、松树、花生和大豆的根系。还有一些由扦插、压条等无性繁殖长成的树木，它们的根系无真正的主根，由不定根组成，但其中的一、二条不定根往往发育较发达，其外形类似主根，习惯上把这种根系也看成直根系。

须根系主要由不定根组成，由胚根长出的主根生长不久就停止发育或死亡，而在胚轴或茎基部的节上长出许多粗细相似的须状不定根，无明显的主根和侧根之分。大多数单子叶植物的根属于须根系，如竹、棕榈、小麦和玉米的根系。

4.1.3　根的生长特性及其与农林业生产的关系

根据根系在土壤中的分布状况，可分为深根系（deep root system）和浅根系（shallow root system）2 类。一般直根系由于主根发达，垂直向下生长可达到较深的土层中，形成深根系，便于吸收土壤深层的水分。例如，马尾松的主根可深达地下土层 5m 以下。而须根系主要由不定根组成，往往向四周扩展，分布在土壤的浅层，形成浅根系，有利于快速吸收土壤表层和浅层的水分。例如，水稻、玉米的根系就为浅根系。然而，直根系并不都是深根系，须根系也并不都是浅根系。根的深浅不仅取决于植物本身的遗传特性，而且还受外界条件，特别是土壤条件，如土层的厚薄、水肥的多少、通气状况和光照等因素的影响。例如，直根系的马尾松如果生长在土壤较薄的荒山上，则根系分布较浅；而须根系的小麦在雨水充足的情况下，根系分布则较深。

农林业生产上常利用植物根系在土壤中的生长特性来提高农作物产量和改善生态环境。间作就是农业生产中常采取的一种增产措施。如直根系的大豆和须根系的玉米的间作，玉米的须根系主要分布在土层上部，而大豆的直根系主要分布在土层的中下部，两者根系的这种搭配，不仅充分利用了地下空间，而且可以提高土壤肥力，从而达到增产的目的。树木的根系特性也是选择造林树种的依据之一。用于防护林的树种，一般应选择深根系树种，才能具有较强的抗风力；用于营造水土保护林的树种，一般宜选用侧根发达，向四周扩展的浅根系树种，达到固土的目的。

4.1.4 根的伸长生长与初生结构

4.1.4.1 根尖的形态结构及其生长发育

根尖(root tip)是根的顶端到着生根毛的部分，一般直径0.5~1cm，长度范围可随植物种类的不同而变化。主根、侧根和不定根都具有根尖。根尖是根的伸长生长、分枝和吸收活动最重要的部位。根尖从其顶端到着生根毛的部分可分为根冠(root cap)、分生区(meristematic zone)、伸长区(elongation zone)和成熟区(maturation zone)4个部分，各区的细胞形态结构和生理功能都不相同，但各区之间并无严格的界限，而是逐渐过渡的(图4-2)。

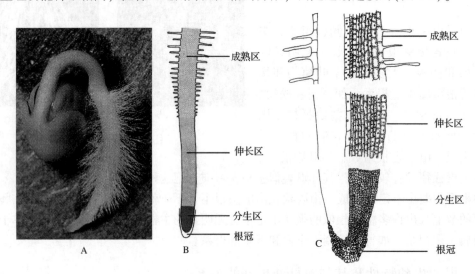

图4-2　根尖外形及细胞图解
A. 根尖外形　B. 根尖外形，示根尖的分区　C. 根尖纵切，示各分区的细胞结构

(1)根冠

根冠位于根尖的顶端，形似小帽，罩在分生区的外方，保护分生区幼嫩的分生组织细胞，使之在深入土壤时不受损害。根冠由其外层的分泌细胞、中央薄壁细胞以及内方与分生区相连的根冠分生细胞组成。这三类细胞的形态结构及其在根的向地生长中所起的作用都不尽相同(图4-3)。

根冠外层的分泌细胞体积大，排列疏松。分泌细胞内的高尔基体分泌一种多糖黏液，包裹在囊泡内向质膜转移并与质膜融合，将黏液释放到质膜与细胞壁之间的空间，随后再释放到细胞壁外，使根冠表层形成黏胶层，这样的黏胶层可一直延伸到根毛区。黏胶层可使土壤颗粒表面润滑，减轻土壤颗粒对根尖的磨损，保护分生区细胞免受损害，有利于根尖在土

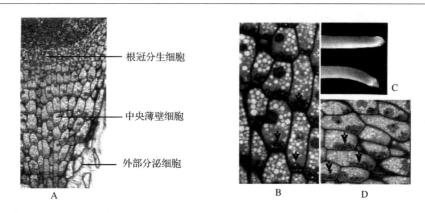

图 4-3　根冠的细胞结构及根冠细胞对重力的感受

A. 根冠细胞结构　B. 根冠中央细胞，箭头示淀粉粒(平衡石)对重力的感应

C. 正常垂直生长的根水平放置一定时间后又变为垂直向下生长

D. 淀粉粒在感受重力的过程中移向近地面一侧的细胞壁附近

(引自 Moore *et al*. , 1995)

壤中生长。此外，黏胶层有利于根际微生物(如固氮菌)的生长，提高土壤的肥力。

根冠中央的薄壁细胞体积较大，排列整齐。细胞内通常含有大量富含淀粉粒的造粉体，它们集中分布在细胞的下部。研究表明，根冠薄壁细胞中的造粉体可能起着平衡石的作用，能够感受重力，与根的向地性生长有关。当根的位置改变时，如正常垂直生长的根变为水平放置时，造粉体就会移动到近地面一侧的细胞壁附近，半小时至几小时内根又变为垂直向下生长。如果将根冠切除，或对根冠进行处理使淀粉溶解消失，根的生长不受影响，但不再感受重力向下生长，直到长出新的根冠或根冠中央细胞中的淀粉粒重新形成。那么，当根的位置改变，根冠中的造粉体感受重力后，如何使根产生不均衡生长而向下弯曲？最新研究结果表明，当根水平放置时，根冠中近地面一侧的造粉体刺激细胞内 Ca^{2+} 的释放，并向近地面一侧运输，Ca^{2+} 的这种变化引起一系列生理反应，使吲哚乙酸(IAA)向根尖伸长区近地面一侧的运输增强，导致伸长区近地侧的 IAA 浓度高于背地侧，近地侧细胞生长受抑制，从而使根在伸长区弯曲向下生长。

根冠分生细胞体积小，排列紧密，细胞质浓厚，与分生区相连。当根尖在土壤中生长时，根冠外层细胞与土壤颗粒不断摩擦而脱落，就由根冠分生细胞不断分裂产生新细胞，向外逐步推移补充到根冠，使根冠维持一定的形状和厚度。

根冠在有些植物中大而明显，但在有些植物中几乎不存在，如一些水生植物。一些植物由土壤生长转为水培后，植物根尖可能不再产生根冠。

(2)分生区

分生区位于根冠后方，长 1~2 mm，由顶端分生组织组成，主要功能是分裂产生新细胞，促进根尖生长。由于其整体形状如圆锥，故又称生长锥，也可称生长点(growing point)。

顶端分生组织由原分生组织和初生分生组织两部分组成。原分生组织位于分生区的最前端，由原始细胞组成，细胞体积小，近方形，排列紧密，无细胞间隙，细胞壁薄，核大，质浓，具有很强的分裂能力，在植物的一生中始终保持分裂的机能。原分生组织分裂产生的细胞，一部分自我永续，保持原有的体积和功能；另一部分衍生细胞，其中少部分成为根冠分生细胞，进一步分裂、生长和分化，补充根冠因摩擦而脱落的细胞，但大部分衍生细胞发展成为初生分生组织，逐步过渡到伸长区，再进一步发育为根初生结构的各种组织。初生分生组织位于分生区的后部，其细胞特点是：一方面仍保持分裂的能力；另一方面开始初步分化。根据其在分生区的位置、大小、细胞形状及发育性质，可分为原表皮(protoderm)、基本分生组织(ground meristem)和原形成层(procambium)3 种初生分生组织。原表皮位于最外方，为1层砖形细胞，以后发育形成表皮；基本分生组织位于原表皮的内方，细胞较大，呈多面体形，以后发育形成皮层；原形成层位于基本分生组织的内方，即中央区域，细胞较小，以后发育形成维管柱。分生区细胞的分裂具有昼夜周期性，通常是中午和半夜分裂最多。

根各种组织细胞的起源都可追溯到根的顶端分生组织，顶端原始细胞通常具有分层现象(图4-4)。常见的有 2 种类型，一类为以玉米、大麦为代表的单子叶植物根尖中，其顶端原始细胞自上而下第一层形成原形成层，第二层形成基本分生组织和原表皮，第三层形成根冠原；另一类是以烟草为代表的双子叶植物根尖中，顶端原始细胞亦分 3 层，但第二层只形成基本分生组织，第三层则形成原表皮和根冠原。此外，还有一些植物根尖顶端原始细胞没有明显的分层现象，根的各组织区域都由共同的原始细胞群产生，如单子叶植物洋葱，裸子植物和蕨类植物。

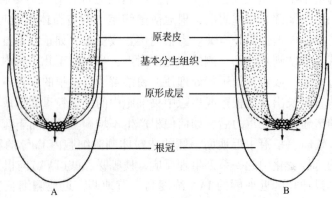

图 4-4　根尖顶端原始细胞的分层及其活动

A. 玉米根尖顶端原始细胞的分层活动　B. 烟草根尖顶端原始细胞的分层活动

近年来，利用生理生化和分子生物学技术对根尖顶端分生组织的研究表明，许多植物根尖顶端分生组织的中央区域有一群有丝分裂频率极低，甚至不分裂的细胞，这些细胞的细胞器较少，合成核酸和蛋白质的速率很低。根尖顶端分生组织的这个中央区域被称为不活动中心(quiescent center)(图4-5)。在胚根和幼小的侧根原基中没有不活动中心，在其后的发育中才形成不活动中心，但在有些蕨类植物的根尖中观察不到此结构。不活动中心在有些情况下能恢复分裂能力，例如，辐射或手术切割使根受伤，或去除根冠，或冷冻引起休眠再恢复时。最近研究表明，生长素极性运输抑制剂可刺激不活动中心细胞的分裂，而乙烯可逆转这一刺激作用。至于不活动中心在根尖中的作用，有人认为是激素合成的场所；还有人认为是产生其外围分生组织细胞的场所，它可随发育进程出现，或增大，或变小，是一群可不断更新的细胞群。它的存在还对维持其外围分生组织细胞的分裂能力具有重要作用，一旦缺失了

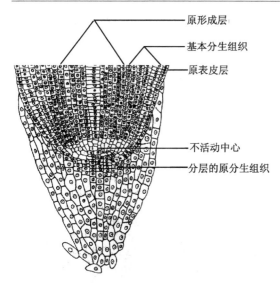

原形成层

基本分生组织

原表皮层

不活动中心

分层的原分生组织

图 4-5　根尖顶端分生组织中的不活动中心

它，其外围分生组织细胞的分裂就变慢，以至停止。

（3）伸长区

伸长区位于分生区的后方，长 2 ~ 10 mm，是根伸长生长的主要部位。此区的突出特点是：细胞显著伸长，可达原有细胞的数倍甚至数十倍长，液泡合并、增大，细胞质呈一薄层贴于细胞壁。由于液泡明显，此区在外观上较为洁白透明，与分生区易于区别。伸长区是从初生分生组织发育到成熟初生结构的过渡阶段，其细胞分裂活动逐渐减弱，细胞分化程度逐步加强。在与分生区交接处，一部分细胞仍能分裂，一部分细胞开始生长；其后，细胞停止分裂，进一步生长分化，到了伸长区末端，即与成熟区交接处，有些细胞分化基本完成，原生韧皮部的筛管和原生木质部的环纹或螺纹导管相继出现。由于伸长区细胞迅速伸长的结果，使得根尖不断向土壤深处推进。

（4）成熟区

成熟区位于伸长区上方，因植物种类和所处的环境条件不同，长度可从数毫米到数厘米不等。它由伸长区的细胞分化而来，内部各种组织细胞已分化成熟，形成了根的初生结构。

成熟区的一个显著特点是表皮密生根毛，每平方毫米有数百根，如玉米约有 400 根，故又称根毛区（root hair zone）。根毛是表皮细胞外侧壁向外突出形成的管状结构。根毛形成时，表皮细胞的液泡增大，细胞核及部分细胞质进入管状根毛的顶端，其余部分细胞质沿细胞壁分布，中央部分为一个大液泡。根毛的细胞壁由纤维素和果胶质构成，其细胞壁外部的果胶层使根毛具备黏胶性的特点，有利于根毛在土壤中穿行时与土壤颗粒紧密结合。根毛的存在，不仅大大增加了根吸收水肥的表面积，而且加强了根在土壤中的固着力。

根毛的生长与环境，特别是与水分条件密切相关。环境湿润时，根毛较多；水淹时，根毛很少或不发育；土壤干旱时，根毛难以发育，甚至萎焉死亡。根毛的寿命很短，一般只能存活几天。当老的根毛死亡后，由靠近伸长区的根毛区表皮细胞不断产生新的根毛来补充替代死亡的根毛，使根毛区始终保持一定的长度。根毛的生长和更新对根吸收水肥非常重要，因此，在移栽植物时，要尽量减少对根毛的损伤。移栽后，应灌水，遮阴，并适当剪去一些枝叶以减少水分蒸腾，保持植物体内水分代谢的平衡，提高植物的成活率。

大多数陆生植物具有根毛，但水生植物大都不具根毛，少数陆生植物如洋葱、花生等以及一些植物的气生根上也不具根毛。

4. 1. 4. 2　根的初生结构

根尖顶端分生组织细胞经过分裂、生长和分化，由分生区过渡到伸长区，再发育形成成熟组织的生长过程，称为初生生长（primary growth）。初生生长主要是植物的伸长生长。经初生生长形成的成熟组织构成了植物的初生结构。根的成熟区，即根毛区，就是根的初生结构(primary structure)。

通过观察根尖成熟区的横切面,可以将根的初生结构从外向内划分为表皮(epidermis)、皮层(cortex)和维管柱(vascular cylinder)三部分(图4-6、图4-7)。

(1)双子叶植物根的初生结构

①表皮 表皮是根尖成熟区的最外一层生活细胞,由初生分生组织原表皮发育而来。细胞略呈长方体形,长轴与根的纵轴平行,在横切面上呈砖形,排列紧密,细胞壁薄。表皮上无气孔器,但有根毛。许多表皮细胞的外切向壁向外突出伸长形成根毛,但在表皮由长短2种细胞构成的根中,只有短细胞形成根毛,长细胞成为一般的表皮细胞。根毛的形成扩大了根的吸收面积。此外,表皮细胞及根毛外被薄的角质膜,虽远不及茎、叶表皮细胞上的角质层厚,但却能在不影响吸收水肥的情况下,有效地防止一些微生物的入侵。

在一些不具根毛的气生根中,如热带兰科植物的气

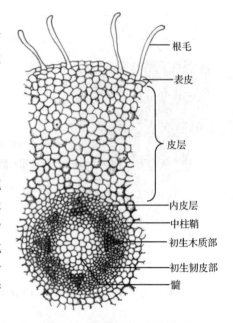

图4-6 刺槐根的初生结构

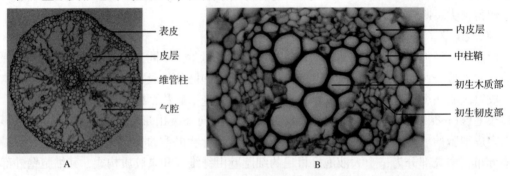

图4-7 毛茛根的初生结构

A. 毛茛根横切面 B. 毛茛根的维管柱

生根,表皮由几层排列紧密的细胞构成,形成复表皮,亦称根被(velamen)。根被在发育后期,原生质体解体,细胞死亡,细胞壁加厚,起减少蒸腾和机械损伤的保护作用。

②皮层 皮层是表皮以内维管柱以外的部分,在幼根中占据很大的比例。皮层由多层薄壁细胞组成,由初生分生组织的基本分生组织发育而来。细胞体积较大,排列疏松,有明显的细胞间隙,细胞内常含有淀粉粒。在一些湿生和水生植物中,皮层中还发育出气腔,以便与外界进行气体交换。皮层是根毛和表皮所吸收的水分和溶质进入维管柱的横向运输通道,也是贮藏营养物质和通气的部位。

皮层的最外1至几层细胞较小,排列紧密,称外皮层(exodermis)。当根毛枯死,表皮细胞随之死亡后,外皮层细胞的细胞壁增厚并栓质化,代替表皮起临时保护作用。

皮层的最内一层细胞排列整齐紧密,细胞较小,称内皮层(endodermis)。内皮层细胞的结构比较特殊,德国植物学家 R. Caspayr 于 1865 年首次发现其细胞的上下横向壁和左右径

向壁上常有栓化、有时也木化的带状加
厚，环绕细胞一周，从切向面观察呈矩
形环带，称凯氏带（casparian strip）（图4-
8）。电子显微镜下显示，内皮层凯氏带
处的质膜较厚且平滑，与凯氏带紧密结
合在一起，质壁分离也不能使其分开，
此处无胞间连丝，而其他区域的质膜较
薄呈波浪形，有胞间连丝。由于内皮层
细胞排列紧密和其壁上栓化的凯氏带不
透水且与质膜紧密结合的特点，使得根
外部吸收的水分和溶质到达内皮层时，
不能通过胞间隙、细胞壁及壁与质膜之
间的空隙这些质外体进入维管柱，而必
须通过内皮层的质膜及原生质体，经共
质体途径进入维管柱。由于凯氏带的存
在，使得内皮层的质膜具有选择吸收性，
起到控制根内水分和溶质运输的作用。
一些对植物有害的物质由于内皮层质膜
的选择性吸收被挡在内皮层以外，这显
然对植物是有利的。

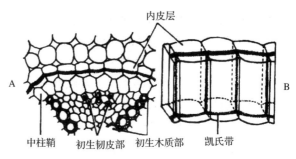

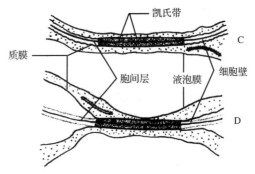

图4-8　内皮层的结构
A. 根的部分横切面，示内皮层的位置，可见内皮层横向壁上具条
状凯氏带　B. 3个相邻内皮层细胞的立体图解，示横向壁和径向
壁上具凯氏带，呈矩形框状排列　C. 电子显微镜下观察正常细胞
中凯氏带部位质膜平滑，而在他处质膜呈波浪状　D. 在质壁分离
的细胞中，凯氏带处的质膜与壁紧密结合，而在他处质壁分离

　　大多数双子叶植物根内皮层细胞壁
的加厚常停留在凯氏带状态，少数双子
叶植物根的内皮层可进一步发育成五面加厚的细胞，仅外切向壁不加厚，在横切面上呈马蹄
形。个别植物根的内皮层呈六面加厚，如毛茛。内皮层细胞不论是五面加厚，还是六面加
厚，都已成为死细胞，皮层的水分和溶质不能通过这些细胞进入维管柱。然而，在对着维管
柱原生木质部辐射角的内皮层细胞却仍然保持薄壁，不形成栓质增厚，这种细胞称为通道细
胞（passage cell）。水分和溶质可通过通道细胞进入维管柱中。

　　③维管柱　亦称中柱（stele），是内皮层以内的柱状体部分，由初生分生组织的原形成层
发育而来，主要包括中柱鞘（pericycle）和维管束（vascular bundle）。

　　中柱鞘　位于中柱的最外方，紧接内皮层，通常由1层薄壁细胞组成，少有多层细胞的
情况。其细胞分化程度较低，在根的不同发育阶段或一定的条件下，能分裂、分化，可以脱
分化恢复分裂的能力，产生侧根、部分维管形成层、木栓形成层、不定根、不定芽等。

　　维管束　包括初生木质部（primary xylem）和初生韧皮部（primary phloem）。初生木质部
位于中柱的中央，呈辐射状排列，辐射角（或木质部脊）一直延伸到中柱鞘。初生韧皮部位
于初生木质部的辐射角之间，与初生木质部相间排列。这种维管束称辐射维管束，是根初生
结构的一个显著特征。

　　初生木质部主要由导管和管胞构成，少有木纤维和木薄壁细胞。与中柱鞘相连的木质部
脊主要由先分化成熟的管腔较小的环纹和螺纹导管组成，称原生木质部（protoxylem）；木质

部脊向内至中部主要由后分化成熟的管腔较大的梯纹、网纹或孔纹导管组成，称后生木质部（metaxylem）。导管这种从外向内逐渐分化成熟的发育方式称外始式（exarch），是根提高输导效率的一种适应特性。最初形成的环纹和螺纹导管在初生木质部外方，接近中柱鞘和内皮层，缩短了水分横向运输的距离。环纹和螺纹导管出现在成熟区形成早期，此时根毛少，根吸收水分的能力较弱，管腔较小的这两种导管完全能够满足水分的向上运输，并因它们的分化程度较低，还可随根的生长作适当的纵向拉伸。随着成熟区的发育，根毛大量形成，根吸收水分的能力增强，则主要由管腔较大的梯纹、网纹或孔纹导管完成水分的向上运输。大多数双子叶植物根的中央都被后生木质部占据，中央无髓，维管组织呈实心柱，这种中柱类型属原生中柱（protostele），是最简单，也是在系统进化上分化最早的一种中柱类型。但少数双子叶植物根的后生木质部未分化到中柱中央，而是由原形成层分化形成的薄壁细胞所占据形成髓（pith），如刺槐、花生的幼根。

通常根据初生木质部脊的数目，可将根分为不同原型的根。双子叶植物根的木质部脊数较少，一般不超过 6 束，如油菜、萝卜等根的初生木质部脊为 2 束，称为二原型（diarch）；豌豆、柳树等根的初生木质部脊为 3 束，称为三原型（triarch）；花生、刺槐等根的初生木质部脊为 4 束，称为四原型（tetrarch）；苹果、茶等根的初生木质部脊为 5 束，称为五原型（pentarch）。但植物的不同品种间或同种植物不同类型的根中，初生木质部脊的数目会发生变化。如，茶树不同品种有 5 束、6 束、8 束，甚至 12 束的情况；花生主根为 4 束，侧根则为 2 束。此外，研究发现在根的离体培养中加入一定量的吲哚乙酸（IAA）可以改变木质部脊的束数。

初生韧皮部主要由筛管和伴胞组成，少有韧皮薄壁细胞，少数植物有韧皮纤维。初生韧皮部的发育方式也是从外向内分化成熟，即原生韧皮部在外，后生韧皮部在内，亦为外始式。这种发育方式也是对初生韧皮部提高输导同化产物效率的一种适应。

在初生木质部和初生韧皮部之间有 1 至几层薄壁细胞，其中有原形成层保留的细胞，当根进行次生生长时，它能形成维管形成层的一部分。

（2）单子叶植物根的结构特点

单子叶植物根的基本结构（图 4-9），与双子叶植物一样，由表皮、皮层和维管柱（或中柱）三部分组成。但两者在结构上仍存在一些差异，其中最显著的区别是单子叶植物根一般没有形成层的产生，主要区别归纳如下。

①单子叶植物根一般没有维管形成层和木栓形成层的产生，不能进行次生生长，根既不能增粗，也不能形成次生保护组织——周皮，所以只具初生结构。在根发育后期，表皮死亡后，外皮层细胞的细胞壁栓化增厚，代替表皮起保护作用。

②初生木质部脊的束数通常在 6 束以上，根为多原型（polyarch）。

③维管柱中央通常有由原形成层分化形成的薄壁细胞构成的髓。有的植物，在根发育的后期，髓薄壁细胞的细胞壁增厚成为厚壁组织，如水稻。还有的植物，髓薄壁细胞破裂形成髓腔，如毛竹。

④中柱鞘细胞的分裂活动不如双子叶植物中的活跃，不能产生维管形成层，只能产生侧根等。在根发育后期，中柱鞘细胞常木化增厚，成为厚壁细胞，如玉米等。

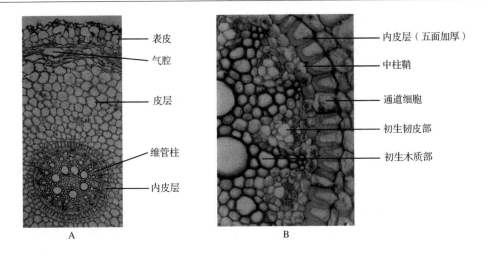

图 4-9　鸢尾根的结构

A. 根的横切面　B. 根的部分维管柱

⑤内皮层细胞的细胞壁常呈五面加厚，仅外切向壁不加厚，内皮层内外的物质运输通过对着木质部脊的内皮层薄壁细胞即通道细胞来完成。

4.1.4.3　侧根的发生

在根的初生生长过程中，主根和不定根的根尖产生分枝形成侧根，侧根又不断分枝形成各级侧根，从而形成庞大的地下根系，加强植物的固着、支持、吸收和输导功能。

侧根通常起源于根毛区中柱鞘的一定部位(图 4-10)，有的内皮层可以参与侧根的形成。由于它发生于母根较内方的位置，内皮层之内，故称为内起源(endogenous origin)。侧根在中柱鞘上的发生位置与初生木质部和初生韧皮部的位置及束数相关(图 4-11)。在二原型的根中，侧根由原生木质部和原生韧皮部之间的中柱鞘细胞产生；在三原型和四原型的根中，侧根起源于对着原生木质部的中柱鞘细胞；在单子叶植物多原型的根中，侧根由对着原生韧皮部的中柱鞘细胞发生。至于侧根为何在中柱鞘的上述特定部位发生，有人从其发生位置与木质部和韧皮部排列关系的角度出发，认为可能与来自茎端和根端的激素流或横向运输的物质流的浓度梯度有关。

侧根发生时，特定部位的中柱鞘细胞的细胞质变浓，液泡缩小，恢复分裂能力，先进行几次平周分裂，随

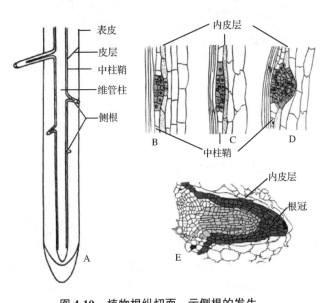

图 4-10　植物根纵切面，示侧根的发生

A. 根尖纵剖面，示侧根发生位置　B~E. 侧根形成过程

(B~E 引自 Thomas，1984)

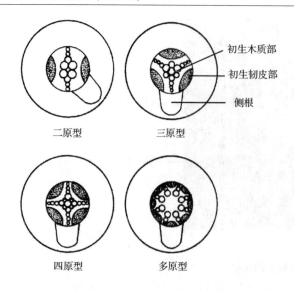

二原型　　　　　三原型

初生木质部

初生韧皮部

侧根

四原型　　　　　多原型

图 4-11　侧根的发生规律

后进行各个方向的分裂，形成向母根皮层一侧突起的细胞群，即侧根原基(lateral root primordium)。随着侧根原基的分裂、生长和分化，侧根伸长时，其外侧的内皮层可能受到挤压的刺激，能进行短时间的细胞分裂，有的细胞可直接转变成根冠细胞。随着侧根进一步生长所产生的机械压力或根冠细胞所分泌物质的溶解作用，侧根突破皮层和表皮深入土壤中(图 4-12)。此时，侧根的初生结构已基本形成，其维管组织和母根的维管组织相连，形成整体的输导系统。侧根发生在根毛区，但其在根毛区后方伸出母根，这样不至于损坏根毛而影响根的吸收功能。由于初生木质部和初生韧皮部在根中是纵向的束状结构，因此，从外部观察，侧根在母根上呈较规则的纵向排列。

侧根与主根的生长存在一定的相关性。当主根被切断或受损时，常可促进侧根的发生和生长。农林业生产上移植苗木时，对主根发达、侧根少的树种，可采用切断主根促进侧根发生的方法来提高苗木的成活率。

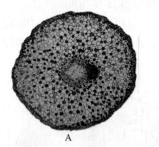
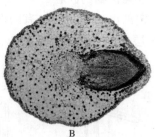
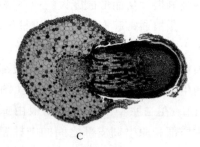

A　　　　　　　　　B　　　　　　　　　C

图 4-12　根的横切面，示侧根发生

A～C. 柳属侧根的形成过程

4.1.5　根的增粗生长与次生结构

大多数双子叶植物(少数草本双子叶植物除外)和裸子植物的根在完成初生生长后，由于其侧生分生组织——维管形成层(vascular cambium)和木栓形成层(cork cambium 或 phellogen)的活动，能够进行增粗生长。侧生分生组织位于根的侧面，由初生分生组织分化形成的薄壁细胞脱分化形成，属于次生分生组织，所以侧生分生组织的增粗生长也称次生生长(secondary growth)，产生的结构称为次生结构(secondary structure)，以此与顶端分生组织的伸长生长即初生生长产生的初生结构相区别。维管形成层产生次生维管组织使根增粗，木栓形成层产生次生保护组织——周皮(periderm)，替代因根不断增粗而被撑破的表皮和皮层。

4.1.5.1　维管形成层的发生及其活动特点

当根开始次生生长时，维管形成层首先发生于初生木质部和初生韧皮部之间的薄壁组织区域，由该薄壁组织中保留的原形成层细胞启动分裂形成弧形片段状的形成层。形成层的片段数与初生木质部脊的数目相同，有几个初生木质部脊就有几个形成层弧形片段。接着，每个形成层弧形片段分别向两侧初生木质部脊的辐射方向扩展，直达中柱鞘。这时，正对初生木质部脊的中柱鞘细胞恢复分裂能力参与形成层的形成，与两侧扩展过来的形成层弧形片段连接成一个连续波状的形成层环（cambium ring），环绕在初生木质部的外围，因此，其形状与初生木质部的形状相似，如在四原型的根中与初生木质部一样呈十字形。波状形成层环形成后进行平周分裂，向内分化产生次生木质部（secondary xylem）加在初生木质部外方，向外分化产生次生韧皮部（secondary phloem）加在初生韧皮部内方。但由于位于初生韧皮部内侧即两初生木质部脊之间部位的形成层比对着木质部脊处的形成层分裂速度快，向内产生的次生组织多，将该处形成层逐渐推向外方，最后波状形成层变为圆环状形成层。环状形成层各部位以几乎相等的分裂速度继续不断向内产生次生木质部，向外产生次生韧皮部，形成大量次生维管组织，使根增粗（图4-13）。由于向内产生的次生木质部远多于向外产生的次生韧皮部，因此，在根的次生结构中次生木质部占据较大的比例。此外，维管形成层在主要进行平周分裂产生次生维管组织的同时，还会进行少量的垂周分裂扩大自身的周径以适应根的增粗。维管形成层的活动通常能贯穿于植物的整个生命周期。

根尖的离体培养试验表明，根中维管形成层的发生与地上营养器官茎、叶密切相关，它的发生是通过茎、叶合成的物质向下运送到根中而起作用的。其季节性的活动规律也表现出与地上部分的相关性，在春天，它的活动要晚于茎中维管形成层的活动，可能是萌动芽内合

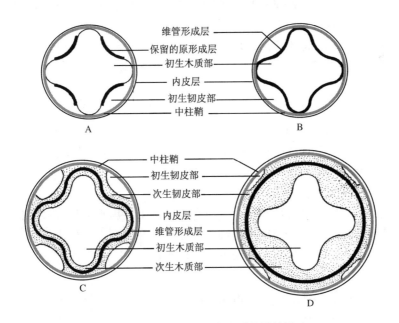

图 4-13　维管形成层的发生过程及其活动

A ~ D. 表示发育顺序

成的刺激物质向下运输，经茎到根，从而引起根中维管形成层的活动所致。秋天次生生长的停止，根也表现得比茎落后。

4.1.5.2 木栓形成层的发生及其活动特点

随着维管形成层的活动，根不断增粗，将会使维管柱以外的成熟组织皮层和表皮等因受挤压而被破坏。在此之前，中柱鞘细胞可能受到挤压或激素的刺激，恢复分裂能力形成木栓形成层。木栓形成层的细胞进行平周分裂，向外分化产生木栓层(cork, phellem)，向内分化产生栓内层(phelloderm)，共同构成周皮，代替表皮起保护作用。

木栓形成层的寿命是有限的，它的活动通常只能维持1年。当它失去分裂能力以后，再从内方产生新的木栓形成层，形成新的周皮代替外面死亡脱落的部分。

4.1.5.3 双子叶植物根的次生结构

根经过维管形成层和木栓形成层的活动形成了根的次生结构，而一些初生结构逐渐被挤毁破坏而死亡脱落。从老根的横切面观察(图4-14)，根的次生结构从外向内主要包括周皮、次生韧皮部、维管形成层、次生木质部。

(1)周皮

周皮位于老根横切面的最外方，由木栓层、木栓形成层、栓内层构

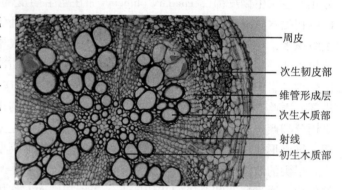

图4-14 花生老根横切面，示根的次生结构

成。最外侧的木栓层是几层径向排列整齐紧密的长方形细胞，细胞壁木质化和栓质化，原生质体解体死亡成为死细胞，起保护作用。紧接木栓层是1层排列整齐的扁平的长方形细胞，为具原生质体的生活细胞，即木栓形成层。其内方是1～3层较大的薄壁细胞，为栓内层。

周皮内侧的初生韧皮部常被挤毁，只留下少量的初生韧皮纤维。

(2)次生韧皮部

次生韧皮部是位于周皮之内、维管形成层之外、与次生木质部相对排列的部分。次生韧皮部由与根长轴平行的垂直方向排列的筛管、伴胞、韧皮纤维、韧皮薄壁细胞以及与根长轴垂直的水平方向排列的韧皮射线(phloem ray)组成。韧皮射线是维管形成层分裂产生的径向排列的薄壁细胞，起着横向运输和贮藏养料的作用。

(3)维管形成层

维管形成层是位于次生韧皮部和次生木质部之间的1层扁平的长方形细胞。但由于它向内向外分裂的速度非常快，新分裂出来的细胞分化浅，在形态上与形成层细胞非常相似，因此，在横切面上观察到的是几层扁平的长方形细胞组成的"形成层环带"。

(4)次生木质部

次生木质部位于维管形成层内方，占据根的大部分面积，由垂直系统的导管、管胞、木纤维、木薄壁细胞及水平系统的木射线(xylem ray)组成。其中绝大多数导管是管腔较大的梯纹、网纹或孔纹导管。径向排列的木射线起着横向运输水分和无机盐类的作用。

次生木质部中的木射线和次生韧皮部中的韧皮射线统称为维管射线(vascular ray)，它们

是随着根的次生构造产生的，又称次生射线。其中对着初生木质部脊的维管射线较宽，特别是其韧皮射线切向扩展成喇叭状。而其他部位的维管射线窄，两者在老根的横切面上容易识别。

初生木质部仍位于根的中央，所占比例很小。由于产生的大量次生木质部向内挤压，其薄壁细胞通常被挤毁。因此，无论根的初生构造有髓还是无髓，根次生构造的最中心部位均为初生木质部的后生木质部导管所占据。

4.1.5.4　裸子植物根的结构特点

裸子植物根的根尖、初生结构以及次生结构与被子植物中的双子叶植物根相似，主要区别只是木质部和韧皮部的细胞组成有所不同。除少数种类外，大多数裸子植物的木质部无导管和纤维而主要由管胞组成，韧皮部没有筛管和伴胞的分化而主要由筛胞组成。

4.1.6　根瘤与菌根

植物根系分布在土壤中，它们通常能和一些根际微生物(包括细菌、放线菌、真菌、藻类等)形成互利互惠的关系，即各自均能从对方获取所需物质供自身生活之用，这种现象称共生(symbiosis)。根瘤(root nodule)和菌根(mycorrhiza)是高等植物根系和土壤微生物之间的2种共生类型。

4.1.6.1　根瘤

根瘤是植物根上形成的瘤状突起，形状和大小因植物种类不同而异。根瘤在豆科植物中最为常见(图4-15)，在被调查的近3 000种豆科植物中，约有90%可以形成根瘤。豆科植物的根瘤是由根瘤细菌侵入到根内产生的。根瘤细菌是一种具有固氮能力的短小杆菌，它能将植物不能直接利用的大气中的游离氮转变为可被植物根系吸收的硝态氮或铵态氮，供植物进一步利用。根瘤菌的种类较多，但每种只能与一定的植物共生。

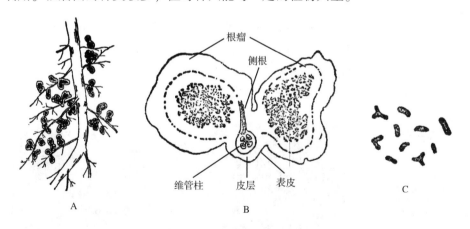

图 4-15　刺槐的根瘤及根瘤细菌

A. 根瘤外形　B. 过根瘤部分的根横切面　C. 根瘤细菌

根瘤细菌的固氮作用是在根瘤中进行的，豆科植物根瘤形成的大致过程为：豆科植物根系能够分泌一种黄酮类物质，吸引根瘤细菌聚集在根毛的周围，并刺激根瘤细菌产生结瘤因子。根瘤细菌释放结瘤因子，使根毛发生弯曲、膨胀，然后根瘤细菌附着在根毛的凹面。凹面处与根瘤细菌接触的根毛细胞壁发生局部降解破裂，根瘤细菌与根毛质膜接触，引起质膜内折向内延伸形成管状侵染线，根瘤细菌在侵染线里大量繁殖。随着侵染线的不断向内延伸，根瘤细菌侵入到根的皮层。此时，根瘤细菌增大形成类菌体，生活在皮层细胞形成的囊泡内（图4-16）。类菌体刺激周围的皮层细胞乃至中柱鞘细胞不断分裂形成根瘤。根瘤还会分化出维管组织，与根本体的维管组织进行营养物质的运输交换，根瘤细菌在根瘤中依赖消耗寄主植物的碳水化合物作为能源进行固氮。

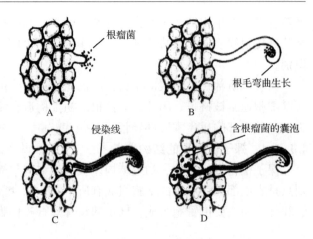

图4-16　根瘤菌侵染豆科植物根的过程

（引自 Taiz & Zeiger, 1998）

　　根瘤的产生，不但可使豆科植物获得氮素的供应供生长发育用，还可因根瘤菌向土壤中分泌含氮物质或因收获后根瘤留在土壤中从而增加土壤的肥力。因此，农业生产上常采用豆科植物与其他作物轮作、间作和套作的方法来达到少施肥，甚至不施肥而增产的目的。

　　研究发现，除豆科植物外，目前至少8科23属的非豆科植物，如桦木科、鼠李科、蔷薇科中的许多种以及裸子植物中的苏铁、罗汉松等植物也能形成根瘤，具有固氮能力，其中有的种类已被用于造林固沙及改良土壤。与非豆科植物形成根瘤的固氮菌为放线菌类。

　　近年来，随着分子生物学与基因工程的研究进展，人们尝试将固氮菌中的固氮基因转到一些重要的经济植物中以满足农林业生产的需要。然而，由于每种植物共生的固氮菌不同，固氮途径各有差异，所涉及的固氮基因也不尽相同，这将是分子改良中的一个严峻挑战。

4.1.6.2　菌根

　　许多高等植物的根可以与土壤中的某些真菌共生，这种与真菌共生的根称为菌根，其中近80%的种子植物可以形成菌根。菌根主要有外生菌根（ectotrophic mycorrhiza）和内生菌根（endotrophic mycorrhiza）2种类型（图4-17）。

　　外生菌根的菌丝主要包在幼根表面，形成紧密的丝状外套。少数菌丝可以侵入到皮层

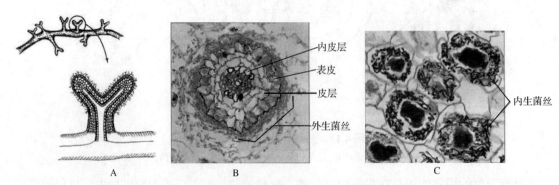

图4-17　菌根

A. 菌根的侧根端部呈二叉状　B. 具外生菌丝的根的横切面　C. 具内生菌丝的根薄壁细胞横切面

细胞的细胞间隙中，但不侵入皮层细胞内部；如果它们侵入细胞内，也会被宿主分解消化。具外生菌根的根尖通常变粗或呈二叉分枝。这种菌根类型主要存在于木本植物中，如油松、云杉、栓皮栎和毛白杨等。

内生菌根的菌丝侵入根细胞中，主要分布在具凯氏带的内皮层以外的皮层细胞内。菌丝在皮层细胞内不断生长分枝，形成一些泡囊和丛枝状菌丝体。丛枝状菌丝通过贴附在皮层细胞质膜上从宿主细胞吸取营养。这种菌根类型主要存在于草本植物中，如禾本科和兰科植物等。

除上述 2 种情况外，有些植物的幼根，真菌菌丝不仅包在幼根表面，还侵入到皮层细胞的胞间隙和皮层细胞内，称为内外生菌根（ectendotrophic mycorrhiza），如苹果、草莓等。

真菌和植物之间的共生是一种互利的关系。一方面，真菌大大增强了根对水分和矿质营养的吸收，其中对磷的吸收尤显重要。研究表明，许多植物根系若缺乏真菌，根对磷的吸收就会变得很困难，即使土壤中含有丰富的磷。而且，真菌还能分泌一些植物激素和维生素 B_1、维生素 B_6 等刺激根系的发育，同时分泌一些水解酶类分解根际的有机物质促进根的生长发育。另一方面，真菌从植物中获取维持其生存的糖类和氨基酸等物质。

真菌与植物共生对许多植物的生长发育甚至生存是至关重要的。兰花的种子如果不被真菌侵染就不能萌发；一些造林树种，如松树、栎树等，若缺乏菌根，就会生长不良，甚至死亡。因此，目前农林业生产上，常采用人工方法接种真菌，让种子或苗木感染真菌长出菌根，促进植物的生长发育，以提高经济植物和造林树种的成活率。

4.2　茎

4.2.1　茎的基本形态与功能

4.2.1.1　茎的功能

茎（stem）通常生长在地面以上，是连接根和叶、花及果实的轴状营养器官。茎的主要功能是输导和支持，并且还具有贮藏和繁殖等功能。

（1）输导作用

茎是植物体内物质运输的重要通道，茎能将根所吸收的水分和无机盐类以及根部合成或贮藏的物质向上运送到地上各部分器官中，同时又能将叶光合作用制造的有机养料向下、向上运送到根和其他器官中，茎的输导作用将植物各部分器官的活动联成了一个整体。

（2）支持作用

茎及其各级分枝是植物体地上部分的支架，支持着叶、芽、花、果实和种子，使叶合理分布，有利于充分接受阳光进行光合作用；使花更好地开放有利于传粉；同时还有利于果实和种子的生长和传播。

（3）贮藏和繁殖

茎因其薄壁组织贮藏大量营养物质而具贮藏功能，这种贮藏功能在一些贮藏变态茎，如球茎、块茎、鳞茎等中尤为明显。很多植物的茎在一定条件下能够形成不定根和不定芽，发育成新的个体。因此，农林业生产上常利用茎的这种特性，通过扦插、压条及嫁接等来进行营养繁殖。

有些植物的茎因变态还具光合、保护及攀缘等功能(详见4.4.2茎的变态)。

4.2.1.2 茎的外部形态

茎是植物地上部分的支架,其上着生叶、芽、花和果实。通常将着生叶和芽的茎称为枝或枝条(shoot),也就是枝或枝条去掉叶和芽后的主轴即为茎。植物的茎一般为圆柱形,也有三棱柱形、四棱柱形、多棱柱形甚至扁平叶状的情况。

茎上着生叶和芽的部位称为节(node)。节通常只在叶柄着生处略为突起,不甚明显,而有的植物节很明显,会在节部形成一圈环状突起,如竹茎。相邻两节之间的部分称为节间(internode)。节间长短变化很大,随植物种类、发育时期及生长条件的不同而异。一些葫芦科植物的节间通常较长,可长达数十厘米,而有的植物节间短得几乎看不出来,如蒲公英;许多果树如苹果、梨的植株上,节间有长短之分,节间长的枝条为长叶的营养枝,节间短的枝条为开花结果的果枝;许多禾本科植物,如水稻、小麦的苗期,节间极短,密集于茎的基部,而拔节后,节间明显伸长。叶片与茎之间所形成的夹角称为叶腋(leaf axil)。叶腋内着生有芽称为腋芽(axillary bud),而着生在茎顶端的芽称为顶芽(terminal bud)。叶片脱落后在茎上留下的痕迹称为叶痕(leaf scar)。叶痕的形状和大小随植物种类不同而异。叶痕中突起的小点,是叶柄与茎相连的维管束断离后留下的痕迹,称为维管束痕(vascular bundle scar)。在木本植物的茎表面可以见到形状大小各异的点状突起或裂缝状结构,是茎内组织与外界气体交换的通道,称为皮孔(lenticel)。皮孔的形态特征可以作为植物分类的鉴定指标。皮孔后来因茎不断加粗而涨破,所以在老茎上通常看不到皮孔。在具鳞芽的植物茎表面,还可以看到紧密排列的环状痕迹,称为芽鳞痕(bud scale scar)。芽鳞痕是鳞芽开放时,芽鳞脱落后留下的痕迹。鳞芽通常每年生长季活动一次,每活动一次都留下芽鳞痕,因此,可以根据芽鳞痕的数目来判断枝条的生长年龄(图4-18)。

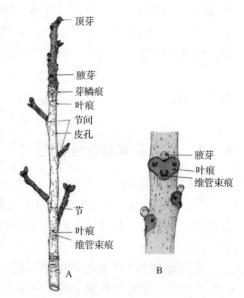

图 4-18 核桃三年生枝条冬态

A. 枝条外部形态 B. 局部放大

(引自 Weier *et al.*, 1982)

4.2.1.3 芽的类型与分枝方式

(1)芽的类型

芽是处于幼态,尚未伸展的枝、花或花序。根据芽的着生位置、发育性质、结构和生理状态的不同,可将芽划分为不同类型。

①定芽和不定芽 这是按芽在茎上的着生位置不同划分的。定芽(normal bud)在茎上有固定的着生位置,包括生在主茎及侧枝顶端的顶芽和生在叶腋内的腋芽。腋芽因生在枝条的侧面,也称侧芽(lateral bud)。大多数植物的叶腋内,通常只有1个腋芽。但有的植物的叶腋内可并生或叠生2个以上的芽,一般将位于中间的一个芽称为正芽(normal axillary bud),其他的芽称为副芽(accessory bud),如桃有2个并生副芽(图4-19A),紫穗槐有1个叠生副芽(图4-19B)。有些植物的腋芽被膨大的叶柄基部所覆盖,称为柄下芽(subpetiolar bud)(图

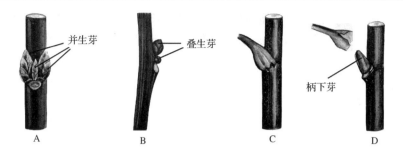

图 4-19 芽的类型(一)

A. 桃的并生芽 B. 紫穗槐的叠生芽 C、D. 悬铃木的柄下芽

4-19C、D),如悬铃木和刺槐。有些芽在茎上没有固定的着生位置,可生于老根、老茎和叶上,特别是受创伤部位,称为不定芽(adventitious bud)。农林业生产上常利用植物能形成不定芽的特性进行营养繁殖。

②叶芽、花芽和混合芽 这是按芽发育后所形成的器官不同划分的。芽开放后发育成茎和叶的芽称为叶芽(leaf bud)(图 4-20A);发育成花或花序的芽称为花芽(flower bud)(图 4-20B);既形成枝叶又形成花或花序的芽称为混合芽(mixed bud),如苹果(图 4-20C)和梨短枝上的顶芽即为混合芽。花芽和混合芽比较肥大,易与叶芽相区别。

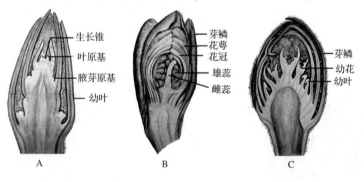

图 4-20 芽的类型(二)

A. 金银花的叶芽 B. 桃的花芽 C. 苹果的混合芽

③鳞芽和裸芽 这是按芽有无芽鳞包被划分的。芽鳞(bud scale)是一种包被在芽外的变态叶,其外层细胞的细胞壁常角质化或栓质化,有的还被以绒毛、蜡质或黏液,以保护幼芽越冬。具芽鳞的鳞芽(scaly bud)常见于温带的木本植物,如杨树(图 4-21A)、丁香等。不具芽鳞的裸芽(naked bud)常见于草本植物和少数木本植物,如水稻、油菜、核桃(图 4-21B)等。

④活动芽和休眠芽 这是按芽的生理活动状态划分的。一棵植株上有许多芽,但不是所有的

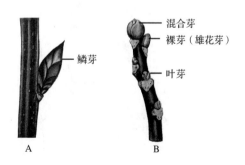

图 4-21 芽的类型(三)

A. 杨树的鳞芽 B. 核桃的裸芽

芽在生长季都能萌发生长，通常将能在生长季萌发生长形成枝叶、花或花序的芽称为活动芽（active bud）。1 年生草本植物的芽多数是活动芽。多年生木本植物，通常只顶芽和顶芽附近的腋芽活动，而其下部的腋芽不活动成休眠状态，称为休眠芽（dormant bud）。休眠芽可以休眠多年，但在一定的条件下，休眠芽和活动芽可以相互转变。如顶芽受损或去除顶芽，可促进下部的休眠芽转变成活动芽。活动芽如在生长季突遇高温、干旱等恶劣环境也可转入休眠。

对一个具体的芽来说，由于分类的依据不同，可以有不同的名称。如杨树的顶芽，其芽外包被有芽鳞，可称为鳞芽；它在生长季能萌发生长，可称为活动芽；萌发生长后形成枝叶或花序，又可称为叶芽或花芽。

（2）分枝方式

分枝是植物生长的基本特性之一。分枝方式主要取决于顶芽和腋芽发育的差异，也与植物本身的遗传特性及外界环境条件有关。植物的分枝方式主要有 4 种类型（图 4-22）。

①二叉分枝　植物茎尖生长点一分为二，形成 2 个对生的相同新枝，经过一定时期的生长，每一新枝的生长点又一分为二，如此反复，形成一个二叉状的分枝系统，这种分枝方式称为二叉分枝（dichotomous branching）。这是一种原始的分枝方式，常见于苔藓植物和蕨类植物。

②单轴分枝　植株从幼苗开始，主茎的顶芽活动始终占优势，各级侧枝生长均不如主茎，因而形成一个明显而发达的主干，这种分枝方式称为单轴分枝（monopodial branching），

图 4-22　植物的分枝方式
A. 二叉分枝　B. 单轴分枝　C. 合轴分枝　D. 假二叉分枝

也称总状分枝。松柏类等裸子植物及一些被子植物如杨树等属于这种分枝方式。单轴分枝可形成良好的木材，是出材率最高的一种分枝方式。

③合轴分枝　植物主干的顶芽经过一段时间生长以后，停止生长或分化成花芽，由靠近顶芽的腋芽代替顶芽发育成新枝，继续生长一段时间后，新枝的顶芽又被其下部的腋芽所代替，如此交替进行，由枝顶芽下的腋芽交替发育形成的侧枝相继接替主干而成，称为合轴分枝(sympodial branching)。苹果、桃、棉花等大部分被子植物属于这种分枝方式。

④假二叉分枝　植物中，顶芽停止生长或分化成花芽后，由顶芽下 2 个对生的腋芽同时生长成二叉状的侧枝，从外表看类似于苔藓植物和蕨类植物的二叉分枝，但不是真正的二叉分枝，称为假二叉分枝(false dichotomous branching)。它是合轴分枝的一种特殊形式。丁香、梓树、泡桐等具对生叶的植物属于这种分枝方式。

合轴分枝是一种进化的分枝方式，顶芽死亡或停止生长，促进了腋芽的发育，可形成繁茂的枝叶，扩大光合作用的面积，还能产生更多的花芽及果实，是结实率较高的一种分枝方式。

了解芽和分枝的关系，可以有目的地利用和改变植物的分枝方式。如用材应选择单轴分枝的树种，或人为去除苗木的侧芽，促进顶芽生长以形成端直的木材。在果树、蔬菜及经济植物栽培中，进行摘芽整枝，调整营养生长和生殖生长的关系，促进多分化花芽多结实。还可采用合理密植，控制水肥，选取合适的作物品种等措施来调节农作物分蘖的发生，以达到丰产的目的。

禾本科植物的分枝方式比较特殊，在茎基部近地面的几个密集的节上分别着生有一个腋芽，腋芽活动抽出新枝，同时在节上形成不定根，以后又由新枝基部节上的腋芽重复上述活动，这种分枝方式称为分蘖(tiller)。产生分枝的节称为分蘖节(tillering node)，分蘖节的位置称为蘖位。分蘖越早蘖位越低，相应生长期越长，结实的可能性也就越大。分蘖与栽培条件及植物本身的遗传性相关。

4.2.2　茎的初生生长与初生结构

4.2.2.1　茎尖的形态结构及生长发育

茎尖(stem tip)的结构与根尖相似，都具有顶端分生组织，同样经历伸长的形态建成过程，但由于两者所处的生活环境和所担负的生理功能不同，茎尖没有类似根冠的结构，而由许多幼叶包被。同时，茎顶端分生组织的活动还产生叶原基和腋芽原基，从而使茎尖的结构较根尖更为复杂。叶芽是缩短的枝条。通过叶芽作纵切面，可观察到茎尖的基本结构及发育特点。芽顶端圆锥形部分称为生长锥，由顶端分生组织构成。在生长锥先端部分的周围有一些小突起，称为叶原基，以后发育为叶。在叶原基下方的幼叶叶腋内有腋芽的原始体突起，称为腋芽原基，以后发育为侧枝。越近下方的幼叶越大，腋芽原基也越大(图4-23)。

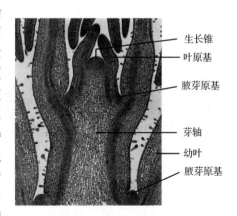

生长锥
叶原基
腋芽原基

芽轴
幼叶
腋芽原基

图4-23　丁香叶芽纵切面

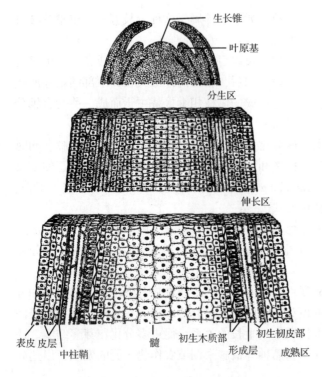

图 4-24 茎尖及其分区纵切面

在芽的纵切面上，可以看到茎尖自顶部向下分为分生区、伸长区和成熟区三部分(图 4-24)。

(1)分生区

茎尖顶端分生组织构成的生长锥即为分生区。与根尖分生区相似，亦由原分生组织及其衍生的初生分生组织两部分组成。原分生组织位于分生区的前端，是一群具有强烈而持久分裂能力的细胞。它们分裂产生的细胞，一部分仍为原分生组织细胞，使原分生组织维持一定的形状和体积；另一部分细胞向下衍生为初生分生组织。初生分生组织细胞一方面还具有一定的分裂能力；另一方面已开始分化形成原表皮、基本分生组织和原形成层三部分。原表皮位于分生区后部的最外方，由一层排列紧密的细胞组成。其内的基本分生组织细胞较大，排列不规则。原形成层呈束状分布在基本分生组织中，细胞小而纵向伸长。

茎尖顶端分生组织与根尖顶端分生组织一样，亦有一定的细胞排列结构及分化活动规律。对这方面的研究存在不少学说，其中被普遍接受的是原套—原体学说(tunica-corpus theory)和细胞组织分区概念(concept of cell-tissue zonation)。

原套—原体学说是 A. Schmidt 于 1924 年提出的，该学说认为被子植物茎尖顶端的原分生组织由原套(tunica)和原体(corpus)两部分组成(图 4-25)。原套位于茎尖顶端的外部，由 1 至几层排列整齐的细胞组成，只进行垂周分裂，增加茎端的表面积而不增加细胞层数。单子叶植物的原套多为 1 层，双子叶植物的原套多为 2 层。原体是原套内方一团排列不规则的细胞，可进行各个方向的分裂，增加体积使茎端扩大。原套和原体的细胞分裂有规律地进行，从而保持了茎顶端表面生长与体积生长的平衡。一般认为原套的表层细胞以后分化形成原表皮，而其他组织并不是预先决定的。

然而在大多数裸子植物中，茎尖顶端分生组织没有原套和原

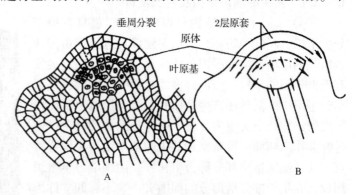

图 4-25 豌豆属苗端纵切面，示原套原体

A. 细胞图 B. 简图

(引自 Esau)

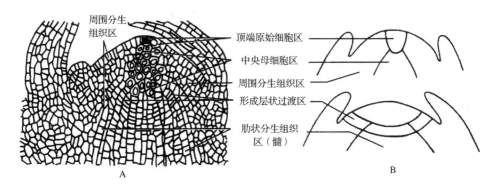

图 4-26　银杏苗端纵切面，示细胞组织分区
A. 细胞图　B. 简图

体的明显分界，因此原套—原体学说不适用于大多数裸子植物。1938 年，A. S. Foster 根据细胞的特征和不同的染色反应，在银杏茎尖观察到有明显的分区现象（图 4-26），提出了细胞组织分区概念。后来的研究发现其他裸子植物和不少被子植物的茎尖也存在显著的分区现象，因此细胞组织分区概念不仅适用于裸子植物，也适用于很多被子植物。细胞组织分区概念把茎尖分成若干区域，茎先端的一群原始细胞称顶端原始细胞区（在被子植物中，位于原套的中央部位，也称原套原始细胞区）；在它下面是由其衍生而成的中央母细胞区（在被子植物中，位于原体的中央部位，也称原体原始细胞），此区细胞染色较浅，液泡化明显。顶端原始细胞和中央母细胞向侧面衍生的细胞形成周围分生组织区，其细胞较小，细胞质浓厚，染色较深，细胞分裂活跃，在一定位置上，其频繁分裂的结果形成叶原基。该区也与茎的伸长和增粗生长有关。中央母细胞区向下有形成层状过渡区，其整体如浅盘状（在被子植物中，此区只有少数植物具有，如雏菊等）。中央部分再向下衍生成髓分生组织，位于周围分生组织以内，其细胞进行有规则的横向分裂呈纵向排列，故称为肋状分生组织，其细胞较周围分生组织更为液泡化，但也有较活跃的细胞分裂。在分生区后部，周围分生组织和肋状分生组织等原分生组织逐渐分化形成原表皮、基本分生组织和原形成层 3 种初生分生组织。

茎顶端分生组织，即生长锥，还产生叶原基和腋芽原基。对于裸子植物和大多数被子植物来说，在生长锥先端侧面的一定部位，其表面的第二层或第三层细胞进行平周分裂，向外增加细胞层数形成突起，以后突起表面细胞进行垂周分裂，其内部细胞进行各个方向的分裂，突起发育形成叶原基。在一些单子叶植物中，叶原基由生长锥先端侧面的表层细胞分裂产生。腋芽原基发生在位于叶原基下方的幼叶的叶腋处，由叶腋外方的 1～2 层细胞先进行垂周分裂，形成壳状，然后由壳状区的 2～3 层细胞进行平周分裂，之后以与叶原基相同的发育方式形成腋芽原基。由于叶原基和腋芽原基起源于茎顶端分生组织侧面的外层细胞，故称为外起源（exogenous origin）。

（2）伸长区

伸长区位于分生区的下方，细胞明显伸长生长，并且液泡化。该区是茎伸长生长的主要部位，其长度远较根尖伸长区长，常包括几个节和节间。初生分生组织开始逐渐向初生组织分化，在伸长区末端已分化出一些初生组织。伸长区是分生区初生分生组织分化形成初生成熟组织的过渡区。

（3）成熟区

成熟区细胞伸长生长停止，各种组织分化成熟形成茎的初生结构。

4.2.2.2 双子叶植物茎的初生结构

双子叶植物茎的初生结构与根一样，也是由表皮、皮层和维管柱三部分组成，但各个组织的特征，空间排列位置及比例有所不同（图4-27、图4-28）。

（1）表皮

表皮是幼茎最外一层生活细胞，由原表皮发育而来，为初生保护组织。表皮细胞一般呈扁长方体状，其长轴与茎的纵轴平行，在横切面上近方形，细胞排列紧密，无胞间隙。细胞内一般不含叶绿体，有的含有花色素苷。细胞外切向壁常被有较根中厚的角质层，有的植物还被有蜡质。表皮细胞上还分布有气孔器及各种表皮

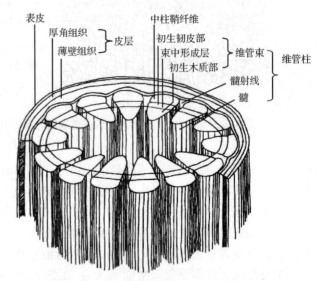

图4-27 双子叶植物茎初生结构立体图解

毛或腺毛。表皮的这种结构特征既有利于控制蒸腾、减少水分散失和抵抗病菌的入侵，又不影响与外界的气体交换。幼茎表皮细胞具有一定的分裂能力，但很有限，仅在茎增粗生长的早期进行有限的分裂以适应茎的生长。

（2）皮层

表皮以内的多层细胞，远不如根中发达，只占幼茎很小的比例，由基本分生组织发育而

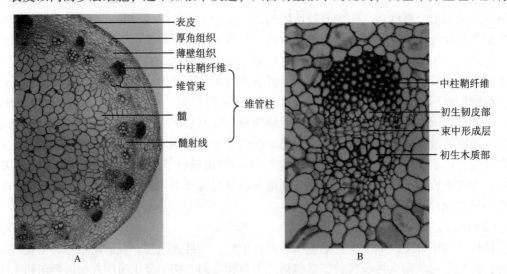

图4-28 向日葵茎初生结构

A. 向日葵幼茎部分横切面　B. 幼茎中的维管束

来。通常靠近表皮的几层皮层细胞较小，细胞在角隅处加厚，为厚角组织，常呈一圆环或束状排列，能增加幼茎的机械作用。厚角组织内方的皮层细胞是由排列疏松、有明显胞间隙的薄壁细胞组成。在靠近表皮的厚角组织和薄壁细胞中含有叶绿体，使幼茎呈现绿色，能进行一定的光合作用。有的植物茎外围皮层中含有厚壁组织，如纤维。还有的植物茎皮层中分布有分泌腔、乳汁管。在水生植物或湿生植物中，茎皮层中还有通气组织——气腔。茎中内皮层不明显，因此，茎中皮层和维管柱之间无明显的界限，仅在一些植物的地下茎、水生植物的茎以及少数双子叶草本植物茎中才分化出具凯氏带的内皮层。在有些植物幼茎的最内一层皮层细胞中含有淀粉粒，称为淀粉鞘（starch sheath）。

（3）维管柱

维管柱是皮层以内所有组织的总称，主要由维管束、髓和髓射线（pith ray）3 部分组成。

① 维管束　维管束由原形成层发育而来，是与茎长轴平行的束状结构。在茎的横切面上多个维管束排列成环状。维管束由初生韧皮部、束中形成层（fascicular cambium）和初生木质部三部分组成。在原形成层分裂分化产生初生木质部和初生韧皮部时，在两者之间保留了一些具分裂能力的原形成层细胞，即束中形成层，其将在茎的次生生长时成为维管形成层的一部分，产生茎的次生构造。大多数双子叶植物茎的初生韧皮部在外，初生木质部在内，以束中形成层为界组成内外相对排列的维管束，称为外韧维管束（collateral bundle），这也是种子植物中的普遍类型。少数双子叶植物茎为双韧维管束（bicollateral bundle），即在初生木质部内方又分化出韧皮部，如葫芦科、夹竹桃科等植物的茎。此外，还有初生韧皮部包围初生木质部的周韧维管束（amphicribral bundle）和初生木质部包围初生韧皮部的周木维管束（amphivasal bundle）2 种同心维管束。前者存在于被子植物的花、果实和胚珠中，后者存在于一些双子叶植物的髓维管束中。

初生韧皮部　初生韧皮部由筛管、伴胞、韧皮薄壁细胞和韧皮纤维组成，其主要功能是输导有机养料。初生韧皮部分化成熟的方式与根中一样，是向心发育的外始式。先分化成熟的原生韧皮部在外方，主要由韧皮薄壁细胞组成，其后发育成韧皮纤维；由于初生韧皮部纤维与其外方的中柱鞘纤维相连，很难分开，因此，有人则认为茎内不存在中柱鞘而是初生韧皮部纤维。但有些植物的中柱鞘由薄壁细胞组成，在横切面上呈连续的环状排列，易与初生韧皮部区分。后分化成熟的后生韧皮部位于内方，由其担负主要的输导功能。筛管分子是韧皮部中最主要的输导分子，是无细胞核但具原生质体的长形生活细胞，在横切面上呈多边形。其长径与茎长轴平行，两两筛管分子以上下端壁相连形成了纵向输导系统的主要部分之一。与筛管分子来源于同一个母细胞的伴胞是具细胞核和丰富细胞器的纵向细长薄壁细胞，在横切面上近三角形，通常 1 至几个结合在筛管分子的旁边，配合筛管分子完成有机物的运输。韧皮薄壁细胞比伴胞大，散生在韧皮部中，有贮藏作用。韧皮纤维在韧皮部中常聚集成束，起机械支持作用。

初生木质部　初生木质部由导管、管胞、木薄壁细胞和木纤维组成，其主要功能是输导水分和无机盐类，并兼有机械支持作用。初生木质部的发育方式与根中不同，是离心发育的内始式，这是茎初生结构的重要特征。先分化成熟的原生木质部在内方，由少量管腔较小的环纹、螺纹导管、管胞及木薄壁细胞组成，无木纤维。后分化成熟的后生木质部位于外方，由管腔较大的梯纹、网纹或孔纹导管、管胞、木薄壁细胞及木纤维组成，因此后生木质部不论是在输导还是支持方面都较原生木质部进化。长管状的导管分子是输导水分和无机盐最主要的输导分子，在茎的长轴方向上，以末端穿孔彼此相连形成长长的管道，大大提高了输导效率，是输导效率最高的一种输导结构。管胞由于末端不形成穿孔，水分和无机盐的运输仅靠胞壁上的纹孔进行，输导效率不及导管。导管和管胞由于具有木质化加厚的细胞壁，还兼有支持作用。木薄壁细胞和木纤维与韧皮部中的韧皮薄壁细胞和韧皮纤维一样，分别有贮藏和支持作用。

②髓　髓位于茎的中央，由基本分生组织发育而来。大多数双子叶植物的髓由薄壁细胞组成，具有贮藏功能，通常能贮藏淀粉、晶体或单宁等后含物。有些植物的髓还分化出石细胞，如樟树等。有些植物的髓在生长过程中破裂形成髓腔，如连翘等；或形成片状髓，如核桃等。有些植物的髓部外围细胞小而排列紧密，与其内方的髓部细胞差别较大，形成明显的周围区，称为环髓带或髓鞘，如椴树等。

③髓射线　髓射线位于相邻维管束之间的薄壁组织，内连髓部，外通皮层，是茎内横向运输的通道，并具有贮藏功能。它们由基本分生组织发育而来，故又称为初生射线。在大多数木本植物中，髓射线往往较窄，仅为 1 ~ 2 列细胞，而双子叶草本植物则有较宽的髓射线。

4.2.3　双子叶植物茎的次生生长与次生结构

大多数双子叶植物的茎与根一样，在完成初生生长后，由于侧生分生组织——维管形成层和木栓形成层的活动，能进行次生生长，产生次生结构（图 4-29）。但由于茎与根次生分生组织的起源不同，所形成的次生结构相应存在一定的差异。

4.2.3.1　维管形成层的发生及其活动

当茎形成初生结构时，在维管束的初生木质部与初生韧皮部之间保留了一层具分裂能力的原形成层细胞，即束中形成层。在开始次生生长时，束中形成层开始活动，此时，与束中形成层相连的髓射线薄壁细胞恢复分裂能力，形成束间形成层（interfascicular cambium）。束中形成层和束间形成层彼此相互连接成一个完整的圆筒状维管形成层，在横切面上呈圆环状（图 4-30）。

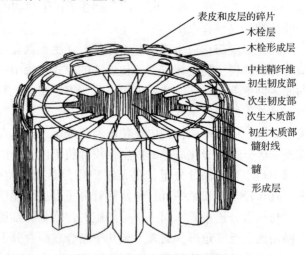

表皮和皮层的碎片
木栓层
木栓形成层
中柱鞘纤维
初生韧皮部
次生韧皮部
次生木质部
初生木质部
髓射线
髓
形成层

图 4-29　茎次生结构立体图解

维管形成层由纺锤状原始细胞（fusiform initial）和射线原始细胞（ray initial）组成。纺锤状原始细胞是维管形成层的主要组成分子，与茎的长轴平行排列，是一种切向扁平、两端锐尖的长纺锤状细胞，其细胞长度可达宽度的数十倍。纺锤状原始细胞主要以平周分裂为主，向内分裂分化产生导管、管胞、木薄壁细胞和木纤维 4 种轴向次生木质部分子，向外分裂分化产生筛管、伴胞、韧皮薄壁细胞和韧皮纤维 4 种轴向次生韧皮部分子。然而，由于纺锤状原始细胞向内向外分裂的速度并不均等，通常在形成数个次生木质部细胞后才形成一个次生韧皮部细胞，因此，纺锤状原始细胞向内形成的次生木质部要远比向外形成的次生韧皮部多。随着次生木质部的不断增多，维管形成层逐渐被推向外方，其周径就要相应地扩大以适应茎的增粗。维管形成层主要通过纺锤状原始细胞进行径向、侧向垂周分裂或拟横向分裂

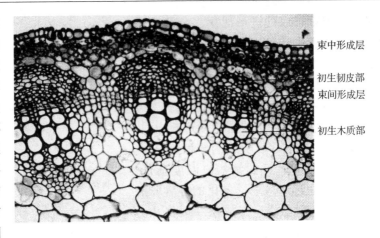

束中形成层

初生韧皮部
束间形成层

初生木质部

图 4-30　茎中维管形成层的发生

（图 4-31），来增加细胞数目以扩大其周径。若为径向或侧向的垂周分裂，维管形成层的细胞排列较规则，在切向切面观察，细胞上下两端基本水平排列，整个圆桶状形成层呈较整齐的纵向层状排列，称叠生形成层（图 4-32A）。若为斜向的垂周分裂，细胞互为侵入生长导致排列不规则，在切向切面观察，细胞交叉排列，细胞上下两端不在一个水平上，形成层不呈层状排列，称非叠生形成层（图 4-32B）。在系统发育上，非叠生形成层是较原始的，主要发生在较低等的被子植物和裸子植物中。

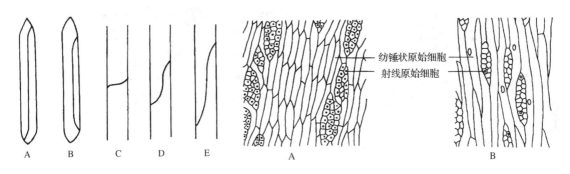

纺锤状原始细胞
射线原始细胞

图 4-31　纺锤状原始细胞的增生方式

A. 径向垂周分裂　B. 侧向垂周分裂

C～E. 拟横向分裂

图 4-32　维管形成层的类型

A. 洋槐的叠生形成层　B. 杜仲的非叠生形成层

射线原始细胞分布于纺锤状原始细胞之间，与茎的长轴垂直排列，是一种近等径的细胞，在横切面上近方形。射线原始细胞也是主要以平周分裂为主，向内产生木射线，向外产生韧皮射线，同时向内向外分裂细胞以延长髓射线，共同构成径向排列的次生组织系统，主要起横向运输的作用。射线原始细胞也可进行垂周分裂参与维管形成层周径的扩大。此外，射线原始细胞的增殖也可通过纺锤状原始细胞的横向、侧向分裂以及衰退缩短来完成（图 4-33）。

维管形成层的活动通常能延续很长的时间，有的能伴随植物终生。正是由于维管形成层年复一年的活动，使茎不断增粗并形成木材。研究表明，维管形成层的活动受植物激素的调

节,赤霉素可以促进形成层多分化木质部,而吲哚乙酸可以促进形成层多分化韧皮部。维管形成层的活动还受季节影响而呈现周期性的活动变化规律。形成层一般春季开始活动,在日照渐长、温度渐高的情况下,形成层活动逐渐增强,细胞分裂的数目多,分化的导管也较大。到了夏末秋初,日照渐短、温度渐低,形成层活动逐渐减弱,分化的导管管腔也较小。到了冬季,形成层一般停止分裂而进入休眠状态。

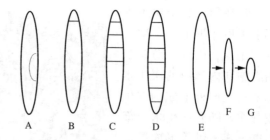

图4-33　射线原始细胞由纺锤状原始细胞起源的方式
A. 侧裂(纺锤状原始细胞侧向分裂,在其中部纵向分割出一部分,形成射线原始细胞)　B～D. 横裂(B. 末端横裂形成一个射线原始细胞　C. 一半横裂形成多个射线原始细胞　D. 整体横裂形成多个射线原始细胞)　E～G. 纺锤状原始细胞衰退缩短形成射线原始细胞

4.2.3.2　木栓形成层的发生及其活动

　　当维管形成层不断产生次生维管组织使茎增粗时,初生保护组织表皮一般不能进行垂周分裂以适应这种增粗,势必被胀破。在表皮胀破前,通常由紧接表皮的皮层细胞恢复分裂能力形成木栓形成层;然后,其与根中一样,进行平周分裂,向内向外分别产生栓内层和木栓层,三者共同构成次生保护组织周皮,代替表皮行使保护作用(图4-34)。茎中木栓形成层也有直接从表皮发生的,如柳树、苹果等,还有从初生韧皮部发生的,如葡萄、石榴等。

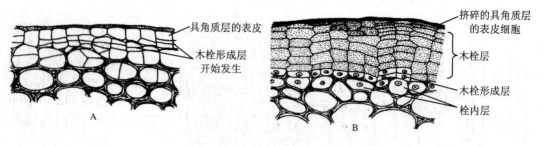

图4-34　木栓形成层的发生与活动
A. 木栓形成层的发生　B. 木栓形成层的活动

　　周皮上还分布有皮孔,由它代替表皮上的气孔与外界进行气体交换。皮孔一般发生于气孔的下方,该处木栓形成层向外不产生木栓细胞,而是形成许多排列疏松的薄壁细胞,称为补充组织(complementary tissue)。随着补充组织的增多,向外突出,胀破外面的组织,在茎的表面形成形状各异的裂缝或裂口,即皮孔。皮孔有2种类型(图4-35),一种结构相对简单,完全由补充组织构成。补充组织在发育早期为排列疏松的薄壁细胞,后期则发育为栓化的厚壁细胞,如杨树、接骨木的皮孔。另一种为补充组织和封闭层(closing layer)交替排列的皮孔,排列紧密、栓质化的封闭层包围着排列疏松、非栓质化的补充组织,这种皮孔常在冬季发生,起着防寒等保护作用。当进入春季时,随着木栓形成层的活动不断产生补充细胞,封闭层可被胀破,恢复气体交换的功能,如桑树、梅的气孔。

　　木栓形成层的寿命是有限的,一般只能活动几个月就失去分裂能力而最终转变成木栓层。当茎继续增粗时,原有的周皮不能适应而被胀破,从而失去保护作用。于是,在原有周

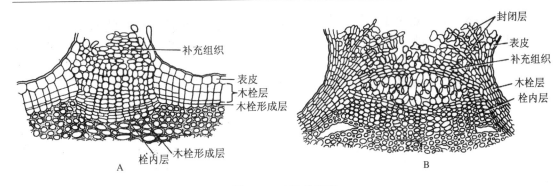

图 4-35 皮孔的类型

A. 仅具补充组织的皮孔 B. 具补充组织和封闭层的皮孔

(引自 Devaux)

皮的内方就会以相同的方式形成新的周皮,以后依次向内、可达次生韧皮部发生。周皮形成后,由于木栓层细胞的细胞壁栓化,不透水、不透气,其外的组织逐渐因缺乏水分和营养而死亡,因此,每次新周皮的形成,其木栓层外方的组织都会相继死亡,这样逐渐积累增厚形成树皮(bark)。这是真正意义上的树皮,是狭义的树皮概念。由于其质地坚硬,常呈条状剥落,又称硬树皮或落皮层。在林业生产中,通常将木材以外的部分,即维管形成层以外的部分称为树皮,这是因为树皮常易于在形成层处剥离,这是广义上的树皮概念。这种树皮实际上包括两部分,一部分为外方的硬树皮,另一部分为韧皮部到最新形成的木栓层之间的部分,这部分为活组织,含水分较多,质地较软,称为软树皮。

4.2.3.3 双子叶植物茎的次生结构

双子叶植物茎在次生生长时,维管形成层的分裂活动产生了大量的次生维管组织,使茎增粗。木栓形成层的活动则产生了次生保护组织——周皮。两类形成层的活动共同构成了茎的次生结构(图 4-36),主要包括周皮、皮层、次生韧皮部、维管形成层、次生木质部和髓。

(1)周皮

周皮位于老茎的最外方,与根中一样,从外至内由木栓层、木栓形成层和栓内层构成。但由于茎处在光线充足的气生环境中,其栓内层细胞内常含叶绿体,有类似皮层的功能。此外,周皮的表面还分布有皮孔,在横切面上呈现的唇形突起即为与外界进行气体交换的皮孔。

(2)皮层

皮层为周皮以内、维管柱以外的部分,通常由紧接周皮的几层厚角组织和其内方的薄壁组织细胞组成。有的植物茎皮层薄壁细胞中含有晶簇,如椴树。还有的植物茎皮层中分布有分泌腔,如棉花。皮层是识别老根与老茎的一个重要特征,通常老根没有皮层,这是由于形成周皮的木栓形成层起源于皮层内方的中柱鞘;周皮形成

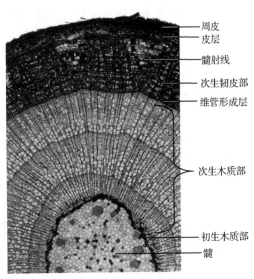

图 4-36 椴树茎的次生结构

后，其外方的皮层很快就由于水分及养料的缺乏而死亡。如前所述，茎中的木栓形成层通常起源紧接表皮的皮层细胞，周皮的形成不会将皮层完全摧毁，因此，老茎中或多或少残留有一些皮层。

皮层内方、次生韧皮部外方的初生韧皮部由于受到内部组织的挤压，只留下束状分布的初生韧皮纤维。在横切面观察，其位于次生韧皮部的最顶端。

(3)次生韧皮部

次生韧皮部为皮层以内、维管形成层以外的部分，在横切面上呈山尖状，包括轴向系统的细胞分子和径向系统的细胞分子。轴向系统的细胞组成与初生韧皮部基本相同，主要以筛管、伴胞和韧皮薄壁细胞为主，还夹有韧皮纤维或石细胞，如椴树茎含有韧皮纤维，水青冈茎含有石细胞，而槭树茎2种细胞都有。韧皮纤维在横切面上往往与轴向系统的其他细胞相间排列，呈梯形分布。次生韧皮部的径向系统则是由维管形成层的射线原始细胞向外分裂产生的径向排列的薄壁细胞组成，分布在山尖状的次生韧皮部中，称为韧皮射线，其数目不固定，可随次生韧皮部的生长而增多。在相邻的两山尖状的次生韧皮部之间为延长的髓射线，由射线原始细胞向外分裂产生的径向排列的薄壁细胞加在髓射线细胞的内方形成，它既包括髓射线的部分，又包括射线原始细胞产生的韧皮射线部分。这部分射线由于切向扩展，在横切面上呈喇叭口状，与山尖状的次生韧皮部相间排列。

有些植物茎的次生韧皮部中含有分泌结构，能产生次生代谢产物，如橡胶和生漆；还有的植物茎在其韧皮薄壁中贮藏有晶簇和单宁等物质。

(4)维管形成层

维管形成层是位于次生韧皮部和次生木质部之间的次生分生组织，其细胞在横切面上通常呈扁平的长方形。维管形成层实际上只有1层，但由于在其活动期，向内向外分裂的速度很快，未分化的衍生细胞在外形上与其形态相似，因此，在横切面上维管形成层呈一圆环带。

(5)次生木质部

次生木质部为维管形成层和髓之间的部分(少量初生木质部除外)，占据老茎的绝大部分体积，是木材的主要来源。与次生韧皮部一样，同样包括轴向系统和径向系统的细胞分子。轴向系统的细胞组成与初生木质部相同，也是由导管、管胞、木纤维和木薄壁细胞组成，但有些组分在含量上有所变化。在次生木质部中，主要以导管和木纤维为主，而木薄壁组织相对较少。木纤维的增多，能够增强木材的硬度。而且，与初生木质部相比，细胞的木质化程度有所增强，如次生木质部的导管以孔纹导管最为常见，但导管的类型和分布也因植物种类不同而不一样。次生木质部的径向系统由射线原始细胞向内分裂产生径向排列的薄壁细胞组成的木射线，其与韧皮射线一样，数目不固定，可随次生木质部的生长而增多。木射线与韧皮射线统称维管射线，由于其是在次生生长时由次生分生组织形成的，故又称次生射线。在次生木质部中亦有髓射线的延长，延长通过射线原始细胞向内分裂产生径向排列的薄壁细胞加在髓射线细胞的外方来实现。这种射线往往较木射线宽，在横切面上易于识别。由于它是在髓射线基础上延伸的一种射线，有人将它与在次生韧皮部间延长的髓射线合称为髓射线，因髓射线在初生结构中是位于初生维管束之间的射线，因此其数目是固定的。茎次生结构中的髓射线从发育的来源看，由初生射线和次生射线两部分组成，通常后者居多。

在次生木质部的横切面上还可以观察到因季节变化形成的导管管腔大小不同而呈现的年轮(详见木材结构)。

位于次生木质部内方的初生木质部只占很小的比例或因被挤压而不易识别。

(6)髓

髓位于茎的中央,其细胞组成与初生结构中的髓基本相同,只是由于受到挤压比例很小,甚至不易识别。

4.2.3.4　双子叶木本植物茎的木材结构

木材通常是指木本植物茎中维管形成层以内的所有组织。双子叶木本植物茎由于维管形成层的活动,年复一年不断产生大量的次生木质部,构成了木材的主要来源。了解木材的结构不仅可为识别木材、合理利用木材提供理论依据,还对研究植物的亲缘关系及植物与环境的关系具有指导意义。

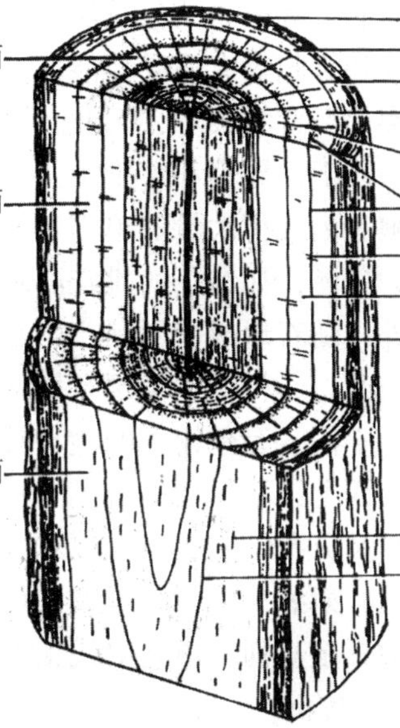

通过木材横切面(cross section)、径向切面(radial section)和切向切面(tangential section)的比较观察,可以全面、充分地了解木材的结构(图4-37)。横切面是与茎的纵轴垂直所作的切面;径向切面是通过茎的中心所作的纵切面;切向切面是不通过茎的中心垂直于茎的半径所作的切面。

图4-37　木材三切面

(1)横切面

在木材的横切面通常可以看到生长轮(growth ring)、早材(early wood)与晚材(late wood)、心材(heart wood)与边材(sapwood)及射线等结构。在木材的横切面上看到的许多同心圆环,即为生长轮。在温带及亚热带生长的树木,通常每年只形成一个生长轮,故生长轮又称年轮(annual ring)。年轮的产生是维管形成层每年季节性活动的结果。春季气候温暖、雨水充足,形成层活动旺盛,细胞分裂、生长快,形成的导管腔大壁薄,木纤维少,材质较疏松,这部分称为早材或春材。夏末秋初,气候渐凉,雨水渐少,形成层活动减弱,细胞分裂、生长慢,形成的导管腔小壁厚,木纤维多,材质致密,这部分称为晚材或秋材。同一年内形成的早材和晚材构成一个生长轮,即一个年轮。生长轮的宽窄、早材与晚材的比例受环境条件和植物种类的影响。一年之中,早材到晚材是逐渐过渡的,没有明显的界限,然而,经冬季休眠,由于维管形成层停止活动,在上一年的晚材与下一年的早材之间的变化明显,形成了年轮线。在温带及亚热带生长的树种,通常每年形成一个年轮,因此,可以根据年轮的数目来判断树木的年龄。由于树干从顶部到底部逐渐增粗,年轮数也逐渐增多,所以树干底部的年轮数才能反映树木的真实年龄。但有些植物一年内可形成几个年轮,如柑橘一年内有春、夏、秋三个生长季,可形成三个生长轮,称假年轮。有时植物也可因气候变化或病虫害的影响而形成假年轮。因此,在根据年轮判断树木的年龄时,还应做上述多方面的研究分析。

有些树种的木材，在一个生长轮内，早材的导管腔与晚材的导管腔相差很大，导管比较整齐地沿着生长轮呈环状排列，这种木材称为环孔材，如刺槐、榆树、桑树等。有些树种早材与晚材的导管腔相差不大，导管散布于早材与晚材中，不为环状排列，称为散孔材，如杨树、柳树、槭树等。也有介于二者之间的半环孔材，如核桃、柿树、樟树等。导管的分布、管腔的大小、早材与晚材的比例等常常影响木材的机械强度，成为判断木材优劣的标准。

在木材的横切面上还可以看到明显的颜色差别，其外围颜色较浅、质地较软的部分，称为边材。而靠近其中央颜色较深、质地较硬的部分，称为心材。边材是近几年形成的次生木质部，导管和管胞具有输导功能，木薄壁细胞和木射线仍为生活细胞，细胞内积累的单宁、树脂和色素等后含物较少，因此，边材含水量较多、颜色较浅、质地较软。而心材是早期形成的次生木质部，导管和管胞由于侵填体的堵塞而失去输导功能，薄壁细胞也全部死亡，细胞壁和细胞腔内沉积大量的单宁、树脂和色素等物质，因此，心材质地坚硬、颜色较深，并呈现一定的色泽，如红色的桃花心木，褐色的核桃木，黑色的乌木等，从而使心材具有工艺价值。此外，随着形成层不断产生新的次生木质部，形成新的边材，其内方老的边材逐渐转为心材，因此，心材的量会逐年增加，而边材的量比较稳定。但各种树种边材和心材的宽度及比例有所不同，有些树木的边材较窄，如刺槐等；有些树木的边材则较宽，如白蜡树等。

在横切面上，不仅可以看到木材轴向系统的导管、管胞、木纤维等横切面的形状、孔径大小、壁厚及分布情况，还可以看到径向系统射线的结构。射线也是木材的一个重要特征。在横切面上，射线呈辐射状排列，可以看出它的长度和宽度。木射线的宽度随植物种类不同而异，通常2至几列，单列射线很少。

(2)径向切面

在径向切面上，同样可以看到年轮、早材与晚材、心材与边材及射线等结构，只是它们所呈现的形状、结构有所不同。

年轮呈纵行排列，其细胞组成分子导管、管胞、木纤维及木薄壁细胞都为纵面观，可以观察到它们的长度、宽度及细胞两端的形状和特点。导管和管胞均呈长管状，导管分子上下端壁有穿孔，借此与上下导管分子相连，管腔较大。而管胞两端锐尖封闭，管腔较窄。木纤维呈长梭形，通常成束存在，壁厚，腔小。木薄壁细胞呈长方形，散布在导管和管胞的周围或呈带状分布。根据导管和管胞壁的厚薄、管腔的大小及木纤维的数量多少，可以分辨出纵行排列的早材与晚材。也可以根据色泽的深浅、质地的软硬来区分心材与边材。

在径向切面上，射线细胞通常与茎的纵轴垂直呈横向排列，称为横卧射线(procumbent ray)，可以看到它的长和高。射线细胞的层数构成了射线的高度，其高度依不同树种而异。有些植物木材中还存在与茎的纵轴平行排列的射线细胞，称为直立射线(upright ray)。若木材中射线细胞全为横卧的，称为同型射线(homocellular ray)，如杨树、悬铃木等。若木材中2种射线细胞都有，称为异型射线(heterocellular ray)，如枫香、柳树等。异型射线通常中间是横卧射线细胞，上下两层为直立射线。

(3)切向切面

在切向切面上，年轮常呈"V"字形，其细胞组成分子导管、管胞、木纤维及木薄壁细胞也都为纵面观，同样可以看到长管状的导管和管胞、梭状的木纤维以及长方形的木薄壁细胞。射线呈梭状纵向排列，呈现的是其横切面观，可以看到它的高度和宽度。如果是异型射

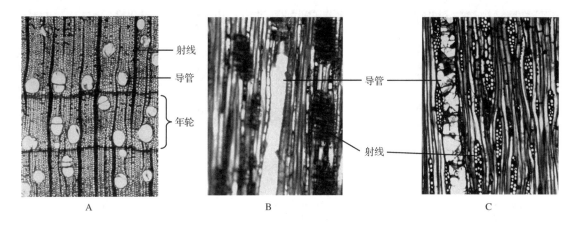

图 4-38　核桃茎三切面

A. 横切面　B. 径向切面　C. 切向切面

线，在其上下两端有直立射线细胞，因此，也可鉴别同型射线与异型射线。

在三种切面中，由于射线呈现各自不同的显著特征（图 4-38），因此，常作为判断木材三切面的依据。

4.2.4　裸子植物茎及木材结构特点

裸子植物基本都是高大的木本植物，其茎与双子叶木本植物茎的生长发育过程及形态结构基本相似，初生结构由表皮、皮层和维管柱三部分组成。由于有形成层的产生，初生生长后能够进行次生生长，产生发达的次生结构，形成木材和树皮。

与双子叶木本植物茎相比，两者主要在木质部和韧皮部的细胞组成上有所不同。裸子植物茎的木质部主要由管胞和木射线组成，一般无导管（只有麻黄属和买麻藤属等少数植物有导管），木薄壁组织很少，无典型木纤维，管胞兼具输导和支持双重功能。裸子植物茎的韧皮部主要由筛胞、韧皮薄壁细胞及韧皮射线组成，无筛管和伴胞，韧皮纤维的有无与多少因植物种类不同而异。有些种类则具石细胞。裸子植物茎木质部的管胞以胞壁上的纹孔相互连通；韧皮部的筛胞无筛板及筛孔，以胞壁上的筛域相互连通。因此，管胞和筛胞的输导效率不及导管和筛管，这也是在系统进化上裸子植物比被子植物原始的原因之一。

由于裸子植物茎与双子叶木本植物茎的细胞组成有所不同，因此木材的结构也存在一定的差异，现以松茎木材三切面分别加以简要说明（图 4-39）。

（1）横切面

由于缺乏导管，在横切面上没有大而圆的导管腔，而是由排列整齐的呈四边形或多边形的管胞组成，木材结构比较均匀，称为无孔材（non-porous wood）。根据管胞腔的大小及壁的厚薄，可分辨出早材和晚材，因此也具生长轮。在一些松柏类植物中还分布有树脂道（resin duct）。树脂道是一种裂生分泌道，通常与茎的纵轴平行排列，呈纵向管道状，在木材横切面上，则呈大而圆的管腔散布于管胞之中。其管道由一圈称为上皮细胞的分泌细胞所包围，上皮细胞能向管道分泌树脂并贮藏在管道中。松香、冷杉胶和加拿大树胶等都是松柏类植物树脂道的分泌产物，具有重要的经济价值。

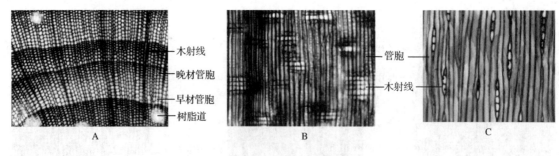

图 4-39 松茎三切面

A. 横切面 B. 径切面 C. 弦切面

木射线在横切面上与双子叶木本植物茎一样，呈辐射状排列，可以看到它的长度和宽度，但通常为单列射线，少有 2 列。

(2) 径向切面

在径向切面上，管胞呈两端封闭的长管状，胞壁上有呈正面观的具缘纹孔，即双层同心圆结构。其中早材的管胞腔较大，具缘纹孔也大而多，晚材的管胞腔较小，具缘纹孔也小而少。木射线细胞在横切面上与茎的纵轴垂直呈横向排列，可以看到它的长度和高度，全部为横卧射线细胞，为同型射线，无异型射线。而且在射线的上下两侧常具有横卧排列的射线管胞，壁上有具缘纹孔。松属植物茎射线管胞的次生壁常增厚成齿状。

(3) 切向切面

在切向切面上，管胞亦呈两端封闭的长管状，但壁上的具缘纹孔呈侧面观，为狭缝状。木射线在切向切面上呈梭形，为其横切面观，可以看到它的宽度和高度。在松柏类植物中还可以观察到存在于射线中呈横向排列的树脂道，其通常位于射线的中部，从而使具树脂道的射线呈两端尖、中央膨大的纺锤形。

在裸子植物中，射线的显著特征仍可作为判断木材三切面的依据。

4.2.5 单子叶植物茎的结构特点

与双子叶植物茎和裸子植物茎相比，单子叶植物茎有 2 个显著特征：一是大多数单子叶植物的茎与其根一样，初生生长后，由于没有形成层，不能进行次生生长产生次生结构，因此，通常单子叶植物茎一生中只有初生结构；二是单子叶植物茎的维管束通常散生在基本组织中，不呈双子叶植物茎和裸子植物茎的环状排列。而且基本组织也无皮层、髓及髓射线的分化。现以禾本科植物毛竹为例说明单子叶植物茎的结构特点。

毛竹茎和大多数禾本科植物茎一样，具有明显的节和节间。节间中央的薄壁细胞在茎发育的早期解体，形成髓腔。髓腔周围的壁称为竹壁(竹茎)，从外至内分为竹青、竹肉和竹黄，其细胞结构由表皮、基本组织和维管束三部分组成(图 4-40)。

(1) 表皮

表皮是竹茎最外一层活细胞，排列整齐，由长细胞和短细胞纵向相间排列构成。长细胞是一种角质化并硅质化的表皮细胞，纵向观察，其细胞壁往往呈细密的波浪形，长度远大于宽度，构成了表皮的大部分面积。短细胞分为栓细胞(cork cell)和硅细胞(silica cell)，通

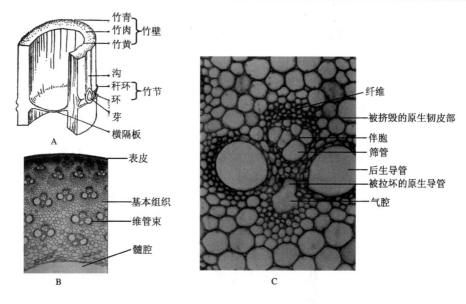

图 4-40　毛竹茎结构

A. 毛竹的茎秆　B. 毛竹茎秆部分横切面　C. 茎秆维管束

常是一个长细胞接着一个栓细胞和一个硅细胞。上述表皮细胞所具有的特化的细胞壁不仅能够增强茎秆的强度，还能抵抗病虫害，起到更好的保护作用。此外，表皮上还分布有少量气孔器。气孔器由两个哑铃形的保卫细胞及其各自旁侧的副卫细胞组成，保卫细胞之间的间隙称为气孔。

（2）基本组织

基本组织是表皮以内除维管束以外的所有部分，在发育早期，主要由薄壁细胞组成，靠近外方的薄壁组织内含有叶绿体，故竹青呈现绿色，能进行光合作用。随着竹龄增加，许多细胞的细胞壁逐渐增厚并木化，使得毛竹茎基本组织中的机械组织特别发达。紧接表皮是一层细胞壁厚而细胞腔小的细胞，称下皮。而且，在靠近髓腔的部分还分布着多层石细胞。

（3）维管束

多个维管束散生在基本组织中。在横切面上观察，靠外方的维管束较小，分布较致密，越近内方，维管束越大，分布却越稀疏。每个维管束外围被有由纤维构成的维管束鞘（vascular bundle sheath）。越靠外方的维管束，纤维越发达，最靠外方的维管束甚至只含纤维细胞，故称为秆维管束。

通常，维管束由初生木质部和初生韧皮部组成，韧皮部朝外，木质部朝内，两者之间没有形成层，为有限外韧维管束。初生韧皮部主要由筛管和伴胞组成，其外侧的原生韧皮部常被挤毁成模糊带状结构。初生木质部在横切面上呈"V"字形，"V"字形朝内的尖端部分为原生木质部，由 1~2 个环纹导管或螺纹导管及少量的木薄壁细胞组成。原生木质部较早分化成熟，在茎的继续伸长时，导管常被拉坏，薄壁细胞也破裂，在导管下方形成一个空腔，称为气腔。"V"字形朝外的两臂各有一个管径较大的孔纹导管，其间为薄壁细胞和管胞所填充，它们是后分化成熟的后生木质部。初生木质部和初生韧皮部的发育方式与双子叶植物茎一样，分别为内始式和外始式，这是茎发育的特点。

4.2.6 单子叶植物茎的加粗

如前所述,大多数单子叶植物茎的初生维管束由于没有形成层,不能进行增粗生长,然而,少数单子叶植物的茎能进行一定的增粗生长,但不同于双子叶植物和裸子植物的增粗生长,有其特殊的增粗方式,可分为如下 2 种类型。

(1)初生增厚生长

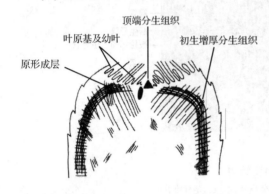

图 4-41 玉米茎尖过正中纵切面简图,
示初生增厚分生组织
(引自 Eckardt)

因此,初生增厚分生组织产生的初生增厚生长是有限的,通常只能使顶端分生组织的下部组织达到成熟区的粗度。

(2)异常次生生长

这是一种特有的次生加厚分生组织(secondary thickening meristem)(也称形成层)进行的增粗生长,但该形成层的起源与活动和双子叶植物的形成层显著不同,因此称为异常次生生长。在龙血树、棕榈和丝兰等单子叶植物中存在这种异常次生生长(图 4-42)。如龙血树茎的形成层从初生维管束外方的薄壁组织中发生,其向外产生少量的薄壁组织,向内分化出次生维管束和部分薄壁组织,次生维管束径向排列于次生薄壁组织中。次生维管束是周木维管束,韧皮部在维管束的中央,其周围环绕着木质部。木质部只有管胞,没有导管。

这是一种初生分生组织产生的增厚生长。在香蕉、玉米和甘蔗等单子叶植物中,其茎尖的顶端分生组织除形成原表皮、基本分生组织和原形成层 3 种初生分生组织进行伸长生长外,顶端分生组织还在叶原基和幼叶的内方产生几层与茎表面相平行的扁长方形细胞,整体呈套筒状,称为初生加厚分生组织(primary thickening meristem),由它进行初生增厚生长(图 4-41)。初生增厚分生组织的细胞进行平周分裂,增加细胞层数,但沿着伸长区向下其细胞分裂活动逐渐减弱,到成熟区一般已停止分裂活动。

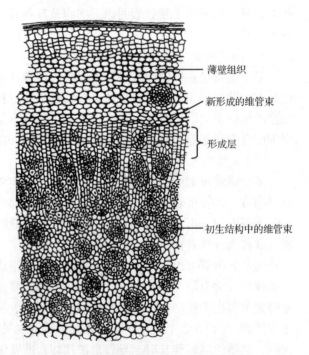

图 4-42 龙血树茎横切面,示异常次生生长
(引自徐汉卿,1996)

4.3　叶

4.3.1　叶的形态与功能

4.3.1.1　叶的功能

叶(leaf)的主要功能是进行光合作用(photosynthesis)、蒸腾作用(transpiration)及气体交换(gas exchange)。此外,叶具一定的吸收功能,有些植物的叶还有繁殖或贮藏功能。

(1) 光合作用

叶是绿色植物进行光合作用的主要器官。光合作用是利用光能,同化二氧化碳和水制造有机物质,并将光能转变为化学能贮藏在合成的有机物质中,同时释放氧气的过程。植物通过光合作用制造的碳水化合物,可进一步在植物体内合成淀粉、纤维素等各种多糖及蛋白质和脂肪等有机物。因此,光合作用的产物不仅是植物合成其结构物质和维持其生命活动的能量物质的根本来源,也是其他生命有机体的结构和能量物质的来源。在农林业生产上,光合作用产物的多少,直接影响栽培植物的产量和质量。

(2) 蒸腾作用

蒸腾作用是指植物体内的水分以气体状态从叶的表面散失到大气中的过程。植物根系吸收的大量水分,实际上只有很少一部分用于植物代谢,绝大部分主要通过叶表面的气孔散失到体外,因此,叶是植物的主要蒸腾器官。叶器官的蒸腾作用在植物的生命活动中主要有三方面的重要意义:它是根系吸收水分的主要动力,通过蒸腾拉力,根系可以源源不断地从土壤中吸收水分;根系吸收的矿物质,主要随蒸腾流向上运输,所以蒸腾作用可以促进矿质元素在植物体内的运输和分布;蒸腾作用通过消耗热量可以降低叶的表面温度,使叶免受强烈日光的灼伤。但过分蒸腾使水分散失太多,对植物生长发育也不利。

(3) 气体交换

叶也是气体交换的器官。光合作用所需的二氧化碳和所释放的氧气,以及呼吸作用所需的氧气和所释放的二氧化碳,主要是通过叶片上的气孔进行交换的。蒸腾作用中水分的散失也是通过叶完成的。

叶还具一定的吸收功能,如在叶面上喷施农药或一定浓度的肥料,能吸收到植物体内,起到杀虫或根外施肥的目的。但叶吸收养分的能力比根系要低得多,因此叶片吸收养分只能作为根部施肥的辅助性措施。有些植物的叶片,还可吸收二氧化硫、一氧化碳、氟化氢和氯气等有毒气体,由于对这些气体具有一定的耐受力,可以起到净化空气、改善环境的作用。

此外,有些植物的叶,在一定的条件下能够产生不定根和不定芽,而具繁殖功能。如落地生根就是在叶片边缘长出不定芽,芽落地生根形成新的植物体。在生产实践中,有些植物,如秋海棠、柑橘等也可采用叶扦插的方法进行营养繁殖。还有些植物的叶可供食用、药用、工业用等而具多种经济价值。

4.3.1.2　叶的一般形态

叶的形态多种多样,在不同的植物类群中也存在一定的差异,现就双子叶植物、单子叶禾本科植物及裸子植物说明叶的一般形态特点。

(1)双子叶植物叶

双子叶植物叶一般由叶片(blade 或 lamina)、叶柄(petiole)和托叶(stipule)三部分组成,称为完全叶(complete leaf)(图4-43),如蔷薇科、豆科植物的叶。但有些植物的叶,缺少其中一部分或两部分,称为不完全叶(incomplete leaf)。其中无托叶的不完全叶比较常见,如杨树、泡桐、丁香和白蜡树等。也有托叶、叶柄均缺的

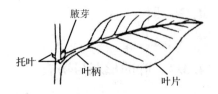

图 4-43　完全叶

叶,如蓝桉、莴苣等。甚至还有缺少叶片的情况,如我国台湾相思树,植株的叶不具叶片,而是由叶柄扩展成绿色扁平状,代替叶片行使功能,称为叶状柄。

①叶片　叶片是叶行使生理功能的主要部分,通常呈绿色扁平状,扩大了叶片与外界环境接触的表面积,有利于光能的吸收和气体的交换,以适应叶的生理功能。叶片可分为叶尖、叶缘和叶基等部分,其形状、大小等特征随植物不同而异,每种植物都有自己特定的形态,可作为植物分类的形态依据。叶片上分布着许多脉纹,称为叶脉(vein),也就是叶片中的维管束,其通过叶柄与茎中的维管束相连。叶脉在叶片中的分布具有一定的规律。双子叶植物叶通常具有明显的主脉(midrib);主脉的分枝为侧脉(lateral vein);侧脉又进一步分枝为更小的细脉,最后一次分枝的末端称为脉梢(vein end)。其各级叶脉分枝连成网状结构,脉梢则游离于叶肉组织中,构成了双子叶植物开放式的网状脉(netted veins)。

②叶柄　叶柄是叶基部的柄状部分,连接叶片和茎,使叶片在茎上伸展。其内具有维管束,还是茎叶之间水分和营养物质运输的通道。因此,叶柄具输导和支持功能。此外,叶柄还能扭曲生长,以调节叶片的位置和方向,使各叶片不互相重叠,以有利于充分接受阳光。这种特性称为叶的镶嵌性。叶柄的形状、长短、粗细及色泽等特征因植物不同而异,可作为植物分类的依据。

③托叶　托叶是生于叶柄基部的附属物,通常成对存在。托叶主要在叶发育的早期起保护作用,其形状和作用随植物不同而异。如棉花的托叶为三角形,对幼叶起保护作用;豌豆的托叶较大呈绿色,可进行一定的光合作用;蓼科植物的托叶2片合生形成了托叶鞘;还有一些植物,如刺槐等的托叶变态为刺而具保护功能。但大多数植物的托叶细小,早落,常被误认为无托叶。托叶的形状、大小等特征亦可作为识别植物种类的依据。

(2)禾本科植物叶

单子叶植物叶的形态与双子叶植物叶不同,现以禾本科植物叶为例加以说明。

禾本科植物叶主要由叶片和叶鞘两部分组成,有的植物还具叶舌和叶耳等结构(图4-44)。叶片呈条形或狭带形,其中的叶脉平行排列,各脉之间通过细小的横脉相连,细脉脉梢呈封闭式,构成了单子叶植物叶的封闭式平行脉(paralled veins),这是与双子叶植物相区别的重要特征之一。叶片基部扩大伸长并包围茎秆的部分,称为叶鞘(leaf sheath),具有保护幼芽、居间分生组织及增强茎秆支持力的作用。叶片与叶鞘相连处的外侧有一色泽稍淡的环,

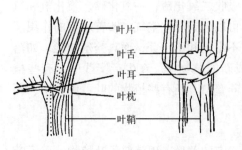

图 4-44　禾本科植物叶

称为叶枕(pulvinus)，其具弹性和延伸性，可以调节叶片的位置。叶片与叶鞘相连处的内侧有一膜质片状突出物，称为叶舌(ligulate)，可防止水分、害虫、病菌孢子等进入叶鞘，也可使叶片向外伸展以调节叶片受光。在叶舌的两侧，从叶片基部边缘伸出的一对突出物，称为叶耳(auricle)。叶舌和叶耳的有无、形状、大小和色泽等，可作为鉴别禾本科植物种类的依据。如，水稻有叶舌和叶耳，而稗草无叶舌和叶耳，据此可识别水稻和稗草的幼苗。

（3）裸子植物叶

裸子植物的叶除银杏、买麻藤等少数种类外，通常比较狭细，呈针状、条状或鳞片状，叶面积较小，趋向于旱生植物叶的特点，故裸子植物习惯上被称为针叶树。

通常一种植物具有一定形状的叶，但有些植物却在同一植株上有不同形状的叶，这种现象称为异形叶性(heterophylly)。异形叶性的发生常因不同的生态条件或植株的发育年龄不同而造成。例如，水毛茛生在水中的叶细裂如丝，而生长在空气中的叶呈扁平状，这种异形叶性是由于环境因素的影响而产生的，称为生态异形叶性。有的植物，如圆柏，幼树及萌发枝的叶为刺形，老枝上的叶为鳞片状，这是由于发育年龄不同产生的异形叶性，称为系统发育异形叶性。

4.3.2　叶的发生与生长

叶是由叶原基发育而形成。它的发生很早，当叶芽形成时，在茎顶端分生组织侧面的一定部位上，由表层细胞或其下方的1层或几层细胞平周分裂形成突起，突起进一步分裂生长形成叶原基。裸子植物和大多数被子植物的叶原基通常发生于茎顶端分生组织表层下的第二层或第三层细胞，而有些单子叶植物的叶原基则发生于茎顶端分生组织的表层细胞。叶的这种起源发生在植物组织靠外方的部位，故称为外起源。

叶原基形成后，在具完全叶的植物种类中，其下部先分化出托叶，上部再分化出叶片和叶柄。托叶原基生长迅速，很快发育为保护叶原基上部的雏形托叶。叶原基上部则先分化出叶片，后分化出叶柄。在禾本科等具叶鞘的植物叶中，在相当于叶柄发生的部位发育为叶鞘。

叶片的发育主要由叶原基上部经顶端生长、边缘生长和居间生长形成。叶原基上部的细胞先行顶端生长，使叶原基迅速伸长。接着，在伸长的叶原基两侧产生边缘分生组织(marginal meristem)，由其向两侧进行边缘生长，使叶片加宽。同时叶原基还进行平周分裂增加叶片厚度，但这种增厚非常有限，远不及边缘生长导致的叶片加宽。由此，叶原基发育形成扁平形状的雏形叶片。在有些具复叶的植物中，叶原基两侧各段边缘分生组织分裂速度不均等，可形成多个分裂中心，每个中心可发育为一个小叶片。叶柄发生最晚，当幼叶叶片从芽中展开时才明显。此时，边缘生长停止，幼叶已由叶原基早期的原分生组织过渡到具有原表皮、基本分生组织和原形成层3种初生分生组织的分化阶段。接着，幼叶开始进行居间生长，各层细胞进行近似均等的横向分裂和垂周分裂，并增加细胞的体积，使幼叶的长度和宽度增加。随着居间生长的不断进行，从叶基到叶尖，原表皮逐渐发育为表皮，基本分生组织发育为叶肉，原形成层发育成叶脉，即维管束。至此，叶片分化成熟，与形成的叶柄、托叶构成成熟叶。

叶的生长一般是有限的，在短期内生长很快，达到一定的形状、大小后，生长即行停止。这主要有两方面的原因，一是叶的顶端生长很早就停止，无保留的顶端分生组织，而由其短暂的边缘生长和居间生长完成其初生生长，因此，它的初生生长是有限的。二是除一些双子叶植物叶的主脉中保留有微弱的形成层活动外，大多数植物叶的初生结构中无形成层的产生，不能进行次生生长使叶片增厚。但有些植物在叶片基部保留有居间分生组织，可以有较长时间的生长，如禾本科植物的叶鞘能随节间生长而伸长，韭菜、葱等植物的叶被切割之后仍能生长，就是居间分生组织活动的结果。

4.3.3 叶的解剖结构

叶的解剖结构在不同的植物类群中虽然存在一定的差异，但就叶片来说，都是由表皮、叶肉（mesophyll）和叶脉三个基本组成部分构成。下面分述双子叶植物叶（图4-45）、单子叶植物叶和裸子植物叶的结构特点。

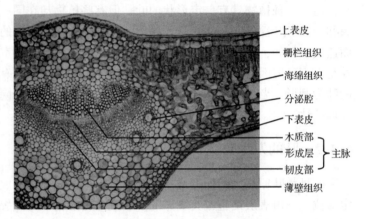

图4-45 海桐叶的结构

上表皮
栅栏组织
海绵组织
分泌腔
下表皮
木质部
形成层 } 主脉
韧皮部
薄壁组织

4.3.3.1 双子叶植物叶的结构

（1）表皮

表皮是位于叶片表面的保护组织，有上下表皮之分，其中近轴面为上表皮，远轴面为下表皮。表皮通常由1层细胞组成，但有的植物的表皮由多层细胞组成，称为复表皮（multiple epidermis）。如夹竹桃叶具2~3层细胞的复表皮，橡皮树具3~4层细胞的复表皮。表皮主要由表皮细胞组成，其上还分布有气孔器、表皮毛等附属物以及排水器等结构。

表皮细胞是生活细胞，但通常不含叶绿体，表面观呈不规则的扁平状，细胞之间彼此紧密嵌合，无胞间隙。在横切面上，表皮细胞呈长方形，细胞外切向壁较厚并角质化，形成角质层，有的植物在角质层外还被有蜡质。角质层和蜡质不仅可以减少水分蒸腾、防止病菌入侵，还因具有较强的折光性而防止强光引起的灼伤。一般上表皮角质层较厚，下表皮角质层较薄，这可能与两者接受日照强度不同所致。角质层的厚薄还与植物的种类、植物的发育年龄以及植物的生长环境相关。

叶的表皮通常分布有大量的气孔器，这与叶所行使的主要生理功能相适应。叶进行光合作用时的气体交换和进行蒸腾作用时水蒸气的散发主要都是通过气孔器来实现，因此，气孔器是叶表皮的一个重要结构。双子叶植物叶的气孔器通常由两个肾形的保卫细胞和它们之间形成的胞间隙，即气孔所组成（图4-46A）。有些植物的气孔器，在保卫细胞的周围还有2个或多个形状不同于表皮细胞的副卫细胞。保卫细胞的细胞壁厚薄不均，与表皮细胞相接的细胞壁（背壁）较薄，朝向气孔一侧的细胞壁（腹壁）较厚，这种特征与气孔的开闭密切相关。当保卫细胞吸水膨胀时，背壁薄而易扩张，腹壁厚而不易扩张，致使保卫细胞朝向气孔一侧弯曲，气孔张开；当保卫细胞失水时，膨压降低，保卫细胞恢复原状，气孔关闭。

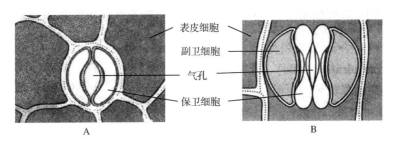

图 4-46　植物的两类气孔器

A. 保卫细胞为肾形的气孔器　B. 保卫细胞为哑铃形的气孔器

气孔的数目、在表皮上的分布及与表皮细胞的相对位置随植物种类、生态环境不同而有差异。单位叶面积的气孔数目，通常木本植物比草本植物多；阳生植物比阴生植物多；同一植物，叶位高的比叶位低的多；同一叶片，叶缘、叶尖比其他部位多。例如，阳生植物的气孔数可达到 $100 \sim 200$ 个$/mm^2$，而阴生植物的气孔较少，一般为 $40 \sim 100$ 个$/mm^2$。就分布而言，一般双子叶草本植物的上、下表皮都分布有气孔，但下表皮比上表皮多，而双子叶木本植物的气孔都集中分布于下表皮；湿生或水生植物的浮水叶，气孔通常只分布在上表皮；沉水植物的叶，一般没有气孔分布。大多数植物叶的气孔与表皮细胞处于同一平面，但旱生植物的气孔常下陷而低于表皮细胞，湿生植物的气孔常隆起而高于表皮细胞。

叶的表皮常分布有表皮毛，数量有多有少，组成有单细胞也有多细胞，形状各异，生理功能也不尽相同。如苹果叶的单细胞表皮毛、马铃薯叶的多细胞表皮毛以及荨麻叶的蛰毛有保护作用，棉叶和薄荷叶的腺毛有分泌功能，胡颓子叶的鳞片状毛有减少水分蒸腾的作用。

有些植物在叶尖与叶缘有一种排水结构，称为排水器。排水器由水孔和通水组织组成。通水组织为水孔内方与木质部脉梢的管胞相连的一群小型细胞。在空气湿度较大而叶片蒸腾较弱的情况下，如清晨或夜晚，植物体内过多的水分就从排水器溢出叶面集成水滴，这种现象称为吐水。吐水现象是植物根系吸水能力较强的表现之一。

（2）叶肉

叶肉是上、下表皮之间的绿色同化组织，是植物进行光合作用的场所。大多数双子叶植物的叶在枝条上呈近水平着生，其面向茎的近轴面（腹面）接受阳光多，而背向茎的远轴面（背面）接受阳光少，因此，其叶肉有栅栏组织（palisade parenchyma）和海绵组织（spongy parenchyma）的分化，这种类型的叶称为异面叶（dorsi-ventral leaf，bifacial leaf）。但有些双子叶植物的叶在茎上着生呈近垂直状态，叶两面接受阳光的机会几乎均等，叶肉则无栅栏组织和海绵组织的分化；这种类型的叶称为等面叶（isobilateral leaf），如垂柳和蓝桉的叶。

栅栏组织是上表皮内方的长柱形薄壁细胞，其长轴与表皮垂直，细胞排列如栅栏状，故称为栅栏组织，通常 $1 \sim 3$ 层，也有多层的情况。栅栏组织细胞内含有大量的叶绿体，是光合作用的主要场所。细胞内的叶绿体能随光照条件的变化而移动，使其充分接受阳光而又不受强光的破坏。当光照变弱时，叶绿体移至与阳光垂直的细胞壁分布，并将其扁平面对着阳光，以接受最大的光能；当光照变强时，叶绿体移至侧壁，排列方向与日光平行，减少受光面积，避免强光对它的破坏。

海绵组织是位于栅栏组织和下表皮之间的同化组织，细胞形状不规则，排列疏松，有较大的胞间隙，细胞内所含叶绿体较少。海绵组织细胞较大的胞间隙和较少的叶绿体与栅栏组织细胞较小的胞间隙和较多的叶绿体之间所形成的反差，导致了叶下表皮的颜色浅于上表皮的颜色。

叶肉组织的胞间隙与气孔共同构成了叶内良好的通气系统，有利于气体的交换，对光合作用和蒸腾作用具有重要意义。

（3）叶脉

叶脉分布在叶肉组织中，起输导和支持作用。主脉及其各级侧脉纵横交错排列成网状，内部结构因叶脉的大小而发生变化。主脉通常含有1个或几个维管束，与叶柄维管束相连，主要包括木质部和韧皮部，木质部在近轴面，韧皮部在远轴面，两者之间有形成层，但它的活动期限很短，只产生极少量的次生组织。维管束的外围分布有薄壁组织。除薄壁组织外，在维管束的上下两侧，与上下表皮相接的地方常分布有厚角组织或厚壁组织，这些机械组织在叶的远轴面，即叶的背面较发达，故叶脉在背面常突起。

主脉不断分枝，形成各级侧脉。侧脉越细，结构越简单：首先是形成层消失，其次是机械组织减少乃至消失，最后是木质部和韧皮部组成分子种类和数量的减少，到了细脉末梢，木质部仅有1~2个螺纹管胞，韧皮部仅有几个短狭的筛管分子和增大的伴胞，甚至只有薄壁细胞与叶肉细胞结合在一起。

叶脉的维管束很少暴露在叶肉细胞的胞间隙中，这些因为中小型叶脉的维管束外方包被着由1层或几层薄壁细胞构成的维管束鞘，并可以由小叶脉一直延伸到叶脉末端。许多双子叶植物叶的维管束鞘可扩展到表皮下方，构成维管束鞘延伸区。

在许多双子叶植物叶的细脉中有特化的传递细胞(transfer cell)，这种细胞具有浓厚的细胞质，丰富的细胞器，其细胞壁显著内突生长，扩大了细胞的表面吸收面积，这对细脉与叶肉细胞之间的水分蒸腾、溶质交换以及光合产物的短途运输起着积极的作用。传递细胞可来源于细脉中木质部及韧皮部的薄壁细胞、伴胞或维管束鞘的薄壁细胞。

4.3.3.2 单子叶植物叶的结构

单子叶植物叶片的结构与大多数双子叶植物的叶片一样，也由表皮、叶肉和叶脉三部分组成，但与多数双子叶植物叶不同，一般单子叶植物叶为等面叶，其叶肉无栅栏组织和海绵组织的分化，同时在一些结构上也存在一定的差异。现以禾本科植物毛竹的叶片为例(图4-47)，结合其他禾本科植物的叶片，说明单子叶植物叶片的一般特征。

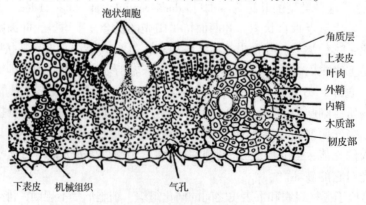

图4-47 毛竹叶横切面

（1）表皮

单子叶植物叶的表皮与双子叶植物叶一样，可分为近轴面的上表皮和远轴面的下表皮。表皮细胞 1 层，形状比较规则，主要包括长细胞和短细胞 2 种类型。长细胞构成表皮的大部分，其长径与叶的长轴平行呈纵行排列，在横切面上近方形，外切向壁角质化并含有硅质。短细胞又分细胞壁栓质化的栓细胞和细胞壁硅质化以及细胞内充满硅质块的硅细胞。两种短细胞常成对与长细胞交互排列成纵行。在有些禾本科植物叶中，两种短细胞可成对交替排列成整齐的纵行，与多个长细胞纵行相间排列，如水稻叶（图 4-48）。表皮细胞的角质、栓质及硅质化使表皮坚硬而粗糙，并具有保护作用。

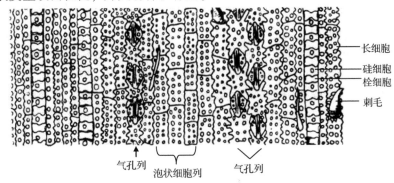

长细胞
硅细胞
栓细胞
刺毛

气孔列　泡状细胞列　气孔列

图 4-48　水稻叶上表皮顶面观

在相邻两叶脉之间的上表皮上分布着几个特殊的大型薄壁细胞，称为泡状细胞（bulli-form cell），其长轴与叶脉平行。在横切面上，泡状细胞排列如扇形，中间的最大，两侧的依次渐小。泡状细胞与叶片的卷曲和开张有关，当天气干旱时，泡状细胞失水收缩引起叶片向近轴面卷曲，缩小蒸腾面积，从而减少蒸腾；当天气湿润，水分充足而蒸腾量不大时，叶片恢复平展，故泡状细胞又称为运动细胞（motor cell）。

在上下表皮的长细胞行列中分布有气孔器，其数目在上下表皮相差不多，这与叶在茎上着生较直立，叶两面受光较均匀有关。气孔器由 2 个保卫细胞及其外侧的 2 个副卫细胞以及气孔组成。保卫细胞为哑铃形，两端球形，壁薄，含有叶绿体，中间狭窄部分壁厚，这是禾本科植物气孔器的特点，也是大多数单子叶植物气孔器的普遍特点（见图 4-46B）。气孔的开闭是保卫细胞两端球状部分胀缩的结果。当保卫细胞吸水时，两端的球状部分膨大，中部的壁撑开，气孔开放；反之，失水收缩时，气孔关闭。

此外，与双子叶植物的叶一样，在禾本科等单子叶植物叶的表皮上也常生有单细胞或多细胞等形状各异的表皮毛。在有些植物，如稻、麦的叶尖也分布有排水器而具吐水现象。

（2）叶肉

叶肉细胞无栅栏组织和海绵组织的分化，细胞呈长形、球形或不规则形，细胞壁向细胞腔内形成褶叠，叶绿体沿褶叠的壁分布。细胞排列比较紧密，胞间隙小，仅在气孔的内方有较大的细胞间隙，形成气孔下室。有些禾本科植物的叶肉细胞有特殊的细胞形态，如小麦的叶肉细胞形成所谓的"峰、谷、腰、环"结构（图 4-49），该形状不仅增加了细胞的表面积，还扩大了细胞间隙，有利于气体交换和光合作用的进行。

（3）叶脉

叶脉平行排列于叶肉组织中，在平行的叶脉之间有横的细脉相互连接。叶脉中的维管束与茎中的维管束相似，无形成层，也属有限维管束，木质部靠近近轴面(近上表皮)，韧皮部靠近远轴面(近下表皮)。在叶脉维管束的上下两侧有发达的厚壁组织与表皮相连，但在有的禾本科植物叶中，仅中脉和较大侧脉的维管束上下两侧有发达的厚壁组织。发达的机械组织能够增强叶片的支持作用。

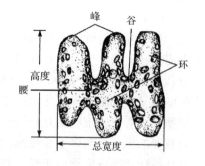

图4-49 小麦的一个叶肉细胞

叶脉中的维管束均有维管束鞘包被。维管束鞘的结构特征不仅可作为禾本科植物分类的依据，还与植物的光合类型有关。高光效的C_4植物，如玉米、高粱、甘蔗等植物叶的维管束鞘仅由1层较大的薄壁细胞构成，内含丰富的线粒体及较叶肉细胞多而大的叶绿体，叶绿体没有或仅有少量基粒，但其累积淀粉的能力远超过叶肉细胞中的叶绿体。这层维管束鞘细胞外侧紧密吡连着一圈叶肉细胞，组成"花环"状结构(图4-50)，这种结构有利于将叶肉细胞中由四碳化合物释放的CO_2再固定还原，从而提高光合效率。而在低光效的C_3植物中，叶维管束鞘由2层细胞构成，内层细胞小，壁厚而不含叶绿体，外层细胞较大，壁薄，所含叶绿体与叶肉细胞相比少而小，与其外侧的叶肉细胞不形成"花环"状结构，如毛竹、水稻、小麦等。禾本科有一半左右的植物是C_4植物，除此以外，在苋科、藜科、菊科等双子叶植物及莎草科等单子叶植物中也存在C_4植物。C_4和C_3植物叶中维管束鞘结构特征的比较，是植物结构与功能相适应的一个有力例证，同时也是高光效育种和选种的重要依据。

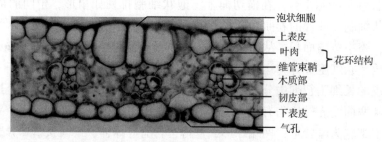

图4-50 玉米叶的结构，示花环型结构

4.3.3.3 裸子植物叶的结构

裸子植物的叶除苏铁、银杏、买麻藤等少数植物的叶以外，通常狭细，呈针形、条形或鳞片状，故习惯上称裸子植物为针叶树。针叶树的叶面积较小，在形态和结构上具有一些旱生植物的结构特点，其中松属的针叶是最常见的代表。下面以松属针叶为例，说明裸子植物叶的一般结构特点。

松属的叶为针形，针叶多束生于短枝上，有2针一束，如油松；3针一束，如白皮松；5针一束，如华山松等。由于在横切面上针叶的整个束状结构呈圆形，则2针一束的针叶呈半圆形，3针一束和5针一束的针叶呈角度不等的扇形。通过松属针叶作横切面，可以看到其内部结构从外至内由表皮系统、叶肉和维管组织三部分组成(图4-51)。

（1）表皮

表皮无上下表皮之分，由1层细胞壁强烈木质化的厚壁细胞组成，细胞腔很小，在横切面上呈砖形，细胞排列非常紧密，无胞间隙，其外壁覆盖着 1 层厚的角质层，在叶的转角处角质层尤为发达。

表皮内方的 1 至几层木质化的厚壁细胞，称为下皮（hypodermis）。下皮细胞的层数随植物种类不同而异，但通常在转角处的层数较多。下皮是旱生结构的特点，可以有效地防止水分散失。

气孔器在表皮上呈纵行排列，其保卫细胞下陷到下皮层中，形成内陷气孔。在横切面上，保卫细胞呈椭圆形，朝向气孔的一侧先端具喙，与气

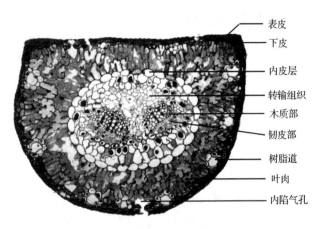

图 4-51　松针叶片横切面

孔相对的侧壁与下皮层相连。副卫细胞在保卫细胞的外侧拱盖着，其侧壁与表皮细胞相连。内陷气孔的形成也是一种减少叶内水分蒸腾的旱生适应，因下陷的空腔能够阻止外界干燥的空气与气孔的直接接触。

（2）叶肉

叶肉是下皮层以内维管组织以外的部分（内皮层除外），无栅栏组织和海绵组织的分化，由细胞壁内褶，含叶绿体的薄壁细胞组成。细胞内的叶绿体多沿皱褶排列，扩大了叶绿体的分布面积。叶肉组织中常有树脂道分布。树脂道是沿针叶长轴排列的裂生型管道，由 2 层细胞组成，内层是具有分泌功能的上皮细胞，外层是鞘细胞。树脂道的数目多少及分布位置可作为松属植物种的鉴别依据之一。树脂道在叶肉中的分布位置主要有 3 种，一是与下皮层相接的外生树脂道，如马尾松的树脂道；二是与内皮层相接的内生树脂道，如湿地松的树脂道；三是既不与内皮层相接，也不与下皮层相接，而位于叶肉中部的中生树脂道，如红松的树脂道。

（3）维管组织

在维管组织与叶肉之间有分化明显的内皮层。内皮层是 1 层椭圆形、含淀粉粒的细胞。在其发育早期，细胞壁薄，以后细胞壁可逐渐增厚并木质化。维管组织的中部有 1～2 个维管束，木质部在近轴面，由径向排列的管胞和薄壁细胞相间排列组成；韧皮部在远轴面，由筛胞和韧皮薄壁细胞径向排列组成。

在维管束外方，有几层紧密排列的特殊的维管组织包围着维管束，称转输组织（transfusion tissue）。转输组织由转输管胞和转输薄壁细胞组成。靠近维管束的转输管胞横向伸长，早期壁较薄，后期壁较厚，并有具缘纹孔；远离维管束的转输管胞与薄壁细胞形状相似，转输管胞的这种形态变化可能与其在叶肉和维管束之间起物质运输的作用有关。转输薄壁细胞是具原生质体的生活细胞，成熟以后为单宁所填塞。

松属针叶所具有的下皮、内陷气孔、内皮层和转输组织等特征是松柏类植物叶的普遍特征，但大多数松柏类植物的叶肉细胞的细胞壁不发生内褶，有些还有栅栏组织和海绵组织的分化，如冷杉、银杏及苏铁等。

4.3.4 叶的生态类型

叶的形态结构不仅与它的生理功能相适应，而且还与它所处的生态环境相适应。水分和光照对植物的形态结构产生的影响较大，根据它们与水分的关系，可将植物分为旱生植物(xerophytes)、中生植物(mesophytes)和水生植物(hydrophytes)；根据它们接受光照强弱的不同，又可分为阳生植物(sun plant)和阴生植物(shade plant)。这些植物由于生态环境不同，其叶片结构各有特点，如旱生植物和水生植物，阳生植物和阴生植物就表现出了与其环境相适应的鲜明结构特点。

4.3.4.1 旱生植物和水生植物

旱生植物长期生活在干旱条件下，其叶片主要朝着降低蒸腾和保持水分的2种适应形式发展。降低蒸腾的适应形式表现为：叶片小而厚，表皮细胞外壁增厚且角质层发达，表皮上常具发达的表皮毛及蜡被，形成复表皮或下皮层，气孔下陷或形成气孔窝；栅栏组织发达，多层，甚至在上下表皮都有栅栏组织分布，海绵组织和胞间隙不发达；叶脉密，机械组织和输导组织发达，如夹竹桃(图4-52A)、赤桉、松树等。保持水分的适应形式则表现为：叶片肥厚多汁，有发达的贮水组织，细胞液浓度高，保水能力强，以适应干旱的环境，如芦荟、马齿苋、景天等肉质植物。

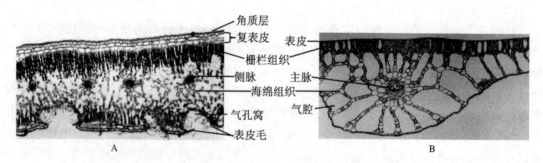

角质层
复表皮
栅栏组织
侧脉
海绵组织
气孔窝
表皮毛

表皮
主脉
海绵组织
气腔

A   B

图4-52 旱生与水生植物叶比较

A. 夹竹桃叶横切面　B. 眼子菜叶横切面

水生植物部分或完全生活在水中，环境中水分充足，但气体明显不足，对于沉水植物来说，光照也明显不足。因此，水生植物叶的形态结构主要朝着有利于获得气体和接受阳光的方向发展。沉水植物的气体和光照均不足，其叶片的适应性表现主要为：表皮细胞壁薄，角质层很薄或没有角质层，无表皮毛和气孔器，这些特征既有利于光照和水中气体的接受，又可防止水流直接进入叶内；表皮细胞还具叶绿体，以便于充分利用弱光进行光合作用；叶肉不发达，细胞层次少，也无栅栏组织和海绵组织的分化，胞间隙发达，形成发达的通气系统，以利于气体交换；机械组织和维管组织退化，导管不发达，与水生环境相适应，如黑藻、眼子菜(图4-52B)等。而挺水植物和浮水植物主要是根、茎部气体不足，其叶片的适应性特征主要是胞间隙发达，形成发达的通气组织，其他特征与一般中生植物叶差不多。此外，浮水叶仅在上表皮分布有少量气孔器。

4.3.4.2 阳生植物和阴生植物

阳生植物长期生活在阳光充足的环境下，形成了对强光的适应，而不能忍受荫蔽的环境。这种植物由于受光受热比较多，周围空气比较干燥导致蒸腾作用加强，其叶倾向于旱生植物叶的结构特点：叶片较小而厚，角质层较厚，气孔数目较多，栅栏组织和机械组织较发达，海绵组织不甚发达，叶肉细胞胞间隙小(图 4-53A)。阳生植物的叶倾向于旱生形态，但并不等于旱生植物。两者的光照条件相似，但水分条件可以不同，如水稻是阳生植物，却又是水生植物。

　　阴生植物长期生活在荫蔽的环境下，形成了对较弱光照的适应，而不能忍受强光。阴生植物表现出与阳生植物相反的形态特征：叶片较大而薄，角质层薄，气孔数目较少，栅栏组织不发达，通常只有 1 层，海绵组织发达，构成叶肉的大部分，细胞间隙发达，叶肉细胞中叶绿体大而少，叶绿素含量高，有的阴生植物表皮细胞也含有叶绿体。这些结构特征有利于光的吸收和利用，是对弱光环境的适应(图 4-53B)。

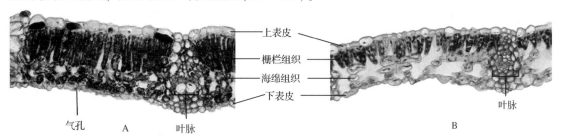

上表皮
栅栏组织
海绵组织
下表皮
气孔　A　叶脉　　　　　　叶脉　　　B

图 4-53　阳生与阴生植物叶比较
A. 槭树阳生叶横切面　B. 槭树阴生叶横切面

　　即使同一种植物，生长在不同的生态环境下，也会表现出不同的适应性特征。甚至同一植株上的叶片，由于着生位置和受光的不同，也会存在一定的差异。树冠上部和向阳一面的叶通常呈现阳生叶的特点，树冠下部和向阴一面的叶则通常呈现阴生叶的特点。可见，叶是对生态条件的变化最为敏感的器官。

4.3.5　落叶与离层

　　植物的叶是有一定寿命的，一旦生活期终结就枯萎死亡。叶的生活期随植物种类不同而异，但通常短于植株的寿命。对于草本植物来说，叶春季长出，到秋冬往往随植株或植株的地上部分死亡而残留在植株上。而对于多年生木本植物来说，有的树木的叶与草本植物一样，只有一个生长季，到秋冬就全部死亡，并从枝干上脱落下来，这类树木称为落叶树(deciduous tree)；有的树木叶的寿命为 1 年以上至多年，如松叶可存活 2~5 年，紫杉叶可存活 6~10 年，但都短于树木本身的寿命。这类树看起来终年常绿，称为常绿树(evergreen tree)，但实际上，每年通常在新叶发生后都有一部分老叶逐渐死亡脱落。

　　叶在脱落之前通常都要经历衰老而死亡的过程。随着秋天的到来，气温不断下降，叶片细胞内发生一系列生理生化变化，其中叶绿素降解是叶片衰老时最明显的变化，但叶黄素和类胡萝卜素比叶绿素降解晚，这就是树木入秋后叶片由绿变黄的原因。有些植物的叶在叶绿素降解后由于花青素的形成会变为红色。叶绿素降解导致的叶片黄化以及土壤温度降低引起根系吸水困难导致的体内水分不足，使光合能力下降直至停止。伴随着叶片衰老时光合能力的下降，呼吸作用并未下降，甚至还有所上升，由此导致能量入不敷出和物质代谢的衰竭，加速了叶的死亡。

叶死亡后的脱落是由于叶柄中离层（abscission layer）的产生（图4-54）。早在叶片成熟之前，叶柄基部的细胞发生细胞学和组织学上的变化，分裂产生数层具分生组织状态的扁小细胞，形成离区（abscission zone）。在离区发育的同时，其内的1至几层细胞形成离层。离层对乙烯敏感，而高浓度的生长素可抑制离层对乙烯的敏感性。幼叶能合成大量的生长素，在叶成熟前，叶内的生长素水平高，乙烯的水平低，离区细胞处在未被激活的状态。随着叶的成熟，生长素合成速率逐渐降低，而短日照和低温进一步削弱了生长素的合成，并促进了叶片中乙烯的合成。当叶片中生长素水平低而乙烯水平高时，离区细胞就变得对乙烯敏感而开始发育。最后，当乙烯达到一定浓度时，离层被激活。活化的离层细胞分泌细胞壁降解酶到其细胞壁内，引起细胞壁的降解。此时离层细胞相互分离，只有维管束还连在一起，支持力非常脆弱，稍受外力，叶便从离层处断裂而脱落。与此同时，离层下的几层细胞栓化，有时还有木质、伤胶沉积在细胞壁和胞间隙中，从而形成保护层（protective layer），防止水分的丧失和病虫害的伤害。而以"脱落"命名的脱落酸只是通过加速乙烯的合成间接参与脱落的过程。

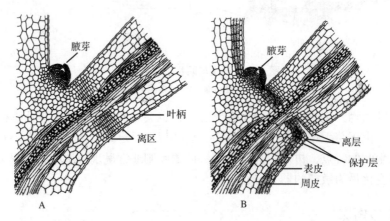

图4-54 叶落前后离区和离层、保护层的形成

落叶不是一个消极的过程，至少有两方面的积极意义。秋冬季干冷，树木根系吸水困难，体内水分不足，落叶可大大减少蒸腾，尽量保持体内的水分，使树木度过不良环境得以生存。因此，落叶是维持体内水分平衡、保持植物正常生命活动，对外界不良环境的一种适应。此外，叶在死亡脱落前，其体内的矿质元素和有机物等会主动转移至茎、根、休眠芽或果实中而被植物再吸收利用，以促进果实和种子的发育及来年植物其他部分生长之用。

4.4 植物营养器官的变态

4.4.1 根的变态

植物的根通常都具有正常的形态结构与功能，然而，由于环境变化等原因，有些植物的根在长期系统进化过程中形成了特殊的功能及相应的特殊形态结构，这种变异称为变态

（modification）。变态特征是自然选择的结果，可以稳定遗传给下一代，并成为该种植物的识别特征。变态根的形态虽然发生了很大的变化，但在外形上与正常根一样既无节和节间，也无叶和腋芽，以此与变态茎相区别。常见的变态根有以下类型。

（1）贮藏根

贮藏根（storage root）通常肥大、肉质，主要由薄壁组织构成，贮藏大量的营养物质。贮藏根的加粗除了次生生长引起的加粗外，还包括三生分生组织进行三生生长引起的加粗。三生生长是在次生生长形成中或形成后，在次生分生组织维管形成层以外一定部位的薄壁细胞脱分化形成三生分生组织——副形成层（accessory cambium）进行分裂活动引起的增粗生长。

根据贮藏根的发育来源，可分为肉质直根（fleshy tap root）和块根（root tuber）2 种。

①肉质直根　肉质直根主要由主根发育而成，所以一株植物只形成一个肉质直根。其上部还包括下胚轴和节间极度缩短的茎的部分，不能产生侧根，可与下部由主根发育可产生侧根的部分相区别。生活中常见的萝卜、胡萝卜、甜菜等都属于肉质直根，但它们的加粗方式和贮藏组织的来源有所不同（图 4-55）。萝卜根的增粗主要是形成层活动产生大量次生木质部的结果。次生木质部中导管较少，没有纤维，大部分是木薄壁细胞，贮藏着大量的营养物质。而胡萝卜的增粗是形成层活动产生大量次生韧皮部的结果。次生韧皮部中薄壁组织非常发达，贮藏大量的营养物质。甜菜根的增粗又不同于上述 2 种，情况更为复杂。它的增粗是在次生结构形成后，由中柱鞘细胞衍生出一圈围绕着次生维管组织的副形成层，由其向内向外分裂分别产生富含薄壁细胞的三生木质部（tertiary xylem）和三生韧皮部（tertiary phloem），接着由三生韧皮部外侧的薄壁细胞脱分化形成第二圈副形成层，进行同样的分裂活动形成新一轮三生维管组织，依此类推，向外产生多层三生维管组织，从而形成肥大的肉质直根，在其大量的薄壁细胞中贮藏着丰富的糖类物质。

②块根　块根是由不定根或侧根发育而成，因此一株植物上可以形成许多块根。不同于肉质直根，它们完全由根发育形成。其增粗也是在次生生长后进行的三生生长所致，如甘薯块根的增粗生长。甘薯块根的三生生长与萝卜根相似，也是由次生木质部中导管周围的薄壁细胞脱分化产生副形成层，在面向导管及背向导管的方向上分别分化形成富含薄壁细胞的三生木质部和三生韧皮部。在韧皮部中还分化出乳汁管，所以通常能看到甘薯的伤口有白色汁液流出。

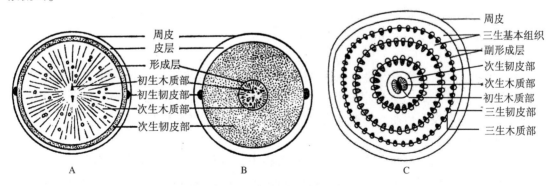

图 4-55　几种肉质直根横切面图解

A. 萝卜根横切面图解　B. 胡萝卜根横切面图解　C. 甜菜根横切面图解

（2）支柱根

支柱根（prop root）是由不定根形成的，主要起支持作用的变态根。小型的支柱根在禾本科植物中很常见，如玉米、高粱等（图4-56A），常从茎基部的节上环生出许多不定根深入土壤中，在其上再进一步生出侧根，成为支撑植物的辅助根系。大型的支柱根常见于南方的榕树（图4-56B），从其侧枝上生出许多不定根，垂直向下生长深入土中，能形成独木成林的特有景观。支柱根兼有吸收和呼吸的功能。

板根（buttress root）是支柱根的另一种形式（图4-56C）。许多热带树木的茎干基部形成宽大的板壁状结构，深扎在土壤中，支持着庞大的树冠。树干基部的板状结构即为板根，如生长在我国南方的人面子，有宽2～3m的板根。

图4-56 几种支柱根

A. 玉米支柱根　B. 榕树支柱根　C. 板根（一种特殊的支柱根）

（3）呼吸根

呼吸根（respiratory root）在热带海岸或沼泽地带的植物中比较常见，如红树、水松、木榄等。由于这些植物生活在泥水中，根部缺氧，呼吸困难，因此，一部分根向上生长，伸出水面挺立在空气中，起到呼吸的作用，称为呼吸根。呼吸根外有呼吸孔，内有发达的通气组织，有利于植物在缺氧的情况下进行气体交换，维持植物的正常生长。

（4）攀缘根

有些藤本植物的茎细长柔弱，不能直立向上生长，通常在茎上产生许多短小、根端扁平，能够分泌黏液的不定根，以固着在其他物体上攀缘上升，称为攀缘根（climbing root），如凌霄花、常春藤、络石上常有这种攀缘根。

（5）气生根

有些植物，如天南星科及生长在热带的兰科植物，能自茎部产生不定根悬垂在空气中，称为气生根（aerial root）。气生根的表皮发育形成多层细胞的根被，能够吸收空气中的水分，具有吸收功能。在发育后期，根被细胞死亡，细胞壁增厚，还具保护功能。

（6）收缩根

收缩根（contractile root）存在于一些草本植物中，由于根中的薄壁细胞横向伸展和纵向收缩，维管组织也随之发生扭曲，使根表皱缩不平，同时可将地表的芽拉入土中，保护芽越冬，将这种类型的根称为收缩根，如蒲公英属的收缩根。

（7）寄生根

有些寄生植物，不能进行光合作用，不能自养，而自茎上形成类似于吸器的不定根，伸入寄主体内吸取水分和营养物质维持自身的生长，这种类型的根称为寄生根（parasitic root），常见于桑寄生属、槲寄生属和菟丝子属的植物（图 4-57）。

4.4.2 茎的变态

与根一样，植物的茎在长期的系统进化中，为了适应外界环境和不同的功能，也产生了一些可稳定遗传的特殊形态结构，但外形上仍具茎的特征，即具有芽、节和节间，有时还可观察到退化的叶，借此可与变态的根

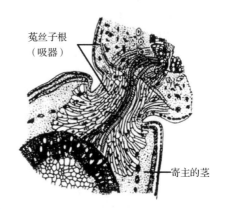

菟丝子根
（吸器）

寄主的茎

图 4-57　菟丝子寄生根纵切面
（引自徐汉卿，1996）

相区别。根据它们所处的环境不同，可分为地上茎的变态（图 4-58）和地下茎的变态两大类。

茎卷须　　茎吸盘　　茎刺　　叶状茎

A　　　　B　　　　C　　　　D

图 4-58　几种地上茎的变态
A. 葡萄茎卷须　B. 爬山虎茎吸盘　C. 皂荚茎刺　D. 竹节蓼叶状茎

4.4.2.1 地上茎的变态

（1）茎卷须

攀缘植物的茎通常细长柔弱，不能直立，部分茎（或枝条）变态成卷须，用于缠绕他物使植物体得以攀缘向上生长。茎卷须（stem tendril）的发生位置和形态因植物种类不同而异，如葡萄的茎卷须发生在与花枝相当的位置，黄瓜等葫芦科的茎卷须发生在叶腋内，爬山虎茎卷须的顶端呈吸盘状，也称茎吸盘。

（2）茎刺

由茎变态为具有保护作用的刺，称为茎刺（stem thorn）或枝刺（shoot thorn）。茎刺生于叶腋处，并可以分枝，如山楂、酸橙的单刺，皂荚的分枝刺。蔷薇、月季等一些蔷薇属植物茎上的刺是由表皮形成的，无维管束的结构，称为皮刺，不同于具有维管束结构的茎刺。

（3）叶状茎

由于有些植物的叶完全退化或退化成鳞片状叶，茎则变态成扁平的叶片状，呈绿色，代替叶行使光合作用等生理功能，称为叶状茎（phylloid），如假叶树、竹节蓼等植物的茎。由于鳞片状叶小，不易辨认，人们常将叶状茎误认为叶，鳞叶叶腋内开的花误认为叶上开花。叶状茎是对干旱环境的适应形状。

(4) 肉质茎

有些植物的茎变态成肥厚多汁的肉质茎(fleshy stem),呈扁圆形、球形或柱形等多种形态,不仅能贮藏大量的水分和养料,还能进行光合作用,如仙人掌、莴苣的肉质茎。

4.4.2.2 地下茎的变态

地下茎常具有贮藏和繁殖功能。常见的地下茎变态有块茎(stem tuber)、球茎(corm)、鳞茎(bulb)和根状茎(rhizome)4种类型(图4-59)。

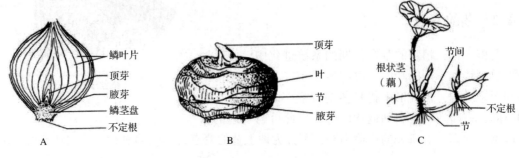

图 4-59 几种地下茎的变态

A. 洋葱鳞茎　B. 荸荠球茎　C. 莲根状茎

(引自徐汉卿,1996)

(1) 块茎

块茎形状不规则,常为短粗的块状,食用的马铃薯就是最常见的块茎。块茎是植物基部的腋芽深入土中形成匍匐分枝,达一定长度后,其顶端的几个节和节间经过增粗生长膨大而成。块茎的节不明显,其顶端有一个顶芽,四周螺旋状分布着一些凹陷的芽眼,其中有1至几个腋芽。芽眼的外侧常有条形或月牙形的痕迹,这是退化的鳞叶在块茎发育过程中脱落后留下的叶痕。芽眼和叶痕在块茎上的着生位置就相当于节的位置,上下两相邻芽眼之间的垂直距离即为节间。块茎的内部结构与正常茎基本一样,如马铃薯的块茎从外至内由周皮、皮层、外韧皮部、形成层、木质部、内韧皮部及髓组成,只是该结构由异常生长形成,不同于茎的正常生长。块茎主要由薄壁组织构成,贮藏有淀粉等大量的营养物质。

(2) 球茎

球茎是圆球形或扁球形的肉质地下茎,它通常由地下匍匐枝顶端膨大而成,如荸荠、慈姑等;也可由主茎基部膨大而成,如唐菖蒲。球茎通常有一个明显的顶芽,节和节间也很明显,在节上着生有退化的鳞叶和腋芽。茎内贮藏大量营养物质,并具繁殖功能。

(3) 鳞茎

鳞茎是一种节间极度缩短成扁平或圆盘状的鳞茎盘,其上着生肉质或膜质变态叶及芽的地下茎,常见于单子叶植物,如洋葱、百合和蒜等都具有鳞茎。洋葱的鳞茎基部中央为鳞茎盘,顶端有一个顶芽,将来形成花序,在其上方周围有多层肉质的鳞片叶将顶芽和鳞茎盘紧紧围裹。肉质鳞叶的外方有枯死的膜质鳞叶包被,起保护作用。肉质鳞叶的叶腋处还着生有腋芽,营养主要贮藏在肉质鳞叶里。百合鳞茎的结构与洋葱鳞茎相似,只是肉质鳞叶呈瓣状,而不像洋葱鳞叶呈完整的一圈。大蒜的鳞茎与洋葱、百合有所不同,其鳞叶成熟后为膜质,食用的肉质部分则是鳞叶内方一圈肉质膨大的腋芽,即蒜瓣。

(4) 根状茎

根状茎是横生于土壤中的茎,外形似根,但具茎的特征,有明显的节和节间,节上有退化的鳞叶,顶端有顶芽,叶腋内也腋芽,因此称为根状茎。根状茎的腋芽可发育成地下茎的分枝,也可向上生长形成地上茎,而同时节上产生不定根,因此根状茎常用作繁殖器官。大多数根状茎贮藏有大量营养物质,可供食用,如莲藕等;或供药用,如黄姜等。

4.4.3 叶的变态

(1) 苞片和总苞

苞片(bract)是生于花下的变态叶,一般较小,绿色。总苞(involucre)是集生于花序基部外围的一圈或几圈苞片。苞片和总苞有保护花和果实的作用。有些植物的苞片和总苞由于具有特殊的形态和鲜艳的颜色而具观赏价值或吸引昆虫传粉的作用,如一品红、叶子花的红色苞片,鱼腥草的大而白色的总苞。苞片的形状、大小、色泽以及总苞的层数可以作为植物种属的鉴别依据。

(2) 鳞叶

叶因功能特化或退化成鳞片状,称为鳞叶(scale leaf),常见的有3种类型:一种是包在某些木本植物越冬芽外面的鳞叶,常具茸毛或黏液,用于防御严寒及减少蒸腾,以保护幼芽越冬;另一种是鳞茎上的肥厚多汁的肉质鳞叶,含有大量的营养物质,具有贮藏功能,如洋葱、百合的鳞叶;还有一种是生于球茎或根状茎上的退化的膜质鳞叶。

(3) 叶刺

叶或叶的某些部分变态成刺,称为叶刺(leaf thorn),起保护作用。如仙人掌科植物肉质茎上的叶刺和小檗属植物茎上的叶刺,刺槐、酸枣的托叶刺。叶刺发生于枝条的下方或叶刺叶腋内有腋芽,腋芽将来发育成侧枝。

(4) 叶卷须

叶的一部分变态成卷须,称为叶卷须(leaf tendril),通常发生在攀缘植物中,用以攀缘生长。如豌豆复叶顶端的2~3对小叶变态成卷须(图4-60);菝葜的托叶变态成卷须;西葫芦的部分叶片变态成卷须。叶卷须与茎的夹角内有芽,而茎卷须的腋内无芽,借此可与茎卷须相区别。

图4-60 豌豆叶卷须

(5) 叶状柄

有些植物的叶片完全退化,叶柄扁化成叶片状,代替叶片行使功能,称为叶状柄(phyllode)。如我国的台湾相思树,只在幼苗期长出几片羽状复叶,以后叶片完全退化,叶柄变态成叶状柄。叶状柄和叶状茎一样,是干旱环境的适应形状。

(6) 捕虫叶

有些植物的叶变态成能捕食昆虫的特殊形态,这类变态叶称为捕虫叶(insect-catching leaf)。具有捕虫叶的植物称为食虫植物。捕虫叶的形状随食虫植物的种类不同而异,如捕蝇草的贝壳状捕虫叶,猪笼草的瓶状捕虫叶(图4-61)。猪笼草的瓶状捕虫叶结构极为精巧,

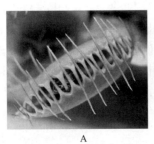 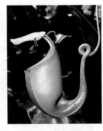

图 4-61　捕蝇草和猪笼草

A. 捕蝇草　B. 猪笼草

叶片变态成瓶状的捕虫器，悬挂在缠绕于他物上的长叶柄上，而叶柄基部扁化为叶片状，可行使光合作用。瓶状捕虫器的顶端有一小盖，平时通常开着，瓶底生有腺体，散发出特殊的气味吸引昆虫，一旦昆虫落入瓶中，瓶盖关闭，昆虫被瓶中的消化液消化而被植物吸收利用。

叶的变态与根、茎的变态一样，都是植物长期适应环境的结果。根据这些变态器官的来源或生理功能是否相同，可将它们分为 2 类。一类是功能相同，形态相似，但来源不同的变态器官，称为同功器官(analogous organ)，如茎刺和叶刺，虽来源不同，但都具保护作用；另一类是来源相同，但功能及形态构造不同的变态器官，称为同源器官(homologous organ)，如茎刺、茎卷须、块茎都来源于茎，但却分别具有保护、攀缘及贮藏的功能，且形态构造也不一样。同功器官和同源器官的出现说明植物器官的形态构造取决于功能，而功能又取决于植物对环境的长期适应。但植物长期适应环境产生的具有一定稳定遗传性的形态结构并不是绝对不变的，当外界环境变化时，可引起植物新的适应而产生器官功能和形态上的再次改变，也可经长期自然选择而保留下来。

4.5　植物营养器官之间的联系

4.5.1　营养器官内部结构的联系

根、茎、叶是植物体的三大营养器官，构成了植物体的主要组成部分。虽然根、茎、叶的组织结构有所不同，但各器官的组织是彼此联系的，共同构成了一个连续的、统一的整体。根、茎、叶的表皮、皮层的结构比较简单，其位置和排列方式也基本一致，因此，表皮和皮层的联系较简单，通常能直接延续。而维管组织在根、茎、叶中的变化较大，联系也较复杂。下面就维管组织在根、茎、叶中的联系加以说明。

4.5.1.1　根与茎维管组织的联系

植物的根与茎紧密相连，其内部的维管组织也紧密连接成连续的输导系统。但在植物的初生结构中，根与茎的维管组织排列方式不同。在根中，木质部与韧皮部相间排列成辐射维管束，木质部为外始式发育；而在茎中，木质部与韧皮部相对排列成环状的外韧维管束，木质部为内始式发育。因此，在根与茎的交界处必然存在一个过渡区(transition zone)，在这里初生维管组织由根中的排列方式逐渐转变成茎中的排列方式(图 4-62)。过渡区的具体部位因植物种类不同而有所差异，但通常发生在下胚轴。

初生维管组织在过渡区中由根的排列方式向茎的排列方式转变的过程因植物种类不同而有多种类型，现以二原型的初生根转变成初生茎中的 4 个外韧维管束为例，说明过渡区维管组织的变化。首先，木质部束由内向外纵裂为二，并分别向韧皮部两侧反转，与此同时，韧皮部朝着木质部两辐射角的方向一分为二。其次，纵裂的木质部向着相邻分割后的韧皮部旋转，其后生木质部与韧皮部结合，木质部朝向中柱中央继续旋转。最后，木质部朝向中柱中央，转变成茎中的排列方式，这样将根、茎中的维管组织就联系起来了。

4.5.1.2　茎与叶维管组织的联系

茎中的维管束与叶中的维管束是相互联系的。因叶着生在茎的节部，所以茎中维管束从节的部位分枝进入叶柄，通过叶柄与叶片中的维管束相连。茎中维管束从分枝起穿过皮层到叶柄基部止的这段维管束，称为叶迹（leaf trace）。每片叶子的叶迹数目可以有 1 至多个，因不同植物而异。在茎中，叶迹上方由薄壁组织填充的区域，称为叶隙（leaf gap）。

叶腋里有腋芽，以后可发育为侧枝。

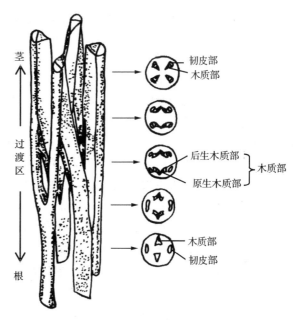

图 4-62　根茎过渡区图解

主茎与侧枝的联系和主茎与叶的联系一样，其维管束也在节处分枝到各侧枝。因此，将茎中维管束从分枝起穿过皮层到侧枝基部止的这段维管束，称为枝迹（branch trace）。每个枝的枝迹可由 1 至多个维管束合并而成，但通常由 2 个维管束合并组成。而枝迹上方由薄壁组织填充的区域，称为枝隙（branch gap）（图 4-63）。

综上所述，植物体内的维管组织，由根通过下胚轴的过渡区与茎中的维管组织相连，再通过枝迹和叶迹与侧枝和叶中的维管组织相连，从而构成了一个连续、完整的维管系统，保证了植物体内水分、矿质元素及有机物的运输与分配，从而实现各器官之间生理功能上的协调性。

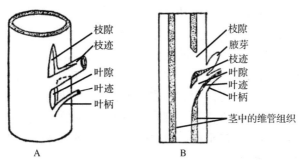

图 4-63　叶迹、叶隙、枝迹及枝隙图解

A. 茎节一段立体图解，示叶迹、叶隙、枝迹及枝隙　B. 茎节中经叶迹、叶隙、枝迹及枝隙的纵切面

4.5.2　营养器官生长的相关性

植物营养器官之间不仅在结构和功能上相互联系、相互协调，而且在生长上始终保持相互促进或相互抑制的关系，即生长相关性。这种生长相关性早在种子萌发时就已存在。通常

胚根首先突破种皮伸入土中生长形成根系，然后胚轴伸长，把胚芽或连同子叶推出土面，胚芽生长形成地上部分的茎叶系统。种子萌发先形成根，可使早期的幼苗固定在土壤中，并吸收土壤中的水分和无机营养，供胚轴伸长和胚芽生长发育之用。在以后的生长过程中，根系的生长总与地上部分茎叶的生长密切相关，"根深叶茂"便是两者生长相关性的体现。根系发达，能够从土壤中吸收更多的水分和无机盐类向地上部分运输，并合成更多的氨基酸和细胞分裂素等植物激素运往地上部分，促进茎叶的发育，使枝叶繁茂；反之，繁茂的枝叶将产生更多的光合同化产物，除自身生长所需外，这些有机养料被运往根部，促进根系进一步发育。但是，如果繁茂的枝叶相互荫蔽或光照不足，合成的光合产物减少，仅供自身生长所需造成枝叶徒长，而很少被运至根，则根系的发育就会受到抑制。根系的发育受到抑制，反过来又会限制茎叶的发育。因此，植物地下部分的根系和地上部分的枝叶只有保持适当的比例关系，即合适的根冠比，植物地上地下两部分的生长才能协调发展。主茎和侧枝的生长与发育亦存在相关性：主茎顶端生长抑制侧芽生长，即为顶端优势(apical dominance)。不同植物的顶端优势表现不同，树木的顶端优势较强，产生顶端优势的原因在于激素的调节。如一些针叶树种松、杉等，主茎高高挺立，距顶端越近，侧枝越短，距离顶端越远，侧枝越长，整个树冠成塔型，树形优美，由此可见，植物主茎和侧枝的生长也有着密切联系。

4.6 植物对水分的吸收与运输

4.6.1 根系对水分的吸收

4.6.1.1 根系吸收水分的区域

根系是植物吸收水分的主要器官。生长在土壤中的根系虽然庞大，但并不是所有的部位都能吸水。在具有次生生长的老根中，根尖根毛区以上的部分由于周皮的形成，其外部被几层木栓化的细胞所包被，水分很少从此处进入根内。在不具次生生长的单子叶植物老根中，根尖根毛区以上的部分也包被栓质化的外皮层，水分从该处进入根内也很困难。因此，根尖是根系吸水的主要部位，包括根冠、分生区、伸长区和根毛区(成熟区)，但这四个分区的吸水能力有较大的差异。根冠和分生区的细胞由于原生质浓厚，输导组织尚未形成，吸水阻力大，吸水能力较弱。随着分生区细胞向伸长区方向的不断生长、分化和成熟，吸水能力逐渐增强，到根毛区达到最大。根毛区生有许多根毛，大大增加了吸收水分的面积，同时根毛细胞壁外部的果胶层黏性和亲水性都强，有利于与土壤颗粒的结合和吸水，而且内部输导组织已分化成熟，木质部管状分子已形成，吸水阻力小，因此，根毛区吸水能力最强。

4.6.1.2 根系吸收水分的动力

根系吸收水分的动力是根压(root pressure)和蒸腾拉力(transpirational pull)，其中根压是植物在水分状况良好，蒸腾弱时吸收水分的主要动力，而蒸腾拉力是植物在蒸腾作用强时吸收水分的主要动力。

(1)根压

根压是由于根系的生理活动使液流由根部上升的压力(图4-64)。伤流和吐水现象是根压存在的表现，并能通过一定的方法测定出来。如果将一株植物从茎基部切断，很快就会有液滴从切口流出，这种现象称为伤流(bleeding)。若将切口处连接上一压力计，可测出一定的压力，压力值可以达到 0.05~0.5 MPa，但通常小于 0.1 MPa，这就是根压。根压在空气湿度较大而蒸腾弱的情况下，如清晨或夜晚表现明显，常可见到从叶尖或叶缘的排水器中有叶滴渗出，这种现象称为吐水(guttation)，是根压作用的结果。

根压的产生与根部水分、溶质的吸收以及根部特殊的内部结构有关。植物根内部可分为共质体(symplast)和质外体(apoplast)两部分。共质体是指细胞之间通过胞间连丝使细胞的原生质相互连接起来，形成一个连续的原生质体系，其对水分吸收的阻力大。而质外体包括细胞壁、细胞间隙及维管柱内的木质部导管等管状分子，是水分和溶质可以自由扩散移动的空间，其对水分吸收的阻力小。由于根中内皮层细胞的上下横向壁和左右径向壁均有栓质化的凯氏带，阻断了水分和溶质的质外体运

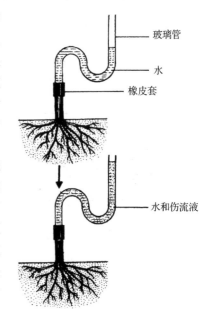

图 4-64　根压示意

输，而只能通过共质体，在这里，凯氏带将根中的质外体分成了内皮层以外和内皮层以内两个不连续的部分。根从土壤溶液中吸收溶质，溶质通过质外体或共质体到达内皮层时，只能通过内皮层共质体途径将溶质输送到内皮层的内侧，引起溶质的积累，渗透势降低水势下降，形成了内皮层外的水势高而内皮层内的水势低的水势差，水分沿着水势梯度进入木质部产生一种静水压力，即根压。根压可以驱动水向上运输。由根压引起的根系吸水过程是由根系吸收水分、溶质等代谢活动产生的吸水过程，因此，又称为主动吸水(initiative absorption of water)。

根压产生的压力有限，一般不超过 0.1 MPa，这对幼小植物体的水分运输可能起到一定的驱动作用，但对高大木本植物的长距离水分运输显然是不够的。

(2)蒸腾拉力

植物叶片进行蒸腾作用时，水分不断从叶片的气孔和表皮细胞表面蒸散到大气中，引起叶肉细胞失水，水势下降，与叶肉中的导管形成水势差，从其导管吸水。由于叶中的导管和茎与根中的导管是相通的，这样导管内的水柱就从根部不断被拖曳上升，又引起根部细胞的水势下降，从而促使根部从土壤中不断吸收水分。这种因叶片蒸腾作用产生的使水分由植物体下部向上部运输的力量，称为蒸腾拉力。叶的蒸腾作用越强，形成的水势差越大，蒸腾拉力也越大。由于这种根系吸水的动力不是由于根自身的代谢活动产生，而是由叶的蒸腾作用引起，故把根的这种吸水方式称为根的被动吸水(passive absorption of water)。

4.6.1.3　水分在根部的运输途径

土壤水分通过根毛、表皮到达内皮层以外的皮层细胞，这一段运输途径是比较复杂的，可以有质外体和共质体 2 种运输途径。水分在细胞壁等质外体中的运输是一种自由扩散的形式，阻力小，运输速度快；而水分在共质体中的运输是通过胞间连丝从一个细胞进入另一个细胞，运输速率较慢。此外，水分也可以通过 2 种途径交替运输，水分从细胞的一侧跨膜进

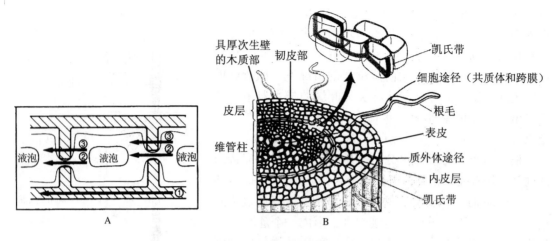

图 4-65　水分在根部的运输途径

A. 水分在根细胞中运输的可能途径：①质外体运输　②共质体运输　③跨细胞运输

B. 根部吸水途径示意图：主要包括共质体和质外体途径，但质外体途径在凯氏带处被阻断

(引自 Taiz & Zeiger, 1998)

入细胞，然后从细胞另一侧出来，再依次跨膜进出细胞到达内皮层外侧。水分子这种既通过共质体又通过质外体在根中的横向运输称为跨细胞运输(transcellular transport)(图 4-65)。有研究表明，根中水分的质外体运输可能是主要的。

当水分到达内皮层时，由于凯氏带的作用，水分不能在质外体中继续径向运输，只能通过内皮层的原生质体进行共质体运输进入内皮层内侧。然后经中柱鞘及维管柱薄壁细胞转移至木质部的导管和管胞中。

4.6.1.4　影响根系吸收水分的因素

植物根系吸收水分是受到土壤—植物—大气连续体系的水势梯度影响和调节的，因此，植物根系吸收水分除自身条件外，还受到土壤因子的直接影响和大气因子的间接影响。大气因子是通过影响蒸腾作用而间接影响根系吸水，在这里不做讨论。

(1) 根自身条件

植物根系与土壤之间的接触面积的大小对于根系的吸水是非常重要的。植物可以通过大量的根系生长以及根毛的生长来扩大根与土壤间的接触面积。因此，根系生长良好，根毛发达的植物通常吸水能力强，反之，吸水能力弱。

(2) 土壤因子

①土壤中可利用的水分　一般情况下，土壤中的含水量越高，可供植物利用的水分也就越多。但是土壤中所持有的水分并不是都能被植物所吸收，例如盐碱地中的大部分水分就不能被植物所利用。这是因为根系能否从土壤中吸水，是由根系与土壤之间的水势差决定的，只有土壤水势高于植物根系水势时，植物根系才能从土壤中吸水。在大多数情况下，土壤水势都高于植物根系的水势，所以植物能够从土壤中吸水。由于植物体内的水分处于吸收和散失(通过蒸腾)的动态平衡，当土壤水势低于某一数值时，散失的水分将多于吸收的水分，植物会发生萎蔫；如果萎蔫过度，植物即使在水分充足的条件下也不能恢复正常状态，此时则称为永久萎蔫。植物发生永久萎蔫时的土壤水势称为永久萎蔫点(permanent wilting point)。

因此，对某种植物来说，只有当土壤水势在永久萎蔫点以上时，土壤中的水分才是可利用水（available water）。

盐碱地中的植物吸水困难以及土壤施肥过量产生"烧苗"现象，都是因为土壤溶质过量引起土壤水势下降，造成根系吸水困难所致。

②土壤通气状况　通常，土壤通气状况好，根系吸水能力强；土壤通气状况差，则根系吸水能力弱。这是由于在土壤通气不良的情况下，根部缺氧，细胞呼吸作用下降，代谢活动减弱，根压减小，从而影响根系吸水。若植物根系长期缺氧，还会引起无氧呼吸，产生并积累乙醇，使根系中毒。作物受涝，反而表现出缺水症状，就是因为根系中毒引起根系吸水困难所致。

③土壤温度　土壤温度直接影响根系的生理代谢活动和根系的生长，因此对根系吸水的影响很大。在一般情况下，土壤温度越高，根系吸水越强，反之，则减弱。但温度过高或过低，对根系吸水不利。高温下，酶易失活，根系代谢活动紊乱，影响根系吸水。低温下，根系呼吸作用减弱导致离子吸收减弱，根压降低；原生质黏性增大，水分子扩散速度降低；根系生长受抑，吸收面积减少。这些低温导致的结果均能影响根系对水分的吸收。

4.6.2　植物体内水分的运输

4.6.2.1　水分沿木质部分子上升的动力

水分在植物体内沿木质部导管或管胞上升的动力有根压和蒸腾拉力 2 种，但根压一般不超过 0.1 MPa，使水分上升的高度有限，而且在蒸腾旺盛时根压很小，因此蒸腾拉力才是高大木本植物体内水分向上运输的主要动力。

植物的根、茎、叶通过维管组织的联系从下至上形成了一个连续的管道系统，水分就沿着连续的管道向上运输。然而，由于管道内的水柱一方面受到蒸腾拉力的向上牵引，另一方面受到水柱自身重力的向下牵引，使水柱处于张力状态下。水柱在张力作用下如果发生断裂，蒸腾拉力就无法源源不断地把水分拉上去。研究表明，水分子之间有强大的相互吸引力即内聚力，高达 30 MPa，而导管内水柱的张力为 0.5～3 MPa，水分子的内聚力远大于张力，所以管道内的水柱不会断裂而成为连续的水柱。这种对水分向上运输机制的解释就是目前被普遍接受的蒸腾拉力—内聚力—张力学说的主要内容。

水分在向上运输的过程中还会遇到一个问题，就是由于水柱内的气体在张力的作用下会从水中释放出来，在导管或管胞中形成气泡，产生空穴化现象，影响水柱的连续性。大的气泡甚至会堵塞管道，形成栓塞（embolism），使水柱中断。研究表明，植物有多种途径减少或避免空穴化和栓塞的影响（图 4-66）。当导管分子或管胞中形成气泡时，由于气泡不能通过纹孔膜，被阻挡在导管分子或管胞的两端，而水分可以通过纹孔膜绕过气泡进入相邻的导管或管胞而继续向上运输。当夜晚降临时，随着蒸腾作用减弱或消失，张力也变小至消失，从而恢复水柱的连续性。

4.6.2.2　水分向上运输的途径

当水分被根部吸收到达根木质部导管或管胞后，就沿着根、茎、叶木质部中连续的管道系统从地下的根部到达地上的茎叶，除少部分供植物生长发育之用外，大部分水分经叶片上的气孔散失到大气中，因此，水分从土壤到植物再到大气形成了一个土壤—植物—大气连续

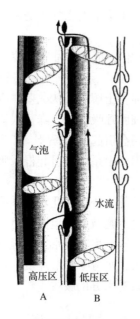

图 4-66 木质部导管分子或管胞中形成气泡时的水分运输示意

A. 发生栓塞时，气泡被封闭在受阻的导管或管胞
B. 水可以通过侧壁上的纹孔进入其他导管或管胞

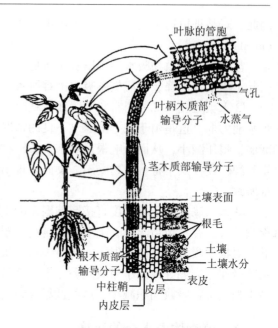

图 4-67 水分从根部向地上部运输途径

(引自李合生，2006)

体系(图 4-67)。在这个体系中，水分是沿着从高到低的水势梯度进行运输的，但在运输途径的不同部位运输方式有所不同。

水分在根、茎、叶导管中的长距离纵向运输主要以集流(mass flow)方式进行，由于属于质外体运输，阻力小，水分运输的速度快。如对于具有较大管腔导管的树木，水分运输的最高速率可达 $16\sim45$ m/h，但水分运输的速率随植物种类和蒸腾速率的不同而变化。

当水分到达叶脉导管后，由叶脉导管到叶肉细胞，再从叶肉细胞到叶肉细胞间隙的短距离径向运输，主要是通过细胞原生质的共质体运输，阻力大，水分运输慢，如在 0.1 MPa 的压力作用下，水分通过原生质的速率仅为 10^{-3} cm/h。

最后，水分通过质外体从叶肉细胞间隙到达气孔下室，通过气孔蒸腾到大气中。

4.7 蒸腾作用

4.7.1 蒸腾作用的方式

植物吸收的水分除极少量用于自身代谢外，绝大部分散失到体外。蒸腾作用是植物水分散失的主要形式。植物可以通过茎的表皮、气孔或皮孔进行蒸腾，也可以通过叶片进行蒸腾，但由于前者的蒸腾非常有限，如皮孔的蒸腾量仅占全部蒸腾量的 0.1% 左右，因此，叶片蒸腾是植物蒸腾的主要方式。

植物叶片的表面通常覆盖着一层角质层，成为水、气扩散的障碍，水分如果只通过角质层中的孔隙扩散，这样蒸腾量就很少，仅占叶片总蒸腾量的 5% ~ 10%，虽然有些水生、湿生植物叶片的角质层很薄，角质蒸腾较强，甚至可达到总蒸腾量的一半，但对大多数植物来说，水分主要还是通过叶片表皮上的气孔扩散的，因此，气孔蒸腾(stomatal transpiration)是植物叶片蒸腾的主要形式。

4.7.2　气孔蒸腾

4.7.2.1　气孔扩散的小孔定律

气孔是植物叶片表皮上的保卫细胞所围成的小孔。叶片上通常具有许多气孔，但气孔孔径很小，所以叶面上气孔的总面积仅约占叶面积的 1% 左右。然而，通过气孔的水分蒸腾量却可达与叶面积相等的自由水面蒸发量的 50%，甚至可达 100%。这种现象与一般情况下水分蒸发量和蒸发面积成正比的规律不符，但却可以用小孔扩散律来解释，即气体通过小孔表面的扩散速率不与小孔的面积成正比，而与小孔的周长成正比。已知在任何蒸发面上，气体既可经表面扩散也可经边缘扩散，由于在边缘处气体分子彼此碰撞的机会比中央部位少，因此边缘的扩散率要比中央快，即所谓边缘效应。对于大孔，由于孔周长与孔面积的比值小，边缘效应不明显，因而水分子扩散速率与孔面积成正比。但若将大孔分成许多小孔，在总面积不变的情况下，孔周长却极大增加，通过边缘的蒸腾量相应增加，因此水分的扩散速率也大为提高。只要小孔之间隔开一定距离，避免彼此之间的干扰，就能充分发挥边缘效应。叶片上气孔的巧妙安排就符合小孔扩散律，因此水分能通过气孔快速蒸发。

4.7.2.2　气孔运动及其机制

气孔运动实质上就是保卫细胞水分得失引起膨压改变导致的气孔启闭。气孔运动与保卫细胞的结构特点密切相关。保卫细胞吸水膨胀，膨压升高，气孔张开；反之，气孔关闭。大多数植物的气孔一般白天张开，夜晚关闭，呈现一定的规律性。

关于气孔运动的机制，人们早在 20 世纪初，用淀粉与糖相互转化假说来解释气孔的运动。白天，保卫细胞在光下进行光合作用，使细胞内 CO_2 浓度降低引起 pH 值增高；当 pH 值增高到 7.0 时，淀粉磷酸化酶催化淀粉水解为糖的正向反应，细胞内溶质增多，渗透势下降，水势也下降，导致从周围细胞吸水，膨压升高，气孔张开。晚上，保卫细胞光合作用停止，而呼吸作用仍在进行，细胞内 CO_2 浓度升高，pH 值下降；当降至 5.0 左右时，淀粉磷酸化酶催化逆向反应，使糖形成淀粉，细胞内溶质减少，水势升高，细胞失水，膨压降低，气孔关闭。气孔运动的淀粉与糖转化假说曾被广泛接受，但后来的研究使该假说受到质疑，如研究发现，保卫细胞内淀粉与糖的转化很缓慢，而且淀粉水解前后的渗透势并无实质变化，甚至在保卫细胞内未检测到糖的存在。

20 世纪 70 年代，人们发现气孔张开时保卫细胞内含有大量的 K^+，而当气孔关闭时保卫细胞内 K^+ 大大减少。K^+ 的跨膜运输是通过活化 H^+ – ATP 酶建立的质子梯度来推动的次级主动运输。白天，在光照下保卫细胞质膜上的 H^+ – ATP 酶被活化，K^+ 逆浓度梯度被主动吸收到保卫细胞中，引起水势下降，从邻近细胞吸水，保卫细胞膨胀，气孔张开。夜间，K^+ 从保卫细胞扩散出去，水势升高，保卫细胞失水，气孔关闭。研究还发现，保卫细胞内平衡 K^+ 电性的阴离子是 Cl^- 离子和苹果酸根。Cl^- 和 K^+ 一样，在气孔张开时被保卫细胞吸收，气孔关闭时排出保卫细胞。而苹果酸的形成与淀粉的水解有关，在蓝光的促进下保卫细胞叶绿体中的淀粉水解成磷酸烯醇式丙酮酸（PEP），PEP 经羧化结合 HCO_3^- 形成草酰乙酸，由其进一步还原为苹果酸。在气孔关闭时，保卫细胞内苹果酸的减少是由于在线粒体中被代谢掉了还是被排出保卫细胞，目前还不清楚。苹果酸根和 Cl^- 离子可以一起平衡 K^+，也可以分别单独平衡，这依植物种类不同而异。

植物激素 ABA 对气孔运动也具有调节作用。ABA 不仅可以诱导保卫细胞外的 Ca^{2+} 通过质膜上的 Ca^{2+} 通道进入胞内，也可以通过第二信使磷酸肌醇诱导细胞液泡或内质网内储存的 Ca^{2+} 进入胞质，引起胞质内 Ca^{2+} 浓度升高，激活阴离子外向通道和 K^+ 外向通道，并抑制 K^+ 内向通道，保卫细胞水势升高，细胞失水，膨压下降，气孔关闭。

4.7.3　外界环境对蒸腾作用的影响

光照、大气湿度和温度是影响蒸腾作用的 3 个主要外界因子。

（1）光照

光照是影响蒸腾作用的最主要外界条件。一方面，光通过调节气孔的启闭而影响蒸腾作用，光下气孔开张，促进蒸腾；暗中气孔关闭，抑制蒸腾。另一方面，光是蒸腾作用直接的能量来源，植物叶片所吸收的光能大部分都用于蒸腾。此外，光照还可通过提高气温和叶片温度，加大叶内外蒸汽压差而加强蒸腾。

（2）大气湿度

大气湿度影响蒸腾作用是通过影响叶内气孔下室与叶表大气之间的蒸汽压差的变化而实现的。当大气湿度减小时，叶内外蒸汽压差变大，蒸腾增强；当大气湿度增大时，叶内外蒸汽压差变小，蒸腾减弱。

（3）温度

在一定温度范围内，蒸腾作用随温度升高而加强，这是由于增大了叶内外蒸汽压差所致。但温度过高，引起叶片水分亏缺会导致气孔关闭而抑制蒸腾。

4.8　植物对矿质元素的吸收与运输

4.8.1　根系对矿质元素的吸收

植物体内发现的矿质元素有 70 多种，其中只有 16 种被认为是植物生长发育的必需元素。根据植物对必需元素需要量的多少，又分为大量元素和微量元素。前者包括碳、氢、氧、氮、磷、硫、钾、钙和镁，后者包括氯、硼、铁、锰、锌、铜和钼。近年来一些植物营养学家还将镍列为必需微量元素。这些必需元素在植物体内主要有两方面的作用，一是作为细胞结构物质的组成成分，如碳、氢、氧、氮、磷、硫是构成糖类、蛋白质和脂类等有机物质的元素；二是调节植物细胞的代谢活动，如调节酶的活性及细胞的渗透势，影响原生质的胶体状况和膜的电荷平衡等。

4.8.1.1　根系吸收矿质元素的区域

植物根系吸收矿质元素的主要区域一直是备受争议的问题。有人认为根尖是植物吸收矿质元素的主要区域，而另一些人认为整个根系的表面都能吸收矿质元素。但多数人现在一般认为根吸收矿质元素的主要区域在根尖。那么，根尖的哪个分区吸收矿质元素最活跃? 人们起初认为是分生区，因实验发现根尖顶端能累积大量的离子，而根毛区累积的离子较少。但后来发现分生区累积大量离子是因为该部位无输导组织，离子不能及时运出所致。根毛区累积的离子较少，是因该部位已分化出成熟的木质部，所吸收的离子已被较快地运出所致。因此，根部吸收矿质元素的主要区域与根部吸收水分一样，是根尖的根毛区。

4.8.1.2　根系吸收矿质元素的特点

(1)根系吸收矿质元素与吸收水分之间的关系

植物根系对矿质元素和水分的吸收是相互联系，又相互独立的过程。两者相互联系是因为矿质元素必须溶于水中才可能被根系吸收，而且根细胞对矿质元素的吸收导致了细胞水势的下降，从而又促进植物细胞吸水。两者相对独立表现为两方面，一是两者的吸收并不一定成比例。人们曾经认为矿质元素和水分的吸收呈正相关，水分吸收多，矿质元素吸收也多; 但研究发现，事实并非完全如此，有时吸水增强时，某些矿质元素的吸收反而减少，有时吸水减弱时，某些矿质元素的吸收反而增多，两者表现出相对的独立性。二是两者的吸收机理不同。根系吸水主要以蒸腾作用产生的蒸腾拉力引起的被动吸水为主，水分依水势梯度进入根内部，其中在共质体中的跨膜运输是以渗透的方式顺水势梯度自脂质双分子层的分子间隙中通过，水分也可以通过膜上的水通道蛋白跨膜。而矿质元素的吸收是以消耗能量的主动吸收为主，矿质元素离子依赖质子泵水解 ATP 获能所建立的跨膜质子电化学势梯度，通过离子载体逆着矿质元素离子的电化学势梯度进行主动运输。由于需要载体运输，有饱和效应。

(2)根系对离子的选择性吸收

根系对离子的选择性吸收(selective absorption)是指根系吸收离子的数量与溶液中的离子数量不呈比例的现象。它可以包括三个方面: 植物对同一溶液中不同离子的吸收量不同，如在同一培养液中，水稻吸收的硅比较多，而吸收钙、镁比较少; 不同植物对同一溶液中离子的吸收量也不同，如将番茄培养在与上述水稻相同的培养液中，番茄则吸收钙、镁比较多，吸收硅比较少; 植物对同一种盐的阴阳离子的吸收量也有差异，如给土壤施用$(NH_4)_2SO_4$时，根系吸收 NH_4^+ 较 SO_4^{2-} 多，根细胞向外释放 H^+ 交换 NH_4^+ 以达到电荷平衡，土壤在积累 SO_4^{2-} 的同时也积累了 H^+，使土壤 pH 值下降。这种使环境 pH 值下降的盐类称为生理酸性盐。相反，如给土壤施用 $NaNO_3$ 时，根系吸收 NO_3^- 较 Na^+ 多，而根系在选择性吸收 NO_3^- 时伴随着 H^+ 的吸收，使土壤中 H^+ 减少而 OH^- 的相对浓度增加，导致土壤 pH 值升高，这种盐类称为生理性碱性盐。对于被根匀速吸收阴阳离子的盐称为生理中性盐。

通常情况下，由于土壤溶液中含有多种盐类而具一定的缓冲能力，生理酸性和生理碱性表现都不明显。但在生产实践中，要注意肥料类型的合理搭配，避免长期施用某种生理酸性盐或生理碱性盐，以防土壤酸化或碱化而破坏土壤结构。

(3)单盐毒害与离子拮抗

将植物培养在只含有一种盐的溶液中，不久植物就会呈现异常状态而死亡，这种现象称为单盐毒害(toxicity of single salt)。产生单盐毒害的该种盐类无论是植物必需或非必需营养元素，都能在溶液浓度很低时使植物受害。但若在单盐溶液中加入少量其他不同价的金属离子，就能减弱或消除单盐毒害。离子间的这种作用称为离子拮抗(ion antagonism)。如在培养小麦的 NaCl 溶液中，加入少量 Ca^{2+}，就能减弱或消除单一 NaCl 溶液引起的毒害，使植物根系生长趋于正常；若再增加 K⁺，则根系生长更好。所以，植物只有在含有适当比例的多盐溶液中才能发育正常，这种溶液称为平衡溶液。土壤溶液一般含有多种盐类，对许多植物而言基本上是平衡溶液，但还不是理想的平衡溶液，因此在生产中施用化肥的目的之一就是使土壤中的矿质元素达到平衡，促进植物生长。

目前对单盐毒害和离子拮抗的作用机理还不清楚，有人认为可能与细胞原生质及质膜的胶体性质有关。

4.8.1.3 根系吸收矿质元素的过程和途径

根系吸收矿质元素主要包括以离子形式存在的矿质元素先被吸附在根部细胞表面，然后经质外体或共质体运输进入根内部木质部导管及管胞这两个主要过程。

(1) 矿质元素离子吸附在根部细胞表面

矿质元素多数以离子的形式存在于土壤中，其中小部分在土壤溶液中，大部分则被吸附在土壤胶粒的表面。根部细胞表面也有离子，主要是 H⁺ 和 HCO₃⁻，这两种离子是根部细胞经呼吸作用释放 CO_2 和 H_2O 生成的 H_2CO_3 所解离出来的。土壤中的离子通过与根表面的 H⁺ 和 HCO₃⁻ 离子进行离子交换被吸附在根表面，这种离子交换遵循"同荷等价"的原则，即阳离子只能与阳离子交换，阴离子只能与阴离子交换，而且价数必须相等。

对于土壤溶液中的离子，根部细胞表面的 H⁺ 和 HCO₃⁻ 离子可迅速与其进行交换，而对于被吸附在土壤胶粒表面的离子，可通过两种方式进行交换吸附。一是以土壤溶液为媒介，根部呼吸释放的 CO_2 与土壤中的 H_2O 生成 H_2CO_3，H_2CO_3 从根表面逐渐接近土粒表面时，土粒表面吸附的阳离子(如 K⁺)与 H_2CO_3 的 H⁺ 进行离子交换，H⁺ 被土粒吸附，K⁺ 进入土壤溶液，当 K⁺ 接近根表面时，再与根表面的 H⁺ 交换而被吸附到根表面。二是通过直接的接触交换。根部和土粒表面的离子都是不断振动的，当根部与土粒的距离小于离子振动空间时，两者的离子便可以不通过土壤溶液而直接交换。

(2) 离子进入根内部组织

离子经质外体或共质体运输进入根内部到达木质部导管主要有以下两种途径(图 4-68)。

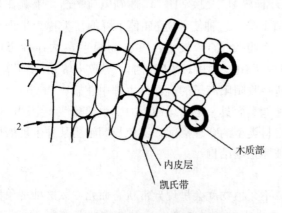

图 4-68 根部矿质元素运输的途径
(引自 Lack and Evans, 2002)
1. 完全通过共质体运输　2. 在内皮层之外是质外体运输，
接着是共质体运输

内皮层
凯氏带
木质部

根毛区表面的矿质元素离子可顺着电化学势梯度自由扩散进入根表皮至内皮层以外的质外体空间，然而到达内皮层后，由于凯氏带的存在，质外体途径被阻断，离子只有转入共质体才能进入中柱内的木质部导管。然而，对于根毛区以下的幼嫩部分，其内皮层尚未形成凯氏带，矿质元素离子可通过质外体从根表面径向运输至根内部，然后再上运至木质部导管。但由于该部位输导组织尚未分化或分化不完全，其吸收离子的效率远不及根毛区。

根表面的离子也可经共质体途径从根表皮细胞进入皮层细胞，再跨过内皮层进入木质部薄壁细胞，然后再从木质部薄壁细胞释放到导管中。在共质体途径中，由于细胞之间彼此通过胞间连丝相连，形成了一个原生质的连续体，因此，离子跨膜进入根表皮细胞后，将通过连续的原生质体从一个细胞到达另一个细胞，最后进入导管。离子跨膜进入细胞的方式比较复杂，有主动运输和被动运输两大类。主动运输是与能量消耗相偶联，逆着离子的电化学势梯度进行的运输；而被动运输是不需要代谢能量直接参与，顺着离子的电化学势梯度转移的过程。矿质元素离子的跨膜以主动运输为主。而对于离子在共质体中的运输，现在一般认为是通过原生质水相的扩散运动而实现的，当然，原生质环流也会促进离子的运输。至于最后离子自木质部薄壁细胞进入导管的过程，人们一直认为可以是被动扩散，也可以是主动转运，但后来的一些实验研究更加支持离子进入导管是主动转运过程。

此外，根表面的矿质元素离子还可通过跨细胞运输进入根内部，即离子跨膜进入细胞，接着离开细胞进入质外体，再通过跨膜进入相邻的细胞。

4.8.1.4　影响根系吸收矿质元素的因素

植物根系吸收矿质元素的过程受多种环境条件的影响，其中以土壤环境的影响最大，主要表现在以下几个方面。

（1）土壤温度

在一定的土壤温度范围内，植物根系吸收矿质元素的速度随着温度升高而加快。这是由于根系对矿质元素的吸收主要是消耗能量的主动吸收过程，因此，温度升高导致的呼吸作用增强促进了根系对矿质元素的主动吸收。但是温度过低或过高都会减弱根系对矿质元素的吸收。温度过低，原生质胶体黏性增加，透性降低；离子扩散速率减慢；酶的活性也受影响；根系代谢活动减弱，从而减少对矿质元素的吸收。温度过高，酶钝化使代谢失常，也会降低对矿质元素的吸收。

（2）土壤通气状况

土壤通气状况直接影响根系的呼吸作用，进而影响根系对矿质元素的吸收。土壤通气良好时，土壤含氧量增加，CO_2 减少，呼吸作用增强，促进离子的主动吸收，根系吸收矿质元素的速度较快。因此，在生产实践中，常采用中耕松土、排水晒田等改善土壤通气状况的措施来增强根系对矿质元素的吸收。

（3）土壤中矿质元素的浓度

在土壤矿质元素的浓度较低时，根系吸收矿质元素的速度随着矿质元素浓度的增大而增大；但当土壤中矿质元素的含量达到一定浓度时，再增大这些矿质元素的浓度也不会提高根系吸收矿质元素的速率。这是由于离子运输的载体已饱和，所以增加离子浓度，离子吸收也不能增加。土壤中矿质元素浓度过高，导致土壤水势太低，还会对根系组织产生渗透胁迫，严重时会引起根组织甚至整个植株失水而出现"烧苗"现象。同时，过量施肥不仅对植物是一种伤害，还会进入地下水而污染环境。

（4）土壤 pH 值

土壤 pH 值对植物根系吸收矿质元素有直接和间接的影响。

①直接影响　由于组成根系细胞质的蛋白质是两性电解质，在不同的土壤 pH 值下会带不同的电荷，直接影响根系对土壤中离子的吸收。如在酸性土壤中，蛋白质带正电荷，根系易于吸收土壤中的阴离子；在碱性土壤中，蛋白质带负电荷，根系易于吸收土壤中的阳

离子。

②间接影响 土壤 pH 值通过影响矿质元素的溶解度间接影响矿质元素的可利用性。例如，在偏碱性土壤中，钙、镁、磷等元素易形成难溶性化合物，其可被植物吸收的量减少；而在偏酸性土壤中，它们的溶解度增加，有利于植物的吸收。当土壤过于偏酸性时，铁、铝、锰等元素的溶解度增大，超过一定浓度时可使植物中毒。

因此，植物吸收矿质元素需要在合适的土壤 pH 值条件下进行。大多数植物在土壤 pH 值 6~7 的条件下生长良好，但有些植物，如茶、马铃薯、烟草等，喜偏酸性的土壤环境；而另一些植物，如甘蔗、甜菜等，喜偏碱性的土壤环境。

4.8.2 植物体内矿质元素的运输

4.8.2.1 矿质元素运输的形式

植物根系吸收的矿质元素绝大部分都是以离子的形式被运往地上部分，如各种金属阳离子。但有少数离子先在根部部分合成有机化合物后再被运往上部。如根系吸收的硝酸根离子有大部分先在根部合成多种氨基酸和含氮有机化合物，根系吸收的磷酸根离子有少量先被合成磷脂酰胆碱等有机化合物，硫酸根离子也有少量先形成甲硫氨酸和谷胱甘肽等形式被运往上部。

4.8.2.2 矿质元素运输的途径

矿质元素被根系吸收进入木质部导管后，随蒸腾流沿木质部管道系统上运至茎叶各部，供器官生活所需。在矿质元素沿木质部向上运输的过程中，木质部离子也可横向运输到韧皮部，随韧皮部的离子流一起继续运输。其中有一部分通过筛管向下运回到根部，供根生活所需，也可转入根木质部导管，再被运往上部，继续离子的循环运输。

植物叶片通过根外施肥等也可吸收一定量的矿质元素。叶片吸收的矿质元素是通过叶表皮的气孔及角质层的裂缝进入叶片内部的。矿质元素进入叶片后，通过韧皮部向上运输到枝叶，向下运输到根部，也可从韧皮部横向运至木质部后再向上运输，供被运至器官所用之后，多余的离子也可进入离子循环。

4.8.2.3 矿质元素在植物体内的分配

矿质元素在植物体内的分配因其是否参与离子循环及参与离子循环的程度而不同。有些矿质元素如钾等进入植物体后始终呈离子状态参与离子循环；有些矿质元素如氮、磷、镁等进入植物体后形成不稳定的化合物，但当该化合物所在部位的生理状态改变时，这些化合物会分解释放出矿质元素而转运到其他需要的器官。这些矿质元素因可反复参与离子循环，被多次重复利用。还有一些矿质元素因参与离子循环的程度不同或不能参与离子循环而被重复利用的情况不同，如铜、锌可部分被重复利用，硫、锰、钼较难被重复利用，而钙、铁则几乎不能被重复利用。参与循环和再利用的元素，在植物体内多分布于代谢较活跃的幼嫩部位，如生长点、幼叶等。植物体内缺乏这类元素时，缺素病症首先发生在较老的组织或器官，如老叶。不能再利用的元素，被运转到一定部位后即被固定下来，并随着该部位器官的发育而逐渐累积。当植物缺乏这类元素时，缺素病症首先发生在较幼嫩的部位，如幼叶。

4.9　光合作用

4.9.1　光合色素

　　光合色素（photosynthetic pigment）即叶绿体色素，高等植物的光合色素包括叶绿素（chlorophyll, chl）和类胡萝卜素（carotenoid）。一般情况下，叶片中叶绿素对类胡萝卜素的含量比值约为 3:1，叶绿素主要吸收蓝紫光和红光，将绿光反射出来，所以叶片通常呈现绿色。

　　叶绿素根据其结构上的差异，分为叶绿素 a（chlorophyll a, chl a）和叶绿素 b（chlorophyll b, chl b）。叶绿素 a 呈蓝绿色，而叶绿素 b 呈黄绿色。少数具特殊形态的叶绿素 a 分子具有光化学活性，可将捕获的光能转变为电能，称为反应中心色素（reaction center pigment, P）。绝大多数的叶绿素 a 分子与全部的叶绿素 b 分子不具光化学活性，但能吸收光能并传递给反应中心色素，称为天线色素（antenna pigment）。

　　类胡萝卜素分为胡萝卜素（carotene）和叶黄素（xanthophyll）。胡萝卜素呈橙黄色，叶黄素呈黄色，两者都具有吸收和传递光能的作用，因而也称天线色素，但能量从类胡萝卜素分子向叶绿素分子的传递效率比叶绿素分子之间的传递效率要低。

　　叶绿素和类胡萝卜素全部都包埋在叶绿体的类囊体膜中，与特定的蛋白质结合在一起，组成色素蛋白复合体行使其功能。

4.9.2　光合作用的基本过程与机制

　　光合作用可分为光反应（light reaction）和二氧化碳同化（CO_2 assimilation）（简称碳同化）两个基本过程。光反应是在叶绿体类囊体膜上由光推动的光化学反应，此反应必须在光下才能进行。而碳同化是在叶绿体基质中由一系列酶催化的化学反应，由于此反应不直接需要光，因此又称为暗反应。

4.9.2.1　光反应

　　光反应可分为原初反应（primary reaction）、电子传递（electron transfer）和光合磷酸化（photophosphorylation）2 个步骤。

　　（1）原初反应

　　原初反应是指光合色素分子对光能的吸收、传递与转换过程。天线色素分子吸收光能传递给反应中心色素分子（P），使之成为激发态（P*），释放电子给原初电子受体（primary electron acceptor, A），反应中心色素分子由于丢失电子被氧化而带正电荷（P^+），原初电子受体接受电子后被还原而带负电荷（A^-）。这样，反应中心发生了电荷分离，氧化态的反应中心色素分子则从附近的次级电子供体（secondary electron donor, D）那里夺取电子，使之从激发态恢复到原来状态（P），次级电子供体却被氧化（D^+）。次级电子供体是指将电子直接供给反应中心色素分子的物质。这样由光引起的反应中心色素分子与原初电子受体和供体之间的氧化还原反应完成了光能向电能的转化。

$$D \cdot P \cdot A \xrightarrow{\text{光子 hv}} D \cdot P^* \cdot A \longrightarrow D \cdot P^+ \cdot A^- \longrightarrow D^+ \cdot P \cdot A^-$$

上述氧化还原反应在光下连续不断地进行,原初电子受体 A^- 要将电子传给次级电子受体,直到最终电子受体。同样,次级电子供体 D^+ 也要向它前面的电子供体夺取电子,直到最终电子供体。高等植物的最终电子供体是水,最终电子受体是 $NADP^+$。

(2)电子传递和光合磷酸化

电子传递和光合磷酸化指反应中心色素分子受光激发产生的电子经过一系列电子传递体的传递,引起水的光解放氧和 $NADP^+$ 还原,并通过光合磷酸化形成 ATP,把电能转化为活跃的化学能。光反应的电子传递和光合磷酸化可由光系统 I(photosystem I,PS I)和光系统 II(photosystem II,PS II)两个光系统协同作用。

PS I 的反应中心色素分子吸收长波红光(700nm),以 P_{700} 表示。它的光化学反应是长光波反应,其主要特征是 $NADP^+$ 的还原。P_{700} 吸收光能被激发后,经各种电子受体把电子供给铁氧还蛋白(ferredoxin,Fd),在 NADP 还原酶的参与下,Fd 把 $NADP^+$ 还原成 NADPH。

PS II 的反应中心色素分子吸收短波红光(680nm),以 P_{680} 表示。它的光化学反应是短光波反应,其主要特征是水的光解和放氧。P_{680} 吸收光能,经放氧复合体把水分解而放出氧气,并夺取水中的电子供给 PS I。

PS I 和 PS II 以串联方式协同完成电子从 H_2O 向 $NADP^+$ 的传递。连接两个光系统的一系列互相衔接着的电子传递体组成电子传递链,其中的电子传递体按氧化还原电位高低排列,使电子传递链呈"Z"形(图 4-69)。电子传递体包括质体醌(plastoquinone,PQ),细胞色素(cytochrome,Cyt)b_6f 复合体、铁氧还蛋白(Fd)和质体蓝素(plastocyanin,PC)。

光合磷酸化通过类囊体膜上的 ATP 合酶(ATPase)与电子传递相偶联。PS II 产生的高能

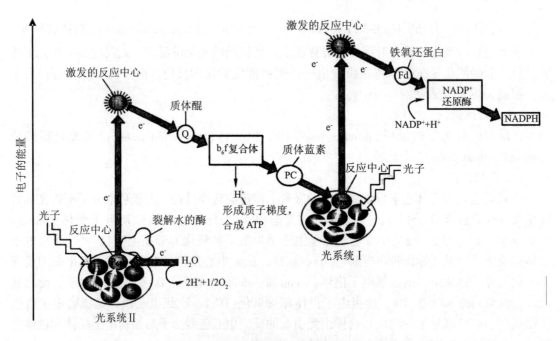

图4-69　光合电子传递链(Z链)

(引自 Campbell)

电子沿着电子传递链经质体醌 PQ 传递给细胞色素 b₆f 复合体时，一部分能量可被它转变为质子的驱动力，把质子从叶绿体基质泵入类囊体腔建立起跨膜的质子梯度。当质子沿着该质子梯度回到叶绿体基质时，在 ATP 合酶催化下，ADP 和 Pi 脱水合成 ATP。接着电子从细胞色素 b/f 复合体经质体蓝素传给 PS I。此时，电子的能量已经减少了大约一半，不能还原 NADP⁺，则由 PS I 吸收光能补充能量后将电子传给铁氧还蛋白，在 NADP⁺ 还原酶作用下把 NADP⁺ 还原成 NADPH，由此完成了从电能向化学能的转化。上述电子传递是一个非环式循环过程，称为非环式电子传递(noncyclic electron transport)。由非环式电子传递途径形成 ATP 的过程，称为非环式光合磷酸化(noncyclic photophosphorylation)。

PS I 也可独立进行电子传递和光合磷酸化。PS I 产生的高能电子由铁氧还蛋白(Fd)传给细胞色素 b₆f 复合体，再通过质体蓝素(PC)返回 PS I 由日光补充能量，形成环式电子传递(cyclic electron transport)。由环式电子传递途径形成 ATP 的过程，称为环式光合磷酸化(cyclic photophosphorylation)。此过程只形成 ATP，不形成 NADPH。

综观上述，光反应产生 NADPH 和 ATP，并释放出氧气。NADPH 和 ATP 将用于光合作用的下一步——碳同化。

4.9.2.2　碳同化

碳同化，即二氧化碳的同化，是指利用光反应产生 NADPH 和 ATP，使 CO_2 在叶绿体基质中通过一系列酶促反应形成碳水化合物的过程。根据 CO_2 同化过程中最初产物的不同及碳代谢的特点，高等植物的碳同化途径可分为 C_3、C_4 和 CAM 三条途径，具有相应途径的植物分别被称为 C_3、C_4 和 CAM 植物。二氧化碳的同化过程最早是由美国加州大学的卡尔文(M. Calvin)等提出来的，故被称为卡尔文循环。这条途径 CO_2 同化的最初产物是三碳化合物，即 C_3 途径，该途径是所有植物光合碳同化的基本途径。

（1）C_3 途径

C_3 途径即卡尔文循环，可分为羧化、还原和再生 3 个阶段。

①羧化　羧化即 CO_2 的固定。CO_2 与五碳化合物核酮糖-1,5-二磷酸(RuBP)在核酮糖-1,5-二磷酸羧化酶/加氧酶(ribulose-1,5-bisphosphate carboxylase/oxygenase, Rubisco)的催化下，产生 2 分子 3-磷酸甘油酸(3-PGA)。Rubisco 是世界上最丰富的蛋白质，在植物叶片中的含量可占叶片可溶性蛋白的 40% 以上，它在 CO_2 浓度高的条件下催化碳固定，而在 O_2 浓度高的条件下，促进光呼吸。

②还原　3-磷酸甘油酸被还原为甘油醛-3-磷酸(GAP)的过程。3-磷酸甘油酸首先在 3-磷酸甘油酸激酶(PGAK)的催化下形成 1,3-二磷酸甘油酸(DPGA)，然后在甘油醛-3-磷酸脱氢酶(GAPDH)催化下被还原为 GAP。在第一个酶催化反应中，需要消耗 1 分子 ATP，在第二个酶催化反应中，需要消耗 1 分子 NADPH。

③再生　再生就是还原产生的 5/6GAP 经一系列反应重新形成 CO_2 的受体 RuBP 的过程，需消耗 1 分子 ATP。另外还原产生的 1/6GAP 移出卡尔文循环，进一步合成蔗糖或淀粉等有机化合物。

由上可知，每同化 1 分子 CO_2 产生 2 分子 GAP，需消耗 3 分子 ATP 和 2 分子 NADPH。卡尔文循环消耗 ATP 的数量比 NADPH 多，由于非环式光合磷酸化产生的 ATP 和 NADPH 数量相等，因此多消耗的 ATP 则由环式光合磷酸化产生的 ATP 补充。

(2) C_4 途径

有些起源于热带的植物，如禾本科玉米、甘蔗等，除具基本的卡尔文循环以外，还存在另一条固定 CO_2 的途径。它固定 CO_2 的最初产物不是三碳化合物，而是四碳二羧酸，故称为 C_4-二羧酸途径，简称 C_4 途径。C_4 植物具 C_4 途径的特点源于其叶特殊的解剖结构(见 4. 3. 3. 2 单子叶植物叶的结构)，C_4 植物叶肉中的维管束鞘与其外围的叶肉细胞形成花环状结构，维管束鞘细胞(bundle sheath cell, BSC)具较多、较大的叶绿体，是进行卡尔文循环(C_3 途径)的场所；而维管束鞘周围的叶肉细胞不进行卡尔文循环，其作用只是把 CO_2 泵入鞘细胞。因此，C_4 途径的第一步——CO_2 的固定始于叶肉细胞胞质中的磷酸烯醇式丙酮酸(PEP)在磷酸烯醇式丙酮酸羧化酶(PEPC)的催化下，利用 CO_2 溶于水解离的 HCO_3^-，生成四碳酸草酰乙酸。草酰乙酸再转变为苹果酸或天冬氨酸(两者均为四碳酸)，运送到 BSC，脱羧产生丙酮酸和 CO_2。产生的丙酮酸返回叶肉细胞生成 CO_2 的受体 PEP，使反应循环进行，而脱羧释放的 CO_2 进入卡尔文循环。这等于是在 C_3 途径上加了一个"CO_2 浓缩器"，提高了 BSC 中 Rubisco 周围 CO_2 的浓度，因此 C_4 途径的 CO_2 同化效率要高于 C_3 途径。C_4 植物的 C_4 途径其实是对高温干旱环境的一种适应，因为在气温高而干燥的条件下，即使气孔部分关闭，CO_2 进入减少，但由于 C_4 途径中碳固定的第一个酶 PEPC 与底物 HCO_3^- 的亲和力极高，而且没有与 O_2 的竞争反应，仍能固定较低浓度的 CO_2，保持较高的同化效率。现已发现被子植物中的 20 多个科近 2 000 种植物具有光合固定碳的 C_4 途径，这些 C_4 植物多起源于热带高温干旱地区。

(3) CAM 途径

许多热带植物，如景天科植物等，为适应高温干旱的生态环境，形成了一种特殊的 CO_2 同化途径——景天酸代谢途径，即 CAM 途径。CAM 途径与 C_4 途径类似，具脱羧反应和 CO_2 再固定，但脱羧反应和 CO_2 再固定不像 C_4 植物那样通过叶肉细胞和维管束鞘细胞在空间上隔开，而是通过夜晚和白天在时间上隔开。CAM 植物叶片的气孔在夜间开放，吸收 CO_2，叶肉细胞胞质中的 PEP 接受 HCO_3^- 形成草酰乙酸，草酰乙酸被还原为苹果酸累积于液泡中。白天为避免过度蒸腾，叶片气孔关闭，液泡中的苹果酸转移至细胞质氧化脱羧形成丙酮酸并释放出 CO_2。CO_2 进入叶绿体参与卡尔文循环，被再次固定进一步同化为糖、淀粉等有机物。丙酮酸则转化成 PEP 进一步参与循环，也可以进入线粒体被氧化脱羧生成 CO_2，再进入叶绿体参与卡尔文循环。

4.9.3 环境因素对光合作用的影响

环境条件对植物的光合作用影响很大，如前面提到的 C_4 和 CAM 两种碳同化途径就是植物对特殊环境条件的适应。影响植物光合作用的外界环境因素有光照强度、CO_2 浓度、温度、水分、矿质营养和 O_2 等，其中以光照强度、CO_2 浓度和温度三因素对光合作用的影响最大，下面讨论该三因素对光合作用的影响。

4.9.3.1 光照强度

光合速率(photosynthetic rate)通常用作衡量光合作用变化的指标，是指单位时间内单位叶面积吸收 CO_2 的量或放出 O_2 的量。一般测定的光合速率都是光合作用减去呼吸作用的差数，称为表观光合速率（apparent photosynthetic rate）或净光合速率（net photosynthetic rate）。植物在黑暗中，叶片不进行光合作用，只能测得呼吸作用释放的 CO_2 的量；随着光强增加，叶片光合速率增加，当达到某一光照强度，叶片吸收的 CO_2 与释放的 CO_2 量相等，即光合速率等于呼吸速率，此时测得的净光合速率为零，这时的光照强度称为光补偿点（light compensation point）。在光补偿点以上的一定范围内，光合速率随着光照强度的增加而不断增加。但超过一定光强后，光合速率增加减慢，而达到某一光强时，光合速率不再随光照强度增加而增加，出现光饱和现象，这时的光照强度称为光饱和点（light saturation point）。植物出现光饱和现象主要是由于强光下碳同化跟不上光反应所致。

　　植物生长在不同的环境条件下，其光补偿点和光饱和点也会发生适应性变化。例如，阳生植物的光补偿点较高，而阴生植物的光补偿点较低，以充分利用低的光照强度。一般来说，植物的光补偿点高，其光饱和点也往往较高，如阳生植物的光饱和点相应较高于阴生植物的光饱和点。

4.9.3.2　CO_2 浓度

　　大气中的 CO_2 浓度约为 0.033%，一般不能满足植物光合作用的需求，因此 CO_2 浓度常是植物光合作用的限制因子。当空气中 CO_2 浓度继续降低，光合速率也不断降低到与呼吸速率相等，即光合作用吸收的 CO_2 量与呼吸作用释放的 CO_2 量相等时，环境中的 CO_2 浓度称为 CO_2 补偿点（CO_2 compensation point）。当空气中 CO_2 浓度增高，光合速率也增加，但当 CO_2 浓度增高到一定程度时，再增加 CO_2 浓度也不能使光合速率增加，这时环境中的 CO_2 浓度称为 CO_2 饱和点（CO_2 saturation point）。

　　不同植物的 CO_2 补偿点和 CO_2 饱和点不同，其中 C_4 植物和 C_3 植物之间的差别较为明显。C_4 植物的 CO_2 补偿点和 CO_2 饱和点都比 C_3 植物低。C_4 植物的 CO_2 补偿点较低是由于其 PEPC 与底物 HCO_3^- 的亲和力高并具浓缩 CO_2 而降低光呼吸的机制，因而能利用低浓度 CO_2 进行光合作用。C_4 植物的 CO_2 饱和点也较低，与其碳同化比 C_3 植物多消耗 ATP 有关。

4.9.3.3　温度

　　植物光合作用的碳同化过程是通过一系列的酶促反应完成的，而酶对温度较为敏感，因此，温度对光合作用的影响很大。植物通常可在一个较大的温度范围内进行光合作用，但有光合作用的最低、最适及最高温度之分，温度数值随植物种类不同而有所变化。如，寒带植物光合作用最低温度可达 $-7 \sim -5$ ℃，温带植物为 $-5 \sim 0$ ℃，热带植物在低于 $5 \sim 7$ ℃时即不能进行光合作用。大多数植物光合作用的最适温度在 $20 \sim 30$ ℃，温度再高达到 35 ℃以上时，光合速率开始下降，$40 \sim 50$ ℃时，光合作用完全停止。温度低抑制光合作用主要是由于酶活性降低甚至失活，膜脂相变及光合结构受损等。温度高抑制光合作用的原因除了酶钝化、膜脂热相变及光合结构受损外，还有因高温下呼吸作用增强而引起的净光合速率下降。

　　可见，环境因素对植物光合作用的影响确实很大，但自然条件下它们之间往往是相互作用的，要综合考虑它们对光合作用的影响。植物通常只有在光照、CO_2 浓度和温度等条件都适合的情况下光合作用才能正常运行，使植物良好生长。

4.10　植物体内同化产物的运输与分配

4.10.1　同化产物运输的动力

　　关于同化产物在韧皮部运输的机制有多种学说,但大多学说仍需实验证据支持,目前人们普遍接受的是压力流动学说。该学说认为,筛管内液流的运输是由源库两端渗透势产生的膨压差所驱动。源(source)是指生产并输出同化产物的组织或器官,如绿色植物的功能叶,种子萌发时的胚乳或子叶;而库(sink)是指消耗或贮藏同化产物的组织或器官,如幼叶、根、茎、花、果实及种子等。在源端如功能叶,其制造的光合产物被装载到韧皮部的筛管分子—伴胞(sieve element-companion cell, SE-CC)复合体中,细胞渗透势下降,水势也下降,于是邻近木质部的水分沿水势梯度进入 SE-CC 复合体,使其膨压升高。而在库端,同化产物不断从韧皮部的 SE-CC 复合体中卸出,细胞渗透势升高,水势也升高,水分沿水势梯度进入邻近木质部,使其膨压下降。这样就在源库两端产生了压力势差,筛管中的液流沿着压力梯度由源向库流动。源端不断装载,库端不断卸出,因此源库两端始终保持压力差,使植物体内同化产物的运输得以正常运行。

4.10.2　同化产物运输的形式

　　筛管中运输的同化产物主要是糖,其中蔗糖是运输的主要形式,占筛管汁液干重的比例可高达90%。蔗糖还可以与半乳糖分子结合形成棉子糖、水苏糖和毛蕊花糖等化合物进行运输。在筛管中运输的还有甘露醇、山梨醇等糖醇。

　　在筛管中运输的还有一些其他有机物,如谷氨酸、天冬氨酸等氨基酸及它们的酰胺;生长素、赤霉素、细胞分裂素和脱落酸等植物激素;磷酸核苷酸和核酸等有机酸;蛋白激酶、泛素、分子伴侣、硫氧还蛋白、蛋白酶抑制剂蛋白等可溶性蛋白。

4.10.3　同化产物运输的方向与速率

　　韧皮部同化产物运输的方向遵循从源到库的原则。但由于在植物的不同发育阶段,作为源和库的器官可能不同,因此,同化产物运输的方向会随着源和库相对位置的变化而改变。例如,在植物的营养生长阶段,由于成熟叶是供应光合产物的源,而根和茎尖、幼叶是接纳光合产物的库,因此成熟叶中的光合产物既可向上运往正在生长的茎尖和幼叶,也可向下运往根部。在植物生殖生长阶段,光合产物则主要运往花或果实,少数运往根部。对于某一特定器官来说,其在发育的过程中作为源或库的地位可以相互转换,同化产物运输的方向也会发生改变。例如幼叶,由于光合强度低,其所生产的光合产物尚不能满足自身生长的需求,需要成熟叶向其输入同化产物,这时幼叶是库。当幼叶发育为成熟叶时就转换成了源,其生产的光合产物除满足自身需要外,还有剩余并向外输出至其他库器官。

　　同化产物在筛管内的运输速率随植物种类不同而有所差异,如棉花为 35~40 cm/h,大豆84~100 cm/h,柳树约100 cm/h,蓖麻80~150 cm/h,甘蔗约270 cm/h。总的来说,同化产物在筛管内的运输速率平均约为 100 cm/h。

4.10.4　同化产物运输的过程与途径

同化产物从源运送库要经过源端韧皮部装载，然后通过韧皮部筛管的长距离运输到库端韧皮部，最后从库端韧皮部卸出 3 个基本过程。

（1）源端韧皮部装载（以源端为功能叶为例）

一般认为，光合同化产物从叶肉细胞装载到小叶脉韧皮部 SE-CC 复合体的过程可以是共质体途径，也可以是"共质体—质外体—共质体"途径。不同的植物可能采用不同的途径。

在共质体的装载途径中，细胞间必须存在胞间连丝。同化产物通过胞间连丝从叶肉细胞经维管束鞘细胞到达韧皮部薄壁细胞，然后进入 SE-CC 复合体的伴胞，最后进入筛管。

在"共质体—质外体—共质体"途径中，同化产物首先通过胞间连丝从光合叶肉细胞进入临近 SE-CC 复合体的光合细胞，然后这些细胞将同化产物释放到质外体。质外体中的同化产物主要是蔗糖，但蔗糖从光合细胞释放到质外体的机制目前还不清楚。质外体中的蔗糖跨膜装载进入 SE-CC 复合体，这个装载过程是需能的主动运输过程。因为 SE-CC 复合体中的蔗糖浓度一般显著高于其周围叶肉细胞中蔗糖的浓度，蔗糖逆浓度梯度跨膜，必须依赖筛管或伴胞质膜上的质子泵消耗能量所建立的跨膜电化学势梯度，通过膜上的蔗糖—质子共运输载体，进入 SE-CC 复合体。

（2）同化产物在筛管中的长距离运输

蔗糖等同化产物被装载进入源端 SE-CC 复合体后，在源库两端压力差的驱动下，随水的集流在筛管中由源向库进行长距离运输。但由于韧皮部集流的运动是逆水势梯度进行的，因此水运动的动力是源库两端的压力差，而非渗透势。

（3）库端韧皮部卸出

同化产物从库端 SE-CC 复合体进入库细胞的过程也可以是共质体途径或质外体途径。共质体途径是同化产物通过胞间连丝到达库细胞。而质外体途径通常发生在 SE-CC 复合体与库细胞之间无胞间连丝的组织或器官中，如贮藏器官或生殖器官。在质外体途径中，同化产物在进入库细胞之前先被卸出至质外体，但目前对同化产物从 SE-CC 复合体进入质外体的机制还不清楚，有人认为与装载机制一样，也是与质子协同运转，是一个耗能的主动运输过程。

本章小结

种子植物的三大营养器官——根、茎、叶是构成植物体的主要部分，担负着植物营养物质的吸收、制造和运输等生理功能，与个体的生存同始终，贯穿植物个体的整个生活史。

根是植物体的地下营养器官，可分为主根、侧根和不定根，但其基本结构是一致的，由它们形成不同类型的根系。根尖从分生区到成熟区经过分裂、生长和分化完成根的初生生长，初生生长主要是伸长生长。大多数单子叶植物根不具形成层，只进行初生生长形成初生结构，而大多数双子叶植物和裸子植物根具有形成层，可进一步进行次生生长形成次生结构。有些植物的根还能与土壤微生物之间形成根瘤和菌的共生关系，以促进根的生长发育。

茎是联系根和叶的地上营养器官，它的主要功能是输导和支持。茎上着生叶和芽，由于芽发育的差异形成不同的分枝方式。茎尖顶端分生组织活动进行初生生长形成茎的初生结构。与根一样，大多数单子叶植物茎不具形成层，不能进行次生生长，而大多数双子叶植物和裸子植物的茎由于具有形成层，初生生长后还能进行次生生长形成茎的次生结构。茎次生结构中的次生木质部是木材的主要来源。通过木材横切面、径向切面和切向切面的比较观察，可以全面、充分地了解木材的结构。

叶是植物进行光合作用、蒸腾作用和气体交换的主要器官。叶通常由叶片、叶柄和托叶组成，其中叶片是行使叶功能的主要部分。叶的解剖结构都是由表皮、叶肉和叶脉三个基本组成部分构成，但是双子叶和单子叶植物以及裸子植物叶的构造存在一定的差异，而且由于受环境因素的影响，叶呈现出与其生态条件相适应的外部形态和内部结构。

根、茎、叶在长期的系统进化中，为了适应外界环境的变化，可产生一些与特定功能相适应的特殊形态结构。这些变态特征是自然选择的结果，可以稳定遗传给下一代，并成为该种植物的识别特征。

植物体通过根、茎、叶中维管组织的相互联系，构成了一个连续、完整的输导系统，保证了植物体内水分、矿质元素及有机物的运输与分配，从而实现了各器官之间结构与功能的协调统一。

根系是植物吸收水分和矿质元素的主要器官，主要吸收区域均为根尖的根毛区。根系吸收水分的动力是根压和蒸腾拉力。水分经共质体、质外体或跨细胞运输到达根部木质部导管后，主要在蒸腾拉力的作用下，沿着根、茎、叶中连续的管道系统以集流方式向上运输。植物吸收的水分除极少量用于自身代谢外，绝大部分通过叶片气孔蒸腾散失到体外。因此，水分从土壤到植物再到大气形成了一个土壤—植物—大气连续体系。根系吸收矿质元素的主要特点是对矿质元素和水分的相对吸收以及对离子的选择性吸收。离子经质外体或共质体运输到根木质部导管后，随蒸腾流沿木质部管道系统上运至茎叶各部。矿质元素在植物体内的分配因其是否参与离子循环及参与离子循环的程度而不同。

光合作用可分为光反应和碳同化2个基本步骤。叶片光合产物通过韧皮部运至植物各器官供生长所需。同化产物在韧皮部运输由源、库两端渗透势产生的膨压差所驱动，运输方向遵循从源到库的原则。蔗糖是同化产物运输的主要形式。同化产物从源到库要经过源端韧皮部装载、韧皮部筛管的长距离运输、库端韧皮部卸出3个基本过程。

复习思考题

1. 在不同的生境条件下，直根系和须根系各有何优势？
2. 根尖各区的细胞特点如何与它们各自的生理功能相适应？
3. 内皮层的生理功能是什么？它如何通过它的特殊结构发挥作用？
4. 从根的初生构造到根的次生构造，木质部和韧皮部的排列方式及发育方式有何变化？
5. 从外部形态及内部结构特征如何区分侧根与根毛？
6. 根瘤与菌根的形成在农林业生产上有何重要意义？
7. 根据茎外部形态的什么特征可以判断枝条的年龄？如何判断？
8. 从用材或结实的角度出发，应分别选择哪种分枝类型的树种？
9. 木本植物茎的增粗如何进行？
10. 如果给你一个地下根和地下茎，在无显微镜或有显微镜的情况下，你分别如何判断？
11. 如何判断木材三切面？识别木材三切面的细胞结构特点有何实际意义？
12. 双子叶和单子叶植物叶片在外形和内部结构上有何主要不同？

13. C_4 植物叶片与 C_3 植物叶片在维管束的结构上有何不同？

14. 叶的生态类型主要有几种？在不同的生境下，它们的形态结构如何与功能相适应？

15. 松针叶在形态结构上倾向于哪种生态类型？

16. 落叶之前，叶柄基部发生了什么变化？

17. 土壤中的水分在根中如何横向运输进入根木质部输导分子？

18. 植物体内的水分如何从根部向地上部运输？

19. 植物叶片蒸腾的主要形式是什么？

20. 植物根系吸收矿质元素的主要特点有哪些？

21. 矿质元素在植物体内如何运输与分配？

22. 光合作用的基本过程怎样？哪些环境因素对光合作用的影响较大？

23. 植物体内同化产物运输的主要过程和途径是什么？

推荐阅读书目

1. A. M. 史密斯，G. 库普兰特，L. 多兰，等. 2012. 植物生物学(Plant Biology). 瞿礼嘉，顾红雅，刘敬婧，等译. 北京：科学出版社.

2. 廖文波，刘蔚秋，冯虎元，等，2020. 植物学(第 3 版). 北京：高等教育出版社.

3. 马炜梁，2015. 植物学(第 2 版). 北京：高等教育出版社.

4. 强盛，2017. 植物学(第 2 版). 北京：高等教育出版社.

5. 吴鸿，郝刚，2012. 植物学. 北京：高等教育出版社.

6. 杨世杰，汪矛，张志翔，2017. 植物生物学(第 3 版). 北京：高等教育出版社.

7. 周云龙，刘全儒，2016. 植物生物学(第 4 版). 北京：高等教育出版社.

第5章　种子植物繁殖器官

　　繁殖是增加生物个体的过程，是生物重要的生命现象之一。植物在繁衍后代的过程中，增强变异，丰富了后代的遗传性，提高选择的可能性和适应环境的能力，保证了种族的延续和物种的进化。

　　植物在进化中形成了多种繁殖方式，归纳起来有2类：一类是无性繁殖（asexual reproduction），包括孢子繁殖（spore reproduction）以及裂殖、出芽、断裂等营养繁殖（vegetative reproduction）；另一类是有性繁殖（sexual reproduction），也可称做有性生殖，在生殖过程中有性细胞（或配子）的结合，使产生的后代具有丰富的变异和遗传，它是最进化的繁殖方式。

　　植物的有性生殖也有3种基本类型：同配生殖（isogamy）、异配生殖（anisogamy）和卵式生殖（oogamy）。在这3种类型中，卵式生殖是有性生殖的最高形式。

　　植物界在进化过程中，种子的出现和花粉管的形成是一个巨大的飞跃，使种子植物的有性生殖彻底摆脱了水的限制，更加适应陆生生活，是种子植物能够不断繁盛，成为地球上适

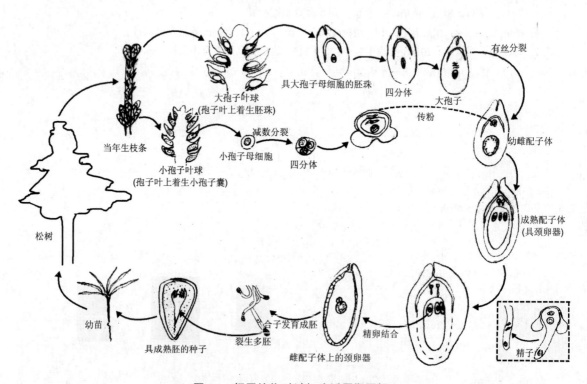

图5-1　裸子植物（松树）生活周期图解

应性最强、分布最广、种类最多、经济价值最大的一类植物的重要因素。种子植物在进化过程中先后出现的 2 大类群是裸子植物和被子植物。

种子植物的生活史是从种子萌发形成幼苗开始，经过一定时期的营养生长后，在一定的内外部条件的影响下，植物转入生殖生长。形成不同的生殖器官即裸子植物的孢子叶球（strobilus，cone）和被子植物的花（flower）。在孢子叶球和花的发育过程中会形成大孢子（macrospore）、小孢子（microspore），并由孢子再形成雌配子（female gamete）、雄配子（male gamete），最后经过传粉、受精，最终产生种子（seed），形成新一代孢子体的雏形——胚（embryo）。种子植物的整个生活史中孢子体世代（sporophyte generation）与配子体世代（gametophyte generation）即无性世代与有性世代的交替非常明显。因此，整个生活史既包括无性繁殖形成孢子的过程，也有形成配子、配子相互融合的有性生殖过程（图 5-1、图 5-2）。

裸子植物和被子植物是种子植物进化上先后出现的 2 个类群，不仅营养器官的形态结构表现了不同的进化适应，而且在生殖器官的形态构造及发育过程中也同样表现出不同的适应特点。

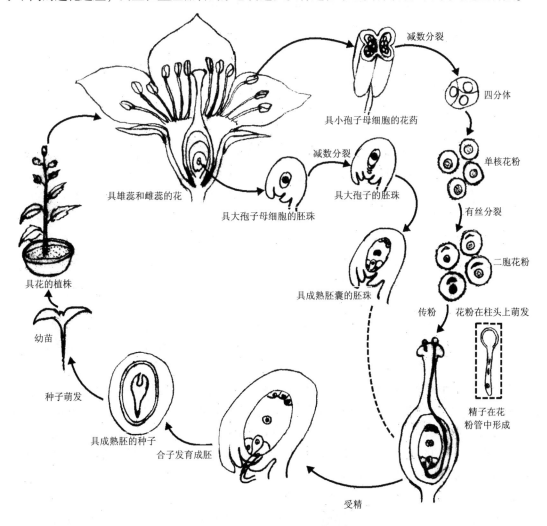

图 5-2 被子植物生活周期图解

5.1　被子植物繁殖器官及发育过程

被子植物又称为有花植物，花是被子植物的重要特征之一。花不但美丽、多姿多彩，而且具有与生殖紧密相关的雌蕊和雄蕊，经过一定的发育过程，雌蕊子房中的胚珠发育为种子，子房发育为果实；种子被果实包裹，所以称为被子植物，区别于胚珠裸露的裸子植物。由于果实和种子是人类重要的营养来源，与人类关系密切，因此被子植物的生殖备受人们的关注。

5.1.1　花的基本构造和类型

5.1.1.1　花的基本构造

花(flower)通常由花柄(或称花梗 pedicel)、花托(receptacle)、花萼(calyx)、花冠(corolla)、雄蕊群(androecium)和雌蕊群(gynoecium)六部分组成 (图5-3)。从形态发生和解剖构造看，花是枝条的变态，是节间极度缩短且叶变态为花的各部分以适应生殖功能的枝条。

花柄又称花梗，起支持和输导作用。花柄的有无、长短随植物种类而不同。

花托是花柄顶端膨大的部分，花的其他部分按一定方式着生于花托上。不同种类的植物，其花托的形状各异，

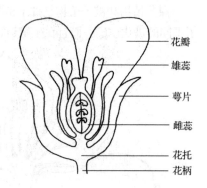

图5-3　花组成的模式图

花瓣
雄蕊
萼片
雌蕊
花托
花柄

如玉兰、毛茛的花托是向上隆起的圆锥形；蔷薇、梨等花托则是中央凹陷的杯状、坛状或壶状。

花萼由若干萼片(sepal)组成，分离或合生，是花的最外轮，通常为绿色。

花冠由若干花瓣(petal)组成，分离或合生(前者称离瓣花，如桃、山楂；后者称合瓣花，如丁香、迎春花等)花冠常因花瓣表皮细胞质中具有杂色体或液泡中含有花色素苷等呈现不同的颜色。

雄蕊群是花中雄蕊的总称。雄蕊(stamen)的数目、长短及是否联合，形成不同的雄蕊类型(图5-4，详见第7章形态术语部分)，每一个雄蕊由花丝(filament)和花药(anther)两部分组成。

雌蕊群是花中雌蕊(pistil)的总称。位于花的中央，由1至数枚雌蕊组成，分离或联合形成不同的雌蕊类型(图5-5)，不同的子房位置和胎座类型(图5-6，详见第7章形态术语部分)。雌蕊由柱头(stigma)、花柱(style)和子房(ovary)三部分组成。子房的外层是子房壁(ovary wall)，中空的部分是子房室(locule)，内有胚珠(ovule)着生于胎座上(图5-7)。胎座(placenta)是胚珠在子房中着生的部位。

5.1.1.2　花的类型

被子植物种类繁多，花的形态构造、色泽差异显著，是与其生存环境及不同的传粉方式相适应的。每一种植物花的形态是比较稳定的，花是分类学上的重要依据。根据植物花的组

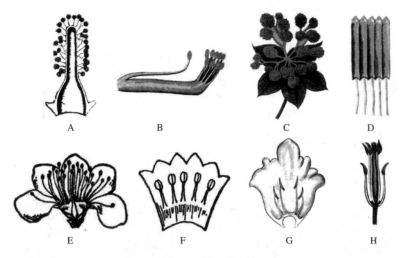

图 5-4　雄蕊类型

A. 单体雄蕊　B. 二体雄蕊　C. 多体雄蕊　D. 聚药雄蕊

E. 离生雄蕊　F. 冠生雄蕊　G. 二强雄蕊　H. 四强雄蕊

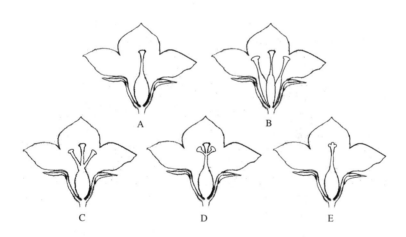

图 5-5　雌蕊类型

A. 单雌蕊　B. 离心皮雌蕊　C~E. 复雌蕊

成是否完备，可将植物的花分为完全花(complete flower)(即花萼、花冠、雄蕊群、雌蕊群都有的花)和不完全花(incomplete flower)(即上述四轮中缺少其中一部分的花)。

根据花萼和花冠(二者合称为花被)的情况，又可将花分为双被花(dichlamydeous flower)[即花萼、花冠都有的花(图 5-8A)]、单被花(monochlamydeous flower)[即不具花萼、花冠区别，或花被仅 1 轮，呈花萼状或呈花瓣状，如桑、板栗、蓼、藜、苋科植物的花(图 5-8B)]和无被花(achlamydeous flower)[即不具花被片的花，如杨、柳、木麻黄等(图 5-8C)]。

根据雌、雄蕊的情况又可将植物分为两性花(bisexual flower)、单性花(unisexual flower)或称雄花(male flower)和雌花(female flower)。根据花瓣的数目、离合及形状可将植物的花冠

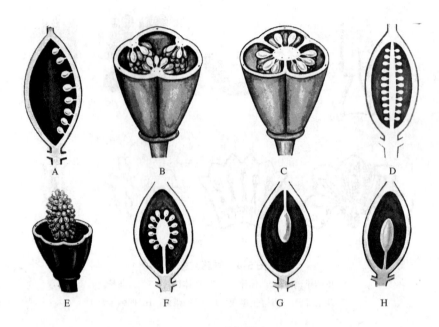

图 5-6　胎座类型

A. 边缘胎座剖面　B. 侧膜胎座　C. 中轴胎座　D. 中轴胎座剖面
E. 特立中央胎座　F. 特立中央胎座剖面　G. 顶生胎座剖面　H. 基底胎座剖面

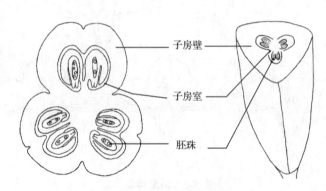

子房壁

子房室

胚珠

图 5-7　雌蕊子房横切简图

分为多种类型(图 5-9),如十字花冠、蝶形花冠、蔷薇形花冠、唇形花冠、钟状或漏斗状花冠及舌状、管状花冠等辐射对称和两侧对称花(详见第 7 章形态术语部分)。

　　在枝顶或叶腋处只着生一朵花时,称之为单生花(solitary flower),如玉兰;但如多朵花着生于枝顶或叶腋处,且按一定的次序排列在花轴上,称为花序(inflorescence)。花序轴上的每一朵花称为小花(floret)。根据花序轴顶端是否成花及开花顺序,可将花序分为两大类型(图 5-10),即无限花序(indefinite inflorescence)和有限花序(definite inflorescence)。后者花序顶端先成花,开花顺序自上而下,自内向外。根据花序中花序轴分枝及花柄的有无又可将两大类花序中分出不同的花序式样(详见第 7 章形态术语部分)。

图 5-8　花被类型

A. 双被花(连翘)　B. 单被花(榆树)　C. 无被花(杨树)

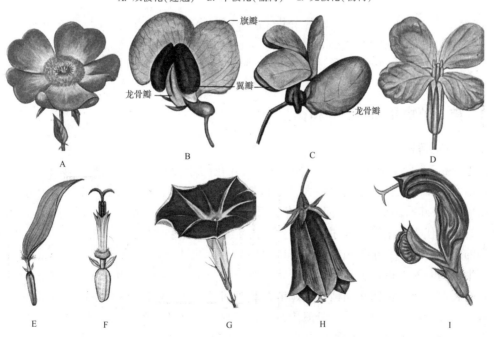

图 5-9　花冠类型

A. 蔷薇形花冠　B. 蝶形花冠　C. 假蝶形花冠　D. 十字花冠
E. 舌状花冠　F. 管状花冠　G. 漏斗状花冠　H. 钟状花冠　I. 唇形花冠

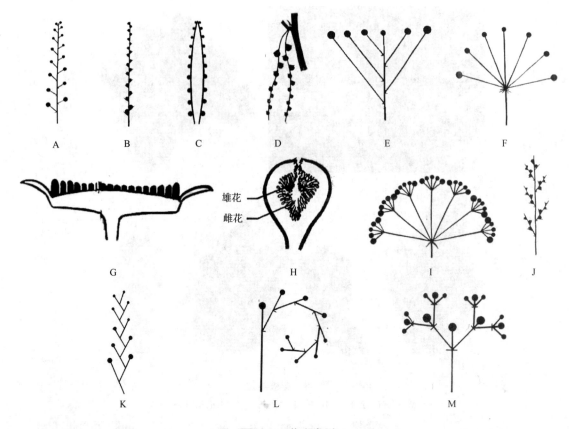

图 5-10 花序类型

A~J. 无限花序类型(A. 总状花序 B. 穗状花序 C. 肉穗花序 D. 柔荑花序
E. 伞房花序 F. 伞形花序 G. 头状花序 H. 隐头花序 I. 复伞形花序 J. 复穗状花序)
K~M. 有限花序类型(K. 蝎尾状单歧聚伞花序 L. 镰状单歧聚伞花序 M. 二歧聚伞花序)

5.1.2 被子植物开花的诱导和花芽分化

5.1.2.1 开花诱导

俗语"桃三杏四梨五年"说的就是不同植物开花的年龄不同,特别是木本植物,开始进入开花结实的年限较长,差别也很大。如椴树要 20~25 年,桦树 10~12 年,麻栎 10~20 年,柑橘 6~8 年。因此,植物何时开花,开花的生理和分子机制,一直是人们关注的热点。植物花的发育代表着茎发育程序从营养生长向生殖生长的重要转变,是被子植物生活周期中最剧烈的发育变化。一年生植物(annual)一生只开 1 次花,开花诱导(flower induction)不仅代表着生殖的开始,也代表着衰老的开始。竹子是多年生植物,终生只开 1 次花,开花也意味着它的衰亡。所以植物必须精确地调节开花时间,确保在最适宜的时间开花,形成种子并完成繁殖。植物成花的过程受自身遗传特性的控制和外部环境条件(光照、温度等)的影响。但外部环境条件对植物成花的影响是有条件的,即植物必须经历一定时期的营养生长(又称童期),达到一定的生理状态时,植物才能感受外部环境条件的刺激,促进成花(图5-11)。对于外部环境条件影响成花方面,目前了解比较多的是光周期与低温春化作用。

图 5-11　植物成花诱导

（1）光周期与成花

①开花通常受光周期诱导　20 世纪早期，研究者通过实验发现，短日照（长夜）可诱导啤酒花和印度大麻开花，而长日照（短夜）可促进长生草（*Sempervivum funkii*）开花。后来科学家发现，光周期（photoperiod）可以调节多种植物成花（flowering），因此，创造了一个新词——光周期现象（photoperiodism），定义为植物对光照和黑暗时间的反应。光周期调节植物开花，可分为以下 3 种情况：

短日植物（short-day plants，SDPs）：低于临界长度的光周期即短日长夜条件下开花，如大豆。

长日植物（long-day plants，LDPs）：高于临界长度的光周期即长日短夜条件下开花，如拟南芥。

日中性植物（day-neutral plants，DNPs）：光周期不直接影响开花，如黄瓜、菜豆等。

还有一类植物只在中性日照期开花（即某一范围内），特长或特短日照期只进行营养生长，此类植物称为中日性植物（intermediate-day plants，IDPs），如甘蔗、灰藜（*Chenopodium album*）。有些植物需要长日照后，随后再经历短日照，才能成花，或刚好相反。这两类植物分别称为长短日植物和短长日植物。

20 世纪 40 年代后期，人们把菠菜叶和茎端分别暴露在诱导性（短日照）光周期条件下，前者可诱导开花，后者则不能诱导开花。实验表明，叶可以感测光周期刺激（而茎尖不能，但它可以感受温度）。进一步的嫁接实验，将一片光周期诱导的紫苏[*Perilla frutescens*（L.）Britt.]的叶片成功嫁接到几株非诱导条件下营养生长植物的苗端，可诱导 7 株营养生长植株开花（图 5-12）。实验表明，许多植物开花状态的快速变化是由叶介导的。光周期现象的发现，极大地刺激了随后数十年对开花的研究，使人们认识到，通过光周期控制开花，是一种人为控制植物发育状态，启动开花程序的有效途径。尽管有些植物需要绝对的光周期诱导（photoperiodic induction）才能开花，但大多数植物即使在不利于开花的光周期条件下，最终也能开花，只不过是延迟了开花的时间，如拟南芥就属于兼性长日照植物，在长日照条件能迅速诱导开花，但在短日照条件下，最终也能开花。

②植物光敏素是参与感受光周期和光质的初级光受体　植物探测光质的分子机制涉及光反应色素，特别是植物光敏色素（phytochrome），它是一种可溶性色素蛋白，由光吸收色素——发色团（chromophore）和与之相结合的蛋白组成。光敏色素有 2 种形式，它们可以相互转变成异构体，每个异构体都有一个特征性吸收光谱。一种异构体称为 Pr，主要吸收光谱在红光区域（吸收峰大概为 660 nm）。另一种异构体称为 Pfr，主要吸收光谱在远红光区域（吸收峰大概为 730 nm）。两者可以相互转换。Pr 吸收红光后，转变为 Pfr 形式（此即光转换，photoconversion）（图 5-13），Pfr 吸收远红光后，可能转变为 Pr。光敏素对成花的作用与 Pr 型和 Pfr 型之间的相互转变有关。Pfr 型是具生理活性光敏色素（the active form of phyto-

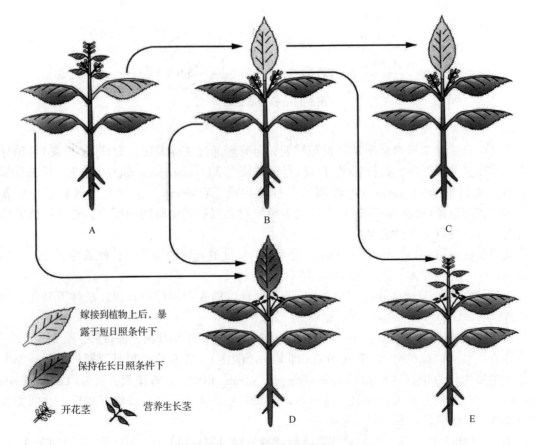

图5-12　紫苏开花的光周期诱导

（引自 B. B. 布坎南等，2004）

（注：一片经光周期诱导的紫苏叶片成功嫁接到7株非诱导条件下营养生长植物的苗端，可诱导7株植株开花）

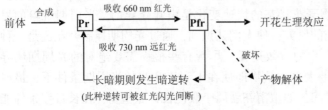

图5-13　光敏色素的合成和2种形式的转换

chrome）；Pr 型是无活性的（inactive form）。日光中红光的比例大大超过远红光，因此白天 Pr 转变为 Pfr，大量的 Pfr 的存在传递给植物的信号是：目前是光期，当植物处于黑暗条件时，Pfr 又会慢慢转变为 Pr。因此，植物可以通过 Pfr 和 Pr 的转换感受日照和黑夜的长短。

短日植物开花刺激物的形成要求 Pfr/Pr 比值低。在光期末光敏素大部分是 Pfr 型，Pfr/Pr 比值高；当转入暗期后，由于 Pfr 发生光转换变为 Pr，使 Pfr/Pr 比值降低。当暗期达到一定长度，即 Pfr/Pr 比值降低到一定水平时，短日植物体内的开花刺激物形成，促进成花。长日植物需要 Pfr/Pr 比值高时形成开花刺激物。在光期结束时，光敏素大部分是 Pfr 型，在长日照条件下，即可满足开花的要求。如果黑夜暗期过长，Pfr 转变为 Pr 则 Pfr/Pr 比值降低，开花刺激物形成受阻，会抑制开花。但如在暗期插入短暂红光闪光，则由于 Pr 转变为 Pfr，会提高 Pfr/Pr 比值，也可促进开花。

拟南芥至少有 5 个植物光敏素基因 *PHYA*、*PHYB*、*PHYC*、*PHYD*、*PHYE*。它们各自编码一种独特的植物光敏素蛋白，虽然 *PHYA* 和 *PHYB* 不是开花诱导或抑制所必需的，但它们参与了开花时间的调节。如 *phyB* 突变体的开花时间提前，表明 *PHYB* 是延迟植物开花的。

虽然光敏色素是参与开花控制的初级光受体，它并不是影响成花的唯一受体。隐花色素（cryptochrome）能感测蓝光和 uv-A 可影响光形态建成，但对成花的影响，尚不清楚。此外，光合色素虽不直接影响开花，但也可间接参与调节开花过程。

（2）低温与成花

人们很早就注意到低温作为一种外界的信号对那些温度敏感型植物成花的重要性。如冬小麦品种在秋天播种后，幼苗需经历冬天的寒冷才能确保来年春天正常开花。一些 2 年生植物，如萝卜、白菜等经过第一年营养生长后，肥大的地下茎在地里经受冬天寒冷低温的锻炼才能在第二年正常开花结实。一般北方果树需经受 200～1 000 h 的低温才能在春、夏正常开花，因此，也不难理解为什么在南方较难观赏到北方树种桃、杏、苹果、丁香的开花。

春化作用（vernalization）即低温促使植物成花的作用。

植物对春化作用的反应类型，有 3 种情况：

一是质的反应，即无低温则不开花。有人曾用甜菜实验，正常低温处理数周后可开花，如不经低温则维持 41 个月的营养生长不开花（图 5-14）。

二是量化的反应，即无低温会延迟开花，如黑麦经低温处理，7 周就可开花，但如不经受低温则推迟至 14～18 周才开花。

三是不仅需要低温春化作用，还要经过一定光周期的诱导才能成花。

实验证明，感受低温的部位主要是茎尖的生长点。将通过春化的天仙子（*Hyoscyamus niger*）的叶片嫁接到未经春化的植株上，可诱导非春化植株成花。德国学者 Melchers 根据天仙子嫁接实验提出低温处理可能产生了一种促进开花的春化素（vernalin）。但时至今日，春化素与成花素一样，只是人们对春化作用、光周期诱导机理的一种推测，并未真正分离出来。近年来，在冬小麦中证实春化表型最少受到 4 个基因的控制：*Vrn1*、*Vrn2*、*Vrn3*、*Vrn4*。种康等（1994、1995）从冬小麦京冬 1 号中克隆 2 个在春化 30d 时表达的与春化有关的基因 *Vrn17* 和 *Verc203*。近年的分子生物学方面的实验证实，春化作用的效应之一是促进胞嘧啶的去甲基化。如菥蓂（*Thlaspi arvense*）去甲基化与 *KAH* 基因的转录激活之间有相关性，这表明春化作用可能激活 *KAH* 基因的表达。*KAH* 基因可编码赤霉素 GA 生物合成酶——ent-异贝壳杉烯酸羟化酶，因此，推测低温可介导提高内根-贝壳杉烯羟化酶，使之最后代谢

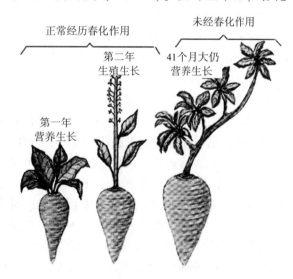

图 5-14　甜菜的成花与春化作用

（引自 James D. Mauseth，1991）

生成 GA_9。因此，外源的 GA 也能代替低温处理，促进植物成花。春化作用的效应还可以用去甲基试剂——5-氮胞苷处理来模拟，因此，春化作用和去甲基化之间确实具有内在的联系。

（3）开花是一个多因子系统控制的过程

将经光周期诱导紫苏叶嫁接非光周期诱导营养植株诱导成花的实验，促使人们寻找一种普遍存在的开花激素——成花素(florigen)。尽管目前尚未发现单个物质可诱导成花，但已发现几种分子对开花有显著影响，开花是一个多因子控制的过程。如赤霉素 GA，可促进多种植物开花。此外，生长素、细胞分裂素、乙烯、多胺和蔗糖等也参与开花诱导。

在开花诱导过程中，有一种可扩散的成花诱导信号从叶片传导到茎端分生组织。但目前对此传导的机制还知之甚少，许多细节还不清楚，推测可能是通过胞间连丝的共质体运动及其他信号转导活动。人们曾分析开花光诱导前后韧皮部渗出液，发现韧皮部参与了开花促进信号的转运，如蔗糖、细胞分裂素，光诱导处理使上述物质向苗端的流动增强。

（4）成花诱导方面的分子生物学工作进展简介

①已有的研究工作对许多参与产生、转移或感测开花诱导信号的基因进行遗传鉴定　如拟南芥 2 种晚花表型的突变体分别对应 CONSTANS(CO) 和 LOMINIDEPENDENS(LD)基因的突变。这 2 个基因已经克隆，并在营养生长的植株幼叶中表达。据推测 CO 是一种转录因子，是光周期信号传导途径下游的一个重要调控因子，在促进开花的长日照条件下受到正调节作用，在 CO 突变体中长日照对开花的促进作用消失了。说明 CO 是光周期的反应必需的，它参与开花基因的激活过程。CO 调控的转录激活作用直接的目的基因包括 FLOWERING LO-CUST(FT) 和 AGAMOUS-LIKE20(AGL20) 这 2 个促进开花基因。LD 影响开花的机理尚不清楚。

②决定花分生组织特征的大多数基因，在开花诱导信号作用下表达增强　开花促进信号的最终靶基因是那些决定花分生组织特征的基因，特别是 LEAFY(LFY)、APETALA1(AP1) 和 CAULIFLOWER(CAL)。

LFY 是一个花分生组织的特性基因，是无限枝转向开花的重要条件。在拟南芥 lfy 突变体中，花的位置将被无限生长的枝条代替(图5-15A、B)。

TERMINAL FLOWER1(TFL1) 是另一个影响拟南芥分生组织基因。它与 LFY 的表型相反，它们的基因表达的产物是相互拮抗的。它的主要功能是维持花序型分生组织的发育(形成无限花序)，阻抑花序型顶端分生组织的属性向花型转化即阻止成花。因此 tfl1 突变体中植物不仅开花提前且花序顶端先成花，成为一个有限花序(图5-15C、D)。

③4 类花器官的遗传决定　20 世纪 80 年代，通过对金鱼草、拟南芥等花发育模式植物 4 种花器官在数量和排列方式上出现的形态突变体的研究，人们分离到 AP1、AP2、AP3、PI、AG 等一批影响花器官特征的基因。通过对这些基因表达模式的研究，特别是利用双突变甚至是三突变的方法，对上述几种基因对花形态建成的影响方式进行系统的比较分析，Coen 等人先后提出了著名的"ABC 模型"的假说。该模型的要点是：植物花的四轮器官的特征受到 3 类基因 A、B、C 的决定。A 基因本身足以决定萼片，A 基因与 B 基因同时决定花瓣，B 基因和 C 基因同时决定雄蕊，而 C 基因本身决定心皮。

"ABC 模型"的作者以高度抽象和天才的想象力，从复杂的花形态突变表型中抽提出这

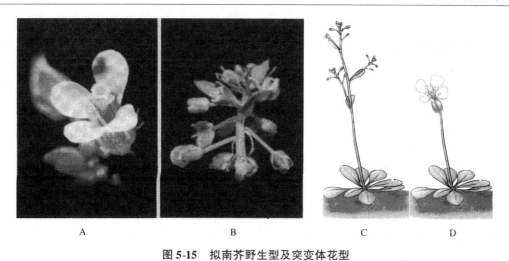

图 5-15　拟南芥野生型及突变体花型

A、C 野生型　B. *lfy* 突变体(A、B、C 引自 B. B. 布坎南等)　D. *tfl1* 突变体

样一个可以由少数简单遗传基因控制的简明的模型，引起了人们高度重视，对植物花发育研究做出了突出的贡献。"ABC 模型"可以较好地解释野生型和多种同源异型突变体的发育过程，但它并不能解释所有重要的由花形态突变体揭示出的现象，也未能提供同源基因相互作用的分子机制。近年来，随着参与胚珠发育 D 类基因(*STK*、*SHP1* 和 *SHP2*)和参与维持四轮花器官(萼片、花瓣、雄蕊、雌蕊)正常发育的 E 类基因(*SEP*)的发现，该"ABC 模型"已发展为"ABCDE"花发育模型。在目前已知的多个花发育相关基因，这些基因决定着花器官特征，称为同源异型基因。随着这些同源异型蛋白相互作用研究的积累，科学家提出了一个更全面的花发育四聚体模型：花同源异型蛋白通过形成四聚体复合物调控花器官的形成。根据这些基因在花器官形成中的作用分成 A、B、C、D 和 E 共 5 类。其中，A 类 +E 类基因组合调控第一轮萼片的形成和发育，A 类 +B 类 +E 类基因组合决定第二轮花瓣的形成和发育；B 类 +C 类 +E 类基因组合调控第三轮雄蕊的形成和发育；C 类 +E 类基因组合决定第四轮雌蕊中心皮的形成和发育；C 类 +D 类 +E 类基因组合调控第四轮雌蕊中胚珠的形成和发育(图 5-16)。

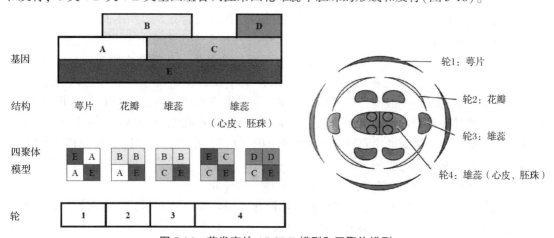

图 5-16　花发育的 ABCDE 模型和四聚体模型

A 和 B、B 和 C 可以相互重叠；A 和 C 有拮抗作用

④植物的性多态现象和性别决定

开花植物的性多态现象　　有性生殖导致了大多数真核生物两性异形(sexual dimorphism)的进化,开花植物在有性生殖过程中,形成了性多态现象(sexual polymorphism)。调查显示,在12万种植物中,72%为两性花植物(hermaphrodite)。为避免同系交配(inbreeding)所造成的自交衰退(inbreeding depression,如染色体缺失等)一些植物采用不同机理进行异花受精,避免自花授粉,促进杂合性(heterozygosity),如自交不亲和、花柱异长或雌雄蕊异熟等,从而保证物种的长期延续、增强适应性。

在被子植物中具有严格的雌、雄单性异株(dioecious)的植物只有4%,如桑树、杜仲、杨树、柳树、构树、白蜡等;雌雄花单性同株(monoecious)的有7%,如核桃、栓皮栎、板栗、悬铃木、玉米等;还有一些属于杂性花(polygamous flower)即两性花与单性花同株,如文冠果、槭树等(图5-17)。

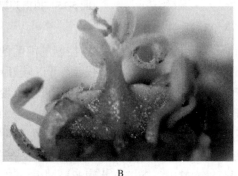

A　　　　　　　　　　　　　　B

图 5-17　平基槭的雄花和两性花同株

A. 平基槭的雄花　B. 平基槭的两性花

性别决定基因和单性花的形成　　在花发育过程中,花的各种器官发育的起始及其位置由同源异型基因相互作用决定,从发育起始、花器官原基(primordia)的分化到雌雄蕊的发育、配子体的形成涉及约10 000种特异mRNA的表达,涉及一系列控制雌雄蕊发育的调节基因和结构功能基因的活动。尽管不同单性花植物的单性花的发育方式有所不同,但它们具一个共同特点,即单性花的产生是因为两性花原基中某一种有性生殖器官选择性败育(abortion)造成的。也就是说所有开花植物都具有发育为两性花的潜能,只是在性别决定(sex determination)进化中,在性别决定基因的作用下,某种生殖器官即雄蕊或雌蕊发生选择性败育,从而导致单性花的发生。因此,植物的性别决定是单性花形成的基础。如玉米是雌雄同株单性花植物,雄穗在植株的顶部,而雌穗则在植株叶腋间;但在发育的早期,两者在形态上几乎无差异,即小穗中成对的小花中都要经"两性花"时期,花中具有相同的雌蕊和雄蕊原基,只是在雌雄蕊原基形成之后的进一步发育的过程中,雌穗小花的雄蕊群以及雄穗小花的雌蕊群分别发生选择性的败育,形成了玉米的单性雌花和雄花。

白麦瓶草(Silene alba L.)也是单性花雌雄同株,是在经历"两性花"发育时期后,在器官发育成熟及减数分裂之前,雄蕊或雌蕊器官发生选择性败育,导致单性花的形成。文冠果(Xanthoceras sorbifolium Bunge)属杂性花即雄花与两性花同株。雄花位于侧芽形成的花序中,而两性花位于顶芽形成的花序中。雄花在花发育早期即花蕾中雌雄蕊器官与两性花相同(图

5-18A、B），只是在进一步的发育中，雌蕊在减数分裂之前就败育萎缩，形成了单性雄花（图5-18C）。因此，不同植物的单性花形成是某一种生殖器官在特定性别决定基因或位置信息作用下，发生选择性败育的结果。它体现了植物性别决定的多样性。

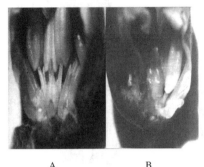

A　　　　　　B　　　　　　　C　　　　　　　　D

图5-18　文冠果花的性别决定

A、B. 文冠果幼蕾（"两性花"发育时期）　C. 花器官选择性败育后的雄花　D. 两性花

植物性别决定的遗传机理　自然界中，单性花植物有雌雄单性同株和雌雄单性异株2种类型，二者性别决定的遗传机理存在很大区别。

雌雄单性同株（♂♀）：因为雌雄单性同株植物的每一个体具有相同的遗传组成，因此性别不同的单性花的产生说明性别决定过程受到性别决定基因在发育水平上的调控。

雌雄单性异株（♂/♀）：由于雌雄单性异株植物的2种个体在遗传组成上存在着一定的差异，而这种差异往往反映在染色体上，即具有不同性染色体或不同的性别决定基因。

由性染色体的组成决定植物性别的情况主要分为2种类型：

a. 活性Y染色体系统，即Y染色体（存在雌性抑制基因、雄性活化基因和可育基因，如图5-19所示）决定植物个体的性别（通常为雄性），而与X染色体和常染色体的数目无关。此种类型与哺乳动物的性别决定机理相同。如麦瓶草（*Silene dioica*）的雌性植株（XX）由于Y染色体不存在，没有雌性抑制基因的影响，雌蕊发育正常；但因缺少雄性活化基因，雄蕊不能形成；雄性植株（XY）由于Y染色体上有雌性抑制基因，因此雌蕊不育，雄蕊在Y染色体上雄性活化和可育基因的作用下可正常发育。

b. X染色体与常染色体组比例决定系统，即个体的性别决定仅与X染色体数目和常染色体组数目之间的比例相关，而与Y染色体无关。通常当X染色体与常染色体组比例为1.0或更高时，植物体表型为雌性可育；当二者的比例为0.5或更低时，植物体表型为雄性；在比例为0.5～1.0时，则常可观察到两性花或间性花（部分雄花或雌花）。此种类型的性别决定方式与果蝇和线虫的性别决定类似。

有些植物不同位置，花性别不同。但位置信息决定花性别分化的机理一直不清楚。许多研究表明，

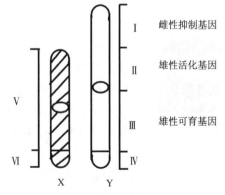

I　雌性抑制基因

II　雄性活化基因

III　雄性可育基因

图5-19　性别决定基因在麦瓶草Y染色体上的区域定位

（引自 Westergard, 1958）

植物性别决定是一个复杂的过程。有证据说明赤霉素（GA）、乙烯和生长素等激素以及蔗糖在一定程度上参与了植物性别决定的过程。此外，多胺、酚、酰胺等与植物花器官分化、性别分化也有关系。近年来人们也开始关注蛋白的组分、过氧化物酶、酯酶同工酶等与花性别分化的关系。

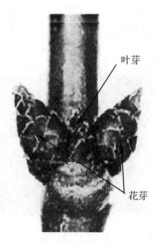

图5-20　花芽和叶芽分化

5.1.2.2　花芽分化

花芽一般较叶芽肥大（图5-20）。花芽既可以分化形成一朵花，如玉兰、桃等（图5-21A）；也可以分化形成许多花组成的花序，如杨属、柳属、槐树、板栗等（图5-21B）；还有一些植物枝条上形成的是混合芽，即芽中能分化形成枝条也能分化形成花或花序，如海棠、山楂等（图5-21C）。

花芽分化（flower bud differentiation）过程中，芽内的顶端分生组织（生长点），由于已经完成了由营养生长向生殖生长的转

A　　　　　　　　　　B　　　　　　　　　　C

图5-21　花芽的分化
A. 花芽分化形成的单花　B. 花芽分化形成的花序　C. 混合芽分化形成的花和枝叶

变，因此不再形成叶原基，而是生长点横向扩大逐渐变宽、变平。在此基础上，按一定的规律、顺序（一般由外向内）分化形成若干轮小突起即花各部分的原基（primodium）：花萼原基、花瓣原基、雄蕊原基、雌蕊原基，进而这些由幼嫩细胞组成的原基再生长分化发育成花的各部分。这一整个形态分化的过程称为花芽分化。对于形成花序的花芽，顶端分生组织则要先向上隆起形成一个花序原基，在此基础上，按花序的不同类型，在不同的位置上形成小花原基，而后在每一小花原基上再按一定顺序形成花各部分的原基。花芽分化后，芽内的顶端分生组织全部分化，不再存在。

花芽分化过程中各种原基的分化顺序一般是按花部四轮由外向内即由四周向中心部分分化，即花萼原基、花瓣原基、雄蕊原基、雌蕊原基（图5-22）。个别植物花各部分分化的顺序有些不同，如石榴是雄蕊最后分化，龙眼是花冠最后分化。

花芽分化的过程严格讲应当分为2个时期，即生理分化和形态分化。因此，在花芽各部原基出现之前的半年多时间，已开始了花芽的生理分化，如一般春天开花的落叶树种，桃、

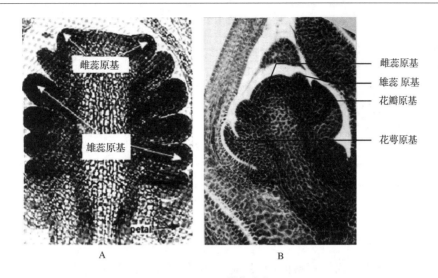

图 5-22　花芽分化
A. 百合花中雌蕊原基和雄蕊原基的分化　B. 文冠果小花花器官的分化

梨、苹果等，早在开花前一年的夏天，就已开始了花芽的生理分化，秋天完成花部各原基的分化，入冬后进入休眠，第二年早春，花芽内各部分原基进一步生长分化，发育成花。春夏开花的常绿树木大多在冬季或早春进行花芽分化，如柑橘、油橄榄等；而秋冬开花的油茶或茶等则在当年夏季分化，无休眠期。

花芽分化是植物生长发育中促进成花、结实的一个关键时期，而且与外部的环境条件变化关系密切，因此在这一阶段要倍加关注，要加强水肥、激素、修剪等项管理措施，为促进植物的花芽分化创造良好的养分、光照和温度条件。

5.1.3　被子植物繁殖器官的结构及生殖过程

5.1.3.1　雄蕊的结构和小孢子发生发育

（1）雄蕊的组成

雄蕊的结构分为两部分：顶端是花药，是雄花的重要组成部分，有药室和药壁，是产生小孢子（microspore）或花粉（pollen）的地方（图 5-23A）。大多数被子植物的花药具有 4 个花粉囊（pollen sac）或称小孢子囊（microsporangium）（图 5-23B），少数（如棉花）具有 2 个，它们由药隔（connective）分开。花药发育成熟时，往往由于药隔的消失，每一侧的 2 个花粉囊连通（图 5-23C）。基部伸长的部分（或长或短）是花丝，是由表皮和内部的基本组织组成；中央是维管束，上部与花药的药隔相连，下连花托，是支持花药并向花药运送水、无机盐和营养等物质的通道。

（2）花药的发育

根据拟南芥［*Arabidopsis thaliana* (L.) Heynh.］花药不同发育时期的形态、组织和细胞特征将花药发育分为 4 个阶段 14 个时期。第 1 阶段是花药发育第 1～5 时期，即小孢子母细胞形成和花粉囊壁形成时期。其中花药内层初生造孢细胞减数分裂成为小孢子母细胞，外层初生壁细胞分化为纤维层、中层和绒毡层。第 2 阶段是花药发育第 6～8 时期，即小孢子母细

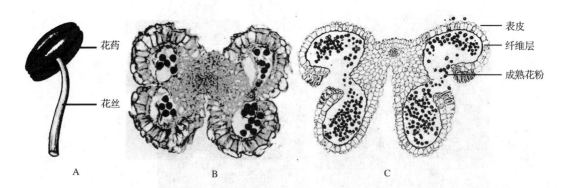

图 5-23　雄蕊的结构组成
A. 雄蕊的外部组成　B. 花药横切，示4个花粉囊　C. 开裂的花药(药壁仅有表皮和纤维层)

胞减数分裂形成四分体，花粉囊壁的中层消失，绒毡层特化。第8时期绒毡层分泌胼胝质酶，将小孢子从四分体中释放出来。第3阶段为花药发育第9~12时期，主要是绒毡层的降解和花粉粒的形成：单核小孢子经过一次不均等的有丝分裂形成包含一个营养细胞和一个生殖细胞的二核小孢子，接着生殖细胞又进行一次分裂形成两个精子，即通常说的三核花粉；绒毡层则及时降解，为花粉发育提供营养。第4阶段为花药发育第13、14时期，即花药开裂和花粉释放。下面将对几个重要时期做详细介绍。

①花药壁和小孢子母细胞的形成　发育初期的花药是一团未分化的有活跃分裂能力的幼嫩细胞，外面被一层表皮包被。随着花药的生长、分化，首先在花药四个角隅处的表皮层下分化出细胞核大、细胞质浓的径向伸长的孢原细胞(archespore)(图5-24A)。孢原细胞进行平周分裂形成内、外两部分细胞，外层为初生周缘细胞(或称初生壁细胞 primary parietal cell)(图5-24B)，内层的成为初生造孢细胞(primary sporogenous cell)(图5-24C)。由初生壁细胞继续进行平周、垂周分裂，达到完全分化时，形成若干同心圆组成的花粉囊壁，通常

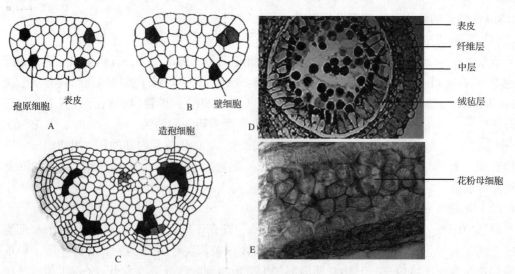

图 5-24　花药的发育

3~5 层, 由纤维层(fibrous layer)、中层(middle layer)和绒毡层(tapetum)组成(图 5-24D)。初生造孢细胞(一般多边形细胞排列紧密), 可直接地或经过少数几次分裂后形成花粉母细胞(pollen mother cell)(图 5-24E)。

②花药壁的结构特点及功能　表皮(epidermis)是花药的最外一层, 具有保护功能, 通常具明显角质层。表皮以垂周分裂增加细胞数目以适应花药内部组织的迅速增长。

纤维层又称药室内壁(endothecium), 通常只有 1 层, 紧挨表皮。当花药近成熟时, 细胞径向扩展, 细胞内物质逐渐解体, 除外切向壁保持薄壁外, 其他各面壁发生带状加厚(加厚的壁物质主要是纤维素性质, 成熟时略为木质化)。两个花粉囊之间的连接处, 细胞无带状加厚。纤维层此种结构特点, 有助于花粉囊的开裂。对于闭花受精植物或顶孔开裂花药, 药室内壁不发生带状加厚, 它有其他开裂机制。

中层常有 1~3 层细胞, 一般含淀粉和其他贮藏物质, 在小孢子发生和发育过程中, 细胞逐渐解体和被吸收, 因此在成熟花药中一般已不存在。

绒毡层是花粉囊壁的最内一层, 对小孢子或花粉的发育起重要作用。该层细胞较其他壁层细胞大, 初期单核, 后经核分裂常具双核或多核, 细胞质浓, 细胞器丰富, 含有较多的 RNA、蛋白质、多糖、油脂和类胡萝卜素等营养物质和生理活性物质。它在花药成熟时解体不再存在。根据近年来的研究工作, 绒毡层的功能有以下几个方面:

一是为小孢子发生发育提供或转运营养物质。

二是合成和分泌胼胝质酶, 分解包围四分孢子的胼胝质壁, 使小孢子分离。有研究报道指出, 雄性不育系花粉的败育与绒毡层不正常发育有关, 特别是绒毡层胼胝质酶不适时活动, 如过早释放胼胝质酶导致花粉母细胞减数分裂不正常。

三是提供构成花粉外壁中的特殊物质——孢粉素(sporopollenin), 以及成熟花粉表面的脂类和胡萝卜素。

四是提供花粉外壁上的一种识别蛋白, 它在花粉与雌蕊柱头组织的相互作用中, 起亲和或不亲和反应的识别作用。

③小孢子的发生和雄配子体的发育

小孢子的发生(microsporogenesis)　花粉囊中的小孢子母细胞形态明显区别于周围的药壁细胞, 它们体积大、细胞核大、细胞质浓厚无明显液泡, 在电镜下观察可见细胞质中含有丰富的细胞器。小孢子母细胞最初排列紧密、呈多边形, 它们之间通常有胞间连丝, 稍后细胞变圆, 排列也稍有间隙(图 5-25), 并且随着细胞进入减数分裂, 逐渐积累胼胝质壁。

减数分裂是性母细胞分裂的特征, 是 1 次 DNA 复制(由原来的 2C 变为 4C)继而 2 次细胞分裂, 结果使二倍体的孢子体细胞转变为单倍体的配子体细胞(最后形成的 4 个单倍体小孢子的核, DNA 含量是 1C 水平), 这在植物生活史中有着重大的意义。由于减数分裂过程中同源染色体交叉, 发生遗传物质交换、细胞质重组, 因此使

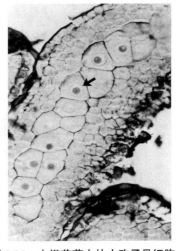

图 5-25　木槿花药中的小孢子母细胞

新形成的 4 个小孢子出现了遗传差异，丰富了遗传的变异性，增强了后代的适应性。

小孢子母细胞经减数分裂形成的四分体(tetrad)(图5-26A~F)，内含 4 个单倍体的小孢子。最初 4 个小孢子包于共同的胼胝质壁中，它们之间也有胼胝质壁分隔，胼胝质壁的功能如同"分子筛"，它容许营养物质通过，阻止大分子透过，以此保持通过基因重组与分离后遗传上多少有所不同的小孢子之间的独立性。

在被子植物中，小孢子母细胞减数分裂过程中，发生胞质分裂的方式有 2 种：

连续型(successive type)：减数分裂的第一次分裂后，产生分隔壁，将母细胞分为 2 个子细胞，可称为二分体(dyad)；紧接着在二分体的 2 个细胞中进行第二次分裂，结果形成 4 个细胞即四分体(tetrad)。大多数单子叶植物减数分裂属此类型，四分体一般为左右对称的平面形。

同时型(simultaneous type)：减数分裂的第一次分裂后不形成细胞壁，在完成第二次分裂核分裂的同时，在 4 个核之间产生壁，同时分隔成 4 个细胞，大多数双子叶植物的减数分裂属于此类型。四分体一般分为四面体形，还有 T 形和直列式等(图5-27)。不同植物中四分体的形式不同，有时同一植物中可有 2 种形式的四分体。

通常减数分裂后的四分体时期是很短的。绒毡层提供的胼胝质酶适时将四分体的胼胝质壁溶解，4 个小孢子彼此分离，从四分体中释放出来，成为单个小孢子，即单核的花粉粒。

有些植物由同一花粉母细胞形成的 4 个小孢子始终留在四分体中，发育为复合花粉，如香蒲属(*Typha*)及杜鹃科、夹竹桃科一些属中常见。还有一些种类的植物形成大小不同的花粉块，即同一花粉囊中所有的或数量不等的花粉黏合在一起形成的团块，在兰科和萝藦科中常见。

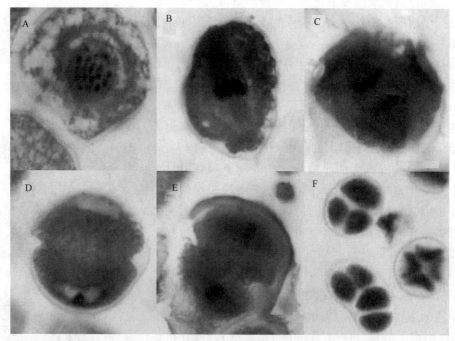

图5-26 巴东木莲的小孢子母细胞减数分裂形成四分体的过程

A. 前期 B. 中期Ⅰ C. 后期Ⅰ D. 启动减数第二次分裂 E. 中期Ⅱ F. 四分体

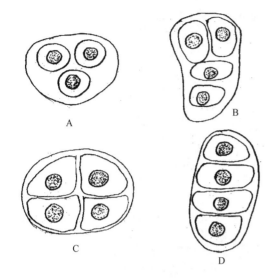

图 5-27　四分体的不同类型

A. 四面体形　B. T 形
C. 平面形　D. 直裂式

小孢子即单核的花粉粒（pollen grain），细胞壁厚、细胞质浓、核大位于中央（图 5-29A）。随着小孢子体积的增加，细胞质发生液泡化，逐渐形成一个中央大液泡，细胞质变成紧贴壁的薄层，核从中央也移至一侧，这一时期也称单核靠边期（图 5-29B）。随后发生一次不均等（或不对称）的有丝分裂，形成 2 个形态结构、生理功能高度分化的细胞（图 5-29C）。其中小的、梭形的是生殖细胞；另一个大的是营养细胞。

减数分裂是一个既短暂又活跃的生理过程，一般发生在花芽休眠后开始萌动时期。此时的花药多为绿色。这一时期花对外界环境条件反应敏感，低温、干旱、光照不良等不利的环境条件往往会影响植物减数分裂的正常进行，进而影响花粉的质量、产量，影响正常结实，因此这一阶段的生产管理应当加强。

雄配子体的发育　小孢子是雄配子体（male gametophyte）的第一个细胞，从小孢子发育至成熟的雄配子体，只发生 2 次有丝分裂。第一次是小孢子有丝分裂，产生 1 个大的营养细胞（vegetative cell）和 1 个小的生殖细胞（generative cell）；第二次是生殖细胞的有丝分裂，产生 2 个雄配子，即精子（sperm）。生殖细胞形成配子的分裂在花粉粒中或在萌发的花粉管中进行（图 5-28）。

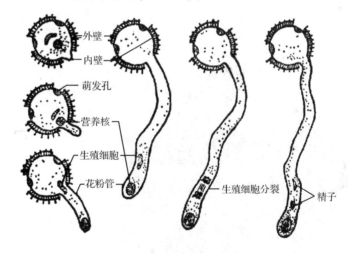

图 5-28　雄配子体发育过程

有研究认为花粉的单核靠边期形成的细胞极性，是小孢子此次不均等分裂所必需的。

生殖细胞细胞核大、细胞质只有一薄层，细胞质中含各种细胞器如线粒体、内质网、高尔基体、核糖体等，一般不具质体。生殖细胞进行分裂形成 2 个精细胞（图 5-29D、E）。营养细胞则像一个"供能所"，包含了大部分细胞质，细胞器丰富，代谢活跃，含有丰富的营养物质、各种生理活性物质、色素、盐类等，为花粉的进一步生长发育提供必需的物质。

花粉中 2 个精子与营养细胞的关系一直是人们关注的热点，20 世纪 80 年代，由于电镜及连续超薄切片的三维重构和定量细胞学技术的发展，在生殖生物学方面有重大发现，提出了雄性生殖单位（male germ unit）（图 5-30）和精子二型性（sperm dimorphism）2 个新概念，并明确雄性生殖单位的功能可能是作为精细胞的传送单位。国内外对白花丹、菠菜、油菜等三

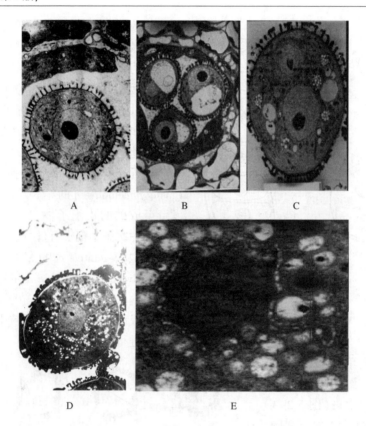

图5-29 拟南芥雄配子体发育的电镜照片
A. 单核小孢子 B. 单核靠边期 C. 二胞花粉 D. 三胞花粉 E. 精子

图5-30 油菜雄性生殖单位三维重构模型
VN. 营养核 S. 精细胞
(引自 McConchie *et al.*，1987)

细胞型花粉的研究确认，一对精细胞在大小、形状及含可遗传的细胞器——线粒体和质体数量上存在明显差异。精子异型性与双受精中精子的行为有关，与胞质细胞器父系或母系遗传有关。

如白花丹（*Plumbago zeylanica* L.）较小的精细胞含有较多的质体，总与卵细胞融合，所以白花丹的质体是父系遗传。有人也认为由于2个精子表面的组分不同，它们可分别被卵细胞和中央细胞质膜上的受体识别。

花粉成熟时，花粉囊内包含着大量的花粉粒，成熟的花粉粒有二细胞和三细胞2种类型。二细胞型花粉粒中只含有营养细胞和生殖细胞，如烟草、棉花和百合的花粉；三细胞型花粉则由1个营养细胞和1对精子组成，如白菜、向日葵和小麦的花粉。

花粉的类型常常是整个属或整个科的特性。调查的260科的2 000多种被子植物，其中有179科属于二细胞花粉，占调查总数的70%，如木兰科、蔷薇科、豆科等；54科为三细胞花粉，如禾本科、菊科。还有 32 科兼有二细胞型、三细胞型花粉，少数植物如堇菜属(*Viola*)和捕虫草属(*Dionaea*)兼有 2 种花粉。

花粉成熟时，花粉囊壁中的中层、绒毡层作为小孢子发生发育中的营养物质被逐渐吸收、消失，最后仅留下表皮和纤维层(详见图 5-23C)，由于花药的干燥、失水、纤维层收缩使花药开裂，成熟花粉散出。由于花药的类型不同，花药开裂方式也不同。

花粉粒的形态构造特点：成熟花粉粒的外部形态包括形状、大小、外壁上的纹饰、萌发孔有无、数量及分布，都随植物种类的不同，而展现出其多样性(图 5-31)。

花粉粒的形状，一般呈球形、椭圆形，也有近三角形或长方形。花粉粒的直径一般为 10 ~ 60 μm，如桃花粉约 25 μm，油菜花粉约 40 μm，南瓜花粉可达 200 μm 左右，高山勿忘我(*Myosotis alpestris*)的花粉只有 2.5 ~ 3.5 μm。

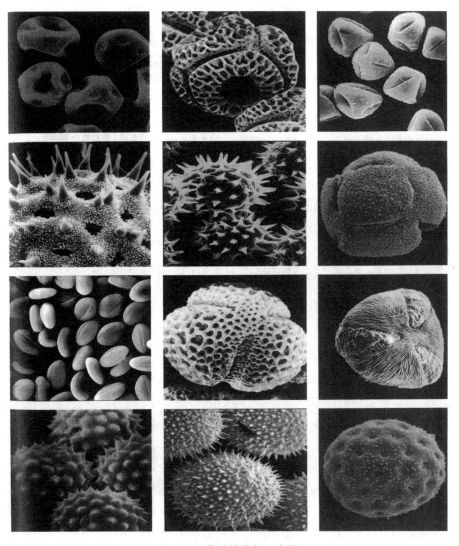

图 5-31　花粉的外部形态图

(引自 B. B. 布坎南等，2004)

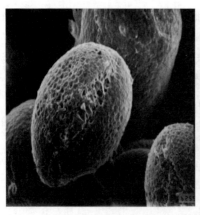
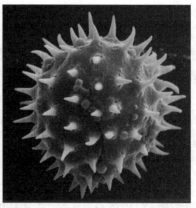

图 5-32　花粉的外部纹饰

成熟花粉的壁由外壁(exine)和内壁(intine)组成。构成外壁的主要成分是孢粉素(sporopollenin)，是胡萝卜素和类胡萝卜素酯的氧化多聚化的衍生物，化学性质极稳定，具抗酸碱、抗高温高压和抗分解的特性；此外还有纤维素、类胡萝卜素、类黄酮、脂类及蛋白质等。外壁较厚，常在花粉表面形成条纹、网纹等纹饰和刺、疣、棒状等附属物(图5-32)。花粉外壁上保留了一些不增厚的孔或沟，是花粉萌发时花粉管的出口，称为萌发孔(germ pore)(图5-33)。花粉内壁的主要成分是纤维素、半纤维素、果胶质和蛋白质等。花粉的外壁和内壁中所含的活性蛋白，具有识别功能，又称识别蛋白，分别由花药绒毡层及花粉本身合成。现已确认，在受精作用中，花粉壁蛋白与雌蕊组织之间的识别反应，决定着花粉是否萌发的亲合性。

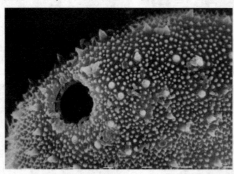
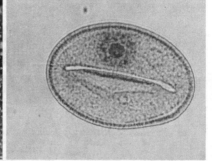

图 5-33　花粉萌发孔和萌发沟

植物成熟花粉这种可稳定遗传的外部形态特征，形成不同植物花粉的多样性，已形成专门的孢粉学(palynology)。植物花粉的形态学特征在植物种类鉴定，特别是在古化石植物的鉴定方面有十分重要的价值。

花粉的生活力：花粉的正常发育是实现受精结实的保证。从花粉成熟到丧失受精作用，这段时间为花粉的生活力，也称为花粉的寿命。

花粉粒的细胞质内含40%~50%蛋白质、40%碳水化合物，还有生长素、类胡萝卜素、酶等，这些物质对其生活力的保持和花粉管的生长起着重要的作用。花粉的生活力因植物种类和环境条件的不同而异。多数禾本科植物花粉的寿命不超过1 d，玉米花粉寿命1~2 d，水稻的花粉在田间条件下经3 min就有50%丧失生活力，5 min后几乎全部死亡。木本植物花粉的寿命比草本植物的长，如在干燥、凉爽的适宜条件下，苹果的花粉寿命可达 10 ~ 70 d，椴树 45 d，麻栎 1 年。

花粉的生活力由自身遗传特性决定，同时受外部环境条件影响。一般低温、干燥、缺氧、高 CO_2 的条件下，能降低花粉的代谢活动，延长其寿命。因此创造适合的条件保持花粉的生活力，在人工杂交授粉、良种繁育工作中具有重要意义。近年来发展了利用超低温、真空和冷冻干燥技术保存花粉，可大大延长花粉的寿命。如苜蓿的花粉在 –21 ℃条件下贮存十几年还可萌发。还有人设计将花粉浸泡在乙醚、三氯甲烷、乙醇等有机溶剂中保存。

雄性不育：在自然界，由于遗传、生理和外部环境条件的影响，有些植物的雄性器官的形态和功能异常，不能形成正常的功能性的花粉，这一现象称为雄性不育(male sterility)。其主要表现为雄蕊花药畸形或干瘪、萎缩退化，缺少花粉或花粉空瘪无生活力，花药不能正常开裂等。

在杂交育种上利用雄性不育的特性，可免除人工去雄的操作，节省大量的人力。农业生产中对水稻、玉米等农作物已选育出雄性不育植株的群体，称之为雄性不育系，应用于杂交制种或育种研究中。

雄性不育可自发产生，也可通过物理、化学等方法诱导形成。目前从遗传性方面对雄性不育进行划分，可区分为细胞核雄性不育、细胞质雄性不育和核—质互作雄性不育。鉴于雄性不育在杂交育种中的重要意义，自 20 世纪 60 年代开始，国内外开展了许多关于雄性不育方面的研究，从遗传学、生理学、细胞学和分子生物学等不同领域，描述雄性不育的各种表现，探讨雄性不育产生的机理。研究发现，雄性不育可在雄蕊小孢子形成和配子体发育的各个环节上发生，涉及花药、花丝维管组织结构；花粉囊壁，特别是绒毡层功能的正常行使以及花粉母细胞减数分裂各步骤的进行，以及单核小孢子的第一次不对称分裂等。它涉及特定的核基因或与细胞质基因协同的作用，微管等细胞器的动态变化，还与酶系统、物质及能量代谢系统、激素等的变化有关；此外，也涉及外部环境条件，如高温、低温或干旱等对花粉发育的影响。总之，雄性不育问题已成为目前生物学中研究的热点问题之一。

5.1.3.2 雌蕊的结构和大孢子发生、雌配子体发育

（1）雌蕊的结构特点

雌蕊一般由柱头、花柱和子房三部分组成。

①柱头　是雌蕊接受花粉的部位，外被表皮，内部是基本组织。柱头分为 2 种类型，一种是干柱头，即柱头表皮细胞常为乳突状或毛状(图 5-34A)，有利于花粉附着，如白菜、棉花。另一种是湿柱头，即传粉时柱头表面覆盖一层黏性柱头分泌物，是一种高度黏性的黏胶剂，主要是脂类和酚类化合物，还有少量(或无)的游离糖和蛋白质，一方面防止水分丧失，为花粉萌发提供所需糖类，同时还有保护作用，免受昆虫等侵害及与受粉中的亲合性有关(图 5-34B)。近年来的研究发现，一些植物干性柱头表皮细胞的角质层外还覆盖一层亲水的蛋白质薄膜——表膜(pellicle)，主要起识别花粉壁蛋白"感应器"的作用(图 5-35)。

柱头的形状结构与其接受和选择花粉的功能相适应，如风媒植物柱头常分叉或呈羽毛状(图 5-36)，而虫媒植物则多为带黏液的圆盘状。

②花柱　是花粉管通向胚珠生长的通道。由表皮和基本组织组成，可分为 2 种类型。一种是空心花柱，即花柱中央有 1 至数条纵行的花柱道(style canal)，如百合、文冠果、油茶

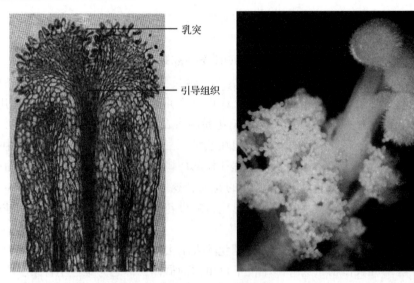

图 5-34 柱头的类型

A. 大白菜花柱柱头纵切(引自胡适宜, 2005) B. 木槿花柱柱头

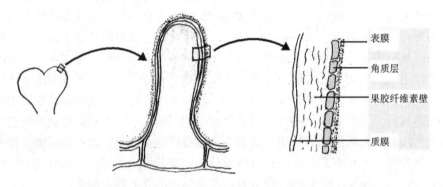

图 5-35 柱头的乳突表面结构

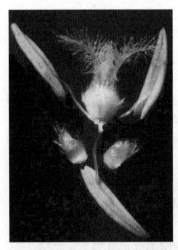

图 5-36 子房上羽毛状柱头

等(图 5-37A),通道周围有一层腺质分泌细胞。另一种花柱是实心的,即花柱中央无通道但有特殊的引导组织(transmitting tissue, TT),引导组织的细胞含丰富细胞器和分泌能力,后期逐渐解离,形成大的胞间隙和胞间物质,引导花粉管由此穿过(图 5-37B)。

③子房 是雌蕊的主要部分,是由心皮卷合而成,由子房壁、子房室和胎座及胚珠共同组成,因植物种类不同,雌蕊和胎座类型及胚珠的多少变异很大(详见第 7 章形态术语)。

(2)胚珠的发育和大孢子发生

成熟胚珠通常由珠被、珠心、珠孔、珠柄等部分组成,是种子的前身。

①胚珠的形成 在子房壁腹缝线的胎座处形成由一团幼

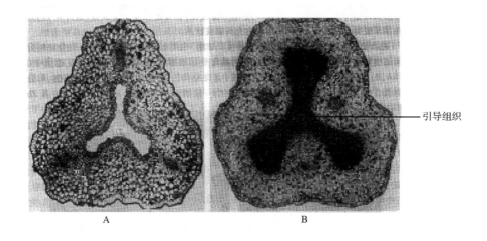

引导组织

图 5-37　花柱的类型

（引自胡适宜，2005）

A. 百合的空心花柱　B. 灯笼椒的实心花柱

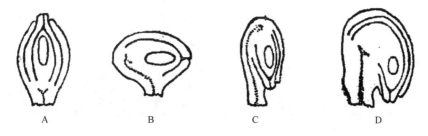

图 5-38　不同的胚珠类型

A. 直生胚珠　B. 横生胚珠　C. 倒生胚珠　D. 弯生胚珠

嫩细胞组成的小突起，即胚珠原基。经细胞分裂生长，突起增大，上部形成珠心（nucellus），基部成为珠柄（funicle）。随后珠心基部表皮层细胞分裂较快，形成环状突起，将珠心包围起来形成珠被（integument），珠被（1～2 层）在珠心顶端形成一个小孔，称为珠孔（micropyle）。珠心基部与珠被连合的部位，称为合点（chalaza）。不同植物的胚珠因珠孔、合点和珠柄的位置不同，形成了不同的胚珠类型（图 5-38）。

②大孢子发生（macrosporogenesis）　在胚珠原基发育形成珠被、珠心、珠孔等结构的同时，珠心内部也在发生着重要的变化。珠心中形成 1 个孢原细胞（archesporial cell），细胞核大、胞质浓厚、液泡化程度低、细胞器丰富。孢原细胞直接增大（或再经分裂）形成胚囊母细胞（embryo sac mother cell），或称大孢子母细胞（macrospore mother cell）。大孢子母细胞（图 5-39A）经减数分裂形成一直列的四分体，即 4 个大孢子（macrospore）。其中，靠近珠孔端的 3 个大孢子逐渐退化、消失，仅剩下远离珠孔的 1 个大孢子——具功能的大孢子（functional macrospore）继续发育（图 5-39B）。

（3）胚囊的形成和结构特点

①胚囊的形成　胚珠珠心中形成的具功能大孢子继续发育，不仅体积增大，且液泡化明

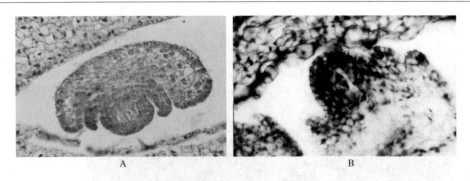

图 5-39 被子植物(巴东木莲)胚珠中大孢子的发生
A. 大孢子母细胞时期 B. 大孢子时期

显，形成 1 个单核胚囊(embryo sac)；随后，核进行连续三次有丝分裂，分别形成二核、四核和八核胚囊。胚囊中近珠孔端的 3 个核常呈"品"字形排列，中间的 1 个分化为卵细胞(egg cell)，旁边的 2 个分化为 2 个助细胞(synergid)，它们合称为卵器(egg apparatus)(图 5-40A)。

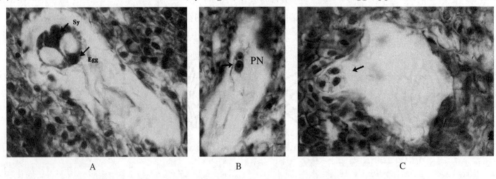

图 5-40 木槿胚囊的纵切面
A. 卵器(2 个助细胞和 1 个卵细胞) B. 2 个极核 C. 3 个反足细胞

胚囊中部的 2 个核称为极核(polar nucleus)(图 5-40B)，它们与周围的细胞质一起组成 1 个中央细胞(central cell)。近合点端的 3 个核分化形成 3 个反足细胞(antipodal cell)(图 5-40C)。此时，形成的 7 个细胞成熟胚囊又可称为成熟的雌配子体(female gametophyte)。卵细胞又称为雌配子(female gamete)。以上介绍的胚囊发育过程属于蓼型(polygonum type)。胚囊发育的模式(图 5-41)，也是被子植物中最常见的类型，约有 81% 的被子植物属于蓼型胚囊发育类型。人们根据胚囊形成时大孢子参与的数目，将胚囊发育的类型分为 3 类，即单孢型(即蓼型)、二胞型(葱型)和四孢型(百合型、贝母型)等。每种类型中又因大孢子经历的有丝分裂次数不同、细胞数目及排列的位置不同，还划分出许多不同的胚囊发育模式。如皮耐亚型、白花丹型等(图 5-42)。

②胚囊中细胞的结构特点 胚囊中各个细胞功能不同，且具有与特定功能相适应的形态结构特点(图 5-43)。

卵细胞 幼期的卵内充满细胞质，液泡化不明显，细胞质内有发达的内质网和线粒体、核糖体、质体等丰富的细胞器。成熟卵细胞常呈梨形，是一个高度极性化、液泡化的细胞，其珠孔端为液泡，核位于合点端的细胞质中。受精前的卵细胞质中，各种细胞器明显减少，

大孢子母细胞
四分体
有功能大孢子
合点
胚囊
珠心
珠被
珠孔
珠柄
反足细胞
极核
卵
助细胞

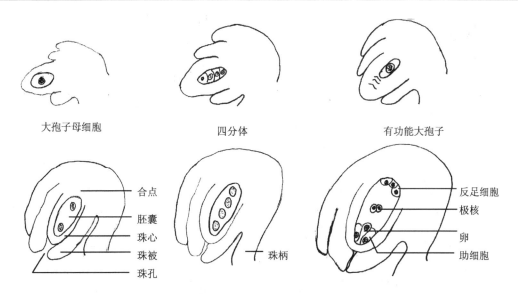

图 5-41　胚珠及蓼型胚囊发育简图

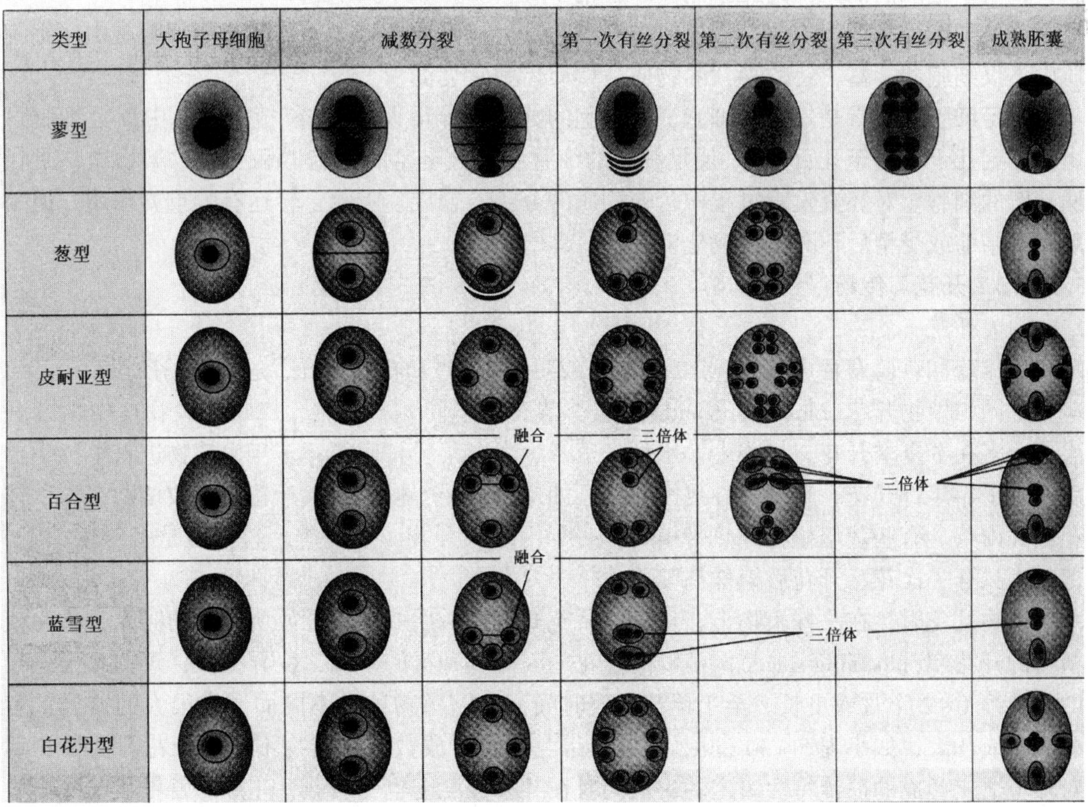

类型
大孢子母细胞
减数分裂
第一次有丝分裂
第二次有丝分裂
第三次有丝分裂
成熟胚囊
蓼型
葱型
皮耐亚型
百合型
蓝雪型
白花丹型
融合
三倍体
融合
三倍体
三倍体
三倍体

图 5-42　胚囊发育的不同类型

（引自 Randy Moore *et al.*，1995）

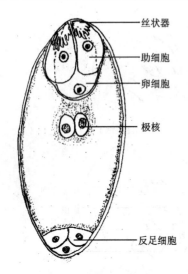

丝状器

助细胞

卵细胞

极核

反足细胞

图 5-43 胚囊结构图解

说明卵细胞成熟后，代谢和合成活动比较低。

卵细胞的壁和助细胞的壁相似，即在珠孔端的区域具壁，而在合点端区域缺少细胞壁，只有质膜与中央细胞的质膜为界，如棉花、玉米等；或合点端的壁呈不连续的蜂窝状，如荠菜。

助细胞 常呈一钩状外形，也是高度极性化细胞，核位于珠孔端，液泡位于合点端。细胞壁与卵细胞相似，细胞质中含丰富的线粒体、内质网、高尔基体、核蛋白体小泡等，说明其代谢活动活跃。它的突出特点是在珠孔端的细胞壁上形成丝状器(filiform apparatus)，它是一些伸向细胞中间的不规则的片状或指状突起(图 5-43)。

助细胞的功能根据近些年国内外的研究推断，可能有以下几个方面：a. 从珠心吸收营养物质，运进胚囊；b. 合成并分泌向化性物质，在引导花粉管的定向生长方面起作用；c. 受精前退化的助细胞，常是花粉管进入和释放内含物的场所。如棉花退化的助细胞的质膜，在精子进入前消失，因此推测有助于精子转移至卵和中央细胞。

中央细胞 高度液泡化，极核或融合后的次生核常位于邻近卵器的一侧细胞质中。细胞质中不仅细胞器丰富，还贮存营养物质，如质体中常见淀粉。

反足细胞 通常是短命的细胞，且细胞的数目变异很大(禾本科植物胚囊中反足细胞可由几个到几十个甚至几百个)。反足细胞的细胞质中含丰富的细胞器和大量贮藏物质，是代谢活跃的细胞。对胚囊发育过程中营养物质的分泌、合成、吸收、转运有着重要作用。但一般在受精前或受精后不久，便退化消失。

5.1.3.3 开花与传粉

(1) 开花

当雄蕊和雌蕊发育成熟时(或二者之一成熟)，花萼和花冠展开，进入传粉阶段。

不同的植物开花(blossom or anthesis)季节有所不同。一年生、二年生植物一生仅开一次花，多在春夏季开花，如小麦、水稻、玉米、大白菜、甘蓝等；多年生植物进入生殖生长后，几乎年年都开花，且多在春夏季开花，如蜡梅、杨、柳等春天开花；少数植物在深秋开花，如山茶。有些栽培植物或热带植物，一年可多次开花，如月季。竹子虽是多年生植物，但一生只开一次花，开花后植株枯萎死亡。

植物开花时，在一株植物上，从第一朵花开放到最后一朵花开放所持续的时间，称为该植物的开花期(blooming stage)。植物的开花期因植物种类的不同，变异很大，短的几天，长的可持续 1~2 个月或更长。至于单花开放时间，也因植物种类不同而形成很大的差异，有几小时或几天，如小麦 5~30 min，某些热带兰花可开放数月。植物不同的开花习性是长期对环境适应形成的遗传特性决定的，但同时在某种程度上也受气温、光照、营养状况等环境因素的影响，造成花期的提早或推迟。

在林木、果树栽培和杂交育种等方面，掌握植物开花习性和适时开花的调控条件是非常重要的，特别是在名贵观赏花卉的反季节开花人工调控方面，具有重要的理论和实践意义。

（2）传粉

开花后，开裂花药中的花粉以各种不同的方式传送到雌蕊的柱头上，完成传粉（pollination）的过程。

①传粉的方式 传粉的方式有 2 种，即自花传粉和异花传粉。

自花传粉（self-pollination）即雄蕊的花粉落到同一朵花的雌蕊柱头上。典型的自花传粉有闭花受精现象，即在花蕾中已完成传粉和受精，如豌豆、花生等。但在实际应用中，常将同一植株或同一品种内的传粉也称为自花传粉。

异花传粉（cross-pollination）指一朵花的花粉传到另一朵花的雌蕊柱头上。在实际应用中也扩大为品种间或不同植株间的传粉。

关于 2 种传粉方式的生物学意义，达尔文早在 1876 年他发表的《植物界中异花传粉和自花传粉的作用》一文中就指出了"自花传粉有害，异花传粉有益"，大量的生产实践和科学实验也说明了达尔文理论的正确，自交衰退是自然界的规律。然而在不具备异花传粉的条件下，如早春温度过低或风雨太多，影响昆虫活动等，自花传粉仍然具有一定的优越性，是一种繁殖的保障。

植物在长期的进化过程中，形成了种种特殊的性状避免自交，适应异花传粉。如雌雄异株（杨、柳、杜仲等）、雌雄异熟（指雌蕊和雄蕊成熟时期不同步，如柑橘）或异型花柱（可分为二型花柱和三型花柱 2 种类型。根据花柱与雄蕊的相对高度，二型花柱植物包括长花柱和短花柱 2 种花型，而三型花柱植物还具备一种中花柱的花型）。开花时，在异型不亲和系统使得只有等高的柱头和花药之间授粉才具有完全结实的性质，而自花和相同花型之间的授粉都是不亲和的。如中国樱草（报春）、荞麦（图 5-44）。然而，并非所有的异型花柱植物都具有异型不亲和系统，例如，风眼莲[*Eichhornia crassipes* (Mart.) Solms]、滇丁香等就具有很高的自交亲和性。

②传粉的媒介 植物借助于一定的媒介，将花粉传送出去。传粉的媒介或途径有非生物媒介和生物媒介 2 种。非生物媒介包括风媒（anemophily）和水媒（hydrophily）等；生物媒介包括虫媒（entomophila）和鸟媒（ornithophily）等。

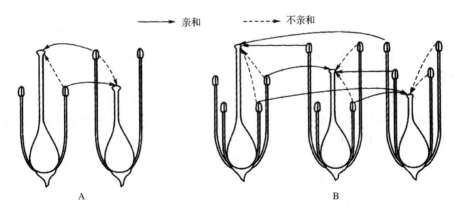

图 5-44 雌雄蕊异长的种内亲和与不亲和图解

A. 二型花柱 B. 三型花柱

　　风媒　靠风传粉的植物称为风媒植物(anemophilous plant)，如核桃、杨、柳、桦木、栎类等。它们的花一般很小，不具鲜艳的颜色，多数花被完全退化，成为无被花，多不具蜜腺、香味。风媒植物的花具有许多与其传粉方式相适应的特点：如多为柔软下垂易于摆动的花序，花丝细长，花药着生位置也是易于摆动散粉(图 5-45A)；雌蕊的柱头可分裂形成羽毛状，以扩大接受花粉的面积；花粉粒细小光滑，干燥而轻且花粉量特别大，以确保传粉的效果。风媒植物的花粉可达 500 m 以上的高度，有效传粉范围一般在 300 ~ 500 m。

图 5-45　不同的传粉媒介
A. 风媒　B. 虫媒　C. 鸟媒　D. 水媒　E. 腊肠树的花与传粉者(蝙蝠)适应关系的示意
(A、C、D 引自 Randy Moore *et al.*, 1995)

　　水媒　一些水生植物借水传送花粉，称为水媒传粉(hydrophilous pollination) (图 5-45D)，如苦草(*Vallisneria spiralis*)是一种沉水的雌雄异株植物。花在水下形成，但当发育成熟时，雄花脱离母体浮到水面，雌花则由一个细长的花柄将其带到水面上，由于其本身的重量，在雌蕊周围形成了一个杯形的凹陷区，使许多小的雄花向雌花靠近，开裂的花药碰到雌蕊柱头上，完成传粉作用。雌花接受花粉后，花柄螺旋扭转，又将雌花沉入水中，继续发育最终形成果实、种子。

　　虫媒　靠昆虫传粉的植物称为虫媒植物(entomophilous plant)，如泡桐、苹果、桃等果树花卉。它们的花一般具鲜艳亮丽的花被、芳香的气味和蜜腺等，花粉粒较大、有突起的花纹并常黏集成块便于昆虫携带。传粉的昆虫种类很多，如蜂、蝶、蛾、蚁、蝇等(图 5-45B)。花和传粉者之间形成了各种巧妙的适应关系，如鼠尾草的花中，由不育雄蕊药隔形成的一杠杆状结构，使昆虫一踏上后，花药立即在杠杆的作用下击打在昆虫的背部完成传粉。如月见草的花通常是黄色的，然而在昆虫眼里，则是蓝紫色，就像人眼前装一滤光片一样，在花的中央显示出黄色的蜜腺位置。

　　鸟媒　靠鸟类传粉的植物称为鸟媒植物(ornithophilous plant)，如美洲小蜂鸟是紫葳和美国凌霄花的传粉者，而南非的太阳鸟则为鹤望兰传粉。由鸟类传粉的植物通常具有非常鲜艳花朵，能够为传粉者提供丰富的花蜜等报酬(图5-45C)。除此之外，一些哺乳动物也能为植物传粉，如吊灯树[*Kigelia africana* (Lam.) Benth.]的传粉者是蝙蝠。吊灯树长长的花柄将花悬挂在空中，蝙蝠通过声纳找到植物自由地造访花朵，为之传粉(图5-45E)。另外，蝙蝠还是夜间开花的火龙果(*Hylocereus undulatus* Britt)的传粉者。

5.1.3.4　受精

雌、雄配子(gamete)(即卵细胞与精细胞)融合，形成合子(zygote)的过程称为受精(fertilization)。合子是新个体的起点。被子植物的受精是双受精(double fertilization)，即雄配子体形成的2个精子分别与卵细胞和2个极核(或中央细胞)融合，形成合子和初生胚乳核(primary endosperm nucleus)，进而发育为胚(embryo)和胚乳(endosperm)。

被子植物受精广义的概念，将花粉在柱头上萌发、生长，花粉管生长通过花柱进入胚囊，精子释放及配子融合这一全程都包括在内。被子植物双受精作用是19世纪末由Nawaschin(1898)发现，是目前植物发育生物学最受关注的课题之一。

（1）花粉在柱头上萌发

雌蕊的最上部为柱头，传粉时，花粉通过不同媒介被送到柱头上。柱头可分为2类，一类是湿柱头(wet stigma)，即成熟时大量的分泌物覆盖于表面，为花粉萌发提供必须的基质。其成分为少量游离的糖和一些脂类、酚化合物，还有一定浓度的自由离子(B、Ca^{2+})等。另一类是干柱头(dry stigma)，即无分泌物，但在柱头角质层外通常还存在一层亲水蛋白质表膜(pellicle)，又称识别感受场所，它含糖蛋白、糖、酶、脂类等。

花粉被传送到柱头上后，从柱头吸收水分，同时释放花粉壁蛋白。落到柱头上的花粉，并不一定都能萌发，只有与该种植物在生理上有亲和性的花粉，才能萌发。这里有一个相互识别的过程，即花粉壁蛋白与柱头表面的溢出物或亲水的蛋白质薄膜(表膜)的相互识别(recognition)，它决定雄性花粉是否被雌蕊"接受"(图5-46)。如果是亲合性的花粉(如一般同种异花的花粉)，则被接受，柱头提供水分、营养物质及特殊刺激花粉萌发生长的物质，同时花粉分泌角质酶，溶解与柱头接触点上的角质层，花粉即可顺利萌发出花粉管并进入花柱。如果是自花或远缘杂交花粉，不具亲和性，则产生"拒绝"反应，即在柱头的乳突细胞

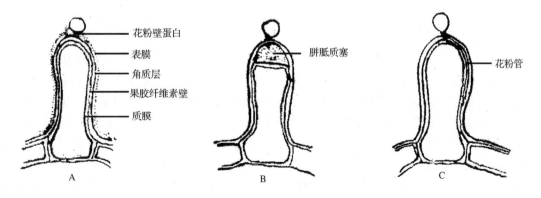

图5-46　十字花科和菊科中花粉柱头的相互作用

A. 传粉(花粉壁蛋白释放并与柱头乳突上的表膜发生识别作用)　B. 不亲和花粉不能萌发，
乳突产生胼胝质塞　C. 亲和花粉萌发，花粉管穿过乳突角质层向下生长

中产生凸透镜状的胼胝质塞,阻碍花粉管的进入。因此,花粉与雌蕊的识别作用对于双受精作用的完成起着决定性作用。

花粉萌发时,内壁从萌发孔(或沟)向外突出,形成细长的花粉管(pollen tube),内含物流入管内。如是三胞花粉,营养细胞和2个精子都进入花粉管;如是二胞花粉则生殖细胞在花粉管中还要分裂一次形成2个精子(详见图5-28)。

(2)花粉萌发的时间

不同植物成熟柱头对花粉的接受力持续的时间不同,可以1 h至数天。而花粉在柱头上萌发所需的时间也因植物种类不同,有很大的差异。如玉米只要5 min就可萌发,木犀草3 min,棉花1~4 h,而水稻、高粱则立即萌发。此外环境条件对花粉萌发速度也有很大影响,适宜的温度、湿度会使花粉萌发率提高、加快。不同植物花粉萌发的适宜温度不完全相同,如水稻是28 ℃,而一般植物则是在20~30 ℃。除此之外,花粉相互之间还表现出一种群体效应,即大的花粉密度有利于花粉萌发,原因是花粉本身会分泌一种对花粉萌发有效的物质——"花粉生长素"(pollen growth factor,PGF),它是一种或多种高度扩散性的水溶性物质。

(3)花粉管的生长

花粉在柱头上萌发后,花粉管不断向前伸长,经花柱进入子房,最后到达胚囊。花粉管生长的途径,在花柱中空类型植物中,花粉管沿花柱道向下生长;在实心花柱类型植物中,花粉管则通过花柱中的引导组织(transmitting tissue,TT)的胞间隙中穿过。

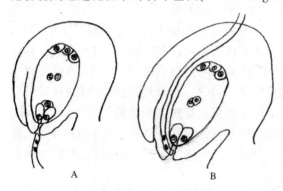

图5-47 花粉管进入胚珠的途径
A. 珠孔受精 B. 合点受精

(4)花粉管进入胚珠的途径

花粉管进入子房后,进入胚珠的途径有2种情况:一是直趋珠孔,通过珠孔进入珠心、进入胚囊,称为珠孔受精(porogamy)(图5-47A),如油茶、木槿、文冠果等大多数植物属于此种类型。二是有些植物的花粉管进入子房后沿子房壁内表皮经合点进入胚囊,称为合点受精(chalazogamy)(图5-47B),如核桃、桦木、榿木、鹅耳枥等。

(5)花粉到达胚珠的时间

花粉管在花柱中生长速率因植物的种类及外界环境条件的差异而不同。草本植物一般萌发快且花粉到达胚囊的时间也比较短,如水稻、小麦从授粉到花粉管到达胚囊仅要30 min,菊科的橡胶草15~30 min,蚕豆需14~16 h。木本植物一般都持续时间较长,如桃授粉后10~12 h花粉管到达胚珠,柑橘需30 h,核桃需72 h,白栎和槲栎需2个月,栓皮栎、麻栎则需14个月。当然,适宜的温度、湿度会加速花粉管的生长,如小麦花粉管10 ℃时2 h到达胚珠,20 ℃时需30 min,30 ℃时仅需15 min。花粉生活力、亲缘关系及花粉数量等,也会对花粉管的生长、到达胚珠的时间有所影响。

(6)花粉管进入胚囊的途径

通过实验和分析,人们推测花粉管进入胚囊的途径可能有3条。一是在卵和一个助细胞之间，如荞麦；二是在胚囊壁和一个助细胞之间；三是直接进入一个退化的助细胞，如棉花。很多人认为助细胞的丝状器可产生向化性物质，吸引花粉管。美国科学家 Jenson 曾在20 世纪 80 年代提出当花粉萌发后在花柱中生长时，释放出一种赤霉酸，当这种赤霉酸到达胚囊后，会引起一个助细胞的崩溃，丝状器破坏，释放出大量的 Ca^{2+} 在胚囊的珠孔端，形成一个高 Ca^{2+} 浓度。他认为这是吸引花粉管向胚囊生长的一个真正原因。

（7）双受精

花粉管到达胚囊后，停止生长。在花粉管的末端（如荠菜）或侧面（棉花）形成小孔，或顶端破裂释放出内容物。2 个精细胞分别从卵细胞和中央细胞的无壁区进入，发生质膜融合，使 2 个精核分别进入卵细胞和中央细胞。受精时精核与卵核接触，尔后是二者的核膜融合、核质融合，最后是二者的核仁融合为一个大核仁，此时标志融合的结束（图 5-48）。精核与中央细胞的次生核的融合与上述情况基本相似，只是融合的速度要更快些。对油菜、白花丹等植物的精子异型性研究表明，双受精中 2 个精子的行为不是随机的，通常是小一点的精子与卵结合。

A　　　　　B　　　　　C　　　　　D

图 5-48　双受精的示意
A. 花粉管达到胚囊顶端　　B. 花粉管从退化的助细胞进入胚囊并释放出内容物
C. 1 个精子进入卵细胞，1 个精子进入中央细胞　　D. 1 个精子与中央细胞融合，1 个精子与卵核贴近即将融合

关于精细胞的细胞质是否参与受精的问题，一直存在争议。但对白花丹、红月见草受精的超微结构研究中，发现合子细胞质中含有精细胞的细胞质，认为双受精中精子是以整个细胞参与融合，即精子的细胞质也可能参与了受精过程。

在自然情况下，开花时，各种不同的花粉都有可能被传送到柱头上，但只有亲和的花粉能够萌发，形成花粉管并顺利通过花柱，将精子送入胚囊发生双受精作用。不亲和的花粉则受到排斥、拒绝，花粉不能萌发或不能通过花柱，即不能完成受精。这表明受精是有选择的，是通过花粉与雌蕊组织之间的识别等一系列生理、生化及遗传机制控制的。受精的选择可避免自交衰退，保证后代生活力的提高和适应性的增强，是长期自然选择条件下形成的生物适应性的表现。

双受精通过单倍体的雌、雄配子的结合，形成了二倍体的合子，恢复了植物体原有的倍性，保持了物种的相对稳定性；同时使父母亲本具有差异的遗传物质重组，不仅使合子具有父母双方丰富的遗传特性，而且作为胚发育中的营养来源的胚乳也具有双亲的遗传性，极大地丰富了后代的遗传性和变异性，提高了后代的生活力和适应性。因此，这是被子植物特有的双受精现象，是植物界有性生殖过程的最进化、最高级的形式，为生物的进化提供了选择的可能性和必然性。

（8）受精障碍

受精障碍即不亲和性，它可分为杂交不亲和（远缘杂交不育）和自交不亲和（self-incompatibility）。在自交不亲和性植物中这种性状受复等位基因构成的单一位点（S）控制，该位点上的各等位基因分别称做 S_1，S_2，…，S_n。同一植株的雌、雄蕊中所携带的等位基因相同或完全不同或其中一个不同。

自交不亲和是指同一朵花或同一个体不同花之间导致不受精或不育的现象，是植物长期进化过程中形成的。可分为2种类型：

①孢子体型不亲和性（sporophytic self-incompatibility）　自交花粉的抑制发生于花粉和柱头的相互作用初期，一般是三胞花粉和干性柱头的植物，见于菊科（波斯菊）、十字花科（白菜）、旋花科的某些种类。

当花粉亲本的一个等位基因与雌蕊组织中的相匹配时，就会发生拒绝反应。花粉在柱头上不能萌发或仅有短的花粉管不能进入柱头，通常花粉管（PT）末端形成胼胝质塞，或雌蕊柱头乳突细胞的质膜与果胶－纤维素壁之间产生胼胝质塞。此种花粉和柱头的识别主要取决于花粉的外壁蛋白（识别蛋白）。花粉外壁蛋白是由母体的花药绒毡层提供的，因此是否亲和取决于产生花粉的亲本孢子体基因型（图5-49A）。

②配子体型不亲和性（gametophytic self-incompatibility）　这类植物的自体花粉经在柱头上萌发和初期生长后，花粉管会在花柱中被抑制，一般存在于产生双核花粉和湿性柱头的植

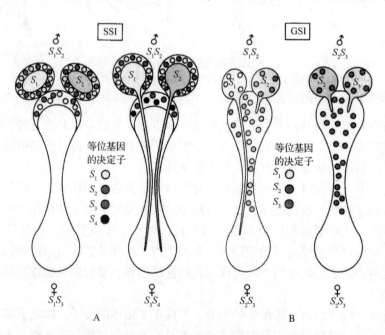

图5-49　自交不亲和性类型

A. 孢子体自交不亲和控制系统　B. 配子体自交不亲和控制系统

（引自 B. B. 布坎南等，2004）

物，如茄科(矮牵牛、烟草)、豆科以及禾本科的一些植物中。

当花粉或花粉管所携带的等位基因与花柱中带有的等位基因相同时，花粉管被抑制在花柱中；而当没有相匹配的等位基因时，花粉管能生长，实现受精；如有一个匹配时，花粉有一半能正常生长受精。此类识别反应主要与花粉萌发后释放出来的花粉内壁蛋白有关(而花粉内壁蛋白是花粉本身合成的)，因此属于配子体不亲和性(图 5-49B)。

关于自交不亲和机理，尚不完全清楚。Lewis 曾提出假说，假定 S 基因可分为三部分。Pandey 在此基础上，提出 S 等位基因具一相同的特异蛋白(allel specific protein，ASP)和一个组织特异互补蛋白(tissue specific complementary protein，TSCP)。当花粉与花柱、柱头的 TSCP 形成互补，并与 ASP 结合，即形成了阻遏蛋白，抑制 PT 的生长(图 5-50)。有人通过转基因植株的实验证实，配子体 S 基因的糖蛋白产物具有核酸酶的活性，推测由于 S-核酸酶降解了花粉管的 RNA，而使花粉管停止生长。

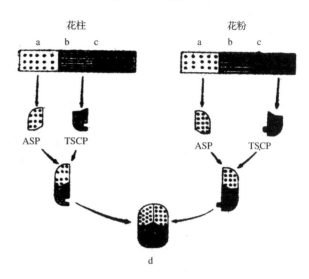

图 5-50　自交不亲和性机理
(解释 S-基因产物的模型，引自 Shivanna)
a. 特异部分　b. 花柱部分　c. 花粉部分
ASP. 等位基因特异蛋白　TSCP. 组织特异互补蛋白
d. 花粉和雌蕊的相互作用导致花粉管抑制

5.1.3.5　种子和果实

被子植物经开花、传粉和受精后，雌蕊发生了一系列的变化，胚珠发育成种子(seed)，子房发育为果实(fruit)。因此，种子由果皮所包被，这是被子植物所特有的。

(1) 种子的形成

合子的形成是受精作用的结束，也是新一代孢子体的起点。合子发育成胚，受精极核又可称为初生胚乳核，发育成胚乳，珠被发育成种皮，整个胚珠形成种子。一般珠心细胞、助细胞和反足细胞已被吸收而消失。

①胚的发育　胚是新一代植物体的雏形，它是卵细胞受精后形成的合子发育而成的。卵细胞受精前缺乏完整的细胞壁，液泡大、细胞器较少。受精后一般体积缩小形成具完整细胞的合子，细胞质重新组合，各种细胞器数量增多，极性进一步增强。合子中线粒体的嵴增多，质体内淀粉粒较多，淀粉粒是胚发育初期的营养来源。

合子经过一定时间的休眠后才开始继续发育。休眠期的长短随植物种类的不同而异，如水稻授粉 3 h 就可以看到初生胚乳核的分裂，6 h 看到合子的分裂，苹果合子的休眠期 5 ~ 6 d，茶属 5 ~ 6 个月，秋水仙(*Colchicum autumnale*)4 ~ 5 个月。

胚的发育类型有很多种情况，但绝大多数植物合子休眠后，首先进行一次不均等的横分裂，形成 2 个细胞。近珠孔端的较大细胞称为基细胞(basal cell)，远离珠孔端的较小细胞称为顶细胞(apical cell)。基细胞明显液泡化，不再分裂或进行多次横分裂参与胚柄(suspensor)或胚体的形成。顶细胞体积小，具浓厚的细胞质和丰富的细胞器，它的分裂主要形成胚或参与胚柄的形成。顶细胞进行横向或纵向分裂形成原胚(proembryo)，原胚再经分裂生长，分别经历球形期、心形期、鱼雷期、成熟期，最终发育为一个成熟的胚(图5-51)。胚柄的作用是将发育中的原胚推至胚囊中央，使其具有足够的生长空间并便于吸收补充营养；另外，作为母体与胚之间的重要联结，它可以显示吸器的功能，从珠心和胚囊吸取养分和激素等物质，供胚发育需要。但它是一个暂时的结构，随着胚的生长而逐渐退化、消失，有时在成熟种子中有残存的痕迹。

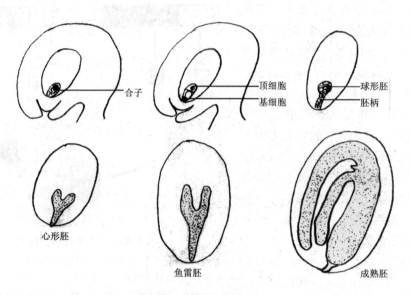

图5-51 胚发育的模式图

原胚发育过程中，从球形胚到心形胚是一个重要的发育转折，球形胚后期，自身极性的建立是球胚顶端的两侧形成突起即子叶原基的必要条件。正是由于子叶原基的出现，使胚胎呈现心形。子叶原基继续延伸，经过鱼雷到达成熟胚期时，已形成大小、形状相似，对称的2片子叶(cotyledon)，并在子叶间的凹处分化出胚芽(plumule)；与胚芽相对的一端分化成胚根(radicle)。胚芽和胚根之间的连接部位为胚轴(plumular axis)。至此，胚的分化基本完成。

单子叶植物胚的发育与上述双子叶植物的基本相似，只是2个子叶原基生长不对称，只有一侧发育，因此无心形胚和鱼雷胚阶段，只有内子叶发达，发育形成盾片，外子叶很早退化，仅存一个小的痕迹，成熟的单子叶植物胚仅有1片子叶(图5-52A、B)。

②胚乳的发育 被子植物的胚乳是由受精极核形成的初生胚乳核发育形成的(通常是三倍体)。初生胚乳核通常不经休眠即开始分裂，因此胚乳核的分裂要早于合子的分裂。胚乳的发育形式一般有以下2种类型。

核型胚乳 初生胚乳核连续进行核分裂，但并不伴随着胞质的分裂和细胞壁的形成，直至形成上千个游离核，即胚乳发育的后期，才开始发生胞质的分裂和细胞壁的形成，形成胚乳细胞。最初形成的胚乳核沿胚囊边缘分布，胚囊中央是充满含蛋白质、脂肪和糖类等的乳状液。以后随着核的不断分裂，数量增加，胚乳核从胚囊的边缘分布到中央，因此，胚囊中央的乳状液不再存在。只有少数植物当种子成熟时，仍保持有乳状液的游离核状胚乳，如椰

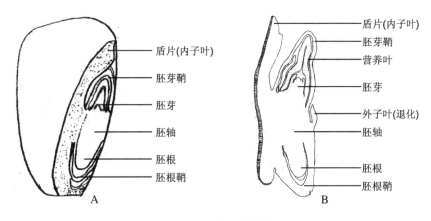

图 5-52　单子叶植物胚

A. 玉米种子的纵剖(示单枚子叶形成的盾片)　B. 小麦种子的纵剖

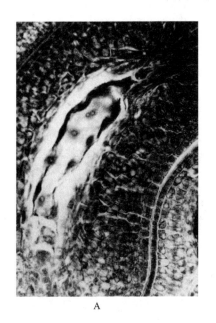

子中的椰乳。此种由胚囊边缘至中央，先形成游离核，再进行细胞质分裂和细胞壁分化，最后形成胚乳细胞的形成胚乳方式，为核型胚乳(nuclear endosperm)(图 5-53A)。大多数植物的胚乳都是此种类型。

细胞型胚乳　大多数合瓣花类植物的胚乳发育类型为细胞型胚乳(cellular endosperm)(图 5-53B)，即在形成初生胚乳核后的每一次核分裂，都马上伴随着胞质分裂和细胞壁的产生，并不经历游离核时期。

胚乳初期阶段主要供给胚发育所需的营养物质，胚乳后期则转化成为贮藏组织，养料供种子萌发时需要。胚乳在胚的发育中起着重要的作用。如受精后胚乳败育，则胚的发育也停

图 5-53　2 种不同的胚乳发育类型

A. 文冠果的核型胚乳　B. 连香树的细胞型胚乳

顿。在不亲和杂交中，造成杂交失败不能正常得到种子的情况，并不一定都是由于受精过程不能完成，有些是由于胚乳发育异常而影响了胚的生长，如陆地棉(母本)与亚洲棉(父本)杂交，花粉能正常萌发，其受精率达 90%，但最终不能结实，原因是胚乳中途解体。

有些植物的种子，在胚发育的过程中，胚乳被全部吸收，养分转移至子叶中成为无胚乳种子，此类种子的子叶特别肥大，如豆科、蔷薇科、壳斗科植物种子。另一些植物的种子，胚乳始终存在，将胚包围在内，成为有胚乳种子。此类种子子叶不够发达或明显呈薄膜状，如禾本科、柿科、木兰科植物种子，典型的如有胚乳双子叶植物的蓖麻。

还有些植物，如胡椒科、藜科、石竹科等植物，在胚珠发育形成种子的过程中，珠心组

织并不消失，而是发育成为一种类似胚乳的贮藏组织，包于胚乳之外，被称为外胚乳(peri-sperm)。

③种皮的形成　在胚珠发育形成种子的过程中即在胚珠内胚和胚乳发育的同时，珠被发育成种皮(seed coat)，包在种子的最外面起保护作用。具一层珠被的种子，一般只具一层种皮；具双珠被的胚珠，常形成两层种皮，如毛茛科、豆科植物等。但也有些植物，由于内珠被被吸收消失，成熟种子也仅有一层种皮。某些植物如荔枝、龙眼等，其种子具有肉质的假种皮，是由珠柄或胎座发育形成的。

（2）果实的形成

①果实的发育　植物开花完成受精作用之后，胚珠发育成种子，种子会产生化学信号——激素，刺激子房发育增大，形成果实。果实包括种子和包在种子外面的果皮。果皮(pericarp)是由子房壁发育形成的。花的其他各部分，如花瓣、花萼、雄蕊及雌蕊花柱、柱头等常枯萎凋谢，只有少数植物花萼宿存。果皮不论是肉质化的还是干燥的，结构一般分为3层，即外果皮、中果皮、内果皮。

外果皮(exocarp)一般很薄，常具有气孔和毛，有时还具有角质层和蜡粉。幼果果皮一般为绿色，细胞中含有许多叶绿体；果实成熟时，果皮细胞的叶绿体中的叶绿素a、b解体，只剩下叶黄素、胡萝卜素或因液泡中产生花青素，细胞质中产生有色体等，使果实呈现出不同颜色。

中果皮(mesocarp)很厚，通常占果皮的大部分，有的中果皮肉质化，全部由肉质多浆的薄壁细胞组成，如桃、李、杏等；也有的中果皮成熟时为革质，由薄壁细胞和厚壁细胞组成，如刺槐、豌豆等。中果皮内有维管束分布，有的维管束发达，形成复杂的网状结构，如丝瓜络、橘络。

内果皮(endocarp)变异很大，有些植物的内果皮细胞壁强烈加厚并木化形成坚硬的石细胞，如桃、李、杏、核桃、椰子等；也有的内果皮的表皮毛变为肉质多浆的可食部分，如柑橘的果实；也有的内果皮成为分离的浆汁细胞，如葡萄、番茄。由于不同植物雌蕊类型、子房位置以及心皮数目、果皮结构、发育情况和果实开裂情况的不同，形成了各种不同类型的果实，如荚果、角果、核果、浆果、梨果、蒴果等(详见第7章形态术语)。

②单性结实　通常情况下，果实是雌蕊受精作用的产物。但有些植物，尤其是栽培植物，可在一定的栽培条件下，不经过受精，子房就能发育成为果实，如葡萄、柑橘、香蕉、凤梨、南瓜、黄瓜等。此种类型的果实，不含种子，又称为无籽果实，此种现象为单性结实。

单性结实有2种类型：一种是子房不需要经过传粉或其他刺激就可形成无籽果实，这种类型的单性结实又可称为营养单性结实，如香蕉、柑橘；另一种类型是雌蕊要经过授粉，需要花粉的刺激，才能形成无子果实，称为刺激单性结实。如用苹果的花粉刺激梨的柱头，用马铃薯的花粉刺激番茄的柱头，虽不发生受精作用，但可得到无子果实。研究发现，用2,4-D、吲哚乙酸(IAA)等激素类化学药品，也可诱导单性结实。

③果实或种子的传播　如果种子成熟后，在紧靠母株或成熟株附近萌发，则会由于与成熟株之间存在的竞争关系，使幼苗无法得到继续生长所需的充足的光照、水分和营养，因此新一代的植物体需要远离母体，去寻找一个适合自己独立生长发展的空间。

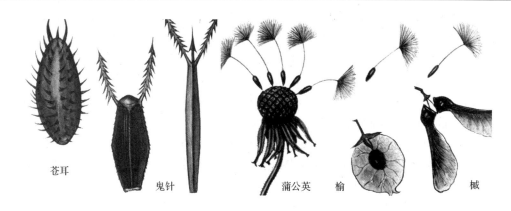

苍耳　　鬼针　　蒲公英　榆　　　　　槭

图 5-54　独特的果实传播方式

无论肉质还是干燥的果实，无论成熟时闭合还是开裂的果实，都有其独特的传播种子或果实的方式(图 5-54)。肉质的果实通常是色彩艳丽且有甜味吸引动物来取食，为其散布种子。这类果实中的种子通常由于种皮坚硬、难以消化，因此能安全通过动物或鸟类的消化道而不受伤害。干燥的果实或种子，以其独特的羽状冠毛、气囊或翅适应空中飘浮，风媒传播或以果实种子上的针状刺、倒钩刺等黏附在途经的动物皮毛或人身上，借助其他生物体为其传播果实、种子至数米甚至数千米以外，有时还会被迁徙的鸟类带到更远的地方。有些植物的果实中的种子的散布是靠自身的强有力的弹射，如凤仙花属、金缕梅属等种子可被弹射至数米以外。在风沙强劲的干旱地区，有一种风滚草(*Salsola tragus* L.)，它的主茎会自动开裂，整个植株在风中滚动时，将种子散出。

低温和干燥利于种子的保存，种子在适宜的储存条件下，其寿命可延长至数年甚至数十年。种子寿命最长的记录是北极冻原的羽扇豆，其种子的寿命可达10 000年。

5.1.3.6　无融合生殖、多胚现象及多倍体植物

(1) 无融合生殖

无融合生殖(apomixis)一般的定义，是指不经雌雄配子融合即不经受精而形成胚和种子的现象。其特点是产生的后代仅具母本的基因型。正是由于无融合生殖现象在杂交育种中，对防止杂种分离、保持杂种一代优良性状方面有着诱人的潜能，因此引起国内外的广泛关注。然而不同的学者对无融合生殖的定义和包括的范围有着不同的界定。通常将无融合生殖的范围限于配子体中发生的成胚过程，即包括了在正常减数的胚囊中或在未减数的胚囊中，不经受精而形成胚的方式，也可称配子体无融合生殖。存在此种无融合生殖特性的植物累计已超过450 种，分属于39 科，在禾本科、菊科、锦葵科、蔷薇科中多有发生。依据胚囊发生时，胚囊母细胞是否完成减数分裂及其来源，可将无融合生殖分为 2 大类。

①减数胚囊中的无融合生殖　胚囊母细胞正常减数分裂形成胚囊，其中的单倍体细胞，包括卵、助细胞、反足细胞，不经受精直接发育成胚或植株。其无融合生殖的表现有不同类型。

孤雌生殖　卵细胞直接成胚。

无配子生殖　由胚囊中助细胞或反足细胞不经受精而发育成胚。如桦木科、芸香科、兰科、百合科、禾本科等都有助细胞胚现象。美国榆、山榆(*Ulmus glabra*)、韭菜等植物有反

足细胞胚报道。

在自然条件下，孤雌生殖、无配子生殖产生的胚，通常不能发育成熟，只有在离体培养条件下，它们的胚才可能发育成熟，因此对未传粉的子房或胚珠培养，是人工获得单倍体的有效方法。

②未减数胚囊中的无融合生殖　胚囊是由未减数的孢原细胞、大孢子母细胞或珠心细胞发育形成的。胚囊中的卵细胞、助细胞和反足细胞都是二倍体的，因此又称为二倍体无融合生殖，在被子植物无融合生殖中占主要地位。根据胚囊的来源不同又可分为以下2种类型。

二倍体孢子生殖　由于孢原细胞或大孢子母细胞减数分裂受阻，因而形成的胚囊都是二倍体的孢子，它们不经过受精可发育为二倍体的胚。

无孢子生殖　其胚囊起源于体细胞(多为珠心细胞)，即珠心细胞特化为无孢子生殖胚囊原始细胞，经有丝分裂形成二倍体的胚囊，再经一定的发育，成为二倍体的胚。在禾本科植物中最为常见，如早熟禾属(*Poa*)。

上述2种类型的胚囊的发生出现许多变异。最基本的有蒲公英型、苦荬菜型、蝶须型和韭型胚囊发育方式。

(2) 多胚现象

多胚现象(polyembryony)指在一个胚珠中，产生2个或2个以上胚的现象。多胚的产生有多种来源：

①经过受精的细胞形成的胚　此类胚多具父母双方遗传特性。

裂生多胚(cleavage polyembryony)：受精卵即合子分裂形成多胚，如椰子、百合、郁金香等。裸子植物胚胎发育过程中也有此种多胚现象。

受精助细胞胚(少见受精反足细胞胚)：如欧石楠、柽柳曾有报道。

②胚囊内未受精细胞发育形成的胚　如助细胞、反足细胞不经受精形成的胚，是单倍体，通常不育。

③胚囊外细胞发育形成的不定胚　由二倍体的珠心或珠被细胞形成的胚，又称为不定胚(adventive embryo)，是二倍性的，只具有母本的遗传特性，可较好地保持母本优良性状。如柑橘属、杧果属、花椒属、百合属、仙人掌属等都是极易产生不定胚的多胚植物。

此类植物胚珠中的胚囊发育正常，因此胚囊中正常的合子胚会与几个或几十个不定胚并存。由于珠心胚不存在休眠期，因此它常常比合子胚发育更快，更好。珠心胚发育形成的苗，能保持母本优良性状，在生产上有一定实际意义。有人也将此种由体细胞不经受精而直接发育形成无性胚的生殖方式列入无融合生殖范围，称为孢子体无融合生殖。

(3) 单倍体、二倍体和多倍体植物

植物经有性生殖，雌雄配子融合形成的合子，发育形成的新一代孢子体是二倍体植物，具有父母双方的遗传特性，具有更强的生活能力和适应性。然而应用植物实验胚胎学、植物组织培养技术发展起来的单倍体育种方法，可以克服杂种分离，缩短育种周期，简化育种程序，还可实现远缘杂交、花粉培养，创造植物的新类型，是对传统育种方法的一次重大技术革新。国内外利用花粉培养，在进行单倍体育种方面已有许多成功的例子，如橡胶树、构树、七叶树、柑橘等已获得单倍体植株。单倍体植物由于不能正常进行减数分裂，因而不能形成种子，必经秋水仙素等药物处理使染色体加倍后，才能正常结实用于生产。

  自然界中植物细胞内具有 3 套、4 套、…、x 套染色体的植物，可分别称为三倍体、四倍体、…、x 倍体植物，统称为多倍体植物。

  多倍体植物在自然界中可自然产生，也可因创伤、射线、环境(水、温度)胁迫或化学药品诱导。多倍体植物有许多有益的经济性状，如巨大性、不孕性以及较强的适应性等。如三倍体毛白杨是速生丰产的优良纸浆材，巨峰葡萄(三倍体)每个果穗重达 750 g，因此，多倍体育种在实际生产中具有重要意义。

5.2 裸子植物的繁殖器官及生殖过程

  裸子植物发生于古生代泥盆纪(3.8 亿年前)，中生代是它们的全盛时期，现在大多已灭绝。虽然目前存留的种类不多，有 700 多种(我国有 180 多种)，但却是组成森林的重要树种，约占全世界森林面积的 80% 。我国东北大兴安岭的落叶松林，吉林辽宁的红松林，陕西秦岭的华山松林，甘肃的云杉、冷杉林，长江流域以南的马尾松林等，均在各林区占主要地位。裸子植物的生殖过程关系到林业生产种子的品质和产量，在人类经济生活中占有重要地位。因此，以松属植物为例，介绍其繁殖器官和生殖过程。

  裸子植物与被子植物同属于种子植物，因此两个类群的植物生殖过程有一些相同之处，如都以种子繁殖后代，在生殖的过程中都有花粉管的产生，使受精作用彻底摆脱了水的限制；但由于裸子植物的发生远比被子植物原始，因此裸子植物的繁殖器官及生殖过程都表现出较被子植物原始的一些性状，如不形成花而是产生孢子叶球、胚珠裸露无子房形成的果实包被等。

5.2.1 大、小孢子叶球的发生和发育

  松树是雌雄同株的植物，对于经历了童年期营养生长的成年松树，每年春季在当年生的枝条的顶端和基部会分别形成裸子植物特有的繁殖器官——大、小孢子叶球(图 5-55)。

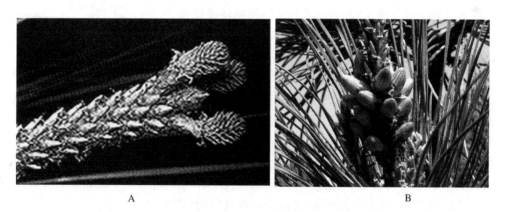

        A   B

图 5-55 裸子植物(松树)当年生枝条上的大、小孢子叶球

A. 大孢子叶球 B. 小孢子叶球

5.2.1.1 小孢子叶球

　　小孢子叶球(microstrobilus)(有时也称为雄球花,male cone)多个簇生于当年生枝条的基部,为长椭圆形、黄褐色,它由许多膜质的小孢子叶(microsporophyll)螺旋排列在一长轴上形成(油松有200~300枚小孢子叶)。每片小孢子叶的远轴面形成2个并列的长椭圆形的小孢子囊(microsporangium)(图5-56)。每个小孢子囊幼时由2部分组成,即囊壁(由数层细胞构成)和囊中的造孢细胞。造孢细胞的特点是细胞核大、细胞质浓、排列紧密且成多边形。造孢细胞进一步分裂发育形成小孢子母细胞($2n$)(microsporocyte,也可称为花粉母细胞),其特点是细胞圆形、排列较为疏松。小孢子母细胞经减数分裂形成四分体(图5-57),四分体分离后形成4个单核的小孢子(n)(又称花粉粒)(图5-58)。

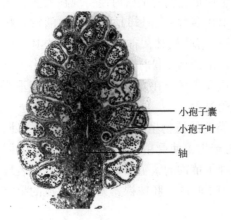

图5-56　松树小孢子叶球纵切

小孢子囊
小孢子叶
轴

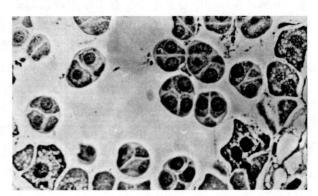

图5-57　松树小孢子母细胞减数分裂后形成的四分体

　　单核小孢子的细胞质中含有许多内含物,壁分为2层,即内壁、外壁。内壁主要由胼胝质、纤维素和果胶质组成。外壁主要成分是孢粉素。外壁具网状花纹,且在花粉的一侧会形成2个膨大的气囊(也可称翅),这是与松树风媒传粉的习性相适应的。

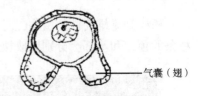

气囊(翅)

图5-58　松树单核花粉

5.2.1.2 大孢子叶球

　　大孢子叶球(ovulate strobilus)(也称雌球花或雌球果,female cone)生于当年生枝条的顶端,1~2个(图5-55A),呈椭圆形。它出现的时间略晚于雄性孢子叶球,由淡红色逐渐变绿,成熟时成为褐色木化、开裂的孢子叶球(图5-59)。

　　大孢子叶球由木质鳞片状的大孢子叶(megasporophyll,即珠鳞 ovuliferous scale)和不育的膜质苞片(bract 即失去生殖能力的大孢子叶)螺旋排列于长轴上形成(图5-60)。每片珠鳞的腹面(即近轴面)近基部着生2个并列的大孢子囊(macrosporangium/ megasporangium),或称为胚珠。胚珠由珠被(通常单层珠被)、珠心和珠孔组成(图5-61)。

　　大孢子的发生过程如图5-62。在珠心一团幼嫩细胞的深处,形成一个特殊的体积很大的细胞——大孢子母细胞($2n$),它进行减数分裂形成4个大孢子(n)(megaspore),排成一直行,其中近珠孔端的3个大孢子退化消失,仅留1个有功能的大孢子(n)(functional mega-

图 5-59　松树大孢子叶球外部形态的变化

图 5-60　大孢子叶球的纵切

珠鳞
苞片
胚珠
轴

spore/macrospore）或称可育大孢子，继续发育（图 5-62）（注意松树小孢子母细胞减数分裂的时间在 4 月上中旬，而胚珠中大孢子母细胞减数分裂的时间稍滞后 2~3 周）。松树当年生枝条上既可以产生大孢子叶球又可以形成小孢子叶球，能够形成大、小孢子，因此松树可称为产孢子的孢子体。同样，能够形成雌、雄配子（即精子或卵子）的为配子体。

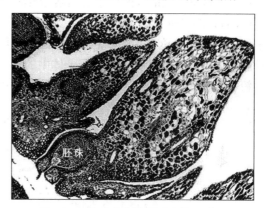

图 5-61　着生在大孢子叶上的胚珠

胚珠

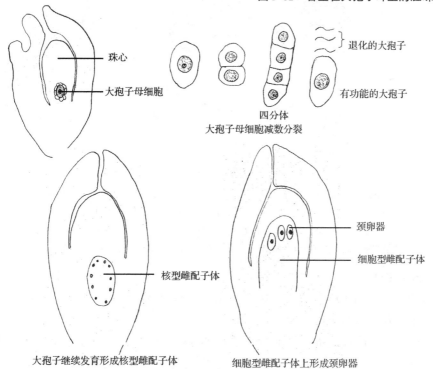

珠心
大孢子母细胞

退化的大孢子
有功能的大孢子
四分体
大孢子母细胞减数分裂

颈卵器
细胞型雌配子体

核型雌配子体

大孢子继续发育形成核型雌配子体

细胞型雌配子体上形成颈卵器

图 5-62　松树胚珠内大孢子的发生和配子体发育

5.2.2 雌、雄配子体的发生和发育

配子体（gametophyte）是由孢子（spore）萌发而形成的，其上又可以形成雌、雄配子（gamete），因此孢子是配子体的第一个细胞。

5.2.2.1 雄配子体

单核小孢子（或花粉）是雄配子体（male gametophyte）的第一个细胞。早在小孢子叶球的小孢子囊中时，单核的小孢子就开始继续发育，它的核经不均等的有丝分裂形成2个细胞，其中靠近花粉边缘的较小的一个，称为第一原叶细胞（prothallial cell）；另一个较大的，称为胚性细胞（embryonic cell）。胚性细胞继续不均等有丝分裂形成第二原叶细胞和精子器原始细胞（antheridial initial）。精子器原始细胞再经历一次不均等有丝分裂，形成1个梭形的靠边的生殖细胞（generative cell）和1个圆形的粉管细胞（tube cell），此时具有4个细胞的花粉就是雄配子体。很快随着发育，雄配子体中的第一、第二原叶细胞均退化消失，成熟花粉中仅留下粉管细胞和生殖细胞，它们将在花粉萌发中继续发育（图5-63）。

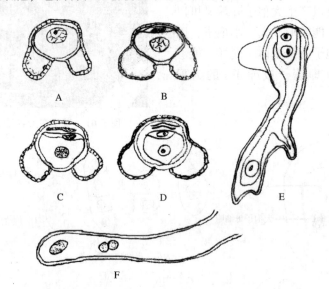

图5-63 松树雄配子体的发育

A. 单核小孢子（花粉）   B. 具第一原叶细胞和胚性细胞的花粉   C. 胚性细胞分裂形成第二原叶细胞和精子器原始细胞   D. 精子器原始细胞分裂形成梭形的生殖细胞和粉管细胞（第一、第二原叶细胞退化）   E. 萌发的花粉，示粉管细胞已进入花粉管，生殖细胞分裂为体细胞和柄细胞   F. 萌发的花粉管中体细胞分裂形成2个精子

5.2.2.2 雌配子体

胚珠中的有功能的大孢子（n）继续在珠心组织中发育形成雌配子体（female gametophyte）。雌配子体的发育可以分为2个时期：

①第一时期   即第一年的春天形成有功能的大孢子后，它继续进行多次核分裂形成16～32个游离核的雌配子体。中间是一个大液泡，四周是一薄层细胞质（图5-64）。此种状态的雌配子体不再继续进行分裂活动，进入休眠期。

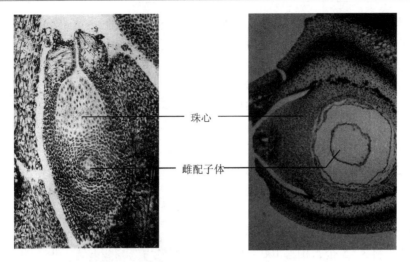

图 5-64　1 年生孢子叶球中的胚珠(示核型雌配子体)

　　②第二时期　经过冬天的休眠期后，第二年春天，雌配子体中的游离核则继续启动分裂活动，直至形成 2 000~3 000 多个游离核，中央液泡逐渐缩小(约 4 月中下旬)。雌配子体则开始在每个游离核的周围形成细胞壁，使此时的雌配子体进入细胞型雌配子体阶段。紧接着在细胞型雌配子体的近珠孔端形成 3~5 个颈卵器原始细胞(archegonial initial)，继续发育形成 3~5 个颈卵器(archegonium)(图 5-65)。其发育过程可简化如下：

颈卵器原始细胞 —分裂形成→ {
初生颈细胞(primary neck cell) —进一步发育→ 颈细胞(4~8 个)(neck cell)

中央细胞(central cell) —进一步发育→ {卵细胞(图 5-66)(egg cell)；腹沟细胞(退化消失)(ventral canal cell)}
}

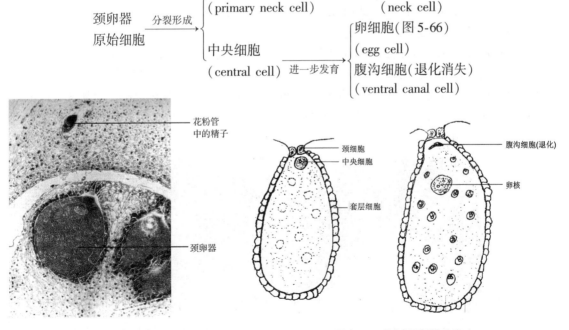

图 5-65　松树胚珠中雌配子体上形成的颈卵器　　　　**图 5-66　松树颈卵器的发生**

每个颈卵器中有一个很大的卵核,细胞质浓厚富含蛋白泡(图5-67)。研究表明,蛋白泡在油松单受精过程中起重要的作用。

颈卵器是裸子植物的雌性生殖器官,苔藓、蕨类植物的生殖过程中也会有颈卵器的发生,因此这三类植物又可统称为颈卵器植物(archegoniatae)。但相比之下,裸子植物的颈卵器的结构更为简化,是进化过程中趋于退化的一种表现。被子植物生殖中不再出现颈卵器结构。

裸子植物雌配子体中颈卵器数量不等,为1至多个,如松科3~5个,柏科100~200个。

裸子植物的雌配子体中除形成颈卵器外,剩余部分可作为种子的胚乳,因此裸子植物种子中的胚乳是单倍的,区别于被子植物由受精极核发育形成的胚乳(通常是$3n$)。

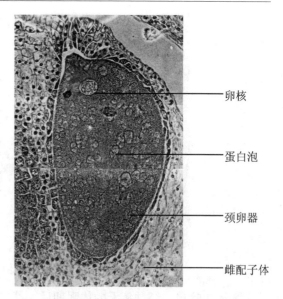

图5-67　松树成熟雌配子体上的颈卵器纵切面

卵核
蛋白泡
颈卵器
雌配子体

5.2.3 传粉与受精

5.2.3.1 传粉

春季4~5月,松树的小孢子叶球上的小孢子囊(花粉囊)中的花粉成熟,小孢子囊开裂,大量成熟的花粉散出(林区此时期因空气中布满花粉形成黄尘)。具气囊的花粉很轻,可随风飘落,甚至到达几百千米外。

与此同时,当年生大孢子叶球的珠鳞(大孢子叶)会彼此分开,以承接花粉,胚珠分泌一种黏液(是一种内含糖的传粉滴,pollination drop)由珠孔溢出。当花粉落到传粉滴上,由于传粉滴的回缩将花粉带进珠孔,落在珠心顶部的珠孔室,并在胚珠分泌物的刺激下很快萌发出一条短的花粉管,并随后进入休眠期(图5-68)。接受花粉的大孢子叶球,珠鳞很快闭合,整个球花下垂。

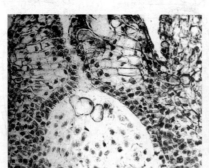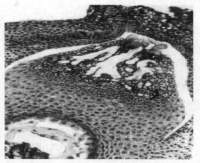

图5-68　传粉后胚珠中的花粉萌发出很短的花粉管后进入休眠期

5.2.3.2　受精

受精是精子与卵细胞融合的过程。裸子植物从传粉到受精需要一个较长的时间，即要经历一段休眠期。不同植物需休眠的时间不同，一般油松、白皮松需 13 个月，圆柏需 11 周，红杉需 6 个月，日本金松需 14 个月。

松树接受花粉的胚珠休眠约 13 个月后，第二年春天雌、雄配子体立即启动分裂发育的进程。二者的配合是非常默契的，即当胚珠内的雌配子体上颈卵器发育趋于成熟时（约在 5 月下旬），落在珠心上的萌发花粉也在加紧发育的进程（图 5-69），进入花粉管的生殖细胞在花粉管的继续生长过程中，经历一次不均等有丝分裂，形成 1 个体细胞（body cell）和 1 个不育的柄细胞（stalk cell）；体细胞再继续一次不均等有丝分裂形成 2 个精子（详见图 5-63、图 5-65）。当花粉管穿过珠心组织到达颈卵器时，发育成熟的颈卵器顶端会形成若干个受精液泡（图 5-70），迎接花粉管中精子的到来。花粉管顶端破裂，释放出其内容物。2 个精子进入颈卵器后，一个稍大的精子与卵核融合，完成受精作用形成合子（2n）。另一个精子消失（花粉管中的其他部分均作为发育的营养而被吸收）。因此，裸子植物的受精为单受精（single fertilization）。

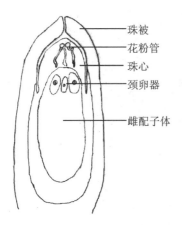

图 5-69　受精前的颈卵器

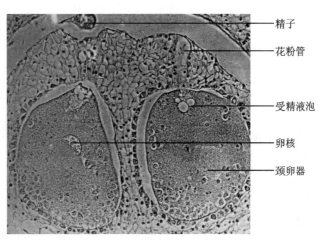

图 5-70　胚珠中受精前的颈卵器（示颈卵器中的受精液泡）

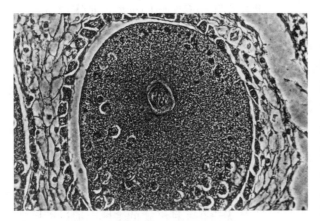

图 5-71　颈卵器中精子与卵核染色体的融合

过去人们对受精的认识是存有争议的，即精子细胞质是否参与融合。20 世纪 80 年代，一些人对几种裸子植物雌、雄配子的细胞质在受精过程中和在合子、原胚发育中，电镜观察其组成成分，提出了一个"新细胞质"（neocytoplasm）的概念，即在受精卵中有新细胞质产生，它是合子中紧靠核的一圈较浓厚的细胞质。这种细胞质中的细胞器，不仅有来自卵细胞的线粒体，还有从精子细胞质中来源的线粒体及质体（因为不同来源的细胞器大小上有所区别)。因此,有理由认为受精作用不仅是精核与卵细胞的融合,而且精细胞质也参与了融合。融合前,卵核的膜出现一个凹陷。精子与卵核靠合后核膜融解后二者完全融合(松树精核与卵核完成融合后,受精卵在第一次有丝分裂中期,雌性与雄性两组染色体分别形成自己的纺锤体,尔后才成为一个纺锤体,实现真正意义上的核物质的融合,图5-71)。研究表明,受精卵中只有"新细胞质"逐渐形成原胚的细胞质,而卵细胞中其余的细胞质则逐渐退化。

5.2.4 胚与胚乳的发育及种子的形成

5.2.4.1 胚的发育

受精后,合子要经历2次核分裂,形成4个自由核,移至颈卵器的基部排成一层(图5-72),再经一次核分裂,并紧接着细胞壁的形成,此时是8个细胞分为2层。上下层的4个细胞分别进行分裂,共形成4层16个细胞,即上层、莲座层、胚柄层和胚细胞层。第三层的胚柄层细胞伸长形成初生胚柄,将最先端的胚细胞层的4个细胞由颈卵器中推至颈卵器下方的雌配子体中(也称胚乳组织中)。此时最先端的胚细胞层的4个细胞继续多次分裂,上部细胞伸长成为次生胚柄,最先端的细胞再继续分裂形成彼此分离的4个原胚(proembryo),由它们再继续发育成为成熟胚(图5-73)。成熟的胚与被子植物的胚一样,也是由胚

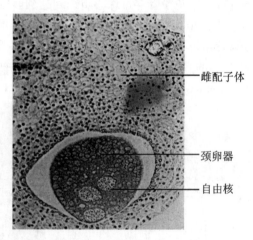

图5-72 合子分裂形成4个自由核

芽、子叶(多枚)、胚轴、胚根组成。

5.2.4.2 多胚现象

多胚现象(polyembryony)即一个胚珠中可产生多个胚的现象。在油松的生殖过程中会出现多个胚的现象,从来源看可分2种形式。

(1)裂生多胚

裂生多胚(cleavage polyembryony)即由一个受精卵发育形成4个原胚的现象。这是裸子植物中常见的现象(图5-73)。

(2)简单多胚

简单多胚(simple polyembryony)即由于胚珠中雌配子体内有2个以上的颈卵器,因此可以在受精后形成多个胚的现象。

无论是哪种形式的多胚,通过胚胎选择,最后一个胚珠内仅能有1个胚继续发

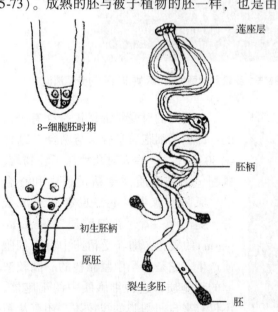

图5-73 松树胚发育过程

育形成成熟胚(推测与营养竞争有关)(图 5-74),其余的多胚均会中途停止发育而最后被吸收而消失。

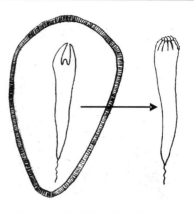

图 5-74　油松种子的纵切面

在胚逐渐分化成熟的同时,珠心中剩余的雌配子体继续发育,形成贮存有丰富脂肪、蛋白质和少量多糖的胚乳,成为种子的一部分。珠心组织逐渐被吸收,胚柄萎缩,部分残存的胚柄与胚根相连仍留在种子内。单珠被发育为种皮(可分化为石细胞组成的外种皮及膜质的内种皮),整个胚珠发育形成了 1 枚种子。由于胚珠没有子房的包被,因此是裸露着生于孢子叶球的珠鳞上的。油松的种子上还具有一个长翅(由珠鳞的组织形成),便于种子借风力传播。

2 年生的大孢子叶球(也可称为球果 cone),在胚珠继续发育形成种子的同时,大孢子叶球也随着迅速增大,且珠鳞逐渐木化变硬并由绿色变为褐色。当种子成熟时,珠鳞(或称种鳞,cone-scale)张开,种子飞散出去(图 5-75)。

图 5-75　成熟的球果和具翅的种子

松属植物从当年生枝条上形成大、小孢子叶球到成熟的球果中种子的散出,约需 2 年时间。现将松树的整个生殖过程做一总结,如图 5-76 所示。

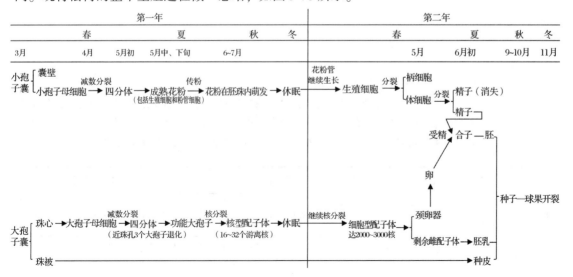

图 5-76　松树的生殖过程

本章小结

　　裸子植物和被子植物同属于种子植物。它们起源于不同的地质年代,因此繁殖器官的形态结构以及发育的过程存在一些差异。但在整个生活史中,花粉管和种子的出现是它们共同的特点,是它们区别于其他类群植物生殖的一个重要区别。尽管二者的繁殖器官显著不同(裸子植物的大、小孢子叶球,被子植物的花),发育的过程也存在一定差异,但其发育的规律(生活周期)基本相似,即都是在孢子体上形成大、小孢子母细胞,而后大、小孢子母细胞经过减数分裂形成大、小孢子,进而再发育成为能够产生雌雄配子(卵、精子)的雌、雄配子体。经过传粉受精作用,雌、雄配子融合形成合子,合子再发育为代表新一代孢子体的胚。在整个生活周期中,存在着无性生殖和有性生殖,无性世代(孢子体世代)与有性世代(配子体世代)的交替。

　　被子植物繁殖器官及发育过程中,最为重要的是花中雌、雄蕊的发育,即大、小孢子的发生和雌、雄配子体的发育。

　　(1)雄蕊花药中小孢子发生和雄配子体的发育

　　孢原细胞 —平周分裂→
- 初生造孢细胞 —直接或进一步分裂→ 花粉母细胞 —减数分裂→ 四分体
- 初生壁细胞 —分裂分化→ 花粉囊壁 { 纤维层 / 中层 / 绒毡层 }

—胼胝质壁溶解→ 单核花粉粒 —不均等分裂→ { 生殖细胞 —分裂→ {精子 / 精子} / 营养细胞 }

　　(2)雌蕊子房中胚珠内大孢子发生和雌配子体的发育(以蓼型胚囊为例)

　　珠心中的孢原细胞 —直接或再分裂→ 大孢子母细胞 —减数分裂→ 四分体 → 4个大孢子

—近珠孔的3个大孢子消失→ 远离珠孔的大孢子成为有功能的大孢子 —3次连续有丝分裂→ 成熟

胚囊 {
1个卵细胞
2个助细胞
1个中央细胞(具2个极核)
3个反足细胞
}

　　(3)裸子植物、被子植物的生殖有如下异同特点

　　二者同属种子植物类群,其生殖上的共同特点是种子的产生和花粉管的出现,为其繁衍分布提供了更有利的条件,使受精作用彻底摆脱了水的限制。在系统发育史上是一巨大的转折,对其适应陆生生活具重大意义。裸子植物远比被子植物古老,因此在生殖上也表现出一些较被子植物原始的特性:

裸子植物	生殖过程中无花、无果、种子裸露	有颈卵器形成	单受精	剩余雌配子体作为胚乳
被子植物	生殖过程中有花、有果、种子有果皮包被	无颈卵器形成	双受精	受精极核发育为胚乳,通常$3n$

　　注:裸子植物中的高级类群如买麻藤和百岁兰科植物已无颈卵器的发生,且已开始有原始花被的发生。

复习思考题

1. 种子植物在生殖方面表现出较其他类群更为高级、进化的特征是什么？

2. 冬小麦为什么要在秋天播种？它的生物学意义是什么？

3. 比较裸子植物与被子植物在生殖方面的主要异同。

4. 被子植物双受精的意义是什么？

5. 什么是配子体？什么是配子？试绘被子植物的成熟雄配子体简图，标明各部分；并绘一成熟雌配子体的简图，标明各部分。

6. 经传粉、受精后，花中的各部分，如柱头、花柱、子房、胚珠、珠被、合子等，会发生哪些变化？

7. 为什么市场上很少见带花的胡萝卜或萝卜？

8. 桃花、杏花、玉兰等花与苹果、海棠、山楂等植物的花芽有何不同？为什么？

9. 小麦、水稻等作物扬花时节，对环境因素，特别是气温变化非常敏感，应加强生产管理，否则会影响粮食的产量，试分析主要的原因是什么。

10. 列举生活中观察的实例说明：①植物花的形态结构是与其传粉媒介相适应的；②植物果实的形态结构也是与其果实传播的方式相适应的。

11. 什么叫心皮？

12. 什么叫世代交替现象？

推荐阅读书目

1. 杨继，郭友好，杨雄，等，1999. 植物生物学. 北京：高等教育出版社，海德堡：施普林格出版社.

2. 杨世杰，汪矛，张志翔，2017. 植物生物学(第 3 版). 北京：科学出版社.

3. 周云龙，刘全儒，2016. 植物生物学(第 4 版). 北京：高等教育出版社.

第6章 植物界的基本类群

6.1 植物基本类群的基础知识

自地球上生命诞生以来，生物作为自然界的一个组成部分，经历了约 35 亿年漫长的进化历史，并在与地球协调演化中不断发展。迄今为止，科学家已发现和命名的生物约 200 万种，它们构成了丰富多彩的大自然中的生物多样性(biodiversity)，它包括物种多样性、遗传多样性和生态多样性 3 部分。由于人口的剧增和对生物资源的掠夺性破坏，生物多样性正在以前所未有的速度被破坏，因此，保护生物多样性是维系人类生存和可持续发展的重要任务。

6.1.1 生物界的分界系统

随着科学的发展，人们对生物中各种类群的界定也有一个变化的过程，因此有多个分类系统。早在 18 世纪，林奈将生物界划分为动物界(Animalis)和植物界(Plantae)，即两界系统。

1886 年赫克尔(Haeckel)提出三界系统，即原生生物界(Protista，包括菌类、低等藻类和海绵)、植物界和动物界。

1938 年科帕兰(Copeland)又提出了四界系统，即将细菌和蓝藻归为原核生物界(Prokaryota)，将低等的真核藻类、原生生物、真核菌类归为原始有核界(Protista)，其余为后生植物界(Metaphyta)和后生动物界(Metazoa)。

1969 年魏泰克(Whittaker)提出了五界系统，即原生生物界(单细胞生物)、原核生物界(蓝藻、细菌)、真菌界(Fungi)、植物界和动物界。

也有人主张六界系统，即将病毒和类病毒单独立一个非胞生物界(无细胞结构)。

不同的生物分界系统，对植物的界定不同，五界系统与传统的两界系统相比，无疑更为科学合理，然而结合林学特点和需要，本教材仍沿用林奈的两界系统。

6.1.2 植物分类的阶层

要对生物进行系统分类，首先要对其亲缘关系、结构相似的程度进行区分和归类，由大到小制定出各级的分类单位。生物的分类从高级单元到低级单元构成若干分类阶层，包括界、门、纲、目、科、属、种。如某一单位过大或产生了某些性状变异时，还可有亚门、亚纲、亚目、族、亚科、亚属、组、系和亚种、变种、变型等。

　　种是分类的最基本单位，通常认为"种"具有相似的形态特征；占有一定的分布区；同种的个体彼此交配可以产生遗传性相似的后代，而不同种个体之间存在着生殖上的隔离。分类上将亲缘关系相近的种集合为"属"，相近的属集合为"科"，依此类推，形成生物分类的各个阶层（表6-1）。

表 6-1　植物界的分类等级表

中文	英文	拉丁文	学名字尾	例子
界	Kindom	regnum	—	植物界 Regnum vegetable
门	Division	divisio	– phyta	种子植物门 Spermatophyta
		phylum	– mycota（菌）	
亚门	Subdivision	subdivisio	– mycotina（菌）	裸子植物亚门 Gynmospermae
纲	Class	classis	– opsida	松柏纲 Coniferopsida
			– phyceae（藻）	
			– mycetes（菌）	
亚纲	Subclass	subclassis	– mycetidae（真菌）	
目	Order	ordo	– ales	松柏目 Pinales
科	Family	familia	– aceae	松科 Pinaceae
亚科	Subfamily	subfamilia	– oideae	松亚科 Pinoideae
属	Genus	genus	—	松属 *Pinus*
种	Species	species	—	红松 *Pinus koraiensis* Sieb. et Zucc.

6.1.3　植物界基本类群的组成

　　根据林奈的两界系统，地球上目前现存的植物有 50 多万种，不同的分类系统将其分为 12 门、13 门、14 门、15 门、16 门、17 门等。本教材根据植物的形态结构、生活习性及亲缘关系，将植物界分为 14 个门，即：

　　藻类植物 7 个门（1. 蓝藻门 Cyanophyta、2. 绿藻门 Chlorophyta、3. 裸藻门 Euglenophyta、4. 金藻门 Chrysophyta、5. 甲藻门 Pyrrophyta、6. 褐藻门 Phaeophyta、7. 红藻门 Rhodophyta）；菌类植物 3 个门（8. 细菌门 Bacteriophyta、9. 黏菌门 Myxomycophyta、10. 真菌门 Eumycophyta）；还有其他 4 个门（11. 地衣植物门 Lichenes、12. 苔藓植物门 Bryophyta、13. 蕨类植物门 Pteridophyta、14. 种子植物门 Spermatophyta）。

　　根据植物的结构、性状及进化上的位置，还可以将植物类群从不同的角度进行划分，如：根据植物器官的分化程度及是否有胚，将植物分为低等植物（lower plant）和高等植物（higher plant）；根据植物是否形成胚而分为有胚植物（embryophytes）和无胚植物（non embryophytes）；根据植物体中是否有维管组织而区分为无维管植物（non vascular plants）和维管植物（vascular plants）；根据生活史（life cycle）中用孢子还是用种子繁殖而分为孢子植物（spore plants）和种子植物（seed plants, spermatophytes）；根据生殖过程中有共同的颈卵器产生而称为颈卵器植物（archegoniatae）。植物界各基本类群之间的关系可用简图（图6-1）和检索表表示。

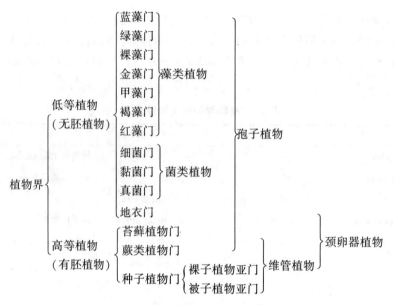

图6-1 植物界各基本类群之间的关系简图

植物界各门特征检索表

1. 植物体无根茎叶的分化，合子直接萌发成植物体无胚形成
  2. 植物体不为菌藻共生
    3. 细胞内有叶绿素，为自养植物
      4. 原核生物 ··· 蓝藻门
      4. 真核生物
        5. 植物体为单细胞，无细胞壁，具单鞭毛、可游动 ·············· 裸藻门
        5. 植物体为单细胞、群体或多细胞个体，绝大多数具细胞壁
          6. 细胞内含4种色素（叶绿素a、叶绿素b、叶黄素、胡萝卜素），纤维素细胞壁，贮藏物为淀粉
           ··· 绿藻门
          6. 细胞内含色素与上述4种不尽相同，细胞壁为纤维素或硅质，贮藏物不是真正的淀粉
           7. 细胞内含叶绿素a、d，黄色素和藻红素，贮藏物为红藻淀粉 ········ 红藻门
           7. 细胞内含叶绿素a、c
             8. 植物体多为大型海藻，细胞内含特殊岩藻黄素，呈褐色，贮藏物为海带多糖和甘露醇
              ··· 褐藻门
             8. 多为单细胞个体，含较多叶黄素
              9. 细胞壁常呈套合的两半，贮藏物为金藻淀粉和油 ········· 金藻门
              9. 植物体由具花纹的甲片连成，贮藏物为淀粉和脂肪 ········· 甲藻门
    3. 细胞内不含叶绿体，多为异养植物（少数自养细菌除外）
    10. 原核生物 ·· 细菌门
    10. 真核生物
      11. 植物体营养阶段为无壁的原生质体，能运动，吞食固体食物 ········· 黏菌门
      11. 植物体营养阶段常为具壁的丝状体 ································ 真菌门
  2. 植物体为藻类和真菌的共生体 ······································· 地衣门

1. 植物体大多具根茎叶分化，合子萌发先形成胚
　　12. 植物体内无维管组织 ·· 苔藓植物门
　　12. 植物体内有维管组织
　　　13. 孢子繁殖 ·· 蕨类植物门
　　　13. 种子繁殖
　　　　14. 无花，种子无子房壁包被，种子裸露 ·································· 裸子植物亚门
　　　　14. 有花，种子有子房壁包被，种子由果皮包被 ··············· 被子植物亚门

　　如按五界系统分类，裸藻门、金藻门和甲藻门应属原生生物界；细菌门和蓝藻门应属原核生物界；黏菌门和真菌门应属菌物界(真菌界)；地衣门是真菌界和植物界(绿藻)及原核生物界(蓝藻)的共生体；只有绿藻门、褐藻门、红藻门及苔藓、蕨类和种子植物才能归为植物界，因此从五界系统看植物界仅有 37 余万种。

6.1.4　植物的命名法

6.1.4.1　双名法

　　瑞典的植物学家林奈曾经说过："不知道事物的名称，就不会认识事物"。这句名言充分表达了对物种命名的重要性。人类在认识自然的过程中，给每一种植物都赋予了它自己的名字，但是由于语言、民族、地区的不同，同一种植物往往有不同的名称，例如番茄，在我国南方称番茄，北方称西红柿，英语称 tomato；又如马铃薯，在我国南方称洋山芋(或洋芋)，北方称土豆，英语称 potato。所有这些名称，都是地方名或俗名，这种现象称为同物异名(synonym)。而不同的植物也可能有相同的名称，如我国称白头翁的植物就分别代表不同的十多种植物；又如，我国东北地区将黄豆称为大豆，西北地区将蚕豆亦称为大豆。这种现象称为同名异物(homonym)。同物异名和同名异物现象对考察研究、开发利用植物以及国际和国内的学术交流带来了不便。因此，必须对植物按一定规则来进行命名。早在 1623 年法国的包兴(G. Bauhin)就采用了属名加种加词的双名法记述了 6 000 种植物。后来里维纳斯(Rivinus)在 1690 年也提出了给植物命名不得多于 2 个字的意见。林奈在借鉴并完善前人思想的基础上，在其著作 *Critica Botanica* 中，首先提出植物命名法则。1751 年又在另一著作 *Philosophica Botanica* 中进一步阐述并制定出命名法规 31 条，倡用双命名法，并在 1753 年他发表的巨著《植物种志》(*Species Plantarum*)中采用了双名法。1866 年，法国植物学家德堪多(A. P. De Candolle)受委托草拟了植物命名法规，并于 1867 年在巴黎召开的第一次国际植物学会会议上讨论通过，正式被采用，并制定了《国际植物命名法规》(*International Code of Botanical Nomenclature*)，缩写为 ICBN，后经多次国际植物学会议修订，使法规日趋完善。

　　所谓双名法(binomioal system)，是指用拉丁文给植物的种命名，每一种植物的种名，都由拉丁词或拉丁化的词构成，第一个词是属名，用名词，它相当于"姓"，提供了该种在植物分类系统中所处的位置，书写时第一个字母大写。第二个词是种加词，一般用形容词，少数为名词，相当于"名"，书写时所有字母要小写。一个完整的学名还需要在种加词之后加上命名人姓氏的缩写，故第三个词是作者名，书写时第一个字母也必须大写。即完整的学名应为属名+种加词+命名人。例如，银杏的种名是 *Ginkgo biloba* L.，银白杨的种名是 *Populus alba* L.。

种以下的分类单位有亚种(subspecies)、变种(varietae)、变型(forma)等，这3个词的缩写为 subsp. 或 ssp. 、var. 和 f. 。例如：

银白杨 *Populus alba* L.

新疆杨 *Populus alba* L. var. *pyramidalis* Bye. (为银白杨的变种)

同时，根据ICBN，植物命名必须遵循6条原则：①植物命名与动物命名相独立；②植物分类群名称的采用取决于命名的模式标本；③植物分类群的命名以发表的优先权为基础；④每个分类群只有1个正确名称，即符合法规的最早的名称(少数例外)；⑤科学名称用拉丁文描述；⑥法规追溯既往(少数例外)。

6.1.4.2 属名和种名的来源

(1)属名的来源

属名是依据模式种定出的。一般采用拉丁文的名词；若用其他文字或专有名词，也必须使其拉丁化，使其词尾转化成在拉丁文语法上的单数第一格的名词(主格)。书写时第一个字母大写。属名的来源简述如下：

①以古老的植物拉丁名字命名　如蔷薇属 *Rosa*，松属 *Pinus*。

②以古希腊文名字命名　如稻属 *Oryza*，悬铃木属 *Platanus*。

③根据植物的某些特征、特性命名　如枫香属 *Liquidambar*，liquidus 示"液体"，ambar 示"琥珀"，意指具有琥珀的树液；慈姑属 *Sagittaria*，sagitta 示"箭"，意指叶为箭头形；向日葵属 *Helianthus*，heli-用于复合词，示"太阳"，anthus 示"花"，以指头状花序随太阳转动。

④根据颜色、气味命名　如悬钩子属 *Rubus*，示"变红色"，意指果红色；木犀属 *Osmanthus*，osme 示气味。

⑤根据植物体含有某种化合物命名　如甘蔗属 *Saccharum*，sacchar 示"糖"，意指茎秆含糖。

⑥根据用途命名　如地榆属 *Sanguisorba*，sanguis 示"血"，sorbeo 吸收之意，指供药用有止血功效；红豆属 *Ormosia*，ormos 示"项链"，意指红豆的种子可供制项链。

⑦纪念某个人名　如北极花属 *Linnaeus*，系纪念瑞典植物分类学家林奈(Carolus Linnaeus)；观光木属 *Tsoongiodendron*，系纪念我国早期植物采集家、分类学家钟观光先生。

⑧根据习性和生活环境命名　如石斛属 *Dendrobium*，dendron 为"树木"之意，bion 示"生活"，指本属植物多附生在树上。

⑨根据植物产地命名　如台湾杉属 *Taiwania*；福建柏属 *Fokienia*。

⑩以原产地或产区的方言或俗名经拉丁化而成　如荔枝属 *Litchi*，来自广东方言；茶属 *Thea* 来自闽南土语。

⑪采用加前缀或后缀而组成　如金钱松属，系在落叶松属(*Larix*)前加前缀(假的 *pseudo*)而成。

(2)种加词的来源

种加词大多为形容词，少数为名词的所有格或为同位名词。种加词的来源如下：

①表示植物的特征　形容植物体各器官的形态特征、大小、颜色和气味等。如毛白杨 *Populus tomentosa*(绒毛的，表示叶具绒毛)。

②表示方位　如东方香蒲 *Typha orientalis*(东方的)。

③表示用途　如漆 *Toxicodendron verniciflum*（产漆）。

④表示生态习性或生长季节　如葎草 *Humulus scandens*（攀缘的）。

⑤人名　用人名作种加词是为了纪念该人。一般要把人名改变成形容词的形式，如润楠 *Machilus pingii*（秉），纪念我国科学家秉志教授；山杨 *Populus davidiana*（戴维，法国传教士，在我国西南采了许多标本）。

⑥以原产地俗名经拉丁化而成　如人参 *Panax ginseng*（汉语"人参"），檫木 *Sassafras tzu-mu*（檫木的拉丁拼音）。

⑦表示原产地的　铁杉 *Tsuga chinensis*（中国）。

（3）命名人

命名人通常以其姓氏的缩写来表示。命名要拉丁化，第一个字母要大写，缩写时在右下角加省略号"."。

6.2　藻类植物（Algae）

藻类植物是细胞内含有光合作用色素，能独立生活的自养原植体植物（thallophyte）。藻类植物在形态构造上差异较大，小的为单细胞体或群体，只有在显微镜下才能看到；较大的肉眼可见，藻体结构也比较复杂，有的还分化为多种组织。藻类植物生殖器官多为单细胞，只有少数高级种类的生殖器官是多细胞的，但其生殖器官的每个细胞都直接参与生殖作用，形成孢子（spore）或配子（magete），生殖器官的外围没有不孕性细胞层包围。藻类植物的合子（受精卵）发育时不形成多细胞的胚。

目前已经发现和记载的藻类植物有 3 万余种，其中 90% 的种类生活在海水或淡水中，少数种类生活在潮湿的岩石、墙壁和树干上以及土壤的表面和下层。一些种类耐贫瘠，可以在地震、火山爆发、洪水泛滥后形成的新鲜无机质的环境中迅速定居，成为先锋植物。有些藻类能耐高温或低温，如少数蓝藻和硅藻等专门生长在水温高达 80℃ 的温泉中；而另外一些种类可以生活在雪峰、极地等零下几十度的环境中。有些藻类能与真菌、其他植物和动物共生或寄生。

根据藻类植物的细胞结构，细胞壁成分，细胞中载色体形态结构，光合作用色素的种类，贮藏营养物质的类别，鞭毛的有无、数目、着生位置和类型，生殖方式及生活史类型，本书将藻类植物分为蓝藻门、绿藻门、裸藻门、金藻门、甲藻门、褐藻门、红藻门共 7 个门。

6.2.1　蓝藻门（Cyanophyta）

6.2.1.1　蓝藻的形态结构特征和繁殖

（1）蓝藻的形态结构特征

蓝藻的植物体有单细胞、群体、丝状体。蓝藻细胞的原生质体不分化为细胞质和细胞核，只有比较简单的中心质（centroplasm）和周质（periplasm），属于原核生物（procaryotes）。中心质位于中央，含有的 DNA 以细纤丝状存在，没有核膜和核仁分化，但有核物质的功能，称作原核或拟核。中心质的周围是周质，又称色素质。周质中具有光合片层（photosynthetic lamellae),由很多膜围成的扁平囊状体组成,表面附着叶绿素 a 和藻蓝素等,故植物体呈蓝色。光合作用的贮藏物质主要是蓝藻淀粉和蓝藻颗粒体。

蓝藻细胞壁的主要成分为黏肽或肽聚糖,不含纤维素。细胞壁外有胶质鞘(gelatinous sheath),其主要成分为果胶酸和黏多糖,群体类型的蓝藻还有公共的胶质鞘。胶质鞘具有耐旱和耐高温等保护机体的作用。

(2)蓝藻的繁殖

蓝藻没有有性生殖,它们主要通过细胞的简单分裂进行繁殖。单细胞类型的蓝藻细胞分裂后,子细胞立即分离,形成 2 个个体,称为裂殖。群体类型的蓝藻,其细胞反复分裂后,子细胞不分离,而形成多细胞的大群体;此后大群体不断破裂,再形成小群体。丝状体类型的蓝藻可以进行断裂式的营养繁殖,即丝状体中因某些细胞死亡而断裂,或因形成异型细胞而断裂,或在两个营养细胞之间形成小段,称为"藻殖段",每个藻殖段可以发育成一个新的丝状体。

除营养繁殖外,蓝藻还可以产生孢子,进行无性繁殖(asexual propagation)。常见的是在一些丝状体类型中产生厚壁孢子(akinete)。厚壁孢子体积较大,细胞壁增厚,能长期休眠以度过不良的环境。在环境适宜时,厚壁孢子直接萌发或分裂形成若干外生孢子或内生孢子,再形成新的丝状体。

6.2.1.2 蓝藻的主要代表植物

目前已知的蓝藻门植物大约有 1 500 种,只有 1 个纲,即蓝藻纲(Cyanophyceae),3 个目,即色球藻目(Chroococcales)、管胞藻目(Chamaesiphonales)和颤藻目(Osillatoriales)。

①色球藻属(Chroococcus) 是色球藻目中常见的种类。植物体为单细胞或群体结构。每个细胞有自身的胶质鞘,群体外面还有群体胶质鞘,胶质鞘无色透明。色球藻以细胞直接分裂方式进行繁殖(图 6-2)。主要生活于湖泊、池塘、水沟等淡水中,或黏于湿润的岩石或树干表面。

②颤藻属(Oscillatoria) 隶属于颤藻目,植物体是单列细胞组成的丝状体(fliament),能不断摆动和颤动。细胞短圆柱状,无胶质鞘,或有一层不明显的胶质鞘,丝状体则有群体胶质鞘(图 6-2)。颤藻主要以形成藻殖段的方式进行营养繁殖。生活于湿地或浅水中。

③念珠藻属(Nostoc) 隶属于颤藻目,植物体为单列细胞组成的念珠状、不分枝的丝状体(图 6-2)。丝状体常常是无规则地集合在一个共同的胶质鞘内,再绞织成肉眼能看到或看不到的球形体、片状体或不规则的团块,其外面具有公共胶质鞘。丝状体上常分化出异型胞,其细胞壁较厚,藻体可从异型胞处断裂,形成藻殖段,进行营养繁殖。在环境条件恶化时,有的细胞可以转变成厚壁孢子(厚垣孢子)进行休眠,待环境条件好转时再形成新的植物体。

念珠藻生活于淡水中以及积水或潮湿土壤或岩石表面,常见的地木耳(葛仙米)(Nostoc commune)、发菜(N. flagelliforme)可供食用。前者各地有分布,后者主产西北地区(除甘肃外)。

④螺旋藻属(Spirulina) 隶属于颤藻目,植物体通常为多细胞、螺旋状弯曲的丝状体(图 6-2)。近年来被开发利用的钝顶螺旋藻(Spirulina platensis),其蛋白质含量高达 50%~70%,含有 18 种氨基酸,包括人体和动物不能合成的 8 种氨基酸,由于其细胞壁几乎不含

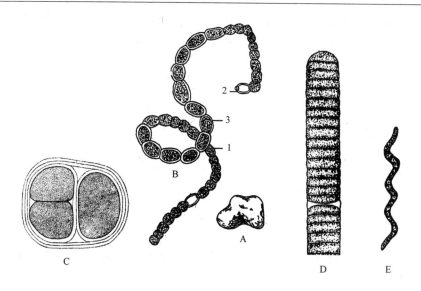

图6-2 蓝藻

(引自张景钺,1965)

A、B. 念珠藻属(A. 植物体全形 B. 藻丝放大) C. 色球藻属 D. 颤藻属 E. 螺旋藻属
1. 营养细胞 2. 异形胞 3. 厚垣孢子

纤维素,因而极易被人体吸收,是一种优良的保健食品。

6.2.1.3 蓝藻与人类的关系

蓝藻细胞构造的原始性,说明蓝藻是地球上最原始、最古老的植物。蓝藻的微化石已有31亿年的历史,因此推测大约在33亿~35亿年前,蓝藻与细菌一起出现;到寒武纪时特别繁盛,称这个时期为"蓝藻时代"。蓝藻作为地球上早期的光合自养型生物,对增加地球大气层的氧气含量、促进地球生物圈的进化具有极其重要的作用,因而在生物学进化史上具有极其重要的研究价值。

(1)食用

著名食用蓝藻有地木耳、发菜、海雹菜(*Brachytrichia quoyi*)、台垢菜(*Calothrix crustacea*)、钝顶螺旋藻(*Spirulina platensis*)等。

(2)固氮蓝藻

已知可固定大气中氮(N_2)的蓝藻约有150种,中国已报到的固氮蓝藻约有30余种。其中大多数为具有异形胞的种类,如满江红鱼腥藻(*Anabaena azollae*)、固氮鱼腥藻(*A. azotica*)、林氏念珠藻(*Nostoc linckia*)等。中国对固氮蓝藻在农业生产的应用上取得了明显成绩。在大面积试验中表明,稻田中放养固氮蓝藻可增产1%~15%。

(3)蓝藻的放氢

在缺氧的条件下,固氮酶可以催化放出氢气。氢气是人类理想的燃料。

(4)蓝藻与"水华"

许多蓝藻喜生于有机质丰富的水体中,特别是一些漂浮性蓝藻,在夏秋季节常迅速过量繁殖,在水表形成一层有腥味的浮沫,即"水华"或"水花"。产生"水华"现象首先表明水质呈富营养化状态,"水华"一旦出现又加剧了水质污染。由于大量消耗水中的溶解氧,造成水中的鱼、虾等水生动物缺氧致死。同时还有些藻类产生毒素，对水生动物和人、畜带来危害，如微囊藻属(*Microcystis*)、鱼腥藻属(*Anabaena*)、节球藻属(*Nodularia*)、颤藻属(*Oscillatoria*)等属中的一些种类都可以产生肝毒素。微囊藻毒素和节球藻毒素又都是促癌剂。

6.2.2 绿藻门(Chlorophyta)

6.2.2.1 绿藻的形态结构特征和繁殖

(1)绿藻的形态结构特征

绿藻是真核藻类植物，植物体有单细胞、群体、丝状体、叶状体(thallus)和管状体等多种类型。少数单细胞和一些群体类型的营养细胞具有鞭毛，终身能运动；但绝大多数绿藻的营养体不能运动，只是在繁殖时形成具有鞭毛的游动孢子或游动配子。游动孢子及配子有 2 或 4 条顶生等长鞭毛。

细胞壁分 2 层，内层主要为纤维素，与高等植物的细胞壁相似；外层为果胶质。它们的细胞核、叶绿体(载色体)的结构与高等植物的相似，不同绿藻的叶绿体有杯状、片状、星状、带状和网状等类型，多数种类的叶绿体中含 1 至多个蛋白核，所含色素与高等植物的相同，以叶绿素 a、叶绿素 b 为主，还有叶黄素和胡萝卜素，同化产物是淀粉，也与高等植物的相似，此外还有蛋白质和脂类。

(2)绿藻的繁殖

绿藻的繁殖方式有营养繁殖、无性生殖和有性生殖 3 种类型。

营养繁殖，单细胞和群体类型主要是通过细胞分裂来增加细胞个数，大的群体和丝状体类型主要通过营养体断裂的方式进行繁殖。

无性生殖主要由某些体细胞转变成孢子囊，其内部发生有丝分裂形成多数孢子，孢子释放后再发育成为新的个体。

有性生殖时先产生配子，两个配子结合形成合子，再由合子直接萌发成新个体；或者合子先进行减数分裂形成孢子，再由孢子发育形成新的个体。绿藻的有性生殖有 3 种类型，即同配生殖(isogamy)、异配生殖(anoisogamy)和卵式生殖(oogamy)。同配生殖是指相互配合的两个配子都有鞭毛，它们的形态和大小没有区别；异配生殖指相互配合的两个配子都有鞭毛，它们的形态和大小已经有比较明显的区别；卵式生殖指相互配合的两个配子一大一小，其中体积大的一个失去鞭毛不能运动。卵式生殖是有性生殖最进化的形式。

6.2.2.2 绿藻的代表植物

绿藻是藻类植物中最大的 1 个门，约 350 属 8 000 余种，通常分为绿藻纲(Chlorophyceae)和轮藻纲(Charophyceae)。绿藻纲共 13 目，轮藻纲仅有轮藻目。绿藻有 90% 的种类分布于淡水中或潮湿土表、岩面或花盆壁等处，约 10% 的种类分布于海水中。

(1)绿藻纲

植物体为单细胞、丝状体、片状体等，产生无性孢子，可进行无性生殖，有性生殖器官为单细胞结构。

①衣藻属(*Chlamydomonas*) 植物体为单细胞，卵形，细胞内多为一个大型的杯状叶绿体，叶绿体下部有一个蛋白核(淀粉核)。叶绿体内近前方有 1 个红色眼点，为衣藻的光感受器。叶绿体凹陷的部分装有细胞质、细胞核等结构。细胞前端有 2 条等长的鞭毛，鞭毛基

部有 2 个伸缩泡,其主要的功能是排除体内的废物。

衣藻以无性和有性两种生殖方式进行繁殖。无性生殖时,藻体失去鞭毛变成孢子囊,内部原生质体分裂,形成 4、8 或 16 个子原生质体,每个子原生质体产生细胞壁,并产生 2 条鞭毛。孢子囊壁破裂后,子细胞逸出,各自发育成 1 个新的个体。

有性生殖时,首先细胞失去鞭毛,原生质体进行分裂,产生具 2 条鞭毛的(+)、(-)配子(16、32 或 64 个)。配子从母细胞中释放出来后,(+)、(-)配子即可融合,形成具 4 条鞭毛能游动的合子。合子游动数小时后鞭毛脱落,细胞壁加厚,休眠后经减数分裂,产生 4 个具 2 条鞭毛的孢子。合子壁破裂后,孢子被释放,各形成 1 个新个体。多数衣藻的有性生殖为同配生殖,少数种类为异配生殖或卵式生殖(图 6-3)。

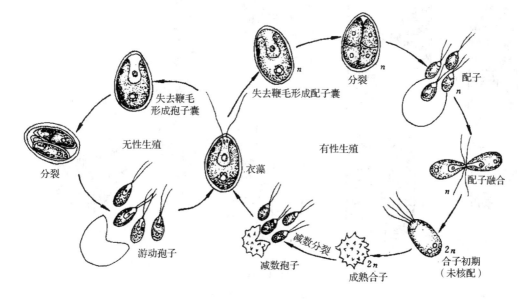

图 6-3 衣藻属的生活史

(引自周云龙,2004)

衣藻的配子与孢子形体相同,在营养充足时,衣藻主要产生孢子,进行无性繁殖;营养缺乏时,主要产生配子,进行有性生殖;而且若再给配子充分的营养时,配子可以不经过配合而各自形成新的个体,其行为与孢子相同。这一切表明,有性生殖与无性生殖同源,有性生殖是由无性生殖演变而来的。

本属 100 多种,生活于富含有机质的淡水沟和池塘中,早春和晚秋较多,常形成大片群落,使水变成绿色。

②水绵属(*Spirogyra*) 植物体是由圆桶状的细胞相连成不分枝的丝状体。每个细胞中有 1 个中央位的细胞核,1 个大液泡和其他细胞器。有 1 至数条带状的叶绿体,呈螺旋形弯绕,上有一列蛋白核。

水绵生殖方式为接合生殖(conjugation),最常见的是梯形接合(scalariform conjugation)。生殖时在平行靠近的丝状体相对应的细胞一侧胞壁上各发生 1 个突起,进而突起的顶端接触,端壁融解,连接成接合管(conjugation tube)。丝状体之间可以形成多个横向的接合管,外形如梯子。细胞中的原生质体收缩形成配子，雄性丝状体中的雄配子通过接合管移至相对的雌性丝状体的细胞中与雌配子结合。合子形成后，产生厚壁，休眠，藻丝腐烂。合子在条件适宜时萌发，进行减数分裂，形成 4 个单倍体核，其中 3 个消失，只有 1 个核萌发并产生新的水绵丝状体(图 6-4)。

本属约 450 种，是常见的淡水绿藻，在小河、池塘、沟渠或水田等处均能生长，有时大片生于水底或大块飘浮于水面。清澈溪流中的干净水绵可供食用，这在云南的西双版纳是传统的傣族风味蔬菜。

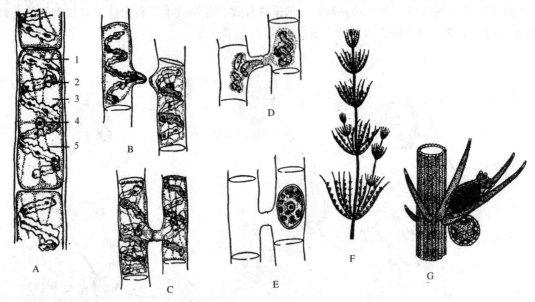

图 6-4 绿藻

(引自张景钺, 1965)

A. 水绵属一部分植物体　B~E. 水绵属植物有性生殖梯形接合　F. 轮藻属植物体
G. 轮藻属藻体的一部分，示节上轮生假叶、卵囊球和精囊球
1. 叶绿体　2. 蛋白核　3. 液泡　4. 细胞核　5. 细胞质

（2）轮藻纲(Charophyceae)

植物体有轮生的分枝、节和节间的分化，生殖时产生多细胞结构的卵囊(oogonium)和精子囊(spermatangium)。

轮藻属(*Chara*)　多生于淡水中，特别是在较清的静水水底大片生长，少数生长在微盐性的水中。植物体直立，具轮生的分枝，体表常常含有钙质，因而粗糙。以单列细胞分枝的假根固着于水底淤泥中。主枝及侧枝均分化成节和节间，而且枝的顶端有一个半球形的细胞，叫做顶端细胞(apical cell)，其植物体的生长即由该顶端细胞不断分裂实现的。在分枝的节上还具有单细胞的刺状突起，在节的四周轮生短枝。

轮藻通过藻体断裂进行营养繁殖。也可以在藻体的基部长出含有大量淀粉的珠芽，珠芽脱离母体后再发育为新的轮藻。轮藻的有性生殖是卵式生殖，生殖时在侧枝的节上产生卵囊和精子囊，两者的表面都有营养细胞保护着。卵囊内含 1 个卵细胞；精子囊内产生多数细长、螺旋状、具 2 条顶生鞭毛的精子。成熟后的精子被释放到水中，进入卵囊与卵结合。合子分泌形成厚壁,脱离藻体,休眠后经减数分裂萌发,可长出数个轮藻新个体。

轮藻的藻体复杂,高度分化;生殖器官构造复杂,外面有 1 层营养细胞包围,可以与高等植物的性器官相比,因此,有人将它们列为独立的一门。

6.2.3　褐藻门(Phaeophyta)

6.2.3.1　褐藻的形态结构特征和繁殖

(1) 褐藻的形态结构特征

褐藻的植物体为多细胞结构,没有单细胞和群体的类型。藻体为分枝的丝状体、叶状体、管状体等。有的有类似"茎叶"的分化,最小的高 1 ~ 2 cm,大型的如海带(Laminaria japonica)长可达 4 ~ 6 m,而且藻体明显地分化为"叶片"、柄部和固着器三部分。最大藻类如巨藻(Macrocystis pyrifera)可长达 100 m 以上。有的种类具有表皮层、皮层和髓的分化。

藻体含有叶绿素 a、叶绿素 c、β-胡萝卜素和几种叶黄素,但以墨角藻黄素含量最大,因此藻体常呈褐色。贮藏的养分主要是褐藻淀粉(laminarin)和甘露醇(mannitol)。

(2) 褐藻的繁殖

褐藻有营养繁殖、无性繁殖和有性生殖 3 种方式。营养繁殖通过藻体断裂的方式进行。无性生殖以产生游动孢子或静孢子为主,其游动孢子及配子都具有两根侧生的不等长的鞭毛。褐藻都进行有性生殖,包括同配、异配和卵式生殖。都具有世代交替(alternation of generations)现象,而且有同型世代交替和异型世代交替 2 种类型。同型世代交替的孢子体和配子体形态相同;异型世代交替中多数是孢子体和配子体形态不同,而且多为孢子体大,配子体小。褐藻孢子体的组织分化和世代交替现象的出现,表明它们是藻类植物中进化程度较高的类群。

6.2.3.2　褐藻的代表植物

褐藻门约 250 属 1 500 种。通常分为 3 个纲,即等世代纲(Isogeneratae)、不等世代纲(Heterogenenratae)和无孢子纲(Cyclosporae)。也有提出不分纲直接分为 13 个目的分类系统。

褐藻几乎全为海产,绝大多数固着于海底生活,是"海洋森林"的主要构成部分。寒带海中分布最多。

海带属(Laminaria)　隶属不等世代纲海带目,该属约有 30 种。现以海带(Laminaria japonica)为代表植物介绍其形态、结构、生殖和生活史。

海带生长要求水温较低,夏季平均温度不超过 20 ℃,而孢子体生长的最适宜温度是 5 ~ 10 ℃。

海带的孢子体由带片、带柄和固着器三部分构成。带片是藻体的主体部分,为不分枝的扁平带状体,幼时常常凸凹不平,内部构造分为表皮、皮层和髓 3 层,髓中有类似筛管的组织,具有输导作用。柄没有分枝,内部构造与带片类似。固着器呈分枝的根状,使海带固着于海底,也称为假根(图 6-5)。

海带的生活史有明显的世代交替。孢子体成熟时,在带片的两面产生棒状的孢子囊,孢子囊之间夹着长的细胞,称隔丝(paraphsis)。孢子囊聚生为暗褐色的孢子囊群。孢子囊中的孢子母细胞经过减数分裂及多次普通分裂,产生许多侧生双鞭毛的同型游动孢子。游动孢子梨形,两条侧生鞭毛不等长。同型的孢子在生理上是不同的,可萌发为雌配子体和雄配子

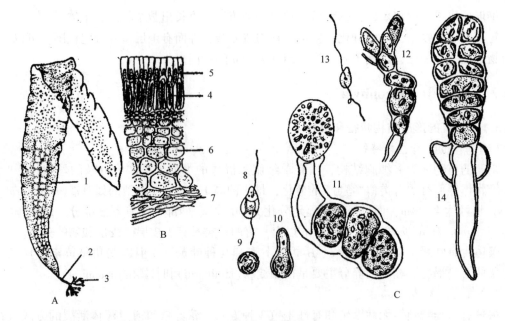

图 6-5　海带

(引自张景钺，1965)

A. 孢子体(较幼的)全形　B. 生殖时期带片的切面放大　C. 生活史的不同阶段

1. 带片　2. 柄　3. 固着器　4. 孢子囊　5. 隔丝　6. 皮层　7. 髓　8. 游动孢子　9、10. 孢子的萌发
11. 成熟的雌配子体，空的卵囊的顶端为卵　12. 成熟的雄配子体，空细胞为精子囊
13. 游动精子　14. 幼小的孢子体，下面的空细胞为卵囊

体。雄配子体由十几到几十个细胞组成，为分枝的丝状体，其上的精子囊由 1 个细胞形成，可产生 1 枚具有侧生双鞭毛的精子，其形态和构造与游动孢子相似。雌配子体由少数较大的细胞组成，分枝也很少，在枝端产生单细胞的卵囊，内有 1 枚卵细胞，成熟时卵排出，附着于卵囊顶端，卵在母体外受精，形成二倍体合子。合子脱离母体后很快萌发为新的海带。海带的孢子体和配子体差异很大，孢子体大型并有组织分化，配子体只由十几个细胞组成，这样的世代交替称为孢子体发达的异型世代交替。

6.2.4　红藻门(Rhodophyta)

6.2.4.1　红藻的形态结构特征和繁殖

(1) 红藻的形态结构特征

藻体除极少数种类为单细胞外，绝大多数均为多细胞体。有丝状、叶状、壳状、枝状等多种形态。多数红藻藻体较小，高约 10 cm，也有些紫菜长可达 1 m 至数米。藻体有简单的丝状体，也有形成假薄壁组织的叶状体或枝状体。假薄壁组织主要由藻体细胞贴合而成，可分为单轴和多轴 2 种类型。有些单轴型的藻体内部有 1 条中央位的中轴丝(藻丝)，及其向各方向生出互相紧密贴合的侧生分枝形成的皮层；有些多轴型的藻体内部有许多条中轴丝组成的髓部，及其向各方向生出互相紧密贴合的侧生分枝形成的皮层。

红藻的细胞具纤维素和藻胶组成的细胞壁。色素体中的类囊体呈单条排列，含叶绿素

a、叶绿素 d，以及水溶性的藻胆素。色素体多呈紫红色。

红藻的贮藏物质为红藻淀粉，通常以小颗粒形式存在于细胞质中。

（2）红藻的繁殖

红藻的营养繁殖以分裂繁殖为主，营养细胞纵裂为 2 个个体。无性生殖产生静孢子，主要有单孢子、果孢子、四分孢子、壳孢子等。红藻多具世代交替现象。有性生殖为卵式生殖。雄性生殖器官为单细胞的精子囊，产生不具鞭毛的不动精子。雌性生殖器官为单细胞的长颈烧瓶状的果胞，内含 1 卵。果胞上有受精丝。

由于红藻含有藻红素，藻红素可有效地利用投进深海中的蓝光，故大多数的红藻长于潮下带和深达数十米至百米以上的海底。绝大多数分布在热带暖海岸。

6.2.4.2　红藻的代表植物

红藻有 4 000 余种。通常分为红毛菜纲（Bangiophyceae）和红藻纲（Rhodophyceae）2 个纲。

紫菜属（Porphyra）　隶属于红毛菜纲。约 25 种。其生活史中有 2 种类型的植物体：一为极薄的叶状体，即配子体；一为丝状的孢子体。叶状体多为紫红色，且多为 1～2 层细胞厚的卵形、圆形、披针形的植物体。细胞单核，1 枚星芒状叶绿体，并有 1 个蛋白核。

6.2.5　金藻门（Chrysophyta）

6.2.5.1　金藻的形态结构特征和繁殖

植物体有单细胞、群体和丝状体。营养细胞有或无鞭毛。光合作用色素有叶绿素 a、β-胡萝卜素和叶黄素。由于 β-胡萝卜素和叶黄素占优势，所以藻体呈现黄绿色、黄色和金黄色。贮藏物为金藻淀粉和油。

无性生殖以游动孢子或不动孢子繁殖；有性生殖多数是同配，也有异配或卵式生殖。

6.2.5.2　金藻的代表植物

硅藻（Diatoms）　硅藻是一类单细胞植物，可以连成各种群体。硅藻的细胞壁是由 2 个套合的硅质半片组成。半片称为瓣，这是硅藻所特有的。套在外面稍大的半片（瓣）称为上壳，套在里面稍小的半片（瓣）称为下壳。壳的正面称壳面，细胞的侧面称带面或环带，上下壳相套合的部分称连接带。绝大多数种类的带面呈长方形，而壳面的形状多种多样，如圆形、纺锤形、线形、"S"形等。壳面上具有辐射状或两侧对称排列的各种花纹。许多种类的壳面还有 1～2 条窄细的壳缝。凡是有壳缝的种类都可以在水中运动。有些具壳缝的种类在细胞壳面的两端有胞壁增厚形成的折光性强的极节，在细胞中央有一个中央节。壳面可分为 2 种类型，一类是辐射硅藻类，又称中心硅藻类：壳面圆形，辐射对称，表面花纹自中央一点向四周呈辐射状排列；另一类是羽纹硅藻类：壳面长形，花纹排列成两侧对称。硅藻每个细胞含 1 个细胞核。

硅藻载色体 1 至多数，小盘状、片状。载色体有蛋白核或无，光合色素有叶绿素 a 和叶绿素 c、α-胡萝卜素、β-胡萝卜素和叶黄素；叶黄素包括墨角藻黄素，硅藻黄素、硅甲黄素，因此硅藻呈橙黄色、黄褐色。

硅藻的繁殖主要以一种特殊方式的细胞分裂：母细胞的原生质体膨胀，沿着与瓣片平行的方向分裂，1 个子原生质体居于母细胞的上壳，另 1 个居于母细胞的下壳；每个子原生质体立即分泌出另一半细胞壁，而新分泌出的半片始终是作为子细胞的下壳，老的半片作为上壳；结果1个子细胞的体积和母细胞等大，另1个则比母细胞略小一些，几代之后也只有1个子细胞的体积与母细胞等大，其余的越来越小，最后必须通过产生复大孢子(auxospore)的方式，恢复到该种细胞的正常大小(图6-6)。复大孢子的形成方式有多种，比较典型的是披针桥弯藻(*Cymbella lanceolata*)(图6-7)。

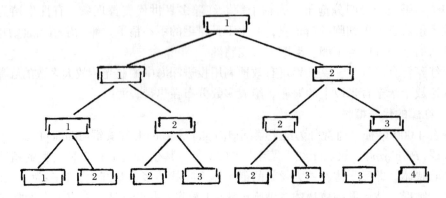

图6-6　硅藻细胞分裂，示子细胞体积的变化

(引自周云龙，2004)

1. 表示子细胞与母细胞同大　2~4. 表示不同缩小的子代细胞

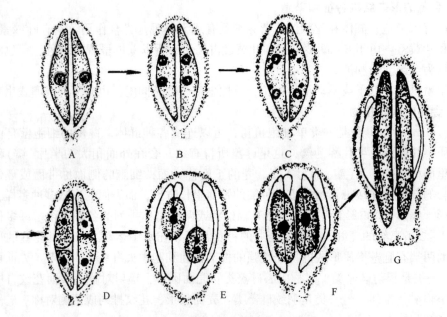

图6-7　披针桥弯藻有性生殖和复大孢子的形成

(引自 G. M. Smith，1962)

A. 相融合的2个细胞靠在一起，并分泌胶质将细胞包围，每个细胞有1个二倍体的核

B、C. 减数分裂，每个细胞仅有2个单倍体核发育，各有2个核退化

D. 每个细胞各形成2个不等大小的配子

E. 每个细胞中的小配子与相对细胞的大配子融合，形成2个合子

F. 合子引长增大成复大孢子。弃取旧壁，以后各自产生新壁，细胞恢复到该种的正常大小

硅藻是淡水和海水中浮游植物的主要构成者之一，在陆地上，凡潮湿的地方，如土壤、岩石、墙壁、树干及苔藓植物之间都有它们生长。中心硅藻纲的硅藻多海产，羽纹硅藻纲的硅藻多淡水产。

6.2.6　真核藻类与人类的关系

(1) 真核藻类是水生生态系统的初级生产者

真核藻类是继原核藻类之后出现的种类更多、分布更广的水生光合自养生物，是水体中主要的初级生产者。它们将二氧化碳和水合成为有机物，供自身生长发育所需要。它们又是浮游动物和某些贝类、虾类和鱼类直接和间接的饵料。同时真核藻类光合过程中放出的氧气又为其他一切需氧生物呼吸所必需。另外，真核藻类在生长代谢过程中，还吸收水体中的氮、磷等各种元素，它们在维持水体中的物质循环方面亦具有极其重要的作用。在一定意义上说，没有真核藻类和原核藻类，水生生态系统将不能维持，其他一切生物将不能生存。

(2) 赤潮和水华

赤潮(red tide)是海水受到污染、富营养化，在一定条件下浮游生物大量增殖，引起海水发生颜色变化的现象。赤潮的颜色有红褐色、黄褐色等多种，这和赤潮生物的种类有关。形成赤潮的生物近 300 种，包括原核藻类、真核藻类和少数原生动物等，但其中最主要的还是真核藻类。如中国沿海的赤潮生物约 40 种，而大多数为甲藻类和硅藻类。赤潮的危害主要是造成水体严重缺氧，阻塞鱼鳃，一些甲藻类还产生剧毒毒素等，造成水质进一步恶化，引起水体中的动物大量死亡。

水华，亦称水花(water bloom)，和赤潮的情况类似，是一些受污染的水体，在一定条件下某些藻类大量增殖，并在水面漂浮一层有异味和颜色的浮沫。淡水中形成水花的藻类多见于原核藻类(详见 6.2.1.3 蓝藻与人类的关系)，也有一些真核藻类形成水华，如裸藻、硅藻和绿藻类。水华的危害与赤潮类似。淡水中还有些藻类可产生剧毒，如金藻门的小定鞭金藻等，严重时可使鱼池中大部分或全部鱼类被毒死。

(3) 水质监测和水质净化

绝大多数藻类生活于水中。不同的藻类对水质的要求不同。有些藻类只能生活于贫养和中养的清洁水体中，如金藻门的鱼鳞藻属(*Mallomonas*)等；也有一些种类喜生于有机质丰富的富营养化水体中，如裸藻类，绿藻中的衣藻、栅藻属(*Scenedesmus*)、小球藻属(*Chlorella*)、纤维藻属(*Ankistrodesmus*)、盘腥藻属(*Pediastrum*)，以及硅藻中的颗粒直链藻(*Melosira granulata*)等。如果水体受到某些重金属或化学物质污染，绝大多数藻类将不能生存，仅有极少数对重金属或化学物质抗性强的藻类可以生长。根据上述几种情况，通过采集、鉴别和统计分析后就可以评价某个水体的水质状况，以及用于水质的生物监测。同样，也可以利用一些藻类对某些重金属或氮、磷等有较强的吸收能力以及光合过程释放氧气的特性，以达到改善或净化水质的目的。

(4) 真核藻类的经济价值

① 食用　许多真核藻类可食用，如海带、紫菜、石花菜、裙带菜等大中型海藻。还有一些蛋白质含量高的单细胞藻类，如小球藻等是很有开发价值的蛋白质食品。

② 药用　一些真核藻类不仅可食用，同时还有一定的药用价值，如海带等。从小球藻、

红藻中的 *Rhodomela larix* 和褐藻中的 *Ascophyllum halidrys* 等藻类可提取抗菌素，它们对革兰氏阳性和阴性菌均有良好的抑制作用。又如刺松藻可用于清热解毒、消肿利尿和驱虫。

③工业原料　一些褐藻可以提取藻酸盐，如海带、巨藻、昆布等。藻酸盐广泛用于医药工业中的乳化剂、安定剂、镇定剂、药片填充剂，制备牙齿印膜、止血、代用血浆等，也广泛用于制作果冻、调味剂、糖果业，以及用于制造化妆品、洗剂液、洗发剂等。一些红藻可提取琼胶，如石花菜、江蓠等。琼胶广泛用于生物培养基的制备，也用于食品工业，可作饮料和啤酒的澄清剂等。一些红藻可用于提取角叉藻聚糖，该物质广泛用于食品工业和医药工业(如可用于制面包、糖果、果冻)，还可用于油漆、制皮革、造纸、印刷和纺织工业。

硅藻土的用途很多，它是由大量的硅藻细胞壁沉积而成。广泛用作过滤剂、添加剂、绝缘剂、磨光剂，而且在水泥、造纸、印刷、牙科印膜等方面均有重要用途。

绿藻中的盐藻可用于提取胡萝卜素，在医疗保健上有重要用途。

此外，还有些藻类可用于饲料，如石莼属、浒苔和一些褐藻、红藻等。还有一些藻类可用于绿肥。

在科研上，一些真核藻类也是研究光合作用、细胞培养、基因工程、个体发育和系统进化的好材料。

6.3　菌类植物(Fungi)

菌类植物在分类上并非具有亲缘关系的纯一类群，它们的共同特征是没有叶绿素、除极少数细菌外都不能进行光合作用。因此菌类植物的营养方式是异养 (heterotrophy) 的。菌类植物约有7.2万种。通常分为细菌门、黏菌门和真菌门。

6.3.1　细菌门(Bacteriophyta)

细菌(bacteria)是微小的单细胞植物，它们和蓝藻相似，没有细胞核的分化，都属于原核生物。绝大多数细菌不含叶绿素，是异养植物。

细菌的分布极广，几乎分布在地球的各个角落，如空气、水和土壤中，生物体的内外和一切物体的表面都有它们的存在。现已知的细菌有 2 000 余种。

6.3.1.1　细菌的形态结构特征和繁殖

(1)细菌的形态结构特征

根据细菌的形态可以分为球菌(coccus)、杆菌(bacillus)、螺旋菌(spirillum)。平均体长 $2\sim3\ \mu m$，宽 $0.5\sim1.5\ \mu m$。球菌的直径 $0.15\sim2\ \mu m$，通常为 $0.5\sim0.6\ \mu m$。杆菌的长度为 $1.5\sim10\ \mu m$，一般的长度为 $2\sim3\ \mu m$，宽 $0.5\sim1.5\ \mu m$(图6-8)。

细菌没有真正的细胞核，核质分散于细胞质中，成为原核(prokaryo)，核质内有脱氧核糖核酸。原生质体中有极小的液泡、食物颗粒(糖、脂肪、蛋白质等)。细胞外有极薄的细胞壁，细胞壁的化学成分为黏质复合物。多数细菌细胞壁外有 1 层胶质的薄膜，称为荚膜。

(2)繁殖

细菌通常以简单的分裂方式进行繁殖，当细菌个体生长到一定限度后就开始分裂，在细菌细胞中部凹入，原生质体被向内生长的新壁分为两部分。将菌体分成 2 个大小相等的(球菌)或不相等的新细菌。有些杆状或丝状细菌，可断裂形成 3 个以上的新个体。

细菌的裂殖速度极快，在最适宜的条件下，20～30 min 就能分裂 1 次，形成新的一代。

某些种细菌生长到某个阶段，失去水分浓缩，形成 1 个圆形或椭圆形的内生孢子，称芽孢。芽孢能抵抗不良的环境，如有些芽孢能耐 -253 ℃ 的低温以及在沸水能存活 30 h 之久。当养料、温度、湿度以及其他环境适宜时即可萌发成 1 个新的菌体。

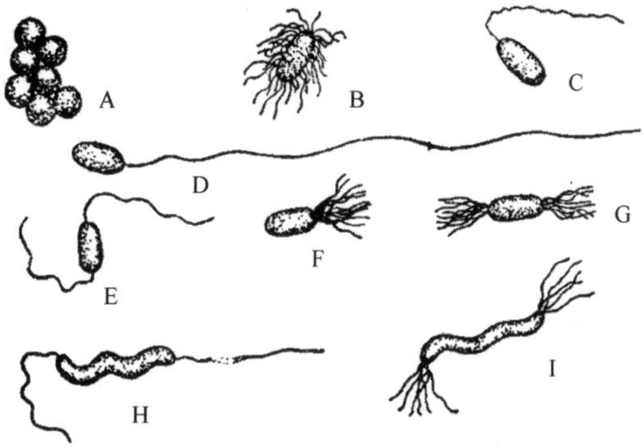

图 6-8　常见的三型细菌
(引自张景钺，1965)
A. 球菌　B～G. 杆菌　H、I. 螺旋菌

6.3.1.2　细菌的营养

(1)异养细菌

多数细菌营寄生或腐生生活，称做异养细菌(heterotrophic bacteria)。少数种类可以进行化能合成作用和光合作用，称做自养细菌(autotrophic bacteria)。

异养细菌不能自制有机物质而必须从外界取得食物。它又可分为寄生细菌(parasitic bacteria)和腐生细菌(saprophytic bacteria)。

寄生细菌是在人、动物及植物体内吸取养料而生活的，使人和动植物致病。

腐生细菌分布最广，它们主要生活在动植物的遗体、排泄物以及含有机物的土壤和污水中。人及动物的消化道中亦有此类细菌存在，它们主要是使有机物腐烂分解取得有机碳作为养料，使复杂的有机物分解为简单的无机物。

所有的绿色植物都不能消化纤维素，也不能直接吸收蛋白质。这些地球上数量最多的物质，只有在多种腐生细菌的配合下逐级分解，才能最终变成简单的无机物——水、二氧化碳、氨和其他各种无机盐等，重新被植物吸收利用，重新进入生物循环。所以腐生细菌及腐生真菌是自然界生态系统中不可缺少的分解者。

纤维素的分解过程为：细菌将纤维素分解为纤维二糖(一种双糖)，纤维二糖又经另一些细菌分解为葡萄糖，再经多种细菌分解为二氧化碳和水。

蛋白质的分解过程为：蛋白质经一系列细菌作用，分解为简单的含氮化合物——氨。氨可以被高等植物吸收利用，也可以在土壤里被硝化细菌氧化成亚硝酸和硝酸。硝酸在土壤中被中和为硝酸盐，成为绿色植物的氮素来源。

(2)自养细菌

自养细菌是自己能够合成有机物的细菌。根据其合成有机物所需能量的来源，分为化能细菌和光能细菌两类。

化能细菌(chemosynthetic bacteria)借氧化无机物所放出的能量，将无机物合成为有机物，如硫细菌、硝化细菌和铁细菌等。其中硫细菌分布最为广泛，它们能将硫化氢氧化为硫和硫酸，化学过程如下：

$$2H_2S + O_2 \longrightarrow 2H_2O + 2S + 能量$$

$$2S + 2H_2O + O_2 \longrightarrow 2H_2SO_4 + 能量$$

光能细菌(photosynthetic bacteria)的细胞内含有细菌叶绿素和红色素,能够进行与其他绿色植物类似的光合作用,特称为细菌光合作用,如紫细菌(purple bacteria)。这类细菌只是极少数。

6.3.1.3 细菌与人类的关系

(1)细菌在自然界物质循环中的作用

在自然界的物质循环中,细菌占很重要的地位,特别是对碳与氮的循环尤为重要。它和其他腐生真菌联合起来,把动植物的残体和排泄物等分解为简单的无机物,如硝酸氨、硫酸氨、磷酸盐、二氧化碳和水等,重新为植物所利用。

(2)细菌的固氮作用

细菌中有两类能够吸收空气中游离的氮素,把氮素和糖类化合为含氮的有机物,这一过程称为固氮作用。一类是根瘤细菌属(Rhizobium),共生于豆科、桦木科、胡颓子科等植物的根中,形成根瘤,它们在根内摄取糖,而供给植物有机氮;另一类是自由生活在土壤中的固氮细菌,包括梭状芽孢杆菌属(Clostridium)和固氮菌属(Azotobacteria),它们从土壤中的腐烂有机物中吸取糖,与游离的氮结合为有机氮,也可供给高等植物氮素。

此外,磷细菌能把磷酸钙、磷灰石、磷灰土分解为农作物容易吸收的养分。硅酸盐细菌能促进土壤中的磷、钾转化为植物可以吸收的物质,使这些植物生长更好。

(3)细菌的经济价值

①在工业和轻工业方面　细菌在工业和轻工业领域也广为应用。如酒精、乳酸、丙酮、丁酸的酿造,石油原油分解、造纸、制革和制糖等都需要发挥细菌的作用。

②在医药卫生方面　可以利用细菌生产多种药物,利用杀死的病原菌或处理后丧失毒力的活病原菌,制成各种预防和治疗疾病的疫苗,如卡介苗。有些放线菌能产生抗菌素,常见的药物如链霉素、氯霉素、四环素、土霉素等是从放线菌类中提取出来的抗生素。

(4)细菌的有害方面

很多寄生细菌是致病菌,如伤寒、霍乱、痢疾、鼠疫、白喉、破伤风等的病原菌,可使人体发生严重疾病,危害生命。家畜、家禽的传染病菌,如马炭疽菌、猪霍乱菌、鸡霍乱菌等,可致家畜、家禽死亡。而许多细菌是农作物的病原菌,能危害农作物。腐生细菌能使肉类、食品腐败,人误食腐败的肉、鱼可导致中毒。

6.3.2 真菌门(Eumycophyta)

6.3.2.1 真菌的形态结构特征和繁殖

(1)真菌的形态结构特征

真菌是一类不含叶绿素的真核异养植物。大多数真菌细胞壁的主要成分为几丁质(chitin),部分真菌具有纤维素的细胞壁。菌丝(hyphae)细胞内包含有细胞核、细胞质、液泡,贮藏的营养物质主要是肝糖、少量的蛋白质和脂肪等。有些种类的细胞,其原生质体因含非光合色素而使菌丝呈现不同的颜色。营养体除少数原始种类为单细胞外,绝大多数真菌的营养体都是由分枝或不分枝、纤细的菌丝(hyphae)组成的菌丝体(mycelium)。低等真菌的菌丝一般无隔,内含多个细胞核。高等真菌的菌丝均有横隔,形成多细胞的菌丝。每个细胞多含

1 个细胞核(图6-9)。

真菌的异养方式有腐
生 (saprophytism) 和寄生
(parasitism)，一些种类为
专性腐生或专性寄生，也
有的为兼性腐生或兼性寄
生。还有的真菌为共生。
如有的与藻类共生形成地
衣，有的与高等植物的根
共生形成菌根等。

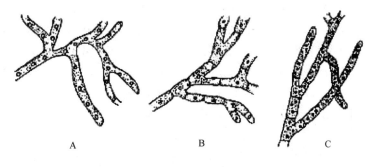

图6-9　真菌菌丝类型

(引自周云龙，2004)

A. 无隔多核菌丝　B. 有隔菌丝(单核)　C. 有隔菌丝(多核)

(2)真菌的繁殖

真菌的繁殖方式有营
养繁殖、无性生殖和有性生殖 3 种类型。

①营养繁殖　可以通过菌丝断裂，也可以通过细胞分裂产生子细胞进行繁殖。

②无性生殖　可产生大量的无性孢子，如游动孢子、分生孢子(conidiophore)、孢囊孢
子等。

③有性生殖　低等的真菌为配子的配合，有同配与异配之分，与绿藻的相似。子囊菌的
有性生殖形成子囊，在子囊内产生子囊孢子。而担子菌有性生殖产生担子(basidium)，在担
子内形成担孢子(basidiospore)。子囊孢子和担孢子是生殖细胞经有性结合后产生的孢子，
与无性生殖产生的孢子不同。

高等类型的真菌进行有性生殖时，常形成特殊的、质地致密的菌丝组织结构，其中产生
有性孢子，此种组织结构称子实体(sporophore)。每种真菌的子实体的形态特征是基本一致
的，是识别真菌和进行真菌分类的重要依据。

真菌的分布极广，陆地、水中及大气中都有，尤其以土壤中最多，滋生在各种动植物遗
体上。寄生的种类则主要寄生在各类植物上，许多动物及人体上也有真菌寄生。

6.3.2.2　真菌的主要类群和代表植物

真菌的种类极其繁多，已被描述的真菌有 10 000 多属120 000 余种。近年来学者多采用
Ainsworth(1971，1973)的分类系统将真菌门分为 5 个亚门，即鞭毛菌亚门、接合菌亚门、子
囊菌亚门、担子菌亚门和半知菌亚门。

5 个亚门中，鞭毛菌亚门和接合菌亚门为低等真菌，菌丝均无隔；子囊菌亚门和担子菌
亚门为高等真菌，菌丝均有隔；半知菌亚门的菌丝亦有隔，应为高等真菌，但尚未发现它们
的有性阶段。

现将子囊菌亚门、担子菌亚门分别列举几种常见的代表类型说明如下。

(1)子囊菌亚门(Ascomycotina)

极少数为单细胞(如酵母菌)，绝大多数为有隔菌丝组成的菌丝体，无性生殖主要产生
分生孢子。有性生殖时形成子囊(ascus)，合子在子囊内经减数分裂，产生 4、8 或 16 个(通
常 8 个)内生的子囊孢子(ascospore)。子囊通常被菌丝交织包被形成子实体，又称为子囊果
(ascocarp)，子囊果的形状和特征是子囊菌分类的重要依据。子囊果有以下 3 种类型。

子囊盘(apothecium)：子囊果为盘状、杯状或碗状，敞开，子实层通常暴露在外。

子囊壳(perithecium)：子囊果为瓶状，顶端有开口，子囊果常埋于子座(stroma)中。

闭囊壳(cleistothecium)：子囊果为球形，无孔口，完全封闭。

子囊菌亚门的种类繁多，全世界有1 950属15 000种。分为6个纲，即半子囊菌纲(Hemiascomycetes)、腔囊菌纲(Loculoacomycetes)、不整囊菌纲(Plectomycetes)、虫囊菌纲(Laboulbeniomycetes)、核菌纲(Pyrenomycetes)和盘菌纲(Pezizomycetes)。常见和重要的属有酵母菌属、青霉属、曲霉属和虫草属等。

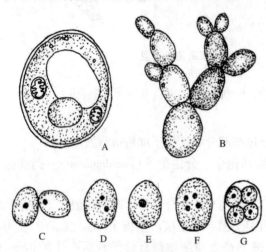

图6-10 酿酒酵母的生殖

A. 营养细胞 B. 出芽生殖 C～G. 有性过程

[C. 将要进行体配的2个细胞 D. 质配后内含双核(n+n)
E. 核配 F. 减数分裂产生4个子核
G. 子囊内形成4个子囊孢子]

①酵母菌属(*Saccharomyces*) 是半子囊菌纲中最原始的类型，均不产生子囊果。酿酒酵母(*S. cerevisiae* Han.)是本属中最著名的代表，生于各种水果的表皮，发酵的果汁和土壤中。植物体为单细胞，球形或椭圆形，内含1个细胞核，具1个大液泡。通常以出芽方式繁殖(图6-10)。首先在母细胞的一端形成一个小芽，也称芽生孢子(blastospore)，老核分裂后形成的子核移入其中一个小芽，小芽长大后脱离母细胞，成为一个新酵母菌。有性生殖为体配，由2个营养细胞或2个子囊孢子直接融合，质配后进行核配，形成的2倍体细胞即为子囊，经减数分裂后产生4个单倍体的子囊孢子，子囊孢子释放后各自发育为1个新个体。酿酒酵母用于酿造啤酒、酒精和其他饮料酒，还可用于发面制面包，以及生产甘油、甘露醇和有机酸等。酵母菌能将糖类在无氧条件下分解为二氧化碳和酒精，在发酵工业中应用广泛，如常用于制造啤酒等。

②青霉属(*Penicillium*) 属不整囊菌纲。营养菌丝具隔，单核，无性生殖发达，无性生殖时，首先从菌丝体上产生很多直立的分生孢子梗，梗的先端分枝数次，呈扫帚状，最末的分枝称小梗。小梗顶端产生一串青绿色的分生孢子(图6-11)。分生孢子散落后，在适宜的条件下萌发成新一代菌丝体。青霉的有性生殖过程很少见，仅见于少数种类。

青霉属应用很广，有些种类可药用，青霉素(penicillin)即是从黄青霉和点心青霉中提取的。

③虫草属(*Cordyceps*) 隶属于核菌纲，为鳞翅目昆虫的幼虫体内寄生的子囊菌。其中冬虫夏草(*C. sinensis*)最著名。该菌的子囊孢子秋季侵入鳞翅目幼虫体内，发育成菌丝，并充满虫体，幼虫仅存完好的外皮，菌丝在虫体内形成菌核。越冬后，于次年春天从幼虫头部长出有柄的棒状子座。其顶端产生许多子囊壳。由于子座伸出土面，状似一颗褐色的小草，故有冬虫夏草之名(图6-12)。冬虫夏草主要分布于我国西南地区高海拔山区，历来被作为名贵补药，有补肾、止血化痰等功效。

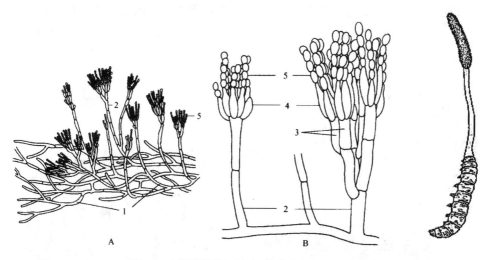

图 6-11　青霉属的无性生殖

（引自叶创兴等，2000）

图 6-12　冬虫夏草

（引自张景钺）

A. 青霉属菌株，从营养菌丝上长出分生孢子梗　B. 放大的分生孢子梗

1. 营养菌丝　2. 分生孢子梗　3. 梗基　4. 小梗　5. 分生孢子

（2）担子菌亚门（Basidiomycotina）

营养体均为有隔菌丝构成的丝状体，并有初生菌丝体（primary mycelium）、次生菌丝体（secondary mycelium）和三生菌丝体（tertiary mycelium）之分。有性生殖时形成担子，担子上常生有 4 个外生的担孢子。初生菌丝是由担孢子萌发产生的单核单倍体菌丝，生活时间短。次生菌丝体是初生菌丝经质配后形成的双核（$n+n$）菌丝体，生活期长。双核菌丝细胞以锁状联合（clamp connection）的方式进行分裂增殖。首先，在细胞的两核之间生出一个喙状突起，双核中的一个移入喙状突起，另一个仍留在细胞下部。两异质核同时分裂，成为 4 个子核。分裂完成后，原位于喙基部的一子核与原位于细胞中的一子核移至细胞上部配对；另外两子核，一个进入喙突中，一个留在细胞下部。此时细胞中部和喙基部均生出横隔，将原细胞分成 3 部分。上部是双核细胞，下部和喙突部暂为两单核细胞。此后，喙突尖端继续下延与细胞下部接触并融通。同时喙突中的核进入下部细胞内，使细胞下部也成为双核。经如上变化后，4 个子核分成 2 对，一个双核细胞分裂为两个。此过程结束后，在两细胞分隔处残留一个喙状结构形同如锁，即锁状联合。这一过程保证了双核菌丝在进行分裂时每个细胞都含有两个异质的核。锁状联合是双核菌丝的鉴定标准，也是担子菌亚门的明显特征之一。三生菌丝体是由次生菌丝体特化形成的，其细胞内仍具双核，由这类菌丝形成各类子实体。担子菌的子实体也称为担子果，其大小、形状、质地、色泽差异很大，是进行担子菌分类的重要依据。

担子菌亚门种类繁多，约有 12 000 种，通常将其分为 3 个纲，即冬孢菌纲（Teliomycetes）、层菌纲（Hymenomycetes）和腹菌纲（Gasteromycetes）。

伞菌属（蘑菇属 *Agaricus*）　隶属于层菌纲，是担子菌中最普遍的种类，植物体（又称子实体）由菌丝交织而成，肉质，多呈伞形，由伞状或帽状的菌盖（pileus）和菌柄（stipe）组成。菌盖下面有许多放射状的片层称为菌褶（gills），菌褶的表面形成担子，担子密集整齐地分布于菌褶的表面，形成子实层，担子之间有隔丝。有性过程为担子内的双核融合，后经减数分裂形成 4 个担孢子。担孢子成熟后脱落，生成单核菌丝，经过复杂的变化，又生成子实体(图 6-13)。

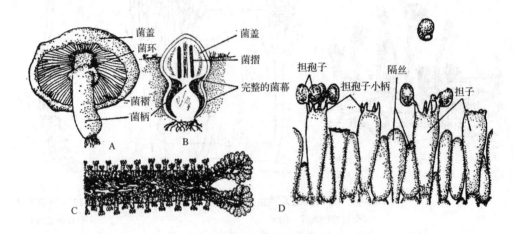

图 6-13 伞菌属

(引自曹慧娟等，1992)

A、B. 蘑菇的子实体　　C、D. 菌褶及其部分放大

子实体幼小时外面被薄膜包裹，当菌盖生长张开时，薄膜破裂，留在菌盖边缘的称为菌幕(velum)，留在菌柄中部的环称为菌环(annulus)。菌柄基部有许多菌丝延伸入基质内吸收水分和营养。

本亚门常见的食用菌有香菇(*Lentinus edodes*)、平菇(*Pleurotus ostreatus*)、口磨(*Tricholma gambosum*)等，都是美味和营养丰富的食品。作为食用和药用还有：木耳(*Auricularia auricula*)、银耳(*Tremella fuciformis*)、猴头(*Hericium erinaceus*)等。松茸(松口蘑，*Tricholoma matsutake*)是著名的食用真菌，因其营养丰富被视为食用菌的珍宝。药用的有猪苓(*Polyporus umbellatus*)、灵芝(*Ganoderma lucidum*)、茯苓(*Poria cocos*)等。

常见的农作物病原菌有禾柄锈菌(*Puccinia graminis*)、玉米黑粉菌(*Ustilago maydis*)等。

6. 3. 2. 3　真菌与人类的关系

(1)真菌在自然界物质循环中的作用

在自然界中，真菌对物质循环的作用仅次于细菌。但在苔原中由于土壤温度低，真菌的作用超过了细菌，特别是在适宜真菌发育的酸性的森林枯枝落叶层中，活动程度远高于细菌。因此，真菌对自然界物质的循环起着重要作用。

(2)真菌的经济价值

①食用真菌(edible fungi)　许多大型真菌为营养丰富、味道鲜美的食用菌，并具有高蛋白和低热量的特点，常含有 17～18 种氨基酸，其中包含人体所需的 8 种氨基酸，是当代人类理想的食品。中国食用菌资源丰富，约 800 种。全世界人工栽培的种类约有 20 种，著名种类有平菇、香菇、双孢蘑菇、木耳、银耳、金针菇、猴头、竹荪、羊肚菌等。

②在工业和轻工业方面　酵母、曲霉、毛霉、根霉可酿酒；酵母可制面包。真菌还广泛用于化工、造纸、制革等工业，也可用于提取生长素等。

③在医药卫生方面　许多真菌既可食用又可药用，如香菇、木耳、猴头等；有些是著名药用真菌，如灵芝、猪苓、云芝、茯苓、竹黄、虫草等，特别是云芝、香菇等具有抗癌功效。

（3）真菌的有害方面

很多真菌常给人类造成灾害，如某些真菌能使森林、农作物、果树、蔬菜等发生病害，常常造成它们的减产或死亡。有些真菌可使木材、木桥、河船和枕木腐烂；有些真菌或寄生于树木上引起树干中心腐烂，或感染针叶树，引起树冠稀疏枯顶。有些真菌引起人类及动物的疾病。

6.4　地衣（Lichens）

地衣是植物界中一类特殊的植物，是藻类和真菌的共生复合体。两者关系十分密切，每种地衣都有其特定的形态、结构及生理特点，在分类上也自成体系。植物体的大部分由菌丝构成，多为子囊菌，少数为担子菌，极少数为半知菌。藻类分布在复合体内部，聚集形成一层或若干团，数量较少，主要是单细胞或丝状的蓝藻和绿藻。在生长过程中，菌类吸收水分和无机盐供给藻类，并包围藻类细胞，使之保持一定的湿度而不会干死；藻类进行光合作用为整个复合体制造养料，地衣体中的藻类和真菌是互惠的共生关系。

6.4.1　地衣的类型和结构特点

地衣按形态基本上可分为 3 种类型。

①壳状地衣（crustose lichen）　地衣体为非常薄的粉末状或霉斑状，紧贴基质，如岩石、树皮和土壤等表面，通常难以和基质分开。壳状地衣约占全部地衣的 80%。如生于岩石上的地图衣（*Rhizocarpon*）（图 6-14A）、茶渍衣属（*Lecanora*）和生于树皮上的文字衣属（*Graphis*）（图 6-14B）。

②叶状地衣（foliose lichen）　地衣体呈叶状，常由叶片下部生出假根或脐固着于基质上，易与基质剥离。如生于岩石或树皮上的梅衣属（*Parmelia*）和生于草地上的地卷衣属（*Peltigera*）和石耳属（*Umbilicaria*）（图 6-14C）。

③枝状地衣（fruticos lichen）　地衣体呈分枝状，直立或下垂如丝，仅基部附着于基质上。如直立地上的石蕊属（*Cladonia*）（图 6-14D）、石花属（*Ramalina*），悬垂于云杉、冷杉树枝上的松萝属（*Usnea*）。

地衣体均由共生真菌的菌丝和共生藻类组成，但排列方式和结构类型各有不同。这里仅介绍典型的叶状地衣类型。如梅衣属，叶状体的横切面由上至下的结构为上皮层、藻胞层、髓层和下皮层 4 层构成。上皮层和下皮层均由致密交织的菌丝组成；藻胞层是在上皮层之下由藻细胞集中排列而成明显的 1 层；髓层介于藻胞层和下皮层之间，由一些疏松的菌丝交织而成。由于藻细胞在上皮层下方集中排列形成 1 层，故这种类型的结构为异层地衣（heteromerous lichen）。另有一些种类，藻细胞和菌丝混合交织，不集中排列为一层。这种结构类型的地衣称同层地衣（homoeomerous lichen），如胶衣属（*Collema*）等（图 6-15）。异层地衣的种类占大多数。

图 6-14　地衣的类型

A、B. 壳状地衣　C. 叶状地衣　D. 枝状地衣

　　地衣往往呈现出各种色彩，主要是因为上皮层内通常含有大量橙色与黄色色素的缘故。

6.4.2　地衣的繁殖

　　地衣的繁殖有营养繁殖和有性生殖两种类型。

　　地衣最普通的繁殖方式是营养繁殖，主要是地衣体断裂，一个地衣体分裂为数个裂片，每个裂片均可发育为一个新个体。此外，许多种类能形成粉芽(soredium)（图 6-16），它是叶状体表面或特殊的分枝上，几根菌

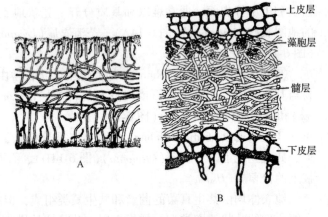

图 6-15　叶状地衣的横切面构造

A. 同层地衣　B. 异层地衣

(引自曹慧娟，1992)

丝缠绕着数个藻细胞而成，脱离母体后，在适宜条件下形成新个体。

　　地衣的有性繁殖通过共生的真菌独立进行。共生的真菌通过有性生殖方式产生子囊孢子或担孢子，散布到环境中，如果遇到与它共生的藻类细胞而且环境条件适宜，孢子萌发后就

能与藻类细胞不断发育成新的地衣。如果遇不到相应的藻类细胞，真菌的孢子即使萌发，也很快死去。

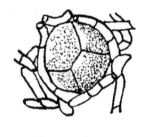

图 6-16　粉芽
（引自张景钺，1965）

6.4.3　地衣门的主要类群

本门植物全世界有 500 属 25 000 余种。地衣通常分 3 纲：子囊衣纲、担子衣纲、半知衣纲。

（1）子囊衣纲（Ascolichens）

地衣中的真菌属于子囊菌。本纲地衣的数量占地衣总数量的99%，主要的种类有松萝属（*Usnea*）、梅衣属（*Parmelia*）、蜈蚣衣属（*Physcia*）、石蕊属（*Cladonia*）等。

（2）担子衣纲（Basidiolichens）

本纲组成地衣体的真菌多为伏革菌科（Corticiaceae），其次为口蘑科（Tricholomataceae）。组成地衣的藻类是蓝藻。主要分布于热带，如扇衣属（*Cora*）。只有 6 属 10 余种。

（3）半知衣纲（Deuterolichens）或不完全衣纲（Lichens imperfectii）

根据地衣体的构造和化学反应属于子囊菌的某些属，未见到它们产生子囊和子囊孢子，是一类无性地衣。如地茶属（*Thamnolia*）。

6.4.4　地衣在自然界的作用及其经济价值

（1）地衣对于岩石风化和土壤形成起重大作用

地衣是多年生植物，生长极慢，因而它需要的土壤、营养和水湿条件很低，也能忍耐长期的干旱和低温，能生长在其他植物不能生长的峭壁或裸露的岩石上，通过分泌地衣酸，腐蚀岩石，使岩石表面逐渐龟裂和破碎，再加上自然界的风化作用，使岩石表面变为土壤。因此地衣对于岩石风化和土壤形成起重大作用，为后来高等植物的进入创造了条件，所以称为先锋植物。

（2）环境监测

地衣对 SO_2 反应敏锐，工业区附近地衣不能生长，所以地衣可用作对大气污染的监测指示植物。

（3）地衣的经济价值

有的地衣可作药用，如石蕊（*Cladonia cristutella*）、松萝（*Usnea subrobusta*）等；地衣酸有抗菌作用；多数地衣体如石耳中所含的地衣多糖（lichenin）均有较高的抗癌活性。

地衣中含淀粉和糖类，因此，多种地衣可供食用，如石耳、石蕊、冰岛衣等，北欧一些国家用地衣提取淀粉、蔗糖、葡萄糖和酒精；在北极和高山苔原带，分布着面积数十至数百千米的地衣群落，为驯鹿、鹿等动物的主要饲料。另外，著名的滇金丝猴的主要食物就是地衣。

地衣可用于制香料，配制化妆品、香水和香皂原料，如扁枝属、树花属、肺衣属中的某些香料。有的地衣菌丝含有色素，过去用染料衣（*Roccella tinctoria*）提取红靛（石蕊）为化学的指示剂（石蕊试纸），现已被人工合成品所代替。

地衣也有危害性的一面,如云杉、冷杉林的树冠上常挂满松萝等地衣,导致树木死亡。有的地衣生长在茶树和柑橘树上,危害较大。

6.5　苔藓植物(Bryophyta)

苔藓植物是一群小型的多细胞绿色植物,是高等植物中最原始的类群。全世界约有23 000种,中国2 100余种。它们虽然脱离水生环境进入陆地生活,但大多数仍需生长在潮湿地区,因此它们是从水生到陆地过渡的代表类型。广布于热带、亚热带、温带、寒带地区。在极地冻原或高山冻原常以苔藓为主。

6.5.1　苔藓植物的共同特征

苔藓植物形态、结构比较简单,植物体大多有类似茎叶的分化,具单细胞或单列细胞构成的假根,尚未分化出维管组织。在生活史中有配子体和孢子体2种类型的植物体,为配子体占优势的异形世代交替,而且孢子体不能独立生活,寄生于配子体上。生殖器官为多细胞结构,且有不育细胞组成的保护壁层,雌性生殖器官形成颈卵器,合子在母体内萌发形成胚。苔藓植物通常分为2个纲:苔纲和藓纲。

6.5.2　苔类植物的特征和生活史

苔纲(Hepaticae)的配子体为叶状体,或有类似茎、叶的分化,称为拟茎叶体,有背腹之分,常为两侧对称。假根为单细胞构造。孢子体的孢蒴内无蒴齿,有弹丝(elater),除角苔(Anthocerotales)外没有蒴轴。孢蒴开裂方式多为纵裂。孢子萌发后,原丝体(protonema)阶段不发达,常产生芽体再发育为配子体。

苔类植物对环境温度的要求较高,主要生长于热带和亚热带的阴湿生境中。

苔纲通常分为3个目,即地钱目(Marchantiales)、叶苔目(Jungermanniales)和角苔目(Anthocerotales)。也有的作者将角苔目提升为角苔纲(Anthocerotopsida)。

地钱(*Marchantia polymorpha*)是地钱目地钱属中最常见的植物,为世界广布种。喜生于阴湿土表,常见于林内、沟边、井边、墙隅。配子体为绿色扁平的叶状体,多次二叉分枝,在腹面长有假根。宽1~2 cm,长5~10 cm,叶状体颇厚,由多层细胞组成,有明显背腹之分,前端凹入处有顶细胞,该细胞能不断地分裂形成新细胞,是地钱的生长点部分。顶端细胞继续生长分化,形成地钱配子体的各种组织。成熟叶状体的横切可见,最上层是表皮,表皮下有1层气室(air chamber),室的底部有许多不整齐的细胞,排列疏松,细胞内含有许多叶绿体,这是地钱的同化组织。气室与气室之间有不含或稍含叶绿体的细胞,称限界细胞。每个气室的顶部中央有1个通气孔(air-pore),孔的周围由数个细胞构成烟囱状。通气孔无闭合能力,肉眼从叶状体背面看到的菱形网纹,即为气室的分界,而中央的白点即为通气孔。气室以下是由多层细胞组成的薄壁组织,内含有淀粉或油滴。有时也可以看到黏液道。下表皮与薄壁组织的细胞紧紧相连。腹面有多数假根和紫褐色鳞片,两者都有吸收养料、保存水分和固定植物体的功能。

　　地钱为雌雄异株植物，有性生殖时，在雄株植物体的中肋（nerve midrib）上产生雄生殖托，雄生殖托圆盘状，具长柄；雄生殖托内生有许多精子器（antheridium）。在雌株的中肋上产生雌生殖托，雌生殖托的托柄较长，托盘边缘指状深裂，形成下垂的 8～10 条指状芒线，每 2 条指状芒线之间的盘状体处，各有 1 列倒生的颈卵器（archegonium）。

　　雌雄生殖器官成熟时，精子借水游入颈卵器与卵结合形成合子。合子在颈卵器内发育成胚，再形成孢子体。孢子体基部有基足（foot），伸入配子体中吸取养分。上部为孢蒴（capsule）。孢蒴下有蒴柄（seta）。孢蒴内的大部分孢原组织产生了孢子母细胞，经过减数分裂形成单倍体的孢子。另有少部分孢原组织，形成一些长形细胞，转化为壁上有螺旋状增厚的弹丝，它在受干湿条件的影响时，可发生扭曲弹动，有助于孢子的散出。孢子同型异性，在适宜的环境中，分别萌发成不同性别的原丝体（protonema），再分别发育成雌配子体和雄配子体（图 6-17）。

　　地钱除有性和无性生殖外，也进行营养繁殖。如产生胞芽（gemmae），生于叶状体背面中肋上的绿色孢芽杯中（图 6-18），成熟后自柄处脱落，在土壤中萌发成新的配子体。

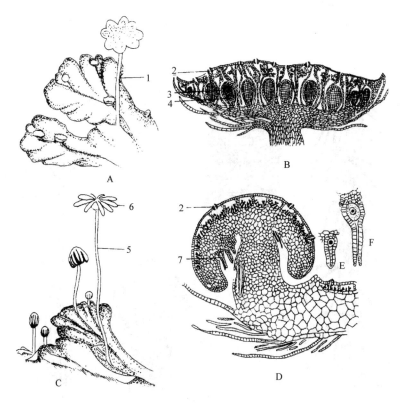

图 6-17　地钱的雌生殖托和雄生殖托

（引自 G. M. Smith 等，1962）

A. 雄株和雄生殖托外形　B. 雄生殖托纵切面　C. 雌株和雌生殖托外形

D. 雌生殖托纵切面　E、F. 颈卵器放大

1. 雄生殖托　2. 气孔　3. 精子器腔　4. 精子器　5. 雌生殖托　6. 指状芒线　7. 颈卵器

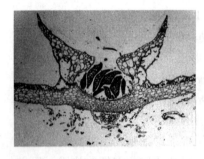

图6-18 孢芽杯

6.5.3 藓类植物的特征和生活史

藓纲(Musci)的配子体有类似茎、叶的分化，称为拟茎叶体，多为辐射对称。叶常具中肋(nerve midrib)，假根由单列细胞构成的丝状体。孢子体的结构较苔类复杂，孢蒴有蒴轴，无弹丝，常有蒴齿，成熟时多为盖裂。孢子萌发后，原丝体时期发达，每个原丝体常形成多个植物体。

藓纲分为3个目，即泥炭藓目、黑藓目和真藓目。

（1）泥炭藓目(Sphagnales)

主要生于沼泽或易于积水的生境中，侧枝发达，丛生成束，叶具有无色大型的死细胞，假蒴柄延长，孢蒴盖裂，植株多呈黄白色和灰绿色，雌雄同株异枝。只有1科1属300多种（图6-19）。

（2）黑藓目(Andreaeales)

常生于高山，假蒴柄延长，孢蒴4瓣裂，植株多呈紫黑色至红紫色，雌雄同株或异株。只有1科2属120多种。

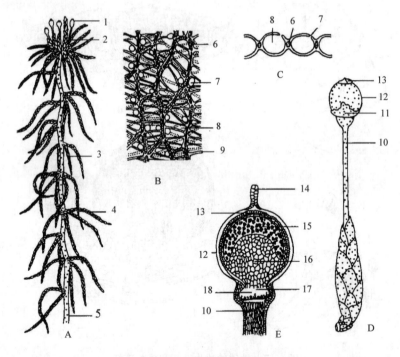

图6-19 泥炭藓

（引自张景钺，1965）

A. 植株外形　B. 叶片一部分的表面观　C. 叶片一部分的横切面　D. 着生于雌枝上的孢子体　E. 孢子体的纵切面

1. 孢子体　2. 顶生短枝　3. 弱枝　4. 强枝　5. 茎　6. 绿色细胞　7. 水孔　8. 大形无色细胞
9. 螺纹加厚　10. 假蒴柄　11. 颈卵器壁的残余　12. 孢蒴　13. 蒴盖　14. 颈卵器的颈部
15. 孢子　16. 蒴轴　17. 未延伸的假蒴柄　18. 基足

（3）真藓目（Bryales）

分布广泛，生境多样，孢蒴盖裂，植株颜色多种，雌雄同株或异株。只有 1 科 1 属 300 多种。

葫芦藓（*Funaria hygrometrica*）　为真藓目的常见种类，是世界性的广布种。配子体直立，高约 1cm，常密集成片生长而呈绿色地毯状，具茎、叶分化，茎的基部具多细胞组成的假根，主要起固着作用。叶卵形或舌形，具 1 条中肋，螺旋状排列于茎的中上部。葫芦藓为雌雄同株植物，但雌、雄生殖器官分别生于不同的枝端，产生精子器的分枝顶端的叶较大，外张，称雄苞叶，状如一朵小花。枝端中央集生多个橘红色的精子器，精子器间还有单列细胞组成的侧丝，隔丝顶端细胞膨大。

雌枝端的叶集生呈芽状，其中有几个具柄的颈卵器。当生殖器官成熟时，精子器顶端裂开，精子溢出，借水游入颈卵器中与卵结合形成合子，合子不经休眠，在颈卵器中发育成胚，胚逐渐分化成孢子体。孢子体由孢蒴、蒴柄和基足三部分组成。基足深入母体内吸收营养，蒴柄初期生长较快，而将苞蒴顶出颈卵器，被撕裂的颈卵器上部附着在孢蒴的外面成为蒴帽（calyptra）。孢子体的最重要部分是孢蒴，由蒴盖、蒴壶和蒴台三部分组成，其中的造孢组织发育为孢子母细胞，孢子母细胞经减数分裂形成孢子。孢蒴中具蒴齿，孢子成熟后借蒴齿的干湿性伸缩运动被弹出蒴外，在适宜的环境条件下萌发形成原丝体。原丝体细胞含叶绿体，能独立生活，从原丝体上产生多个芽，每个芽各自长成一个新的配子体。葫芦藓的生活史如图 6-20 和图 6-21 所示。

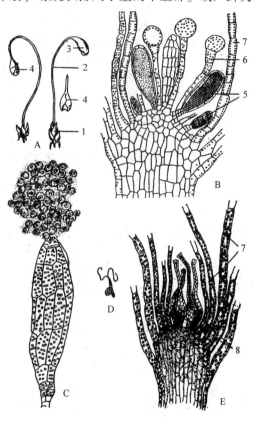

图 6-20　葫芦藓

（引自张景钺，1965）

A. 植物体外形　B. 雄器苞纵切　C. 精子器释放
精子　D. 游动精子　E. 雌器苞纵切

1. 配子枝　2. 蒴柄　3. 孢蒴　4. 蒴帽
5. 精子器　6. 隔丝　7. 叶　8. 颈卵器

6.5.4　苔藓植物与人类的关系

（1）苔藓植物在自然界中的作用

苔藓植物是继蓝藻、地衣之后，能生活于沙碛、荒漠、冻原地带及裸露的石面或新断裂的岩层上的植物，在生长的过程中，能不断分泌酸性物质，溶解岩面，本身死亡的残体亦堆积在岩面之上，能为其他高等植物创造生存条件，是植物界的拓荒者之一。

苔藓植物微小、密集丛生，植株之间空隙很多，犹如毛细管一样，具有很大的吸水能力，吸水量高时可达植物体本身重量的 15～20 倍，而其蒸发量却只有净水面的 1/5。因此，苔藓植物对水土保持有重要作用。

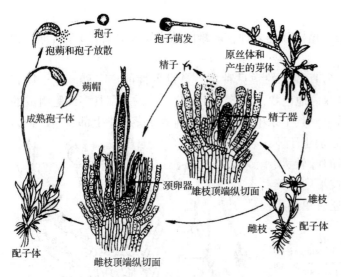

图 6-21 葫芦藓的生活史

苔藓植物有很强的适应水湿的能力，特别是一些适应水湿很强的种类，如泥炭藓属（*Sphagnum*）等，常在湖边、沼泽形成大面积的群落，它们的上部逐年产生新枝，下部老的植物体逐渐死亡、腐朽，经过长时间的积累，腐朽部分越堆越厚(称为泥炭)，可使湖泊、沼泽干枯，逐渐陆地化，为陆生的草本植物、灌木和乔木的定居和发展创造条件，使湖泊、沼泽演替为森林。由此形成的泥炭，可作燃料及肥料；不过，过度开采泥炭，会导致这类生态系统的破坏，是必须限制的。

如果空气中湿度过大，上述一些藓类，由于吸收空气中水汽，使水长期蓄积于藓茎丛之间，亦能促成地面沼泽化，而形成高位沼泽。如高位沼泽在森林内形成，对森林危害甚大，可造成林木大量死亡。

在不同生态条件下，常出现不同种类的苔藓植物，如泥炭藓类多生于我国北方的落叶松和冷杉林中，金发藓多生于红松和云杉林中。因此，苔藓植物可作为某一生态条件的指示植物。

由于苔藓植物的叶片大多为 1 层细胞厚，对空气中二氧化硫和氟化氢等有毒气体很敏感，可作为监测大气污染的指示植物。

（2）苔藓植物的经济价值

苔藓植物有的种类可作药用，如大金发藓（*Polytrichum commune*），有解毒止血作用；暖地大叶藓（*Rhodobryum giganteum*），对治疗心血管病有较好的疗效。

另外，生产上利用苔藓植物的吸水和保水能力，作为长途运输苗木的保水、保湿包装材料或播种后的覆盖物。

6.6 蕨类植物（Pteriophyta）

蕨类植物（ferns）又称羊齿植物，多数陆生和附生，极少数水生，是进化水平最高的孢子植物。它们和苔藓以及真核藻类的最大的区别是孢子体有了微管组织的分化，是低级的维管植物；在形态上有了真正的根、茎、叶的分化，它们和种子植物共称为维管植物，但它们仍不能产生种子，这又是和种子植物最大的区别之一。蕨类植物的有性生殖器官为精子器和颈卵器，与裸子植物一起统称为颈卵器植物。蕨类的孢子体和配子体都能独立生活，这点和苔藓及种子植物均不相同。因此就进化水平看，蕨类植物是介于苔藓和种子植物之间的一个大类群。

6.6.1　蕨类植物的共同特征

6.6.1.1　蕨类植物的孢子体

　　蕨类植物的孢子体发达，多数为多年生草本，少数为 1 年生草本，极少数种类为木本，如桫椤科(Cyatheaceae)大部分种类。除松叶蕨亚门外，所有的现存蕨类植物均有真正的根、茎、叶的分化。根为不定根。茎多数为根状茎，少数具有匍匐茎或直立茎。茎的中柱类型多样，主要有原生中柱、管状中柱、网状中柱和多环管状中柱等类型(图 6-22)。

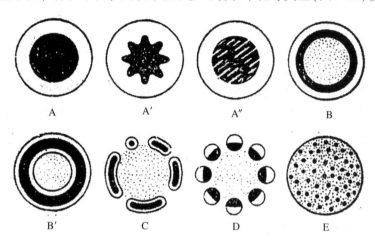

图 6-22　中柱类型解剖面图解
A－A′. 原生中柱(A. 单中柱　A′. 星状中柱　A″. 编织中柱　B. 外韧管状中柱
B′. 双韧管状中柱　C. 网状中柱　D. 真中柱　E. 散生中柱
(黑色为木质部；白色为韧皮部；黑点为髓部)

　　(1)蕨类植物叶的类型

　　从进化水平、形态和功能上可区分为以下几种类型：

　　①小型叶(microphyll)和大型叶(macrophyll)　小型叶又称为拟叶，其叶很小，没有叶隙和叶柄，没有维管束，只有 1 个单一不分枝的叶脉，延伸起源或顶枝起源，是较原始的类型。大型叶的叶较大，有叶柄和叶片分化，有维管束，叶脉多分枝，为顶枝起源，是较进化的类型。

　　②单叶和复叶　单叶是在叶柄上仅具 1 个叶片。复叶是由叶柄、叶轴、羽片和羽轴等组成的，自叶柄上部延伸的叶轴上有多个叶片(羽片)。其中还有一回、二回、三回和多回羽状复叶之分。

　　③营养叶(foliage leaf)和孢子叶(sporophyll)　或称不育叶(sterile frond)和能育叶(fertile frond)。营养叶只进行光合作用，无生殖功能，也称不育。孢子叶能够产生孢子囊和孢子，也称能育叶。有的蕨类植物没有营养叶和孢子叶之分，同一叶片既具营养功能，又可产生孢子具繁殖的功能，这种叶称为同型叶(homomorphic leaf)。有些种类具有 2 种不同功能的叶，即营养叶和产生孢子的叶，称为异型叶(heteromorphic leaf)。从演化的角度看，同型叶类型较原始，异型叶类型较进化。

（2）维管组织

维管组织由木质部和韧皮部组成。木质部主要由管胞和木薄壁细胞组成，极少数的种类如某些石松类和真蕨类具有导管；韧皮部主要由筛胞和韧皮薄壁细胞组成。现在生存的蕨类植物中绝大多数无维管形成层。

（3）孢子囊和孢子

孢子囊是蕨类植物孢子体上产生孢子的多细胞无性生殖器官。通常在某些叶的特定部位的表皮细胞分化出孢子囊，孢子囊内的孢子母细胞经过减数分裂形成孢子。多数种类的孢子为同型孢子，少数种类的孢子为异型孢子。

6.6.1.2　蕨类植物的配子体

孢子萌发后形成配子体，又称为原叶体(prothallism)，小型，结构简单，没有保护组织、机械组织、输导组织等分化，也没有根、茎、叶分化，只有假根，不依赖于孢子体而独立生活，生活期短。原始类型的配子体辐射对称，为块状或圆柱体状，埋在土中，通过菌根作用取得营养。绝大多数蕨类的配子体是具有背腹分化的叶状体，绿色，能独立生活，少数蕨类植物如卷柏和水生种类，其配子体在孢子壁内发育，趋向于失去独立生活的能力。在配子体上产生精子器和颈卵器，精子有鞭毛，受精过程必须以水为媒介进行。

蕨类植物的生活史均具世代交替，是孢子体发达的异形世代交替，配子体虽微小，但大多可独立生活。

6.6.2　蕨类植物的主要类群

地球上现存的蕨类植物约有 12 000 种，其中绝大多数为草本植物。我国约有 2 600 种，大多分布在长江流域以南各地及台湾省，仅云南省就有 1 500 种左右。

在蕨类植物的分类史上，曾经出现过十余个分类系统，而在各分类系统中，我国著名的蕨类植物学家秦仁昌先生 1940 年的分类系统具有划时代的意义，目前为世界各国所采用。

本书采用的是秦仁昌 1978 年的分类系统，该系统将蕨类植物门分为 5 个亚门，即松叶蕨亚门(Psilophytina)、石松亚门(Lycophytina)、水韭亚门(Isoephytina)、楔叶亚门(Sphenophytina)和真蕨亚门(Filicophytina)。前 4 个亚门为小型叶蕨类，又称拟蕨类(fernallies)，较原始而古老，它们中的许多种类已经灭绝，现存的种类很少。拟蕨类的孢子叶也为小型，通常聚生成孢子叶球(strobilus)。真蕨亚门植物的叶较大型，称为大型叶蕨类，又称真蕨类(fern)，较进化。

1992 年，吴兆洪、秦仁昌在《中国蕨类植物科属志》中，对秦仁昌系统作了一些修订，将松叶蕨亚门放在最原始的位置，使该系统得到了进一步完善。

6.6.2.1　松叶蕨亚门(Psilophytina)

松叶蕨亚门通常也称裸蕨亚门，小型蕨类，附生或土生。其孢子体根状茎粗，肉质，原生中柱或管状中柱。与真菌共生，具假根。地上茎直立或下垂，绿色，多回二叉分枝，具原生中柱；叶为小型叶，不育叶钻形、披针形或鳞片状，有主脉；孢子叶二叉状，无主脉。孢子囊大都生在枝端，孢子同型。配子体为不规则柱状构造，精子器和颈卵器二者同生其上，精子具有多数鞭毛。

松叶蕨亚门的种类绝大多数已经绝迹。现代仅存松叶蕨属(*Psilotum*)和梅溪蕨属(*Tme-*

sipteris)2 属，共 3 种。其中，松叶蕨属有 2 种，我国有 1 种，即松叶蕨(*P. nudum*)，泛热带分布，附生于树干或石隙中，现常见盆栽供观赏(图 6-23、图 6-24)。梅溪蕨属约 10 种，中国不产，分布于澳大利亚、新西兰和南太平洋岛屿。

已知的化石类群主要有莱尼蕨属(*Rhynie*)、裸蕨属(*Psilophyton*)和星木属(*Asteroxylon*)。其中出现最早的是莱尼蕨属，其化石发现于距今 3.5 亿~4 亿年的志留纪。

6.6.2.2　石松亚门(Lycophytina)

石松亚门植物土生或附生。根状茎木质，长圆形，有不定根。茎分枝。小型叶，常螺旋状排列，鳞片形、钻形或披针形。孢子囊单生于孢子叶(sporophyll)腋的基部或在枝顶聚生成孢子叶穗(sporophyll spike)。孢子同型(homospory)或异型(heterospory)。配子体两性或单性，精子具 2 根鞭毛。

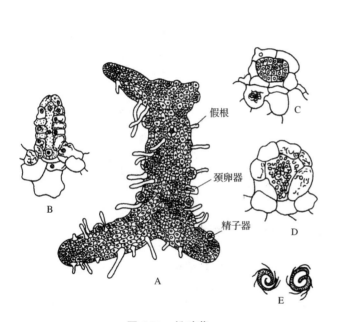

图 6-23　松叶蕨
(引自张景钺, 1965)
A. 配子体外形　B. 颈卵器　C.、D. 精子器　E. 游动精子

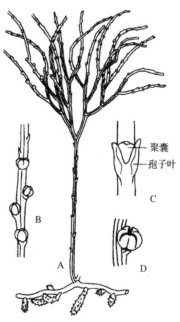

图 6-24　松叶蕨的孢子体
(引自叶创兴等, 2000)
A. 孢子体外形　B. 孢子囊着生情况
C. 未开裂的孢子囊　D. 开裂的孢子囊

石松亚门植物是古生代植物中占优势的类群之一，如鳞木目(Lepidodendrales)和原始鳞木目(Protolepidodendrales)等，多数为乔木，茎干盈尺，高达 30m，构成森林。到中生代，石松亚门植物的木本种类相继灭绝。至新生代，石松亚门植物仅存草本。

石松亚门植物现仅存 2 目，即石松目和卷柏目，有 1 300 余种。

(1)石松目(Lycopodiales)

多年生常绿草本或藤本。茎为辐射对称，匍匐或直立，茎上生不定根。叶多数为一型，钻形或披针形，螺旋状排列或交互对生，无叶舌。孢子囊生于叶状或苞片状的叶腋，或在枝顶形成孢子叶穗。孢子同型。配子体地下生，为不规则的块状体，与真菌共生；精子具双鞭毛。

石松目现存3科,即石松科(Lycopodiaceae)、石杉科(Huperziaceae)和石葱科(Phylloglossaceae),500余种。

常见的种类有石松(*Lycopodium japonicum*)(图6-25),产于全国除东北、华北以外的各地;地刷石松(*L. complanatum*),广泛分布于北半球温带和亚热带。

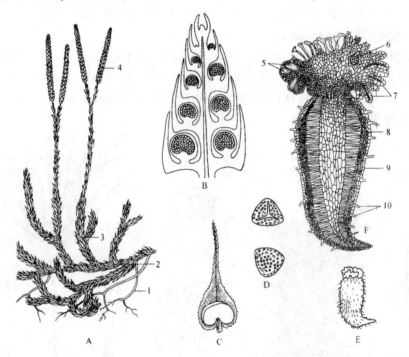

图6-25 石松孢子体(A~D)和配子体(E、F)

(引自叶创兴等, 2000)

A. 植株 B. 孢子叶穗纵切 C. 孢子叶及孢子囊 D. 孢子 E. 配子体 F. 配子体纵切面(放大)

1. 不定根 2. 匍匐茎 3. 直立茎 4. 孢子叶穗 5. 精子器 6. 胚 7. 颈卵器
8. 皮层(具菌丝的组织) 9. 表皮 10. 假根

(2)卷柏目(Selaginellales)

多年生常绿土生草本。通常匍匐生长,有背腹之分,单一或二叉分枝;匍匐茎的中轴上有向下生长的细长根托(rhizophore)。根托是无叶的枝,没有光合色素,其先端着生许多不定根。叶为鳞片状,有叶舌,螺旋状或4行排列、交互对生。孢子叶通常聚生枝顶形成孢子叶穗。孢子叶穗上的孢子叶4行排列。孢子囊和孢子异型,大孢子囊内产生1~4个大孢子,小孢子囊内产生多数小孢子。

卷柏目现存1属,即卷柏属(*Selaginella*),约700种,中国有60~70种,全国各地均有分布。

常见的种类有卷柏(*Selaginella tamariscina*)(图6-26),广布全国各地,以及朝鲜、日本、俄罗斯远东地区。

6.6.2.3 水韭亚门(Isoephytina)

水生或湿生草本植物。茎粗短,块状或伸长而分枝,具原生中柱,下部生根。叶螺旋状排列，丛生于粗短的茎上，同型，狭长线形或钻形，基部扩大，腹面有叶舌。孢子囊异型，单生于叶基部腹面的穴内，椭圆形，外有盖膜覆盖。大孢子囊生于外部的叶基，小孢子囊生于内部的叶基。孢子异型。大孢子的体积为小孢子的 11~15 倍。配子体有雌雄之分，退化，精子有多数鞭毛。

水韭亚门有 2 目，即肋木目(Pleuromeiales)和水韭目(Isoetales)。肋木目已灭绝。水韭目现存 1 科，即水韭科(Isoetaceae)。现存的类群也只有水韭属(*Isoetes*)1 属(图 6-27)，有 70 余种，我国有 3 种，最常见的为中华水韭(*I. sinensis*)，普遍分布于长江下游地区；水韭(*I. japonica*)，产于华中至西南。

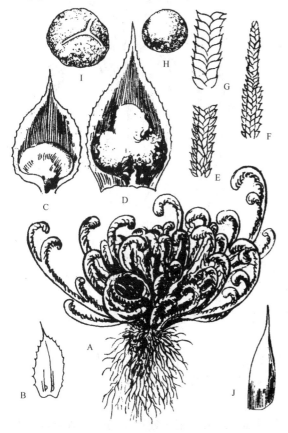

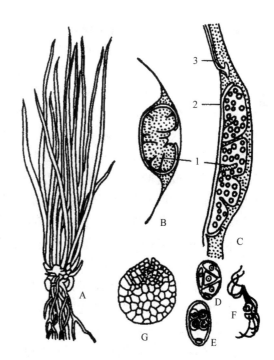

图 6-26　卷柏属孢子体及雌、雄配子体
A. 植物体　B、J. 异形叶(侧叶和腹叶)　C. 小孢子叶小孢子囊　D. 大孢子叶及大孢子囊　E. 枝背面观　F. 孢子囊穗　G. 枝腹面观　H. 大孢子　I. 小孢子

图 6-27　水韭属
(引自张景钺，1965)
A. 孢子体外形　B. 小孢子囊横切面　C. 大孢子囊纵切面
D、E. 雄配子体　F. 游动精子　G. 雌配子体
1. 横隔片　2. 盖膜　3. 叶舌

6.6.2.4　楔叶蕨亚门(Sphenophytina)

孢子体有根、茎、叶的分化，茎有明显的节和间之分，节间中空，茎上有纵肋(stem rib)。中柱由管状中柱转化为具节中柱，以中央空腔和原生木质部空腔为特征，木质部内始式。地上茎常在节上发生轮生分枝，绿色，是进行光合作用的主要部位。小型叶，不发达，并于茎节上轮生成鞘。孢子叶集中生长在枝顶形成孢子叶穗(或称孢子叶球)，孢子叶具明

显的柄，盾状着生，在下面产生多个孢子囊。孢子同型或异型，周壁具弹丝，可以帮助孢子的散布。

配子体两性或单性，具背腹性，基部垫状有假根。精子具多鞭毛(图6-28)。

楔叶蕨亚门植物在古生代石炭纪时曾盛极一时，有高大的木本，也有矮小的草本。生长在沼泽多水地区，现大都已经绝迹。孑遗的仅有木贼科(Equisetaceae)的问荆属(Equisetum)1属共25种，中国产1属10种3亚种；有的学者将本科分为2属，即问荆属和木贼属(Hippochaete)。问荆(Equisetum arvense)可作为本亚门的代表植物。

6.6.2.5 真蕨亚门(Filicophytina)

真蕨亚门为现代蕨类植物中最大的一个类群，也是蕨类植物中进化水平最高的类群。它与拟蕨类的最大区别是叶比茎发达，除树蕨外孢子体均无气生茎，其中柱类型多种多样，有原生中柱、管状中柱、多环网状中柱，木质部有多种管胞，少数种类有导管。大型叶，具各式脉序，单叶或复叶。幼叶通常拳卷。孢子囊聚生于孢子叶背面或背缘，聚生成圆形、椭圆形或线形等的孢子囊群，孢子囊群有盖或无盖。

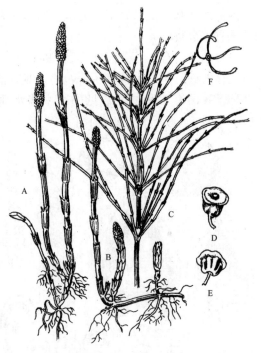

图6-28 问荆

A、B. 根茎及生殖枝 C. 营养枝 D、E. 孢子叶及孢子囊 F. 孢子，示弹丝伸开的状态

配子体小，常为扁平的心形，腹面生有假根及多数精子器和多数颈卵器。精子螺旋状，具多数鞭毛。

真蕨类是现今最繁茂的蕨类植物，10 000种以上，我国约有40科2 500种。

现代的真蕨亚门通常被分为3纲，即厚囊蕨纲、原始薄囊蕨纲和薄囊蕨纲。

(1) 厚囊蕨纲(Eusporangiopsida)

孢子囊起源于一群细胞，孢子囊壁厚，由多层细胞组成。孢子囊产生的孢子数量多。孢子同型。精子器较大，埋在配子体之内，配子体发育过程需要与一些真菌共生。本纲包括瓶尔小草目和观音座莲目。

①瓶尔小草目(Ophioglossales) 孢子体为小草本。茎短，深埋在土中。叶二型，幼叶不拳卷，孢子叶与营养叶出自共同的叶柄。孢子囊群生于孢子叶的边缘形成孢子囊穗。

瓶尔小草(Ophioglossum vulgatum)，肉质草本植物，无地上茎，根肉质，无根毛，与菌丝共生(图6-29)。叶面高度约10 cm，叶片卵形，孢子囊2列密集着生于孢子叶的顶端形成孢子叶穗。配子体块状，两性，多年生，与真菌共生，在土中生活2~3年后长出地面。精子器和颈卵器的大部分均埋藏在配子体的组织中，精子具多鞭毛。2021年，带状瓶尔小草被国家林业和草原局列入国家重点保护野生植物名录中。

②观音座莲目(Angiopteriales)　孢子体茎为球形或块状，半埋于土中，着生多枚一至二回羽状或掌状复叶，幼叶拳卷，叶大，一型，叶柄粗壮。叶柄基部有 1 对半圆形、肥厚且多年生的托叶，叶柄脱落后其托叶仍然保留，连同球形的茎一道形成座莲状，故名观音座莲蕨(图6-30)。叶同型，孢子囊生于叶片背面，聚合成线形的孢子囊群或圆环形的聚合囊群。

观音座莲蕨主要分布于南部湿润地区，其中产于我国华南地区的二回原始观音座莲(*Archangiopteris bipinanta*)和亨利原始观音座莲(*A. henryi*)具有许多原始性状，1999 年被列入我国政府颁布的《国家重点保护野生植物名录(第一批)》中。

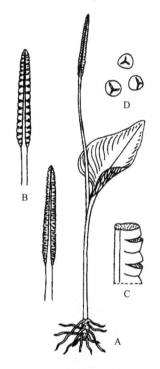

图 6-29　瓶尔小草

(引自叶创兴等，2000)

A. 孢子体外形　B. 孢子囊穗
C. 2 个开裂的孢子囊　D. 孢子

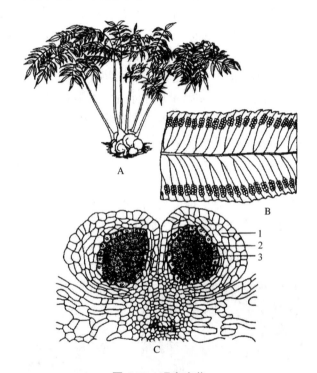

图 6-30　观音座莲

(引自张景钺，1965)

A. 孢子体　B. 小叶的背面观，示孢子囊着生情况　C. 孢子囊切面

1. 孢子囊壁　2. 绒毡层　3. 造孢组织

(2)原始薄囊蕨纲(Protoleptosporangiopsida)

孢子囊起源于一群或 1 个细胞。孢子囊壁薄，仅由 1 层细胞组成。孢子囊穗的环带(annulus)极不发达，只有几个厚壁细胞。植物体无真正的毛和鳞片。叶片或羽片常强度二型。能育叶片或羽片无叶绿素，孢子成熟后很快死亡，不育叶片或羽片有叶绿素，能生存 1 至数年。配子体为长心形的叶状体。

本纲仅存 1 目 1 科 3 属，即紫萁目(Osmundales)紫萁科(Osmundaceae)。其中紫萁属(*Osmunda*)为常见属，本属的孢子体的根状茎粗短，直立或斜升，叶为二回羽状复叶，羽片长圆形，羽状，不以关节着生于叶轴上。叶簇生于茎的顶端。营养叶和孢子叶同型或异型。我国常见的是紫萁(*O. japonica*)和华南紫萁(*O. vachellii*)，前者为异型叶，后者为同型叶，幼叶均可食用。另外，北温带常见的有绒紫萁属的分株紫萁(*Osmundastrum cinnamomea*)等。

（3）薄囊蕨纲(Letosporangiopsida)

孢子囊起源于1个细胞，孢子囊的壁薄，仅由1层细胞组成，孢子囊的环带发育完善。植物体有真正的毛和鳞片。叶同型或异型，孢子叶通常有叶绿素，孢子囊群生于孢子叶的背面或边缘，囊群盖(indusium)有或无。配子体形体小，常为扁平的心脏形叶状体，具有背腹面之分，腹面生有假根及多数精子器和颈卵器。精子螺旋状，具多数鞭毛。

薄囊蕨纲是蕨类植物中占绝对优势的类群。分为3目：水龙骨目(Polypodiales)、（或真蕨目，Filicales）、萍目(Marsileales)、槐叶萍目(Salviniales)。水龙骨目为同型孢子，萍目和槐叶萍目则为异型孢子蕨类植物，因而有些学者将萍目和槐叶萍目合并为水生蕨目。

①水龙骨目 Polypodiales　水龙骨目在中国有47科，占蕨类植物中90%的种类。草本或树形。绝大多数为土生或附生，少数为湿生或水生。孢子囊聚生成各式孢子囊群，孢子同型。世界广布种蕨可作为水龙骨目的代表植物。

蕨(*Pteridium aquilinum*)隶属于水龙骨目蕨科(Pteridaceae)蕨属。常成片生长于向阳空旷的山地和荒地。根状茎长而横走，黑褐色，粗壮，密被锈色柔毛，内具双轮管状中柱。每年春季，叶从根状茎上直立长出，散生，叶有长柄，秋冬季都枯死(图6-31)。营养叶与孢子叶同型，为大型的三回羽状复叶，具有粗而长的直立叶柄，叶片近革质。孢子囊群线形，沿末回裂片的边缘着生。具有囊群盖。孢子囊具长柄，孢子囊壁上有1列纵行的细胞壁木质化加厚的细胞，称为环带。孢子囊成熟时，囊壁干燥失水，由于环带细胞壁的应力不均，环带翻转，使孢子囊开裂，并将孢子弹出。

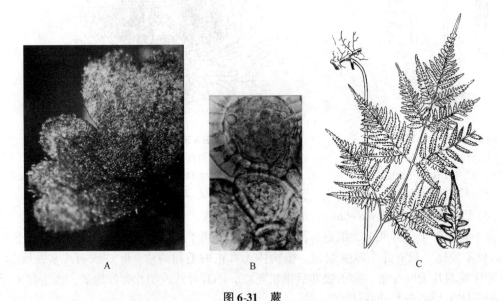

图6-31　蕨
A. 蕨幼孢子体　B. 孢子囊，示环带及孢子　C. 蕨植物体和具孢子囊的小羽片

孢子散落在适宜的土壤中，到了第二年开始萌发成为配子体，也称原叶体。原叶体形小，宽约1 cm，为心脏形的扁平体，中央细胞层数较多，边缘则只有1层细胞。细胞都是薄壁细胞，含叶绿体，能进行光合作用。腹面(接触地面的一侧)生有起固着作用的假根。

雌、雄生殖器官都生在原叶体的腹面。颈卵器着生于原叶体心脏形凹口附近，其腹部埋于原叶体的组织中，颈部伸出表面。精子器球形，生于原叶体表层。每个精子器产生数十个螺旋形具多鞭毛的精子。精子器成熟，游动精子借水游至颈卵器与卵结合形成合子(图6-32)。

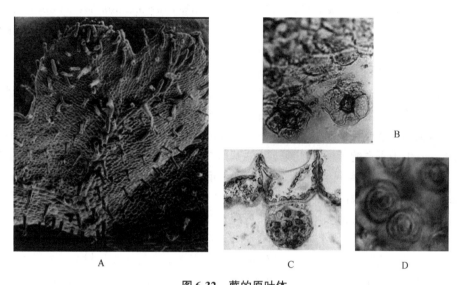

图6-32　蕨的原叶体

A. 成熟的原叶体其上产生精子器和颈卵器　B. 颈卵器　C. 精子器　D. 放大的精子

合子在颈卵器腹部形成幼胚，进而形成具有根、茎、叶分化的幼小孢子体。最初幼小孢子体依靠从配子体上获得养料逐渐生长；当孢子体长出不定根之后不久，配子体亦随之死亡，此后孢子体独立生长。蕨类植物的生活史如图6-33所示。

我国重要的水龙骨目植物还有桫椤科(Cyatheaceae)，这是唯一现存的树状蕨类，具有不分枝的高大直立茎，高可达10 m以上。主要分布于湿润的热带和亚热带地区。如桫椤(*Alsophila spinulosa*)、黑桫椤(*A. podophylla*)(图6-34)等。

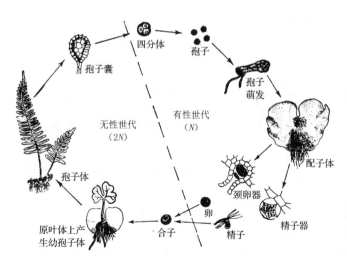

图6-33　蕨类植物生活史

(引自曹慧娟，1992)

图6-34　黑桫椤

此外，水蕨科水蕨属所有种(*Ceratopteris* spp.)，鹿角蕨科的鹿角蕨(*Platycerium walli-chii*)，中国蕨科的中国蕨(*Sinopteris grevilleoides*)，蹄盖蕨科的光叶蕨(*Cystoathyrium chinense*)，铁角蕨科的对开蕨(*Phyllitis scolopendrium*)，鳞毛蕨科的单叶贯众(*Cyrtomium hemionitis*)和玉龙蕨(*Sorolepidium glaciale*)，七指蕨科的七指蕨(*Helminthostachys zeylanica*)，乌毛蕨科的苏铁蕨(*Brainea insignis*)，天星蕨科的天星蕨(*Christensenia assamica*)，水龙骨科的扇蕨(*Neocheiropteris palmatopedata*)，蚌壳蕨科的所有种，如金毛狗(*Cibotium barometz*)等，都因为具有重要的研究价值、利用价值或珍稀或濒危等原因，被列入我国的重点保护野生植物名录。

②蘋目(Marsileales) 浅水或湿生性草本，根状茎生于泥中，细长、横走，有管状中柱。不育叶在芽时内卷，着生于长柄的顶端，由4片倒三角形的羽片组成十字状，漂浮于水面上。叶脉分叉，但顶端连结成狭长网眼。能育叶变为球形或椭圆状球形孢子果，有柄或无柄，通常接近根状茎。着生于不育的叶柄基部或近叶柄基部的根状茎上，1个孢子果内含2至多数孢子囊。孢子囊二型，大孢子囊只含1个大孢子，小孢子囊含多数小孢子，孢子异型。仅蘋科(Marsileaceae)1科3属，我国只有蘋属(*Marsilea*)的四叶蘋(*M. quadrifolia*)(图6-35)，广泛分布于全国各地水田和浅水湿地，可作饲料和食用。

③槐叶蘋目(Salviniales) 水生漂浮植物，茎秆纤细而横走，有须根或具有叶变态而成的须根状假根，叶无柄或具极短柄，单叶全缘或为二深裂，呈2行或3行排列，3行中的一行细裂变态成须根悬垂于水中，称假根(起根的作用)。孢子果着生于茎上，外形有大小之分，体积小的为大孢子果，内生1至多数(8~10个)大孢子囊，体积大的为小孢子果，内生数目众多的小孢子囊。孢子囊均无环带，有柄。孢子异型，大孢子体积远比小孢子体积大。雌、雄配子体分别在大小孢子囊内发育。该目有2科，即槐叶蘋科(Salviniaceae)和满江红科(Azollaceae)。

槐叶蘋科仅1属，即槐叶蘋属(*Salvinia*)，中国只有1种，即槐叶蘋(*Salvinia natans*)。小型浮水植物，分布于池塘、湖泊、水田和静水河流中。无根，茎横卧水面，长逾10 cm。叶在茎节上三叶轮生，上侧2片叶矩圆形，表面密布乳头状突起，下面密被毛，漂浮水面；下侧1片叶分裂成细丝状，悬垂水中，形如根，称为沉水叶。孢子果多个生于沉水叶基部短柄上(图6-36)。

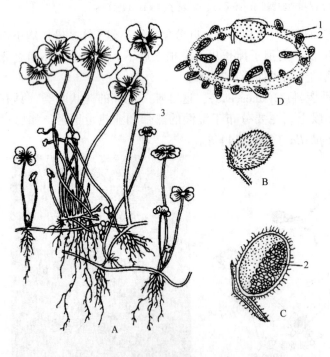

图6-35 四叶蘋 (引自叶创兴等，2000)
A. 植株 B. 孢子果 C. 孢子果纵切面
D. 孢子果开裂，伸出胶质环，其上着生孢子囊群
1. 胶质环 2. 孢子囊 3. 叶轴

满江红科仅满江红属(*Azolla*)1 属，我国产 1 种，即满江红(*A. imbricata*)；引种 1 种，即细叶满江红(*Azolla filiculoides*)。满江红即平常所说的绿萍和红萍，常常在池塘、湖泊或水田中成大片生长。体形小，不定根悬垂水中；茎横卧水面，其长度 1 cm 至几厘米，羽状分枝。叶覆瓦状密集生于茎上，无柄，分裂为上下两瓣，上瓣漂浮于水面，行光合作用，下瓣斜生于水中，无色素。孢子果成对生于侧枝的第一片沉水叶裂片上(图6-37)。满江红能与蓝藻中的鱼腥藻(*Anabaena azollae*)共生，具有固氮作用。叶内含有大量的红色花青素，幼时绿色，秋冬季变为红色，故称绿萍和红萍，可以作为绿肥、鱼饲料和猪饲料。

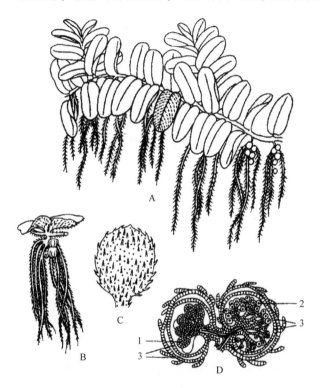

图 6-36　槐叶萍(引自张景钺等，1965)

A、B. 植株的一部分　C. 孢子果

D. 孢子果纵切面(示大、小孢子囊)

1. 大孢子囊　2. 小孢子囊　3. 囊群盖(孢子果壁)

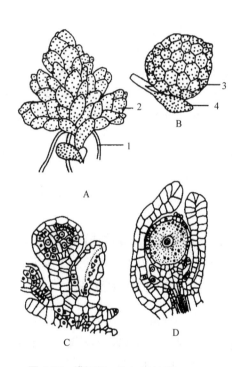

图 6-37　满江红(引自叶创兴等，2000)

A. 孢子体外形　B. 孢子果　C. 小孢子囊纵切

D. 大孢子囊纵切

1. 根　2. 叶　3. 大孢子(囊)果　4. 小孢子(囊)果

6.6.3　蕨类植物与人类的关系

(1)蕨类植物的经济价值

①药用蕨类植物　蕨类植物可入药的种类较多，如石松、木贼(*Equisetum hyemale*)、海金沙(*Lygodium japonicum*)、贯众(*Cyrtomium fortunei*)、骨碎补(*Davallia mariesii*)等。

②食用蕨类植物　可供食用的蕨类植物种类较多，常见的种类有蕨菜(*Pteridium aquilinum*)、紫萁、莲座蕨、田字萍、槐叶萍、满江红等；根状茎发达的种类可以从根状茎中提取特殊的蕨类淀粉。

③园林应用蕨类植物 很多蕨类植物体态优美，具有园林观赏价值，是现代园林艺术必不可少的植物类群。目前在温室和庭院中广泛栽培的种类有肾蕨（*Nephrolepis auriculata*）、铁线蕨（*Adiantum capillus-veneris*）、鸟巢蕨（*Neottopteris nidus*）、桫椤（*Alsophila spinulosa*）、翠云草（*Selaginella uncinata*）、瘤足蕨（*Plagiogyria* spp.）和凤尾蕨（*Pteris nervosa*）等。

④工业用蕨类植物 蕨类植物在工业上应用的种类不多，但却有独到之处，如石松的孢子，在工业上称"石松子粉"，因其含有大量的脂肪油，可用于铸造工业，将孢子撒在机器铸件模具壁上，能防止铸液黏附于铸模的壁上，使铸件的表面光滑，减少砂眼。古生代和中生代的煤田多由蕨类组成。

（2）生态环境指示性蕨类植物

有些蕨类植物是狭域生态型植物，即仅生长于某种特殊的生态环境，这些蕨类植物可用于指示环境，如石松、芒萁（*Dicranopteris pedata*）、里白（*Diplopterygium glaucum*）、东方乌毛蕨（*Blechnum orientale*）、苏铁蕨（*Brainea insignis*）等指示酸性环境，单叶贯众（*Cyrtomium hemionitis*）、柳叶蕨（*Cyrtogonellum fraxinellum*）、线裂铁角蕨（*Asplenium coenobiale*）、狭基巢蕨（*Neottopteris antrophyoides*）等可指示钙质土环境，七指蕨、天星蕨等可指示热带雨林环境，原始观音坐莲等可指示季风常绿阔叶林环境，大羽鳞毛蕨等可指示中山湿性常绿阔叶林环境，丰产鳞毛蕨（*Dryopteris fructuosa*）可指示半湿润常绿阔叶林环境，掌叶铁线蕨（*Adiantum pedatum*）等可指示针阔叶混交林，纤维鳞毛蕨（*Dryopteris sinofibrillosa*）等可指示亚高山针叶林环境，黑秆蹄盖蕨（*Athyrium wallichianum*）等可指示高山草甸环境。

6.7 植物基本类群的系统与进化

6.7.1 植物的系统发育

每一种植物都是由无数个体组成的，它们通过个体的生长发育不断繁衍后代，并通过遗传、变异和自然选择的规律演化出不同的植物种类。某种、某个类群或整个植物界的形成、发展、进化的全过程就是所谓的系统发育（phylogeny）。因此无论是种或是其他各级分类单位的大、小类群都有它们各自的系统发育问题。

在植物界系统发育的漫长过程中，有些种类趋于繁盛，并发生变异产生新的种类。而有些种类则被淘汰绝灭。这种演化是从几十亿年以前开始的，人们逐步了解这一过程，是通过古代地质的变迁所保留下来的古植物化石资料，和地球上现存的植物种类的个体发育以及不同类型植物的形态结构、生理、生化、分子生物学和地理分布等方面资料加以系统地比较、分析，探索它们之间的相互关系，从而找出植物界过去发展所经历的道路。到目前为止，虽然已有一些比较一致的看法，但在有些具体的演化问题上，由于缺乏足够的资料，目前尚不能确定，争议较大。例如，关于真菌的起源问题，一些学者认为真菌是由失去色素的藻类演化而来，真菌的各纲来源于不同的藻类；而另一些学者则认为真菌起源于原始生物鞭毛有机体。又如，关于高等植物的起源也存在争议。因此，真正反映自然进化的植物界的系统发育，尚须进行新的大量的古植物化石的挖掘和研究，以及对现存植物的进一步研究。

根据已有的研究，对植物界系统进化的了解可参看植物界大类群进化关系（图6-38），它可以提供简要的轮廓认识。最早的蓝藻化石的发现说明，原核的蓝藻类出现的时间大约在距今33亿~35亿年前；并认为与细菌同为原核细胞，繁殖方式基本相似而具有共同的起源。真核藻类在距今 14 亿~ 15 亿年前出现，到距今 7 亿~9 亿年前开始出现多细胞丝状体或叶状体藻类，分属绿藻门、红藻门、褐藻门。对于藻类各门之间的进化关系也有人提出了不同的设想，多数植物学家认为绿藻门是高等植物的祖先，处于植物系统发育的主干地位。到志留纪晚期，一批生于水中的裸蕨类植物逐渐开始登陆，并进一步向适应陆地生活演化。多数学者认为裸蕨植物与苔藓植物可能由古代的绿藻类演化而来，苔藓植物在植物系统演化中成为一个旁支。裸蕨植物则进一步向适应陆地生活的方向进化，裸蕨植物的出现具有重要的意义，开辟了植物从水生发展到陆生的新时代，并沿着 3 条不同的进化路线，通过趋异演化的方式发展进化为石松类、

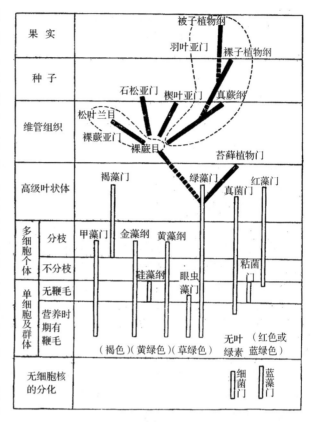

图6-38　植物界大类群进化关系

(引自张景钺，1965)

木贼类(即楔叶类)和真蕨类三大类群。它们在泥盆纪早中期出现，从泥盆纪晚期至石炭纪和二叠纪的时期内最为繁盛。到了二叠纪，裸子植物逐渐兴起，至中生代时期最繁盛，取代了蕨类植物的优势地位。裸子植物起源于真蕨，到距今约 1 亿年前的中生代晚期，地球上气候分带现象明显，同时出现了冰川时期，裸子植物的多数种类不能适应而逐渐衰退，代之而起的是被子植物，成为地球上最繁茂、最具优势的植物类群。

6.7.2　植物系统发育的进化规律

从本章所介绍的植物大类群的基本概述中可以看出植物发展进化的一般规律性，简述如下。

植物从水生过渡到陆生，摆脱了水的环境是植物界进化的主导因素。最早植物体全部浸没于水中，如低等的各种藻类；以后逐渐移居于阴湿地区，如一些苔藓植物；最后进化为能在干燥地面生长的陆地植物，如绝大多数的种子植物。植物从水生到陆生对环境巨大变化的适应是如何减少水分的损失，增强对水分和养料的吸收和输导能力，加强光合作用的效率，抵御风暴的袭击，因而产生了保护组织、机械组织和输导组织，从而对多变与复杂的陆地生活有了更强的适应性。

植物形态结构的演化，是由简单到复杂，由单细胞到群体再到多细胞的个体。低等植物

的某些单细胞种类，例如原核生物细菌和蓝藻，以及着生鞭毛能运动的衣藻，在一个细胞内执行着所有的生理机能而独立生存。群体结构的植物，是一种过渡类型，其表现有2种形式：一种是许多单细胞植物虽然生长在一起，但是每一个体生活仍是独立的，细胞之间的关系并不密切；另一种是细胞开始有了分化的趋势。多细胞的低等植物在形态与构造上发展成丝状体与叶状体，细胞开始有了初步的分化，但没有复杂的生理功能分工和器官的分化。苔藓植物在形态上出现了茎、叶和假根，假根深入土壤吸收水分和溶于水中的无机盐，植物体表面有一层角质层，可以减少蒸腾，但是内部细胞的形态与功能仍然大致相同，组织比较简单，没有维管束和中柱。蕨类植物和种子植物不但在外形上有根、茎、叶出现，而且有了维管束和中柱的形成，随着环境条件的复杂化，细胞有了精细的分工，进一步分化成各种组织，形态结构也趋于完善。

植物生殖方式和生殖器官的演变也是植物界进化的重要方面。蓝藻和细菌的繁殖中未发现过有性过程，它们只是靠细胞的直接分裂、丝状体的断裂或产生内生孢子等营养繁殖或无性生殖方式繁殖后代，因而只能产生有限的变异而缓慢地进化。从衣藻开始出现了有性生殖过程，但在适宜的环境中它主要还是进行无性生殖，产生游动孢子；在环境不利时则产生配子，配子结合成合子，因合子能使它度过不良的环境而保持种族的生存。有性生殖是否起源于无性生殖，是一个尚未完全解决的问题。但从衣藻和某些绿藻来看，它们的游动孢子和配子，在形状、大小、结构甚至鞭毛的数目方面都可以完全相同。正常的配子，在适当的条件下可以单独发育成新植物体，行为和孢子一样。而正常的孢子也可能作为配子而结合。这些事例说明，低等的某些绿藻中配子和孢子没有绝对的界线，有性生殖可能是来自无性生殖，在绿藻中似乎是一条主要途径，但不是唯一途径。从本章介绍的低等植物到高等植物有性生殖进化的过程来看，是从同配生殖到异配生殖再到卵式生殖。同配生殖和异配生殖只在藻类与菌类中出现，到苔藓植物以后则全是卵式生殖。有性生殖是最进化的生殖方式，它的出现才能使两个亲本染色体的遗传基因重新组合，使后代获得更丰富的变异，从而使进化速度加快，这就促进了发育和增殖方式更加多样化，其结果使植物系统发育过程出现了飞跃式的进化。在低等植物中，生殖器官绝大多数为单细胞，精子与卵结合成合子以后即脱离母体，不形成胚而直接发育成新的植物体。高等植物的生殖器官则由多细胞组成，合子在母体内发育成胚，由胚再形成新植物体。藻类、苔藓、蕨类产生游动精子，受精过程必须在有水的条件下才能进行，而种子植物产生花粉管，这样，在受精作用这个十分重要的环节上就不再受外界水的限制。尤其是种子的出现，胚包被在种皮内，免受外界不良条件的影响，对植物适应陆地生活极其有利。另外，被子植物的双受精作用，也具有特殊的进化意义，由于胚及胚乳都具有丰富的遗传特性，增强了植物的生命力和适应性，是被子植物繁荣发展的内因。因而，使种子植物，特别是被子植物发展成现代植物中最进化和最占优势的类群。

个体生活史的演化表现在世代交替过程中，进化的趋势是由配子体世代占优势到孢子体时代占优势。它体现了植物从水生到陆生的重大发展。原始的植物生活在水中，生殖器官产生在配子体上，形成游动精子等。游动精子必须借水才能游至卵细胞与卵融合。在它们的生活史中是配子体占优势。随着植物由水生向陆生过渡，生活史中形成更为适应陆地生活的孢子体世代，而配子体逐渐缩小，并在较短而有利的时期内完成受精作用。例如，由苔藓植物的配子体发达，孢子体寄生；到蕨类植物的配子体退化，孢子体逐渐发达，但两者均独立生活；再到种子植物的孢子体更为发达，配子体缩小、退化并寄生于孢子体上。种子植物的孢子体具完全的组织和器官分化。根、茎、叶器官的形成和完善，保证了水分和营养物质的吸收、运输，以及扩大光合面积以适应陆地生活条件。在它们的世代交替中孢子体占绝对优势，配子体缩小退化，不形成游动精子而以花粉管传送精子，使有性生殖完全摆脱了水的限制。而且配子体完全寄生在孢子体上，并从孢子体中获得所需的水分和养料，使植物的有性过程不受某些不利条件的影响而得到充分的保证。以上几类植物世代交替过程的演变，反映了植物由水生向陆生进化的适应。

植物界在发展进化过程中，这些变化是互相影响、互相联系、互相制约的，它是一个有机整体的变化，而不能孤立地或取其某一性状来作为衡量进化的唯一标准。

6.8　种子植物(Spermatophyta)

6.8.1　种子植物的特点及进化上的意义

能够产生种子并通过种子进行繁殖的植物，称为种子植物。种子植物最大的特点是由胚珠发育形成种子。种子是长期适应陆地生活的产物，是植物界进化过程中一次巨大的飞跃。胚被保护在种子里，不但能够抵抗不适宜的环境，而且种子内还贮存了为胚发育时所必须的养料。种子植物另一个特点是形成花粉管，因而使其受精作用摆脱了水的限制。此外，种子植物的孢子体复杂多样，植物体内各种组织的分化更加精细完善。所以种子植物比蕨类植物更能适应陆生的环境，是现代地球上适应性最强、分布最广、种类最多的一类植物(表6-2)。根据种子是否有果皮包被，种子植物又分裸子植物(Gymnosperm)和被子植物(Angiosperm)。

表 6-2　蕨类植物和种子植物生殖器官术语对照

蕨类植物	种子植物	
	裸子植物	被子植物
孢子叶球	球花	花
小孢子叶	小孢子叶/雄蕊	雄蕊
小孢子囊	小孢子囊/花粉囊	花粉囊
小孢子母细胞	小孢子母细胞	花粉母细胞
小孢子	小孢子/花粉粒(单核期)	花粉粒(单核期)
雄配子体	花粉管和精核等	花粉管和精核等
大孢子叶	珠鳞	心皮
大孢子囊	胚珠珠心	胚珠珠心
大孢子母细胞	大孢子母细胞	胚囊母细胞
大孢子	大孢子	胚囊(单核期)
雌配子体	胚乳	胚囊(成熟期)

6.8.2 裸子植物(Gymnosperm)的主要特征

裸子植物是介于蕨类植物和被子植物之间的一类维管植物,有以下主要特征:

(1)孢子体发达

裸子植物的孢子体特别发达,都是多年生木本植物,大多数为单轴分枝的高大乔木(稀为藤本),有强大的根系。维管束具有形成层,有次生构造,但木质部大多数只有管胞,极少数有导管,韧皮部只有筛胞而无筛管和伴胞。叶表皮有较厚的角质层和下陷的气孔,气孔排列成气孔带(stomatal band),更适应陆地环境。

(2)胚珠裸露,形成种子

裸子植物没有真正的花,它们的孢子叶(sporophyll)大多数聚生成球果状,称为孢子叶球(strobilus)或球花(cone)。孢子叶球单生或多个聚生,通常为单性同株或异株。多数小孢子叶(雄蕊)着生在中轴上聚生成小孢子叶球(staminate strobilus)(又称雄球花,male cone),每个小孢子叶下面着生小孢子囊(花粉囊);多数着生胚珠的大孢子叶在中轴上丛生或聚生成大孢子叶球(ovulate strobilus)(又称雌球花,female cone)。每个大孢子叶上着生1至数枚胚珠,胚珠裸露,无子房包被,成熟后形成种子。种子由胚($2n$)、胚乳(n)和种皮($2n$)组成,没有果皮包被。某些类群的种子在成熟时,种皮外面还具有由大孢子叶等变态形成的假种皮(aril)。

(3)配子体简化,具有颈卵器构造

裸子植物配子体比蕨类植物更加简化,完全寄生在孢子体上。除百岁兰属(*Welwitshia*)和买麻藤属(*Gnetum*)外,雌配子体的近珠孔端仍产生颈卵器,但结构更为简单,仅有2～4个颈壁细胞、1个卵细胞和1个腹沟细胞,无颈沟细胞(详见图5-69、图5-70)。

(4)产生花粉管,传粉时花粉直达胚珠

裸子植物的花粉粒由风力(少数例外)传播,并经珠孔直接进入胚珠,在珠心上方萌发,形成花粉管,进达胚囊,使其内的精子与卵细胞受精。花粉管的产生使受精作用摆脱了水的限制,对适应陆地生活具有重大意义(详见图5-71)。

(5)具多胚现象

大多数裸子植物都具有多胚现象,这是由于1个雌配子体上的几个或多个颈卵器的卵细胞同时受精,形成多胚,称为简单多胚现象;或者由于1个受精卵在发育过程中,胚原组织分裂为几个胚,这是裂生多胚现象(详见图5-75)。

6.8.3 裸子植物主要形态学术语

(1)叶(图6-39)

裸子植物叶多为针形、鳞形、条形、刺形、锥形,极少数为扇形和扁平的阔叶。叶的着生方式主要有螺旋状互生、交互对生、轮生、束生和簇生等。在一些种类中,叶脱落后在枝条上留下圆形而扁平的叶痕,如冷杉属(*Abies*);或钉状突起,称叶枕(sterigma),如云杉属(*Pieca*)。

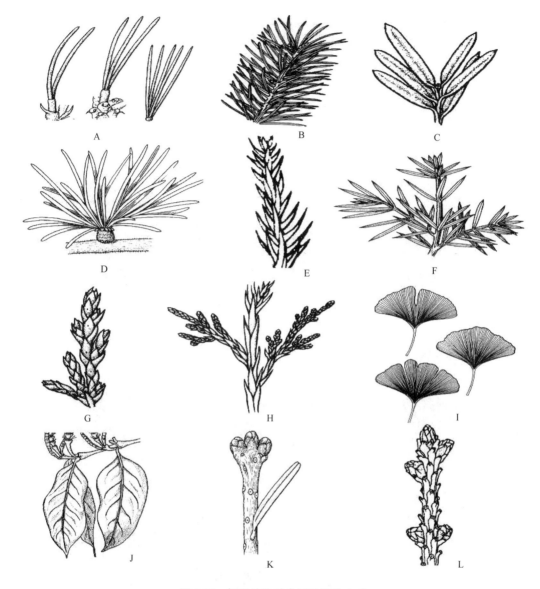

图 6-39 裸子植物叶类型及着生方式

A. 针形叶，示 2 针、3 针、5 针束生(松属) B. 四棱状条形叶，示螺旋状互生(云杉属) C. 条
形叶，示螺旋状互生，排成假二列(红豆杉属) D. 条形叶，示在短枝上簇生(落叶松属) E. 锥
形叶，示螺旋状互生(柳杉属) F. 刺形叶，示 3 叶轮生(刺柏属) G. 鳞形叶，示交互对生(柏
木属) H. 示枝条同时具鳞形和刺形叶(圆柏属) I. 扇形叶(银杏属) J. 椭圆形叶(买麻藤属)
K. 示枝条上圆形扁平的叶痕(冷杉属) L. 示枝条上突起的叶枕(云杉属)

(2)球花和球果(图 6-40)

①珠鳞(ovuliferous scale) 松科、杉科、柏科等植物大孢子叶球上着生胚珠的鳞片，相
当于大孢子叶，胚珠发育成种子时称为种鳞(seminiferous scale)。

②苞鳞(bract scale) 大孢子叶球上位于珠鳞外侧的苞片(有人认为是失去生殖能力的
大孢子叶)，多数种类较珠鳞小而薄，少数较珠鳞大而突出(如杉木)。

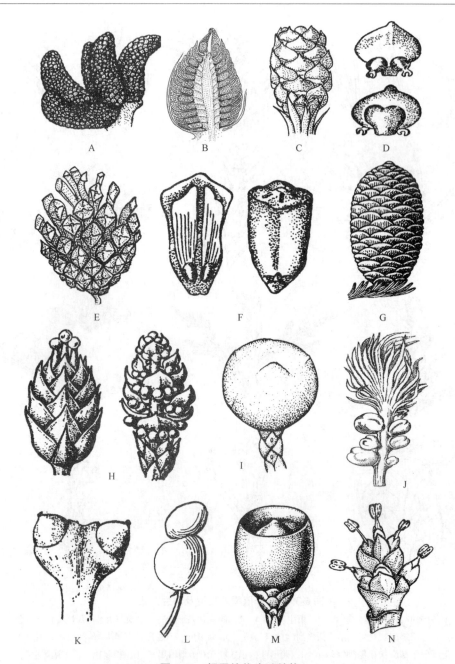

图 6-40　裸子植物生殖结构

A. 松属雄球花，示数个雄球花螺旋状排列　B. 松属单个雄球花纵切面，示小孢子囊
C. 松属雌球花，示珠鳞螺旋状排列　D. 松属珠鳞腹面(上)，示胚珠；背面(下)，
示苞鳞 E. 松属成熟球果，示种鳞开裂　F. 松属种鳞腹面(左)，示种子；背面(右)
G. 云杉属雌球花，示珠鳞螺旋状排列　H. 圆柏属雌球花(左)及雄球花(右)，示珠
鳞及雄蕊交互对生或 3 枚轮生　I. 圆柏属球果，示种鳞与苞鳞愈合，不开裂　J. 苏
铁属大孢子叶，示胚珠　K. 银杏属雌球花，示珠座(领)和胚珠　L. 罗汉松属种子，
示肉质种托　M. 红豆杉属种子，示杯状珠托包围种子　N. 麻黄属雄球花，示盖被

③珠领(collar)　银杏大孢子叶球顶部着生胚珠的环形膨大结构，为变态的大孢子叶，又称珠座。

④珠托(collar)　红豆杉科和三尖杉科大孢子叶球上包围胚珠的杯状或囊状结构，为变态的大孢子叶，后发育为假种皮。

⑤套被(collar)　罗汉松属(*Podocarpus*)大孢子叶球顶部包围胚珠的囊状或杯状结构，为变态的大孢子叶，后发育为假种皮。

⑥盖被(chlamydia)　买麻藤纲大、小孢子叶球外面包围着的囊状结构，位于盖被基部的一对小苞片，有类似花被的作用，故又称假花被。

⑦球果(cone)　松科、杉科、柏科等植物受精发育后成熟的大孢子叶球，由多数着生种子的种鳞与苞鳞组成。

6.8.4　裸子植物的分类

裸子植物发生发展的历史悠久，大约出现于距今 3 亿多年前的古生代泥盆纪，在中生代的三叠纪和侏罗纪最为繁盛，以后逐渐衰退，特别是经过第四纪冰川以后，大多数老的种类灭绝，新的种类陆续演化繁衍至今。裸子植物在植物分类系统中，通常作为一个自然类群，称为裸子植物门(Gymnospermae)。《中国植物志》第七卷将裸子植物门分为苏铁纲(Cycadopsida)、银杏纲(Ginkgopsida)、松柏纲(Coniferopsida)和买麻藤纲(Gnetopsida) 4 纲。但也有学者从松柏纲之内将不形成球果，种子具有肉质假种皮的罗汉松科、三尖杉科和红豆杉科分出，另成立红豆杉纲(紫杉纲)(Taxopsida)，变为 5 纲系统。本教材采用 5 纲系统，包括 15 科 80 余属约 800 种。中国是裸子植物资源丰富、种类众多的国家，共有 11 科 41 属 250 余种(包括引种栽培 1 科 7 属 50 余种)。国产种类许多是第三纪孑遗植物，或称"活化石"植物，如银杏、银杉、水松、水杉等。

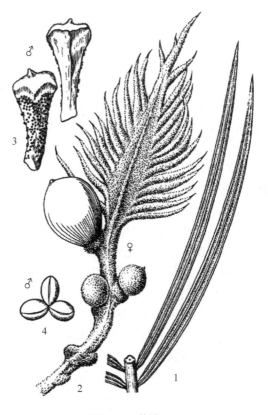

图 6-41　苏铁

1. 营养叶　2. 大孢子叶及种子

3. 小孢子叶　4. 花粉囊

6.8.4.1　苏铁纲(铁树纲)

常绿木本，茎干单一不分枝，粗壮。叶大型，螺旋状排列，羽状深裂，集生枝顶，幼时拳卷(与蕨类植物相似)。孢子叶球顶生，雌雄异株。游动精子具多数鞭毛。

现存 1 目 2 科 11 属约 110 种，产于热带、亚热带地区。苏铁科(Cycadaceae)是现存苏铁类最原始的类群，是全世界重点保护的濒危物种。中国原产仅有苏铁属(*Cycas*) 1 属约 9 种。常见种如苏铁(*C. revoluta* Thunb.)(图 6-41)，又名铁树,小孢子叶球圆柱形,小孢子叶鳞片状,螺旋状排列,背面生多数小孢子囊;大孢子叶球球形,大孢子叶密被灰黄色绒毛,上部羽状分裂,下部两侧具2~6枚胚珠。种子核果状,具3层种皮,熟时红色。

苏铁广植(北方温室栽培),为优美的观赏树种;茎内髓部富含淀粉,可供食用;种子含油和淀粉,供食用或药用,有微毒。

6.8.4.2 银杏纲

落叶乔木。枝有长枝和短枝。叶扇形,先端常二裂或波状缺刻,叶脉二叉状。叶在长枝上互生,在短枝上簇生。孢子叶球单性,雌雄异株,精子具多数鞭毛。种子核果状,具3层种皮,外种皮肉质,中种皮骨质,内种皮膜质,具丰富胚乳。

现存仅有银杏科(Ginkgoaceae)的银杏(*Ginkgo biloba* L.)1种(图6-42),为中国特有种。银杏为多分枝的高大乔木,小孢子叶球(雄球花)具梗,由短枝的鳞状叶腋内生出,柔荑花序状,由多数小孢子螺旋状着生而成;大孢子叶球具长柄,柄端二叉分,叉端各具1个环形的大孢子叶(特称为珠领或珠座),大孢子叶上各生1枚直立胚珠,但通常只有1个发育成种子。种子成熟时黄色,外面常被白粉。

银杏为著名的孑遗植物,原产中国,现世界各地广泛栽培,仅在中国浙江西天目山可能还有野生植株。

叶形优美,为优良的行道树及园林绿化树种。木材优良,是优良的用材树

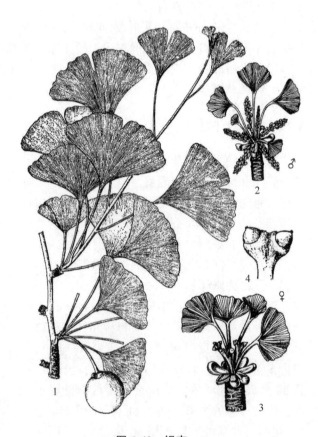

图6-42 银杏
1. 长短枝及种子 2. 雄球花枝
3. 雌球花枝 4. 雌球花, 示珠座和胚珠

种。种仁(俗称白果)可食,但多食易中毒,又可入药,有止咳、平喘、强身等功效。近年研究表明,银杏叶含黄酮类等多种具有生物活性的化合物,对治疗心脑血管疾病有很好的疗效,已成为重要的药用和保健植物。

6.8.4.3 松柏纲

常绿,稀落叶;乔木或灌木;茎多分枝,常有长、短枝之分,具树脂道。叶常针形、鳞形和条形,稀刺形、钻形和披针形,单生或成束,螺旋状互生或交互对生(稀轮生)。孢子叶球(俗称球花)单性,同株或异株,雌球花发育成球果。精子无鞭毛。大孢子叶常为鳞片状,腹面基部着生1至数个胚珠,称珠鳞(种子成熟时称为种鳞);珠鳞背部有1鳞片,称为苞鳞。珠鳞和苞鳞离生、半合生或完全合生。种子常具翅。

松柏纲是现代裸子植物中种类最多，分布最广的类群，共有 4 科 44 属约 500 种。中国是松柏纲植物最古老的起源地，也是松柏植物资源最丰富的国家，并富有特有属、种和第三纪孑遗植物，有 3 科 23 属 210 多种，分布几遍全国，多为庭园绿化及造林树种。另引入栽培 1 科 7 属 50 余种，其中南洋杉科（Araucariaceae）的南洋杉（*Araucaria cunninghamii*），原产大洋洲，为著名庭园观赏树种。

（1）松科（Pinaceae）

常绿或落叶；乔木，稀灌木。有些属具短枝。叶针形或条形，螺旋状排列，互生、簇生或束生。雌雄同株，小孢子叶及珠鳞螺旋状互生。小孢子叶具 2 个花粉囊，每个珠鳞腹面具 2 枚倒生胚珠，珠鳞与苞鳞离生。种子 2，常具翅。

松科是松柏纲植物中最大而且经济价值最重要的一科，共有 10 属约 230 种，主要分布于北半球。中国有 10 属约 120 种（其中引入栽培 20 余种），分布遍及全国，绝大多数为森林组成树种和用材树种。

松科常见属分属检索表

1. 枝条具长枝和短枝；叶 2 或 2 枚以上束生或簇生。
  2. 叶针状，2～5 枚成一束生于短枝；种鳞加厚 ·················· 松属（Pinus）
  2. 叶多数簇生短枝上；种鳞扁平。
    3. 叶常绿，球果 2～3 年成熟 ·················· 雪松属（Cedrus）
    3. 叶冬季脱落，球果当年成熟 ·················· 落叶松属（Larix）
1. 枝条仅有长枝；叶单生，螺旋状排列。
  4. 球果成熟时下垂，小枝具叶枕，叶四棱状条形或扁平梭状 ·········· 云杉属（Picea）
  4. 球果成熟时直立，小枝不具叶枕，叶扁平条形 ·········· 冷杉属（Abies）

此外，本科还有金钱松属（Pseudolarix）、银杉属（Cathaya）、铁杉属（Tsuga）、油杉属（Keteleeria）和黄杉属（Pseudotsuga），其中金钱松属只有 1 种金钱松［P. amabilis（Nelson）Rehd.］；银杉属只有 1 种银杉（C. argyrophylla Chun et Kuang），均为中国特有，为国家重点保护植物。

①松属（Pinus）（图 6-43）　常绿乔木，极少数为灌木。枝有长枝和短枝。叶二型，鳞叶螺旋着生在长枝上，针叶成束生于不发育的短枝顶端，通常 2、3 或 5 针一束，基部由芽鳞组成的叶鞘所包。小孢子叶球（雄球花）聚生在新生长枝的基部，小孢子（花粉）有气囊；大孢子叶球（雌球花）单生或数个着生在新枝的近顶端叶腋。球果翌年成熟，种鳞木质化，宿存。种子上端常有翅。松属约 80 种，广布于北半球；中国 22 种，分布几遍全国。南方常见有 2 针一束的马尾松（P. massoniana Lamb.）和黄山松（P. taiwanensis Hayata）等；北方常见有 2 针一束的油松（P. tabuliformis Carr.）（图 6-44）、3 针一束的白皮松（P. bungeana Zucc. et Endl.）以及 5 针一束的华山松（P. armandii Franch.）和红松（P. koraiensis Sieb. et Zucc.）等。松属是我国重要的造林、用材和园林绿化树种，树皮可制栲胶，树干可割取松脂、提炼松节油，一些种类的种子作干果食用。

②云杉属（Picea）　常绿乔木。小枝具显著隆起的叶枕，基部常残存芽鳞。叶四棱状条形或扁平棱状，无柄。球果当年成熟，下垂；种鳞宿存；苞鳞短小。种子上端具膜质长翅，

图 6-43 松属

1. 长短枝 2. 雄球花 3. 雌球花
4. 珠鳞背腹面 5. 种子

图 6-44 油松

1. 球果枝 2. 雄球花枝 3. 雌球花 4. 雄球花
5. 珠鳞 6. 雄蕊 7. 种鳞 8. 种子 9. 一束针叶

有光泽。约 40 种,分布于北半球。中国有 14 种、10 变种,产于东北、华北、西北、西南等地及台湾省的高山地带,常组成大面积的天然林,为我国重要的林业资源之一。各地常栽培为庭院观赏树种。常见的有云杉(*P. asperata* Mast.)、青杆(*P. wilsonii* Mast.)、白杆(*P. meyeri* Rehd. et Wils.)(图 6-45)、红皮云杉(*P. koraiensis* Nakai)等。

③冷杉属(*Abies*) 常绿乔木。大枝轮生,小枝对生,具圆形而微凹的叶痕。叶扁平条形,螺旋状互生。球果当年成熟,直立;种鳞木质,熟时自中轴脱落。种子上端具宽大的膜质翅。约 50 种,中国有 21 种、6 变种,分布于东北、华北、西北及浙江、台湾等地的高山地带,常组成大面积的纯林。多为用材树种,树皮可提取冷杉胶,是光学仪器胶黏剂。常见的有臭冷杉(臭松)[*A. nephrolepis* (Trautv. ex Maxim.) Maxim.](图 6-46)、辽东冷杉(*A. holophylla* Maxim.)和巴山冷杉(*A. fargesii* Franch.)等,百山祖冷杉(*A. beshanzuensis* M. H. Wu)特产于浙江省南部百山祖南坡海拔 1 700 m 以上地带,是我国近年发现的珍贵稀有树种。

④落叶松属(*Larix*) 落叶乔木。枝有明显的长枝和短枝之分。叶在长枝上螺旋状互生,在短枝上簇生,条形,扁平,柔软。球果当年成熟,直立,种鳞宿存。种子上部有膜质长翅。约 18 种,分布北半球高山与寒温带及高寒地带。中国有 10 种、1 变种,分布于东北、

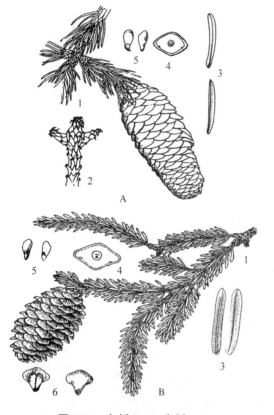

图 6-45　白杆(A)、青杆(B)

1. 球果枝　2. 冬芽及小枝　3. 叶背腹面
4. 叶横切面　5. 种子　6. 种鳞

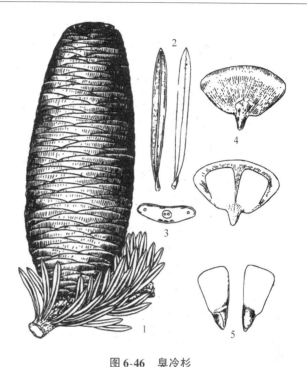

图 6-46　臭冷杉

1. 球果枝　2. 叶背腹面　3. 叶横切面
4. 种鳞背腹面　5. 种子

华北、西北、西南高山地区，常组成大面积纯林，或与其他针阔叶树种混生，为各产区森林的主要组成树种。常见有红杉（*L. potaninii* Batalin）、落叶松［*L. gmelinii*（Rupr.）Kuze.］、华北落叶松［*L. gmelinii* var. *principis-ruprechtii*（Mayr.）Pilg］（图 6-47）等，日本落叶松［*L. kaempferi*（Lamb.）Carr.］原产日本，我国各地广泛引种。

（2）杉科（Taxodiaceae）

常绿或落叶乔木，无短枝。叶螺旋状互生，稀交互对生（水杉属），条状披针形、钻形或鳞形。雌雄同株。小孢子叶及珠鳞螺旋状互生（仅水杉属交互对生）。小孢子叶常具 3～4 个小孢子囊；珠鳞与苞鳞半合生（顶端分离），每珠鳞腹面各具 2～9 枚胚珠。球果当年成熟。种子

图 6-47　华北落叶松

1. 球果枝　2. 球果　3. 种鳞背腹面　4. 种子

2~9,周围或两侧具窄翅。

　　杉科现有9属16种,主要分布于北半球。中国产5属7种,另引入栽培4属7种,分布于长江流域及秦岭以南地区。杉科树木树姿优美,常栽为庭园观赏树,有些则为重要的用材树种。近年来,很多研究证据支持将杉科和柏科合并,一些教材和植物志已将杉科并入柏科(Cupressaceae)。

杉科常见属分属检索表

1. 叶和种鳞均为螺旋状排列

　　2. 叶常绿并革质

　　　　3. 叶条状披针形, 长3~6cm, 叶缘有锯齿 ················ 杉木属(*Cunninghamia*)

　　　　3. 叶钻形, 长不足2.5cm, 叶全缘 ······················· 柳杉属(*Cryptomeria*)

　　2. 落叶, 叶条形, 排成2列 ··································· 落羽杉属(*Taxodium*)

1. 叶和种鳞交叉对生, 小枝连叶冬季脱落 ························ 水杉属(*Metasequoia*)

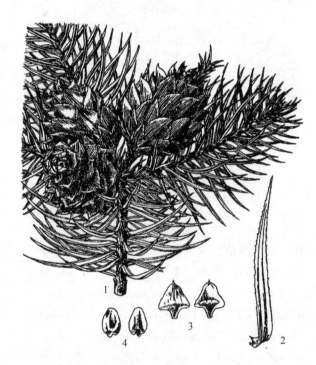

　　①杉木属(*Cunninghamia*)　常绿乔木。叶螺旋状互生,条状披针形,两面均有气孔线。苞鳞与珠鳞下部合生,苞鳞大,珠鳞小而顶端3裂,每珠鳞腹面基部生3枚胚珠。球果近球形,种子两侧具翅。中国特有属,共2种。杉木[*C. lanceolata* (Lamb.) Hook.](图6-48)为秦岭以南地区造林面积最大的优良用材树种,台湾杉木(*C. konishii* Hayata)特产于我国台湾中部以北山区。

　　②柳杉属(*Cryptomeria*)　常绿乔木。叶钻形(锥形),螺旋状排列。苞鳞与珠鳞合生,仅顶端分离,每珠鳞具2~5个胚珠。球果近球形,种鳞木质,盾形,顶端具3~6裂齿。种子边缘具窄翅。现仅有2种,柳杉(*C. fortunei* Hooibr. ex Otto et Dietr.)特产于中国长江流域以南,有许多高大古树,另一种为日本柳杉[*C. japonica* (L. f.) D. Don],产于日本,我国引种栽培。

图6-48　杉木
1. 球果枝　2. 叶　3. 苞鳞及种鳞　4. 种子

　　③水杉属(*Metasequoia*)　落叶乔木,小枝对生。叶条形,交互对生,冬季与侧生小枝一同脱落。珠鳞交互对生,每珠鳞具5~9枚胚珠。球果具长梗,种鳞木质。种子两侧有翅。

　　中国特有属。现存仅1种水杉(*Metasequoia glyptostroboides* Hu et Cheng)(图6-49),为著名活化石植物,自然分布于湖北利川、重庆石柱以及湖南龙山等地,现我国辽宁南部以南及世界各地广泛栽培。

图 6-49　水杉

1. 球果枝　2. 球果　3. 种子
4. 雄球花枝　5. 雄球花　6. 雄蕊

杉科还有秃杉属（*Taiwania*）、水松属（*Glyptostrobus*）、巨杉属（*Sequoiadendron*）和北美红杉属（*Sequoia*）等，其中秃杉（*Taiwania cryptomerioides* Hayata）和水松［*G. pensilis*（Staunt.）Koch］为中国特有树种，均为孑遗植物；巨杉（世界爷）［*S. gigantean*（Lindl.）Buchholz］和北美红杉［*S. sempervirens*（Lamb.）Endl.］均为特大乔木，原产地高达 100m 以上，树龄达 2 000 ~ 4 000 年，特产于北美加利福尼亚，我国南方引种栽培。

（3）柏科（Cupressaceae）

常绿乔木或灌木。叶鳞形、刺形或二者兼有，交互对生或轮生。雌雄同株或异株。球花单性，单生于叶腋或枝顶。小孢子叶交互对生，各有 2 个以上小孢子囊。珠鳞交互对生或 3 ~ 4 枚轮生，每个珠鳞具胚珠 1 至多数。苞鳞与珠鳞合生，仅尖头分离。球果成熟后木质开裂或肉质合生。

柏科现有 22 属约 150 种。中国 8 属 30 余种，分布遍及全国，多为优良用材、庭园绿化和观赏树种。

柏科常见属分属检索表

1. 种鳞木质或革质，熟时张开
 2. 种鳞扁平，背部有一钩状尖头，种子无翅 ·················· 侧柏属（*Platycladus*）
 2. 种鳞盾形，球果 2 年熟，种子具翅 ·················· 柏木属（*Cupressus*）
1. 球果肉质，熟时不开裂或顶端微开裂
 3. 叶全为刺叶或鳞叶，或同一树上兼有，刺叶基部无关节 ·················· 圆柏属（*Sabina*）
 3. 叶全为刺形，刺叶基部有关节 ·················· 刺柏属（*Junipeurs*）

　①侧柏属（*Platycladus*）　小枝排成一个平面，扁平。叶鳞形，交互对生。雌雄同株。大孢子叶球具珠鳞 4 对，仅中间的 2 对珠鳞各生 1 ~ 2 枚胚珠。球果当年成熟，开裂，种鳞木质，扁平，背部顶端下方有一弯曲的钩状尖头。仅侧柏［*Platycladus orientalis*（L.）Franco］1 种（图 6-50），中国特产，分布几遍全国，为黄土高原和石灰岩山地的主要造林树种；常栽培为庭园树种，栽培品种很多。

　②柏木属（*Cupressus*）　小枝多数不排成平面。叶鳞形，幼苗及萌芽枝上具刺形叶。球果第二年成熟，种鳞木质，盾形，熟时张开。种子两侧具窄翅。约 20 种，中国 6 种，引入栽培 4 种。常见的有柏木（*C. funebris* Endl.），生鳞叶小枝扁平，排成一平面，细长下垂，中国特有，分布于黄河流域以南各地，优良用材及观赏树种。

图 6-50 侧柏
1. 球果枝 2. 小枝 3. 雄球花
4. 雌球花 5. 球果

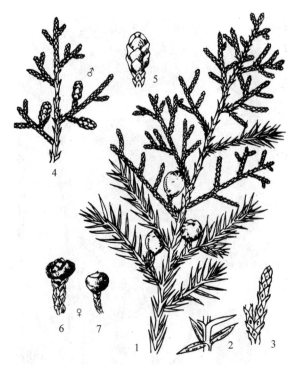

图 6-51 圆柏
1. 球果枝 2. 刺叶小枝 3. 鳞叶小枝
4. 雄球花枝 5. 雄球花 6. 雌球花 7. 球果

③圆柏属(*Sabina*) 在有的教材和植物志中,圆柏属被合并到了刺柏属(*Juniperus*),有叶小枝不排成平面。叶刺形或鳞形,或同一树上两种兼有;鳞形叶交互对生,刺叶通常 3 枚轮生。珠鳞交互对生或 3 枚轮生,每珠鳞的腹面基部有 1~2 枚胚珠。球果熟时种鳞合生,肉质不开裂。约 50 种,中国 15 种,南北均产,另引入栽培 2 种。本属多数树种耐干旱和严寒,常生于高山、极地等环境条件严酷的地方,在高寒和沙漠地区呈匍匐丛生,为水土保持和固沙树种。常见的有圆柏[*S. chinensis* (L.) Ant.](图 6-51),叶二型,原产于我国中部,现各地广泛栽培,变种很多。

柏科常见的还有刺柏属(*Juniperus*)、扁柏属(*Chamaecyparis*)、崖柏属(*Thuja*)和福建柏属(*Fokienia*)等。

6.8.4.4 红豆杉纲(紫杉纲)

叶条形或披针形,螺旋状互生或交互对生,叶柄常扭转排成 2 列。雌雄异株;雄球花球状或穗状;雌球花基部有多数覆瓦状排列或交互对生的苞片,胚珠 1,直立,基部具珠托。种子全部包于肉质假种皮内,或生于杯状肉质假种皮中,或包于囊状肉质假种皮中,仅顶端尖头露出。

共有 3 科 14 属约 162 种,分布于欧洲、亚洲及北美洲。中国有 3 科 7 属 33 种。

(1)罗汉松科(Podocarpaceae)

叶条形、鳞形或披针形,螺旋状互生或对生。小孢子叶球穗状,大孢子叶球基部有数枚苞片，大孢子叶特化为囊状或杯状的套被，包有1枚倒生胚珠。种子核果状或坚果状，全部或部分为套被发育来的肉质假种皮所包。8属约130种，主要分布于南半球热带和亚热带。中国有4属12种，主产于长江以南，常见的有罗汉松属(*Podocarpus*)的罗汉松[*P. macrophyllus* (Thunb.) D. Don](图6-52)，种子成熟时紫黑色，着生于由苞片发育而成的肉质种托上，形似罗汉，故名，为园林绿化树种。

图6-52　罗汉松
1. 种子枝　2. 雄球花枝

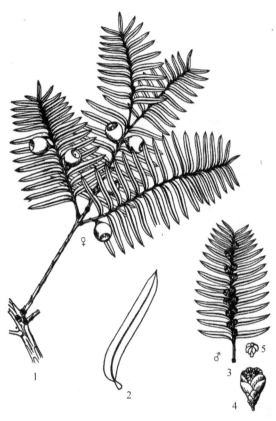

图6-53　红豆杉
1. 种子枝　2. 叶　3. 雄球花枝
4. 雄球花　5. 雄蕊

(2)红豆杉科（紫杉科）(Taxaceae)

叶条形或披针形，螺旋状排列或交互对生。孢子叶球单性异株。小孢子叶多数，呈盾状体，各有3~9个小孢子囊；大孢子叶球基部有多数苞片，大孢子叶杯状或漏斗状(特称为珠托)，内生胚珠1枚。种子坚果状或核果状，半包或全包于由珠托发育来的肉质假种皮中。

红豆杉科现有5属23种。中国产4属10种，常见的有红豆杉属(*Taxus*)的红豆杉[*T. wallichiana* var. *chinensis* (Pelger.) Florin](图6-53)，为中国特有第三纪孑遗植物；其他还有东北红豆杉(*T. cuspidata* Sieb. et Zucc.)及其变种矮紫杉(*T. cuspidata* var. *nana* Hort.)等。红豆杉属假种皮成熟时红色，树皮和枝叶可提取紫杉醇，有抗癌作用，因资源稀少，均被列为国家重点保护植物。白豆杉属(*Pseudotaxus*)只有1种白豆杉[*P. chienii* (Cheng) Cheng]，

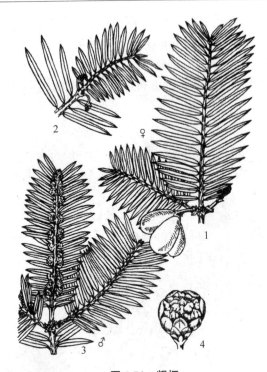

图 6-54 粗榧

1. 种子枝 　2. 雌球花枝
3. 雄球花枝 　4. 雄球花

假种皮白色,为中国特有的珍稀树种。榧树属(*Torreya*)假种皮囊状,全包种子,榧树(*T. grandis* Fort. ex Lindl.)为中国特有树种,其种子称"香榧子",是著名干果。

(3)三尖杉科(粗榧科)(Cephalotaxaceae)

叶条形或条状披针形,近对生,基部扭转排成2列。小孢子叶球集生成头状,大孢子叶球具长梗,珠鳞(大孢子叶)特化为囊状珠托,腹面生2枚胚珠。种子核果状,全部包于由珠托发育成的肉质假种皮中。仅有三尖杉属(*Cephalotaxus*)1属,东亚特有,以中国为分布中心。常见有三尖杉(*C. fortunei* Hook. f.)和粗榧[*C. sinensis*(Rehd. et Wils.)Li](图6-54),均为中国特有树种,其枝叶可提取生物碱,为著名抗癌药物。

6.8.4.5 买麻藤纲(盖子植物纲)

灌木或木质藤本。次生木质部常具导管,无树脂道。叶对生或轮生。孢子叶球单性,或有两性的痕迹,有类似于花被的盖被,也称假花被(pseudo-perianth);胚珠1枚,珠被顶端延伸成珠孔管(micropylar tube);精子无鞭毛;颈卵器极其退化或无;成熟大孢子叶球球果状、浆果状或细长穗状。种子包于由盖被发育而成的假种皮中。

本纲植物共有3科3属约80种。中国有2科2属19种,分布几遍全国。买麻藤纲植物茎内次生木质部有导管,孢子叶球有盖被,胚珠包裹于盖被内,许多种类有多核胚囊而无颈卵器,这些特征是裸子植物中最进化类群的性状。

麻黄科(Ephedraceae),灌木或草本状,多分枝,小枝对生或轮生,绿色,具节。叶退化成鳞片状,对生或轮生,基部常合生成鞘状。小孢子叶球基部具2片膜质盖被,大孢子叶球由多数苞片组成,仅顶端1~3苞片各生有1枚胚珠,胚珠外有盖被包围。种子成熟时,盖被发育成假种皮,苞片增厚成肉质(稀膜质),红色,包于其外。

麻黄科仅有麻黄属(*Ephedra*)1属约40种,中国12种,主要分布于西北地区及云南、四川等地,多生于贫瘠荒漠地区,有固沙保土的作用。麻黄属植物多数种类含有

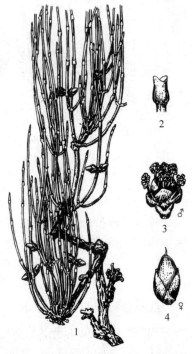

图 6-55 木贼麻黄

1. 植株 　2. 叶 　3. 雄球花 　4. 雌球花

生物碱，为重要的药用植物，种子外包肉质苞片，俗称"麻黄果"，可食用。常见的有草麻黄（*E. sinica* Stapf.），无直立茎，呈草本状；木贼麻黄（*E. equisetina* Bunge）（图 6-55），有直立木质茎，呈灌木状。买麻藤纲常见的还有买麻藤科（Gnetaceae）的买麻藤（*Gnetum montanum* Markgr.）（图 6-56），为常绿大藤本，叶卵状椭圆形，雌配子体无颈卵器。分布于热带、亚热带地区。此外，百岁兰科（Welwitschiaceae）仅有 1 种百岁兰［*Welwitschia bainesii* (Hook. f.) Carr.］（图 6-57），植株外形奇特，茎粗短，具 1 对大型带状叶片，小孢子叶球中央有 1 枚不完全发育的胚珠（可能来自两性花祖先），没有颈卵器，分布于非洲西南部靠近海岸的沙漠地带，为典型的旱生植物，可生存百年以上。

图 6-56 买麻藤
1. 雄球花枝 2. 雄球花序部分放大
3. 成熟的雌球花 4. 种子

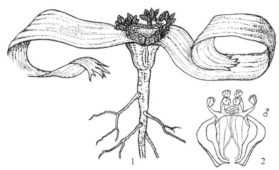

图 6-57 百岁兰
1. 植株 2. 雄球花，内含 1 枚不完全发育的胚珠

6.8.5 裸子植物与人类的关系

现存裸子植物种类虽较少，但广布于世界各地，特别在北半球亚热带高山地区及温带至寒带地区常组成大面积森林，是地球森林植被中主要的组成成分，在维持生态平衡方面具有极其重要的意义。同时，许多裸子植物耐旱、耐土壤贫瘠，适应性强，是水土保持和荒山绿化的首选树种，如松科的云杉属，冷杉属，落叶松属，松属的油松、马尾松、华山松、云南松等多种，柏科的侧柏、圆柏以及杉科的杉木等已成为我国重要的造林树种。

在经济价值方面，裸子植物多为林业生产上的重要用材树种，也是纤维、树脂、栲胶、单宁等重要工业原料树种。有些种类如华山松、红松、香榧等的种子是著名的干果，可食用或榨油；药用的种类也很多，如银杏、侧柏、三尖杉属、红豆杉属的枝叶和种子以及麻黄属植物全株均可入药。此外，大多数裸子植物都为常绿树，树形优美，是著名的观赏和庭园绿化树种，如苏铁、银杏、油松、侧柏、圆柏、水杉、罗汉松；世界五大庭园树种南洋杉、金钱松、雪松、金松、巨杉也都是裸子植物。

6.8.6 被子植物(Angiosperm)的主要特征及进化上的意义

被子植物是现代植物界中最高级、最繁茂、分布最广的一个类群，它们最显著的特点是在繁育过程中形成花，称为有花植物(flowering plants)，与高等植物中不形成花以及具有颈卵器的其他类群相区别。花萼和花冠的出现为增强传粉的效率，以达到异花传粉的目的创造了条件。

被子植物胚珠包被在由心皮形成的子房内，得到了很好的保护，避免了昆虫的咬噬和水分的丧失。子房在受精后发育成果实。果实具有不同的色、香、味以及多种开裂方式，表面还常具有各种钩、刺、翅、毛等附属结构。果实的所有这些特点，对保护种子的成熟，帮助种子散布起着重要的作用。

被子植物的雌性生殖器官不形成颈卵器，而进一步简化成由助细胞和卵细胞组成的卵器。在受精过程中出现了特殊的双受精现象，除精卵结合成合子外，作为胚的养料的胚乳也是受精的产物，这种具有双亲特性的胚乳，使新植物体具有更强的生活力。

被子植物孢子体的构造更为发达完善，表现在机械组织与输导组织明显的分工。在裸子植物体内管胞不仅输导水分，也是机械支持的唯一成分，而运输养料是由单个的筛胞来完成。在被子植物体内出现了由多数细胞组成的导管来更快更有效地输导水分，由厚壁的纤维细胞起机械支持作用，输送养料则通过较长的筛管进行。这种输导组织和机械组织的加强，保证了对陆地生活的适应，进一步说明被子植物比裸子植物进化。

由于被子植物上述各种形态、结构和生理特征，提供了它适应各种环境的内在条件，使其在生存竞争、自然选择的过程中，不断产生新的变异，产生新的物种。最终发展成为地球上种类最多，适应类型最广、最占优势的一群植物，约有20万种以上，我国约有3万种。被子植物又分为双子叶植物纲(Dicotyledoneae)(木兰纲 Magnoliopsida)和单子叶植物纲(Monocotyledoneae)(百合纲 Liliopsida)(详见第7章)。

本章小结

本章主要介绍了生物界的分界系统，植物分类的阶层、植物的命名法，概述了藻类、菌类、地衣、苔藓、蕨类以及种子植物的主要形态结构特征、繁殖方式、主要的代表种类以及与人类的关系和经济价值等，高等植物还侧重介绍了生活史及其世代交替的特点。概述了植物基本类群的系统与进化关系和植物系统发育的进化规律。

复习思考题

1. 何谓同物异名和同名异物现象?
2. 举例说明"双名法"。

3. 植物的主要分类等级有哪些？

4. 植物分类检索表有哪两种形式？各有什么特点？

5. 植物界分为哪些类群？说明孢子植物、种子植物、高等植物、低等植物、维管植物、颈卵器植物的含义以及它们所包括的植物类群（门）。

6. 低等植物和高等植物各有何主要特征？

7. 什么是原核生物？在所学习过的植物中，哪些属于原核生物？

8. 藻类植物的基本特征是什么？藻类植物的分门依据是什么？一般分为哪几门？

9. 绿藻门的主要特征是什么？为什么说绿藻是植物界进化的主干？

10. 真菌门分为哪几个亚门？各亚门主要特征是什么？

11. 概述地衣的形态结构和繁殖方式。

12. 苔藓植物门植物有哪些特征？为什么被列入高等植物范畴？

13. 如何区别苔纲植物与藓纲植物？

14. 概述地衣和苔藓在自然界中的作用。

15. 如何区别石松目植物与卷柏目植物？

16. 蕨类植物的主要特征是什么？分纲依据是什么？一般分为哪几个纲？

17. 何为世代交替？分别简述苔藓、蕨类和种子植物世代交替中配子体和孢子体的关系。

18. 试述植物类群演化的总趋势。

19. 简述裸子植物的主要特征。

20. 简述裸子植物 5 个纲的区别点。

21. 松科、杉科和柏科有哪些主要不同点？

22. 裸子植物松杉纲中胚珠着生于珠鳞腹面，并为其包被，如何理解"胚珠裸露"这一概念？

23. 罗汉松、红豆杉和三尖杉从种子上如何区分？

24. 举出 5 种中国特有的裸子植物。

25. 为什么说买麻藤纲是裸子植物中最特化的类群？

26. 试述裸子植物在自然界中的作用及其经济意义。

推荐阅读书目

1. 曹慧娟, 1992. 植物学(第 2 版). 北京：中国林业出版社.

2. 方炎明, 2015. 植物学(第 2 版). 北京：中国林业出版社.

3. 贺学礼, 2018. 植物学(第 2 版). 北京：科学出版社.

4. 廖文波, 刘蔚秋, 冯虎元, 等, 2020. 植物学(第 3 版). 北京：高等教育出版社.

5. 马炜梁, 1998. 高等植物及其多样性. 北京：高等教育出版社, 海德堡：施普林格出版社.

6. 马炜梁, 2015. 植物学(第 2 版). 北京：高等教育出版社.

7. 杨世杰, 汪矛, 张志翔, 2017. 植物生物学(第 3 版). 北京：高等教育出版社.

8. 叶创兴, 2010. 植物学. 北京：高等教育出版社.

9. 中国科学院中国植物志编辑委员会, 2006. 中国植物志. 第七卷(裸子植物门). 北京：科学出版社.

10. 周云龙, 1999. 植物生物学. 北京：高等教育出版社.

第7章　被子植物分类基础

被子植物门(Angiospermae)是现代植物界中最进化、种类最多、分布最广、适应性最强的一个植物类群。现在已知的有 300~450 科(各个分类系统科的概念不同)，1 万多属，20 万~25 万种，我国约有 3 万种，而且现在仍有新种不断发现。对如此众多的植物进行识别与分类，其依据是它们在长期演化中出现的各种形态、结构和性状特征。

7.1　被子植物的分类方法

7.1.1　分类学简介

自人类开始利用植物以来，在几千年的生活和生产实践中，逐渐了解到某些植物可食用，某些植物有毒，某些植物具有经济价值，某些植物可用来观赏、美化环境等，并对它们的形态结构、生活习性加以比较，发现它们之间的相同和不同之处，因而能进行区别而给以分类。分类是人类认识客观世界和深入研究客观世界最基本的方法，对植物分类知识的逐渐积累而加以系统化，终于产生了分类学。

分类学是一门具有悠久历史的科学，分类学的任务不仅是识别物种、鉴定名称，而且要阐明物种之间的亲缘关系和分类系统。人们对植物界从低等到高等都进行了分类研究，建立了各种植物的分类学，如"藻类分类学""真菌分类学""被子植物分类学"等。

7.1.2　分类学的发展及依据

分类学的发展是随着各门学科的发展而发展的。被子植物分类是以植物的形态特征为主要依据，即根据花、果实、茎、叶等器官的形态特征进行分类。随着解剖学、生态学、细胞学、生物化学、遗传学以及分子生物学的发展，植物分类也吸收了这些学科的研究方法，提供更多的论据进一步研究物种形成和种系发生(phylogeny)，因而分类学出现了许多新的研究方向，如化学分类学、染色体分类学、实验分类学等；20 世纪 60 年代以来，将统计学方法和计算机手段等应用于植物的分类，从而有了"数量分类学"；20 世纪 80 年代初，由德国昆虫学家 M. D. Hennig 发展起来的用于重建系统发育的方法学"分支系统学"进入植物系统学的研究领域。1998 年，被子植物系统发育研究组(Angiosperm Phylogeny Group)以分支分类学和分子系统学为研究方法提出了被子植物新分类系统"被子植物 APG 系统(或称被子植物 APG 分类法)"，随后于 2003 年、2009 年及 2016 年分别修订出版了被子植物 APG 系统。

分类学家认为，任何能表明种与种之间差异的特征都可以作为被子植物分类的依据。下面为常用的被子植物分类依据。

7.1.2.1　形态学资料

形态学资料是一种通过肉眼能观察到的性状，主要是指根、茎、叶、花、果实的形态特征，由于便于观察，在实践中应用方便，因而是被子植物分类的基础。目前被子植物的分类和命名主要是以形态学的资料为依据而进行的。在植物的各种形态特征中，花、果实的形态特征比根、茎、叶的形态特征重要，其中，尤其是花的形态特征最为重要。但运用形态学特征并不能解决分类学上的一切问题，随着科学的发展，人们常以植物解剖学、植物胚胎学、植物细胞学、植物化学、古植物学、植物生态学、遗传学等研究的成果为辅助来进行分类研究。

7.1.2.2　解剖学资料

解剖学资料主要是指借助于光学显微镜和电子显微镜等仪器才能观察到的性状，它往往作为外部形态性状的补充。有分类意义的解剖学性状通常包括角质层和表皮层的式样、气孔类型、脉序和叶脉构造、毛状体组成、晶体与分泌管腔的存在与否，以及维管的结构和维管束的排列和组成等。在被子植物中，采用透射电子显微镜技术研究最多的是植物的韧皮部或与韧皮部组织有关的组织的特征，如筛分子质体、P-蛋白质、核蛋白质晶体、内质网膨大贮囊等。在微形态学领域，扫描电子显微镜技术表明，植物的表皮，包括根、茎、叶、花、果实、种子的表皮以及花粉的外壁，在表皮细胞的排列、表面纹饰、角质层分泌物等方面都有极其多样的形态，为一些植物类群的研究提供了新的有价值的分类资料。

7.1.2.3　细胞学资料

细胞学资料是利用细胞学的性状和现象来研究植物的自然分类和进化关系。细胞分裂时染色体的数目、形态结构及行为等性状用作分类学的重要依据，已越来越被分类学家所重视。研究表明，染色体的数目以及染色体组型中的各染色体的绝对大小作为分类性状的价值在于它在种内的相对恒定。染色体的行为是指染色体在减数分裂中的配对行为及分离状况。根据配对程度可推测同源程度。不同程度较大时，会导致不配对，进而导致不育。因而染色体的行为常用来揭示种间的关系。因此，细胞学资料作为分类学的一个依据，在确定某些分类单位，探讨系统演化，建立新的自然分类系统等方面无疑有重要意义。

7.1.2.4　化学资料

植物化学分类学是近几十年发展起来的一种分类方法，即利用化学成分的特点来进行系统发育的研究。植物的化学组成随种类而异，因此化学成分可以作为分类的一项重要指标。通过分析植物的化学成分、比较外形相似植物化学成分的异同，可以研究植物类群之间的亲缘关系和演化规律。在分类学上有用的化学物质主要是一些次生代谢产物，如生物碱、酚类、糖苷、黄酮类化合物、萜类、油、蜡质及碳水化合物，以及带信息的大分子化合物蛋白质、核酸、酶等。目前，研究最多的是酚类和生物碱。

血清分类学是用血清学的方法研究植物间的相关性，其结果与依据形态学资料所得的相关或相近，能在一定程度上反映物种间的相关性。血清学主要用种子来进行。血清学方法多采用沉淀反应，即它将从某一种植物中提纯的某一种蛋白质注射到实验动物体内（通常用兔子），实验动物的血清中会产生抗体，然后提纯含有该蛋白质抗体的血清（称抗血清），将其与要试验的另一种植物的蛋白质悬浊液（抗原）进行凝胶扩散或免疫电泳，观察其产生的沉淀反应来评估不同生物的相似程度，相似程度越高则沉淀反应越明显。

蛋白质电泳分析比较植物种类之间的异同在分类学也应用广泛。其原理是在凝胶上蛋白质颗粒在电场影响下分成带正电荷和负电荷的2种，各向其异性方向移动，由于分子的大小、结构光滑程度、分子电荷的大小不同，因而蛋白质的移动速率与距离也不同，这样，在凝胶板上就形成了一幅蛋白质的区带谱。不同物种所含蛋白质的谱系不同，因此其区带谱也不同，由此来评价不同种类植物之间的亲缘或演化关系。目前，用植物体内所含的酶作为分类依据是一项发展较快而有意义的蛋白质电泳方法。常用的酶有过氧化氢酶、过氧化物酶以及酯酶等同功酶，酶的多型性通常在种以下的等级表现出来。需指出的是，一般种群间同功酶的变异并不伴随形态学上的变化，而且个体间也存在差异，因此需谨慎使用。

7.1.2.5 分子生物学资料

随着20世纪70年代分子生物学的迅猛发展，核酸(DNA，RNA)性状用于系统分类，大大推动了生物分子系统学的发展。DNA双螺旋结构中，碱基配对有两种形式：A—T与G—C。每个物种的DNA都有其特定的G+C含量，不同物种的G+C含量是不同的，亲缘关系越远，其G+C的含量差别就越大，所以这是一个能反映属种间亲缘关系的遗传型特征。分子生物学用于分类的另一种方法是DNA分子杂交。不同物种DNA上的碱基顺序是各不相同的。DNA是由两条方向相反，相互平行的核苷酸链通过碱基配对方式结合在一起的双螺旋体，这两条链在加热到100℃并迅速冷却的条件下，就可以相互分离，分离的两条链在合适的条件下又可再度结合。人们利用DNA这种特性，将不同种个体得来的两条单链放在一起，如果它们之间的顺序相似，就可以在适当的条件下，按碱基配对的原则形成杂交的DNA分子，然后根据杂交程度，确定这两个种的相似程度及同源性。

目前用于系统分析的分子资料主要来自基因组重排分析和基因序列分析，后者已成为当前研究的热点。应用于分析植物亲缘关系和系统进化的分子证据主要来自叶绿体、线粒体和核基因组的DNA片段，这些基因序列在系统发育研究中的潜在价值以及适合在何等分类等级上应用则取决于这些基因序列本身的特性。叶绿体DNA基因 rbcL 序列，由于保守性很强，常被用作研究科以上类群的系统发育问题。内转录间隔区ITS(ITS-1和ITS-2)序列的进化速率较快，因而常被用来探讨种内的亲缘关系或亲缘关系很近的种间或属间的系统发育。

7.1.3 分类系统

7.1.3.1 人为分类系统与自然分类系统

根据历史的发展，植物分类的方法归纳起来可分为2种：一种是人为分类方法，是人们按照自己的目的和方便，选择植物的1个或几个特征为标准进行分类，然后按人为的标准顺序排成分类系统。按这种方法建立的分类系统称为人为分类系统。如我国明朝著名的药物学家及植物学家李时珍(1518—1593)所著的《本草纲目》，详述药物1 892种，其中植物1 195种，他根据植物的外形及用途将植物分为草部、木部、果部、谷菽部和蔬菜部5个部。又如瑞典植物学家林奈根据雄蕊的有无、数目及着生情况，将植物分为24纲，1~23纲为显花植物(被子植物)，分别称一雄蕊纲、二雄蕊纲、三雄蕊纲……上述这样的分类系统，均不能反映植物的亲缘关系和进化顺序，常把亲缘关系很远的植物归为一类，而把亲缘关系很近的又分开了，如将禾本科中具有3个雄蕊的植物列入三雄蕊纲，具2个雄蕊的则被列入二雄蕊纲；而与禾本科亲缘甚远的杨柳科植物，则因其具有3个雄蕊而被列入三雄蕊纲。另一种是自然分类方法，是根据植物亲缘关系的亲疏远近，作为分类的原则。按照生物进化的观点，植物间形态、结构、习性等的相似是由于来自共同的祖先而具有相似的遗传性所致，即类型的统一说明来源的一致。因此根据植物形态结构习性的相似程度就可辨明它们之间亲缘关系的远近。例如杨树和小麦形态上相同点少，它们的亲缘关系必然远，而杨树和柳树，小麦和水稻，它们的相同点多，亲缘关系就近。根据亲缘关系建立的分类系统称为自然分类系统或称系统发育分类系统。

自19世纪以来，分类学力求建立客观反映生物界亲缘关系和进化顺序的自然分类系统，许多植物分类工作者根据各自的系统发育理论提出许多不同的被子植物系统。其中影响比较大的有恩格勒系统(1897)、哈钦松系统(1959)、塔赫他间系统(1980，1987)和克朗奎斯特系统(1981)。目前世界上运用比较广泛的是恩格勒系统和哈钦松系统。在各级分类系统的安排上，克朗奎斯特系统和塔赫他间系统被认为更为合理。尽管这些系统都属自然分类系统，但由于被子植物起源于1.36亿年以前的侏罗纪或更早，最原始的代表植物已经绝迹，被保存下来并被发现的化石又很不完善，因此只能从现存的被子植物代表，或原始的种子植物化石以及它们现存的代表进行比较，来推测被子植物的起源。因此，虽然同是自然分类系统，但由于研究者的论据不同，所建立的系统也是不同的，甚至有的部分是互相矛盾的。到目前为止，还没有一个为大家所公认的、完美的、真正反映系统发育的分类系统，要达到这个目的，还需各学科的深入研究和大量工作。

7.1.3.2 恩格勒系统

恩格勒系统是德国植物学家恩格勒(A. Engler)和柏兰特(K. Prantl)于1897年在《植物自然分科志》(*Die Naturilichen Pflanzenfamilien*)一书中发表的，是分类史上第一个比较完整的(包括低等植物和高等植物)自然分类系统。他们认为被子植物的花是由单性的孢子叶球演化来的(图7-1)，只含小孢子叶和只含大孢子叶的孢子叶球分别演化为雄的和雌的柔荑花序，进而演化成花。因此，被子植物的花是由花序演化来的，不是一个真正的花，而是一个演化了的花序，这种假说称为假花说(pseudanthium theory)。

根据假花说的理论，裸子植物中的买麻藤目(Gnetales)演化为柔荑花序类植物，如杨柳科(Salicaceae)等。因买麻藤目具单性孢子叶球和杨柳科的柔荑花序相似，因

图7-1 单性和两性孢子叶球

A. 雄孢子叶球　B. 雌孢子叶球　C. 两性孢子叶球
(A、B为恩格勒认为花由单性孢子叶球演化来的依据，
C为哈钦松认为花由两性孢子叶球演化而来的依据)

而他们认为柔荑花序类植物的无花瓣、单性、木本、风媒传粉等特征是被子植物中最原始的类型；而有花瓣、两性、虫媒传粉等是进化的特征。因此，把木兰科(Magnoliaceae)、毛茛科(Ranunculaceae)认为是较进化的类型，同时认为单子叶植物出现在双子叶植物之前，应

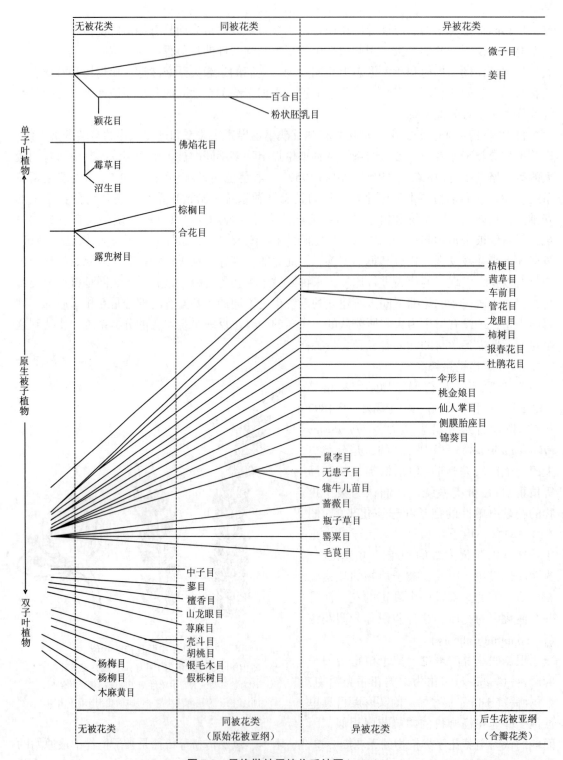

图 7-2　恩格勒被子植物系统图(1897)

放在双子叶植物的前面。

　　该系统在 1897 年把植物界分为 13 门，被子植物是第 13 门中的一个亚门，即种子植物门的被子植物亚门，并将被子植物亚门分成双子叶植物和单子叶植物 2 个纲，计 45 目 280 科（图 7-2）。以后几经修订，在 1964 年出版的《植物分科志要》第 12 版上，已将单子叶植物移在双子叶植物的后面，但基本系统大纲没有多大改变，并把植物界分为 17 门，其中被子植物独立成被子植物门，共包括 2 纲 62 目 343 科。它的系统概要如下（目下所列科为我国部分习见科）（表 7-1）：

表 7-1　被子植物门（Angiospermae）

纲、目	科
一、双子叶植物纲（Dicotyledoneae）	
（一）原始花被亚纲（Archichlamydeae）	
1. 木麻黄目（Casuarinales）	1 科，木麻黄科（Casuarinaceae）
2. 胡桃目（Juglandales）	2 科，胡桃科（Juglandaceae）等
3. 假橡树目（Balanopsidales）	1 科，假橡树科（Balanopaceae）
4. 银毛目（Leitneriales）	2 科，银毛科（Leitneriaceae）等
5. 杨柳目（Salicales）	1 科，杨柳科（Salicaceae）
6. 山毛榉目（Fagales）	2 科，山毛榉科（Fagaceae）、桦木科（Betulaceae）
7. 荨麻目（Urticales）	5 科，榆科（Ulmaceae）、桑科（Moraceae）、荨麻科（Urticaceae）等
8. 山龙眼目（Proteales）	1 科，山龙眼科（Proteaceae）
9. 檀香目（Santalales）	7 科，檀香科（Santalaceae）等
10. 蛇菰目（Balanophorales）	1 科，蛇菰科（Balanophoraceae）
11. 毛丝花目（Medusandrales）	1 科，毛丝花科（Medusandraceae）
12. 蓼目（Polygonales）	1 科，蓼科（Polygonaceae）
13. 中央种子目（Centrospermae）	13 科，藜科（Chenopodiaceae）、苋科（Amaranthaceae）、石竹科（Caryophyllaceae）等
14. 仙人掌目（Cactales）	1 科，仙人掌科（Cactaceae）
15. 木兰目（Magnoliales）	22 科，木兰科（Magnoliaceae）、樟科（Lauraceae）等
16. 毛茛目（Ranales）	7 科，毛茛科（Ranunculaceae）、防己科（Menispermaceae）等
17. 胡椒目（Piperales）	4 科，胡椒科（Piperaceae）等
18. 马兜铃目（Aristolochiales）	3 科，马兜铃科（Aristolochiaceae）等
19. 藤黄目（Guttiferales）	16 科，山茶科（Theaceae）等
20. 瓶子草目（Sarraceniales）	3 科，猪笼草科（Nepenthaceae）等
21. 罂粟目（Papaverales）	6 科，罂粟科（Papaveraceae）、十字花科（Cruciferae）等
22. 肉穗果目（Batales）	1 科，肉穗果科（Bataceae）
23. 蔷薇目（Rosales）	19 科，虎耳草科（Saxifragaceae）、蔷薇科（Rosaceae）、豆科（Leguminosae）等
24. 水穗目（Hydrostachyales）	1 科，水穗草科（Hydrostachyaceae）
25. 川薹草目（Padostemales）	1 科，川薹草科（Podostemaceae）
26. 牻牛儿苗目（Geraniales）	9 科，牻牛儿苗科（Geraniaceae）、蒺藜科（Zygophyllaceae）、大戟科（Euphorbiaceae）等

(续)

纲、目	科
27. 芸香目(Rutales)	12 科,芸香科(Rutaceae)等
28. 无患子目(Sapindales)	10 科,漆树科(Anacardiaceae)、槭树科(Aceraceae)、凤仙花科(Balsaminaceae)等
29. 三柱目(Julianiales)	1 科,三柱科(Julianiaceae)
30. 卫矛目(Celastrales)	13 科,卫矛科(Celastraceae)等
31. 鼠李目(Rhamnales)	3 科,鼠李科(Rhamnaceae)等
32. 锦葵目(Malvales)	7 科,锦葵科(Malvaceae)等
33. 瑞香目(Thymelaeales)	5 科,瑞香科(Thymelaeaceae)等
34. 堇菜目(Violales)	20 科,堇菜科(Violaceae)等
35. 葫芦目(Cucurbitales)	1 科,葫芦科(Cucurbitaceae)
36. 桃金娘目(Myrtales)	17 科,桃金娘科(Myrtaceae)、柳叶菜科(Oenotheraceae)等
37. 伞形目(Umbelales)	7 科,伞形科(Umbelliferae)等
(二)合瓣花亚纲(Sympetalae)	
1. 岩梅目(Diapensiales)	1 科,岩梅科(Diapensiaceae)
2. 杜鹃花目(Ericales)	5 科,杜鹃花科(Ericaceae)等
3. 报春花目(Primulales)	3 科,报春花科(Primulaceae)等
4. 白花丹目(Plumbaginales)	1 科,白花丹科(Plumbaginaceae)
5. 柿目(Ebenales)	7 科,柿科(Ebenaceae)等
6. 木犀目(Oleales)	1 科,木犀科(Oleaceae)
7. 龙胆目(Gentianales)	7 科,龙胆科(Gentianaceae)、夹竹桃科(Apocynaceae)、萝藦科(Asclepiadaceae)、茜草科(Rubiaceae)等
8. 管花目(Tubiflorae)	26 科,旋花科(Convolvulaceae)、唇形科(Labiatae)、茄科(Solanaceae)、玄参科(Scrophulariaceae)等
9. 车前目(Plantaginales)	1 科,车前科(Plantaginaceae)
10. 山萝卜目(川续断目)(Dipsacales)	4 科,忍冬科(Caprifoliaceae)等
11. 桔梗目(Campanulales)	8 科,桔梗科(Campanulaceae)、菊科(Compositae)等
二、单子叶植物纲(Monocotyledoneae)	
1. 沼生目(Helobiales)	9 科,眼子菜科(Potamogetonaceae)等
2. 霉草目(Triuridales)	1 科,霉草科(Triuridaceae)
3. 百合目(Liliales)	17 科,百合科(Liliaceae)、石蒜科(Amaryllidaceae)、鸢尾科(Iridaceae)等
4. 灯心草目(Juncales)	2 科,灯心草科(Juncaceae)等
5. 凤梨目(Bromeliales)	1 科,凤梨科(Bromeliaceae)
6. 鸭跖草目(Commelinales)	8 科,鸭跖草科(Commelinaceae)等
7. 禾本目(Graminales)	1 科,禾本科(Gramineae)
8. 棕榈目(Palmales)	1 科,棕榈科(Palmae)
9. 合蕊目(Synanthae)	1 科,合蕊科(Cyclanthaceae)
10. 佛焰花目(Spathiflorae)	2 科,天南星科(Araceae)等
11. 露兜树目(Pandanales)	3 科,香蒲科(Typhaceae)等
12. 莎草目(Cyperales)	1 科,莎草科(Cyperaceae)
13. 蘘荷目(Scitamineae)	5 科,姜科(Zingiberaceae)、美人蕉科(Cannaceae)等
14. 微子目(Microspermae)	1 科,兰科(Orchidaceae)

7.1.3.3　哈钦松系统

哈钦松系统是英国植物学家哈钦松(J. Hutchinson)于 1926 年和 1934 年在先后出版的 2
卷《有花植物科志》(*The families of Flowering Plants*)中所建立的。在 1959 年和 1973 年作了 2
次修订，从原来 105 目 332 科增加到 111 目 411 科。

哈钦松系统是在英国边沁(Bentham)及虎克(Hooker)的分类系统，和以美国植物学家柏
施(Bessey)的花是由两性孢子叶球演化而来的概念为基础发展而成的。他根据化石植物的证

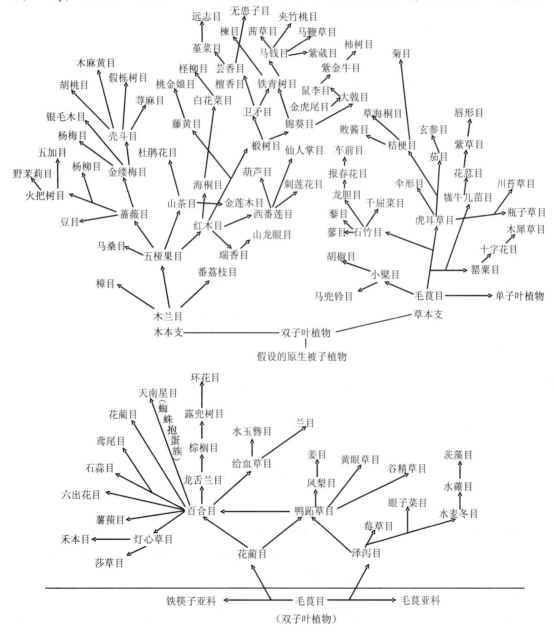

图 7-3　哈钦松被子植物分类系统图(1959)

据，认为已灭绝的裸子植物的本内苏铁目(Bennettites)的两性孢子叶球(见图7-1)演化出被子植物的花，即孢子叶球主轴的顶端演化为花托，生于伸长主轴上的大孢子叶演化为雌蕊，其下的小孢子叶演化为雄蕊，下部的苞片演化为花被，这种学说称为真花说(euanthium theory)。

真花说的理论认为，两性花比单性花原始；花各部分分离、多数的比连合、有定数为原始；花各部分螺旋状排列比轮状排列为原始。故哈钦松系统认为木兰目和毛茛目是由本内苏铁目演化来的。这2个目成为被子植物的2个起点，从木兰目演化出一支木本植物，从毛茛目演化出一支草本植物，并认为单子叶植物起源于双子叶植物毛茛目，因此将单子叶植物列于双子叶植物之后。认为无被花及单被花则是后来演化过程中蜕化而成的。

哈钦松系统的系统树如图7-3所示。

哈钦松在1959年将被子植物分为111目411科，现将哈钦松系统中各目的顺序及目下我国常见的科列于表7-2。

表7-2　哈钦松被子植物分类系统(1959)

纲、目	科
一、双子叶植物纲(Dicotyledoneae)	
(一)木本支 (Lignosae)	
1. 木兰目(Magnoliales)	9科，木兰科(Magnoliaceae)、八角科(Illiciaceae)等
2. 番荔枝目(Annonales)	2科，番荔枝科(Annonaceae)等
3. 樟目(Laurales)	7科，樟科(Lauraceae)等
4. 五桠果目(第伦桃目)(Dilleniales)	4科，五桠果科(Dilleniaceae)等
5. 马桑目(Coriariales)	1科，马桑科(Coriariaceae)
6. 蔷薇目(Rosales)	3科，蔷薇科(Rosaceae)、蜡梅科(Calycanthaceae)等
7. 豆目(Leguminales)	3科，苏木科(Caesalpiniaceae)、含羞草科(Mimosaceae)、蝶形花科(Fabaceae, Papilionaceae)等
8. 火把树目(Cunoniales)	10科，山梅花科(Philadelphaceae)等
9. 野茉莉目(Styracales)	3科，野茉莉科(Styraceae)等
10. 五加目(Araliales)	6科，山茱萸科(Cornaceae)、五加科(Araliaceae)、忍冬科 (Caprifoliaceae)等
11. 金缕梅目(Hamamelidales)	8科，金缕梅科(Hamamelidaceae)、悬铃木科(Platanaceae)等
12. 杨柳目(Salicales)	1科，杨柳科(Salicaceae)
13. 银毛木目(Leitneriales)	1科，银毛木科(Leitneriaceae)
14. 杨梅目(Myricales)	1科，杨梅科(Myricaceae)
15. 假橡树目(Balanopsidales)	1科，假橡树科(Balanopsidaceae)
16. 壳斗目(山毛榉目)(Fagales)	3科，桦木科(Betulaceae)、壳斗科(山毛榉科)(Fagaceae)、榛科(Corylaceae)
17. 胡桃目(Juglandales)	3科，胡桃科(Juglandaceae)等
18. 木麻黄目(Casuarinales)	1科，木麻黄科(Casuarinaceae)
19. 荨麻目(Urticales)	6科，榆科(Ulmaceae)、桑科(Moraceae)、荨麻科(Urticaceae)、杜仲科(Eucommiaceae)等

（续）

纲、目	科
20. 红木目（Binales）	7 科，大风子科（Flacourtiaceae）等
21. 瑞香目（Thymelaeales）	6 科，瑞香科（Thymelaeaceae）、紫茉莉科（Nyclaginaceae）等
22. 山龙眼目（Proteales）	1 科，山龙眼科（Proteaceae）
23. 海桐目（Pittosporales）	5 科，海桐科（Pittosporaceae）等
24. 白花菜目（Capparidales）	3 科，白花菜科（Capparidaceae）等
25. 柽柳目（Tamaricales）	3 科，柽柳科（Tamaricaceae）等
26. 堇菜目（Violales）	1 科，堇菜科（Violaceae）
27. 远志目（Polygalales）	4 科，远志科（Polygalaceae）等
28. 硬毛草目（Loasales）	2 科，刺莲花科（Loasaceae）
29. 西番莲目（Passiflorales）	3 科，西番莲科（Passifloraceae）等
30. 葫芦目（Cucurbitales）	4 科，葫芦科（Cucurbitaceae）、秋海棠科（Begoniaceae）、番木瓜科（Caricaceae）等
31. 仙人掌目（Cactales）	1 科，仙人掌科（Cactaceae）
32. 椴树目（Tiliales）	6 科，椴树科（Tiliaceae）、梧桐科（Sterculiaceae）等
33. 锦葵目（Malvales）	1 科，锦葵科（Malvaceae）
34. 金虎尾目（Malpighiales）	12 科，亚麻科（Linaceae）、蒺藜科（Zygophyllaceae）等
35. 大戟目（Euphorbiales）	1 科，大戟科（Euphorbiaceae）
36. 山茶目（Theales）	10 科，茶科（Theaceae）、猕猴桃科（Actinidiaceae）等
37. 金莲木目（Ochnales）	6 科，金莲木科（Ochnaceae）等
38. 杜鹃花目（Ericales）	8 科，鹿蹄草科（Pyrolaceae）、杜鹃花科（Ericaceae）等
39. 金丝桃目（Guttiferales）	4 科，金丝桃科（Hypericaceae）等
40. 桃金娘目（Myrtales）	7 科，桃金娘科（Myrtaceae）、石榴科（Punicaceae）、使君子科（Combretaceae）等
41. 卫矛目（Celastrales）	10 科，冬青科（Aquifoliaceae）、卫矛科（Celastraceae）等
42. 铁青树目（Olacales）	6 科，铁青树科（Olacaceae）等
43. 檀香目（Santalales）	5 科，桑寄生科（Loranthaceae）、檀香科（Santalaceae）等
44. 鼠李目（Rhamnales）	4 科，胡颓子科（Elaeagnaceae）、鼠李科（Rhamnaceae）、葡萄科（Vitaceae）等
45. 紫金牛目（Myrsinales）	3 科，紫金牛科（Myrsinaceae）
46. 柿树目（Ebenales）	3 科，柿树科（Ebenaceae）等
47. 芸香目（Rutales）	4 科，芸香科（Rutaceae）、苦木科（Simaroubaceae）等
48. 楝目（Meliales）	1 科，楝科（Meliaceae）
49. 无患子目（Sapindales）	11 科，无患子科（Sapindaceae）、漆树科（Anacardiaceae）、槭树科（Aceraceae）、七叶树科（Hippocastanaceae）等
50. 马钱目（Loganiales）	7 科，马钱科（断肠草科）（Loganiaceae）、木犀科（Oleaceae）等
51. 夹竹桃目（Apocynales）	4 科，夹竹桃科（Apocynaceae）、萝藦科（Asclepiadaceae）等
52. 茜草目（Rubiales）	2 科，茜草科（Rubiaceae）等

(续)

纲、目	科
53. 紫葳目(Bignoniales)	4科,紫葳科(Bignoniaceae)、胡麻科(Pedaliaceae)等
54. 马鞭草目(Verbenales)	5科,马鞭草科(Verbenaceae)、透骨草科(Phrymaceae)等
(二)草本支(Herbaceae)	
55. 毛茛目(Ranales)	7科,毛茛科(Ranunculaceae)、睡莲科(Nymphaeaceae)、金鱼藻科(Ceratophyllaceae)等
56. 小檗目(Berberidales)	6科,木通科(Lardizabalaceae)、防己科(Menispermaceae)、小檗科(Berberidaceae)等
57. 马兜铃目(Aristolochiales)	4科,马兜铃科(Aristolochiaceae)、猪笼草科(Nepenthaceae)等
58. 胡椒目(Piperales)	3科,胡椒科(Piperaceae)等
59. 罂粟目(Papaverales)	2科,罂粟科(Papaveraceae)、紫堇科(Fumariaceae)等
60. 十字花目(Cruciales)	1科,十字花科(Cruciferae)
61. 木犀草目(Resedales)	1科,木犀草科(Resedaceae)
62. 石竹目(Caryophyllales)	5科,石竹科(Caryophyllaceae)、马齿苋科(Portulacaceae)等
63. 蓼目(Polygonales)	2科,蓼科(Polygonaceae)等
64. 藜目(Chenopodiales)	10科,商陆科(Phytolaccaceae)、藜科(Chenopodiaceae)、苋科(Amaranthaceae)等
65. 千屈菜目(Lythrales)	5科,千屈菜科(Lythraceae)、柳叶菜科(Onagraceae)、菱科(Trapaceae)等
66. 龙胆目(Gentianales)	2科,龙胆科(Gentianaceae)、荇菜科(Menyanthaceae)
67. 报春花目(Primulales)	2科,报春花科(Primulaceae)、白花丹科(蓝雪科、矶松科)(Plumbaginaceae)
68. 车前目(Plantaginales)	1科,车前科(Plantaginaceae)
69. 虎耳草目(Saxifragales)	9科,景天科(Crassulaceae)、虎耳草科(Saxifragaceae)等
70. 管叶草目(Sarraceniales)	2科,茅膏菜科(Droseraceae)等
71. 川苔草目(Podostemales)	2科,川苔草科(Podostemaceae)等
72. 伞形目(Umbellales)	1科,伞形科(Umbelliferae)
73. 败酱目(Valerianales)	3科,败酱科(Valerianaceae)、川续断科(Dipsacaceae)等
74. 桔梗目(Campanulales)	2科,桔梗科(Campanulaceae)等
75. 草海桐目(Goodeniales)	3科,草海桐科(Goodeniaceae)
76. 菊目(Asterales)	1科,菊科(Compositae)
77. 茄目(Solanales)	3科,茄科(Solanaceae)、旋花科(Convolvulaceae)等
78. 玄参目(Personales)	6科,玄参科(Scrophulariaceae)、爵床科(Acanthaceae)、苦苣苔科(Gesneriaceae)、列当科(Orobanchaceae)等
79. 牻牛儿苗目(Geraniales)	5科,牻牛儿苗科(Geraniaceae)、酢浆草科(Oxalidaceae)、旱金莲科(Tropaeolaceae)、凤仙花科(Balsaminaceae)等
80. 花荵目(Polemoniales)	3科,花荵科(Polemoniaceae)等
81. 紫草目(Boraginales)	1科,紫草科(Boraginaceae)
82. 唇形目(Laminales)	4科,唇形科(Labiatae)等

（续）

纲、目	科
二、单子叶植物纲（Monocotyledoneae）	
（一）萼花区（Calyciferae）	
83. 花蔺目（Butomales）	2 科，花蔺科（Butomaceae）等
84. 泽泻目（Alismatales）	3 科，泽泻科（Alismataceae）等
85. 霉草目（Triuridales）	1 科，霉草科（Triuridaceae）
86. 水麦冬目（Juncaginales）	3 科，水麦冬科（Juncaginaceae）等
87. 水蕹目（Aponogetonales）	2 科，水蕹科（Aponogetonaceae）等
88. 眼子菜目（Potamogetonales）	2 科，眼子菜科（Potamogetonaceae）等
89. 茨藻目（Najadales）	2 科，茨藻科（Najadaceae）等
90. 鸭跖草目（Commelinales）	4 科，鸭跖草科（Commelinaceae）等
91. 黄眼草目（Xyridales）	2 科，黄眼草科（Xyridaceae）等
92. 谷精草目（Eriocaulales）	1 科，谷精草目（Eriocaulaceae）
93. 凤梨目（Bromeliales）	1 科，凤梨科（Bromeliaceae）
94. 姜目（Zingiberales）	6 科，芭蕉科（Musaceae）、姜科（Zingiberaceae）、美人蕉科（Cannaceae）等
（二）冠花区（Corolliferae）	
95. 百合目（Liliales）	6 科，百合科（Liliaceae）、菝葜科（Smilacaceae）等
96. 彩花扭柄目（Alstroemeriales）	3 科，六出花科（Alstroemeriaceae）等
97. 天南星目（Arales）	2 科，天南星科（Araceae）、浮萍科（Lemnaceae）
98. 香蒲目（Typhales）	2 科，香蒲科（Typhaceae）等
99. 石蒜目（Amaryllidales）	1 科，石蒜科（Amaryllidaceae）
100. 鸢尾目（Iridales）	1 科，鸢尾科（Iridaceae）
101. 薯蓣目（Dioscoreales）	4 科，薯蓣科（Dioscoreaceae）等
102. 龙舌兰目（Agavales）	2 科，龙舌兰科（Agavaceae）等
103. 棕榈目（Palmales）	1 科，棕榈科（Palmae）
104. 露兜树目（Pandanales）	1 科，露兜树科（Pandanaceae）
105. 环花目（Cyclanthales）	1 科，环花科（Cyclanthaceae）
106. 血皮草目（Haemodorales）	6 科，血皮草科（Haemodoraceae）等
107. 水玉簪目（Burmanniales）	3 科，水玉簪科（Burmanniaceae）等
108. 兰目（Orchidales）	1 科，兰科（Orchidaceae）
（三）颖花区（Glumiflorae）	
109. 灯心草目（Juncales）	4 科，灯心草科（Juncaceae）等
110. 莎草目（Cyperales）	1 科，莎草科（Cyperaceae）
111. 禾本目（Graminales）	1 科，禾本科（Gramineae）

哈钦松系统和恩格勒系统相比,有了明显的进步,主要表现在把多心皮类作为演化的起点,在不少方面阐明了被子植物的演化关系。但是,由于过分强调了木本和草本2个来源,结果使得亲缘关系很近的一些科在系统位置上都相隔很远,如草本的伞形科和木本的山茱萸科、五加科,草本的唇形科和木本的马鞭草科等,因而该系统受到现代多数分类学家所反对。半个世纪以来,许多学者对多心皮系统进行了多方面的修订,塔赫他间系统和克朗奎斯特系统都是在此基础上发展起来的。

7.1.3.4 塔赫他间系统

塔赫他间系统是苏联植物学家塔赫他间(A. Takhtajan)于1954年在《被子植物起源》一书中公布的系统,自1959年起,塔赫他间系统进行过多次修订。在1980年发表的分类系统中(图7-4),他把被子植物分成2纲10亚纲28超目,其中木兰纲(即双子叶植物纲)包括7亚纲20超目71目333科;百合纲(即单子叶植物纲)包括3亚纲8超目21目77科;总计共92目410科。经过1987年和1997年的2次修订,该系统的亚纲、超目、目和科的数目均有增加,新修改的系统包括17亚纲71超目232目591科。

塔赫他间坚持真花说及单元起源的观点,认为被子植物起源于种子蕨,并通过幼态成熟演化而成;草本植物是由木本植物演化而来的;认为木兰目是最原始的被子植物代表,由木

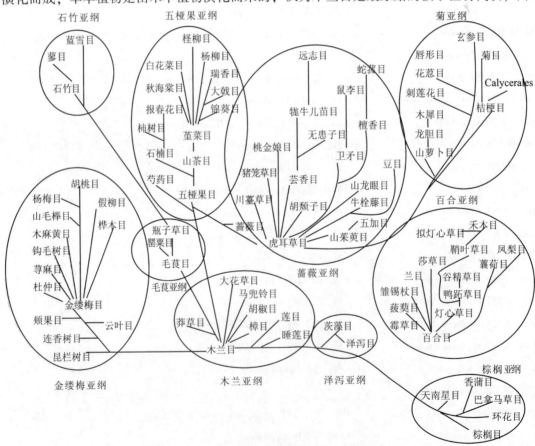

图7-4 塔赫他间系统被子植物分类系统图(1980)

兰目发展出毛茛目及睡莲目；单子叶植物起源于原始的水生双子叶植物的具单沟舟形花粉的睡莲目莼菜科。柔荑花序类各目起源于金缕梅目。他首先打破了传统上把双子叶植物分为离瓣花亚纲和合瓣花亚纲的概念，增加了亚纲的数目，使各目的安排更为合理；在分类等级上，于"亚纲"和"目"之间增设了"超目"一级分类单元，对某些分类单元，特别是目和科的范围和安排都作了重要变动。如他将原属毛茛科的芍药属独立成芍药科等，都和当今植物解剖学、孢粉学、植物细胞分类学和化学分类学的发展相吻合，在国际上得到共识。

7.1.3.5　克朗奎斯特系统

克朗奎斯特系统是美国植物学家克朗奎斯特（A. Cronquist）于 1957 年在所著的《双子叶植物目、科新系统纲要》（*Outline of a New System of Families and Orders of Dicotyledons*）一文中发表的，1968 年在所著的《有花植物分类和演化》（*The Evolution and Classification of Flowering Plants*）一书中进行了修订，在 1981 年所著的《有花植物分类的完整系统》（*An Integrated System of Classification of Flowering Plants*）中进一步修订，修订后的系统将被子植物（称木兰植物门）分为木兰纲（即双子叶植物纲）和百合纲（即单子叶植物纲）2 纲，前者包括 6 亚纲 64 目 318 科，后者包括 5 亚纲 19 目 65 科，合计 11 亚纲 83 目 383 科。

克朗奎斯特的分类系统也采用真花说及单元起源的观点，认为被子植物起源于一类已经绝灭的种子蕨；现代所有生活的被子植物亚纲，都不可能是从现存的其他亚纲的植物进化来的；木兰亚纲是有花植物基础的复合群，木兰目是被子植物的原始类型；柔荑花序类各目起

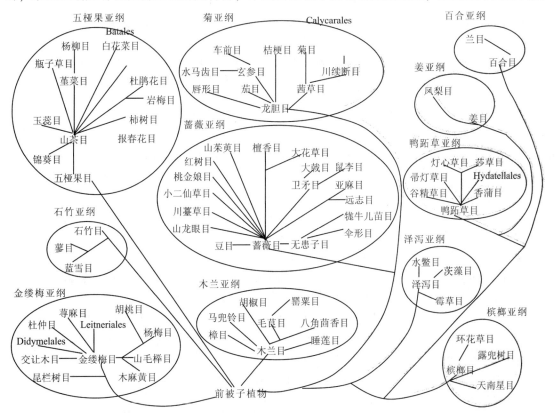

图 7-5　克朗奎斯特系统被子植物系统图（Cronquist，1981）

源于金缕梅目;单子叶植物来源于类似现代睡莲目的祖先,并认为泽泻亚纲是百合亚纲进化线上近基部的一个侧枝(图7-5)。

　　克朗奎斯特系统对被子植物各类群的安排与塔赫他间系统相似,但是,在个别类群上仍有较大的差异;该系统取消了"超目"一级分类单元,科的数目有了压缩,范围也较适中,有利于教学使用。本教材中被子植物的分类即采用了本系统。

　　以下是克朗奎斯特在1981年经过修订后的系统,见表7-3。

表7-3　木兰植物门的系统(A. Cronquist, 1981)

纲、目	科
一、木兰纲(Magnoliaceae)	
(一)木兰亚纲(Magnoliidae)	
1. 木兰目(Magnoliales)	Winteraceae, Degeneriaceae, Himantandraceae, Eupomatiaceae, Austrobaileyaceae, 木兰科(Magnoliaceae), Lactoridaceae, 番荔枝科(Annonaceae), 肉豆蔻科(Myristacaceae), Canellaceae
2. 樟目(Laurales)	Amborellaceae, Trimeniaceae, Monimiaceae, Gomortegaceae, 蜡梅科(Calycanthaceae), Idiospermaceae, 樟科(Lauraceae), 莲叶桐科(Hernandiaceae)
3. 胡椒目(Piperales)	金粟兰科(Chloranthaceae), 三白草科(Saururaceae), 胡椒科(Piperaceae)
4. 马兜铃目(Aristolochiales)	马兜铃科(Aristolochiaceae)
5. 八角茴香目(Illicinles)	八角茴香科(Illiciaceae), 五味子科(Schisandraceae)
6. 睡莲目(Nymphaeales)	莲科(Nelumbonaceae), 睡莲科(Nymphaeaceae), Barclayaceae, 莼菜科(Cabombaceae), 金鱼藻科(Ceratophyllaceae)
7. 毛茛目(Ranunculales)	毛茛科(Ranunculaceae), 星叶科(Circaeasteraceae), 小檗科(Berberidaceae), 大血藤科(Sargentodoxaceae), 木通科(Lardizabalaceae), 防己科(Menispermaceae), 马桑科(Coriariaceae), 清风藤科(Sabiaceae)
8. 罂粟目(Papaverales)	罂粟科(Papaveraceae), 紫堇科(Fumariaceae)
(二)金缕梅亚纲(Hamamelidae)	
9. 昆栏树目(Trochodendrales)	水青树科(Tetracentraceae), 昆栏树科(Trochodendraceae)
10. 金缕梅目(Hamamelidales)	连香树科(Cercidiphyllaceae), 领春木科(Eupteliaceae), 悬铃木科(Platanaceae), 金缕梅科(Hamamelidaceae), Myrothamnaceae
11. 交让木目(Daphniphyllales)	交让木科(Daphniphyllaceae)
12. Didymelales	Didymelaceae
13. 杜仲目(Eucommiales)	杜仲科(Eucommiaceae)
14. 荨麻目(Urticales)	Barbeyaceae, 榆科(Ulmaceae), 大麻科(Cannabaceae), 桑科(Moraceae), Cecropiaceae, 荨麻科(Urticaceae)
15. Leitneriales	Leitneriaceae
16. 胡桃目(Juglandales)	马尾数科(Rhoipteleaceae), 胡桃科(Juglandaceae)
17. 杨梅目(Myricales)	杨梅科(Myricaceae)
18. 壳斗目(Fagales)	Balanopaceae, 壳斗科(Fagaceae), 桦木科(Betulaceae)
19. 木麻黄目(Casuarinales)	木麻黄科(Casuarinaceae)

（续）

纲、目	科
（三）石竹亚纲（Caryophyllidae）	
20. 石竹目（Caryophyllales）	商陆科（Phytolaccaceae），Achatocarpaceae，紫茉莉科（Nyctaginaceae），番杏科（Aizoaceae），Didiereaceae，仙人掌科（Cactaceae），藜科（Chenopodiaceae），苋科（Amaranthaceae），马齿苋科（Portulacaceae），落葵科（Basellaceae），粟米草科（Molluginaceae），石竹科（Caryophyllaceae）
21. 蓼目（Polygonales）	蓼科（Polygonaceae）
22. 蓝雪目（Plumbaginales）	蓝雪科（Plumbaginaceae）
（四）五桠果亚纲（Dilleniidae）	
23. 五桠果目（Dilleniales）	五桠果科（Dilleniaceae），芍药科（Paeoniaceae）
24. 山茶目（Theales）	金莲木科（Ochnaceae），Sphaerosepalaceae，Sarcolaenaceae，龙脑香科（Dipterocarpaceae），Caryocaraceae，山茶科（Theaceae），猕猴桃科（Actinidiaceae），Scytopetalaceae，五列木科（Pentaphylacaceae），Tetrameristaceae，Pellicieraceae，Oncothecaceae，Marcgraviaceae，Quiinaceae，沟繁缕科（Elatinaceae），Paracryphiaceae，Medusagynaceae，藤黄科（Clusiaceae）
25. 锦葵目（Malvales）	杜英科（Elaeocarpaceae），椴树科（Tiliaceae），梧桐科（Sterculiaceae），木棉科（Bombacaceae），锦葵科（Malvaceae）
26. 玉蕊目（Lecythidales）	玉蕊科（Lecythidaceae）
27. 猪笼草目（Nepenthales）	瓶子草科（Sarraceniaceae），猪笼草科（Nepenthaceae），茅膏菜科（Droseraceae）
28. 堇菜目（Violales）	大风子科（Flacourtiaceae），Peridiscaceae，红木科（Bixaceae），半日花科（Cistaceae），Huaceae，Lacistemataceae，Scyphostegiaceae，旌节花科（Stachyuraceae），堇菜科（Violaceae），柽柳科（Tamaricaceae），瓣鳞花科（Frankeniaceae），Dioncophyllaceae，钩枝藤科（Ancistrocladaceae），Turneraceae，Malesherbiaceae，西番莲科（Passifloraceae），Achariaceae，番木瓜科（Caricaceae），Fouquieriaceae，Hoplestigmataceae，葫芦科（Cucurbitaceae），四数木科（Datiscaceae），秋海棠科（Begoniaceae），刺莲花科（Loasaceae）
29. 杨柳目（Salicales）	杨柳科（Salicaceae）
30. 白花菜目（Capparales）	Tovariaceae，白花菜科（Capparaceae），十字花科（Brassicaceae），辣木科（Moringaceae），木犀草科（Resedaceae）
31. Betales	Gyrostemonaceae，Bataceae
32. 杜鹃花目（Ericales）	Cyrillaceae，山柳科（Clethraceae），Grubbiaceae，岩高兰科（Empetraceae），Epacridaceae，杜鹃花科（Ericaceae），鹿蹄草科（Pyrolaceae），水晶兰科（Monotropaceae）
33. 岩梅目（Diapensiales）	岩梅科（Diapensiaceae）
34. 柿树目（Ebenales）	山榄科（Sapotaceae），柿树科（Ebenaceae），野茉莉科（Styracaceae），Lissocarpaceae，山矾科（Symplocaceae）
35. 报春花目（Primulales）	Theophrastaceae，紫金牛科（Myrsinaceae），报春花科（Primulaceae）
（五）蔷薇亚纲（Rosidae）	
36. 蔷薇目（Rosales）	Brunelliaceae，牛栓藤科（Connaraceae），Eucryphaceae，Cunoniaceae，Davidsoniaceae，Dialypetalanthaceae，海桐花科（Pittosporaceae），Byblidaceae，八仙花科（Hydrangeaceae），Columelliaceae，茶藨子科（Grossulariaceae），Greviaceae，Bruniaceae，Anisophylleaceae，Alseuosmiaceae，景天科（Crassulaceae），Cephalotaceae，虎耳草科（Saxifragaceae），蔷薇科（Rosaceae），Neuradaceae，Crossosomataceae，Chrysobalanaceae，海人树科（Surianaceae），Rhabdodendraceae

（续）

纲、目	科
37. 豆目(Fabales)	含羞草科(Mimosaceae)，云实科(Caesalpiniaceae)，豆科(Fabaceae)
38. 山龙眼目(Proteales)	胡颓子科(Elaeagnaceae)，山龙眼科(Proteaceae)
39. 川薹草目(Podostemales)	川薹草科(Podostemaceae)
40. 小二仙草目(Haloragales)	小二仙草科(Haloragaceae)，Gunneraceae
41. 桃金娘目(Myrtales)	海桑科(Sonneratiaceae)，千屈菜科(Lythraceae)，Penaeaceae，隐翼科(Crypteroniaceae)，瑞香科(Thymelaeaceae)，菱科(Trapaceae)，桃金娘科(Myrtaceae)，石榴科(Punicaceae)，柳叶菜科(Onagraceae)，野牡丹科(Melastomataceae)，使君子科(Combretaceae)
42. 红树目(Rhizophorales)	红树科(Rhizophoraceae)
43. 山茱萸目(Cornales)	八角枫科(Alangiaceae)，珙桐科(Nyssaceae)，山茱萸科(Cornaceae)，Garryaceae
44. 檀香目(Santalales)	Medusandraceae，十齿花科(Dipentodontaceae)，铁青树科(Olacaceae)，山柚子科(Opiliaceae)，檀香科(Santalaceae)，Misodendraceae，桑寄生科(Loranthaceae)，Viscaceae，Eremolepidaceae，蛇菰科(Balanophoraceae)
45. 大花草目(Rafflesiales)	Hydnoraceae，帽蕊草科(Mitrastemonaceae)，大花草科(Rafflesiaceae)，Geissolomataceae，卫矛科(Celastraceae)，翅子藤科(Hippocrateaceae)，Stackhousiaceae，刺茉莉科(Salvadoraceae)，冬青科(Aquifoliaceae)，茶茱萸科(Icacinaceae)，Aextoxicaceae，心翼果科(Cardiopteridaceae)，Corynocarpaceae，毒鼠子科(Dichapetalaceae)
46. 大戟目(Euphorbiales)	黄杨科(Buxaceae)，Simmondsiaceae，小盘木科(Pandaceae)，大戟科(Euphorbiaceae)
47. 鼠李目(Rhamnales)	鼠李科(Rhamnaceae)，火筒树科(Leeaceae)，葡萄科(Vitaceae)
48. 亚麻目(Linales)	古柯科(Erythroxylaceae)，Humiriaceae，亚麻科(Linaceae)
49. 远志目(Polygalales)	金虎尾科(Malpighiaceae)，Vochysiaceae，Trigoniaceae，Tremandraceae，远志科(Polygalaceae)，黄叶树科(Xanthophyllaceae)，Krameriaceae
50. 无患子目(Sapindales)	省沽油科(Staphyleaceae)，Melianthaceae，钟萼木科(Bretschneideraceae)，Akaniaceae，无患子科(Sapindaceae)，七叶树科(Hippocastanaceae)，槭树科(Aceraceae)，橄榄科(Burseraceae)，漆树科(Anacardiaceae)，Julianiaceae，苦木科(Simaroubaceae)，Cneoraceae，楝科(Meliaceae)，芸香科(Rutaceae)，蒺藜科(Zygophyliaceae)
51. 牻牛儿苗目(Geraniales)	酢浆草科(Oxalidaceae)，牻牛儿苗科(Geraniaceae)，沼花科(Limnanthaceae)，旱金莲科(Tropaeolaceae)，凤仙花科(Balsaminaceae)
52. 伞形目(Umbelales)	五加科(Araliaceae)，伞形科(Apiaceae 或 Umbelliferae)
(六)菊亚纲(Asteridae)	
53. 龙胆目(Gentianales)	马钱科(Loganiaceae)，Retziaceae，龙胆科(Gentianaceae)，Saccifoliaceae，夹竹桃科(Apocynaceae)，萝藦科(Asclepiadaceae)
54. 茄目(Solanales)	Duckeodendraceae，假茄科(Nolanaceae)，茄科(Solanaceae)，旋花科(Convolvulaceae)，菟丝子科(Cuscutaceae)，睡菜科(Menyanthaceae)，花葱科(Polemoniaceae)，田基麻科(Hydrophyllaceae)
55. 唇形目(Lamiales)	Lennoaceae，紫草科(Boraginaceae)，马鞭草科(Verbenaceae)，唇形科(Labiatae)
56. 水马齿目(Callitrichales)	杉叶藻科(Hippuridaceae)，水马齿科(Callitrichaceae)，Hydrostachyaceae

（续）

纲、目	科
57. 车前目（Plantaginales）	车前科（Plataginaceae）
58. 玄参目（Scrophulariales）	醉鱼草科（Buddlejaceae），木犀科（Oleaceae），玄参科（Scrophulariaceae），Globulariaceae，苦槛蓝科（Myoporaceae），列当科（Orobanchaceae），苦苣苔科（Gesneriaceae），爵床科（Acanthaceae），胡麻科（Pedaliaceae），紫葳科（Bignoniaceae），Mendonciaceae，狸藻科（Lentibulariaceae）
59. 桔梗目（Campanulales）	五膜草科（Pentaphragmataceae），Sphenocleaceae，桔梗科（Campanulacea），花柱草科（Stylidiaceae），Donatiaceae，Brunoniaceae，草海桐科（Goodeniaceae）
60. 茜草目（Rubiales）	茜草科（Rubiaceae），假牛繁缕科（Theligonaceae）
61. 川续断目（Dipsacales）	忍冬科（Caprifoliaceae），五福花科（Adoxaceae），败酱科（Valerianaceae），川续断科（Dipsacaceae）
62. Calycerales	Calyceraceae
63. 菊目（Asterales）	菊科（Asteraceae）
二、百合纲（Liliopsida）	
（七）泽泻亚纲（Alismatidae）	
64. 泽泻目（Alismatales）	花蔺科（Butomaceae），Limnocharitaceae，泽泻科（Alismataceae）
65. 水鳖目（Hydrocharitales）	水鳖科（Hydrocharitaceae）
66. 茨藻目（Najadales）	水雍科（Aponogetonaceae），休氏藻科（Scheuchzeriaceae），水麦冬科（Juncaginaceae），眼子菜科（Potamogetonaceae），蔓藻科（Ruppiaceae），茨藻科（Najadaceae），角果藻科（Zannichelliaceae），Posidoniaceae，丝粉藻科（Cymodoceaceae），大叶藻科（Zosteraceae）
67. 霉草目（Triuridales）	Petrosaviaceae，霉草科（Triuridaceae）
（八）槟榔亚纲（Arecidae）	
68. 槟榔目（Arecales）	槟榔科（Arecaceae）
69. 环花草目（Cyclanthales）	环花草科（Cyclanthaceae）
70. 露兜树目（Pandanales）	露兜树科（Pandanaceae）
71. 天南星目（Arales）	天南星科（Araceae），浮萍科（Lemnaceae）
（九）鸭跖草亚纲（Commelinidae）	
72. 鸭跖草目（Commelinales）	Rapateaceae，黄眼草科（Xyridaceae），Mayacaceae，鸭跖草科（Commelinaceae）
73. 谷精草目（Eriocaulales）	谷精草科（Eriocaulaceae）
74. 帚灯草目（Restionales）	须叶藤科（Flagellariaceae），Joinvilleaceae，帚灯草科（Restionaceae），刺鳞草科（Centrolepidaceae）
75. 灯心草目（Juncales）	灯心草科（Juncaceae），Thurniaceae
76. 莎草目（Cyperales）	莎草科（Cyperaceae），禾本科（Poaceae）
77. Hydatellales	Hydatellaceae
78. 香蒲目（Typhales）	黑三棱科（Sparganiaceae），香蒲科（Typhaceae）
（十）姜亚纲（Zingiberidae）	
79. 凤梨目（Bromeliales）	凤梨科（Bromeliaceae）

(续)

纲、目	科
80. 姜目(Zingiberales)	鹤望兰科(Strelitziaceae)，蝎尾蕉科(Heliconiaceae)，芭蕉科(Musaceae)，兰花蕉科(Lowiaceae)，姜科(Zingiberaceae)，闭鞘姜科(Costaceae)，美人蕉科(Cannaceae)，竹芋科(Marantaceae)
(十一)百合亚纲(Liliidae)	
81. 百合目(Liliales)	田葱科(Philydraceae)，雨久花科(Pontederiaceae)，Haemodoraceae，Cyanastraceae，百合科(Liliaceae)，鸢尾科(Iridaceae)，Velloziaceae，Aloeaceae，龙舌兰科(Agavaceae)，Xanthorrhoeaceae，Hanguanaceae，蒟蒻薯科(Taccaceae)，百部科(Stemonaceae)，菝葜科(Smilacaceae)，薯蓣科(Dioscoreaceae)
82. 兰目(Orchidales)	Geosiridaceae，水玉簪科(Burmanniaceae)，Corsiaceae，兰科(Orchidaceae)

关于被子植物分类系统，至今各学者的意见尚不一致，归纳起来或属真花说范畴，或属假花说范畴，前者以哈钦松系统为代表，包括塔赫他间系统和克朗奎斯特系统，后者以恩格勒系统为代表。两者比较起来，较多的学者认为属于真花说范畴的分类系统较能说明被子植物演化的规律和分类原则，因而得到赞同和采用。如克朗奎斯特系统，在美国高等院校的植物分类教材中多采用，在我国近年出版的植物学方面的教材中也常被采用，辽宁大学生物系和浙江林学院的植物标本室也采用了该系统。塔赫他间系统是当代著名的分类系统，在中山大学和南京大学生物系编写的《植物学》的被子植物分类部分中被采用。哈钦松系统在我国受到了重视，如北京大学生物系、华南植物研究所、昆明植物研究所等单位的植物标本室都采用了这个系统进行排列标本，《广东植物志》《海南植物志》《云南植物志》等的编写都采用了这个系统。恩格勒系统则因其比较完整，过去曾被广泛采用，故至今也仍有许多著作、教材、标本室沿用。如世界上除英、法以外，大部分国家都采用该系统；我国的《中国植物志》、多数地方植物志和大多数的植物标本馆(室)也都采用了该系统。

7.1.4 被子植物的原始性状与进化性状的概念

被子植物分类是以反映亲缘关系和进化顺序为前提的，植物的亲缘关系要从多方面研究。但直到目前为止，主要的依据仍然是形态特征。因此，必须判断哪些特征是原始的，哪些特征是进化的。

植物器官形态演化的过程，通常是由简单到复杂，由低级到高级，但在器官分化及特化的同时，常伴随着简化的现象。例如裸子植物是没有花被的，被子植物通常是有花被的，但也有些类型又失去花被。茎、根器官的组织也是由简单逐渐变为复杂的，但在草本类型中又出现简化的现象。这种由简单到复杂或由复杂又趋于简化的变化过程，是植物有机体适应环境的结果，因此，这种简化也是进化的表现。根据被子植物化石，最早出现的多为常绿、木本植物，以后随气体和地质条件的变化，产生了落叶的和草本的类群，由此可确认落叶、草本、叶形多样化、输导功能完善化等是次生的性状。再者，根据花、果实的演化趋势，具有向着经济、高效方向发展的特点。由此确认，花被退化或分化、花序复杂花、子房下位等都是次生的性状。基于上述认识，现将一般公认的被子植物原始与进化性状归纳为表7-4。

表 7-4　被子植物形态性状的演化趋势

	初生的、原始的性状	次生的、较进化的性状
茎	1. 乔木、灌木	1. 多年生草本或 1、2 年生草本
	2. 直立	2. 缠绕
	3. 木质部无导管，只有管胞	3. 木质部有导管
	4. 具环纹、螺纹导管，梯纹穿孔，斜端壁	4. 具网纹、孔纹导管，单穿孔，平端壁
叶	5. 常绿	5. 落叶
	6. 单叶全缘，羽状脉	6. 叶形复杂化，掌状脉
	7. 互生(螺旋状排列)	7. 对生或轮生
花	8. 花单生	8. 花形成花序
	9. 有限花序	9. 无限花序
	10. 两性花	10. 单性花
	11. 雌雄同株	11. 雌雄异株
	12. 花部呈螺旋状排列	12. 花部呈轮状排列
	13. 花的各部多数而不固定	13. 花的各部数目不多，有定数(3、4 或 5)
	14. 花被同形，不分化为萼和花瓣	14. 花被分化为萼片和花瓣，或退化为单被花、无被花
	15. 花各部离生	15. 花各部合生
	16. 整齐花	16. 不整齐花
	17. 子房上位	17. 子房下位
	18. 花粉粒具单沟，二细胞	18. 花粉粒具 3 沟或多孔，三细胞
	19. 胚珠多数，2 层珠被，厚珠心	19. 胚珠少数，1 层珠被，薄珠心
	20. 边缘胎座、中轴胎座	20. 侧膜胎座、特立中央胎座及基底胎座
果实	21. 单果、聚合果	21. 聚花果
	22. 真果	22. 假果
种子	23. 种子有发育的胚乳	23. 无胚乳，种子萌发所需的营养物质贮藏在子叶中
	24. 胚小、直伸，子叶 2	24. 胚大，弯曲或卷曲，子叶 1
生活型	25. 多年生	25. 1 年生
	26. 绿色自养植物	26. 寄生、腐生植物

上述各器官的演化，在多数情况下是互相关联的，而且常常是相对的，因此在讨论系统发育时要全面地、辩证地看待这些原则，不能孤立地、片面地强调某一器官的特征或根据一两个性状，就给一种植物下一个进化还是原始的结论。这是因为：①同一性状，在不同植物中的进化意义不是绝对的。如两性花、胚珠多数、胚小，这每一个性状对于大多数植物都是原始的性状，而在兰科中，恰恰是进化的标志。②各器官的进化是不同步的，常可见到，在同一植物上，有些性状是相当进化，另一些性状则保留原始性；而在另一些植物中恰恰相反。因此，不能一概认为没有某一些进化性状的植物就是原始的，如对常绿植物与落叶植物的评价。只有通过客观分析，找出系统发育的主要矛盾及主要矛盾方面，才有可能正确认识植物界的演化。

7.2　被子植物分类主要形态学基础知识

被子植物分类是以植物的形态特征作为主要的分类依据，而各器官的形态都用一定的名词术语描述，因此，在学习或进行分类工作之前，必须熟悉、掌握这些术语，才能鉴定、描述植物，正确地进行分类。被子植物的形态术语很多，将主要的术语介绍如下。

7.2.1 茎的形态术语

7.2.1.1 根据植物茎的性质、寿命分类

（1）木本植物（woody plant）

茎的木质部发达，一般比较坚硬，均为多年生植物。木本植物因植株高度及分枝部位等不同，又分为：

①乔木（tree）　植株高大，分枝位置距地面较高，主干明显，如毛白杨、旱柳、白皮松等。

②灌木（shrub）　植株比较矮小，分枝靠近地面，主干不明显，如月季、连翘、荆条等。

③半灌木（half-shrub）　较灌木矮小，高常不及1m，茎基部近地面处木质，多年生，上部茎草质，于开花后枯死，如牡丹、黄芪、蒿属植物。

（2）草本植物（herb）

茎内木质部不发达，含木质成分很少，多汁、柔软、易折断。草本植物根据生活周期的长短又可分为：

①1年生草本（annual herb）　生活周期为1年或更短的草本植物，即当年开花、结实后枯死的植物，如水稻、玉米、大豆等。

②2年生草本（biennial herb）　生活周期为2年，第一年仅进行营养生长，到第二年开花、结实后枯死的植物，如冬小麦、萝卜、白菜等。

③多年生草本（perennial herb）　生活周期为2年以上的草本植物。有些植物的地下部分生活多年，每年继续发芽生长，而地上部分每年枯死，如芍药、洋葱、甘蔗等；另外有一些植物的地上和地下部分都是多年生的，经开花、结实后地上部分仍不枯死，并能多次结实，如麦冬等。

不论是木本还是草本植物，只要茎干细长，不能直立，只能依附别的植物或支持物，缠绕或攀缘向上生长的，通称藤本植物（liana 或 vine），如葡萄、紫藤、猕猴桃等为木质藤本，牵牛、黄瓜、豆角等为草质藤本。

7.2.1.2 根据植物茎的生长习性分类（图7-6）

①直立茎（erect stem）　茎垂直地面直立生长，如各种树木及玉米、小麦等。

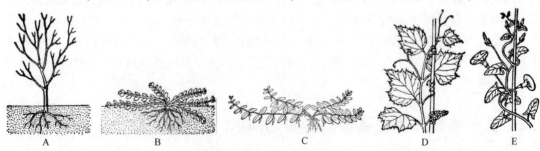

图7-6 茎的生长习性

A. 直立茎　B. 平卧茎　C. 匍匐茎　D. 攀缘茎　E. 缠绕茎

②平卧茎(prostrate stem)　茎平卧地面生长,节上不产生根,如蒺藜、地锦草等。

③匍匐茎(repent stem)　茎平卧地面生长,但节上生根,如甘薯、狗牙根、草莓等。

④攀缘茎(scandent stem)　茎不能直立,由茎上发出卷须、吸器等攀缘器官,借助攀缘器官使植物攀附于他物上,如葡萄、爬山虎、凌霄等。

⑤缠绕茎(voluble stem)　茎不能直立,以茎本身缠绕于他物上,如牵牛、菟丝子、金银花等。

7.2.2　叶的形态术语

7.2.2.1　叶序

叶序(phyllotaxy)指叶在茎上排列的方式(图 7-7),常见的有:

①互生(alternate)　每节上只着生 1 个叶,如杨、柳、桃等。

②对生(opposite)　每节上相对着生 2 个叶,如丁香、白蜡、夏至草等。

③轮生(verticillate)　每节上着生 3 个或 3 个以上的叶,如夹竹桃、茜草、桔梗等。

④丛生(簇生)(fasciculate)　2 个或 2 个以上的叶着生于极度缩短的枝上,如银杏、落叶松等。

⑤基生(basilar)　叶着生茎基部近地面处,如车钱、蒲公英、紫花地丁等。

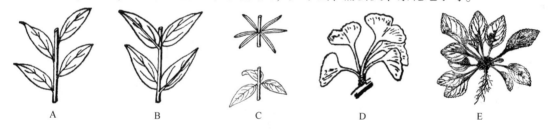

图 7-7　叶序

A. 互生　B. 对生　C. 轮生　D. 丛生(簇生)　E. 基生

7.2.2.2　叶片的形状

叶片的形状(leaf shape)按照叶片长度和宽度的比例、最宽处的位置及叶的象形来划分(图 7-8),常见的有下列几种(图 7-9):

①阔卵形(broad ovate)　叶片长宽相等或长稍大于宽,最宽处近叶的基部,如梓树。

②圆形(orbicular)　叶片长宽相等,呈正圆形,如山杨。

③倒阔卵形(broad obovate)　叶片长宽相等或长稍大于宽,最宽处在叶的先端,如玉兰。

④卵形(ovate)　叶片长约为宽的 2 倍或较少,下部圆阔,上部稍狭,呈卵状,如女贞。

⑤阔椭圆形(broad elliptical)　叶片长约为宽的 2 倍或较少,中部最宽,如橙。

⑥倒卵形(obovate)　叶片长约为宽的 2 倍或较少,中部以上最宽,如海桐、黄栌。

⑦披针形(lanceolate)　叶片长为宽的 3～4 倍,中部以下最宽,如桃、柳。

⑧长椭圆形(long elliptical)　叶片长为宽的 3～4 倍,最宽处在叶的中部,如栓皮栎。

⑨倒披针形(oblanceolate)　叶片长为宽的 3～4 倍,中部以上最宽,如杨梅。

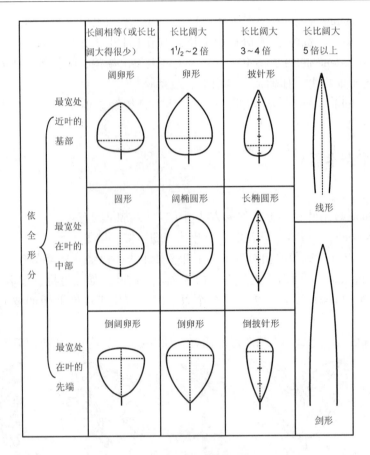

图 7-8　叶形基本类型图解

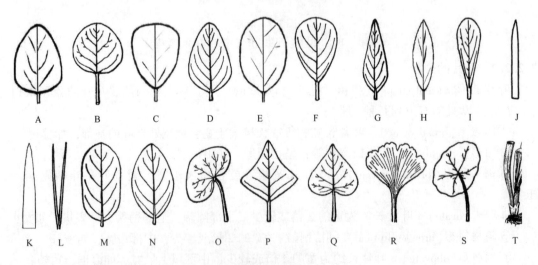

图 7-9　叶形

A. 阔卵形　B. 圆形　C. 倒阔卵形　D. 卵形　E. 阔椭圆形　F. 倒卵形　G. 披针形

H. 长椭圆形　I. 倒披针形　J. 线形(条形)　K. 剑形　L. 针形　M. 矩圆形(长圆形)

N. 椭圆形　O. 肾形　P. 菱形　Q. 心形　R. 扇形　S. 盾形　T. 管状

⑩线形（条形）（linear）　叶片狭长，长为宽的 5 倍以上，从叶基到叶尖，叶片宽度几乎相等，如水杉、韭菜、小麦、水稻。

⑪剑形（ensate）　叶片长而稍宽，长为宽的 5 倍以上，先端尖，常稍厚而强壮，形似剑，如射干、鸢尾。

⑫针形（acicular 或 acerose）　叶细长，先端尖锐，如油松、红松等松树叶。

⑬矩圆形（长圆形）（oblong）　叶片较宽部分在中部，两侧边缘几乎平行，如黄檀的小叶。

⑭椭圆形（elliptical）　叶片较宽部分在中部，但两侧边缘成弧形，如槐树、玫瑰的小叶。

⑮肾形（reniform）　叶片基部凹入成钝形，先端钝圆，宽大于长，全形似肾脏，如积雪草。

⑯菱形（rhomboidal）　叶片呈等边斜方形，如菱、乌桕。

⑰心形（cordate）　近似卵形，但基部宽圆而凹入，先端尖，全形似心脏，如紫荆、圆叶牵牛。

⑱扇形（flabellate）　叶片形状如扇，如银杏、棕榈。

⑲盾形（peltate）　叶片似盾，叶柄着生在叶的下表面，而不在叶的基部或边缘，如莲。

⑳管状（tube）　叶圆管状，中空，长超宽许多倍，常多汁，如葱。

以上所述，只是叶片的基本形状，很多植物叶形常呈中间类型，这样的叶形常用复合名词来描述，如大叶桉的叶为卵状披针形，加拿大杨的叶为三角状卵形。

7.2.2.3　叶尖

叶尖（leaf apex）指叶片尖端的形状，常见的有下列各种形状（图 7-10）：

①急尖（acute）　先端成一锐角，两边直或稍外弯，如女贞、竹子、荞麦。

②渐尖（acuminate）　先端逐渐狭窄而尖，两边内弯，如垂柳、紫荆、榆叶梅。

③钝形（obtuse）　先端钝或狭圆形，如厚朴、大叶黄杨。

④微凹（retuse）　叶尖中央微凹入，如锦鸡儿、刺槐。

⑤微缺（emarginate）　先端有一小的缺刻，如黄杨、苜蓿。

⑥尾尖（caudate）　先端渐狭成长尾状，如梅、菩提树。

⑦突尖（mucronate）　先端平原，中央突出一短而钝的渐尖头，如玉兰。

⑧具短尖（mucronate）　先端圆，中脉伸出叶端成一细小的短尖，如胡枝子、紫穗槐。

⑨截形（truncate）　先端平截，几乎成一直线，如鹅掌楸。

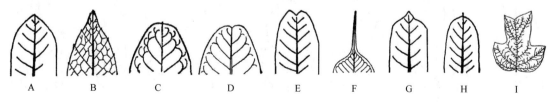

图 7-10　叶尖

A. 急尖　B. 渐尖　C. 钝形　D. 微凹　E. 微缺　F. 尾尖　G. 突尖　H. 具短尖　I. 截形

7.2.2.4 叶基

叶基(leaf base)指叶片基部的形状，常见的有下列几种类型(图7-11)：

①心形(cordate)　叶基两侧各有一圆裂片，呈心形，如紫荆、甘薯。

②耳垂形(auriculate)　叶基两侧呈耳垂状，如苦荬菜、油菜。

③楔形(cuneate)　叶中部以下渐狭，状如楔子，如牡蒿、野山楂。

④下延(decurrent)　叶片延至叶柄基部，如烟草、山莴苣。

⑤偏斜(oblique)　叶基部两侧不对称，如朴树、春榆。

⑥截形(truncate)　基部平截，略呈一直线，如平基槭、加拿大杨。

⑦箭形(sagittate)　叶基两侧小裂片尖锐，向下，形似箭头，如慈姑。

⑧戟形(hastate)　叶基两侧小裂片向外，呈戟形，如菠菜、打碗花。

⑨穿茎(perfoliate)　叶基部深凹入，两侧裂片合生而包围茎，茎贯穿叶片中。

⑩抱茎(amplexicaul)　叶基部抱茎，如抱茎苦荬菜。

⑪匙形(spatulate)　叶基向下逐渐狭长，如金盏菊。

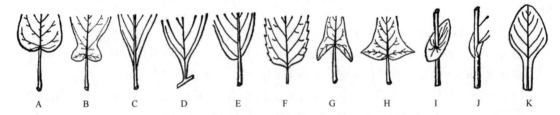

图7-11　叶基

A. 心形　B. 耳垂形　C. 楔形　D. 下延　E. 偏斜　F. 截形　G. 箭形　H. 戟形　I. 穿茎　J. 抱茎　K. 匙形

7.2.2.5 叶缘

叶缘(leaf margin)指叶片边缘的形状，常见的类型有(图7-12)：

①全缘(entire)　叶缘整齐，不具任何齿缺，如丁香、女贞。

②波状(undulate)　叶缘起伏如波浪状，如槲栎、茄子。

③锯齿(serrate)　叶缘有尖端锐齿，齿端向前，齿两边不等，如桃、梅、梨。

④重锯齿(double serrate)　叶缘锯齿上又有小锯齿，如樱桃、榆、珍珠梅。

⑤齿状(dentate)　叶缘具尖齿，齿端向外，齿两边几乎相等，如苎麻。

⑥钝齿(crenate)　齿端钝圆，如大叶黄杨。

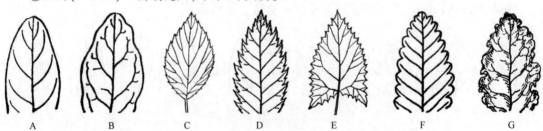

图7-12　叶缘

A. 全缘　B. 波状　C. 锯齿　D. 重锯齿　E. 齿状　F. 钝齿　G. 皱缩状

⑦皱缩状(crisped)　叶缘波状曲折较波状更大，如羽衣甘蓝。

7.2.2.6　叶裂

叶片边缘凹凸不齐，凸出或凹入的程度较齿状叶缘大而深的称为叶裂(leaf divided)。按缺刻深浅、裂片排列方式，叶裂分为下列类型(图7-13)。

(1)羽状分裂(pinnately divided)

叶片长形，裂片自主脉两侧排列成羽毛状。依其缺裂深浅程度又分为：

①羽状浅裂(pinnatilobate)　缺裂深度不超过叶片宽度1/4的羽状分裂，如一品红、二月兰。

②羽状深裂(pinnatipartite)　缺裂深度超过叶片宽度1/4的羽状分裂，如山楂、牻牛儿苗。

③羽状全裂(pinnatisect)　缺裂深度几达中脉的羽状分裂，如委陵菜、银桦。

(2)掌状分裂(palmately divided)

叶近圆形，裂片呈掌状排列。依其缺裂的深度又分为：

①掌状浅裂(palmatilobate)　缺裂深度不超过叶片宽度1/4的掌状分裂，如槭树。

②掌状深裂(palmatipartite)　缺裂深度超过叶片宽度1/4的掌状分裂，如葎草、蓖麻、梧桐。

③掌状全裂(palmatisect)　缺裂深度几达叶片中心叶柄处的掌状分裂，如大麻。

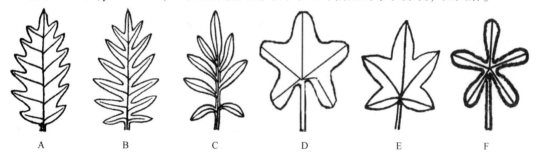

A　　　　B　　　　C　　　　D　　　　E　　　　F

图7-13　叶裂
A. 羽状浅裂　B. 羽状深裂　C. 羽状全裂　D. 掌状浅裂　E. 掌状深裂　F. 掌状全裂

7.2.2.7　脉序

脉序(nervation)指叶脉在叶片上分布的方式，常见的脉序类型有以下类型(图7-14)。

(1)网状脉(reticulate vein)

细脉分枝交错，连接成网状。大多数双子叶植物和少数单子叶植物的脉序属此种类型。网状脉又分为2类：

①羽状网脉(pinnate vein)　或称羽状脉，中脉明显，侧脉由中脉两侧分出，细脉连接成网状，如蒙古栎、桑。

②掌状网脉(palmate vein)　或称掌状脉，叶柄顶端同时有数条大脉呈掌状射出，细脉连接成网状，如蓖麻、南瓜。

(2)平行脉(parallel vein)

侧脉与中脉平行达叶尖或自中脉分出走向叶缘而没有明显的小脉连接。绝大多数单子叶

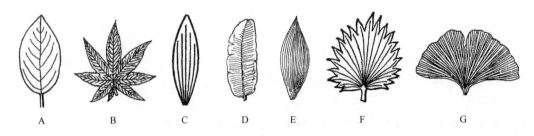

图 7-14 脉序

A. 羽状网脉　B. 掌状网脉　C. 直出平行脉　D. 横出平行脉　E. 弧形脉　F. 射出脉　G. 叉状脉

植物的脉序属此种类型。平行脉可分为：

①直出平行脉(vertical parallel vein)　侧脉与中脉平行达叶尖，如竹。

②横出平行脉(horizontal parallel vein)　侧脉自中脉两侧分出走向叶缘，彼此平行，如香蕉、美人蕉。

③弧形脉(arcuate vein)　或称弧状平行脉，各脉自基部平行出发，在叶的中部彼此距离逐渐增大，呈弧状分布，最后在叶尖汇合，如车前。

（3）射出脉(radiate vein)

多数叶脉由叶片基部辐射出，如蒲葵。

（4）叉状脉(dichotomous vein)

叶脉作二叉分枝，并可有多级分枝，如银杏。叉状脉是一种比较原始的脉序，在蕨类植物中比较普遍，而在种子植物中少见。

7.2.2.8　单叶和复叶

1 个叶柄上只生 1 个叶片的称为单叶(simple leaf)。1 个叶柄上生有 2 个至多个叶片的称为复叶(compound leaf)。复叶的叶柄仍叫叶柄，也可称总叶柄；叶柄以上的轴称为叶轴。叶轴两侧所生的叶片称为小叶。小叶的柄称为小叶柄。复叶依小叶的排列情况不同，可分为以下几种类型(图 7-15)。

（1）羽状复叶(pinnately compound leaf)

小叶排列在叶轴的两侧呈羽毛状，称为羽状复叶。羽状复叶又分为：

①奇数羽状复叶(imparipinnate leaf)　顶端生有 1 片顶生小叶，小叶的数目为单数的羽状复叶，如刺槐、核桃、月季。

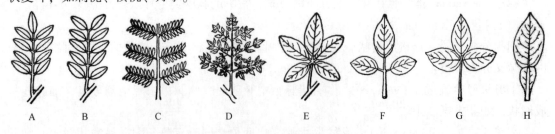

图 7-15 单叶和复叶

A. 奇数羽状复叶　B. 偶数羽状复叶　C. 二回羽状复叶　D. 三回羽状复叶
E. 掌状复叶　F. 羽状三出复叶　G. 掌状三出复叶　H. 单身复叶

②偶数羽状复叶(paripinnate leaf)　顶端生有2片顶生小叶,小叶的数目为偶数的羽状复叶,如皂荚、花生、锦鸡儿。

羽状复叶根据叶轴是否分枝,又可分为一回、二回、三回或多回羽状复叶。叶轴不分枝,小叶直接生在叶轴上,称为一回羽状复叶(simple-pinnately compound leaf),如核桃、白蜡。叶轴分枝1次,各分枝也呈羽状排列,小叶生在叶轴的分枝上,称为二回羽状复叶(bi-pinnately compound leaf),如合欢。此时叶轴的分枝称为羽片(pinna 复数 pinnae)。叶轴羽状分枝2次,各分枝两侧生小叶片,称为三回羽状复叶(tripinnately compound leaf),如楝树、南天竹。依此类推,若叶轴分枝3次或以上,称为多回羽状复叶(pinnately decompound leaf)。

(2) 掌状复叶(palmately compound leaf)

小叶在总叶柄顶端着生在一个点上,向各方展开而呈手掌状的叶,称为掌状复叶,如七叶树。

(3) 三出复叶

只有3个小叶着生在总叶柄的顶端,称为三出复叶(ternately compound leaf)。又可分为羽状三出复叶(ternate pinnate leaf)和掌状三出复叶(ternate palmate leaf)。羽状三出复叶的顶生小叶生于总叶柄顶端,2个侧生小叶生于总叶柄顶端以下,如大豆、苜蓿。掌状三出复叶3个小叶都生于总叶柄的顶端,如酢浆草、车轴草。

(4) 单身复叶

2个侧生小叶退化,总叶柄顶端只着生1个小叶,总叶柄顶端与小叶连接处有关节,称为单身复叶(unifoliate compound leaf),如柑橘。

在实际生活中,人们有时把复叶的小叶当作单叶,把全裂单叶当作复叶,把大型的羽状复叶当作枝条,具体如何区别它们,参见表7-5至表7-7。

表7-5　单叶与复叶的区别

单　叶	复　叶
由1个叶柄和1个叶片组成	在总叶柄或叶轴上着生许多小叶,各小叶常有小叶柄
叶柄基部有腋芽	总叶柄基部有腋芽,各小叶基部无腋芽
各叶自成一个平面	许多小叶片在总叶柄或叶轴上排成一个平面
脱落时,叶柄、叶片同时脱落	脱落时,小叶先落,总叶柄或叶轴最后脱落

表7-6　全裂单叶与复叶的区别

全裂单叶	复　叶
裂片的形状与大小常差异很大	每小叶的形状与大小基本相同
裂片基部没有关节	每小叶基部常有小叶柄,并与总叶柄相接处有关节
脱落时,叶柄、叶片同时脱落	脱落时,小叶先落,总叶柄或叶轴最后脱落

表7-7　复叶与枝条的区别

复　叶	枝　条
复叶的叶轴顶端无顶芽	枝条顶端有顶芽
复叶的叶柄基部有腋芽；小叶基部无腋芽	枝条基部无腋芽；叶片基部有腋芽
复叶的所有小叶排列在同一平面上	枝条上的叶片呈多方位排列
复叶脱落，落叶时小叶先落，叶轴最后脱落	枝条(一般)不落，但其上的叶片脱落

7.2.3　花的形态术语

7.2.3.1　花的形态

(1)依花的组成状况分类

①完全花(complete flower)　指一朵花中花萼、花冠、雄蕊及雌蕊四部分均具备的花，如桃、报春花。

②不完全花(incomplete flower)　指一朵花中花萼、花冠、雄蕊及雌蕊四部分任缺其一至三部分的花，如南瓜的雄花或雌花，杨、柳的花。

(2)依雄蕊与雌蕊的状况分类

①两性花(bisexual flower)　一朵花中，不论其花被存在与否，雌蕊和雄蕊都存在且正常发育的花，如丁香、油菜。

②单性花(unisexual flower)　一朵花中，只有雄蕊或只有雌蕊存在而正常发育的花。其中只有雄蕊的，称为雄花(staminate flower)；只有雌蕊的，称为雌花(pistillate flower)；雌花和雄花生于同一植株上的，称为雌雄同株(monoecism)，如玉米、瓜类；雌花和雄花生于不同植株上的，称为雌雄异株(dioecism)，如杨树、构树。

③中性花(neutral flower)　指一朵花中，雌蕊和雄蕊均不完备或缺少的，如天目琼花及向日葵花序中的边花。

④杂性花(polygamous flower)　指一种植物既有单性花，又有两性花，如文冠果、元宝枫。

⑤孕性花(fertile flower)　指能够结种子的花，即雌蕊发育正常的花。

⑥不孕性花(sterile flower)　指不结种子的花，即雌蕊发育不正常的花。

(3)依花被的状况分类

①两被花(dichlamydeous flower)　一朵花中，同时具有花萼和花冠的花，如山桃、萝卜。

②单被花(monochlamydeous flower)　一朵花中，只有花萼，而无花冠的花，如灰菜、菠菜、桑。

③裸花(无被花)(nude flower)　一朵花中，不具花萼和花冠的花，如杨、柳。

④重瓣花(pleiopetalous flower)　指在一些栽培植物中花瓣层(轮)数增多的花，如月季、碧桃、重瓣榆叶梅。

(4)依花被的排列状况分类

①辐射对称花(actinomorphic flower)　一朵花的花被片大小、形状相似，通过它的中心，

可以作出 2 个以上的对称面，又称整齐花(regular flower)，如桃、李、白菜。

②两侧对称花(左右对称花)(zygomorphic flower) 一朵花的花被片大小、形状不同，通过它的中心，只能按一定的方向，作出一个对称面，又称不整齐花(irregular flower)，如菜豆、一串红。

③不对称花(asymmetrical flower) 一朵花的花被片大小、形状不同，通过它的中心，不能作出对称面的花，如美人蕉。

7.2.3.2 花冠的类型及花瓣与萼片在花芽中的排列方式形态

由于花瓣的分离或连合，花瓣的形状、大小，花冠筒的长短不同，形成各种类型的花冠，常见有下列几种(图 7-16)：

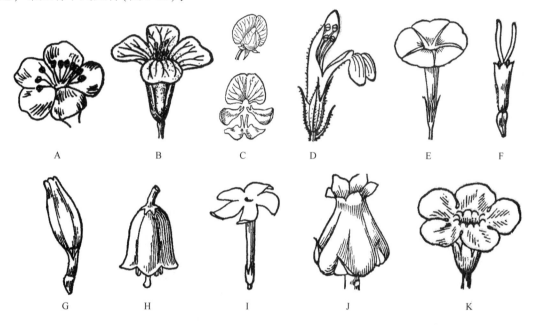

图 7-16 花冠类型

A. 蔷薇形花冠 B. 十字形花冠 C. 蝶形花冠 D. 唇形花冠 E. 漏斗形花冠 F. 管(筒)状花冠
G. 舌状花冠 H. 钟形花冠 I. 高脚碟状花冠 J. 坛状花冠 K. 辐射状花冠

①蔷薇形花冠(roseform corolla) 花瓣 5 片或更多，分离，成辐射对称排列，如桃、梨、蔷薇、月季的花。

②十字形花冠(cruciferous corolla) 花瓣 4 片，离生，排列成十字形，如十字花科植物。

③蝶形花冠(papilionaceous corolla) 花瓣 5 片，离生，成两侧对称排列。最上一片花瓣最大，称旗瓣；侧面两片较小称翼瓣；最下两片合生并弯曲成龙骨状，称龙骨瓣，如紫藤、金雀儿、刺槐、豌豆等蝶形花科(或亚科)植物的花。

④唇形花冠(labiate corolla) 花瓣 5 片，基部合生成筒状，上部裂片分离成二唇状，两侧对称，如唇形科植物的花。

⑤漏斗形花冠(funnel-shaped corolla) 花瓣 5 片全部合生成漏斗形，如牵牛、甘薯的花。

⑥管(筒)状花冠(tubular corolla) 花瓣连合成管状，如向日葵花序的盘心花。

⑦舌状花冠(ligulate corolla)　花冠基部连生成短筒，上部连生并向一边开张成扁平状，如向日葵花序的盘边花。

⑧钟形花冠(campanulate corolla)　花冠筒宽而稍短，上部扩大成钟形，如桔梗、沙参、南瓜的花。

⑨高脚碟状花冠(hypocrateriform corolla)　花冠下部是狭圆筒状，上部突然成水平状扩展成碟状，如水仙的花。

⑩坛状花冠(urceolate corolla)　花冠筒膨大成卵形，上部收缩成一短颈，然后短小的冠裂片向四周辐射状伸展，如柿树的花。

⑪辐射状花冠(rotate corolla)　花冠筒极短，花冠裂片向四周辐射状伸展，如茄、番茄的花。

花瓣与萼片在花芽中排列的方式也随植物种类不同而异，常见的有下列几种(图7-17)：

①镊合状(valvate)　指花瓣或萼片各片的边缘彼此接触，但不相互覆盖，如茄、番茄等。

②旋转状(convolute)　指花瓣或萼片每一片的一边覆盖着相邻一片的边缘，而另一边又被另一相邻片的边缘所覆盖，如夹竹桃、棉花、牵牛等。

③覆瓦状(imbricate)　与旋转状排列相似，但必有一片完全在外，有一片则完全在内，如桃、梨、油茶、油菜等。

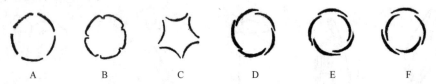

图7-17　花瓣与萼片在花芽中的排列方式
A. 镊合状　B. 内向镊合状　C. 外向镊合状　D. 旋转状　E. 覆瓦状　F. 重覆瓦状

7.2.3.3　雄蕊的类型、花药开裂的方式及花药在花丝上着生的方式

(1)雄蕊的类型(图7-18)

①离生雄蕊(distinct stamen)　一朵花中雄蕊的花丝、花药全部分离，如桃、梨。

②单体雄蕊(monadelphous stamen)　一朵花中雄蕊的花丝互相连合成一体，如木槿、棉花。

③二体雄蕊(diadelphous stamen)　一朵花中雄蕊的花丝连合并分成2组(2组的数目相等或不等)，如刺槐、大豆。

④多体雄蕊(polydelphous stamen)　一朵花中雄蕊的花丝连合成多束，如蓖麻、金丝桃。

⑤聚药雄蕊(syngenesious stamen)　一朵花中雄蕊的花丝分离，花药合生，如菊科植物的雄蕊。

⑥二强雄蕊(didynamous stamen)　一朵花中雄蕊4枚，二长二短，如一些唇形科植物的雄蕊。

⑦四强雄蕊(tetradynamous stamen)　一朵花中雄蕊6枚，四长二短，如十字花科植物的雄蕊。

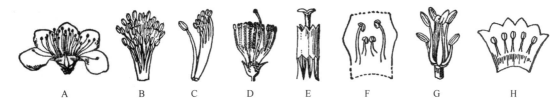

图 7-18　雄蕊类型

A. 离生雄蕊　B. 单体雄蕊　C. 二体雄蕊　D. 多体雄蕊　E. 聚药雄蕊　F. 二强雄蕊　G. 四强雄蕊　H. 冠生雄蕊

⑧冠生雄蕊(epipetalous stamen)　一朵花中雄蕊着生在花冠上，如茄、附地菜的雄蕊。

（2）花药开裂的方式

花药成熟后开裂散出花粉。开裂方式很多，主要有(图7-19)：

①纵裂(longitudinal dehiscence)　花药沿长轴方向纵裂，是一种最常见的开裂方式，如百合、桃、梨等。

②瓣裂(valvuler dehiscence)　花药的每个药室有活板状的盖，成熟时，花粉由活板盖掀开的孔散出，如小檗、樟树等。

③孔裂(porous dehiscence)　药室顶端成熟时开一小孔，花粉由小孔中散出，如茄、杜鹃花等。

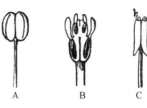

图 7-19　花药开裂方式

A. 纵裂　B. 瓣裂　C. 孔裂

（3）花药在花丝上着生的方式

花药在花丝上着生的方式，可分为(图7-20)：

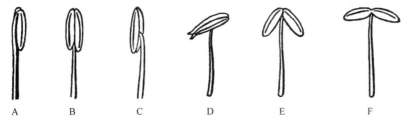

图 7-20　花药着生方式

A. 全着药　B. 基着药　C. 背着药　D. 丁字药　E. 个字药　F. 广歧药

①全着药(adnate anther)　指花药全部着生在花丝上，如玉兰。

②基着药(basifixed anther)　指花药的基部着生在花丝的顶端，大多数被子植物属此类型。

③背着药(dorsifixed anther)　指花药的背部着生在花丝上，如桃。

④丁字药(versatile anther)　花药的背部中央着生在花丝的顶端，如百合、小麦。

⑤个字药(divergent anther)　花药分成两半，基部张开，花丝着生在汇合处，形如个字，如婆婆纳。

⑥广歧药(divaricate anther)　花药的两半近完全分开，叉开成一直线，花丝着生在汇合处，如毛地黄。

7.2.3.4　雌蕊的类型

根据组成雌蕊的心皮数目、离合情况，雌蕊可分为以下类型(图7-21)：

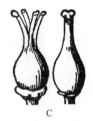

图 7-21   雌蕊类型

A. 单雌蕊   B. 离心皮雌蕊   C. 复雌蕊

①单雌蕊(simple pistil)   一朵花中具由 1 个心皮构成的雌蕊, 如桃、刺槐、大豆等的雌蕊。

②离心皮雌蕊(apocarpous gynaecium)   一朵花中具 2 至多数心皮, 心皮之间分离, 每个心皮各自独立形成 1 个雌蕊, 如此, 一朵花中具 2 至多数离生的单雌蕊, 如白玉兰、毛茛、八角、牡丹、草莓等的雌蕊。

③复雌蕊(compound pistil)   一朵花中具一个由 2 个或 2 个以上心皮共同构成的 1 个雌蕊, 称为复雌蕊, 或称合心皮雌蕊, 如丁香、苹果、黄瓜、报春花的雌蕊。

一个复雌蕊的心皮数常与柱头分叉或具棱角数、中轴胎座、子房室或胎座数、侧膜胎座胎座、数目一致, 可借此判断复雌蕊的心皮数。

7.2.3.5   胎座的类型

子房内着生胚珠的地方称为胎座(placenta), 胎座有以下几种类型(图 7-22):

①边缘胎座(marginal placenta)   由单心皮构成的 1 室子房, 胚珠着生于子房的腹缝线上, 如桃、玉兰、豆类植物等的胎座。

②侧膜胎座(parietal placenta)   由 2 个或 2 个以上心皮合生的 1 室子房, 胚珠沿腹缝线着生, 如杨树、瓜类的胎座。

③中轴胎座(axile placenta)   多心皮构成的多室子房, 心皮边缘在中央处连合形成中轴, 胚珠生于中轴上, 如苹果、番茄、柑橘、连翘等的胎座。

④特立中央胎座(free-central placenta)   由中轴胎座演化而来, 多心皮构成, 子房室间的隔膜消失, 形成 1 室子房, 但中轴依然存在, 胚珠着生在中轴周围, 如石竹属、报春属植物的胎座。

⑤顶生胎座(apical placenta)   子房 1 室, 胚珠着生于子房室的顶部, 如榆属、桑属的胎座。

⑥基生胎座(basal placenta)   子房 1 室, 胚珠着生于子房室的基部, 如向日葵等菊科植物、异穗苔草等莎草科植物的胎座。

图 7-22   胎座类型

A. 边缘胎座   B. 侧膜胎座   C. 中轴胎座   D. 特立中央胎座   E. 顶生胎座   F. 基生胎座

7.2.3.6   子房位置的类型

子房着生在花托上, 由于与花托的连生情况不同, 可分为以下几种类型(图 7-23):

(1)上位子房(superior ovary)

上位子房又称子房上位, 子房仅以底部与花托相连, 花的其余部分均不与子房相连。根据花被位置，上位子房又可分为 2 种情况：

①上位子房下位花(superior-hypogynous flower)　即子房上位花被下位，子房仅以底部和花托相连，萼片、花瓣、雄蕊着生的位置低于子房，如刺槐、二月蓝、玉米、水稻等。

②上位子房周位花(superior-perigynous flower)　即子房上位花被周位，子房底部与杯状花托的中央部分相连，花被与雄蕊着生于杯状花托的边缘，如桃、李、蔷薇、月季等。

（2）半下位子房(half-inferior ovary)

半下位子房又称子房半下位，子房的下半部陷生于花托中，并与花托愈合，花的其他部分着生在子房周位的花托边缘上，从花被的位置来看，可称为周位花，如马齿苋、太平花、菱等。

（3）下位子房(inferior ovary)

下位子房又称子房下位，整个子房埋于杯状的花托中，并与花托愈合，花的其他部分着生在子房以上花托的边缘上，故也称上位花，如梨、苹果、向日葵、瓜类等。

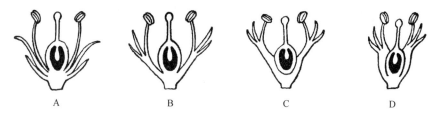

图 7-23　子房位置的类型
A. 上位子房下位花　B. 上位子房周位花　C. 半下位子房周位花　D. 下位子房上位花

7.2.3.7　花程式与花图式

（1）花程式

把花的形态结构用符号及数字列成类似数学方程来表示的，称为花程式(flower formula)。通过花程式可以表明花各部的组成、数目、排列、位置，以及它们彼此间的关系。

花各部分的符号常以每一轮花部名称的拉丁文或其他文字首位或首两位字母来表示。花程式使用的符号、数字及其表示的意义如下：

Ca(拉丁文 Calyx)或 K(德文 Kelch)表示花萼。

Co(拉丁文 Corolla)或 C 表示花冠。

A(拉丁文 Androecium)表示雄蕊群。

G(拉丁文 Gynoecium)表示雌蕊群。

P(拉丁文 Perianthium)表示花被，在花萼和花冠无明显区别时使用。

1、2、3、4、5……表示各部分数目，轮数。

∞ 表示数目很多而不固定。

0 表示缺少或退化。

( )表示同一花部彼此合生；不用此符号者为分离。

+表示同一花部的轮数或彼此有显著区别。

$\underline{G}$、$\overline{\underline{G}}$、$\overline{G}$ 表示上位子房、半下位子房、下位子房。

$G_{(5:5:2)}$，括号内第一数字表示心皮数目；第二数字表示子房室数目；第三数字表示子房中每室的胚珠数目。

↑表示两侧对称花(不整齐花)。

＊ 表示辐射对称花(整齐花)。

♂表示雄花。

♀表示雌花。

⚥表示两性花。

花程式举例如下。

豌豆　⚥↑$Ca_{(5)} Co_{1+2+2} A_{(9)+1} \underline{G}_{1:1:\infty}$ 或 ⚥↑$K_{(5)} C_{1+2+2} A_{(9)+1} \underline{G}_{1:1:\infty}$

花程式表示的意义：两性花；两侧对称；萼片合生，5 裂；花瓣 5，离生，蝶形花冠；雄蕊 10 枚，二体，9 枚合生，1 枚分离；子房上位，由 1 心皮组成，1 室，胚珠多数，边缘胎座。

油菜　⚥＊$Ca_4 Co_4 A_{4+2} \underline{G}_{(2:1:\infty)}$ 或 ⚥＊$K_4 C_4 A_{4+2} \underline{G}_{(2:1:\infty)}$

花程式表示的意义：两性花；辐射对称；萼片 4，离生；花瓣 4，离生；雄蕊 6 枚，离生，4 强；子房上位，由 2 心皮合生成假 2 室，胚珠多数，侧膜胎座。

苹果　⚥＊$Ca_5 Co_5 A_\infty \overline{G}_{(5:5:2)}$ 或 ⚥＊$K_5 C_5 A_\infty \overline{G}_{(5:5:2)}$

花程式表示的意义：两性花；辐射对称；萼片 5，离生；花瓣 5，离生；雄蕊多数，离生；子房下位，由 5 心皮合生成 5 室，每室 2 胚珠，中轴胎座。

百合　⚥＊$P_{3+3} A_{3+3} \underline{G}_{(3:3:\infty)}$

花程式表示的意义：两性花；辐射对称；花被花冠状，6 片，离生，排成 2 轮，每轮 3 片；雄蕊 6，离生；子房上位，由 3 心皮合生成 3 室，每室胚珠多数，中轴胎座。

南瓜　♀＊$Ca_{(5)} Co_{(5)} A_0 \overline{G}_{(3:1:\infty)}$ 或 ♀＊$K_{(5)} C_{(5)} A_0 \overline{G}_{(3:1:\infty)}$

　　　♂＊$Ca_{(5)} Co_{(5)} A_{1+(2)+(2)} G_0$ 或 ♂＊$K_{(5)} C_{(5)} A_{1+(2)+(2)} G_0$

花程式表示的意义：雌花；辐射对称；萼片合生，5 裂(或花萼 5 裂)；花瓣合生，5 裂(或花冠 5 裂)；子房下位，由 3 心皮合生成 1 室，胚珠多数，侧膜胎座。雄花；辐射对称；萼片合生，5 裂；花瓣合生，5 裂；雄蕊 5 枚，其中 2 对合生，另 1 个分离。

(2)花图式

花图式(floral diagram)是花的横切面简图，用以表示花各部分的轮数、数目、排列、离合等关系。实际上，花图式就是花的各部分在垂直花轴的平面上的投影(图 7-24)。

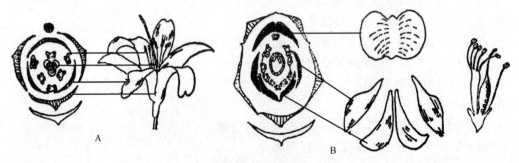

图 7-24　花图式

A. 百合花与花图式　B. 蝶形花与花图式

　　在绘制花图式时，用黑色圆圈表示花着生的花轴，位于图的上方；用空心弧线图形表示苞片，位于图的最外层，花的各部分应绘在花轴和苞片之间；由于花萼的中脉明显，故弧线的中部向外隆起突出以示之；实心弧线图形表示花冠，位于图的第二层；雄蕊以花药的横切图形表示，位于第三层；雌蕊以子房横切面图形表示，位于图形的中心。并注意各部分的位置、分离或连合，若连合则以虚线连接来表示。

7.2.4　花序的形态术语

　　有的植物花单生于叶腋或枝顶，有的植物花簇生于叶腋，多数植物的花则按一定的规律排列在花轴上。人们把单独一朵花生在叶腋或枝顶的称为单生花（solitary），如玉兰、卷丹；许多花按一定的规律在花轴上的排列方式称为花序（inflorescence）。花序的主轴称为花轴或花序轴（rachis），花轴上着生很多花，花下常有一变态叶称为苞片（bract）；整个花序基部也有 1 个或多数变态叶，每一个称为总苞片（involucre），有些是数枚集生在花序基部称为总苞。

　　花序根据花轴上花排列方式的不同，以及花轴分枝形式和生长状况不同，分为无限花序、有限花序及混合花序 3 大类。

7.2.4.1　无限花序

　　无限花序（indefinite inflorescence）也称为总状类花序，是一种类似总状分枝的花序，花轴顶端可保持生长一段时间，即顶端不断增长陆续形成花（图 7-25）。开花顺序为花序基部的花先开，依次向上开放；如果花轴是扁平的，则由外向心开放。因此，无限花序是一种边开花边形成花的花序。根据花轴是否分枝及花排列等特点又分为简单花序和复合花序。

　　（1）简单花序（simple inflorescence）

　　花轴不分枝，其上直接生长花。包括如下几种：

　　①总状花序（raceme）　　花互生排列在不分枝的花轴上，花柄几等长，如刺槐、油菜、独行菜等的花序。

　　②穗状花序（spike）　　花的排列与总状花序相似，但花无柄或近无柄，如紫穗槐、马鞭草、车前等的花序。

　　③柔荑花序（ament）　　与穗状花序相似，但为单性花排列在细长、柔软的花轴上，花序下垂，如杨树、柳树、核桃的花序。

　　④肉穗花序（spadix）　　与穗状花序相似，但花轴肉质肥厚，且花序下有一大型的佛焰苞，如马蹄莲、花烛、半夏的花序，以及玉米、香蒲的雌花序。

　　⑤伞房花序（corymb）　　与总状花序相似，但花柄不等长，下部的花花柄较长，向上渐短，因此，整个花序的花几乎排在一平面上，如山楂、梨、苹果等的花序。

　　⑥伞形花序（umbel）　　花柄几等长，各花均自花轴顶端一点上生出，整个花序的花排在一球面上，形似开张的伞，如报春、刺五加、葱等的花序。

　　⑦头状花序（capitulum）　　花轴成为肥厚膨大的短轴，凹陷、凸出或成扁平状，花着生于短轴顶端，花无柄，花序外层常有多数苞片集生成总苞，如向日葵、刺儿菜、喜树、三叶草等的花序。

　　⑧隐头花序（hypanthodium）　　花序轴肉质并特别肥大，顶端中央部分凹陷呈囊状，许多

图 7-25 无限花序

A. 总状花序　B. 穗状花序　C. 柔荑花序　D. 肉穗花序　E. 伞房花序　F. 伞形花序
G. 头状花序　H. 隐头花序　I. 圆锥花序　J. 复穗状花序　K. 复伞房花序　L. 复伞形花序

无柄的单性花隐生于囊状体的内壁上，雄花位于上部，雌花位于下部，整个花序仅囊状体前端留一小孔与外界相通，为昆虫进出传布花粉的通道，如无花果等桑科榕属植物的花序。

（2）复合花序（compound inflorescence）

花轴具分枝，分枝上生长着简单花序。包括以下几种：

①圆锥花序（panicle）　花轴分枝，每一分枝上形成一总状花序，又称复总状花序，如女贞、珍珠梅、水稻等的花序。

②复穗状花序（compound spike）　花轴分枝，每一分枝上形成一穗状花序，如小麦、大麦等的花序。

③复伞房花序（compound corymb）　伞房花序的每一分枝再形成一伞房花序，如花楸、华北绣线菊、石楠等的花序。

④复伞形花序（compound umbel）　伞形花序的每一分枝不形成一朵花，而又形成一伞形花序，如胡萝卜、芹菜等伞形科植物的花序。

7.2.4.2　有限花序

有限花序（definite inflorescence）又称聚伞花序（cyme），其花轴呈合轴分枝或假二叉分枝式，即花序主轴顶端先形成花，且先开放，开花顺序是自上而下或自中心向周位（图7-26）。依据花轴分枝不同，又可分为以下几种。

（1）单歧聚伞花序（monochasium）

花序成合轴分枝式，花序的顶端形成一朵花之后，在顶花下面的苞片腋中仅发生一侧

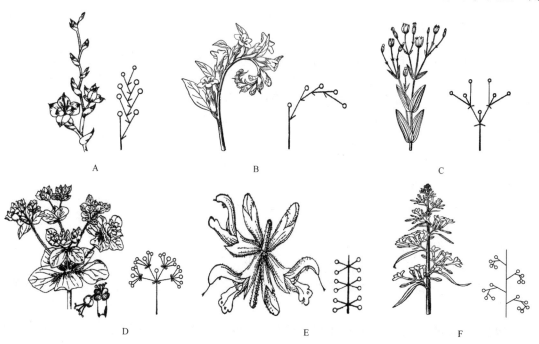

A　　　　　　　　　　B　　　　　　　　　　C

D　　　　　　　　　　E　　　　　　　　　　F

图7-26　有限花序和混合花序

A. 蝎尾状聚伞花序　B. 镰状聚伞花序　C. 二歧聚伞花序　D. 多歧聚伞花序

E. 轮伞花序　F. 混合花序

枝,其长度超过主枝后枝顶同样形成一朵花,此花开放较前一朵晚,同样它的基部又形成侧枝及花;依此类推,就形成单歧聚伞花序。如果花朵连续地左右交互出现,状如蝎尾,称为蝎尾状聚伞花序(cincinnus 或 scorpioid cyme),如黄花菜、唐菖蒲、萱草等的花序。如果花朵出现在同侧,形成卷曲状,称为镰状聚伞花序(drepanium)或螺旋状聚伞花序(helicoid cyme),如聚合草、附地菜、勿忘我等的花序。

(2)二歧聚伞花序(dichasium)

当花序呈假二叉分枝时,即形成二歧聚伞花序。花轴顶端形成顶花之后,在其下伸出2个对生的侧轴,侧轴顶端又生顶花,依次类推,如明开夜合、石竹、牛繁缕等的花序。

(3)多歧聚伞花序(pleiochasium)

花序轴顶芽形成一朵花后,其下有3个以上的侧芽发育成侧枝,每个侧枝又形成一小的聚伞花序,外形上类似伞形花序,但中心花先开,如泽漆、乳浆大戟等的花序。

(4)轮伞花序(verticillaster)

聚伞花序着生在对生叶的叶腋,花序轴及花梗极短,呈轮状排列,如益母草、夏至草、丹参等唇形科植物的花序。

7.2.4.3 混合花序

混合花序(mixed inflorescence)是指在同一花序上,同时生有无限花序和有限花序(见图7-26)。很多植物的主轴常为无限花序,侧轴为有限花序,如七叶树等植物的花序,主轴为总状花序,侧轴为镰状聚伞花序。

7.2.5 果实的形态术语

植物开花受精后,柱头和花柱凋落,子房逐渐膨大,胚珠发育成种子,子房壁发育成果皮,这种果实,称为真果(true fruit)。果皮通常可分为3层,最外一层称为外果皮;中间一层叫中果皮;最内一层称为内果皮。各层的质地、厚薄因植物而异。

此外,有许多植物的果皮,除子房外,还有花托或其他部分参与果皮的形成,这种果实称为假果(spurious fruit),如苹果、梨、瓜类。

根据果实的形态结构,可分为3大类,即单果、聚合果和复果。

7.2.5.1 单果(simple fruit)

由一朵花的单雌蕊或复雌蕊子房所形成的果实称为单果。根据果熟时果皮的性质不同,可分为干果和肉质果2大类。

(1)干果(dry fruit)

果实成熟时果皮干燥。根据果皮开裂与否,又可分为裂果和闭果。

①裂果(dehiscent fruit) 果实成熟后果皮开裂,依心皮数目和开裂方式不同,分下列几种(图7-27)。

蓇葖果(follicle) 由单雌蕊的子房发育而成,成熟时沿背缝线或腹缝线一边开裂,如飞燕草的果实。梧桐、芍药及八角的聚合果中的每一小果也是蓇葖果。

荚果(legume) 由单雌蕊的子房发育而成,成熟时果皮沿背缝线或腹缝线两边开裂,如刺槐、紫荆、豌豆等植物的果实。但有的荚果并不开裂,如花生、皂荚、槐树、黄檀等。

角果 由2个心皮的复雌蕊子房发育而成,果实中央有一片由侧膜胎座向内延伸形成的

图 7-27　裂果

A. 蓇葖果　B. 荚果　C. 长角果　D. 短角果　E. 蒴果

假隔膜，成熟时果皮由下而上两边开裂，如十字花科植物的果实。根据果实长短不同，又有长角果（silique）和短角果（silicle）的区别，前者角果细长，如萝卜、白菜、二月蓝等；后者角果很短，长宽几乎相等，如荠菜、独行菜等。角果也有不开裂的，如萝卜。

蒴果（capsule）　由 2 个或 2 个以上心皮的复雌蕊子房形成，果实成熟时以多种方式开裂。沿心皮背缝线开裂的为室背开裂（loculicidal dehiscence），如棉、三色堇、百合等；沿心皮腹缝线开裂的为室间开裂（septicidal dehiscence），如卫矛、烟草、薯蓣等；沿心皮背缝线和腹缝线同时开裂的为背腹裂（septifragal dehiscence），如牵牛、曼陀罗等；果实顶端裂成齿状的为齿裂（teeth dehiscence），如石竹科植物；果实成熟时子房各室上方裂开形成小孔的称孔裂（poricidal dehiscence），如罂粟、虞美人、桔梗等；果实成熟时沿果实的中部或中上部作横裂，呈盖状脱落的称盖裂（circumscissile dehiscence）或周裂，如车前、马齿苋等。

②**闭果**（achenocarp）　果实成熟后，果皮不开裂，又分下列几种（图 7-28）。

图 7-28　闭果

A. 瘦果　B. 颖果　C. 坚果　D. 翅果　E. 分果（示双悬果）　F. 胞果

瘦果（achene）　由单雌蕊或 2~3 个心皮合生的复雌蕊而仅具 1 室的子房发育而成，内含 1 粒种子，果皮与种皮分离，如向日葵、荞麦等。

颖果（caryopsis）　与瘦果相似，也是 1 室，内含 1 粒种子，但果皮与种皮愈合，因此，常将果实误认为种子，如毛竹、水稻、小麦、玉米等。颖果为禾本科植物所特有。

坚果（nut）　果皮坚硬，1 室，内含 1 粒种子，果皮与种皮分离。有些植物的坚果包藏于总苞内，如板栗、槲栎、榛子等的果实。

翅果（samara）　果皮沿一侧、两侧或周围延伸成翅状，以适应风力传播，除翅的部分以外，其他部分实际上与坚果或瘦果相似，如榆、元宝枫、臭椿等。

分果(schizocarp) 复雌蕊子房发育而成,成熟后各心皮分离,形成分离的小果,但小果的果皮不开裂,如锦葵、蜀葵、苘麻等。其他的如伞形科植物的双悬果(cremocarp)及唇形科、紫草科植物的四小坚果(nutlet)也属于分果。双悬果由2心皮的下位子房发育而成,成熟后心皮分离为2个瘦果,并且悬挂于中央果柄的上端,如柴胡、防风、胡萝卜等的果实。四小坚果由2个心皮的雌蕊组成,在果实形成之前或形成中,子房分离或深凹陷成4个各含1粒种子的小坚果,如夏至草、薄荷、附地菜、斑种草等的果实。

胞果(utricle) 由复雌蕊的子房发育而成,具种子1枚,成熟时果皮干燥而不开裂,果皮薄而疏松地包围种子,极易与种子分离,如灰菜、地肤、菠菜等藜科植物的果实。

(2)肉质果(fleshy fruit)

果实成熟时,果皮或其他组成果实的部分肉质多汁。常见的有以下几种(图7-29):

①浆果(berry) 由复雌蕊发育而成,外果皮薄,中果皮、内果皮均为肉质,或有时内果皮的细胞分离成汁液状,如葡萄、番茄、柿等。

②柑果(hesperidium) 由多心皮复雌蕊发育而成,外果皮和中果皮无明显分界,或中果皮较疏松并有很多维管束,内果皮形成若干室,向内生有许多肉质的表皮毛,内果皮是主要的食用部分,如柑橘、柚等芸香科植物的果实。

③核果(drupe) 由单雌蕊或复雌蕊子房发育而成。外果皮薄,中果皮肉质,内果皮形成坚硬的壳,通常包围1粒种子形成坚硬的核,如桃、李、杏、枣等。

④梨果(pome) 由下位子房的复雌蕊形成,花托强烈增大和肉质化并与果皮愈合,外果皮、中果皮肉质化而无明显的界线,内果皮革质,如梨、苹果、山楂等蔷薇科梨亚科植物的果实。

⑤瓠果(pepo) 由下位子房的复雌蕊形成,花托与果皮愈合,无明显的外、中、内果皮之分,果皮和胎座肉质化,如西瓜、黄瓜、冬瓜等葫芦科植物的果实。

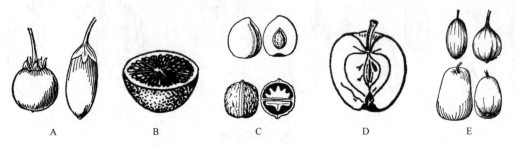

图7-29 肉质果

A. 浆果　B. 柑果　C. 核果　D. 梨果　E. 瓠果

7.2.5.2 聚合果

聚合果(aggregate fruit)由一朵花中多数离心皮雌蕊的子房发育而来,每一雌蕊都形成一独立的小果,集生在膨大的花托上。聚合果因小果类型的不同,可分为聚合蓇葖果(如八角、玉兰、牡丹等的果实)、聚合瘦果(如蔷薇、草莓、蛇莓等的果实)、聚合核果(如悬钩子、茅莓等的果实)、聚合浆果(如五味子的果实)及聚合坚果(如莲的果实)等(图7-30)。

7.2.5.3 复果

复果(multiple fruit)是由整个花序发育形成的果实,因此又称聚花果。花序中的每朵花

图 7-30　聚合果和复果

A. 聚合核果　B. 聚合瘦果　C. 聚花果(凤梨)　D. 聚花果(桑葚)　E. 聚花果(无花果)

形成独立的小果，聚集在花序轴上，外形似一果实，如悬铃木、构树等的花序。有的复果花轴肉质化，如桑葚、菠萝、无花果等(图 7-30)。复果成熟时整个果穗由母体脱落。

7.3　植物的鉴定方法

鉴定是确定植物名称的手段。鉴定植物时，主要掌握 2 个基本环节。首先要正确运用植物分类学基本知识，其次要学会查阅工具书和资料。

植物志是记载一个国家或地区植物的书籍，其中一般包括有各科、属的特征及分科、分属、分种的检索表，植物种的形态描述、产地、生境、经济用途等，并多有附图。植物志也有专门记载某一科或某一属植物的，这是我们鉴定植物的主要工具书。此外，还有植物图鉴、图说、手册、检索表、教科书以及散落在各种有关书刊杂志中的资料，如植物分类学报等，可供鉴定时参考。

检索表是根据法国生物学家拉马克(Lamarck)提出的二歧分类法的原理，以对比的方式而编制成区分植物种类的表格。具体说来，就是把各种植物的关键性特征进行比较，抓住区别点，相同的归在一项下，不同的归在另一项下。在相同的项下，又以不同点分开，这样寻找下去，最后得出不同种的区别。各分类等级，如门、纲、目、科、属、种都有检索表，其中科、属、种的检索表最为重要，最为常用。它可以单独成书，也可穿插在植物志等各种分类书刊中，是我们在鉴定植物时查阅工具书刊资料过程中常接触到的，必须熟悉它的格式和用法，熟练掌握和运用它。

检索表的格式通常有以下 2 种。

7.3.1　等距检索表(定距检索表)

在等距检索表里，将每一种相对特征的描述，给予同一号码，并列在书页左边同一距离处，如 1、1；2、2；3、3……如此继续逐项列出，逐级向右错开，描写行越来越短，直到科、属或种的名称出现为止。它的优点是将相对性质的特征都排列在同样距离处，一目了然，便于应用；缺点是如果编排的种类过多，检索表势必偏斜而浪费很多篇幅。例如，夹竹桃科 6 个属的分属检索表如下：

1. 叶互生
  2. 子房每室 2 胚珠；核果；叶线形 ················· 黄花夹竹桃属（*Thevetia* Adans.）
  2. 子房每室多数胚珠；蓇葖果；叶倒卵形 ················· 鸡蛋花属（*Plumeria* L.）
1. 叶对生或轮生
  3. 茎直立；花粉红色或白色
    4. 木本；叶轮生 ················· 夹竹桃属（*Nerium* L.）
    4. 草本或亚灌木状
      5. 花单生于叶腋；栽培 ················· 长春花属（*Catharanthus* G. Don.）
      5. 成聚伞花序；野生 ················· 罗布麻属（*Apocynum* L.）
  3. 茎攀缘；花白色 ················· 络石属（*Trachelospermum* Lem.）

7.3.2　平行检索表

平行检索表是把每一种相对特征的描写，并列在相邻 2 行里，左边给予同样的号码，每一条后面注明往下查的号码或者是植物名称。这种检索表的优点是排列整齐美观，节约篇幅；缺点是不及等距检索表那么一目了然，但熟悉后使用也方便。将上例改为平行检索表，编制如下：

1. 叶互生 ··· 2
1. 叶对生或轮生 ·· 3
2. 子房每室 2 胚珠；核果；叶线形 ················· 黄花夹竹桃属（*Thevetia* Adans.）
2. 子房每室多数胚珠；蓇葖果；叶倒卵形 ················· 鸡蛋花属（*Plumeria* L.）
3. 茎直立；花粉红色或白色 ······························· 4
3. 茎攀缘；花白色 ················· 络石属（*Trachelospermum* Lem.）
4. 木本；叶轮生 ················· 夹竹桃属（*Nerium* L.）
4. 草本或亚灌木状 ·· 5
5. 花单生于叶腋；栽培 ················· 长春花属（*Catharanthus* G. Don.）
5. 成聚伞花序；野生 ················· 罗布麻属（*Apocynum* L.）

当鉴定一种不知名的植物时，先找一本有关当地植物的工具书——地方植物志、地方植物手册或地方植物检索表。运用书中各级检索表，查出该植物所属的科、属和种，在检索时必须同时核对是否符合该科、属、种的特征描述，若发现有疑问时，应反复检索，直至完全符合时为止。如没有当地的地方性工具书时，可先用《中国植物科属检索表》，查出科与属，并核对科与属的特征。再用地方植物名录查出该属中所有种名单，参考邻近地区的工具书或其他文献，以便作出初步鉴定。

在查检索表之前，首先要对所鉴定的植物标本或新鲜材料，进行全面与细心的观察，必要时还须借助放大镜或双目解剖镜等，作仔细的解剖与观察，弄清鉴定对象的各部形态特征，依据植物形态术语，作出准确地判断，切忌粗心大意与主观臆测，以免造成差误。在鉴定蜡叶标本时，还须参考野外记录及访问资料等，掌握植物在野外的生长状况、生活环境以及地方名、民族名等，然后根据检索表，检索出植物名称来，再对照植物志等作进一步核对。

有时某一植物经过反复鉴定，不尽符合植物志所记述的特征，或者找不到答案，不可勉强定名，须进一步寻找参考书籍，或到有关研究部门或大专院校植物标本室，进行同种植物的核对，请有经验的分类工作者协助鉴定，也可将复份标本寄送有关专家进行鉴定。

7.4　被子植物的分科

被子植物分为双子叶植物纲（Dicotyledoneae）（木兰纲 Magnoliopsida）和单子叶植物纲（Monocotyledoneae）（百合纲 Liliopsida），两者的主要区别见表7-8。

表 7-8　双子叶植物纲与单子叶植物纲的主要区别

双子叶植物纲（木兰纲）	单子叶植物纲（百合纲）
1. 胚具 2 枚子叶	1. 胚具 1 枚子叶
2. 主根发达，多为直根系	2. 主根不发达，多为须根系
3. 茎内维管束成环状排列，有形成层保持分裂能力，故茎能加粗	3. 茎内维管束成散生，不呈环状排列，无形成层，故茎不能加粗，或有不正常的次生生长
4. 叶脉多为网状脉	4. 叶脉多为平行脉或弧形脉
5. 花部 5 或 4 基数，极少 3 基数	5. 花部常为 3 基数，稀为 4 基数，绝无 5 基数
6. 花粉常具有 3 个萌发孔	6. 花粉常具有单个萌发孔

需要说明的是，2 个纲的这些区别点只是相对的，实际上有交叉的现象，一些双子叶植物科，如睡莲科、毛茛科、小檗科、罂粟科、伞形科等植物中有的具有 1 枚子叶；在毛茛科、车前科、菊科等植物中有的具有须根系；在毛茛科、睡莲科、石竹科等植物中有的具有星散维管束；在伞形科、含羞草科等植物中有的具有平行叶脉；在木兰科、小檗科、毛茛科等植物中有 3 基数的花，而一些单子叶植物科，如天南星科、百合科中具有网状脉，眼子菜科、百合科具有 4 基数的花。因此，划分双子叶植物和单子叶植物不能仅根据一两个特征决定，而要综合考虑。

从进化的角度看，单子叶植物的须根系、缺乏形成层、平行脉等性状都是次生的，它的单萌发孔花粉却保留了比大多数双子叶植物还要原始的特点。在原始的双子叶植物中，也具有单萌发孔的花粉粒，这也给单子叶植物起源于双子叶植物提供了依据。

7.4.1　双子叶植物纲（Dicotyledoneae）

根据克朗奎斯特系统，双子叶植物纲（木兰纲）分为 6 个亚纲 64 目 318 科约 165 000 种。现选择其中的 29 个目 44 个科介绍如下。

7.4.1.1　木兰目（Magnoliales）

木本。单叶，全缘。花两性，常单生，花托显著，花部螺旋状排列，花被分化不明显，花药长，花丝短。单沟花粉。胚小，胚乳丰富。虫媒花。

木兰目是被子植物中最原始的一个目，包含木兰科（Magnoliaceae）、番荔枝科（Annonaceae）、肉豆蔻科（Myristaceae）等 10 科。

(1)木兰科(Magnoliaceae)

$\male \female * P_{6 \sim 15} A_\infty \underline{G}_{\infty:1:1 \sim \infty}$

木本。单叶互生,全缘,很少有裂;托叶大,早落,脱落后在小枝上留有环状托叶痕。花单生,两性,辐射对称;花被3基数,同形,呈花瓣状,分离;雄蕊多数,分离,螺旋状排列于柱状花托的下部;雌蕊有多数离生心皮,螺旋排列于柱状花托的上部;子房1室,含1至多数胚珠。聚合蓇葖果,稀翅果。种子胚乳丰富。

本科有15属250种,主要分布于亚洲的热带和亚热带地区;我国有11属约130种,大多产于华南和西南。

木兰属(*Magnolia*) 花顶生,花被多轮,每心皮有胚珠1~2枚,聚合蓇葖果,背缝线开裂。玉兰(*M. denudata* Desr.)(图7-31),落叶乔木,花大,白色或紫红色,先叶开放,花被3轮9片,有芳香;黄山有野生,各公园常见栽培,供观赏。紫玉兰(辛夷)(*M. liliflora* Desr.),落叶灌木,花紫色或紫红色,先叶开放;原产于湖北,栽培供观赏,花蕾可入药。荷花玉兰(洋玉兰)(*M. grandiflora* L.),叶常绿,革质,下面常被锈色毛,花大,白色;原产于北美,我国引栽,观赏。厚朴(*M. officinalis* Rehd. et Wils.),落叶乔木,叶大,顶端圆;分布于我国长江流域及华南;树皮、花、果药用。

本科常见植物还有:含笑[*Michelia figo* (Lour.) Spreng.],常绿灌木,嫩枝、芽及叶柄均被棕色毛;花腋生,淡黄色,具有雌蕊柄;产于华南,花芳香,供观赏。

图7-31 玉兰

白兰花(*Michelia alba* DC.),叶披针形,花白色,花瓣狭长有芳香;原产印度尼西亚;我国华南各地栽培,供观赏,花及叶可提取芳香油和药用。鹅掌楸(马褂木)[*Liriodendron chinensis* (Hemsl.) Sarg.],落叶乔木;叶分裂,先端截形;单花顶生,花杯状,黄绿色,萼片3,花瓣6;聚合翅果;产我国长江以南各地,因叶形奇特,常供观赏;树皮入药。

7.4.1.2 睡莲目(Nymphaeales)

水生草本,无导管,维管束在茎内散生。花常两性,单生。坚果。

本目含莲科(Nelumbonaceae)、睡莲科(Nymphaeaceae)、莼菜科(Cabombaceae)、金鱼藻科(Ceratophyllaceae)等5科。

(2)睡莲科(Nymphaeaceae)

$\male \female * K_{4 \sim 14} C_{8 \sim \infty} A_\infty G_{(3 \sim \infty)}$

水生草本。常具横走根状茎。叶基生,具长柄,盾形或心形,浮水。花两性,整齐,单生,浮或伸出水面。花大,萼片4~6,稀14,有时花瓣状,花瓣8至多数,常过渡成雄蕊。雄蕊多数;雌蕊心皮3至多数,合生成多室子房,子房上位至下位,胚珠多数,层片状胎座。果实浆果状,海绵质。

本科有3属60多种,广布世界各地。我国约3属11余种,产于东部及东北部。

睡莲属（*Nymphaea*）　多年生水生草本。叶心形，叶片基部弯曲。花大，单生，有白、粉红、红、淡黄等色。子房半下位；心皮多数，排列为 1 层，嵌入肉质花托内；花柱离生，短，不与花托合生。浆果海绵质，在水中成熟。种子小，有胚乳，假种皮囊状肉质。常见植物有睡莲（*N. tetragona* Georgi.）（图 7-32）、白睡莲（*N. alba* L.）、黄睡莲（*N. mexicana* Zucc.）等，花大而艳丽，供观赏。

7.4.1.3　毛茛目（Ranales）

草本或木质藤本。花两性或单性；异被或单被；雄蕊多数，螺旋状排列或定数而与花瓣对生；心皮多数，离生，螺旋状排列或轮生。种子具丰富的胚乳。

本目含毛茛科（Ranunculaceae）、小檗科（Berberidaceae）、木通科（Lardizabalaceae）、防己科（Menispermaceae）、马桑科（Coriariaceae）等 8 科。

图 7-32　睡莲

（3）毛茛科（Ranunculaceae）

$\varphi *; \quad \uparrow K_{3\sim\infty} C_{0\sim\infty} A_\infty \underline{G}_{\infty\sim1:1:1\sim\infty}$

多年生或 1 年生草本，少为灌木或攀缘藤本。叶互生或基生，稀对生；叶为单叶、分裂或羽状复叶，无托叶。花两性，稀单性，辐射对称或两侧对称，单生或排成各种花序；花部分离，萼片 3 至多数，绿色，在花瓣退化或不存在时常有各种色泽而成花瓣状；花瓣 5 或多数；雄蕊多数，螺旋状排列；心皮多数，离生，螺旋状排列，稀为少数或 1；子房上位，每心皮含胚珠 1 至多个。聚合蓇葖果或聚合瘦果，稀为浆果。

本科有 50 属 2 000 种，广布世界各地，多见于北温带及寒带，我国 42 属约 720 种，各省均有分布。本科多数种类花美丽，可供观赏，许多种类兼药用。

毛茛属（*Ranunculus*）　直立草本；叶基生或茎生；花黄色，萼片、花瓣各 5，分离，花瓣基部有蜜腺；雄蕊和雌蕊多数，离生，螺旋状排列于膨大的花托上，瘦果聚合成头状。约 300 种，我国有 80 余种。毛茛（*R. japonicus* Thunb.）（图 7-33），草本，高 20～60cm。基生叶及茎下部叶具长柄，叶片阔卵形，3 深裂，有时几全裂，裂片具牙齿状锯齿，叶柄长达 15cm，茎中部叶具短柄，上部叶无柄，抱茎。花两性，两被，花瓣黄色；雌雄蕊多数，螺旋状排列。聚合瘦果。广布于我国各地，全草药用，可治疟疾、关节炎，也作土农药。

本科常见的植物还有：翠雀属（*Delphinium*）、飞

图 7-33　毛茛

燕草属（*Consolida*）、铁线莲属（*Clematis*）、耧斗菜属（*Aquilegia*）、金莲花属（*Tropaeolum*）、银莲花属（*Anemone*）等，可供观赏；黄连属（*Coptis*）、乌头属（*Aconitum*）、白头翁属（*Pulsatilla*）、唐松草属（*Thalictrum*）等，可作药用。

（4）小檗科（Berberidaceae）

♀ * K$_{3\sim9}$ C$_6$ A$_6$ G$_{1:1:2\sim\infty}$

灌木或多年生草本。叶互生或基生，单叶或复叶；托叶有或无。花两性，辐射对称，单生或排列成聚伞、总状或聚伞圆锥花序。萼片和花瓣通常 4～6，离生，2～3 轮；花瓣上常有蜜腺。雄蕊与花瓣同数并对生，稀为花瓣的 2 倍。心皮 1，子房上位，1 室，胚珠少数至多数。浆果或蒴果。种子胚小，胚乳丰富。

本科有 14 属 650 种，主要产于北半球温带，少数生于热带及南美洲。我国 11 属 300 种左右，广布全国。

小檗属（*Berberis*）　灌木；枝通常具刺；单叶；花黄色，单生、簇生或排成总状花序；浆果。细叶小檗（*B. poiretii* Schneid.）（图 7-34），灌木。株高 1～2m。叶刺小，通常单一，有 3 分叉。叶簇生于刺腋，倒披针形至狭倒披针形。总状花序，下垂，具 8～15 朵花。小苞片 2，披针形。萼片 6，花瓣状，排列成 2 轮。花瓣 6，倒卵形，近基部具 1 对长圆形腺体。雄蕊 6，短于花瓣；子房圆柱形，无花柱；柱头头状，扁平。浆果，长圆形，鲜红色，内含 1 粒种子。根皮和茎皮药用，能清热燥湿，泻火解毒。

图 7-34　细叶小檗

本科常见的观赏植物有：紫叶小檗（*Berberis thunbergii* var. *atropurpurea* Chenault.），灌木；老枝暗红色；刺通常不分叉；单叶互生，叶紫色；花单生或 2～3 朵成近簇生的伞形花序；浆果椭圆形，红色。南天竹（*Nandina domestica* Thunb.）及十大功劳 [*Mahonia fortuonei* (Lindl.) Fedde.]，叶、花、果均供观赏。

7.4.1.4　罂粟目（Papaverales）

草本或灌木。花两性，异被，心皮合生成 1 室，侧膜胎座。种子胚小，富含胚乳。

本目包括罂粟科（Papaveraceae）和紫堇科（Fumariaceae）2 科。

（5）罂粟科（Papaveraceae）

♀ * K$_2$ C$_{4\sim6}$ A$_\infty$ G$_{(2\sim\infty:1:\infty)}$

草本，稀为灌木。常具乳白色或黄色汁液。叶互生，全缘或分裂，无托叶。花多单生，两性；萼片 2，离生，呈苞片状，早落。花瓣 4～6，排列成 2 轮，通常离生。雄蕊多数，分离。子房上位，由 2 至数个心皮合成 1 室，侧膜胎座，胚珠多数。蒴果瓣裂或孔裂。种子胚乳丰富。

本科约 25 属 200 种，主产北温带。我国 11 属 55 种，各地均有分布。

罂粟属（*Papaver*）　草本，具白色乳汁；单叶互生，羽状分裂；花鲜艳单生，无花柱，柱头盘状；蒴果球形。野罂粟（山罂粟）[*P. nudicaule* L. ssp. *rubro-aurantiacum* (DC.) Fedde var. *chinensis* (Regel) Fedde]（图 7-35），多年生草本，具乳汁，全体被粗毛。叶全基生，具长柄，叶片轮廓卵形、长卵形或披针形，长 7 ~ 9cm。花单独顶生；萼片 2，广卵形；花瓣 4，橘黄色，倒卵形至宽倒卵形；雄蕊多数，雌蕊由 5 ~ 9 心皮合生而成，1 室。蒴果，狭倒卵形。果实入药，能止痢、止咳、镇痛。罂粟（*P. somniferum* L.），1 年生草本，茎叶及萼片均被白粉，植物具乳汁。花大，红色、粉色、白色；花具长梗，单生；萼片 2，早落；花瓣 4，有时重瓣；雄蕊多数，子房由数心皮合生，1 室。蒴果球形，顶孔开裂。蒴果含大量乳汁，可制鸦片，其中可提取吗啡、可卡因、罂粟碱等生物碱，可作镇痛剂和镇静剂；因花大而美丽，也可作观赏花卉栽培。

图 7-35 山罂粟

本科野生种类有白屈菜（*Chelidonium majus* L.），叶羽状全裂，花黄色，有黄色乳汁，全草含有毒生物碱；角茴香（*Hypecoum erectum* L.）；地丁草（紫堇）（*Corydalis bungeana* Turcz.）等。观赏栽培种有虞美人（*Papaver rhoeas* L.）、花菱草（*Eschscholzia californica* Cham.）、荷包牡丹 [*Dicentra spectabilis* (L.) Lem.]等。

7.4.1.5 荨麻目（Urticales）

草本或木本。叶多互生，常有托叶。花常单性，单生或成聚伞花序，花小，辐射对称，单被或无被，雄蕊常与萼片同数且对生，子房上位。坚果或核果。多为风媒花。

本目含榆科（Ulmaceae）、桑科（Moraceae）、大麻科（Cannabaceae）、荨麻科（Urticaceae）等 6 科。

（6）榆科（Ulmaceae）

$$ \text{♀} * K_{4~8} \ C_0 \ A_{4~8} \underline{G}_{(2:1:1)} $$

木本。单叶，互生，羽状脉或三出脉，叶基常偏斜，叶缘常有锯齿，托叶早落。花小，单生或簇生，或排列成聚伞花序。花两性、单性或杂性，雌雄同株。花单被，花萼近钟形，4 ~ 8 裂，宿存。雄蕊 4 ~ 8，与萼片同数而对生；子房上位，雌蕊由 2 心皮组成，1 室，内具 1 胚珠。果实为翅果、坚果或核果。种子通常无胚乳。

本科约 18 属 150 种，分布于热带和温带。我国有 8 属 50 余种、8 变种，各地均有分布。

榆属（*Ulmus*） 乔木或灌木；单叶，互生，羽状脉直达叶缘，叶缘多重锯齿；花两性；翅果扁平。榆（*U. pumila* L.）（图 7-36），落叶乔木，树皮暗灰色，纵裂。单叶互生，叶椭圆状卵形或椭圆状披针形，叶基偏斜，叶缘多为单锯齿；花先叶开放，多数为簇生的聚伞花序，生于上一年生枝条的叶腋。花被片 4 ~ 5 枚；雄蕊 4 ~ 5，花药紫色，伸出花被外；子房上位，扁平，花柱 2；雌蕊由 2 心皮组成，1 室，内具 1 半倒生胚珠。翅果倒卵形，种子位

图 7-36 榆

于翅果的中央，周围具膜质翅。榆树木材坚硬，花纹美丽，可作建筑、农具等用材。

本科榆属、榉属（*Zelkova*）、朴属（*Celtis*）多种植物木材坚韧，耐腐力强，是优良的家具、农具、车辆用材树。青檀（*Pteroceltis tatarinowii* Maxim.）、榔榆（*Ulmus parvifolia* Jacq.）、小叶朴（*Celtis bungeana* Bl.）等的树皮可作造纸原料，安徽宣城、泾县一带所产著名中国画纸张——"宣纸"，就是用青檀的茎皮纤维为原料制成的。

（7）桑科（Moraceae）

♂ * $K_{4\sim6} C_0 A_{4\sim6}$；♀ * $K_{4\sim6} C_0 \underline{G}_{(2:1:1)}$

木本，常含有乳汁。单叶互生，托叶明显，早落。花单性，雌雄同株或异株，常集成头状花序、柔荑花序、聚伞花序、圆锥花序或隐头花序。花小，整齐；单被花，萼片4；雄花具4雄蕊，对萼片着生；雌花子房上位，由2心皮结合而成，1室，1胚珠。瘦果或核果，通常在肉质的花托上集合为聚花果。

本科约40属1 000种，分布于热带和亚热带地区。我国有16属160余种，主产长江流域以南各地。

桑属（*Morus*） 乔木或灌木；具乳汁；叶互生；花单性，柔荑花序；瘦果包于肉质化的萼片内，形成聚花果。桑（*M. alba* L.）（图7-37），落叶乔木。单叶，互生，卵形或宽卵形，长6～15cm，宽5～13cm，叶缘具锯齿，有时呈不规则的分裂。雌、雄花均成柔荑花序，花单性，雌雄异株。雄花序长1～2.5cm，雌花序长0.5～1.2cm。雄花花被片4，雄蕊与花被片同数且对生，中央具不育雌蕊。雌花花被片4，结果时肉质化；雌蕊由2心皮组成，常无花柱，柱头2裂，宿存，子房上位，1室，内含1胚珠。聚花果（桑葚）成熟时为黑紫色或白

图 7-37 桑

色。桑叶可饲蚕，根、皮、叶和桑葚均可入药，茎皮纤维可制桑皮纸。

本科常见植物：鸡桑（*Morus australis* Poir.）、蒙桑［*M. mongolica*（Bur.）Schneid.］、柘树［*Cudrania tricuspidata*（Carr.）Bureau ex Lavall.］等，茎皮纤维可造纸，果可食并酿酒。无花果（*Ficus carica* L.），果可食或制蜜饯；印度橡胶树（*F. elastica* Roxb.）可盆栽供观赏。构树［*Broussonetia papyrifera*（L.）Vent.］供绿化、造纸和药用。波罗蜜（木波罗）［*Artocarpus hetrophyllus* Lam.］是一种热带果树，果实味甜如蜜。箭毒木（见血封喉）［*Antiaris toxicaria*（Pers.）Lesch.］树液有剧毒，能使人畜血液凝固，心脏停止跳动而死亡，因此，可制毒箭，供猎兽用。

7.4.1.6　壳斗目（Fagales）

木本。单叶互生，有托叶。花单性，雌雄同株，单被花。柔荑花序，每苞片内常有 3 朵花；雄蕊和花被片对生；雌蕊由 2～3 个心皮结合而成，子房下位，悬垂胚珠。坚果。种子无胚乳。风媒花。

本目包括壳斗科（Fagaceae）、桦木科（Betulaceae）等 3 科。

（8）壳斗科（Fagaceae）

$$♂ * K_{(4～8)} C_0 A_{4～20}; ♀ * K_{(4～8)} C_0 \overline{G}_{(3～6:3～6:2)}$$

木本。单叶，互生，常为革质，羽状脉直达叶缘，托叶早落。花单性，雌雄同株，单被花，花萼 4～8 裂，无花瓣，雄花成柔荑花序，雄蕊与萼片同数或为其倍数；雌花单生或 2～3 朵簇生于花后增大的总苞内，子房下位，由 3～6 心皮组成，3～6 室，每室具有 2 胚珠，但只有 1 个发育。坚果，常 1～3 个生在一个壳斗状总苞内，总苞的外面有鳞片或刺。种子无胚乳。

本科有 6～8 属 900 种，分布于温带和亚热带，主产亚洲。我国有 6 属约 300 种，分布极为广泛。

栎属（*Quercus*）　落叶或常绿乔木；雄花序下垂，雌花 1～2 朵簇生。子房常 3 室，壳斗半包坚果，总苞的鳞片为覆瓦状或宽刺状。栓皮栎（*Q. variabilis* Bl.）（图 7-38），落叶乔木。树皮黑褐色，条状纵裂，木栓层发达。单叶，互生，叶椭圆形或长圆状披针形，长 8～15cm，宽 2～6cm，叶缘具刺芒状锯齿，叶背密生灰白色的星状毛。雄花成下垂的柔荑花序，花萼 4～7 裂，雄蕊与萼片同数，有时较多。雌花单生或几个簇生，花萼 5～8 裂，柱头 3 裂。壳斗杯状，包围坚果 2/3 以上，苞片锥形，向外反曲；坚果近球形或卵圆形。主产我国东部和北部地区，木材可作建筑材料，木栓层可作软木塞，壳斗和树皮可提取栲胶。

图 7-38　栓皮栎

本科常见植物：蒙古栎（*Quercus mongolica* Fisch. ex Turcz.）、槲树（*Q. dentata* Thunb.）、槲栎（*Q. aliena* Bl.）、麻栎（*Q. acutissima* Carr.）等，种子含淀粉，可酿酒，木材可作建筑材料。栗属（*Castanea*）的板栗（*C. mollissima* Bl.）为著名的木本粮食作物。水青冈属（*Fagus*）、栲属（*Castanopsis*）、石栎属（*Lithocarpus*）及青冈属（*Cyclobalanopsis*）均广泛分布于长江流域及以南各地。

7.4.1.7　石竹目（Caryophyllales）

草本。花两性，稀单性；辐射对称；雄蕊定数，1～2 轮，1 轮者常与花被对生；子房上位，心皮合生，中轴胎座至特立中央胎座。胚弯曲，包围淀粉质的外胚乳。

本目包括石竹科（Caryophyllaceae）、藜科（Chenopodiaceae）、商陆科（Phytolaccaceae）、紫茉莉科（Nyctaginaceae）、仙人掌科（Cactaceae）、苋科（Amaranthaceae）等 12 科。

（9）石竹科（Caryophyllaceae）

$$⚥ * K_{4～5;(4～5)} C_{4～5} A_{5～10} \underline{G}_{(5～2:1:∞)}$$

草本，节膨大。单叶，对生，全缘，叶基常连合；托叶有或无。花两性，辐射对称，二歧聚伞花序或单生；萼片4~5，分离或结合成筒状；花瓣4~5，分离，常有爪；雄蕊为花瓣的2倍；雌蕊由2~5心皮合生而成，子房上位，1室，很少为2~5室，特立中央胎座，胚珠多数。蒴果，瓣裂或顶端齿裂，少为浆果。

本科约75属2 000种，广布世界各地，主产温带和寒带。我国有32属近400种，分布全国各地。

石竹属(*Dianthus*)　1年生或多年生草本，节膨大；单叶对生；花单生或成圆锥状聚伞花序，特立中央胎座；蒴果，种子多数。石竹(*D. chinensis* L.)(图7-39)，多年生草本，茎光滑，高30~50cm。叶线状披针形。花单生，或2、3朵簇生，淡红、粉红或白色。苞片4，叶状，开展，长为萼的1/2；萼筒圆形，5裂；花瓣5，外缘具齿裂；雄蕊10枚，2轮；雌蕊由2心皮组成，子房上位，1室，特立中央胎座。蒴果圆筒形，先端4裂。种子卵形，灰黑色，边缘有狭翅。本种世界各地栽培作观赏用。

图7-39　石竹

本科常见植物：西洋石竹(*Dianthus deltoides* L.)、香石竹(康乃馨)(*D. caryophyllus* L.)、大花剪秋萝(*Lychins Fulgens* Fisch.)、肥皂草(石碱花)(*Saponaria officinalis* L.)、霞草(丝石竹)(*Gypsophila oldhamiana* Miq.)等，可栽培作观赏用。瞿麦(*Dianthus superbus* L.)、太子参(孩儿参)[*Pseudostellaria heterophylla* (Miq.) Pax]、王不留行[*Vaccaria segetalis* (Neck.) Garcke]等，可药用。野生杂草有石生绳子草(*Silene tatarinowii* Regel)、繁缕[*Stellaria media* (L.) Cyr.]、鹅肠菜(牛繁缕)[*Malachium aquaticum* (L.) Fries]等。

(10)藜科(Chenopodiaceae)

$$ \male\female * K_{5~3} C_0 A_{5~3} \underline{G}_{(2~3:1:1)} $$

草本或灌木，多为盐碱土植物或旱生植物。单叶互生，常肉质，无托叶。花小，单被，淡绿色，两性或单性，簇生成穗状花序或再组成圆锥花序；萼片3~5裂，花后常增大而宿存，无花瓣；雄蕊与萼片同数而对生；子房上位，2~3心皮合生，1室，胚珠1个；胞果，包于宿萼内。

本科有100属1 500种，主要分布于温、寒带的海滨或土壤含盐较多的地区。我国有39属186种，全国分布，尤以西北最多。

图7-40　藜(灰菜)

藜属(*Chenopodium*)　草本，常具囊状毛(粉)或圆柱状毛；叶互生；花小，两性，簇生于叶腋或顶生，成穗状或圆锥状花序，花被球形，绿色，5裂，内曲，背部中央略肥厚；雄蕊5；雌蕊柱头2；胞果卵形或球形。种子横生，胚环形、半球形或马蹄形。藜（灰菜）（*C. album* L.）（图 7-40），1 年生草本。茎直立，有棱角及绿色条纹。叶菱状卵形至披针形，叶面绿色，叶背灰白色，全缘，有齿或分裂，叶两面多有粉。花两性，簇生成密的或疏的圆锥花序。花被裂片 5，宽卵形至椭圆形；雄蕊 5，雌蕊由 2 心皮合生成 1 室，内含 1 胚珠。胞果，完全包于花被内或顶端稍露。种子双凸镜状，黑色，表面具浅沟纹。灰菜为常见杂草，全草可入药，具有止泻、止痒的功效。

藜科植物适应于干旱地区，耐盐碱，成为重要的盐碱地植物。常见植物有：菠菜（*Spinacia oleracea* L.）、厚皮菜（牛皮菜）（*Beta vulgaris* var. *cicla* L.）等，为各地常见蔬菜。甜菜（*B. vulgaris* L.）的根为制糖原料。地肤［*Kochia scoparia*（L.）Schrad.］嫩苗可作蔬菜，果实称"地肤子"，为常用的中药，具有清湿热和利尿的功效。灰绿藜（*Chenopodium glaucum* L.）、轴藜（*Axyris amaranthoides* L.）等，为常见杂草。适于盐碱干旱环境的还有猪毛菜属（*Salsola*）、碱蓬属（*Suaeda*）、梭梭属（*Haloxylon*）、盐爪爪属（*Kalidium*）等植物。

7.4.1.8 蓼目（Polygonales）

单型目，特征同科。

（11）蓼科（Polygonaceae）

$$\female * K_{3\sim6} C_0 A_{6\sim9} \underline{G}_{(2\sim4:1:1)}$$

1 年或多年生草本，稀灌木或乔木。茎节常膨大；单叶，通常互生，全缘；托叶膜质，呈鞘状抱茎。花小，整齐，常两性，单被，聚伞花序排成圆锥状、总状或穗状；花被片 3 ~ 6 成萼片状或花瓣状；雄蕊 6 ~ 9，常与花被片对生；雌蕊常由 3 心皮合生成 1 室，稀由 2 ~ 4 心皮合生；子房上位，内含 1 基底胚珠，花柱 2 ~ 3 个，常分离。瘦果，双凸镜状或三棱形，全部或部分包于宿存花被内。种子胚乳丰富。

本科 30 属 1 000 余种，主产北温带。我国有 12 属 200 余种，全国均有分布。

蓼属（*Polygonum*） 草本，少数为亚灌木；单叶互生；托叶鞘状膜质，筒状；花两性，排成穗状、总状或圆锥状；花被通常 5 裂，雄蕊通常为 8 个，少数为 3 ~ 9，花柱 2 ~ 3 个。瘦果。水蓼（*P. hydropiper* L.）（图 7-41），1 年生草本，无毛，叶披针形，互生；托叶鞘膜质圆筒状，边缘有睫毛。穗状花序细长，腋生或顶生，花疏生；花被 4 ~ 5 裂，淡绿色或粉红色，雄蕊通常 6，花柱 2 ~ 3 裂。瘦果卵形。全草入药，具有清热解毒的功能。

本科常见植物：栽培粮食作物如荞麦（*Fagopyrum esculentum* Moench）；野生杂草如红蓼（*Polygonum orientale* L.）、萹蓄（*P. aviculare* L.）；药用植物如何首乌（*P. multiflorum* Thunb.）、虎杖（*P. cuspidatum* Sieb. et Zucc.）、酸模（*Rumex acetosa* L.）、大黄（*Rheum officinale* Baill.）等。

7.4.1.9 五桠果目（Dilleniales）

木本或草本。花整齐，两性，5 基数，覆瓦状排列；雄蕊多数，心皮多数，分离或形成中轴胎座。蓇葖果或蒴果。

图 7-41 水蓼

本目包括五桠果科(Dilleniaceae)和芍药科(Paeoniaceae)2 科。

(12)芍药科 (Paeoniaceae)

$\male$ * $K_5 C_{5 \sim 10} A_\infty \underline{G}_{2 \sim 5:1:\infty}$

多年生草本或亚灌木。叶互生,常为二回三出复叶,具羽状脉。花两性,单生枝顶,或数朵生枝顶和茎上部叶腋;萼片 5,离生,宿存;花瓣 5 ~ 10,离生;雄蕊多数;心皮 2 ~ 5,离生,子房上位,内含胚珠多枚。蓇葖果。

本科仅芍药属(Paeonia) 1 属 31 种,主要分布于北温带地区。我国 1 属 16 种。

图 7-42　牡丹

牡丹(P. suffruticosa Andr.)(图 7-42),灌木,株高约 2m。叶为二回三出复叶;顶生小叶宽卵形,3 裂至中部,上面绿色,无毛;侧生小叶狭卵形或长圆状卵形;叶柄长 5 ~ 11cm。花单生枝顶,直径 10 ~ 17cm。萼片 5,绿色,宽卵形。花瓣 5,常为重瓣,玫瑰色、红紫色、粉红色至白色,顶端呈不规则波状。雄蕊多数。花盘革质,杯状,完全包住心皮,在心皮成熟时开裂;心皮 5,分离,密生柔毛,向上逐渐收缩成极短的花柱;柱头扁平,向外反卷;胚珠多数,沿心皮腹缝线排成 2 列。蓇葖果,长圆形,密生黄褐色硬毛。牡丹为著名观赏植物,根皮称"丹皮",供药用。

本科植物花大而美丽,呈红、黄、白、紫等颜色,是优良观赏花卉。常见的还有芍药(Paeonia lactiflora Pall.)、草芍药(P. obovata Maxim.)等。

7.4.1.10　锦葵目(Malvales)

木本或草本。幼小植物具星状毛。茎皮纤维发达。单叶互生,具托叶。花 5 基数,辐射对称;花萼镊合状排列,花瓣旋转状排列;雄蕊多数,常有各种各样的结合;子房上位,心皮合生,中轴胎座。

本目包括椴树科(Tiliaceae)、锦葵科(Malvaceae)、杜英科(Elaeocarpaceae)、梧桐科(Sterculiaceae)及木棉科(Bombacaceae)5 个科。

(13)锦葵科(Malvaceae)

$\male$ * $K_5 C_5 A_{(\infty)} \underline{G}_{(2 \sim \infty:2 \sim \infty:1 \sim \infty)}$

草本或木本,茎皮多纤维,韧性强;常被星状毛或鳞片状毛。单叶,互生,有托叶;叶为掌状脉。花两性,辐射对称;萼片 5,分离或合生,常有副萼;花瓣 5,旋转状排列,近基部与雄蕊管连生;雄蕊多数,花丝连合成单体雄蕊,花药 1 室纵裂;子房上位,由 2 至多心皮组成 2 至多室,中轴胎座;花柱单一,上部常分裂与心皮同数。每室有 1 至多数胚珠。蒴果或分果。

本科约 75 属 1 500 种,分布于温带和热带。我国有 17 属 80 多种,各地均有分布,主产西南地区。

本科中许多种类是著名的纤维植物,如棉属(Gossypium)的陆地棉(G. hirsutum L.)、草棉(G. herbaceum L.)、中棉(G. arboreum L.)、海岛棉(G. barbadense L.)、苘麻(Abutilon *theophrasti* Medic.)（图 7-43）、洋麻（*Hibiscus cannabinus* L.）等。棉属的种子可榨油。供观赏的如锦葵（*Malva sinensis* Cav.）、蜀葵［*Althaea rosea*（L.）Cavan.］、木槿属（*Hibiscus*）的木槿（*H. syriacus* L.）、扶桑（*H. rosa-sinensis* L.）、吊灯花［*H. schizopetalus*（Mast.）Hook. f.］、木芙蓉（*H. mutabilis* L.）、红秋葵（*H. coccineus* Walt.）等，野生种类如冬葵（*Malva verticillata* L.）、野西瓜苗（*Hibiscus trionum* L.）等。

7.4.1.11 堇菜目（Violales）

木本或草本。叶互生或对生。花常两性，5 基数；雄蕊与花瓣同数或较多；雌蕊由 3（少 5）个心皮组成，侧膜胎座；子房上位，胚珠多数。

图 7-43 苘麻

本目包括堇菜科（Violaceae）、葫芦科（Cucurbitaceae）、大风子科（Flacourtiaceae）、旌节花科（Stachyuraceae）、柽柳科（Tamaricaceae）、西番莲科（Passifloraceae）、秋海棠科（Begoniaceae）等 24 科。

（14）堇菜科（Violaceae）

☿ ↑ $K_5C_5 \ A_5 \underline{G}_{(3:1:1\sim\infty)}$

草本，稀木本。单叶，互生或基生，具托叶。花单生或成总状花序；两性，稀为杂性，两侧对称；花柄具 2 小苞片，萼片 5，离生，宿存，基部往往有突出的附属物；花瓣 5，离生，最下一瓣常较大而基部有距或囊；雄蕊 5，与花瓣互生，下方的两个雄蕊基部常具有距状的蜜腺；花药分离或围绕子房排成 1 圈，药隔延伸于药室顶端形成膜质附属物，花丝短而宽；子房上位，3 心皮合生，1 室，侧膜胎座，每心皮具 1 至多数胚珠。蒴果或浆果。种子具肉质胚乳。

本科有 16 属 800 种，广布温带和热带。我国有 4 属 130 种，各地均有分布。

堇菜属（*Viola*） 多年生草本，叶基生或具着叶的茎；叶多为卵形至卵状长圆形；托叶叶状，宿存；花梗腋生，具花 1~2 朵；萼片基部延长成附属物；花冠两侧对称，最下一瓣较大，具距；雄蕊 5，下面 2 个的基部有具距状的蜜腺，延长伸入花瓣的距内；子房 3 心皮合生，1 室，侧膜胎座，胚珠多数。蒴果开裂为 3 果瓣。种子多为倒卵状球形或倒卵形。

图 7-44 紫花地丁

常见的野生种类有紫花地丁（*V. philippica* ssp. *munda* W. Beck.）（图 7-44）、北京堇菜（*V. pekinensis* W. Beck.）、鸡腿堇菜（*V. acuminate* Ledeb.）、深山堇菜（*V. selkirkii* Pursh ex Golde.）等。栽培供观赏的种类有三色堇（*V. tricolor* L.）、香堇菜（*V. odorata* L.）等。

（15）葫芦科（Cucurbitaceae）

$\male * K_{(5)} C_{(5)} A_{1+(2)+(2)}$; $\female * K_{(5)} C_{(5)} A_0 \overline{G}_{(3:1:\infty)}$

草本，少数为灌木。茎具双韧维管束，常具卷须，借以攀缘于他物；或匍匐状。单叶，互生，有时掌状裂或为复叶；无托叶。花单性，同株或异株，辐射对称；单生、簇生或形成总状、聚伞和圆锥花序；花萼与子房合生成筒状，5 裂；花瓣 5 或花冠 5 裂；雄蕊5，或 2 对结合 1 个单生呈 3 雄蕊状，花药常弯曲成"S"形；心皮 3，合生，子房下位，1 室，侧膜胎座，胚珠多数。瓠果或浆果。种子多数，无胚乳。

图 7-45 苦瓜

本科约 90 属 700 余种，主产于热带和亚热带。我国 26 属约 139 种，南北各地均产。

葫芦科经济价值高，瓠果是人们通常食用的瓜果，如苦瓜（*Momordica charantia* L.）（图 7-45），草质藤本。叶片轮廓肾形或近圆形，5～7 深裂，裂片具齿或再分裂。果实圆柱形，表面有成行排列的不规则的瘤状突起。种子有红色假种皮。果肉味苦稍甘，作夏季蔬菜，我国南北均有栽培。黄瓜（*Cucumis sativus* L.），草质藤本，卷须不分枝。叶片宽心状卵形，3～5 浅裂，瓠果狭长圆形或圆柱状，表面常有刺尖或疣状突起。原产印度，现已广泛栽培，为重要的瓜类蔬菜。

常见的瓜类蔬菜还有南瓜 [*Cucurbita moschata* (Duch.) Poir.]、丝瓜 [*Luffa cylindrical* (L.) Roem.]、冬瓜 [*Benincasa hispida* (Thunb.) Cogn.]、葫芦 [*Lagenaria siceraria* (Molina) Standl.]、西瓜 [*Citrullus lanatus* (Thunb.) Mansfeld]、油渣果（油瓜）[*Hodgsonia macrocarpa* (Bl.) Cogn.] 等。常见的药用植物有栝楼（*Trichosanthes kirilowii* Maxim.）、绞股蓝 [*Gynostemma pentaphyllum* (Thunb.) Makino]、罗汉果（*Momordica grosvenori* Swingle）等。

7.4.1.12 杨柳目（Salicales）

本目仅杨柳科 1 科，形态特征同科。

（16）杨柳科（Salicaceae）

$\male * K_0 C_0 A_{2 \sim \infty}$; $\female * K_0 C_0 \underline{G}_{(2:1:\infty)}$

木本。单叶，互生，有托叶。花单性，雌雄异株，先叶开放或与叶同时开放；花成柔荑花序，每 1 花生在 1 苞片腋部；无花被；花的基部有花盘或蜜腺；雄花有 2 至多数雄蕊；雌花具 1 雌蕊，由 2 个合生心皮组成，子房上位，1 室，侧膜胎座。蒴果，2～4 瓣裂，种子极多而微小，自珠柄上生出很多长丝状毛包围种子，种子无胚乳。

本科分 3 属：杨属（Populus）、柳属（Salix）、朝鲜柳属（Chosenia），共 620 余种，分布北温带或亚热带地区。我国 3 属都有，约 320 余种，各地均有分布。

杨属与柳属的区别为：杨属花序上的苞片条列，稀为全缘，花具花盘而无蜜腺，冬芽具数枚鳞片；顶芽通常存在。柳属花序上的苞片全缘，花具蜜腺而无花盘，冬芽具 1 个鳞片；无顶芽。

毛白杨（*Populus tomentosa* Carr.）（图 7-46），乔木，高可达 30m，树皮青白色，幼时平

滑，老时色变暗，发生沟裂；小枝有灰色绒毛。芽较大，被褐色短绒毛，有树脂。单叶互生，三角状阔卵形，边缘具不规则的波状缺刻，叶背幼时密被灰白色绒毛，老时逐渐脱落，叶柄侧扁。花成柔黄花序，下垂，雌雄异株；花无被，苞片棕色，边缘疏生长柔毛；每花基部有 1 斜形的杯状花盘，雄花具雄蕊 5～13 枚；雌花的子房椭圆形，柱头 2 裂，扁平。蒴果长卵形，2 瓣裂。种子小，周位被长丝状毛，无胚乳。为常见的行道树及公园绿化树种。

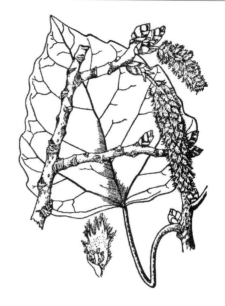

图 7-46　毛白杨

杨柳科植物生长快，适应性强，是重要的用材及水土保持树种。杨属常见种有加拿大杨（*P. canadensis* Moench.）、小叶杨（*P. simonii* Carr.）、河北杨（*P. hopeiensis* Hu et Chow）、青杨（*P. cathayana* Rehd.）、银白杨（*P. alba* L.）等。柳属常见种有旱柳（*S. matsudana* Koidz.）、垂柳（*S. babylonica* L.）、黄花柳（*S. caprea* L.）等。

7.4.1.13　白花菜目（Capparales）

草本或木本。单叶或掌状复叶，多无托叶。心皮 2，合生，侧膜胎座。胚乳少或缺，胚弯曲或褶状。

本目含白花菜科（Capparaceae）、十字花科（Brassicaceae）、辣木科（Moringaceae）等 5 科。

（17）十字花科（Cruciferae，Brassicaceae）

$$\male\ *\ K_4 C_4 A_{4+2} \underline{G}_{(2:1:1\sim\infty)}$$

草本，常具辛辣味。叶互生，基生叶常呈莲座状，无托叶，叶全缘或羽状分裂。花两性，辐射对称，常形成总状花序；萼片 4；花瓣 4，十字排列；雄蕊 6，为四强雄蕊；雌蕊由 2 心皮组成，被假隔膜分为假 2 室；侧膜胎座。果为角果，种子多数。

本科有 350 属约 3 200 种，分布全球，主产北温带。我国有 95 属 425 种，其中有些为重要的蔬菜和油料植物，少数为观赏植物。

荠菜[*Capsella bursa-pastoris*（L.）Medic.]（图 7-47），1 或 2 年生草本。基生叶莲座状，平铺地面，长圆状披针形，大头羽状分裂；茎生叶长圆形或披针形，基部抱茎。总状花序；花小，白色；萼片 4；花瓣 4，十字形花冠；四强雄蕊；子房由 2 心皮合生，假 2 室，胚珠多数。果实为短角果，三角状倒卵形。荠菜嫩茎叶可作蔬菜食用；全草入药，有止血、清热明目、凉血作用。

图 7-47　荠菜

本科芸薹属(*Brassica*)的白菜(*B. pekinensis* Rupr.)、花椰菜(*B. oleracea* L. var. *botrytis* L.)、青菜(*B. chinensis* L.)、油菜(*B. campestris* L.)等，以及萝卜属(*Raphanus*)的萝卜(*R. sativus* L.)，均为重要的蔬菜。常见的观赏种类有紫罗兰[*Matthiola incana* (L.) R. Br.]、桂竹香(*Cheiranthus cheiri* L.)、香雪球[*Lobularia maritima* (L.) Desv.]等。野生种有二月蓝(诸葛菜)[*Orychophragmus violaceus*(L.) O. E. Schulz]、独行菜属(*Lepidium*)、薄菜属(*Rorippa*)、糖芥属(*Erysimum*)等。药用植物菘蓝(*Isatis indigotica* Fort.)的根作"板蓝根"入药，叶入药称"大青叶"。拟南芥[*Arabidopsis thaliana* (L.) Heynh.]现被广泛用作分子生物学研究的模式植物。

7.4.1.14 报春花目(Primulales)

常草本。单叶，无托叶。花辐射对称，多为5基数，合瓣，稀分离或缺，雄蕊与花冠裂片同数且对生，稀具与萼片对生的退化的雄蕊，子房上位或半下位，1室，特立中央胎座。

本目包括紫金牛科(Myrsinaceae)、报春花科(Primulaceae)等3科。

(18)报春花科(Primulaceae)

$$\male \ * \ K_{(5)} C_{(5)} A_5 \underline{G}_{(5:1:\infty)}$$

草本，稀半灌木，常具腺点和白粉。单叶，互生，轮生或全部基生；无托叶。花两性，辐射对称，具苞片，排成总状、穗状或伞形花序，稀单生；花萼常5裂，宿存；花瓣5，合生成管状、轮状或高脚碟状，通常具5裂；雄蕊与花冠裂片同数而对生，着生于花冠管上，少数尚具5个退化雄蕊；子房上位，稀半下位，心皮5，1室，特立中央胎座，胚珠多数。蒴果。

本科约30属1 000种，广布世界，以北半球为多。我国有11属700余种，分布全国，主产西南地区。

报春属(*Primula*)　叶全为基生。伞形花序顶生。花冠筒长于花冠裂片，裂片覆瓦状排列。报春花(*P. malacoides* Franch.)(图7-48)，多年生草本。多须根。叶基生，莲座状，长圆形至椭圆状卵形，长6~8 cm，宽5~6 cm，边缘有不整齐的缺裂，缺裂具细锯齿；叶柄长10~15 cm。花葶高20~24 cm；花序为2~6层的伞形花序，每轮具多朵花；苞片线状披针形。花萼宽钟状，5裂；花冠深红、浅红或白色，5裂，高脚碟状，直径约1.2 cm；花冠筒比花冠裂片长，喉部常有附属体；雄蕊5枚，内藏，着生花冠筒上，与花冠裂片对生；雌蕊由5心皮合生组成，子房上位，1室，特立中央胎座，内含胚珠多枚。蒴果，球形。原产我国，栽培供观赏。

本科常见植物：四季樱草(*Primula obconica* Hance)、藏报春(*P. sinensis* Lindl.)、仙客来(*Cyclamen persicum* Mill.)等，多栽培观赏；胭脂花(*P. maximowiczii* Regel)为引种栽培，供观赏。点地梅[*Androsace umbellata* (Lour.)Merr.]、珍珠菜(*Lysimachia clethroides* Duby)、过路黄(*L.*

图7-48　报春花

christinae Hance)、狼尾花(*L. barystachys* Bge.)等，全草可入药。

7.4.1.15　蔷薇目(Rosales)

木本或草本。有托叶。花两性，稀单性，辐射对称，花部 5 基数，轮生。

本目包括海桐花科(Pittosporaceae)、八仙花科(Hydrangeaceae)、景天科(Crassulaceae)、茶藨子科(Crossulariaceae)、虎耳草科(Saxifragaceae)、蔷薇科(Rosaceae)等 24 科。

(19)景天科(Crassulaceae)

$\male \female * K_{4\sim5} C_{4\sim5} A_{4\sim5;8\sim10} \underline{G}_{4\sim5:1:\infty}$

多年生草本，稀为亚灌木或灌木。茎叶常肉质。单叶，互生、轮生或对生；无托叶。花两性，辐射对称，通常成聚伞花序，有时总状或单生；花黄色或黄绿色；萼片 4 或 5，分离或连合成筒状；花瓣与萼片同数；雄蕊为花瓣的 2 倍，或同数而互生；雌蕊的心皮通常与花瓣同数，分离或基部合生，常在基部外侧有 1 枚腺状鳞片；子房上位，胚珠多枚，稀为 1。蓇葖果。

本科约 25 属 900 种，广布全世界，但主产南非。我国约 10 属 242 种，分布全国，喜生干旱地或石质山地。

景天三七(土三七)(*Sedum aizoon* L.)(图 7-49)，多年生草本。株高 20~50 cm。茎直立，数茎丛生，不分枝。叶互生，椭圆状披针形至卵状披针形，边缘有不整齐的锯齿，无柄。顶生聚伞花序。花两性，辐射对称，近无梗；萼片 5，线形；花瓣 5，黄色，长圆状披针形；雄蕊 10，较花瓣短。心皮 5，基部稍连合。聚合蓇葖果，种子多数。全草入药，有止血、散瘀、消肿、止痛之效。

图 7-49　景天三七

常见的如垂盆草(*Sedum sarmentosum* Bge.)、佛甲草(*S. lineare* Thunb.)、瓦松[*Orostachys fimbriatus* (Turcz.) Berger.]、红景天(*Rhodiola rosea* L.)等，全草可入药。石莲花(*Echeveria glauca* Baker.)、燕子掌(*Crassula argentea* Thunb.)、落地生根属(伽蓝菜属)(*Kalanchoe*)等多种植物常栽培供观赏。

(20)虎耳草科(Saxifragaceae)

$\male \female * K_{4\sim5} C_{4\sim5;0} A_{4\sim5;8\sim10} \underline{G}_{(2\sim5:1\sim5:\infty)}$

多草本。单叶，偶为复叶，常互生，少数对生；无托叶。花两性或单性，辐射对称，稀两侧对称，成总状、聚伞状或圆锥花序，偶为单生。花被 2 层，稀为 1 层而无花瓣；萼筒通常存在；萼片和花瓣通常为 4~5，有时萼片呈花瓣状；雄蕊与花瓣同数或为其 2 倍，偶为多数；心皮 2~5，合生，少数分离。子房上位或下位，半下位，1~5 室，中轴胎座或侧膜胎座；胚珠多数。蒴果或浆果。种子小，具胚乳。

本科约 40 属 700 余种，主产北温带。我国约 27 属近 400 种，产于全国各地。除少数为药用植物外，多数供观赏。

虎耳草(*Saxifraga stolonifera* Meerb.)(图 7-50)，多年生常绿草本，全体被毛，具匍匐茎。叶全基生，圆形或肾形，边缘有浅裂或不规则的钝锯齿，肉质；上面绿色，常有白斑；下面紫红色；叶柄长 3~10cm。圆锥花序，花两性，苞片披针形。萼片 5，卵形，稍不等大；花瓣5，白色，下两瓣特大，披针形，上三瓣较小，卵形，基部有黄色斑点。雄蕊10，花药紫红色。心皮2，合生成2室，子房球形。蒴果，卵圆形。种子卵形，具瘤状突起。为观赏植物，全草可入药，能清热解毒、凉血止血。

本科常见植物：落新妇(红升麻)[*Astilbe chinensis* (Maxim.) Franch. et Sav. Enum.]、扯根菜(*Penthorum chinense* Pursh)等全草可作药用。野生的有独根草属(*Oresitrophe*)、金腰属(*Chrysosplenium*)、梅花草属(*Parnassia*)等植物。

(21) 蔷薇科(Rosaceae)

$$\male \ast K_5 C_5 A_{5 \sim \infty} \underline{G}_{5 \sim \infty:1:1 \sim \infty}; \underline{G}_{(1:1:2)}; \overline{G}_{(2 \sim 5:2 \sim 5:2)}$$

木本或草本，常有刺。单叶或复叶，互生少对生；常有托叶，托叶对生，有时连生于叶柄上。花两性，辐射对称，周位花或上位花；花托呈碟状、杯状、钟状、

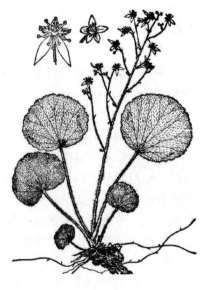

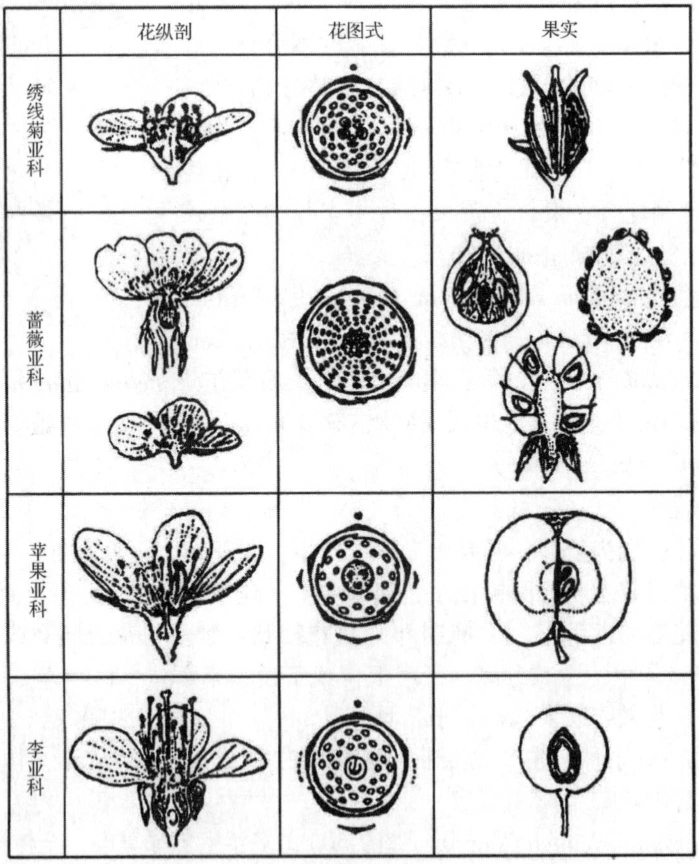

图 7-50 虎耳草

	花纵剖	花图式	果实
绣线菊亚科			
蔷薇亚科			
苹果亚科			
李亚科			

图 7-51 蔷薇科四亚科比较图

坛状或圆筒状；花萼分离或贴生于子房，萼片 5，有时加倍则具附萼；花瓣与萼片同数；雄蕊多数；子房上位，少下位；雌蕊有 1 至多个心皮，分离或连合。核果、梨果、浆果、瘦果或蓇葖果，稀蒴果。

本科有 100 属 3 000 余种，全世界分布，主产北温带。我国有 51 属 1 000 余种，全国各地均产。多为重要的果树、观赏植物及药用植物。

根据心皮的数目与离合、胚珠的数目、子房的位置、果实的类型，本科又分为 4 个亚科（图 7-51）。

蔷薇科 4 个亚科检索表

1. 果实为蓇葖果，少蒴果。心皮 1 ~ 5，分离或稍连合 ························· 绣线菊亚科（Spiraeoideae）
1. 果实不裂，非蓇葖果或蒴果，具托叶
  2. 子房上位，心皮 1 或多数
    3. 心皮多数，生于壶状花托内，或 1 ~ 5 生于扁平或隆起的花托上。聚合瘦果、蔷薇果、聚合小核果
           ·· 蔷薇亚科（Rosoideae）
    3. 心皮 1，核果 ·· 李亚科（Prunoideae）
  2. 子房下位，心皮 2 ~ 5，常与杯状花托愈合。成熟时花托肉质化，果实为梨果 ··· 苹果亚科（Maloideae）

①绣线菊亚科（Spiraeoideae）　多灌木，少草本。常无托叶。心皮 1 ~ 5，偶 12，常离生，少基部合生，每心皮有 2 至多枚胚珠，子房上位，周位花。蓇葖果，少蒴果。

常见植物：绣线菊属（*Spiraea*）的三裂叶绣线菊（*S. trilobata* Lindl.）、绒毛绣线菊（*S. dasyantha* Bge.）、土庄绣线菊（*S. pubescens* Turcz.）、华北绣线菊（*S. fritschiana* Schneid.）（图 7-52）等。珍珠梅[*Sorbaria kirilowii*（Regel）Maxim.]、白鹃梅[*Exochorda racemosa*（Lindl.）Rehd.]、风箱果[*Physocarpus amurensis*（Maxim.）Maxim.]等常栽培供观赏。

②蔷薇亚科（Rosoideae）　灌木或草本，多为羽状复叶，互生，有托叶。花托壶状或中央隆起，周位花，心皮多数，离生，每心皮有胚珠 1 ~ 2 枚。子房上位。聚合瘦果或聚合小核果。

图 7-52　华北绣线菊

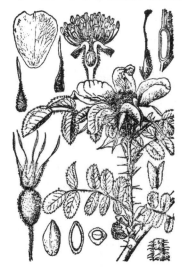

图 7-53　美蔷薇

蔷薇亚科有许多著名的观赏花卉及野生种类，如蔷薇属(*Rosa*)的玫瑰(*R. rugosa* Thunb.)、月季(*R. chinensis* Jacq.)、木香花(*R. banksiae* Ait.)、黄刺玫(*R. xanthina* Lindl.)、多花蔷薇(*R. multiflora* Thunb.)、美蔷薇(*R. bella* Rehd. et Wils.)(图7-53)等；其他属的如龙牙草(仙鹤草)(*Agrimonia pilosa* Ledeb.)、地榆(*Sanguisorba officinalis* L.)、棣棠花[*Kerria japonica*(L.)DC.]、草莓(*Fragaria ananassa* Duch.)、蛇莓[*Duchesnea indica*(Andr.)Focke]、山楂叶悬钩子(*Rubus crataegifolius* Bye.)、朝天委陵菜(*Potentilla supina* L.)等。

③李亚科(梅亚科)(Prunoideae)　灌木或小乔木，单叶，互生，有托叶。花托杯状，周位花，心皮1，单雌蕊，子房上位，胚珠2。核果。内含1粒种子。

山桃[*Prunus davidiana*(Carr.)Franch.](图7-54)，落叶乔木。株高可达10 m。树皮暗紫色，光滑有光泽。嫩枝无毛。单叶，互生，叶片卵状披针形，边缘具细锐锯齿，两面平滑无毛；叶柄长1~2 cm；托叶小，早落。花单生，先叶开放，近无梗，直径2~3 cm。萼筒钟状，无毛；萼片5，卵圆形。花瓣5，白色或浅粉红色。雄蕊多数。雌蕊由1心皮组成，子房上位，1室，内有2胚珠。核果，球形，有沟，具毛。果肉干燥，离核。果核小，球形。

本亚科常见植物：李属(*Prunus*)的桃(*P. persica* Batsch.)、李(*P. salicina* Lindl.)、杏(*P. armeniaca* L.)、梅[*P. mume*(Sieb.)Sieb. et Zucc.]、樱桃(*P. pseudocerasus* Lindl.)等，既可赏花，又可食果，为常见水果。榆叶梅(*P. triloba* Lindl.)、日本樱花(*P. yedoensis* Matsum.)、紫叶李[*P. cerasifera* Ehrh. f. *atropurpurea*(Jacq.)Rehd.]等为常见观赏植物。

图7-54　山桃

④苹果亚科(梨亚科)(Maloideae)　乔木或小乔木，叶为单叶，少复叶，互生，有托叶。子房下位，心皮2~5，在果熟时花托变为肉质，与子房愈合。每室有胚珠1~2个。梨果。

常见植物有：苹果属(*Malus*)的苹果(*M. pumila* Mill.)、海棠花[*M. spectabilis*(Ait.)Borkh.]、西府海棠(*M. micromalus* Makino.)、垂丝海棠(*M. halliana* Koehne.)、山荆子[*M. baccata*(L.)Borkh.]；梨属(*Pyrus*)的杜梨(*P. betulaefolia* Bge)、白梨(*P. bretschneideri* Rehd.)；山楂属(*Crataegus*)的山楂(*C. pinnatifida* Bge.)(图7-55)、山里红(*C. pinnatifida* var. *major* N. E. Br.)等。枇杷[*Eriobotrya japonica*(Thunb.)Lindl.]、木瓜[*Chaenomeles sinensis*(Thouin)Kochne]、皱皮木瓜(贴梗海棠)[*C. speciosa*(Sweet)Nakai]等果供药用，并可观赏。

图7-55　山楂

7.4.1.16 豆目(Fabales)

木本或草本。常有根瘤。叶常为复叶，稀单叶，互生，有托叶，叶枕发达。花两性，5基数；花萼5，结合；花瓣5，辐射对称至两侧对称；雄蕊多数至定数，常10枚，往往呈二体；雌蕊1心皮，1室，含多数胚珠、荚果。种子无胚乳。

本目包括含羞草科(Mimosaceae)、苏木科(云实科)(Caesalpiniaceae)和蝶形花科(Papilionaceae)3个科。

豆目3科检索表

1. 花辐射对称，花瓣镊合状排列，雄蕊数少或多，分离或合生 ························ 含羞草科（Mimosaceae）
1. 花两侧对称，花瓣覆瓦状排列，雄蕊多为10枚，偶较少
  2. 花冠假蝶形，花瓣上升覆瓦状排列，旗瓣最小，位于最内，雄蕊常为10，分离
        ·· 苏木科（Caesalpiniaceae）
  2. 花冠蝶形，花瓣下降覆瓦状排列，旗瓣最大，位于最外，雄蕊10，常为(9)+1的二体雄蕊
        ·· 蝶形花科（Papilionaceae）

（22）含羞草科(Mimosaceae)

$\male \female * K_{(3\sim6)} C_{3\sim6 ;(3\sim6)} A_{\infty ;(3\sim6)} \underline{G}_{1:1:1\sim\infty}$

乔木、灌木或草本。一至二回羽状复叶，有托叶。花辐射对称，穗状或头状花序；花瓣镊合状排列，中下部合生；雄蕊4～10或多数，稀与花瓣同数，花丝离生或合生；雌蕊1心皮1室，内含胚珠多枚；边缘胎座。荚果。

本科约56属3 000种，分布于热带和亚热带地区。我国有17属66种。

合欢(*Albizia julibrissin* Durazz.)（图7-56），落叶乔木。株高16 m。叶为二回偶数羽状复叶，互生，羽片4～12对；小叶10～30对，镰刀形或长圆形，全缘；托叶线状披针形，早落。头状花序，多数，生于新枝的顶端，成伞房状排列；小花粉红色，连同雄蕊长25～50 mm；花两性，辐射对称；花萼5裂，钟形。花瓣5，中部以上结合，淡黄色。雄蕊多枚，花丝基部结合；子房上位，花柱丝状，与花丝等长，粉红色。荚果，扁平，带状。种子扁平，椭圆形。可作绿化观赏树种，树皮和花蕾可药用。

图7-56 合欢

本科常见植物：山合欢[*Albizia kalkora* (Roxb.) Prain]、含羞草(*Mimosa pudica* L.)等可药用；金合欢[*Acacia farnesiana* (L.) Willd.]供观赏；台湾相思(*Acacia confusa* Merr.)为荒山造林及水土保持的优良树种。

（23）苏木科(云实科)(Caesalpiniaceae)

$\male \female \uparrow K_{(5)} C_5 A_{10} \underline{G}_{1:1:1\sim\infty}$

乔木、灌木或草本。叶常为偶数羽状复叶，稀单叶，互生，常有托叶；花两侧对称，花

瓣常呈上升覆瓦状排列，即最上一瓣位于最内方，形成假蝶形花冠；雄蕊 10 或较少，常分离；雌蕊 1 心皮 1 室，荚果。

本科约 180 属 3 000 种，分布于热带和亚热带地区。我国 21 属 113 种。

紫荆(*Cercis chinensis* Bge.)(图 7-57)，落叶灌木或乔木。单叶，互生，近圆形，全缘，叶柄长 3~5cm；托叶长圆形，早落。花先叶开放，紫红色，5~10 朵簇生于老枝上，两性；花萼 5 裂，宽钟形；假蝶形花冠，花瓣 5，不等大，上方的旗瓣和翼瓣较小，下方的龙骨瓣最大。雄蕊 10 枚，花丝分离。雌蕊由 1 心皮组成，子房有柄，上位，1 室，边缘胎座，含胚珠多枚。荚果，线形。种子扁，近圆形。公园及庭院常栽培供观赏；树皮、木材及根可入药。

本科常见植物有：皂荚(*Gleditsia sinensis* Lam.)、决明(*Cassia obtusifolia* L.)、凤凰木[*Delonix regia*(Bojea)Raf.]、羊蹄甲(*Bauhinia variegate* L.)、云实(*Caesalpinia sepiaria* Roxb.)等；苏木(*Caesalpinia sappan* L.)的心材红色，可提取染料，干燥的心材还可药用。

图 7-57 紫荆

(24)蝶形花科(Papilionaceae)

$\male \uparrow K_{(5)} C_5 A_{(9)+1;(5)+(5);(10);10} \underline{G}_{1:1:1\sim\infty}$

乔木、灌木或草本。多羽状复叶或三出复叶，稀为单叶，具托叶和小托叶，叶枕发达，顶端小叶有时形成卷须。总状、头状或圆锥花序，花多两性，两侧对称，花萼有不整齐 5 齿；蝶形花冠，下降覆瓦状排列，最上一片最大，在最外方，为旗瓣，两侧两片较小，为翼瓣，最内两片最小，稍合生，为龙骨瓣；雄蕊 10 枚，常为二体雄蕊，呈(9)与 1 或(5)与(5)的两组，也有 10 个全部联合成单体雄蕊或全部分离的；雌蕊单心皮，子房上位，边缘胎座。荚果。

本科约 440 属 12 000 种，分布于全世界。我国 114 属 1 000 余种，全国各地均产。

金雀儿(红花锦鸡儿)(*Caragana rosea* Turcz.)(图 7-58)，直立灌木。株高 60~100 cm。长枝上的托叶宿存，并硬化成针刺；短枝上的托叶脱落；叶轴脱落或宿存变成针刺状。偶数羽状复叶，互生，小叶 4 枚，假掌状排列，椭圆状倒卵形，全缘。花两性，单生，花萼深钟状，萼齿 5，三角形，有刺尖。蝶形花冠，花黄色或淡红色，花瓣 5，不等大，旗瓣最大，长椭圆状倒卵形，翼瓣有爪和耳，龙骨瓣先端钝。雄蕊 10 枚，为 9 与 1 的

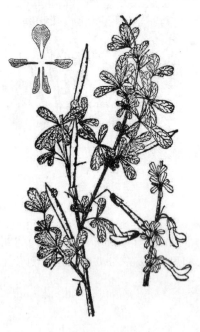

图 7-58 金雀儿

二体雄蕊。雌蕊由 1 心皮组成，1 室，含胚珠多枚。荚果，圆柱形，褐色，无毛。

本科常见植物有：槐（*Sophora japonica* L.）、刺槐（*Robinia pseudoacacia* L.）、胡枝子属（*Lespedeza*）的各种胡枝子；野豌豆属（*Vicia*）、豌豆属（*Pisum*）、扁豆属（*Dolihos*）、大豆属（*Glycine*）的各种食用豆类；车轴草属（*Trifolium*）、苜蓿属（*Medicago*）、草木犀属（*Melilotus*）、野豌豆属（*Vicia*）的各种牧草以及各种野生种类。黄芪属（*Astragalus*）的黄芪［*A. membranaceus*（Fisch.）Bunge ］和内蒙黄芪（*A. mongolicus* Bge.）根为补气名药，甘草（*Glycyrrhiza uralensis* Fisch.）的根也为著名中药。紫檀（*Pterocarpus indicus* Willd.）俗称"红木"，可制乐器及优良家具，花榈木（*Ormosia henryi* Prain）、黄檀（*Dalbergia hupeana* Hance）等均为优良的材用树种。

7.4.1.17 鼠李目（Rhamnales）

常为木本或藤本。单叶，少数为复叶，互生，偶对生。花两性或单性，辐射对称，萼片与花瓣同数；雄蕊 1 轮且与花瓣对生，具花盘，心皮 2～5，合生，子房上位，2～5 室，每室 1～2 胚珠。种子有胚乳。

本目含鼠李科（Rhamnaceae）、火筒树科（Leeaceae）和葡萄科（Vitaceae）3 个科。

（25）鼠李科（Rhamnaceae）

$\male$；$\male$；$\female$ * $K_{4\sim5}C_{4\sim5;0}A_{4\sim5}\underline{G}_{(2\sim4:2\sim4:1)}$

乔木、灌木或木质藤本，稀为草本。常具枝刺和托叶刺。单叶，互生，稀为对生；叶脉羽状或三出；托叶小，早落，或变为刺。花小，两性或单性，辐射对称，多排成聚伞花序；萼片 4～5，合生成杯状萼筒；花瓣 4～5，离生，或缺；雄蕊 4～5，与花瓣对生；花盘肉质，发达；心皮 2～4，合生，子房上位，2～4 室，每室 1 胚珠，基生胎座，花柱 2～4 裂。核果、蒴果或翅果。

本科约 55 属 900 余种，广布于温带及热带。我国 14 属约 133 种、32 变种，各地均有分布。

枣属（*Zizyphus*）　乔木或灌木，单叶互生，基出 3～5 脉，具托叶刺；花小，两性，黄绿色，呈腋生聚伞花序，子房上位，基部埋于花盘中，花柱 2 裂；核果。枣（*Z. jujube* Mill.）（图 7-59），乔木。株高 5～10 m。树皮黑褐色。幼枝红褐色，呈"之"字形弯曲。托叶成刺，一长一短。叶长圆状卵形或卵状披针形，基出 3 脉，叶基偏斜，边缘有钝锯齿；叶柄长 1～5 mm。花黄绿色，直径 5～7 mm，2～5 朵簇生于当年生小枝或叶腋呈聚伞状。花萼 5 裂，裂片三角状卵形；花瓣 5，线装匙形或匙形；雄蕊 5，与花瓣对生；具明显花盘。核果，长圆形，暗红色。果味甜，供食用，有滋补强壮之效。

本科常见植物有：酸枣（*Zizyphus jujube* Mill. var. *spinosa* Hu ex H. F. Chow）为很好的蜜源植物，果皮入药，可健胃。鼠李属（*Rhamnus*）的小叶鼠李（*R. parvifolia* Bge.）、圆叶鼠李（*R. globosa* Bge.）、冻绿（*R. utilis* Decne）等可药用或作染料。拐枣（北枳椇）（*Hovenia dulcis* Thunb.）果柄肉质可食，也可药

图 7-59　枣

用。南方分布的有雀梅藤[*Sageretia thea*(Osbeck）Johnst.]、铜钱树(*Paliurus hemsleyanus* Re-hd)、马甲子[*P. ramosissimus*(Lour.）Poir.]等。

(26) 葡萄科(Vitaceae)

$\male$; $\male$; $\female$ * $K_{4\sim5}C_{4\sim5}A_{4\sim5}\underline{G}_{(2:2:1\sim2)}$

藤本，稀灌木或小乔木。常有与叶对生的卷须。叶互生，单叶，掌状分裂或复叶；具托叶。花小，绿色，两性或单性，辐射对称，排成聚伞花序或圆锥花序；萼片4~5，分离或基部合生，花瓣4~5，分离或上部合生成帽状，早落；雄蕊4~5，与花瓣对生；着生于花盘基部；花盘环状或浅裂；雌蕊多为2心皮合生，子房上位，常为2室，中轴胎座，每室1~2胚珠。浆果。

本科约12属700余种，多分布于热带、亚热带至温带地区。我国有8属112种，各地均有分布。

葡萄属(*Vitis*)　落叶木质藤本，具卷须，卷须与叶对生，单一或分叉。枝髓褐色。树皮常成条状剥落。单叶常掌状，3~5裂。圆锥花序。花小，5基数，花瓣基部离生而顶部连合成帽状，早落；花盘由5枚腺体组成。浆果，常被白粉。山葡萄(*V. amurensis* Rupr.)（图7-60），卷须2~3分枝，叶宽卵形，基部宽心形，3~5裂或不裂，叶缘具粗牙齿。浆果，球形，蓝黑色。分布于东北至华北，果可食或酿酒，根、藤、果可入药。葡萄(*V. vinifera* L.)原产西亚，我国南北均有栽种，品种繁多，为著名果品，除生食外，还可制葡萄干或酿酒；根和藤可药用。

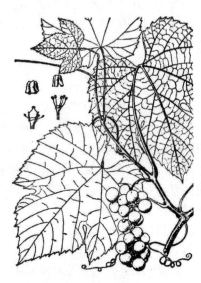

图7-60　山葡萄

本科常见植物有：爬山虎属(*Partheocissus*)的爬山虎[*P. tricuspidata*(Sieb. et Zucc.）Planch.]、五叶地锦[*P. quinquefolia*(L.）Planch.]等常攀缘墙壁及岩石上，可作为庭院垂直绿化植物，根茎可入药。蛇葡萄属(*Ampelopsis*)的葎叶蛇葡萄(*A. humulifolia* Bge.)、白蔹[*A. japonica*(Thunb.）Makino]等均可药用。乌蔹莓[*Cayratia japonica*(Thunb.）Gagnep.]可全草入药。

7.4.1.18　无患子目(Sapindales)

木本，稀草本。复叶或单叶，互生、对生或轮生。花辐射对称，通常4~5基数；雄蕊多为8或10，2轮；花盘常存在；雌蕊由2~5心皮组成；子房上位，每室常1~2胚珠。

本目含省沽油科(Staphyleaceae)、无患子科(Sapindaceae)、七叶树科(Hippocastanaceae)、漆树科(Anacardiaceae)、槭树科(Aceraceae)、苦木科(Simaroubaceae)、芸香科(Rutaceae)、楝科(Meliaceae)、蒺藜科(Zygophyllaceae)等15科。

(27) 蒺藜科(Zygophyllaceae)

$\female$ * ; $\uparrow K_{5\sim4}C_{5\sim4}A_{5\sim4;8\sim10;15}\underline{G}_{(4\sim5:4\sim5:1\sim\infty)}$

1年生草本或灌木。叶对生，稀互生，偶数羽状复叶，稀为奇数羽状复叶或单叶；有托叶，宿存。花单生或成聚伞花序，两性，辐射对称，稀两侧对称；萼片5，少4，离生，少基部合生；花瓣5，稀4，常具花盘；雄蕊与花瓣同数或为其2~3倍，花丝分离，基部常具鳞片状附属物；子房上位，心皮 5～4 枚，或更多，5～4 室，稀 2～12 室，每室胚珠 1 至多枚，中轴胎座。蒴果，常裂为分果，少数为浆果或核果。

本科约 27 属 350 余种，主要分布于热带、亚热带和温带的干旱地区。我国有 6 属 32 种，主要分布于西北和北部。

蒺藜（*Tribulus terrestris* L.）（图 7-61），1 年生草本，茎由基部分枝，平卧地面，长 1m 左右，全株密生丝状柔毛。偶数羽状复叶，小叶 5～8 对，长圆形；托叶小，边缘半透明状膜质；有叶柄和小叶柄。花小，黄色，整齐，单生于叶腋；花萼 5；花瓣 5，雄蕊 10，生于花盘上，基部有鳞片状腺体；子房上位，5 室，花柱单一，柱头 5 裂；分果成熟时分离，每个分果上具一对长刺、一对短刺，背面有刚毛及瘤状突起，有种子 2～3 粒，种子间有隔膜。常为田间杂草，果实可入药。

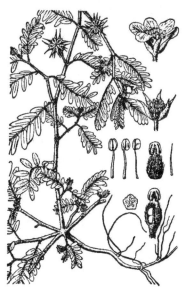

图 7-61 蒺藜

本科常见植物有：白刺属（*Nitraria*）为西北地区及干旱地区重要的防风固沙植物。霸王属（*Zygophyllum*）分布于西北和北部。骆驼蓬属（*Peganum*）主要分布于荒漠草原地带的退化草场上。四合木（*Tetraena mongolica* Maxim.）产于内蒙古，为我国特有单种属，珍稀濒危植物，可作燃料。

7.4.1.19 大戟目（Euphorbiales）

木本或草本。单叶，有时为复叶。花单性，常无花瓣，雄蕊多数至 1 个；雌蕊由 2～5 个心皮合成；子房上位，常 3 室，每室 1～2 胚珠。种子胚乳丰富。

本目含黄杨科（Buxaceae）、大戟科（Euphorbiaceae）等 4 科。

（28）大戟科（Euphorbiaceae）

♂ $* K_{0～5} C_{0～5} A_{1～∞}$；♀ $* K_{0～5} C_{0～5} \underline{G}_{(3:3:1～2)}$

乔木、灌木或草本，常有乳汁；常单叶，互生，有托叶，叶基部常有腺体。花单性，雌雄同株或异株，常呈杯状聚伞花序；花单被，花被萼片状，5 枚，有时为 2 倍或无被；花有花盘或腺体；雄蕊 1 至多数，花丝分离或联合；雌蕊常由 3 心皮合生而成，子房上位，3 室，每室 1～2 胚珠，中轴胎座。蒴果，少为浆果和核果。种子胚乳丰富，常具种阜。

本科约 300 属 8 000 种，广布全世界，主产热带。我国约有 66 属 360 余种，主产长江流域以南各地。

大戟（*Euphorbia pekinensis* Rupr.）（图 7-62），多年生草本，高 20～70 cm，含乳汁。叶微肉质，单叶，互生，披针形至长椭圆形；近无柄。花形成杯状聚伞花序，再组成多歧聚伞花序；每一杯状聚伞花序由多数雄花和 1 朵雌花生于杯状总

图 7-62 大戟

苞内组成；雌、雄花均无花被；1个雄蕊即为1朵雄花；1个雌蕊即为1朵雌花，位于杯状聚伞花序的中央；杯状聚伞花序的总苞坛状，顶端4裂，腺体4，椭圆形，无花瓣状附属物。子房有长柄，3室，每室1胚珠，花柱3，先端2裂。蒴果，扁球形，表面有瘤状突起，种子卵形，有光泽。根可入药。

本科有许多重要的经济植物，如橡胶树（*Hevea brasiliensis* Muell.-Arg.）为优良的橡胶植物；油桐［*Vernicia fordii*（Hemsl.）Airy-Shaw］、千年桐（*V. montana* Lour.）、蓖麻（*Ricinus communis* L.）、续随子（*Euphorbia lathyris* L.）、乌桕［*Sapium sebiferum*（L.）Roxb.］等为重要的油料植物，可以榨取工业、医药用油；木薯（*Manihot esculenta* Crantz.）块根含大量淀粉，可作粮食和工业用原料；巴豆（*Croton tiglium* L.）种子含巴豆油及蛋白质，均有剧毒，为强烈泻药；还有一些可作观赏植物，如大戟属（*Euphorbia*）的一品红（*E. pulcherrima* Willd.）、虎刺（铁海棠）（*E. milii* Desmoul. ex Boiss）、猩猩草（*E. heterophylla* Linn.）、银边翠（*E. marginata* Pursh）等。猫眼草（*E. lunulata* Bge.）、地锦草（*E. humifusa* Willd.）、铁苋菜（*Acalypha australis* L.）、泽漆（*E. helioscopia* L.）等为常见杂草。雀儿舌头（黑钩叶）［*Leptopus chinensis*（Bge.）Pojark.］为常见小灌木。

（29）黄杨科（Buxaceae）

♂ * $K_{4\sim12;0}C_0A_{4\sim6}$；♀ * $K_{4\sim12;0}C_0\underline{G}_{(3:3:2)}$

常绿灌木或小乔木，少数为草本。单叶，对生或互生，无托叶。花单性，整齐，雌雄同株或异株，无花盘；呈穗状、头状或短总状花序簇生，有时单生；萼片4~12或无，无花瓣；雄花多具雄蕊4~6，与萼片对生，花丝分离；雌花无退化雄蕊；子房上位，常3室，每室具2倒生胚珠。蒴果或核果。

本科有4属约100种，分布于热带和温带地区。我国有3属27种。

黄杨［*Buxus sinica*（Rehd. et Wils.）Cheng］（图7-63），常绿灌木或小乔木，高达7 m。小枝绿褐色，四棱形，具短柔毛。单叶，对生，长圆形、阔倒卵形或倒卵状椭圆形，全缘，革质；叶柄长1~2 mm，具毛。花单性，雌雄同株，簇生叶腋或枝端；无花瓣。雌花1朵，生于花序顶端；雄花数朵，生于花序下方或四周。雄花萼片4，卵状椭圆形或近圆形，雄蕊4，有不育雌蕊。雌花萼片6；雌蕊由3心皮合生组成，子房上位，3室，中轴胎座，每室2胚珠；花柱粗扁，柱头倒心形，下延达花柱中部。蒴果，近球形，具宿存的花柱。种子长圆形，黑色。常栽培作常绿观赏植物。

本科常见植物有：锦熟黄杨（*Buxus sempervirens* L.）、雀舌黄杨（*B. bodinieri* Lévl.）、小叶黄杨（*B. microphylla* Sieb. et Zucc.）等枝叶茂密，经冬不凋，又耐修剪，是优良的绿篱材料，常栽培观赏。

7.4.1.20 牻牛儿苗目（Geraniales）

常草本。花两性，稀单性，萼片5~3，常有1萼

图7-63 黄杨

片向后延伸成距；花瓣 5～3，雄蕊外轮对瓣，通常有花盘；心皮 5～3，合生，中轴胎座。种子常无胚乳。

本目包含酢浆草科（Oxalidaceae）、牻牛儿苗科（Geraniaceae）、凤仙花科（Balsaminaceae）、旱金莲科（Tropaeolaceae）等 5 科。

（30）牻牛儿苗科（Geraniaceae）

$\male \female *$；$\uparrow K_{5\sim4}C_{5\sim4}A_{10;5\sim15}\underline{G}_{(5\sim3:5\sim3:1\sim2)}$

草本，稀为亚灌木。单叶，常分裂或为复叶，互生或对生；托叶常成对。花两性，辐射对称或两侧对称，腋生，单生或组成聚伞、伞形或伞房花序；萼片 4～5，宿存，背面一片有时有距；花瓣 5，稀 4，常呈覆瓦状排列；雄蕊 5，或为花瓣的 2～3 倍，外轮雄蕊对瓣，花丝基部多少合生；子房上位，由 3～5 心皮合生而成，3～5 室，中轴胎座，每室有 1～2 胚珠，花柱与子房室同数。蒴果，具长喙，熟时果瓣常由基部开裂，顶部与心皮柱连结，每果瓣含 1 粒种子。种子悬垂，胚多弯曲，胚乳有或无。

本科约 11 属 700 余种，广布于热带和亚热带地区。我国 4 属 70 余种，各地均有分布。

牻牛儿苗（太阳花）（Erodium stephanianum Willd.）（图 7-64），草本。株高 10～50 cm。叶对生，叶柄长 4～8 cm，叶卵形或椭圆状三角形，二回羽状深裂，裂片基部下延。伞形花序，腋生，花两性，整齐；萼

图 7-64　牻牛儿苗

片 5，椭圆形或长圆形；花瓣 5，淡紫色或蓝紫色，倒卵形，与 5 个腺体互生；雄蕊 10，排成 2 轮，5 枚聚药雄蕊与萼片对生，5 枚无药退化雄蕊与花瓣对生。子房 5 室，每室 2 胚珠，花柱分枝 5 条。蒴果，先端具长喙，成熟时 5 个果瓣与中轴分离，喙部呈螺状卷曲。种子无胚乳。全草入药，有强筋骨、祛风湿、清热解毒等功效。

本科常见的观赏植物有天竺葵（Pelargonium hortorum Bail.）、洋蝴蝶（P. domesticum Bail.）等；野生植物有鼠掌老鹳草（Geranium sibiricum L.）、粗根老鹳草（G. dahuricum DC.）等。

7.4.1.21　伞形目（Apiales，Umbellales）

草本或木本。单叶或复叶，互生，稀对生或轮生；叶柄基部常膨大成鞘状。花两性，稀单性，辐射对称，5 基数，排列成伞形或复伞形花序；子房下位，通常具上位花盘。

本目包括五加科（Araliaceae）和伞形科（Umbelliferae）2 科。

（31）伞形科（Umbelliferae）

$\male \female * K_{(5);0}C_5A_5\overline{G}_{(2:2:1)}$

草本，常含挥发油而有香气，茎中空。叶互生或基生，常为 2 至多回羽状复叶，常裂为小的全裂片；叶柄基部膨大或成鞘状，无托叶。花序顶生或腋生，排成各式伞形花序，各级伞形花序下均有总苞；花两性，通常辐射对称，有时花序边缘花的外缘花瓣较大而成两侧对称；萼管与子房合生，5 齿，常不明显；花瓣 5，顶端常凹而内曲，有时 2 裂；雄蕊 5，与

花瓣互生，着生于花盘周位；雌蕊由2个心皮组成，子房下位，2室，每室1胚珠；花柱2，柱头头状。双悬果；果有棱或有翅，成熟时心皮下部分离，上部挂在中轴上成双悬果，每个悬果有棱，棱间有沟，沟内有油管。

图7-65 野胡萝卜

本科约300属3000余种，广布于全球，主要产于北温带。我国约99属500多种，全国均有分布。

本科有许多经济植物，如供食用的有芹菜(*Apium graveolens* L.)、胡萝卜(*Daucus carota* L. var. *sativus* Hoffm.)、芫荽(*Coriandrum sativum* L.)、茴香(*Foeniculum vulgare* Mill.)等；供药用的如当归[*Angelica sinensis* (Oliv.) Diels]、白芷[*A. dahurica* (Fisch.) Benth. et Hook.]、北柴胡(*Bupleurum chinense* DC.)、防风[*Saposhnikovia divaricata* (Turcz.) Schischk.]、珊瑚菜(北沙参)(*Glehnia littoralis* F. Schmidt ex Miq.)等。此外，常见的山野及田间杂草有野胡萝卜(*Daucus carota* L.)(图7-65)、变豆菜(*Sanicula chinensis* Bge.)、窃衣[*Torilis japonica* (Houtt.) DC.]、水芹[*Oenanthe decumbens* (Thunb.) K.]等；有毒植物如毒芹(*Cicuta virosa* L.)。

7.4.1.22 龙胆目(Gentianales)

木本或草本，具双韧维管束；叶常对生。花两性，辐射对称，5~4基数；花冠筒状，常旋转排列；雄蕊1轮并与花冠裂片互生；子房上位，心皮通常2，2室，稀1室，胚珠多数，中轴胎座或侧膜胎座。

本目包括马钱科(Loganiaceae)、龙胆科(Gentianaceae)、夹竹桃科(Apocynaceae)、萝藦科(Asclepiadaceae)等6科。

(32)龙胆科(Gentianaceae)

$\male \ * \ K_{(5)} C_{(5)} A_5 \underline{G}_{(2:1:\infty)}$

草本，稀灌木。单叶，对生，稀互生，全缘，基部常抱茎；无托叶。花两性，稀单性，辐射对称，稀两侧对称；通常为聚伞花序或单生；花萼4~5裂，筒状或分离；花冠4~5裂，漏斗状、辐状或管状，常旋转状排列；雄蕊与花冠裂片同数而互生，着生于花冠管上，有或无花盘；子房上位，2心皮，1室，稀2室，侧膜胎座，胚珠多数。蒴果。种子小，有胚乳。

本科约78属780余种，广布于全球，主要产于北温带高山和极地。我国约19属340种，各地均有分布，主要分布于西南高山地区。

龙胆属(*Gentiana*) 1年生或多年生草本，直立或斜生。叶对生，常无柄，基部相连。花冠常管状钟形，裂片5，回旋状，常具褶；雄蕊5，生于花冠管上；子房1室。蒴果长圆形。龙胆(*G. scabra* Bunge)(图7-66)，多年生草本，叶卵形至卵状披针形，边缘及叶背面脉上粗糙。根及根茎药用。秦艽(*G. macrophylla* Pall.)，多年生草本，叶对生，披针形或长圆披针形，具5脉。花多朵，顶生成头状；花冠蓝紫色。根可药用。

图 7-66　龙胆

其他常见植物有中国扁蕾(*Gentianopsis barbata* var. *sinensis* Ma)、花锚(*Halenia sibirica* Borkh.)、獐牙菜(当药) [*Swertia diluta* (Turcz.) Benth. et Hook.]等。

(33)夹竹桃科(Apocynaceae)

$\male \quad * K_{(5)} C_{(5)} A_5 \underline{G}_{(2:2:1\sim\infty)}$

草本、灌木或乔木,具乳汁或水汁,茎直立或缠绕。单叶,对生或轮生,稀互生,全缘;无托叶。花两性,辐射对称,单生或呈聚伞花序;花萼合生成筒状或钟状,常5裂,稀4裂,基部内面通常有腺体。花冠合瓣,多为高脚碟形或漏斗形,裂片5,偶4,旋转状排列,喉部常有毛或鳞片;雄蕊与花冠裂片同数,着生于花冠管上或喉部,与花冠裂片互生,花药常箭形,分离或靠合包围花柱;有花盘,环状、杯状或为腺体;雌蕊心皮2,分离或合生,子房上位,2或1室,中轴或侧膜胎座。果实多为2菁葖果,有时为浆果或核果。种子1至多数,常具长丝毛或具翅。

本科约250属2 000余种,广布热带和亚热带。我国产46属176种,各地均有分布,主要分布于长江以南。

夹竹桃(*Nerium indicum* Mill.)(图7-67),常绿直立灌木,株高达5m,含水汁。叶常轮生,长披针形,革质,全缘。聚伞花序顶生,有花数朵,萼5裂,里面基部有腺体,紫红色,直立;花冠漏斗状,深红、粉红或白色,单瓣或重瓣,喉部有5枚撕裂状的附属物(附花冠);雄蕊5,生于花冠筒中部,花药基部有尾状附属物,顶端有丝状附属物;心皮2,离生,花柱1,柱头近球形。菁葖果圆柱形,长10~20cm;种子顶端有黄褐色种毛。各地多有栽培,供观赏和药用。

本科植物常有毒,尤以种子和乳汁毒性最大。很多植物可以药用,如长春花[*Catharanthus roseus* (L.) G. Don]含60多种生物碱,用于治疗癌症;萝芙木[*Rauvolfia verticillata* (Lour.) Baill.]和印度萝芙木(蛇根木)[*R. serpentina* (L.) Benth. ex Kurz.]能降低血压;夹竹桃及络石[*Trachelospermum jasminoids* (Lindl.) Lem.]的叶含强心苷,可治疗心力衰竭;罗布麻(*Apocynum venetum* L.)为野生纤维植物,嫩枝叶可入药。观赏植物有鸡蛋花(*Plumeria rubra* var. *acutifolia* Bailey)、黄花夹竹桃[*Thevetia peruviana* (Pers.) K. Schum.]、黄蝉(*Allamanda neriifolia* Hook.)、长春花等。

(34)萝藦科(Asclepiadaceae)

$\male \quad * K_{(5)} C_{(5)} A_{(5);5} \underline{G}_{2:1:\infty}$

多年生直立或缠绕草本,稀灌木,有乳汁。单

图 7-67　夹竹桃

叶，对生或轮生，全缘；无托叶。花两性，辐射对称，排成聚伞花序，通常呈伞形，有时呈伞房状、总状或圆锥状；花萼5深裂，里面基部常有腺体；花冠5裂，呈辐状或钟状，花冠管上常由5个分离或基部连合的裂片或鳞片组成副花冠(corona)；雄蕊5，花丝合生成1个管包围雌蕊形成合蕊冠(gynostegium)；或花丝分离，花药与柱头黏合成合蕊柱(gynostemium)；花药2室，每室形成1或数个花粉块(花粉结合，包在一层柔韧的薄膜内，呈块状，称花粉块)(pollinia)，花药的2花粉块连于一载粉器(translator)上；花盘有或无；子房上位，由2离生心皮组成，胚珠多数。果为2个蓇葖果或因1个不发育而单生，种子有种毛。

图7-68 萝藦

本科约180属2 200种，主要分布于热带和亚热带。我国产44属243种，分布于西南及东南部，少数产西北及东北。

萝藦[*Metaplexis japonica* (Thunb.) Makino](图7-68)，多年生草质藤本，具乳汁。叶对生，宽卵形至长卵形，基部心形，全缘；叶柄长3~6 cm，顶端有腺体。聚伞总状花序腋生，有花多朵；花萼5深裂，裂片狭披针形，里面基部共有5枚腺体；花冠5裂，钟状，白色带淡紫红色斑纹，裂片里面有毛，先端反卷；副花冠环状，5浅裂，兜状；雄蕊5，生于花冠基部，合生成圆锥状，包在雌蕊周围；花药顶端具白色膜片；花粉块黄色，相邻两药室的花粉块由花粉块柄和着粉腺相连，形成花粉器；子房上位，心皮2，离生，含多枚胚珠；花柱合生并延伸至花药之外，柱头顶端2裂。蓇葖果，双生，纺锤形，长8~10 cm，表面有瘤状突起；种子扁平，卵形，边缘有窄翅，顶端具白毛。全草及果实入药，有补益精气、通乳、解毒的作用。

本科常见植物有：杠柳属(*Periploca*)的杠柳(*P. sepium* Bge.)、鹅绒藤属(*Cynanchum*)的地梢瓜[*C. thesioides* (Freyn) K. Schum.]、徐长卿[*C. paniculatum* (Bge). Kitag.]、白首乌(*C. bungei* Decne.)、变色白前(*C. versicolor* Bge.)、鹅绒藤(*C. chinensis* R. Br.)等均可入药。马利筋属(*Asclepias*)的马利筋(*A. curassavica* L.)常栽培供观赏，也可作药用，但有毒，宜慎用。

7. 4. 1. 23　茄目(Solanales)

草本或木本，具双韧维管束。常单叶，互生。花两性，常辐射对称，5基数；花冠管状或漏斗状，具花盘；雄蕊5，着生于花冠筒上，子房上位，中轴胎座。

本目包括茄科(Solanaceae)、旋花科(Convolvulaceae)、菟丝子科(Cuscutaceae)等8科。

(35) 茄科(Solanaceae)

$\male \ast K_{(5)} C_{(5)} A_5 \underline{G}_{(2:2:\infty)}$

草本、灌木或小乔木，稀为藤本；具双韧维管束。单叶互生，全缘、各式羽裂或复叶；无托叶。花两性，辐射对称，顶生、腋生或腋上生的各种聚伞花序，有时单生；花萼常5裂，宿存；花冠合瓣，常5裂，通常辐射状；雄蕊与花冠裂片同数而互生，着生于花冠管上；花药 2 室，纵裂，或孔裂；心皮 2，合生，子房上位，通常 2 室，胚珠多数。浆果或蒴果。

本科约 80 属 3 000 种，广布于温带及热带地区。我国有 24 属约 115 种，各地均有分布。

茄属（*Solanum*） 草本、灌木或小乔木。具刺或否。单叶或复叶，互生或假对生。聚伞花序或总状花序，腋生或与叶对生；花冠管短，辐状或浅钟状，白色、黄色、蓝色或紫色；雄蕊 5，花药常靠合，顶孔开裂或短纵裂；浆果具多数种子。如马铃薯（*S. tuberosum* L.）地下块茎含淀粉，供食用；茄（*S. melongena* L.）果实可作蔬菜，根、茎、叶可入药；龙葵（*S. nigrum* L.）（图 7-69），1 年生直立草本，叶卵形，叶柄长 1 ~ 2 cm，蝎尾状花序，腋外生，花冠白色，辐状，5 深裂，浆果球形，黑色，为野生杂草，全草可药用。

图 7-69 龙葵

本科其他种如番茄（*Lycopersicon esculentum* Mill.）、辣椒（*Capsicum annuum* L.）、烟草（*Nicotiana tabacum* L.）、枸杞（*Lycium chinense* Mill.）、曼陀罗（*Datura stramonium* L.）、天仙子（莨菪）（*Hyoscyamus niger* L.）、颠茄（*Atropa belladonna* L.）、酸浆（红姑娘）[*Physalis alkekengi* L. var. *francheti* (Mast.) Makino] 等均为重要的经济植物或药用植物。碧冬茄（矮牵牛）（*Petunia hybrida* Vilm.）、夜香树（*Cestrum nocturnum* L.）、木本曼陀罗（*Datura arborea* L.）等，常栽培供观赏。

（36）旋花科（Convolvulaceae）

$$\female * K_5 C_{(5)} A_5 \underline{G}_{(2 \sim 3 : 2 \sim 3 : 2)}$$

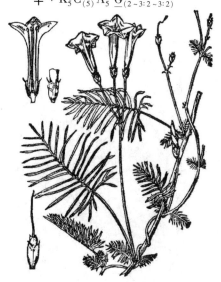

图 7-70 茑萝

通常为草本，茎缠绕、蔓生或匍匐，有时具乳汁。茎具有双韧维管束。单叶互生，全缘或分裂，无托叶。花两性，5 基数，辐射对称，单生叶腋或为聚伞花序，有苞片，具环状或杯状花盘；萼片 5，常宿存；花冠漏斗状或钟状，冠檐近全缘或 5 浅裂。雄蕊 5，着生于花冠筒的基部，与花冠裂片互生；雌蕊多由 2（稀 3 ~ 5）心皮合生而成，子房上位，多 2 室，每室具 2 胚珠，中轴胎座。蒴果，稀浆果。

本科约 50 属 1 500 种，广泛分布于热带、亚热带和温带。我国 22 属约 125 种，各地均有分布。

茑萝 [*Quamoclit pennata* (Desr.) Boj.]（图 7-70），1 年生草本。茎缠绕，无毛。叶互生，羽状深裂，裂片条形，叶柄长 8 ~ 40 mm，基部常具假托叶。由少数花组成腋生的聚伞花序；花两性，萼片 5，椭圆形，花冠高脚碟状，深红色，冠檐 5 浅裂；雄蕊 5，不等长，外伸；子房4室，4胚珠；花柱外伸，柱头头状，2裂。蒴果，卵圆形；种子卵状长圆形，黑褐色。庭园中常栽培供观赏。

　　本科食用、观赏、野生杂草的种类均有，如打碗花属(*Calystegia*)的打碗花(*C. hederacea* Wall. ex Roxb.)、藤长苗[*C. pellita* (Ledeb) G. Don.]，旋花属(*Convolvulus*)的田旋花(*C. arvensis* L.)等为常见野生杂草；甘薯[*Ipomoea batatas* (L.) Lam.]块根除食用外，还可作食品等工业原料，茎叶为优质饲料；蕹菜(空心菜)(*Ipomoea aquatica* Forsk.)茎叶可作蔬菜食用；牵牛属(*Pharbitis*)、茑萝属(*Quamoclit*)、月光花属(*Calonyction*)的许多种供观赏。

7.4.1.24 唇形目(Lamiales)

　　草本或木本，茎常方形。叶对生或互生。花两性，稀单性，两侧对称，二唇形或辐射对称；雄蕊4或2；心皮2，合生，子房上位，花柱顶生或因子房4深裂而生于子房基部。核果或分成4个小坚果。

　　本目包括紫草科(Boraginaceae)、马鞭草科(Verbenaceae)、唇形科(Labiatae)等4科。

　　(37) 紫草科(Boraginaceae)

$$\male\ * K_{(5)} C_{(5)} A_5 \underline{G}_{(2:4:1)}$$

　　草本、灌木或乔木，常具粗毛。单叶，互生，稀为对生或轮生，无托叶。花两性，辐射对称，聚伞花序构成蝎尾状、穗状或圆锥状花序，常具花盘；花萼5裂，宿存；花冠5裂，辐状、漏斗形或高脚碟形，喉部常有附属物；雄蕊5，与花冠互生，着生于花冠筒上，内藏；子房上位，2心皮合生，组成2室，每室2胚珠，常4深裂成4室，每室1胚珠，花柱顶生或生于4裂片的中央基部。果常为4小坚果，稀为核果。

　　本科有100属2 000种，分布于温带和热带地区。我国49属约208种，全国均有分布。

　　附地菜[*Trigonotis peduncularis* (Trev.) Benth. ex Baker et Moore](图7-71)　1年生草本。高5~18 cm，被贴伏细毛。单叶，互生，基生叶倒卵状椭圆形或匙形，基部渐狭下延成长柄；茎下部叶与基生叶相似，茎上部叶椭圆状披针形，无柄。花序疏散，具多数腋生的花，仅在基部有2~4个苞片。花小，直径约2 mm；花萼5裂，裂片椭圆状披针形，被短毛。花冠蓝色，5裂，裂片钝，花冠管短于花萼，喉部黄色，具5个鳞片状附属物；雄蕊5枚，与花冠互生，着生于花冠筒上，内藏；雌蕊由2心皮合生而成，子房上位，4裂，每室含胚珠1枚；花柱着生于子房基部，柱头头状。小坚果，四面体形。全草入药，具有清热、消炎和止痛的功能。

　　本科常见植物：斑种草(*Bothriospermum chinense* Bge.)、紫草(*Lithospermum erythrothizon* Sieb. et Zucc.)、鹤虱(*Lappula myosotis* Moench.)等均可药用。聚合草(爱国草)(*Symphytum officinale* L.)为重要的饲草。香水草(洋茉莉)(*Heliotropium arborescens* L.)、牛舌草(*Anchusa ajurea* Mill.)、勿忘草[*Myosotis sylvatica* (Ehrh.) Hoffm.]等可栽培供观赏。

图7-71　附地菜

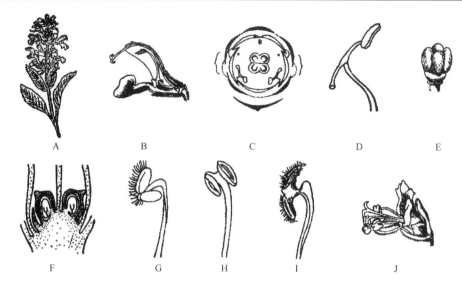

图 7-72　唇形科

A ~ E. 鼠尾草(A. 花枝　B. 花　C. 花图式　D. 雄蕊　E. 子房)　F. 野芝麻属的花纵切面
G. 野芝麻属的花药　H. 百里香属的花药　I. 夏枯草属的花药　J. 罗勒的花

(38) 唇形科(Labiatae)

$\oint\uparrow K_{(5)} C_{(4~5)} A_{2+2;2} \underline{G}_{(2:4:1)}$

草本、亚灌木或灌木，常含芳香油。茎常四棱形。单叶，对生或轮生，无托叶。花簇生于叶腋，呈轮状聚伞花序，然后再形成总状、穗状或圆锥状花序；花两性，两侧对称，稀近辐射对称；花萼 5 裂或二唇形，宿存；花冠合瓣，具 4 ~ 5 裂，呈各式二唇形，稀为单唇，花冠筒内常有毛环；雄蕊4，2 强，稀为 2，着生于花冠筒上；花药 2 室，平行、叉开或为延长的药隔所分开，纵裂；子房上位，由 2 心皮构成，深裂为 4 室，每室有 1 胚珠；花柱 1，插生于分裂子房的基部；花盘明显。果为 4 个小坚果，包在宿存花萼内(图 7-72)。

本科约 220 属 3 500 种，广泛分布于全世界。我国约 99 属 800 余种，全国均有分布。

夏至草[*Lagopsis supina* (Steph.) IK.-Gal. ex Knorr.](图 7-73)，多年生草本。茎四棱形，密被微柔毛，分枝。单叶，对生，叶为半圆形、圆形或倒卵形，掌状 3 浅裂至 3 深裂。轮伞花序腋生，具疏花；花小，直径约 5 mm；花萼管状钟形，具 5 齿，齿近整齐，三角形，先端具浅黄色刺尖；花冠白色，稍伸出于萼筒，二唇形；上唇长圆形，全缘；下唇 3 裂，中裂片圆形，侧裂片椭圆形。雄蕊 4 枚，2 强，着生于花冠上，内藏。雌蕊由 2 心皮合生而成，子房上位，4 深裂，4 室，每室 1 胚珠；花柱生于子房基部，先

图 7-73　夏至草

端2浅裂。小坚果, 长卵状三棱形, 褐色。全草药用。

本科植物几乎都含芳香油, 可提取香精; 其中不少芳香油的成分可供药用。有些种类供观赏。常见植物如益母草(*Leonurus japonicus* Houtt.)、丹参(*Salvia miltiorrhiza* Bge.)、薄荷(*Mentha haplocalyx* Briq.)、黄芩(*Scutellaria baicalensis* Georgi.)、藿香 [*Agastache rugosa* (Fisch. et Mey.) O. Ktze.]、活血丹 [*Glechoma longituba* (Nakai) Kupr.]、裂叶荆芥 [*Schizonepeta tenuifolia* (Benth.) Briq.]、蓝萼香茶菜 [*Rabdosia japonica* (Burm. f.) Hara var. *glaucocalyx* (Maxim.) Hara]、糙苏(*Phlomis umbrosa* Turcz.)、紫苏 [*Perilla frutescens* (L.) Britt.]等均可药用; 香薷 [*Elsholtzia ciliata* (Thunb.) Hyland.]、百里香(*Thymus mongolicus* Ronn.)、薄荷、留兰香(*Mentha spicata* L.)、薰衣草(*Lavandula angustifolia* Mill.)等可提取香精; 鼠尾草属(*Salvia*)的一串红(*S. splendens* Ker. -Gawl.)、鼠尾草(*S. japonica* Thunb.)、五彩苏(彩叶草) [*Coleus scutellarioides* (L.) Benth.]等均栽培供观赏。

7.4.1.25   玄参目(Scrophulariales)

木本或草本。单叶或复叶, 对生, 轮生或互生, 无托叶。雄蕊4或2, 稀5; 子房上位, 2~1室, 胚珠2至多数。常蒴果。

本目包括木犀科(Oleaceae)、玄参科(Scrophulariaceae)、苦苣苔科(Gesneriaceae)、爵床科(Acanthaceae)、胡麻科(Pedaliaceae)、紫葳科(Bignoniaceae)等12科。

(39)木犀科(Oleaceae)

$\varphi * K_{(4); 稀(3 \sim 10)} C_{(4); 稀(5 \sim 9); 0} A_{2; 稀3 \sim 5} \underline{G}_{(2:2:1 \sim \infty)}$

落叶或常绿的灌木、乔木或藤本; 单叶、三出复叶或羽状复叶, 对生, 稀互生或轮生; 无托叶。花两性, 稀单性, 辐射对称, 排成圆锥、聚伞或丛生花序, 稀单生; 花萼常4裂, 稀3~10裂或截头; 花冠合瓣, 常4裂, 有时5~9裂或无花冠; 雄蕊2, 稀3~5; 子房上位, 2心皮合生, 2室, 中轴胎座, 每室具胚珠1~3枚, 常为2, 稀更多。核果、浆果、蒴果或翅果。种子有胚乳。

本科约30属600种, 广布于热带和温带地区。我国有12属200种, 各地均有分布。

丁香属(*Syringa*)   落叶灌木或小乔木。单叶对生。花两性, 花萼、花冠均4裂, 雄蕊2。蒴果, 种子具翅。紫丁香(*S. oblata* Lindl.)(图7-74), 落叶灌木, 株高2~4 m。单叶对生, 叶阔卵形或肾形, 宽大于长, 叶柄长1~2 cm。疏散圆锥花序, 萼钟状, 4齿; 花冠紫色, 高脚杯状, 具长圆形管部及4个外展的裂片; 雄蕊2; 雌蕊由2心皮合生成2室, 每室2胚珠, 中轴胎座; 花柱2裂。蒴果, 长椭圆形。常庭园栽培, 供观赏。

本科许多种是观赏植物和经济树木。常见的有: 茉莉属(*Jasminum*)的迎春花(*J. nudiflorum* Lindl.)、茉莉花 [*J. sambac* (Soland.) Ait.]、连翘(*Forsythia suspense* Thunb.)、红丁香(*Syringa villosa* Vahl.)、北京丁香(*S. pekinensis* Rupr.)、小叶女贞(*Ligustrum quihoui* Carr.)、流

图7-74   紫丁香

苏（*Chionanthus retusus* Lindl. et Paxt.）、雪柳（*Fontanesia fortunei* Carr.）、桂花［*Osmanthus fragrans*（Thunb.）Lour.］等栽培供观赏。白蜡属（*Fraxinus*）的大叶白蜡（*F. rhynchophylla* Hce.）、白蜡（*F. chinensis* Roxb.）、水曲柳（*F. mandshurica* Rupr.），暴马丁香［*Syringa reticulata*（Bl.）Hara var. *mandshurica*（Maxim.）Hara］等木材硬而致密，为制家具及农具的良好材料，白蜡枝叶还可养白蜡虫。小叶白蜡（*F. bungeana* DC.）的树皮入药，即中药的"秦皮"，有清热、明目、清肠、止痢之效。油橄榄（齐墩果）（*Olea europacea* L.）的果实含油量高而质优，为著名的木本油料植物。

（40）玄参科（Scrophulariaceae）

$\male\female \uparrow$；* $K_{4\sim5;(4\sim5)} C_{(4\sim5)} A_{2+2;2;5} \underline{G}_{(2:2:\infty)}$

草本，少为灌木及乔木。单叶，多对生，少为互生或轮生，无托叶。花两性，多为两侧对称，少为近辐射对称，排成各种花序；萼片4～5，分离或合生，宿存；花冠合瓣，裂片4～5，多为二唇状，有时近于整齐；雄蕊4，2强，少2或5，着生于花冠筒上，与花冠裂片互生；子房上位，2心皮2室或不完全2室，中轴胎座，胚珠多数。蒴果，稀浆果。

本科约200属3 000种，全球分布。我国有54属约600种，全国均有分布，主产西南。

地黄［*Rehmannia glutinosa*（Gaertn.）Libosch. ex Fisch. et Mey.］（图7-75），多年生草本。全株密被灰白色或淡褐色长柔毛及腺毛。根状茎肉质肥厚，茎单一或基部分生数枝，紫红色，其上很少有叶片着生。叶通常基生，倒卵形至长椭圆形，边缘具不整齐的钝齿，叶面有皱纹。花两性，组成顶生总状花序；苞片叶状。花萼钟状，5裂，裂片三角形。花冠筒状而微弯，长3～4 cm，外面紫红色，内面黄色有紫斑，下部渐狭，顶部二唇形，上唇2裂反折，下唇3裂片伸直。雄蕊4枚，2强，着生于花冠筒近基部。雌蕊由2心皮合生而成，子房上位，卵形，2室，中轴胎座，花后渐变1室而成侧膜胎座，内含胚珠多枚；花柱细长，柱头2裂。蒴果，卵球形，先端具喙；种子多数，卵形，黑褐色。根茎部分可药用。

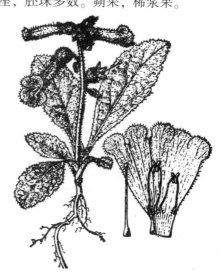

图7-75　地黄

常见植物：金鱼草（*Antirrhinum majus* L.）、柳穿鱼［*Linaria vulgaris* ssp. *sinensis*（Bebeaux）Hong］、荷包花（*Calceolaria crenatiflora* Cav. Icon.）、炮仗竹（*Russelia equisetiformis* Schlecht. et Cham.］等为观赏植物；毛地黄（*Digitalis purpurea* L.）、北玄参（*Scrophularia buergeriana* Miq.）、北水苦荬（*Veronica anagallisaquatica* L.）、返顾马先蒿（*Pedicularis resupinata* L.）、阴行草（*Siphonostegia chinensis* Benth.）等均可药用；泡桐属（*Paulownia*）的毛泡桐［*P. tomentosa*（Thunb.）Steud.］、白花泡桐［*P. fortunei*（Seem.）Hemsl.］等为材质优良的速生树种。

7. 4. 1. 26　桔梗目（Campanulales）

草本，稀木本。花两性，花冠常5裂，雄蕊常与花冠裂片同数而互生，子房下位，稀上位，2～5室，胚珠多数。

本目包括桔梗科（Campanulaceae）、花柱草科（Stylidiaceae）、草海桐科（Goodeniaceae）等7科。

（41）桔梗科（Campanulaceae）

$\dot{\varphi} * ; \uparrow K_{(5); 稀(3~10)} C_{(5)} A_5 \overline{G}_{(2~5:2~5:\infty)}$

草本，稀亚灌木，常有乳汁。单叶常互生、少对生或轮生；无托叶。花单生或排成总状、圆锥、聚伞花序；花两性，辐射对称或两侧对称；花萼合生，常5裂，稀3~10裂，宿存；花冠合瓣，钟状、辐射状或筒状，常5裂；雄蕊与花冠裂片同数而互生，着生于花冠基部或花盘上；子房下位或半下位，稀上位，常3室，稀2~5室，中轴胎座，每室胚珠多数。蒴果或浆果。种子有胚乳。

本科约70属2 000种，全球分布，多数在温带和亚热带地区。我国有17属约150种，各地均有分布，以西南较多。

图7-76 桔梗

桔梗属（*Platycodon*）多年生直立草本。具圆柱状的肉质根。花单生或数朵生于枝端；花两性，5数，花冠钟形。蒴果倒卵形。仅桔梗[*P. grandiflorus*（Jacq.）A. DC.]（图7-76）1种，为多年生草本。具白色乳汁，根肥大肉质，表皮黄褐色。单叶，3枚轮生，有时为对生或互生，卵形或卵状披针形，缘有锐锯齿。花1至数朵，生于茎和分枝顶端；花萼钟状，裂片5，三角形；花冠蓝紫色，浅钟状，5浅裂，宽三角形；雄蕊5，与花冠裂片互生，花丝基部膨大而彼此相连；子房下位，5心皮5室，胚珠多数；柱头5裂，裂片线形。蒴果倒卵形，成熟时顶端5瓣裂；种子卵形，具三棱，黑褐色。桔梗根可入药；花大而美丽，也可作为观赏植物。

本科常见植物：沙参属（*Adenophora*）的石沙参（*A. polyantha* Nakai）、多歧沙参（*A. wawreana* Zahlbr.）、展枝沙参（*A. divaricata* Franch. et Sav.）、荠苨（*A. trachelioides* Maxim.），党参属（*Codonopsis*）的党参[*C. pilosula*（Franch.）Nannf.]、羊乳[*C. lanceolata*（Sieb. et Zucc.）Trautv.]，半边莲属（*Lobelia*）的半边莲（*L. chinensis* Lour.）等，均可药用。风铃草（*Campanula medium* L.）、紫斑风铃草（*C. punctata* Lam.）等因具蓝色或白色的花朵，花大而鲜艳，常栽培作观赏。

7.4.1.27 茜草目（Rubiales）

草本或木本。叶对生或轮生；托叶明显存在，位于叶柄间或叶柄内，分离或合生。花两性，偶单性，辐射对称，子房下位。

本目包括茜草科（Rubiaceae）和假牛繁缕科（Theligonaceae）2科。

（42）茜草科（Rubiaceae）

$\dot{\varphi} * K_{(4~5)} C_{(4~5)} A_{4~5} \overline{G}_{(2:2:1~\infty)}$

乔木、灌木或草本。单叶，对生或轮生，常全缘；托叶2，位于叶柄间或叶柄内，分离或合生，明显而常宿存，有时呈叶状，使叶呈轮生状。花两性，辐射对称，单生或排成各种花序;花萼4~5裂,萼筒与子房合生,萼裂片覆瓦状排列,有时其中1片扩大成叶状;花冠合瓣,筒状、漏斗状、高脚碟状或辐状,裂片4~5,多镊合状或旋转状排列;雄蕊与花冠裂片同数而互生,着生于花冠筒上;子房下位,2心皮合生,通常2室,中轴胎座,每室胚珠1至多数。蒴果、核果或浆果。

本科约450属6 000余种,广布于全球热带和亚热带地区,少数于温带地区。我国有70余属450余种,各地均有分布,主产东南和西南部。

茜草属(*Rubia*) 草本,茎直立或攀缘,四棱,常具皮刺或粗糙毛。叶4~8个轮生,其中仅2个为真叶,其他皆为叶状托叶。花小,呈顶生或腋生的聚伞花序;花5基数,子房2室,每室1胚珠。果肉质,浆果状。茜草(*R. cordifolia* L.)(图7-77),多年生攀缘草本。根黄赤色。茎方形,有倒刺。叶常4片轮生(其中2片为

图7-77 茜草

托叶),长卵形至卵状披针形;叶脉5,弧状;叶柄长1.5~2.5 cm。聚伞花序呈圆锥状,顶生或腋生;花萼5裂;花冠淡黄白色,辐状,5裂;雄蕊5,着生于花冠筒上,花丝短;子房无毛,下位,2室,每室有1半倒生胚珠;花柱2,柱头头状。果实肉质,双头形,成熟时红色。根可作红色染料,也可药用。

本科有不少经济植物及观赏植物,如咖啡(*Coffea arabica* L.)的种子供制饮料或药用;金鸡纳树(*Cinchona ledgeriana* Moens)因树皮含奎宁,是治疟疾的特效药;栀子(*Gardenia jasminoides* Ellis)花美芳香,为著名观赏植物,果实可作黄色染料,也可入药;六月雪(*Serissa foetida* Comm.)、鸡屎藤[*Paederia scandens* (Lour.) Merr.]、猪殃殃(*Galium aparine* L.)、蓬子菜(*Galium verum* L.)等均可药用;龙船花(*Ixora chinensis* Lam.)、香果树(*Emmenopterys henryi* Oliv.)、六月雪等为庭园观赏植物;落叶小灌木薄皮木(*Leptodermis oblonga* Bge.)也可栽培供观赏。

7.4.1.28 川续断目(Dipsacales)

草本或木本。叶对生,有时轮生,常无托叶。花两性,常两侧对称,4或5基数,子房下位或半下位,心皮常2~3,合生,1至多室,每室含1至多枚倒生胚珠。

本目包括忍冬科(Caprifoliaceae)、五福花科(Adoxaceae)、败酱科(Valerianaceae)和川续断科(Dipsacaceae)4科。

(43)忍冬科(Caprifoliaceae)

$\male$ * ; ↑ K$_{(4~5)}$ C$_{(4~5)}$ A$_{4~5}$ $\overline{G}_{(2~5:2~5:1~\infty)}$

木本,稀草本。单叶,稀为奇数羽状复叶,对生,常无托叶。花两性,辐射对称至两侧对称,常呈聚伞花序,或由聚伞花序再构成各式花序,稀双生或单生;花萼4~5裂,萼筒与子房合生;花冠合瓣,裂片4~5,有时2唇形,多为覆瓦状排列;雄蕊与花冠裂片同数而互生,着生于花冠筒上;雌蕊由2~5心皮合生,子房下位,2~5室,每室具胚珠1至多数;中轴胎座。浆果、蒴果或核果,种子有胚乳。

本科约 14 属 400 余种，分布于温带地区，主产北半球。我国有 12 属 200 余种，广泛分布于全国。

锦带花[*Weigela florida* (Bge.) A. DC.]（图 7-78），落叶灌木，高达 3m。当年生枝绿色，小枝紫红色，光滑具微棱。单叶，对生，椭圆形至卵状长圆形或倒卵形，边缘有浅锯齿。花两性，1～4 朵顶生于短侧枝上，呈伞形花序；花萼 5 裂；花冠漏斗状钟形，外面粉红色，里面灰白色，裂片 5，宽卵形；雄蕊 5，离生，着生于花冠中部，稍超出花冠；雌蕊由 2 心皮合生而成，子房下位，2 室，中轴胎座，每室含胚珠多枚；花柱细长，柱头扁平，2 裂。蒴果，长圆形。栽培供观赏。

本科有不少观赏和药用植物，如忍冬属(*Lonicera*)的金银木(*L. maackii* Maxim.)、忍冬(金银花)(*Lonicera japonica* Thunb.)，荚蒾属(*Viburnum*)的鸡树条荚蒾(*V. sargentii* Koehne.)、香荚蒾(*V. farreri* W. T. Stearn.)、绣球花(*V. macrocephalum* Fort.)、珊瑚树(*V. odoratissimum* Ker.)，猬

图 7-78　锦带花

实(*Kolkwitzia amabilis* Graebn.)、海仙花(*Weigela coraeensis* Thunb.)、六道木(*Abelia biflora* Turcz.)、糯米条(*A. chinensis* R. Br.)等可供观赏；接骨木(*Sambucus williamsii* Hance)、金银花等可药用。

7.4.1.29　菊目(Asterales)

本目仅菊科(Compositae)1 科，形态特征同科。

(44)菊科(Compositae, Asteraceae)

$\diamondsuit$；δ；$\female$ *；$\uparrow K_{0\sim\infty} C_{(5)} A_{(5)} \overline{G}_{(2:1:1)}$

草本或灌木，极少为乔木或藤本。有些种植物体具乳汁。叶互生，稀对生或轮生，单叶、羽状或掌状分裂或复叶，无托叶。花两性或单性，稀中性，少数或多数聚生成头状花序，下面托以 1 至多层总苞片组成的总苞；头状花序单生或数个至多个排列成总状、聚伞状、伞房状或圆锥状；头状花序由多朵无柄小花着生在膨大的花序托上形成；花序托平、凸起或圆锥状，裸露或有各式托片；头状花序中的花有同形的，即全部为舌状花或全部为管状花，有异形的，即外围为舌状花，中间为管(筒)状花；萼片退化，常变态成毛状、鳞片状或刺芒状，称为冠毛；花冠合瓣，常 5 裂，合生成管状、舌状或漏斗状；雄蕊通常 5，着生于花冠管上，花药合生成聚药雄蕊；子房下位，2 心皮合生成 1 室，具 1 枚基底着生的胚珠。果为连萼瘦果，种子无胚乳(图 7-79)。

本科约 1 000 属 25 000～30 000 种，为种子植物最大的科，分布全世界，热带较少。我国约 217 属 2 100 种，各地均有分布。经济价值较大，大部供观赏，品种极多；有的是油料植物；有的药用，已知的已有 300 多种；有的供食用；有的能提取橡胶；也有许多田间杂草。根据乳汁的有无和花冠的类型，通常将本科又分为 2 个亚科。

菊科 2 亚科检索表

1. 头状花序全部管状花或管状花、舌状花兼有；植物体不具乳汁 ……………… 管状花亚科(Carduoideae)
1. 头状花序全部为舌状花，植物体具有乳汁 ……………………………………… 舌状花亚科(Cichorioideae)

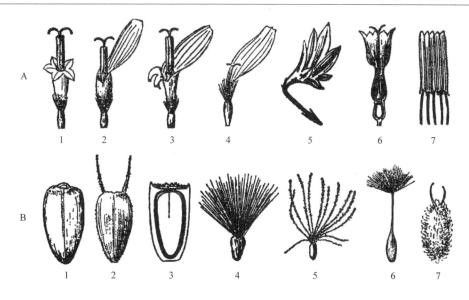

图 7-79　菊科

A. 花的类型：1. 筒状花　2. 舌状花　3. 唇状花　4. 假舌状花　5. 辐射花　6. 雌筒状花纵切　7. 聚药雄蕊

B. 各种植物果实：1. 向日葵　2. 鬼针草　3. 菊苣草　4. 飞廉　5. 蓟属　6. 蒲公英　7. 苍耳

①管状花亚科（Carduoideae）　植物体不具乳汁；头状花序全为管状花，或边缘为舌状花，而盘花为管状花。本亚科包括菊科的绝大部分种类。

瓜叶菊属（*Cineraria*）　多年生草本。叶互生。头状花序，生枝端；边缘花舌状，雌性，中央盘花管状，两性。瘦果，雌花的果常有翅。瓜叶菊（*C. cruenta* Mass.）（图7-80），多年生直立草本。单叶互生，叶片卵形至心状三角形，边缘有不规则裂齿；叶柄长4~7 cm，基部鞘状。头状花序排成伞房状；总苞钟状，总苞片披针形；舌状花雌性，花冠紫红、白、蓝各色，长椭圆形，萼片冠毛状，子房下位，1 室 1 胚珠，基底胎座；柱头 2 裂。管状花两性，萼片退化为白色的冠毛；花冠筒长约 6 mm，顶部 5 裂；雄蕊 5 枚，其花药连合成花药管将花柱部分包围，花丝分离，为聚药雄蕊；雌蕊心皮2，合生成 1 室子房，子房下位，基底胎座，内含 1 倒生胚珠；花柱1，柱头 2 裂。瘦果，椭圆形。为冬春室内栽培草花，花色多样，为良好的观赏植物。

本亚科常见植物：向日葵属（*Helianthus*）的向日葵（*H. annuus* L.），种子含油量可达55%，为重要的油料植物，果实也常作干果炒食；菊芋（*H. tuberosus* L.）的块茎可食，为制酒精及淀粉的原料；菊花 [*Dendranthema morifolium*（Ramat.）Tzvel.] 的品种甚多，花叶变化很大，是著名的观赏植物；蒿属（*Artemisia*）的艾蒿（*A. argyi* Lévl. et Vant.）、茵陈蒿（*A. capillaris* Thunb.）、牡蒿（*A. japonica* Thunb.）、黄花蒿（*A. annua* L.）等为常用中药；旋覆花（*Inula japonica* Thunb.）、苍耳（*Xanthium sibiricum* Patrin. ex Widd.）、

图 7-80　瓜叶菊

苍术[Atractylodes lancea (Thunb.) DC.]、牛蒡(Arctium lappa L.)、泽兰(Eupatorium lindleya-num DC.)、红花(Carthamus tinctorius L.)等均可药用;金盏菊(金盏花)(Calendula officinalis L.)、万寿菊(Tagetes erecta L.)、孔雀草(T. patula L.)、百日菊(Zinnia elegans Jacq.)、翠菊[Callistephus chinensis (L.) Nees]、大丽花(Dahlia pinnata Cav.)、雏菊(Bellis perennis L.)、矢车菊(Centaurea cyanus L.)、秋英(大波斯菊)(Cosmos bipinnatus Cav.)、大金鸡菊(Coreopsis lanceolata L.)、非洲菊(扶郎花)(Gerbera jamesonii Bolus ex Gard.)、藿香蓟(Ageratum cony-zoides L.)等均为常见的观赏植物;泥胡菜(Hemistepta lyrata Bge.)、刺儿菜[Cirsium setosum (Willd.) Bieb.]、鬼针草(Bidens bipinnata L.)、小蓬草(小飞蓬)[Conyza canadensis (L.) Cronq.]、阿尔泰紫菀(阿尔泰狗哇花)[Heteropappus altaicus (Willd.) Novopokr.]、蓝刺头(Echinops latifolius Tausch.)等为常见的杂草;落叶灌木蚂蚱腿子(Myripnois dioica Bge.)产于我国华北,为阴坡水土保持植物。

②舌状花亚科(Cichorioideae) 植物体具有乳汁;头状花序全部为舌状花,不含管状花。

蒲公英属(Taraxacum) 多年生草本,植物具乳汁。叶基生,全缘至羽状深裂。头状花序单生于无叶的花莛上,全部为舌状花,两性,结实;舌状花黄色或白色,舌片顶端截形,具5齿。连萼瘦果纺锤形;冠毛多数。蒲公英(T. mongolicum Hand.-Mazz.)(图7-81),草本,株高10~15cm;叶长圆状倒披针形或倒披针形,逆向羽状分裂;舌状花黄色;瘦果,褐色,顶端具有长喙,冠毛白色。全草入药,能清热解毒,嫩叶可食用。橡胶草(T. kok-saghyz Rodin)的根皮层含橡胶20%,木质部含8%,可提取橡胶。

本亚科常见植物:莴苣属(Lactuca)的莴苣(L. sativa L.)及其栽培变种莴笋(L. sativa L. var. angustata Irisch ex Bremer)、生菜(L. sativa L. var. romana Hort.)等为食用蔬菜;山莴苣(L. indica L.)为优良的高产饲用植物;苦荬菜属(Ixeris)的苦荬菜(抱茎苦荬

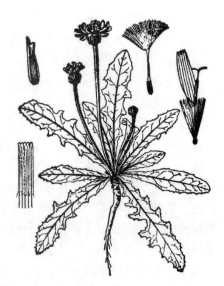

图7-81 蒲公英

菜)(I. sonchifolia Hance)、秋苦荬菜[I. denticulata (Houtt.) Stebb.]、苦菜[I. chinensis (Thunb.) Nakai]等全草可药用,嫩茎叶皆可作饲料;鸦葱属(Scorzonera)的鸦葱(S. austriaca Willd.)、皱叶鸦葱(S. sinensis Lipsch. et Krasch.)等,根均可入药,能清热解毒、消炎。

7.4.2 单子叶植物纲(Monocotyledoneae)

单子叶植物纲包括5亚纲19目65科,现选择其中的6目8科介绍如下。

7.4.2.1 泽泻目(Alismatales)

水生或半水生草本。叶互生,常密集于根状茎或匍匐茎的近顶端而呈基生状,通常基部扩大和具鞘。花整齐,3基数,两性或单性;花被6,排成2轮,外轮3片花萼状,内轮3片花瓣状。

本目包括花蔺科（Butomaceae）、泽泻科（Alismataceae）等 3 科。

（45）泽泻科（Alismataceae）

$\male\female * P_{3+3} A_{\infty\sim 6} \underline{G}_{\infty\sim 6:1:1\sim\infty}$

水生或沼生草本，具球茎或根状茎。叶常基生，具长柄，基部鞘状，叶形变化较大，叶脉在先端汇合，通常有横向小脉。花两性或单性，辐射对称；总状或圆锥花序，分枝常轮生；花被 6，排成 2 轮，外轮 3 片绿色，花萼状，宿存，内轮 3 片花瓣状，脱落；雄蕊 6 至多数，稀为 3 枚；心皮 6 至多数，分离，螺旋排列于凸起的花托上或轮状排列于扁平的花托上，子房上位，1 室，具 1 至数枚基生胚珠，花柱短而宿存。瘦果，种子无胚乳。

本科约 12 属 90 种，广布全球。我国有 5 属约 13 种，各地均有分布。

泽泻属（*Alisma*）　多年生水生或沼生草本。叶卵形或椭圆形。圆锥花序；花两性，雄蕊 6，花托扁平；心皮多数，轮生成 1 环。泽泻［*A. orientale*（Sam.）Juzepcz.］（图 7-82），具球茎，叶基生，叶片长椭圆形或宽卵形，顶端尖，基部圆形或心形，全缘；叶柄长 10～40 cm。花莛高 40～80 cm，花两性，呈顶生圆锥花序；花被片 6，外轮花被 3，宽卵形，具 7 脉，绿色或带紫色，宿存，内轮花被 3，倒宽卵形，膜质，白色；雄蕊 6；心皮多数，离生，轮生于扁平的花托上，子房上位，1 室，内含 1 胚珠，花柱弯曲。瘦果，扁平。球茎供药用，有清热、利尿、渗湿等作用。

本科其他常见植物：慈姑属（*Sagittaria*）的野慈姑（*S. trifolia* L.）、慈姑（*S. sagittifolia* L.）等，球茎可供食用，也可制淀粉。

图 7-82　泽泻

7.4.2.2　棕榈目（Arecales）

本目仅棕榈科 1 科，形态特征同科。

（46）棕榈科（Arecaceae，Palmae）

$\male * P_{3+3} A_{3+3}$；$\female * P_{3+3}\underline{G}_{3:(3)}$ 或 $\male\female * K_3 C_3 A_{3+3}\underline{G}_{3:(3)}$

常绿乔木或灌木，单干直立，稀为藤本。叶互生或丛生于茎顶，掌状或羽状分裂，少为全缘；叶柄基部常扩大成纤维状的鞘。肉穗花序大形，多分枝，成圆锥状，佛焰苞 1 至数枚，包围花梗和花序的分枝；花小，淡黄绿色，辐射对称，两性或单性；花被片 6，2 轮，分离或合生；雄蕊 6，2 轮，稀为 3 或较多；心皮 3，分离或不同程度联合，子房上位，1～3 室，稀为 4～7 室，每室有 1 胚珠。核果或浆果；种子具丰富的胚乳。

本科约 200 属 3 000 种，分布于热带和亚热带。我国有 22 属约 84 种，主要分布于南部各地。

棕榈［*Trachycarpus fortunei*（Hook. f.）H. Wendl.］（图 7-83），常绿乔木。茎直立，不分枝。老叶鞘基纤维状，包被秆上。叶簇生于茎顶，叶片圆扇形，掌状分裂，裂至中部，裂片硬直。花黄色，雌雄异株，聚生成多分枝的肉穗花序，佛焰苞显著，扇形，被绒毛。花萼及

图 7-83 棕榈

花冠 3 裂，雄花具 6 枚雄蕊，花丝分离；雌花由 3 心皮组成，心皮的上部分离，下部合生，每室 1 胚珠；柱头 3，常反曲。核果，球形或长椭圆形。广泛栽培，供观赏；叶及叶鞘、苞片可制棕绳及编制用具；棕榈子可提取植物蜡，也可供药用。

本科多为重要的纤维、油料、淀粉及观赏植物，常见的如蒲葵[Livistona chinensis (Jacq.) R. Br.]嫩叶可制蒲扇；鱼尾葵（ Caryota ochlandra Hance）、棕竹[Rhapis excelsa (Thunb.) Henry ex Rehd.]、散尾葵（ Chrysalidocarpus lutescens Wendl.）、王棕[Roystonea regia (H. B. K.) O. F. Cook]等均为观赏植物；椰子（ Cocos nucifera L.）的木材坚硬，可作建材，幼果内的汁液，鲜美可口，胚乳可生食或榨油，也可用于制糖果；油棕（ Elaeis guineensis Jacq.）是重要的油料植物；槟榔（ Areca cathecu L.）的木材供建筑用，嫩果可食，种子可药用。

7.4.2.3　天南星目（Arales）

草本，稀为攀缘木本，极少数为水生植物。叶宽，具柄。花小，高度退化，密生成肉穗花序，通常为 1 个大型佛焰苞所包，佛焰苞常具色彩；花被缺或退化为鳞片状；子房上位。浆果或胞果。种子有胚乳或缺。

本目包括天南星科（Araceae）和浮萍科（Lemnaceae）2 科。

(47) 天南星科（Araceae）

$♀$；$♂$；$♀ * P_{0;4\sim6} A_{1\sim8} \underline{G}_{(2;3\sim15:1\sim\infty:1\sim\infty)}$

多年生草本，稀为木质藤本。具根状茎或块茎。叶通常基生，如茎生则为互生，单叶或复叶，掌状脉或平行脉，基部常具膜质鞘。花序为肉穗花序，为 1 个常具色彩的佛焰苞所包；花小，辐射对称；两性或单性，花单性时常为雌雄同株（同花序），雄花位于肉穗花序的上部，雌花位于下部，少为雌雄异株；两性花常具花被，裂片 4~6 个，分离或结合；单性花常无花被；雄蕊 1~6（偶 8），分离或合生；雌蕊由 3（稀 2~15）心皮合生而成，上位子房，1 至多室，胚珠 1 至多数。果实常为浆果。

本科约 115 属 2 450 种，分布于热带和亚热带地区。我国有 35 属 206 余种，主要分布于南方。

半夏[Pinellia ternate (Thunb.) Breit.]（图 7-84），多年生草本。块茎圆球形。叶基生，1 年生者为单叶，心状箭形至椭圆状箭形；2~3 年生者为 3 小叶，集生柄端，小叶片卵状椭圆形至倒卵状长圆形；总叶柄长达 10~20 cm，基部具鞘且常有株芽。肉穗花序具细长柱状附属体，花序柄长于叶柄，佛焰苞绿色或绿白色，管部狭圆形；花单性，雌雄同株，下部雌花序长 2 cm，与佛焰苞合生，内藏于佛焰苞管部；上部雄花序圆柱形，长 5~7 mm；无花被，雄花有雄蕊 2，雌花的子房卵圆形，1 室，1 胚珠。浆果，卵圆形。块茎有毒，经炮制后入药，具有开胃、健脾、祛痰、镇静的作用。

常见植物：马蹄莲 [*Zantedeschia aethiopica*（L.）Spr.]、龟背竹（*Monstera deliciosa* Liebm.）、广东万年青（*Aglaonema modestum* Schott ex Engl.）、魔芋（*Amorphophallus rivieri* Durieu）等常栽培供观赏。芋头 [*Colocasia esculenta*（L.）Schott] 块茎含大量淀粉，可食用；茎叶可作饲料。天南星（*Arisaema heterophyllum* Bl.）、一把伞南星 [*A. erubescens*（Wall.）Schott] 等块茎均可药用。菖蒲（*Acorus calamus* L.）可制香料，也可药用，全草可驱蚊、杀虫。

图 7-84　半夏

7.4.2.4　莎草目（**Cyperales**）

多草本。叶互生，具叶鞘。花生于颖状苞片内，由 1 至多数小花组成小穗；花被退化为鳞片状、刚毛状或缺如；子房上位，由 2~3 个心皮构成，1 室。

本目包括莎草科（Cyperaceae）和禾本科（Gramineae）。

（48）莎草科（Cyperaceae）

$\female\,P_0\,A_{1\sim3}\,\underline{G}_{(2\sim3:1:1)}$；或 $\male\,P_0\,A_{1\sim3}$；$\female\,P_0\,\underline{G}_{(2\sim3:1:1)}$

多年生草本，较少 1 年生。常具丛生或匍匐状的根状茎，或少数具块茎或球茎；地上茎（秆）常三棱，少有圆柱形，单生或丛生，常实心，无节，花序以下不分支。叶通常 3 列，基生或茎生；叶片条形，基部常有闭合的叶鞘，或叶片退化而仅具叶鞘。花小，两性或单性而为雌雄同株，很少雌雄异株，单生于鳞片（颖片）的腋内，2 至多数带鳞片的花组成小穗，鳞片在小穗轴上 2 列或螺旋状排列，小穗单一或多枚组成穗状、总状、圆锥状、头状或聚伞花序，花序下面有 1 至多枚叶状、刚毛状或鳞片状苞片；花无被或退化成鳞片或刚毛，有时雌花为囊苞所包裹；雄蕊通常 3，少 1~2；雌蕊 2~3 心皮合生，子房上位，1 室，1 胚珠。小坚果，或有时为苞片所形成的囊苞所包裹而形成囊果，三棱形、双凸状、平凸状或球形。种子有胚乳。

本科约 80 属 4 000 种，广布全世界，以寒带、温带地区为最多。我国约 31 属 670 余种，分布于全国。

薹草属（*Carex*）（图 7-85）　多年生草本，茎通常三棱形。叶多基生，3 列互生。茎顶常有叶状总苞托在穗状花序下边，小穗在茎顶排成穗状、总状；花单性，雌雄花同一花序，雌花在雄花之上或雄花在雌花之上，或为雌雄花异序；花无被；雄花通常雄蕊 3 个；雌花具 1 雌蕊，子房外包有由苞片形成的囊苞，花柱突出于囊外，柱头 2~3；小坚果通常三棱形或完全包在囊苞内，形成囊果。常见的如细叶薹草（羊胡子草）[*C. rigescens*（Franch.）Krecz.]、异穗薹草（*C. heterostachya* Bge.）（图 7-86）等均为优良的草坪植物；乌拉草（*C. meyeriana* Kunth）分布于东北地区，可作保温填充物、编织和造纸用，为早年的"东北三宝"之一。

莎草属（*Cyperus*）　多年生或 1 年生草本，茎通常为三棱形。叶基生。茎顶生复聚伞花序，排成伞形、总状或头状；花序下具叶状总苞片数枚。小穗稍压扁，不脱落；颖片 2 列，

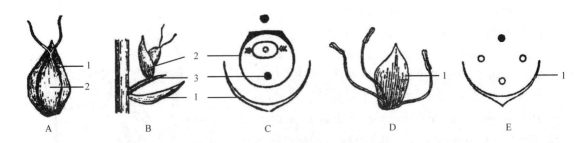

图 7-85　莎草科薹草属

A. 雌花　B. 雌花图解　C. 雌花花图式　D. 雄花　E. 雄花花图式

1. 颖片　2. 囊苞　3. 枝

图 7-86　异穗薹草

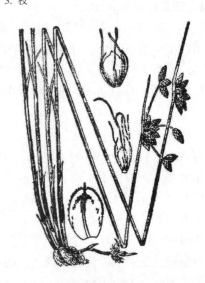

图 7-87　蔗草

从基部向顶端逐渐脱落；花两性；雄蕊通常 3 枚，小坚果三棱形。常见的如香附子（*C. rotundus* L.）块茎名"香附子"，可药用或提取芳香油作香料；油莎草（*C. esculentus* L. var. *sativus* Boeck.）的块茎为提取良好的食用油及工业用油的原料；旱伞草（风车草）[*C. alternifolius* L. ssp. *flabelliformis*（Rottb.）Kukenth.]常栽培供观赏；碎米莎草（*C. iria* L.）、球穗莎草（*C. glomeratus* L.）等为田间杂草。

本科在我国常见的还有蔗草属（*Scirpus*）的蔗草（*S. triqueter* L.）（图 7-87）、荆三棱（*S. yagara* Ohwi）、水葱（*S. tabernaemontani* Gmel.）等，均可作造纸原料，水葱也可栽培供观赏；荸荠属（*Eleocharis*）的荸荠（*E. tuberosus* Roxb.）球茎含有丰富的淀粉，可食用或作药用；飘拂草属（*Fimbristylis*）的二歧飘拂草[*F. dichotoma*（L.）Vahl]可作造纸原料。

（49）禾本科（Gramineae）

$\male$；$\female$；$\female$ P$_{2\sim3}$ A$_{3;6}$ $\underline{G}_{(2\sim3:1:1)}$

1 至多年生草本，少数为木本（竹类）。通常具根茎，地上茎称为秆，秆有明显的节和节间，节间多中空，很少实心（如玉米、高粱、甘蔗等）（图 7-88）。单叶，互生，2 列，叶由叶鞘（leaf sheath）和叶片（blade）组成（竹类称箨鞘和箨叶）；叶鞘包着秆，常在一边开裂，少数闭合；叶片带形、线形至披针形，具平行脉；叶片与叶鞘之间常有叶舌(ligule)和叶耳(auricle)(竹类称箨舌和箨耳)，叶舌生于叶片与叶鞘连接处的内侧，呈膜质或一圈毛状或撕裂或完全退化，叶鞘顶端的两侧常各具1耳状突起称叶耳，叶舌和叶耳的形状常用作区别禾草的重要特征。花序以小穗(spikelet)为基本单位，在穗轴上再排成穗状、总状、指状或圆锥状。小穗有1个小穗轴，通常很短，基部常有一对颖片(glume)，在外面或下面的一片称外颖(outer glume)，生在上方或里面的一片为内颖(inner glume)；小穗轴上生有1至数朵小花(floret)；小花多两性，稀单性，每一小花外有苞片2片，称外稃(lemma)和内稃(palea)，外稃顶端或背部具芒(awn)或否，一般较厚而硬，基部有时加厚变硬称基盘，内稃常具2条隆起如脊的脉，并常为外稃所包裹，在子房基部，内、外稃有2或3枚特化为透明而肉质的小鳞片(相当于花被片)，称浆片(lodicule)(作用在于将内、外稃撑开)；由外稃和内稃包裹

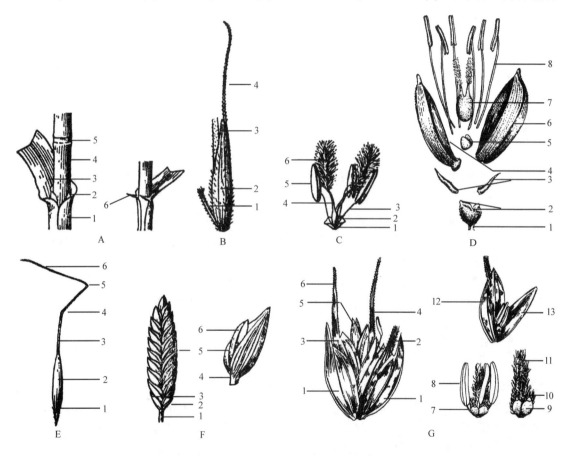

图 7-88 禾本科的叶、小花、小穗、颖果

A. 叶及秆：1. 叶鞘 2. 叶舌 3. 叶片 4. 节间 5. 节 6. 叶耳 B. 颖花：1. 小穗轴 2. 外稃 3. 内稃 4. 芒

C. 小花：1. 鳞被 2. 子房 3. 花丝 4. 花柱 5. 花药 6. 柱头 D. 水稻小穗：1. 小穗梗 2. 颖片

3. 退化花外稃 4. 内稃 5. 浆片 6. 外稃 7. 雌蕊 8. 雄蕊 E. 颖果：1. 基盘 2. 外稃 3. 芒柱

4. 第一膝曲 5. 第二膝曲 6. 芒针 F. 小穗：1. 小穗轴 2. 第一颖 3. 第二颖 4. 小穗轴

5. 外稃 6. 内稃 G. 小麦小穗组成：1. 颖片 2. 第一小花 3. 第二小花 4. 第三小花

5. 第四小花 6. 芒 7. 花丝 8. 花药 9. 浆片 10. 子房 11. 柱头 12. 外稃 13. 内稃

浆片、雄蕊和雌蕊组成小花；雄蕊通常3，有时6枚，少1、2、4枚，花丝细长，花药丁字形着生，可摇动；雌蕊2~3心皮合生，子房上位，1室1胚珠，花柱2，很少1或3，柱头常为羽毛状或刷子状。颖果，种子胚乳丰富。

禾本科专用术语解释如下：

小穗两侧压扁：颖与稃的侧面压扁呈舟状，使小穗的宽度小于背腹面的宽度。

小穗背腹压扁：颖与稃的侧面不压扁，而呈鳞片状，使小穗背腹面的宽度小于两侧的宽度。

小穗脱节于颖之上：组成小穗的花成熟后，小穗在颖上逐节断落而将颖片保存下来。

小穗脱节于颖之下：组成小穗的花成熟后，小穗连同下部的颖片同时脱落。

芒：为颖、外稃或内稃的主脉所延伸而成的针状物。

芒针：芒膝曲以下的部分，细弱而不扭转。

芒柱：芒膝曲以下的部分，常作螺旋状扭转。

第一外稃：指组成小穗的第一(最下部)小花的外稃。

禾本科是种子植物的一个大科，约750属10 000余种，广泛分布于全世界。我国有225属1 200多种，全国皆有分布。本科植物与人类生活关系密切，具有重要的经济价值。人们的食粮约有95%为该科植物所产；此外，有很多重要牧草和药用植物；用途极广的竹类，为建筑和编制用具的原料，也是美化庭园的植物；在绿化环境、水土保持等方面，许多种可以作地被草坪。地球表面各种草原、草甸和其他植被类型的草本层中，往往以禾本科植物为主要种类，它们在各种植被中起着重要作用。通常将本科分为竹亚科和禾亚科2个亚科，也有分为3、5或7个亚科的。

①竹亚科(Bambusoideae)　多为灌木或乔木状。地下茎为单轴形、合轴形或复轴形。秆一般为木质，圆柱形，节间中空，具有明显的秆环(即秆节，位于箨环的上方，是居间分生组织停止活动后所留)和箨环(箨节)。主秆叶(称秆箨，即笋壳)与普通叶明显不同；秆箨的叶片(箨片)通常缩小而无明显的中脉；普通叶片具短柄，且与叶鞘相连处成一关节，叶片易自叶鞘脱落。

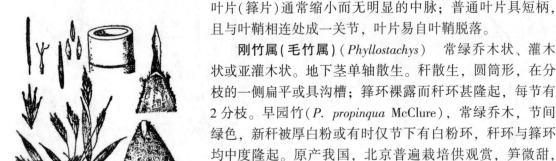

刚竹属(毛竹属)(*Phyllostachys*)　常绿乔木状、灌木状或亚灌木状。地下茎单轴散生。秆散生，圆筒形，在分枝的一侧扁平或具沟槽；箨环裸露而秆环甚隆起，每节有2分枝。早园竹(*P. propinqua* McClure)，常绿乔木，节间绿色，新秆被厚白粉或有时仅节下有白粉环，秆环与箨环均中度隆起。原产我国，北京普遍栽培供观赏，笋微甜，为较好的笋用材料。毛竹(*P. pubescens* Mazel ex H. de Lehaie)(图7-89)，高大乔木状竹类。新秆有毛茸与白粉，老秆无毛。分布于长江流域和以南，以及河南、陕西等地，是我国最重要的经济竹种，笋供食用，秆供建筑，也可用于编制各种器具。

本亚科的紫竹[*P. nigra* (Lodd.) Munro]、斑竹(*P. bambusoides* Sieb. et Zucc. f. *tanakae* Makino ex Tsuboi)、黄

图7-89　毛竹

槽竹(*P. aureosulcata* McClure)、佛肚竹(*Bambusa ventricosa* McClure)等常栽培供观赏。

②禾亚科(Agrostidoideae)　1 年生或多年生草本，秆通常草质。秆生叶即是普通叶，叶片大多为狭长披针形或线形，具中脉，通常无叶柄，叶片与叶鞘之间无明显的关节，不易从叶鞘脱落。

早熟禾属(*Poa*)　多年生草本，很少为 1 年生。叶片扁平。圆锥花序，开展或紧缩；小穗含 2 至数花，小穗脱节于颖之上，最上 1 朵花不发育或退化；颖近于等长，第一颖具 1～3 脉，第二颖通常 3 脉；外稃无芒，薄膜质，具 5 脉，内稃和外稃等长或稍短。颖果和内外稃分离。常见的如早熟禾(*P. annua* L.)(图 7-90)、硬质早熟禾(*P. sphondylodes* Trin.)等均可作饲料，草地早熟禾(*P. pratensis* L.)是常见草坪植物。

臭草属(*Melica*)　多年生草本。叶鞘闭合。顶生圆锥花序，紧密或开展；小穗较大，具 2 至数花，上部 2～3 小花退化，只有外稃，常互抱成小球；小穗脱节于颖之上；小穗柄细长，弯曲，并常自弯曲处折断而使小穗整个脱落；颖具膜质边缘，等长或第一颖较短，外稃无芒，内稃膜质。颖果。常见的如臭草(枪草)(*M. scabrosa* Trin.)、细叶臭草(*M. radula* Franch.)等。

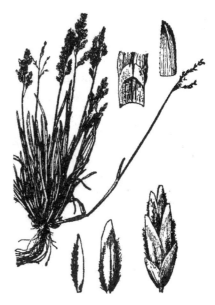

图 7-90　早熟禾

鹅冠草属(*Roegneria*)　多年生草本，通常无根状茎。顶生穗状花序，直立或下垂；穗轴每节着生一小穗；小穗含 2～10 花，脱节于颖之上，外稃具芒，或少数无芒，芒常比外稃长，劲直或向外反曲，内稃具 2 脊。常见的如纤毛鹅冠草[*R. ciliaris* (Trin.) Nevski]、鹅冠草(*R. kamoji* Ohwi)等。

狗尾草属(*Setaria*)　1 年生或多年生草本。顶生穗状圆锥花序；小穗含 1～2 花，单生或簇生；小穗下生有刚毛(不育枝)，刚毛宿存而不与小穗同时脱落；第一颖具 3～5 脉或无脉，长为小穗的 1/4～1/2，第二颖和第一外稃等长或较短；第二外稃革质。颖果。常见的如狗尾草[*S. viridis* (L.) Beauv.]、金狗尾草[*S. glauca* (L.) Beauv.]等。

小麦属(*Triticum*)　1 年生或 2 年生草本。穗状花序，顶生，直立；小穗含 3～5 花，常 3 朵能结实；每节只 1 小穗，小穗无柄，两侧压扁，以侧面对穗轴，小穗脱节于颖之上；颖革质，具 3 至数脉，顶端常具短尖头，背部具脊；外稃背部扁圆或多少具脊，具多数脉，顶端具芒或具齿。颖果。常见的如小麦(普通小麦)(*T. aestivum* L.)，为重要的粮食作物，除供食用外，麦麸是重要的精饲料；秆可作编织原料；果实入药，能养心安神。

本科其他常见植物：稻(*Oryza sativa* L.)、玉米(玉蜀黍)(*Zea mays* L.)、大麦(*Hordeum vulgare* L.)、黑麦(*Secale cereale* L.)、燕麦(*Avena sativa* L.)、莜麦(*A. nuda* L.)、高粱(蜀黍)(*Sorghum vulgare* Pers.)、小米(谷子、粟)[*Setaria italica* (L.) Beauv.]、薏苡(*Coix lacryma-jobi* L.)等均为粮食作物，也是优良的饲草。甘蔗(*Saccharum sinensis* Roxb.)是南方制糖的重要原料。狗牙根[*Cynodon dactylon* (L.) Pers.]、野牛草[*Buchloe dactyloides* (Nutt.) Engelm.]、

紫羊茅(*Festuca rubra* L.)、结缕草(*Zoysia japonica* Steud.)等是园林绿化中的草坪植物。芦苇 [*Phragmites australis* (Cav.) Trin. ex Steud.]幼嫩的茎叶可作饲料,秆为造纸原料或可编芦帘,根茎可药用。大油芒(*Spodiopogon sibiricus* Trin.)、马唐[*Digitaria sanguinalis* (L.) Scop.]、稗草[*Echinochloa crusgallii* (L.) Beauv.]、求米草[*Oplismenus undulatifolius* (Ard.) Roem. et Schult]、蟋蟀草(牛筋草)[*Eleusine indica* (L.) Gaertn.]、丛生隐子草(*Cleistogenes caespitosa* Keng)、黄背草(菅草)[*Themeda japonica* (Willd.) C. Tanaka]等为田间、山坡道旁杂草。

7.4.2.5 百合目(Liliales)

常草本,具根状茎、鳞茎或球茎。单叶,互生或基生,少对生或轮生。花两性,通常3基数;花被常2轮,花瓣状,分离或下部联合成筒状;雄蕊通常与花被片同数;子房通常由3心皮组成,上位或下位,中轴胎座。常蒴果。种子具丰富的胚乳。

本目包括百合科(Liliaceae)、鸢尾科(Iridaceae)、石蒜科(Amaryllidaceae)、龙舌兰科(Agavaceae)、雨久花科(Pontederiaceae)、百部科(Stemonaceae)、薯蓣科(Dioscoreaceae)、菝葜科(Smilacaceae)等15个科。

(50)百合科(Liliaceae)

$\female * P_{3+3} A_{3+3} \underline{G}_{(3:3:\infty)}$

多年生草本,稀木本。常具根状茎、鳞茎、球茎或块茎;地上茎直立或攀缘。单叶互生或基生、少对生或轮生,有时退化为鳞片状。花单一,腋生或常着生在花莛上,或形成花序;花序总状、穗状、圆锥花序或伞形花序,少数为聚伞花序。花两性,辐射对称,通常大而美丽,少有单性;花被花瓣状,通常6片,排列为2轮,离生或合生。雄蕊常6枚,与花被片对生;雌蕊由3心皮组成,子房常为上位,少有下位和半下位,3室,中轴胎座,稀1室侧膜胎座,每室有胚珠数个。蒴果或浆果。

本科约240属4 000余种,广布全世界,主产温带和亚热带地区。我国有60属约600种,各地均有分布,以西南为最多。百合科植物有重要的经济价值,有些种类可以食用,很多种类为药用植物和观赏植物。

百合属(*Lilium*) 多年生草本。具鳞茎,鳞片肥厚,茎分枝或不分枝。花大,腋生,单生或成总状花序;花被6片,2轮,白色、黄色、橙黄色,有时具深色斑点,钟状至漏斗状,直立展开或弯曲,通常下部狭窄;雄蕊6,花药大,背面中部着生在花丝顶端,呈丁字着药;雌蕊1,花柱长,柱头常头状,子房上位,3室,每室有多数胚珠。蒴果。百合(*L. brownii* F. E. Brown ex Miellez var. *viridulum* Baker.)(图7-91),鳞茎球形,白色,鳞片披针形。茎直立。叶互生,倒披针形或倒卵形,两面无毛,全缘,叶腋无珠芽。花两性,单生(或2~3朵),花被片乳白色,微黄,外面稍带紫色。常栽培供观赏;鳞

图7-91 百合

茎含淀粉，可食用，亦可入药，具润肺止咳的功效。卷丹(*L. lancifolium* Thunb.)、麝香百合(*L. longiflorum* Thunb.)常供观赏。山丹(*L. pumilum* DC.)、有斑百合[*L. concolor* Salisb. var. *pulchellm*(Fisch.)Regel]鳞茎可食用，也可入药。

本科其他常见植物有：天冬属(*Asparagus*)的天冬草[*A. densiflorus*(Kunth)Jessop]、文竹[*A. setaceus*(Kunth)Jessop]可盆栽供观赏，石刁柏(*A. officinalis* L.)幼嫩的茎可作蔬菜；萱草属(*Hemerocallis*)的萱草[*H. fulva*(L.)L.]广泛栽培供观赏或药用，黄花菜(*H. citrina* Baroni)的花食用即"金针菜"，根可药用；葱属(*Allium*)的葱(*A. fistulosum* L.)、蒜(*A. sativum* L.)、洋葱(*A. cepa* L.)、韭菜(*A. tuberosum* Rottl. ex Spreng.)等均为著名的蔬菜；黄精属(*Polygonatum*)的玉竹[*P. odoratum*(Mill.)Druce.]、黄精(*P. sibiricum* Delar. ex Red.)等，根茎可供药用。玉簪[*Hosta plantaginea*(Lam.)Aschers.]、紫萼[*H. ventricosa*(Salisb.)Stearn]、郁金香(*Tulipa gesneriana* L.)、风信子(*Hyacinthus orientalis* L.)、蜘蛛抱蛋(一叶兰)(*Aspidistra elatior* Bl.)、万年青[*Rohdea japonica*(Thunb.)Roth]、铃兰(*Convallaria majalis* L.)、吊兰[*Chlorophytum comosum*(Thunb.)Baker]、芦荟[*Aloe vera* L. var. *chinensis*(Haw.)Berg.]、麦冬(沿阶草)[*Ophiopogon japonicus*(L. f.)Ker-Gawl.]等常供观赏，许多亦可药用；贝母属(*Fritillaria*)、知母(*Anemarrhena asphodeloides* Bge.)、北重楼(*Paris verticillata* M.)、藜芦(*Veratrum nigrum* L.)等均为药用植物。

(51)鸢尾科(Iridaceae)

$\male\female *;\uparrow P_{3+3} A_3 \overline{G}_{(3:3:\infty)}$

多年生草本。具根状茎、球茎或鳞茎。叶多基生，狭长，线形至剑形，常 2 列，基部有套折的叶鞘。花单生或形成各种花序；花两性，辐射对称或两侧对称，由苞片内抽出；花被片 6，花瓣状，2 轮，基部常合生；雄蕊 3，着生于外轮花被上；雌蕊由 3 心皮合生而成，子房下位，3 室，中轴胎座，每室胚珠多数；花柱单一，上部 3 裂成 3 柱头，常似花瓣状或分裂成各种形状的裂片。蒴果。

本科约 60 属 1 500 多种，分布于热带和温带地区。我国有 11 属约 70 种。

鸢尾属(*Iris*)　多年生草本，具根茎。叶多基生。花单生或为总状、圆锥花序；花被片 6，下部合生成筒状，外轮 3 片较大，反折，内轮 3 片较小，直立或开展；花柱 3 分枝，扩大成花瓣状，蒴果。马蔺[*I. lactea* Pall. var. *chinensis*(Fisch.)Koidz.](图 7-92)，根状茎短而粗壮，常聚集成团。叶基生，线形，扁平，2 列，平滑无毛；基部套折状。花蓝紫色，花被片 2 轮，外轮 3 片匙形，先端尖，向外弯曲，中部有黄色条纹；内轮 3 片披针形，直立。雄蕊 3 枚，贴于弯曲花柱的外侧；花药长，纵裂。雌蕊由 3 心皮合生组成，子房下位，狭长，3 室，中轴胎座，每室具多枚胚珠；花柱 3 分枝，扩大成花瓣状，蓝色，顶端 2 裂。蒴果，长圆柱形；种子多数，近球形。栽培供观赏，种子可入药。本属植物鸢尾(*I. tectorum* Maxim.)、德国鸢尾(*I. germanica* L.)、野鸢

图 7-92　马蔺

尾(*I. dichotoma* Pall.)等均可作庭园观赏植物。

本科常见植物:唐菖蒲(*Gladiolus gandavensis* Van Houtt.)、香雪兰(*Freesia refracta* Klatt.)、射干[*Belamcanda chinensis* (L.) DC.]等常栽培供观赏,唐菖蒲还常供切花用。番红花(*Crocus sativus* L.)、射干等可药用。

7.4.2.6 兰目(Orchidales)

陆生、附生或腐生草本。花多为两性,常两侧对称;花被片6,2轮;雌蕊由3心皮组成,子房下位,1室或3室。种子微小,极多,具未分化的胚,无胚乳或胚乳少。

本目包含兰科(Orchidaceae)、水玉簪科(Burmanniaceae)等4科。

(52)兰科(Orchidaceae)

$$\text{⚥} \uparrow P_{3+3} A_{2\sim1} \overline{G}_{(3:1:\infty)}$$

多年生草本。陆生、腐生或附生;陆生、腐生的常有根状茎或块茎,有须根,附生的具有肥厚根被的气生根;茎直立、悬垂或攀缘,常在基部或其他部分膨大成各种形状的假鳞茎。单叶,互生,常排成2列,稀对生或轮生,基部常具抱茎的叶鞘,有时退化为鳞片状。花少为单生,通常组成总状、穗状或圆锥花序。花两性,稀为单性,两侧对称,花被片6,排成2轮,外轮3片为萼片,常花瓣状,中央的1片称中萼片,有时凹陷,并与花瓣靠合成盔,两侧的2片称侧萼片,略斜歪,离生或靠合,稀合生为1合萼片;内轮3片花瓣状,两侧的2片称花瓣,中央的1片特化为唇瓣,常因子房作180°扭转,而使唇瓣位于下方,唇瓣常有复杂的结构,分裂或不分裂,有时由于中部缢缩而分为上唇与下唇,其上通常有脊、褶片、胼胝体或腺毛等附属物,基部有时具囊或距,内含蜜腺;雄蕊和花柱、柱头完全合生成合蕊柱(column或gynostemium),通常半圆形,面向唇瓣;雄蕊1或2枚,极少3枚,花药常2室,花粉常结成2~8个花粉块;雌蕊3心皮合生,1室,子房下位,侧膜胎座;柱头3,在单雄蕊种中,2个发育,第3个柱头常不发育,变成一个小凸体,称为蕊喙(rostellium),位于花药的基部,而介于两个药室之间;在双雄蕊种中,3个柱头合生成单柱头,无蕊喙。蒴果,种子极多,细小,胚小而未分化,无胚乳。

本科约730属20 000余种,广布于热带、亚热带和温带地区,主产南美和亚洲热带。我国约150属1 000余种,主要分布于江南,以西南和台湾居多。兰科是种子植物第二大科,有很多是著名的观赏植物,还有许多是药用植物。

杓兰属(*Cypripedium*) 多年生陆生草本。根状茎粗短或伸长。叶常茎生,互生或对生,多数具弧形脉序。花通常1朵,花被片开展,离生或侧面2片愈合;唇瓣大,特化成囊状;合蕊柱内向弯曲;内轮两个侧生雄蕊能育,外轮1个为退化雄蕊,花粉粒状不成花粉块;子房1室,侧膜胎座。蒴果。大花杓兰(*C. macranthum* Sw.)(图7-93),株高25~50 cm,叶互生,3~5片,被白毛;叶片椭圆形或卵状椭圆形,基部具短鞘,包于茎上,叶缘具细缘毛。花常单生,紫红色;中萼片宽卵形,2个侧生萼片完全愈合成1片;花瓣卵状披针形,唇瓣囊状,紫红色。子房无毛。花大美丽,常供

图7-93 大花杓兰

观赏。

兰属(*Cymbidium*)(图7-94)　陆生、附生或腐生草本。茎极短或变态为假鳞茎。叶常带状，革质，近基生。总状花序直立或下垂，或花单生；花大而美丽，有香味；花被张开，合蕊柱长，花粉块2。蒴果长椭圆形。常见的如建兰[*C. ensifolium* (L.) Sw.]、春兰[*C. goeringii* (Rchb. f.) Rchb. f.]、墨兰[*C. sinense* (Andr.) Willd.]、惠兰(*C. faberi* Rolfe.)等，均可供观赏。

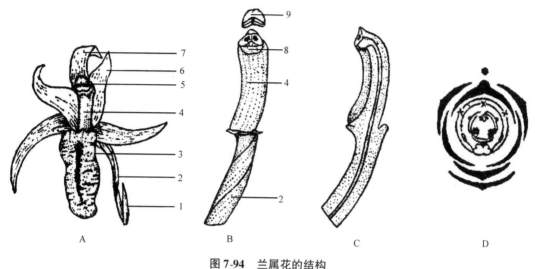

图 7-94　兰属花的结构

A. 花　B. 合蕊柱和子房　C. 合蕊柱和子房纵切面　D. 花图式

1. 小苞片　2. 子房180°扭曲　3. 唇瓣　4. 合蕊柱　5. 蕊喙　6. 花瓣　7. 中萼片　8. 柱头　9. 花药

本科著名的观赏植物还有卡特兰属(*Cattleya*)、兜兰属(*Paphiopedilum*)、蝴蝶兰属(*Phalaenopsis*)、万带兰属(*Vanda*)、独蒜兰属(*Pleione*)、白及属(*Bletilla*)、文心兰属(*Oncidium*)等属植物。药用植物如天麻(*Gastrodia elata* Bl.)的根状茎入药，能熄风镇痉、通络止痛；石斛(*Dendrobium nobile* Lindl.)、白及[*Bletilla striata* (Thunb.) Rchb.]、绶草[*Spiranthes sinensis* (Pers.) Ames.]、羊耳蒜[*Liparis japonica* (Miq.) Maxim.]、手参[*Gymnadenia conopsea* (L.) R. Br.]等均可药用。香子兰(*Vanilla planifolia* Andr.)的果皮中可提取香精，常用作食品及制烟工业的高级香料。

本章小结

被子植物是现代植物界中进化水平最高级的类群。本章介绍了被子植物分类的依据、被子植物原始与进化性状的概念，以及当前影响较大的恩格勒系统、哈钦松系统、塔赫他间系统和克朗奎斯特系统分类系统。详细介绍了被子植物分类的主要形态学基础知识及植物的鉴定方法。被子植物分类采用了克朗奎斯特系统，重点介绍了双子叶植物纲6亚纲29目的44个科和单子叶植物纲的5亚纲6目的8个科的主要特征和代表种类，各科识别要点如下。

(一)双子叶植物

1. 木兰科：木本。单叶互生，具环状托叶痕。花单生，花被常呈花瓣状，3基数；雌雄蕊多数，螺旋状排列于花托上。聚合蓇葖果。

2. 睡莲科：水生草本，有根状茎。叶心形至盾形。花单生，花萼、花瓣与雄蕊逐渐过渡，心皮多数，结合。果浆果状。

3. 毛茛科：草本。叶分裂或复叶。花两性，5 基数，花萼和花瓣均离生，雄蕊和雌蕊均多数，离生，螺旋状排列于膨大的花托上。聚合瘦果或蓇葖果。

4. 小檗科：灌木或草本。叶互生或基生，单叶或复叶。花两性，整齐，萼片和花瓣通常 4 ~ 6，离生，雄蕊与花瓣同数并对生，稀为花瓣的 2 倍。1 心皮 1 室，子房上位。浆果或蒴果。

5. 罂粟科：多草本，有白色或黄色乳汁。单叶互生，无托叶。花两性，整齐，萼片 2，离生，早落；花瓣 4 ~ 6，离生；雄蕊多数，分离；子房上位，侧膜胎座。蒴果。

6. 榆科：木本。单叶互生，花小，单被。花萼 4 ~ 8 裂，宿存；雄蕊与萼片同数而对生；子房上位，雌蕊由 2 心皮组成 1 室，内含 1 胚珠。翅果、核果或有翅坚果。

7. 桑科：木本，常有乳汁。单叶互生。花单性，单被花，4 基数。雄蕊与花瓣同数而对生；2 心皮合生子房。聚花果。

8. 壳斗科：木本。单叶互生，羽状脉直达叶缘。花单性，雌雄同株，雄花成柔荑花序，无花瓣，雌花 2 ~ 3 朵生于总苞中，子房下位，3 ~ 7 室，每室 2 胚珠，仅 1 个成熟。坚果；总苞木质化成壳斗，部分或完全包被坚果。

9. 石竹科：草本，茎节常膨大。单叶，对生。花单生或二歧聚伞花序，花两性，整齐；雄蕊常为花瓣的 2 倍；子房上位，特立中央胎座。蒴果。

10. 藜科：多草本。单叶互生。花小，单被；雄蕊与花被片同数而对生；子房 2 ~ 3 心皮合生，1 室，基底胎座。胞果。胚弯曲。

11. 蓼科：草本。单叶互生，全缘；有膜质托叶鞘。花两性，整齐，单被，萼片花瓣状，宿存。子房上位，3 心皮 1 室，1 胚珠。瘦果，双凸镜状或三棱形，常包于宿存花被内。

12. 芍药科：草本或亚灌木。叶互生，常为二回三出复叶。花两性，整齐，萼片 5，宿存，革质；雄蕊多数；心皮 2 ~ 5，离生，子房上位，内含胚珠多枚。蓇葖果。

13. 锦葵科：草本或木本，纤维发达。单叶互生，常掌状脉。花两性，整齐，5 基数，有副萼；单体雄蕊，花药 1 室；中轴胎座。蒴果或分果。

14. 堇菜科：草本。单叶，互生或基生，具托叶。花两性，两侧对称，5 基数；常有距；子房上位，由 3 心皮合生成 1 室，侧膜胎座。蒴果。

15. 葫芦科：草质藤本，具卷须。单叶，互生，多掌状分裂。花单性，整齐，5 基数；雄蕊 5 枚，其中两两结合，形似 3 枚；心皮 3，合生，子房下位，侧膜胎座。瓠果。

16. 杨柳科：木本。单叶互生。花单性，雌雄异株，柔荑花序；无花被；有花盘或蜜腺；侧膜胎座。蒴果，种子小，具丝状长毛。

17. 十字花科：草本。单叶互生。花两性，总状花序；十字形花冠；4 强雄蕊；2 心皮合生子房，1 室，侧膜胎座，具假隔膜。角果。

18. 报春花科：多草本，常具腺点和白粉。花两性，整齐，5 基数；花冠合瓣；雄蕊与花冠裂片同数而对生；5 心皮合生子房，特立中央胎座。蒴果。

19. 景天科：多草本，茎叶常肉质。花两性，整齐，4 ~ 5 基数；雄蕊为花瓣的 2 倍；雌蕊的心皮通常与花瓣同数，常分离，子房上位，胚珠多枚。蓇葖果。

20. 虎耳草科：多草本。叶常互生。花 4 ~ 5 基数；雌蕊多由 2 心皮构成，仅基部联合，向上渐细，成为 2 叉状花柱，中轴胎座。蒴果。

21. 蔷薇科：木本或草本。叶互生，常有托叶。花两性，整齐，花托凸隆至凹陷，花部 5 基数，雄蕊多数，花被与雄蕊常在下部结合成花筒(萼筒)；子房上位，少下位。核果、梨果、瘦果或聚合蓇葖果。

22. 含羞草科：多木本。羽状复叶互生。花两性，整齐，5 基数；雄蕊 4 ~ 10 或多数，花丝离生或合生；雌蕊 1 心皮 1 室，边缘胎座。荚果。

23. 苏木科：多木本。常为偶数羽状复叶，互生。花两性，两侧对称，5 基数，假蝶形花冠；雄蕊 10 或较少，常分离；雌蕊 1 心皮 1 室，边缘胎座。荚果。

24. 蝶形花科：草本或木本。多为复叶，具托叶和小托叶，叶枕发达。花两侧对称，蝶形花冠；雄蕊 10，常结合成二体；雌蕊 1 心皮 1 室，边缘胎座。荚果。

25. 鼠李科：多为木本，常有刺。单叶互生。花小，4 ~ 5 基数，雄蕊与花瓣对生；有花盘，子房上位，基生胎座。多为核果。

26. 葡萄科：藤本。卷须和花序均与叶对生。花小，4 ~ 5 基数，雄蕊与花瓣同数而对生；有花盘，子房上位，多为 2 心皮合生，中轴胎座。浆果。

27. 蒺藜科：草本或灌木。叶对生，多羽状复叶，少单叶；托叶宿存。花两性，4 ~ 5 基数，花丝基部常具鳞片状复数物；花盘常发达，子房上位，中轴胎座。蒴果，常裂为分果。

28. 大戟科：草本或木本，常具乳汁。单叶互生。多聚伞花序，花单性，子房上位，3 室，中轴胎座。蒴果。

29. 黄杨科：常绿灌木或小乔木。单叶，对生或互生。花单性，萼片 4 ~ 12 或无，无花瓣；雄花多具雄蕊 4 ~ 6，与萼片对生；雌花子房上位，常 3 室，中轴胎座。蒴果。

30. 牻牛儿苗科：多草本。单叶，互生或对生，具托叶。花两性，多为 5 基数，子房上位，3 ~ 5 室，中轴胎座。蒴果，果瓣具喙，熟时果瓣常由基部开裂，顶部与心皮柱连结，种子常无胚乳。

31. 伞形科：芳香性草本，叶柄常鞘状抱茎。伞形或复伞形花序，花两性，5 基数，子房下位，2 心皮合生成 2 室。双悬果。

32. 龙胆科：常草本。单叶对生。花两性，辐射对称，4 ~ 5 基数，花冠裂片常旋转状排列，裂片间具褶，或裂片基部有腺体或腺窝；子房上位，2 心皮，常 1 室，侧膜胎座，胚珠多数。蒴果。

33. 夹竹桃科：常木本，具乳汁。单叶对生或轮生。花两性，整齐，5 基数；花冠喉部常具附属物，裂片旋转状排列；花药常箭形，互相靠合；2 心皮，子房上位，中轴或侧膜胎座。蓇葖果。种子常具丝状毛。

34. 萝藦科：草本或小灌木，常有乳汁。单叶，对生或轮生。花两性，整齐，5 基数；常具副花冠；花粉联合成花粉块，具载粉器，雄蕊互相联合并与雌蕊紧贴成合蕊柱；心皮 2，离生，子房上位，边缘胎座。蓇葖果。

35. 茄科：多草本；具双韧维管束。单叶，互生。花两性，整齐，5 基数；花冠常辐射状；雄蕊与花冠裂片同数而互生，花药孔裂；2 心皮 2 室，中轴胎座，胚珠多数。浆果或蒴果。

36. 旋花科：多草本，茎缠绕或匍匐，双韧维管束，常有乳汁。单叶互生。花两性，整齐，有苞片；花冠常漏斗状；常具花盘；常 2 心皮 2 室，中轴胎座。蒴果。

37. 紫草科：多草本，常被粗毛。单叶互生，无托叶。花两性，整齐，5 基数，多蝎尾状聚伞花序；花冠喉部常有附属物；雄蕊内藏；2 心皮，常 4 深裂，子房上位。4 小坚果。

38. 唇形科：草本，含芳香油。茎四棱。单叶对生。轮伞花序，唇形花冠，2 强雄蕊，子房上位，2 心皮，4 室。4 小坚果。

39. 木犀科：木本。叶常对生。花整齐，花被常 4 裂，雄蕊 2；子房上位，2 心皮合生成 2 室，每室常 2 胚珠。常为蒴果、翅果或核果。

40. 玄参科：多为草本。单叶，常对生。花两性，两侧对称，花被 4 ~ 5 裂，花冠常二唇形；雄蕊 4，2 强；2 心皮，2 室，中轴胎座。蒴果。

41. 桔梗科：多草本，常有乳汁。单叶常互生。花两性，常辐射对称，5 基数；花冠钟状；雄蕊与花冠裂片同数而互生；子房下位，常 3 室，中轴胎座。蒴果。

42. 茜草科：木本或草本。单叶对生或轮生，具托叶。花整齐，4 或 5 基数，雄蕊与花冠裂片同数而互生；子房下位，2心皮合生成2室，中轴胎座，每室胚珠多数至1枚。蒴果、核果或浆果。

43. 忍冬科：常木本。叶对生，常无托叶。花辐射对称至两侧对称，常成聚伞花序，4～5基数，花冠裂片常覆瓦状排列，雄蕊与花冠裂片同数而互生，子房下位，常3室，每室具胚珠1至多数；中轴胎座。浆果、蒴果或核果。

44. 菊科：多为草本。叶互生。头状花序，有总苞；花萼退化或成冠毛；花冠合瓣，管状或舌状；聚药雄蕊；子房下位，2心皮1室，1胚珠。连萼瘦果，常有冠毛。

（二）单子叶植物

45. 泽泻科：水生或沼生草本。叶常基生，基部鞘状。花两性，整齐，在花葶上作轮状排列；花被6，外轮萼片状，宿存，内轮花瓣状；心皮离生。聚合瘦果。

46. 棕榈科：木本，树干不分枝。叶常绿，大形，丛生于枝顶；叶柄基部常扩大成纤维状的鞘。肉穗花序；花整齐，3基数。核果或浆果。

47. 天南星科：多草本。叶常基生，基部常具膜质鞘。肉穗花序，为一个常具色彩的佛焰苞所包；花整齐，单性或两性。浆果。

48. 莎草科：草本。常具根状茎；茎常三棱形，实心，无节。叶常3列，叶鞘闭合。以小穗组成各种花序，花生于鳞片（颖片）的腋内，两性或单性，无被或退化成鳞片或刚毛；雄蕊常3枚；雌蕊2～3心皮合生，子房上位，1室，1胚珠。小坚果。

49. 禾本科：多草本。茎秆圆柱形，常中空，具明显节与节间。单叶，2列互生，叶鞘常开裂，常有叶舌、叶耳。花序以小穗为基本单位，小穗由1对颖片（外颖和内颖）包裹1至多朵小花组成；小花多两性，由外稃和内稃常包裹2枚浆片、$3n$枚雄蕊和1个雌蕊组成；子房上位，1室1胚珠，花柱2，柱头常为羽毛状。颖果。

50. 百合科：多草本。具各种地下茎。单叶，多互生或基生。花整齐，3基数；花被片6，花瓣状，2轮；雄蕊6，与花被片对生；子房上位，3心皮3室，中轴胎座。蒴果或浆果。

51. 鸢尾科：草本。具根状茎、球茎或鳞茎。叶多基生，常2列，基部有套折的叶鞘。花两性，3基数；花被片6，花瓣状；雄蕊3；子房下位，3室，中轴胎座；花柱3裂。蒴果。

52. 兰科：多年生陆生、腐生或附生草本。单叶常2列，基部具抱茎的叶鞘。花两侧对称，花被片6，2轮，内轮中央1片特化为唇瓣，常因子房作180°扭转，而使唇瓣位于下方；雄蕊和花柱结合成合蕊柱；雄蕊1或2，稀3；3心皮1室，侧膜胎座；子房下位。蒴果，种子多而小。

复习思考题

1. 匍匐茎与平卧茎、攀缘茎与缠绕茎的主要区别是什么？

2. 如何区分枝条和复叶？

3. 如何判断复雌蕊的心皮数目？

4. 什么是胎座？有哪几种类型？其特点是什么？

5. 什么是花序？有哪些主要类型？

6. 果实有哪些类型？各举一例说明。

7. 植物学上，如何描述一种植物？

8. 有影响的被子植物分类系统有哪几个？简述它们的概况。

9. 何谓真花说和假花说？

10. 双子叶植物纲（木兰纲）和单子叶植物纲（百合纲）的主要区别有哪些？

11. 简述蔷薇科 4 个亚科的主要区别。

12. 简述豆目含羞草科、苏木科(云实科)及蝶形花科 3 个科的主要区别。

13. 唇形科、玄参科和紫草科有何异同?

14. 菊科有哪些主要特征? 它分为哪 2 个亚科? 简述两亚科的主要区别,并列举一些常见植物。

15. 简述禾本科及莎草科的主要特征,并比较二者的异同。

16. 简述禾本科植物小穗及小花的结构。

17. 简述木兰科、毛茛科、榆科、石竹科、蓼科、堇菜科、杨柳科、十字花科、报春花科、景天科、大戟科、伞形科、萝藦科、茄科、旋花科、木犀科、忍冬科、天南星科、百合科、兰科植物的主要识别特征。

18. 下列各种植物分别属于哪一科? 试写出其花程式并描述花程式表示的意义。

玉兰　二月蓝　刺槐　山桃　苹果　瓜叶菊　夏至草　地黄　早熟禾　异穗苔草

19. 指出下列花的性状为哪一科植物所具有:十字花冠、唇形花冠、蝶形花冠、舌状花冠、聚药雄蕊、单体雄蕊、二体雄蕊、多体雄蕊、合蕊柱。

20. 名词解释

轮生　复叶　十字花冠　蝶形花冠　单雌蕊　离心皮雌蕊　复雌蕊　无限花序　有限花序　角果　荚果　聚合果　聚花果

推荐阅读书目

1. 贺士元,等,1984. 北京植物志(上册). 北京:北京出版社.

2. 贺士元,等,1987. 北京植物志(下册). 北京:北京出版社.

3. 贺学礼,2017. 植物生物学(第 2 版). 北京:科学出版社.

4. 马炜梁,1998. 高等植物及其多样性. 北京:高等教育出版社,海德保:施普林格出版社.

5. 王全喜,张小平,2019. 植物学(第 2 版). 北京:科学出版社.

6. 杨世杰,2017. 植物生物学(第 3 版). 北京:科学出版社.

7. 周云龙,2016. 植物生物学(第 4 版). 北京:高等教育出版社.

第8章　植物生态学基础

8.1　生物圈与自然环境

8.1.1　生物圈

生物圈(biosphere)是奥地利地质学者休斯(E. Suess)在1875年首次提出的，他认为生物圈是地球表面的生物及其周围的物理环境所组成的总体，是生命物质及其生命活动的产物所集中的圈层。后来，苏联科学家维尔纳得斯基在1934年又给它下了一个定义：生物圈是由对流层(大气圈的下层)、水圈和风化壳(岩石圈的表层)等3个地理圈层组成，生物圈是地壳的一部分。简单地说，生物圈是地球上全部生物及其赖以生存的环境总体。根据生物分布的幅度，生物圈的上限可达海平面以上10 km的高度，下限可达海平面以下12 km。在这一广阔的范围内，最活跃的是绿色植物，它能将太阳能转化成化学能和生物能，为整个生态系统物质循环和能量流动提供了基础。

生活在大气圈、水圈、岩石圈和土壤圈界面上的生物构成一个有生命的生物圈。大气圈、水圈、岩石圈和土壤圈是生物圈在地球表面的环境，它们都有各自的特征。

8.1.2　自然环境因子

环境是指某一特定生物体或生物群体以外的空间及直接、间接影响该生物体或生物群体生存的一切事物的总和。从环境中分析出来的条件单位称为环境因子(environment factor)。植物的自然环境指植物生存环境中的各种外界条件的总和。植物与环境的关系十分密切，在不同的环境里，同一种植物的形态、结构、生理、生化等特征是不一样的。在环境因子中，对于某一具体植物有作用的因子称之为生态因子(ecological factor)。目前，研究植物与环境的相互关系时，通常将生态因子分为五组，即气候因子、土壤因子、生物因子、地形因子、人为因子。近1个世纪以来，大量砍伐、开垦森林以及工程建设等人为干扰已成为影响植物生存最重要的生态因子。

8.2　植物在生态系统中的作用

8.2.1　生态系统中的能量和物质循环

8.2.1.1　生态系统中的能量流动

(1)能量在生态系统中的传递规律

能量在生态系统中的传递服从热力学的2个定律：①生态系统通过光合作用所增加的能

量必定等于环境中太阳所减少的能量，总能量不会改变；②对生态系统来说，当能量以食物的形式在生物之间传递时，食物中相当部分能量将被降解为热而消散掉，其余则用于合成新的组织作为潜能贮存下来。

（2）能量沿食物链流动

当能量沿着一个食物链流动时，测定食物链每一个环节上生物的能量值，就可以获得生态系统内一系列特定点上能量流的准确资料。

（3）能量在营养级之间的流动

任何生态系统要正常运转都需要不断地输入能量。生态系统中的能量来自于太阳能，它是通过绿色植物的固定而输入到系统里，保存在有机物质中。当植食动物吃植物时，能量转移到第二营养级动物体中；当肉食动物吃植食动物时能量又转移到第三营养级的动物中，依此类推。最后由腐生生物分解死亡的动植物残体，将有机物中的能量释放逸散到环境中。与此同时，在各营养级由于生物呼吸作用都有一部分能量损失。所以，能量只是一次穿过生态系统，不能再次被生产者利用而进行循环。这一通过生态系统的能量单向流动的现象叫做能量流。

在每一个生态系统中，从绿色植物开始，能量沿着营养级转移流动时，每经过一个营养级能量都要大大减少。这是由于对各级消费者来说，其前一级的有机物中有一部分不适于食用或已被分解等原因未被利用。在吃下去的有机物中，一部分又作为粪便排泄掉，另一部分才被动物吸收利用。而在被吸收利用的那部分中，大部分用于呼吸代谢，维持生命，并转化成热损失掉；只有少部分留下来用于生长，形成新的组织。由于这种原因，后一营养级上的生产量大大小于前一级，其能量转化效率大约为 10%，这就是林德曼（Lindeman）的"百分之十率"。于是顺着营养级序列向上，生产量即能量急剧地、梯级般地递减。

能量在营养级之间的流动有以下 2 个特点：

a. 能量在流动过程中会急剧减少，一方面是因为生物对较低营养级的资源利用率不高，另一个原因是每一个营养级生物的呼吸都会消耗相当多的能量，这些能量最终都将以热的形式消散到空间中去。

b. 生态系统中能量流动的方向是单方向的和不可逆转的，这就是说，能量将一去不返，后面营养级中的能量不能被前面营养级中的生物所利用，所有的能量迟早都会通过生物呼吸被耗散掉。

8.2.1.2　生态系统中的物质循环

生物圈是由物质组成的，构成这些物质的化学元素在各个营养阶层传递并联结起来构成物质流。营养元素在生态系统之间的输入和输出，生物间的流动和交换以及它们在大气圈、水圈、岩石圈之间的流动，称为生物地球化学循环（biogeochemical cycle）。生态系统中流动的物质具有双重使命，它既是贮存能量的载体，又是维持生命活动的基础。生态系统除了需要能量外，还需要水和各种矿物元素。这首先是由于生态系统所需要的能量必须固定和保存在由这些无机物构成的有机物中，才能够沿着食物链从一个营养级传递到另一个营养级，供各类生物需要。否则，能量就会自由地散失掉。其次，水和各种矿质营养元素也是构成生物有机体的基本物质。因此，对生态系统来说，物质同能量一样重要。

生物有机体在生活过程中，需要 30～40 种元素。这些元素首先被植物从空气、水、土壤中吸收利用，然后以有机物的形式从一个营养级传递到下一个营养级。当动植物有机体死亡后被分解，它们又以无机形式的矿质元素归还到环境中，被植物重新吸收利用。这样，矿质养分不同于能量的单向流动，而是在生态系统内一次又一次地被利用和再利用，即发生循环，这就是生态系统的物质循环或生物地球化学循环。

(1) 物质循环的特点

物质循环的特点是循环式，与能量流动的单方向性不同。能量流动和物质循环都是借助于生物之间的取食过程进行的。在生态系统中，能量流动和物质循环是紧密地结合在一起同时进行的，它们把各个组分有机地联结成为一个整体，从而维持了生态系统的持续存在。在整个地球上，极其复杂的能量流和物质流网络系统把各种自然成分和自然地理单元联系起来，形成更大更复杂的整体——地理壳或生物圈。

(2) 物质循环的类型

生物地化循环可分为3种类型：水循环、气体循环、沉积型循环。

在水循环中，物质的主要贮存库是大气和海洋，其循环与大气和海洋密切相连，具有明显的全球性，循环性能最为完善。凡属于气体型循环的物质，其分子或某些化合物常以气体形式参与循环过程，属于这类循环的物质有氧、二氧化碳、氮、氯、溴和氟等。参与沉积型循环的物质，其分子或化合物绝无气体形态，这些物质主要是通过岩石的风化和沉积物的分解转变为可被生态系统利用的营养物质，而海底沉积物转化为岩石圈成分则是一个缓慢的、单向的物质移动过程，时间要以数千年计。这些沉积型循环物质的主要贮存库是土壤、沉积物和岩石，而无气体形态，因此这类物质循环的全球性不如水和气体循环表现得那么明显，循环性能一般也很不完善。属于沉积型循环的物质有磷、钙、钾、钠、镁、铁、锰、碘、铜、硅等，其中磷是较典型的沉积型循环物质，它从岩石中释放出来，最终又沉积在海底并转化为新的岩石。气体型循环和沉积型循环虽然各有特点，但都受到能量流的驱动，并都依赖于水的循环。

生物圈水平上的生物地化循环研究，主要是研究水、碳、氧、氮、磷等物质或元素的全球循环过程。由于这类物质或元素对生命的重要性和人类对其循环的影响，使这些研究更为必要。人类在生物圈水平上对生物地化循环过程的干扰在规模上与自然发生的过程相比，是有过之而无不及，如人类的活动使排入海洋的汞量约增加了1倍，铅输入海洋的速率约相当于自然过程的40倍。人类的影响已扩展到生命系统主要构成成分的碳、氧、氮、磷和水的生物地化循环，这些物质或元素的自然循环过程只要稍受干扰就会对人类本身产生深远的影响。

(3) 全球水循环

水循环是水分子从水体和陆地表面通过蒸发进入到大气，然后遇冷凝结，以雨、雪等形式又回到地球表面的运动过程。水循环的生态学意义在于通过它的循环为陆地生物、淡水生物和人类提供淡水来源。水还是很好的溶剂，绝大多数物质都是先溶于水，才能迁移并被生物利用。因此其他物质的循环都是与水循环结合在一起进行的。可以说，水循环是地球上太阳能所推动的各种循环中的一个中心循环。没有水循环，生命就不能维持，生态系统也无法开动起来。

（4）气体型循环——碳的全球性循环

碳对生物和生态系统的重要性仅次于水。植物通过光合作用从大气中摄取碳的速率和通过呼吸作用把碳释放给大气的速率大体相同。碳循环的基本路线是从大气贮存库到植物和动物，再从动植物通向分解者，最后又回到大气中去。

除了大气以外，碳的另一个贮存库是海洋，它的含碳量是大气含碳量的 50 倍。更重要的是，海洋对于调节大气中的含碳量起着非常重要的作用。在植物光合作用中被固定的碳，主要是通过生物的呼吸以 CO_2 的形式又回到了大气圈。此外，非生物的燃烧也使大气圈中的 CO_2 的含量增加。

CO_2 在大气圈和水圈之间的界面上通过扩散作用而互相交换着，如果大气中 CO_2 发生局部短缺，就会引起一系列的补偿反应，水圈里溶解态的 CO_2 就会更多地进入大气圈。同样，如果水圈里的碳酸氢根离子在光合作用中被植物耗尽，也可从大气中得到补充。总之，碳在生态系统中的含量过高或过低，都能通过碳循环的自我调节机制而得到调整并恢复到原来的平衡状态。森林也是生物碳库的主要贮存库，其贮碳量相当于目前地球大气含碳量的三分之二。

（5）沉积型循环——磷的全球性循环

磷是构成生物有机体的另一个重要元素。磷的主要来源是磷酸盐类岩石和含磷的沉积物（如鸟粪等）。它们通过风化和采矿进入水循环，变成可溶性磷酸盐被植物吸收利用，进入食物链。以后各类生物的排泄物和尸体被微生物所分解，把其中的有机磷转化为无机形式的可溶性磷酸盐，接着其中的一部分再次被植物利用，进入食物链进行循环；另一部分随水流进入海洋，长期保存在沉积岩中，结束循环。

8.2.2 植物的生态功能

植物作为生态系统结构中的枢纽成分，在生态系统的物质生产、能量流动、物质循环和环境改良等功能过程中发挥着重要的作用。

8.2.2.1 绿色植物是第一性有机物质的生产者

植物能够利用太阳能和土壤中的水分和养分，为比自身多 10~30 倍的异养生物提供必要的食物。绿色植物通过光合作用，吸收和固定太阳能，把无机物合成转化成为有机物，是生态系统能量贮存的基础阶段，称为初级生产（primary production）或第一性生产。

一般来说，植物只能吸收太阳能入射光能的一半，其中的 90% 被消耗在蒸腾作用上，只有 10% 的能量被固定在有机物中，因此，初级生产量的最大估计值仅为太阳总入射光能的 2.4%。初级生产以外的动物性生产称为次级生产，或称为第二性生产（second production）。初级生产的规模和速度决定了次级生产的可能速度和规模，次级生产的总和小于初级生产。植物初级生产的重要性主要体现在以下 2 个方面：

①植物的初级生产力是决定其他生物存在和发展的基本物质条件 初级生产力越大，能够为动物直接或间接提供的食物来源就越多，能够维持动物生存所必需资源的潜力就越大。初级生产量越大，食物链就可能越长，食物网也就可能越复杂，整个生态系统物种多样性水平就越高。

②植物初级生产的生产方式决定了其他动物获取资源的方式 地球上植物的生产条件主

要有陆地环境和水生环境，从而形成了两种不同的初级生产方式，这样也就导致水生动物和陆生动物取食方式的不同，进而导致它们在组织器官的配置、新陈代谢的方式等方面出现根本性的差异。

8.2.2.2 植物与生态系统的能量流动和物质循环

生态系统中太阳的光能经植物固定后，转变为化学能贮存在植物体内，通过食物链被异养生物取食，能量也因此而转移，较高营养级的生物从低营养级的生物获取能量。在这一过程中，能量不断衰减，也是单向流动的。植物对太阳能固定的速度和规模，决定了能量流动的速度和规模。自然界中的任何一种元素通过植物吸收到体内，通过生物之间的捕食作用进入到消费者体内，随着动植物的死亡和排泄，并在分解者的作用下，最终以无机元素形式回到环境当中，由植物再度吸收利用，如此循环不已，实现物质循环(material cycle)，生态系统中的物质循环和能量流动是紧密结合在一起的。物质是能量的载体，能量是物质循环的动力，在能量的驱动下物质从一种形态变成另外一种形态，从一个物质载体中进入到另外一个物质载体中。

8.2.2.3 植物对生态环境的改良和调节

植物不仅为人类提供食物、药物和工农业生产原料，产生直接的经济价值，而且还具有难以估量的生态效益，这里只简略地分析一下它的生态效益，就可以看出它的重要作用。

(1)涵养水源、保持水土

森林涵养水源主要通过树冠截流天然降水，估计可截流20%以上的水量，林地的枯枝落叶层截流并吸收5% ~ 10%的水量；树根增加土壤粗孔隙率，使地表水转变为地下水，从而具有调节流量的作用。这样洪水期流量能蓄积起来，枯水期释放出来，其功能就像一个天然的"绿色水库"，保证河流细水长流，满足下游城乡人民生活和工农业生产充足而洁净水源的需求。与此同时，森林可防止土壤侵蚀，长江上游地区荒山荒地每平方千米对长江输沙量高达 1.09×10^4 t，而林区每平方千米仅为 0.11×10^4 t，两者相差近10倍。近年来，各地水旱灾害频繁，在很大程度上与森林遭受大面积砍伐有关。有人计算，我国目前森林的年总水源涵养量是 3473×10^8 t，相当于我国现有水库总库容的75%，平均每公顷森林水源涵养价值为1 890元，全国每年总计约2 527亿元。我国森林每年减少土壤侵蚀总量约 246×10^8 m³ 或 320×10^8 t，减少土壤有机质流失量 3.84×10^8 t，其中氮、磷、钾的损失相当于5 700 × 10^4 t标准化肥，森林保护土壤约相当于每年创造价值2 691亿元。可以看出，开展封山育林，发挥植物涵养水源、保持水土的作用，就能维护流域的生态安全，创造巨大的价值。

(2)调节区域气候，净化大气和水域生境

毫无疑问，气候的变化主要受大气环流的影响，但不要低估森林、草原、湿地的存在对区域气候的调节和净化作用，它们对保持温度、湿度、降雨和风速的相对稳定是明显的。更值得注意的是，由于工业、交通的发展使大气中二氧化碳、二氧化硫、氧化氮、甲烷等温室气体的含量明显增加，而植物能吸收大量二氧化碳，并通过光合作用将二氧化碳转为氧。如果树种选择得当，类型配置适宜，对于净化城市大气能起重要作用。至于水域的污染，利用植物进行净化，效果也是明显的。南美洲亚马孙河流域热带雨林的影响是世界性的，它每年能够贮存 2×10^8 ~ 3×10^8 t二氧化碳，相当于全球二氧化碳排放量的5%，仅靠这一项每年就有高达20亿 ~ 30亿美元的价值。

（3）维护生态系统的动态平衡，为其他物种创造适宜的栖息生境

植物是生态系统的创建者，它对维护整个生态系统的动态平衡起着关键的作用。植物的种类保持稳定有利于鸟、兽、昆虫乃至土壤微生物生存，提供充分而洁净的水源，从而保证农业生产的正常开展。海岸红树林的存在既能降低海洋风暴的影响，也提供许多海洋生物产卵和繁殖以及鸟类栖息的场所，大大丰富了区域生物多样性。

（4）构建优美的环境，促进生态旅游的发展

各地植物及其群落造就的优美环境，吸引大量游人去观光游览。四川理县米亚罗地区连续采伐木材 80 多年，资源已枯竭殆尽。为了继续生存下去，只好建立保护区，通过封山育林，期待恢复原来的面貌。他们发现群落演替初期许多先锋树种，秋季红叶似火，是发展生态旅游的好去处。实践证明，他们的收入不亚于过去采伐木材的水平。北京秋季火红色的黄栌、槭树，金黄色的银杏和棕红色的水杉分布地，一片绚丽的风光，极具欣赏性，成为独特而迷人的景观。

8.3　植物生态学的基本概念

8.3.1　植物个体生态学

8.3.1.1　植物与光的生态关系

（1）光的性质

光是由波长范围很广的电磁波所组成，主要波长范围是 150~4 000 nm，其中人眼可见光的波长在 380~760 nm，可见光谱中根据波长的不同又可分为红、橙、黄、绿、青、蓝、紫七种颜色的光。植物叶片对可见光区中的红橙光和蓝紫光的吸收率最高，因此这两部分称为生理有效光；绿光被叶片吸收极少，为生理无效光。

（2）光照强度对植物的生态作用

光照强度的空间变化规律是随纬度和海拔高度增加而逐渐减弱，并随坡向和坡度的变化而变化。光照强度对植物生长发育和形态建成有重要作用。光是绿色植物进行有机物合成的能量来源，而有机物积累的多少必然对植物生长产生影响，植物许多器官的形成以及各器官和组织的比例都与光照强度有直接关系。根据植物与光照强度的关系，一般可以把植物分为阳生植物、阴生植物和耐阴植物三大生态类型。

①阳生植物（heliophytes）　是指在强光环境中生长发育健壮，在阴蔽和弱光条件下生长发育不良的植物。常见种类有蒲公英、松、杉、杨、柳等。

②阴生植物（sciophytes）　是在较弱的光照条件下比在强光下生长良好的植物。如林下的蕨类植物、苔藓植物、人参、三七、半夏等，都属于阴生植物。

③耐阴植物（shade-enduring plant）　是介于以上两类之间的植物。这类植物对光照强度具有较广泛的适应能力。如麦冬、玉竹、肉桂、党参等都属于此类。

（3）日照长度对植物的生态作用

日照长度对植物的开花有重要影响，植物的开花具有光周期现象，而日照长度起决定性的作用。日照长度还对植物休眠和地下贮藏器官形成有明显的影响。根据植物（开花过程）

与日照长度的关系，可以将植物分为四类：长日照植物、短日照植物、中日照植物和日中性植物。

(4)光质对植物的生态作用

大多数植物在全可见光谱下生长最好，有些植物能够在缺少其中某些波长的情况下生活。如蓝紫光和青光对植物的生长和幼芽的形成有很大作用，能抑制植物的伸长而使植物形成矮粗的形态；青蓝紫光还能影响植物的向光性，并能促进花青素等植物色素的形成；蓝光能激活光合作用中同化 CO_2 的酶类；红光能促进植物伸长生长；紫外线能引起植物向光性的敏感和促进花青素的形成，使植物细胞液特别是表皮细胞液积累去氢黄酮衍生物，再使之还原成为花青素；红外线能促进植物种子或孢子的萌发，提高植物体温度等。

8.3.1.2 植物与温度的生态关系

(1)温度的生态意义

一定的温度是植物生命活动不可缺少的条件之一。温度的生态学意义还在于温度的变化能引起环境中其他生态因子的改变，如湿度、降水、风、氧在水中的溶解度等，这是温度对植物的间接影响。此外，温度还经常与光和湿度联合起来作用，共同影响植物的各种功能。

(2)温度对植物生长发育的影响

适宜的温度是生命活动的必要条件之一。植物的生理生化反应总是在一定的温度范围内进行的，不同植物对温度适应范围大小不一，有些植物具有较广的温度适应范围，被称为广温植物，大多数陆生植物属于此类；有些植物则只能在温度很窄的范围内生存，被称为窄温植物，许多水生植物、极地植物以及不少热带植物属于此类。一般植物在 0~35 ℃ 的温度范围内，温度上升，生长加快；温度降低，生长减慢。但不同的植物所需求的温度是不同的，每一种植物的生长发育都有温度的"三基点"：即最低温度、最适温度、最高温度。植物体在最适温度范围内生长发育良好，但温度过低、过高，超过了植物所能忍受的最低或最高温度时，都会给植物生长造成障碍，甚至死亡。

8.3.1.3 植物与水的生态关系

(1)水对植物的生态作用

水对植物的生态作用主要表现在以下几个方面。

①水是原生质的主要成分　原生质的含水量一般在 80%~90%，这些水使原生质呈溶胶状态，从而保证了新陈代谢旺盛地进行，如根尖、茎尖。如果含水量减少，原生质会由溶胶状态变成凝胶状态，生命活动就大大减弱，例如休眠的种子。如果细胞失水过多，就可能引起原生质破坏而导致细胞死亡。

②水是植物一切代谢活动的媒介，同时也是植物新陈代谢过程中的反应物质　一般说来，植物不能直接吸收固态的无机物和有机物，这些物质只有溶解在水中才能被植物吸收。同样，各种物质在植物体内的运输也必须溶解于水中才能进行。在光合作用、呼吸作用、有机物的合成和分解过程中，都必须有水的参与。

③水能维持植物体的正常体温　水具有很高的汽化热和比热，又具有较高的导热性，在环境温度波动时，植物体内大量的水分可通过不断流动和叶面蒸腾，顺利地散发叶片所吸收的热量，保证植物体即使在炎夏强烈的光照下，也不致被阳光灼伤。

④水能保持植物体的固有状态　足够的水分可使细胞保持一定的紧张度，使植物枝叶挺

立，便于充分吸收阳光和进行气体交换，同时可使花朵开放利于传粉。有些植物的器官可以在空间位置上有限的移动，其中有的运动是由于细胞膨压的改变引起的。

⑤水是影响植物生态分化方向的重要因子　不同水分状况下的植物，形成了与其生境水分数量相适应的形态、结构和生理功能，形成对水的不同依赖程度。

(2)植物对水分的生态适应

根据植物对水分的适应情况可以将植物分为水生植物和陆生植物。植物体的全部或部分适宜生长在水中的植物，称为水生植物。水生植物通常具有适应水生环境的特点，如有发达的通气系统，以保证身体各部分对氧气的需要；叶片常呈带状、丝状或极薄，有利于增加采光面积和对二氧化碳与无机盐的吸收；植物体具有较强的弹性和抗扭曲能力以适应水的流动；淡水植物具有自动调节渗透压的能力，而海水植物则是等渗的。按植物体沉没于水下的多少，又可将水生植物分为沉水植物、浮叶植物和挺水植物3种类型。陆生植物生长的水分状况十分多样，可按植物的适应特征分为湿生、中生和旱生植物3种类型。

8.3.1.4　植物与土壤的生态关系

(1)土壤的生态作用

首先，土壤可固定植物。除了一些先锋植物能直接生长在岩石表面，大多数植物都是生长在一定厚度的土壤上的。其次，土壤可为植物生长发育提供必须的营养物质。

(2)植物对土壤的生态适应

土壤是大气和生物长期作用于岩石表面而形成的产物，是陆生植物生活必需的水分和养分条件的基质。植物与土壤之间进行着频繁的物质交换，彼此有着强烈的影响。不同植物下形成不同的土壤，不同性质的土壤上有相应的植物生态类型。根据植物对土壤酸度的反应，可把植物划分为酸性土植物、中性土植物、碱性土植物；根据植物与土壤矿质盐类的关系，可把植物划分为钙质土植物和嫌钙植物；根据植物与土壤中含盐量的关系，可划分出盐碱植物；根据植物与风沙基质的关系，可划分出沙生植物。

8.3.2　植物种群生态学

8.3.2.1　种群的基本概念

种群(population)是生物种在自然界存在的形式和基本单位，植物种群是植物群落结构和功能的基本单位。Harper(1977)提出的以植物生活史为纲的植物种群动态模型，标志着植物种群生态学的产生。

种群并不是个体的简单总和，而是一个客观的生态生物学单位，是具有自己独特的特征、结构和机能的整体。一般说来，自然种群的基本特征包括3个方面：数量特征，即单位面积或体积中的个体数量是动态的；空间特征，即种群具有一定的分布区域；遗传特征，即种群具有一定的基因组成，种群的遗传多样性增加了种群在环境中的生存能力。

8.3.2.2　种群的基本特征

(1)种群的数量特征

种群的数量特征是种群最基本的特征。种群的数量大小受4个种群参数(出生率、死亡率、迁入率、迁出率)影响，这些参数继而又受种群的年龄结构、性别比率、分布格局和遗传组成的影响，从而形成种群动态。

①种群的数量和密度　种群的数量(population size)是指一定范围内某个种的个体总数,也称为种群大小。如果用单位面积或单位体积的个体数来表示种群的大小,则为种群密度(population density)。影响种群大小或密度的因素可能有很多,主要有种群的繁殖特性、种群的结构、物理环境因子(光、温度、水等)、种内竞争、种内遗传变异和自然选择等。

②种群数量变动的参数　种群的大小由种群出生率、死亡率、迁入率和迁出率 4 个基本参数来决定。即:

$$种群变化 = 出生率 - 死亡率 + 迁入率 - 迁出率$$

出生率(natality)指单位时间内种群新出生的个体数,出生率有生理出生率与生态出生率之分。死亡率(motality)是单位时间内种群死亡的个体数,死亡率也有生理死亡率和生态死亡率之分。迁移扩散是种群常有的现象,种群的迁出或迁入,影响着一个地区种群的数量。种群的迁移率就是一定时间内种群的迁出数量与迁入数量之差占总体的百分率。

③年龄结构　种群的年龄结构(age structure)又称为年龄分布,是指种群内各年龄期个体数量在种群中所占的比例。种群的年龄结构常用年龄锥体(或称年龄金字塔)(age pyramids)来表示。根据生态年龄,即植物的繁殖状态,一般将生物的年龄分为 3 个时期:繁殖前期、繁殖期和繁殖后期,以此可将年龄锥体划分为 3 种基本类型(图 8-1),即增长型种群、稳定型种群、衰退型种群。

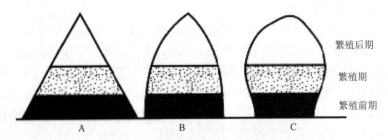

图 8-1　年龄锥体的三种基本类型

A. 增长型种群　B. 稳定型种群　C. 衰退型种群

(仿 Kormondy, 1976)

增长型种群(increasing population)指种群中幼体数量最大,而老年个体较少。这种年龄结构反映出该种群有高出生率和低死亡率,说明种群处于增长时期。

稳定型种群(stable population)指其各个年龄级的个体数的分布比较均匀,每一年龄级进入上一级的个体与下一个年龄级进入该级的个体数大致相等(幼年、中年的个体数比老年略多些),所以种群的大小趋于稳定。

衰退型种群(declining population)与增长型种群相反,老年个体数多,幼年个体数少,大多数个体已过了生殖年龄,种群的数量趋于减少。

④种群的增长　指数增长(exponential growth),也称对数增长(logarithmic growth)或几何增长(geometric growth)。满足指数增长的条件是:种群处于无限环境条件下,即个体增长不受空间或密度与资源的限制;个体不死亡;每代的生殖力保持恒定。

种群的无限增长在自然条件下很少发生,通常要受到有限环境条件的制约,而且种群的增长过程是与密度相关的。当种群个体数增长到接近于环境所能支持的最大值时,种群将不再增长而达到"饱和"状态。这种种群曲线呈"S"形，称为逻辑斯蒂增长（logistic growth）曲线。因此，在自然界中，种群的初期增长可接近或等于指数增长。

（2）种群的空间分布格局

种群的分布格局是指种群内个体的空间分布方式或配置特点，通常有 3 种类型。

①均匀分布（uniform distribution）　又称规则分布，是指种群个体间保持一定的均匀距离，个体间形成等距的规则分布。在自然条件下均匀分布极其罕见。病虫害、种内竞争、优势种呈均匀分布而使其伴生种也呈均匀分布，地形或土壤等物理特征呈均匀分布，以及自毒现象等，都能导致均匀分布。人工栽培植物种群一般都是均匀分布的。

②随机分布（random distribution）　指个体的活动或生长位置完全由随机因素决定，个体间彼此独立生存不受其他个体的干扰；它的出现与其余个体无关，任何个体在某一位置上出现的几率相等。这种分布在自然条件下不常见，只有当环境条件基本一致时或生境中的主导因素是随机分布的时候才会出现。如依靠种子进行繁殖的植物在入侵一个新的生境时，常呈随机分布。

③集群分布（contagious distribution）　又称团块分布，指种群个体的分布极不均匀，常成群、成族、成块或成斑点地密集分布。在自然条件下，绝大多数植物种群常呈集群分布。土壤不均匀、种群繁殖的特性和种子的传播方式以及植物分泌物的影响等常可导致植物呈集群分布。

除以上 3 个分布格局外，Wittaker（1975）提出了第四种分布型，即嵌式分布。嵌式分布表现为种群簇生结合为许多小的集群，而这些集群又呈有规则的均匀分布。

（3）种群的遗传特征

种群是同种的个体集合，因此种群具有一定的遗传组成，是一个基因库。任何一个种群，其各个个体基因型的相对稳定性是种群繁殖的基础。但是不同的地理种群存在着基因差异，因而它们各自的表现型也常常有差异。种群内的生存和繁殖差异，使得那些能比较好地适应环境的个体产生更多的后代，结果使种群更适应于环境。如果环境条件随时间发生变化，优良的基因型能较好地适应新环境，并在自然选择中，种群的遗传组成将发生变异，从而产生适应性更强的表现型，这一过程就是进化。

自然界中，大多数植物都生长在不同的生境中，由于长期受不同环境条件的影响，同种植物的不同个体群都朝着适应各自环境条件的方向发展，导致了不同个体群之间的差异。如果这些差异能遗传，就形成了不同的个体类型——生态型。人们通常根据导致生态型产生的主导因子把生态型分为气候生态型、土壤生态型和生物生态型 3 种。不同种群的基因库不同，种群的基因频率世代传递，在进化过程中通过改变基因频率以适应环境的不断改变。

（4）植物种群之间的关系

植物种群在不同环境条件下分化，而环境条件中的生物因子是一大类。植物之间的相互关系普遍存在，可以是直接的（空间的占有和资源的分配），也可以是间接的（通过改变环境），由此延伸到和其他生物的关系更是错综复杂。种间关系或种间相互作用，其性质可由种间相互作用的效应来判断。一般归纳为三类：促进效应、抑制效应和中性效应或无影响。Odum（1971）认为这 3 种效应在种群动态上的区别是：促进效应引起种群数量的增加（＋）；抑制效应导致种群数量减少（－）；中性效应则不表现增加或减少（0）。在此基础上，Odum

表 8-1 种间相互作用的类型(Odum，1971)

类型名称	效应		种间相互作用的性质
	物种 A	物种 B	
中性作用(neutral effect)	0	0	A 与 B 彼此无抑制与促进
直接竞争(direct competition)	−	−	彼此之间有直接抑制
间接竞争(indirect competition)	−	−	资源争夺的间接抑制
偏害作用(amensalism)	+	−	A 受抑制，B 无损益
寄生关系(parsitism)	+	−	A 为寄生，B 为寄主
捕食关系(preation)	+	−	A 为捕食者，B 为被捕食者
偏利关系(commensalism)	+	0	A 获益，B 受损
原始合作(protocooperation)	+	+	非专性的互利
互惠共生(mutalism)	+	+	专性互利

将种间关系区分为 9 种类型(表 8-1)。

8.3.3　植物群落生态学

群落生态学(syneology)一词是瑞士学者 Schroter 于 1902 年提出的，是研究群落与环境相互关系的科学。植物群落是指在一定时间内居住于一定生境中的所有种群组成的生物系统，其基本特征是植物与植物、植物与环境之间的相互关系。

8.3.3.1　植物群落的结构

(1)群落结构的分析特征

群落结构的分析特征是指一个群落中各植物种类数量上的表现，又称为群落的数量特征。这是研究群落结构，获取基础数据的第一步工作。植物群落的数量特征主要包括以下几个指标。

①多度(abundance)　是指某一植物种在群落中的数目，通常采用直接计数法和目测估计法来确定。

②密度(density)　指单位面积上的植物株数，用公式表示为：$D = N/S$(式中，D 为密度；N 为样地内某种植物的个体数目；S 为样地面积)。

③盖度(coverage)　植物地上部分垂直投影所覆盖的面积占样方面积的百分比为投影盖度；植物基部着生的面积占样方面积的百分比为基盖度。盖度可分为种盖度(分盖度)、层盖度(种组盖度)、总盖度(群落盖度)。

④频度(frequency)　指某种植物所出现的样方数占总样方数的百分数，它是各种植物个体在不同地点的出现率。

⑤群集度(sociability)　是指植物种在群落中水平分布的状况，是衡量一种植物株群集的指标。

⑥优势度(dominance)　是表示某种植物在群落中所占的优势程度，需要由多度、盖度、频度和高度等多个指标进行综合评定，常用图解法表示。

⑦重要值(importance value)　它根据密度、频度、盖度来确定每种植物的相对重要性。用公式表示为：

$$重要值 = (相对多度 + 相对频度 + 相对显著度)/300$$

式中相对多度为某个种的个体数与所有种的个体数的总和的百分比；相对频度指某种植物在全部样方中的频度与所有种频度总和的百分比；相对显著度是样方中某种个体的胸面积和与样方中所有种个体胸面积总和的百分比。

此外，高度(high)、重量(weight)、体积(volume)等都是植物群落数量特征的指标。

(2)群落的结构

①垂直结构　群落的垂直结构主要指群落的分层现象。植物群落中的各种植物，各自占据一定的垂直空间，并以它们的同化器官(枝、叶)和吸收器官(根)排列在空中的不同高度和土壤中的一定深度。

群落的成层性包括地上成层和地下成层，层的分化主要取决于植物的生活型——高低、大小、分枝、叶等，因为生活型决定了该种处于地面以上不同的高度和地面以下不同的深度；换句话说，陆生群落的成层结构是不同高度的植物或不同生活型的植物在空间上垂直排列的结果。成层结构是自然选择的结果，它显著提高了植物利用环境资源的能力，如在发育成熟的森林内，上层乔木可以充分利用阳光，而林冠下为那些能有效利用弱光的灌木、草本和地被物所占据，它们可以利用较弱的光。

决定地上成层性的环境因素主要是光照、温度和湿度等，而决定地下成层性的主要因素是土壤的物理和化学性质，特别是水分和养分。一般来说，植物群落所在的环境条件越丰富，群落的层次越多，层次结构也越复杂。温带的落叶阔叶林的地上成层现象最为明显，寒温带针叶林的成层结构简单，而热带雨林的成层结构最为复杂。植物群落的地下成层性是由不同植物的根系在土壤中达到的深度不同而形成的，最大的根系生物量集中在表层，土层越深，根量越少。

②水平结构　群落的水平结构是群落的配置或水平格局。也称为群落的二维结构。植物群落水平结构的主要特征就是它的镶嵌性(mosaic)。镶嵌性是植物个体在水平方向上分布不均匀造成的，从而形成了许多小群落(microcoense)。小群落的形成是由于环境因子的不均匀性，如小地形和微地形的变化、土壤湿度和盐渍化程度的差异、群落内部环境的不一致、动物活动以及人类的影响等。分布的不均匀性也受到植物种的生物学特性、种间的相互关系以及群落环境的差异等因素制约。

(3)群落的外貌和季相

①群落的外貌　群落外貌(physiognomy)是指生物群落的外部形态或表相。它是群落中生物与生物、生物与环境相互作用的综合反映。陆地生物群落的外貌主要取决于植被的特征，水生生物群落的外貌主要取决于水的深度和水流特征。群落的外貌是认识植物群落的基础，也是区分不同植被类型的主要标志，如森林、草原和荒漠等，首先就是根据群落的外貌区别开来的。群落的外貌取决于群落的种类组成和层片。每一层片都是由同一生活型的植物组成。目前植物生活型系统广泛采用的是丹麦植物学家Raunkiaer(1907)的系统，Raunkiaer将高等植物划分为5个生活型：高位芽植物(休眠芽位于距地面25 cm以上)、地上芽植物(更新芽位于土壤表面之上、25 cm之下，多为半灌木或草本植物)、地面芽植物(更新芽位

于近地面土层内，冬季地上部分全部枯死，多为多年生草本植物)、隐芽植物(更新芽位于较深土层中或水中，多为鳞茎类、块茎类和根茎类多年生草本植物或水生植物)、1 年生植物(以种子越冬的植物)。

②群落的季相　植物群落在不同季节和不同年份内其外貌按一定顺序变化的过程为群落的周期性。这是群落的另一重要特征。植物的生长发育受四季气候有规律的影响，如生长、授粉、开花、结果或种子成熟等。因此，植物群落的外貌也发生季节性变化，即植物群落的季相。温带地区气候四季分明，群落的季相变化十分显著，如温带的落叶阔叶林春季放叶、夏季盛叶、秋季落叶、冬季休眠。无明显季节变化的地区则无群落的季相变化，如热带雨林，全年表现出绿色而无季相变化。

8.3.3.2　植物群落的动态特征

(1)植物群落的发生

植物群落的形成过程即是群落的发生，它是"植物长满土地的过程，植物之间获得生活资料而斗争的过程以及各种植物共居的过程，各种植物之间相互关系的过程"。其形成过程一般经过以下几个阶段。

①繁殖体的传播　即植物的迁移或侵入，它是指植物的繁殖体离开母株或穿过一层基质、超过表面而进入裸地，或以前不曾生长的另一生境中。它是群落形成的首要条件，也是植物群落变化和演替的主要基础。植物繁殖体的传播取决于繁殖体的可动性、传播媒介、传播距离、地形条件等。

②定居　指植物繁殖体到达新的地点后，开始发芽、生长和繁殖的过程。只有繁殖体在当地可以繁殖时才算完成定居过程。

③群聚　指植物发展成群的过程。植物的繁殖，从开始的随便性，过渡到群聚性，形成各式各样的斑点，由开敞的植物群落至郁闭未稳定的群落，再至郁闭稳定的群落。

④竞争　随着植物不断繁殖，并开始形成群聚，植物个体之间以及种与种之间，便开始对光、水、营养和气体等的竞争。竞争必然导致一部分植物生长良好，可能发展成为优势种，而另一部分植物则退化为伴生种甚至消失。

⑤反映　指由于植物竞争，一些植物被另一些植物所代替的过程。最初进入裸地的种类，由于生境的变化不适宜其生长，被其他种类所代替，一直到最后达到稳定的群落为止。

⑥稳定　植被发展到最高类型——顶极群落时，植物群落与当地的气候呈相对平衡状态。

(2)植物群落的演替

①演替的概念　植物群落的演替是指在植物群落发展变化过程中，由低级到高级，由简单到复杂，一个阶段接着一个阶段，一个群落代替另一个群落的自然演变现象。植物群落的演替主要取决于以下因子：a. 外界因子对植物群落的作用，或者是植物群落本身对环境的作用所引起的变化；b. 植物繁殖体的散布；c. 群落中植物种与种之间的相互作用；d. 群落的植物种类组成中，新的植物分布单位或新的生态型的发生；e. 人类活动的影响。

演替可以在过去没有植被的原生裸地上开始(原生演替)或在植被已被破坏至某种程度的地方开始(次生演替)。在这 2 种情况下，又按演替开始时的基质状况分为水生演替系列(细分为黏土生、砂生、石生和水生演替系列)和旱生演替系列(细分为黏土生、砂生和石生

演替系列）。无论水生或旱生演替系列，都是在演替过程中改变基质的性质，改变基质生境
条件，向该地区最为中生化的植物群落发展，达到与当地气候平衡的状态。

②原生演替序列　演替序列是指在一定时期内植物群落相互替代以及环境条件不断变化
的过程。每种演替均有相应的演替序列，原生旱生演替序列和原生水生演替序列是常见的演
替序列。下面加以简要说明。

原生旱生演替序列是从环境条件极端恶劣的岩石表面或砂地开始的演替，包括以下几个
演替阶段。

地衣植物群落阶段：裸露的岩石上没有土壤，光照强烈，湿度变化大，十分干燥。这种
条件下首先生长的是壳状地衣。地衣分泌有机酸腐蚀岩石表面，经过地衣的长期作用再加之
物理和化学风化作用，坚硬的岩石逐渐松软，有机质逐渐增多。环境条件有了一定的改变，
随后就出现叶状地衣，最后是枝状地衣。地衣植物群落创造的较好条件，反而不再适应它本
身的生存，但却为较高等植物类群创造了生存条件。

苔藓植物群落阶段：在地衣群落发展的后期，苔藓植物群落也开始出现。与地衣相似，
苔藓植物能够忍受极端的干旱环境。因苔藓植物的生物量比地衣大得多，且它们具有丛生
性，成片密集生长，聚集土壤的能力更强，聚集有机物的能力也更强，土壤、水分条件进一
步改善，这为草本植物的出现创造了条件。

草本植物群落阶段：在土壤稍多些的情况下，一些耐旱的草本植物，如蕨类和 1 年生短
命植物（如禾本科、菊科、蔷薇科等种子植物）相继出现，代替苔藓植物群落。接着是多年
生草本植物定居和形成群落。到了这个阶段，原有岩面的环境已经大大改变，土壤增厚，有
了遮阴，减少了蒸发，调节了温度、湿度，土壤中细菌、真菌和小动物的活动也增加。于是
创造了木本植物适宜的生活环境。

木本植物群落阶段：在草本植物群落中，首先是一些喜光的阳生灌木出现，它们常与高
草混生，形成"高草—灌木"群落；其后灌木增多，成为以灌木为优势的群落。当灌木群落
生长到一定时期，喜光的树木开始增多，逐渐形成森林；再经过一定的演替，最后形成与当
地气候相适应的乔木群落，构成地带性植被——顶极群落。

在旱生演替序列中，地衣和苔藓植物阶段时间较长，草本和灌木阶段较短，到了森林阶
段，演替的速度又开始减慢。

原生水生演替常常在水域和陆地环境的交界边缘开始的。以淡水湖泊中群落演替为例，
其演替序列包括如下几个阶段。

沉水植物群落阶段：水深 3~5 m 以下的沉水植物，首先出现的是轮藻属（*Chara*）构成
湖底裸地上的先锋植物群落。由于它们的生长，湖底有机质积累加快，因它们死后残体在湖
底不易分解而沉积下来使湖底抬高，水域变浅。继而狐尾藻（*Myriophyllum verticillatum*）、金
鱼藻（*Ceratophyllum demersum*）、眼子菜（*Potamogeton distinctus*）、黑藻（*Hydrilla verticillata*）和
小茨藻（*Najas minor*）等高等植物出现，它们的生长繁殖能力强，因而垫高湖底的作用更强。

浮水植物群落阶段：随着湖底的日益抬高，一些浮水植物开始出现，如莲（*Nelumbo nu-
cifera*）、荇菜（*Nymphoides peltata*）、欧菱（*Trapa natans*）和芡实（*Euryale ferox*）等。由于它们
的叶片漂浮于水面，使得水下的光照条件变得不利于沉水植物的生长，原有的沉水植物被推
向水较深处；再加之浮水植物高大，繁殖力强，生物量大，从而积累有机物的能力更强，使

水体进一步变浅。

挺水植物群落阶段：浮叶植物使湖底大大抬升，当水深达到 1 m 时，挺水植物如芦苇（*Phragmites australis*）、香蒲（*Typha orientalis*）、水葱（*Schoenoplectus tabernaemontani*）、黑三棱（*Sparganium stoloniferum*）和泽泻（*Alisma plantago - aquatica*）等大量侵入，代替了原有的浮水植物群落。这些植物根系发达，不仅可使水底迅速抬升，而且可以形成浮岛，为陆生植物的侵入创造了条件。

湿生草本植物群落阶段：湖底露出地面之后，挺水植物逐渐让位于一些湿生植物，如禾本科、莎草科、灯心草科、毛茛科的植物。在气候干燥地带，由于水位的降低和地面蒸发的加强，土壤趋于干旱，湿生草本群落又被中生草本取代；其后，中生草本又被旱生草本替代。

木本植物群落阶段：当气候条件适于森林发展时，草本群落中出现木本植物。最先出现的是较耐淹的灌木或乔木。随着水位的降低，耐阴植物逐渐侵入。当耐阴植物茂密生长时，其幼苗因不能忍受过分阴暗而逐渐自疏，最终使中生植物得以侵入，而形成相对稳定的中生森林群落。

③次生演替　在天然条件下，原生植被受到了破坏，就会发生次生演替。次生演替的最初发生是外界因素的作用所引起的，除耕地放荒、森林采伐、草原放牧和割草以外，还有火烧、病虫害、严寒、干旱、淹水和冰雹等，但是，最主要和最大规模的，是人为的活动。

④演替顶极　一个群落或演替系列与环境处于平衡状态，只要不加外力干扰，它将永远保持原状，这一状态称为顶极群落。顶极群落的生物与非顶极群落的生物存在如下差异：顶极群落的生物适应性与非顶极群落的不同，如早期的生物种子多而大，但后期的则相反；顶极群落中的实生苗在阴暗环境中正常生长，以利自我更新及长期定居，而早期群落中生物体积小，生活史短，繁殖快，利用最大限度地适应新环境，占有空缺生态位。

关于顶极目前主要有 3 种理论：Clements 提出的单元顶极学说，即在每一个气候区域内只有一种顶极；Tansley 提出的多元顶极学说，即任何一个地区的顶极群落受土壤、气候、动物活动等影响，会形成几种不同类型的顶极群落镶嵌体；Whittaker 提出顶极群落格局说，他认为自然群落是由许多环境因素决定的，除气候外，还包括土壤、生物、火、风等因素，这些环境逐渐改变形成一定梯度，顶极类型也是连续地、逐渐地变化的。

8.3.3.3　植被分类及主要类型

某一地区所有植物群落的总体称为该地区的植被，如北美植被、中国植被、云南植被。地球表面所分布的植物群落是极其多种多样、错综复杂的，如森林、草原、荒漠、冻原、草甸和沼泽等。整个地球表面的植物群落称为世界植被。一个地区出现什么植被，主要取决于该地区的气候和土壤条件，特别是气候条件中的水热时空分布对植物群落的分布起着重要的作用。每种气候条件下都有它特有的植被类型。所以，任何地区所分布的不同的植物群落都应是植物群落对该地区环境条件的综合反应，都应是植物群落对该地区环境条件长期适应的历史产物，都应是植物群落与该地区环境条件矛盾统一的必然结果。下面主要介绍世界植被的主要类型及其分布。

（1）森林

森林广泛分布于南北两半球，组成森林群落的植物种类，不仅种类繁多，其生态和经济意义也是多种多样的。世界森林分布不均，主要集中分布于北半球高纬度和赤道附近。组成森林的木本植物达 2 万多种，形成各种各样的森林类型。现将世界主要的森林类型概述如下。

①热带雨林（tropical forest）　又称常雨木本群落或热带适雨林，是现在地球表面种类最丰富、结构最复杂的植被类型。主要分布于南北纬 5°～10° 以内的热带，个别可延伸到15°～25° 的地区。雨林分布的主要气候特征是全年水热充沛，且全年分配均匀，最冷月平均气温通常在 18 ℃ 以上，全年平均气温 23～28 ℃，全年降水量 2 000～4 000 mm，多的可达10 000 mm，空气非常湿润，相对湿度达 90% 以上，土壤为酸性，颜色为红色或黄色。

热带雨林在外貌结构上具有很多独特的特点，主要有以下几点。

a. 种类组成特别丰富，大部分是高大乔木，每公顷不少于 40 种。据报道，我国云南热带雨林中 100 m² 内约有 60 种乔木；在菲律宾，曾记录在 1 000 m² 的面积上有 3 m 以上的树木 800 株，分属 120 种。所以，雨林有“热带密林”之称。群落结构复杂，树冠参差不齐，色彩不一，仅乔木层就多达 3～4 个层次，多的达 5 层。

b. 林内附生植物、藤本植物发达。除藻类、苔藓、地衣外，有兰科及其他有花植物和蕨类植物附生于树干上，还有叶面附生植物，形成“空中花园”（图 8-2）。木质大藤本粗达20～30 cm，并见有绞杀植物，这类植物从附生生活开始，绞杀附主，自成独立活树木。

c. 乔木具有板根，如四数木。有的有支柱根，有的具气生根，有“一木成林”现象（图8-3）。常有老茎生花的乔木。一年四季都有树木开花结果。常绿的大型羽状复叶多具滴水叶尖，下层有花叶现象。

图 8-2　“空中花园”（唐娜 摄）

图 8-3　独木成林（支柱根）（杜凡 摄）

热带雨林分布在地球赤道南北的热带界线之内，而在个别地区亦可延伸分布到亚热带地区。理查斯（P. W. Richards，1952）将世界上的热带雨林分成三大群系类型，即印度—马来西亚群系、非洲雨林群系和美洲雨林群系。

印度—马来西亚雨林群系：包括亚洲和大洋洲所有热带雨林。但是大洋洲的面积不大，而东南亚却占有大面积的雨林，因此又可称为亚洲的雨林群系。亚洲雨林主要分布于菲律宾群岛、马来半岛、中南半岛的东西两岸，斯里兰卡南部以及我国的南部等地。其特点是以龙脑香科的植物为优势，缺乏具美丽型花的植物和特别高大的棕榈科植物，但具有高大的木本真蕨八字桫椤属(*Alsophlia*)和桫椤属(*Caythea*)以及著名的白藤属(*Calamus*)和兰科附生植物。

非洲雨林群系：面积不大，主要分布在刚果盆地。在赤道以北可达几内亚湾沿岸，在赤道以南分布到马达加斯加岛的东岸及其他岛屿。非洲雨林的种类较贫乏，但特有种较多。棕榈科植物尤其引人注意，如棕榈、油椰子等，咖啡属种类很多(全球有 35 种，非洲约有 20种)。然而在西非却以楝科植物为优势，豆科植物也有一定的优势。

美洲雨林群系：该群系面积最大，以亚马孙河流域为中心，向西扩展到安第斯山的低麓，向东止于圭亚那，向南达玻利维亚和巴拉圭，向北则到墨西哥西南及安的列斯群岛。这里豆科植物是优势科，藤本植物和附生植物特别多，凤梨科、仙人掌科、天南星科和棕榈科植物也十分丰富。

我国的热带雨林主要分布于台湾的南部、海南、云南南部河口和西双版纳地区，在西藏喜马拉雅山南麓沿布拉马普特拉河的支流一带也有分布。但以云南西双版纳和海南最为典型。优势科为桑科、无患子科、番荔枝科、肉豆蔻科、橄榄科等科的植物。由于我国的热带雨林处于世界热带雨林分布的北缘，因此林中的附生植物较少，龙脑香科的种类和个体数量不如东南亚典型雨林多，小型叶的比例较大，一年中有一个短暂而集中的换叶期，表现出一定程度上的季节变化，雨林特点不十分明显。

②红树林(mangrove)　是热带地区适应于海岸和河湾特殊生态环境的常绿林或灌木丛。分布于不受风浪冲击的平坦海岸及海岸浅滩上，其基质是通气不良的淤泥，并受到海水涨潮和退潮的影响。因其构成群落的主要种类是红树科的植物，故称为红树林。红树林都是常绿乔木或灌木，高度一般在 10 m 以下。在涨潮时，仅树冠部分露出水面，退潮时才露出树干及支柱根和呼吸根(图 8-4)。

红树林分布很广，在赤道附近最发达。按其种类和分布特点可分为 2 个群系。

东方红树林群系：分布于太平洋及印度洋沿岸的热带和亚热带地区，种类较为丰富，达20 多种。马来半岛是红树林的分布中心。

西方红树林群系：分布于太平洋及大西洋沿岸的热带及亚热带地区，种类成分简单，只有几个种。最常见的是美洲红树(*Rhizophora mangle*)、亮叶海榄雌(*Avicennia nitida*)、拉贡术(*Laguncularia vacemosa*)等。

我国红树林主要分布于海南、广东、广西、福建、台湾等沿海地区。共

图 8-4　广西合浦红树林(王玉兵 摄)

计有红树植物 21 科 25 属 37 种，其中真红树植物 21 科 15 属 26 种。常见的红树植物有白骨壤（*Avicennia marina*）、桐花树（*Aegicerus cornicelatum*）、秋茄树（*Kandelia candel*）、木榄（*Bruguiera conjugata*）、海漆（*Excoecaria agallocha*）、海桑（*Sonneratia caseolaris*）、红海榄（*Rhizophora stylosa*）、老鼠勒（*Acantha ilicifolius*）和角果木（*Ceriops tagal*）等。

　　③常绿阔叶林（evergreen broad-leaved forest）　通常称为照叶林或樟叶林，树木以常绿双子叶植物的阔叶树种为绝对优势，而以壳斗科、樟科、山茶科和木兰科中的常绿乔木为典型代表，种类丰富，常有着明显的建群种或共建种。树皮深色而粗糙，枝端的芽有鳞片保护以度过寒冷的冬季，树木叶片中等大小、椭圆、渐尖、叶片排列方向与太阳光线垂直，树冠表层的叶片多少具旱生结构。

　　常绿阔叶林是亚热带湿润地区由常绿阔叶树种组成的地带性森林类型，是亚热带海洋性气候条件下的森林，大致分布在南、北纬 22°~34°（40°）。主要见于亚洲的中国长江流域南部、朝鲜和日本列岛的南部，非洲的东南沿海和西北部，大西洋的加那利群岛，北美洲的东端和墨西哥，南美洲的智利、阿根廷、玻利维亚和巴西的部分地区，大洋洲东部以及新西兰等地。其中以中国长江流域南部的常绿阔叶林最为典型，面积也最大。

　　美洲的常绿阔叶林分布于北美的佛罗里达和南美的智利、巴塔哥尼亚等地。北美的主要树种是栎属植物，如弗吉尼亚栎（*Quercus virginiana*）、黑栎（*Q. nigra*）*Q. laurifolia*、美洲山毛榉（*Fagus americana*）、荷花玉兰（*Magnolina grandiflora*）等。南美的主要乔木有蔷薇科的 *Eucryphia cordisolia*、木仙科的卤室木（*Drimys winteri*）等。

　　非洲的常绿阔叶林主要分布于大西洋西岸的加那利群岛和马德拉群岛，并以加那利群岛最为典型。主要乔木树种组成以樟科树种占优势，如加那利月桂（*Laurus canariensis*）、阿坡隆樟（*Apollonias barbujana*）、臭木樟（*Ocotea foetens*）等，林下的硬叶常绿灌木、蕨类及苔藓植物极为繁盛。

　　大洋洲的常绿阔叶林，在澳大利亚分布于大陆东岸的昆士兰、新南威尔士、维多利亚直到塔斯马尼亚。主要由各种桉树（*Eucalyptus* spp.）和各类木本蕨类植物构成。林下有金合欢属（*Acacia*）植物。

　　亚洲的常绿阔叶林主要分布于我国，在日本和朝鲜半岛的南部也有分布。我国的常绿阔叶林分布于欧亚大陆东南部的广阔亚热带地区，东临太平洋，西依青藏高原，东西约跨 24 个经度，大体上包括秦岭南坡、横断山脉、云贵高原和四川、湖北、湖南、广东、广西、福建、浙江、安徽南部、江苏南部的广阔低山、丘陵、平原，以及东海岛屿和台湾岛的北半部。垂直分布在西部为海拔 1 500~2 800 m，至东部渐降至海拔 1 000~2 000 m。典型常绿阔叶林主要由壳斗科的常绿树种、樟科、山茶科、木兰科、五味子科、八角科、金缕梅科、番荔枝科、蔷薇科、杜英科、灰木科、安息香科、冬青科、茜草科、卫矛科、桑科、藤黄科、五加科、山龙眼科和杜鹃花科，以及越橘属、枫香属和红苞木属等科、属的植物所组成。由于南北气候条件差异显著，因而从南到北常绿阔叶林的外貌、结构等群落特点也有不同，通常将其划分为北亚热带、中亚热带和南亚热带常绿阔叶林 3 种类型，其中，中亚热带常绿阔叶林最典型，北亚热带常绿阔叶林的乔木含有较多的落叶树种，但林下层以常绿灌木为主；南亚热带常绿阔叶林则具有某些雨林的结构特征。

　　④常绿落叶阔叶混交林　是北亚热带丘陵、低山地区的地带性植被，它又是落叶阔叶混

交林与常绿阔叶林过渡性的植被类型，由于冬季气温低而绝对低温尚高，因此，较喜温的落叶阔叶树种与耐寒的常绿阔叶树种混生形成混交林。一般无明显的优势种，树冠郁茂、参差不齐，多呈波浪起伏，群落季相变化明显。主要树种均为壳斗科的栎属和水青冈属植物，还可见到槭树科的槭树属、桦木科桦属的一些植物。一般第二层为常绿树种，常见的有苦槠(*Castanopsis scleraophylla*)、青冈(*Cyclobalanopsis glauca*)、冬青(*Ilex chinensis*)及石楠(*Photinia serrulata*)等，都是能耐寒的种类，它们总是在落叶阔叶林之下。

⑤常绿硬叶林(evergreen jclerophyllous forest)　是发育于亚热带大陆西岸的地中海气候区，并与冬季温和多雨和夏季长干旱密切相关的一个群落类型。森林上层乔木生长稀疏，林木不高大，林内没有有花附生植物，隐花附生植物少见，藤本植物也不多见，但林下常绿植物多，生长茂盛。多年生草本植物中鳞茎、球茎、根状茎植物特别多。乔灌木的叶片大多数呈坚硬革质，故名常绿硬叶林。最为典型的常绿硬叶林分布于地中海区，主要由常绿、革质的栎属植物组成，如美洲栎(*Quercus suber*)、冬青栎(*Q. ilex*)等。此外，北美西岸的加尼福利亚、澳大利亚也有分布。中国的常绿硬叶林面积不大，也不典型，主要分布于川西、滇北的高海拔山地以及西藏东南部的部分河谷。分布于山地的常绿硬叶林也称为"山地硬叶常绿林"，主要由栎属植物如川滇高山栎(*Q. aquifolioides*)、黄背栎(*Q. pannosa*)、川西栎(*Q. gilliana*)、尖叶高山栎(*Q. rehderiana*)、刺叶栎(*Q. spinosa*)、长穗高山栎(*Q. longspica*)等构成。

⑥竹林　由竹类植物组成，属于禾本科竹亚科多年生木本植物。由于竹类植物的生活型比较特殊，一般竹类的繁殖方式是无性繁殖，以它的地下茎在地下蔓延，从地下茎节处的侧芽伸出地表形成竹笋，生长增大发育成为竹秆，竹秆并不都是单独的植株，其中不少是同一植株的，占据一片，因此竹林往往是以无性繁殖形成的单优势种构成的群落。构成竹林的竹类，不少可高达 30 m。但大多是灌木状的中小型竹和少数蔓生藤竹。

竹类植物适应性较强，从河谷平原到丘陵和山地都有分布，几乎在各种土壤上都可以生长，但绝大多数竹种要求温暖湿润的气候和较深厚而肥沃的土壤。竹林分布的范围很广，从赤道两边直到温带都有竹类分布，但绝大多数的竹种主要分布于热带和亚热带地区，尤其是在南北回归线之间的平原和丘陵地区。亚洲是世界竹类分布中心，尤以亚洲的东部和东南部最为丰富。我国的竹林地理分布很广泛，南自海南岛，北至黄河流域，东起台湾，西迄西藏的聂拉木地区。天然分布范围在北纬18°~35°，东经85°~122°。我国有37属500余种。据《中国植物志》记载，我国天然竹有36个群系。

⑦落叶阔叶林(deciduous broad-leaved forest)　是温带地区湿润海洋性气候条件下的典型木本群落。由于群落表现出夏季盛叶、冬季落叶的季相，故又称夏绿阔叶林或夏绿木本群落(summer green broad-leaved forest)。主要分布在西欧，并向东延伸到俄罗斯欧洲部分的东部，在我国主要分布在东北和华北地区，此外，日本北部、朝鲜、北美的东部和南美的一些地区也有分布。

构成群落的乔木都是冬季落叶的阳生阔叶树种，林下灌木也是冬季落叶的种类，林下草本植物在冬季部分枯死或以种子越冬。落叶阔叶林组成树种比较复杂，主要有杨属(*Populus*)、桦木属(*Betula*)、栎属(*Quercus*)、山毛榉属(*Fagus*)、槭属(*Acer*)、椴树属(*Tilia*)、榆属(*Celtis*)、鹅耳枥属(*Carpinus*)、栗属(*Castanea*)、柳属(*Salix*)、赤杨属(*Alnus*)等的植物，它们共同的特点是树种叶子质地较薄、无革质硬叶现象，有的叶片较大，有的叶片较小，有明显的季相变化，树干的枝有较厚的皮层保护，具鳞片的冬芽。大多数乔木树种为放叶前后开花，且多为风媒花，果实和种子适于风力传播。森林层次结构简单而清晰，由乔木层、灌木层、草本层和地被层构成。

我国落叶阔叶林主要分布在暖温带，包括长白山区海拔 700 m 以下的低山丘陵、东北南部、华北平原、黄土高原南部、秦岭至淮河一线以北的广阔区域。但由于长期经济活动的影响，这些地区已基本上无原始林分布。

⑧针叶阔叶混交林　是针叶林和落叶阔叶林之间的过渡类型。为温带地区的地带性森林类型，主要由常绿针叶树和落叶阔叶树混交组成。针叶阔叶混交林主要分布于北纬 40°～60° 的欧洲西缘、北美洲东缘和亚洲东缘。在欧洲组成混交林的主要针叶树种有欧洲云杉（*Picea excelsa*）、西伯利亚冷杉（*P. sibirica*）、白冷杉（*P. alba*）、欧洲落叶松（*Larix deciduas*）等，阔叶树有欧栎（*Quercus robus*）、欧山毛榉（*Fagus silvatica*）、桦状鹅耳枥（*Carpinus betulus*）、光榆（*Celtis laevis*）、光山榆（*C. scabra*）和槭属、椴树属等树种。

亚洲针阔混交林以中国东北的东部为中心，包括小兴安岭、张广才岭、完达山及长白山脉，俄罗斯的阿穆尔州的沿海地区，朝鲜北部和日本的本州、四国中心部分。其北界为寒冷气候下的北方针叶林带，南与温暖和半干旱气候下的落叶阔叶林或森林草原相接。其代表性的类型是红松针阔叶混交林，针叶树以红松（*Pinus koraiensis*）为主，混生有云杉（*Picea aspoerata*）、沙松（*Abies holophylla*）、杨属、桦属、椴属、栎属、榆属、槭属等属的树种，构成针阔混交林。

在北美主要分布在五大湖地区和阿巴拉契亚山脉，乔木树种和群落类型均比欧洲丰富。主要针叶树种有美国五针松（*Pinus strobus*）、加拿大铁杉（*Tsuga canadensis*）、红果云杉、香脂冷杉（*Abies balsamea*）等，主要阔叶树种有加拿大黄桦（*Betula alleghaniensis*）、纸皮桦（*B. papyrifera*）、糖槭（*Acer saccharum*）、欧洲栎（*Quercus albus*）、美洲水青冈（*Fagus americana*）、美国白蜡（*Fraxinus americana*）等。

⑨针叶林（coniferous forest）　又称泰加林（taiga forest），是由裸子植物的松杉类所形成的森林，是寒温带的地带性植被，也是森林群落类型分布的最北界。针叶林主要分布于欧亚大陆北部（从斯堪的纳维亚山脉东部一直到太平洋的堪察加半岛、库页岛及日本的扎幌，最北达西伯利亚的泰梅尔半岛）和北美洲（从阿拉斯加的育空河和加拿大的加更些河以南一直到大西洋沿岸加拿大的魁北克和纽芬兰），在整个地球的温带陆地形成一个非常广阔的地带。这些地区的气候特点是夏季温暖潮湿，冬季严寒，大陆性气候明显，冬季长，夏季短。最暖月平均气温 10～20 ℃，最冷月气温 -50～-20 ℃，年降水量为 300～600 mm，集中在夏季。

针叶林是由松杉类植物为主构成的森林类型，其结构比较简单，层次比较分明，一般分为乔木、灌木、草本和地被层 4 个层次。针叶林的群落外貌比较独特，易与其他森林相区别，如由云杉（*Picea aspeita*）、冷杉（*Abies fabric*）组成的森林呈暗灰绿色，树冠圆锥形，有时急尖，枝条下倾呈尖塔形，森林郁闭度高，林下阴暗，因此又称它们为阴暗针叶林。落叶松（*Larix gmellini*）林呈鲜绿色，树冠稀疏，冬季落叶，松属组成的松林，树冠圆形，上部平顶，分布稀疏，林下明亮，因此又称为明亮针叶林。

针叶林在我国主要分布于大兴安岭北部山地、西南高山地区及西北地区，其中以大小兴安岭所占面积最大。在大兴安岭主要由兴安落叶松(*Larix gmelini*)为主，小兴安岭以冷杉(*Abies sachalinensis*)、云杉和红松为主，西部阿尔泰山脉主要以西伯利亚云杉(*Picea obovata*)、西伯利亚冷杉(*Abies sibirica*)和西伯利亚落叶松(*Larix sibirica*)构成。

(2)草原

草原的含义有广义与狭义之分，广义包括在较干旱环境下形成的以草本植物为主的植被，主要包括2大类型：温带草原和热带草原(热带稀树草原)。狭义的草原则只包括温带草原。

①温带草原(temperate grassland)　为温带气候条件下的地带性植被类型，它是由耐寒的旱生多年生草本植物为主(有时为旱生小灌木)组成的植物群落。

温带草原的优势植物以丛生禾本科植物为主，禾草类的种类和数量之多，可以占到草原面积的25%～50%，个别地区可达到60%～90%。它们主要是针茅属(*Stipa*)、羊茅属(*Festuca*)、隐子草属(*Cleistogenes*)、冰草属(*Agropyron*)、落草属(*Koeleria*)和早熟禾属(*Poa*)等中的许多种类。除禾本科外，莎草科、豆科、菊科、藜科等植物也占有相当大的比重。它们共同构成了草原景观，形成了草原群落环境。草原上除草本植物外，还生长着许多灌木和半灌木植物，如锦鸡儿属(*Caragana*)、蒿属(*Artemisia*)、百里香属(*Thymus*)、地肤属(*Kochia*)以及草原和特殊类型风滚草等。

草原和森林一样，在世界范围内分布很广，并且都有当地的名称。欧亚大陆草原称为干草原，从欧洲匈牙利和多瑙河下游起，呈连续状向东延伸，经罗马尼亚、乌克兰、俄罗斯、哈萨克斯坦、蒙古，直达我国黄土高原、内蒙古平原和松辽平原，构成大致为东西走向的一条宽阔的草原带，是世界上最大的草原，也称为斯底帕(Steppe)。其中匈牙利多瑙河低地上的草原，又称为普施塔草原(Puszta)。北美中部大面积的草原称为普列利草原(Prairie)，从加拿大的萨斯喀彻温河一直到美国的得克萨斯。在南半球，最大的草原是南美洲草原，分布于阿根廷中部、乌拉圭和巴西德里澳格兰德的南部，东到大西洋沿岸，称为潘帕斯草原(Pampas)。此外，大洋洲(新西兰、澳大利亚)(马来草原，Mallee)和非洲(维尔德草原，Veld)也有少量分布。

我国的温带草原的主体分布在内蒙古高原，它的东侧分布在辽河平原和松嫩平原，西侧分布在黄土高原，再向西是青藏高原，其上分布着高寒草原。根据草原水热条件的差异和植被生态外貌的特点，可划分为草甸草原、典型草原(干草原)、荒漠草原、高寒草原4种类型。

草甸草原是草原群落中最喜湿润的类型，多分布在森林与干草原的中间地带，建群种为中旱生植物和广旱生的多年生草本植物，也混生有大量中生植物和旱生植物，它们主要是杂草类，其次是根茎禾草和丛生薹草。我国草甸草原主要分布于松辽平原和内蒙古的东北部。

典型草原是温带草原的典型类型，分布于比草甸草原干燥的地区，主要集中分布在内蒙古高原、鄂尔多斯高原大部、东北平原西南部和黄土高原中西部。建群种为旱生或广旱生的密丛生的禾草植物，主要是针茅属植物，中旱生杂草和根茎禾草、丛生薹草等减少，旱生小灌木和小半灌木有明显增加。

荒漠草原是草原中最旱的类型，建群种由强旱生丛生小禾草组成，经常混生大量强旱生小半灌木，并在群落中形成稳定的优势片层。我国荒漠草原主要分布在内蒙古中部和宁夏一带，主要建群种有戈壁针茅(*Stipa tianschanica* var. *gobica*)、短花针茅(*S. breviflora*)、沙生针茅(*S. plareosa*)和东方针茅(*S. orientalis*)等。

高寒草原是草原中的高寒类型，是在高山和青藏高原寒冷条件下，由非常耐寒的旱生矮草本植物(或小灌木)为主组成的植物群落。常见的优势种有紫花针茅(*Stipa purpurea*)、克氏羊茅(*Festuca kryloviana*)、硬叶薹草(*Carex moorcroftii*)和藏籽蒿(*Artemisia salsoloides*)等。我国主要分布于青藏高原中部和南部、帕米尔高原及天山、昆仑山和祁连山等亚洲中部高山。

②热带草原　是在热带干旱地区以多年生耐旱的草本植物为主所构成的大面积的热带草地，混杂其间还生长着耐旱灌木和非常稀疏的孤立乔木，呈现出特有的群落结构和生态外貌。热带草原(稀树草原)主要分布于气候炎热而干旱、土壤浅薄贫瘠、森林不易生长的生境中。热带稀树草原在非洲分布最广，也最为典型，称为"萨王纳"(savanna)群落，在澳大利亚也有较为宽广的面积，而在南美和亚洲南部的分布不突出。稀树草原的出现，主要是受气候干热制约，土壤条件和火烧以及频繁放牧影响也是形成和保持这种植被类型存在的主要因素。

稀树草原在我国主要分布在云南南部(红河、澜沧江、怒江等江河及其支流的山间峡谷中的低山丘陵和台地)、云南北部金沙江、广东(阳江以西一带海滨低丘陵和台地)、海南北部、东部和西部。稀树草原群落中的草本植物是以典型的耐旱、耐瘠薄、耐火烧的植物为主要成分。常见的种类有扭黄茅(*Heteropogon contortus*)、华三芒草(*Aristida chinensis*)、丈野古草(*Arundinella decempedalis*)、龙须草(*Eulaliopsis binata*)、黄背草(*Themeda triandra* var. *japonica*)、小菅草(*Theneda hookeri*)等，其他尚有一些菊科、莎草科、豆科、锦葵科等多年生耐旱的种类。群落中灌木种类也多为耐旱的或有刺耐旱的种类，如虾子花(*Woodfordia fruticosa*)、牛角瓜(*Calotropis gigantea*)、变叶裸实(*Maytenus diversifolius*)、糙叶水锦树(*Wendlandia scabra*)、火索麻(*Helicteres isora*)、老人皮(*Polyalthia cerasoides*)、刺篱木(*Flacourtia indica*)、滇刺枣(*Ziziphus mauritiana*)、金合欢(*Acacia farnesiana*)、朴叶扁担杆(*Grewia celtidifolia*)等。这些灌木混杂在丛生的草本植物中，疏密不一，高矮不等，盖度一般较小，与草本植物共同形成草灌层。分散孤立生长的乔木树种，一般呈小乔木状，很少成为高大的乔木，有些树种在群落中呈大灌木状。在不同地区或不同地段分别常见的树种有木棉(*Bombax malabaricum*)、厚皮树(*Lannea coromandelica*)、山楝子(*Buchanania latifolia*)、火绳树(*Eeiolaena spectsbilis*)、黄豆树(*Albizia procera*)、鹊肾树(*Streblus asper*)、偏叶榕(*Ficus semicordata*)、千张纸(*Oroxylum indicum*)、毛叶黄杞(*Engelhardia colebrookiana*)、羽叶楸(*Stereospermum tetragonum*)、翅果麻(*Kydia calycina*)和余甘子(*Phyllanthus emblica*)等。稀树草原中的树种在群落结构中尚未能起到乔木层的作用，实际上没有形成真正的乔木层。

(3)荒漠

荒漠(desert)植被为超旱生的半乔木、半灌木和灌木或旱生的肉质植物占优势的稀疏植被，它是在干燥的大地气候条件下发育形成的植被类型。主要分布于亚热带和温带的干旱地区，其自然特征是气候极端干旱，年降水量在 250 mm 以下，干燥度 >4，夏季酷热，冬季寒冷，昼夜温差大，风沙活动频繁，土壤发育不良，植被十分稀疏。可概括为：干旱、风沙、盐碱、粗瘠、植被稀疏。荒漠主要分布于非洲、亚洲大陆的东部、中部和阿拉伯半岛、澳大利亚的部分地区以及南美和北美的西部、南部等地，其中撒哈拉大沙漠是世界上最大的荒漠，面积达 $900 \times 10^4 \ km^2$。

荒漠的显著特征是植被十分稀疏，而且植物种类十分贫乏，有时 100 m^2 中仅有 1~2 种植物，但是它们的生活型却是多种多样的。短命植物可以种子安全度过漫长的干燥期，一旦水分条件适合，种子即萌发、生长、开花、结果，很快完成生活史，许多植物还可以根茎、鳞茎(类短命植物)方式度过不良生长季节；荒漠中的半乔木、灌木等也具适应旱生的特征，它们的叶片在不良季节脱落，或极度缩小或退化，或植物体贮水组织发达，根系发达，以便从广而深的土层吸收水分；叶的角质层厚，减少植物蒸腾。荒漠植物的一切适应性都是为了保护植物体内水分收支平衡。

我国的荒漠主要分布于准噶尔盆地、塔里木盆地、柴达木盆地、河西走廊和内蒙古西北边缘瀚海大戈壁地区。建群植物以超旱生的小半灌木与灌木的种类最为普遍，如猪毛菜属(*Salsola*)、假木贼属(*Anabasis*)、碱蓬属(*Suaeda*)、驼绒藜属(*Ceratoides*)、盐爪爪属(*Kalidium*)、滨藜属(*Atriplex*)、合头草(*Sympegma regelii*)、戈壁藜(*Iljinia regelii*)、盐节木(*Halocnemum strobilaceum*)和木霸王(*Zygophyllum xanthoxylum*)等种类。

我国荒漠植被按其植物的生活型可划分为 4 种荒漠植被亚型，即小乔木荒漠、灌木荒漠、半灌木、小灌木荒漠和垫状小灌木荒漠。其中以半灌木荒漠分布最为广泛。

(4) 冻原

冻原(tundra)又称苔原，是寒带植被的代表，在欧亚大陆和北美北部占了很大的面积，形成一个大致连续的地带。冻原植被处于极不利的生态条件。冬季寒冷漫长，夏季凉爽短促，年降水量 200~300 mm，风大，土壤下面常有永冻层存在，植物生长仅 2~3 个月。因此这里的植物表现出以下特点：①植被种类组成简单，植物种类的数目通常为 100~200 种(较南部地区可达 400~500 种)，多为灌木和草本，无乔木，苔藓和地衣发达，在某些地区可成为优势种，故冻原又译为苔原。②植物群落结构简单，层次少而明显，只有小灌木和矮灌木层、草本层和薛类地衣层，薛类和地衣具有保护灌木和草本植物越冬芽的作用。③冻原通常全为多年生植物，没有 1 年生植物，且多为常绿植物，如矮桧(*Juniperus mana*)、牙疙疸(*Vaccinium vitis-idaea*)、酸果蔓(*Oxycoccus palustris*)、喇叭茶(*Ledum palustre*)和岩高兰(*Empetrum nigrum*)等。这种冷湿的环境常造成植物的生理性干旱。

冻原主要分布在欧亚大陆和北美。在欧亚大陆，从南到北随着气候条件的差异，冻原又分为 4 个亚带：①森林冻原亚带，这里的树木大多数是落叶松属植物、西伯利亚云杉(*Picea obovata*)、弯桦(*Betula tortusa*)；②灌木冻原亚带，灌木以矮桦(*B. nana*)为代表，还有圆叶柳(*Salix rotundifolia*)和北极柳(*S. polaris*)等；③薛类冻原亚带以薛类地衣占优势；④北极冻原亚带分布在北冰洋沿岸，植被稀疏，完全没有小灌木群落。我国的冻原仅分布在长白山和阿尔泰山的高山带，主要植物有仙女木(*Dryas octopetala*)、牙疙疸、牛皮杜鹃(*Rhododendron chrysanthum*)和圆叶柳等，并混生有大量的草本植物。

(5) 草甸

草甸(meadow)又称中生草本群落，是以多年生中生草本为主体的群落，它是在适中水分条件下发展起来的。草甸与草原的区别在于：草原以旱生草本植物占优势，是半湿润和半干旱气候条件下的地带性植被；而一般的草甸属于非地带性植被，可出现在不同植被带内。在湿润气候区，草甸可以伴同针叶林或落叶阔叶林出现，草甸可以分布在山间低地；尽管草原带和荒漠带的气候干旱，大气降水不足，但在地表径流汇集的低洼地和地下水位较高之处仍可形成草甸。在热带、亚热带和温带的高山地区还能形成高寒草甸。

草甸植被的群落类型比较复杂，种类组成比较丰富。建群种多达 70 种以上，以多年生根茎禾草为主，丛生禾草较少，罕见禾草密丛植物。伴生根茎禾草的是种类繁多、花色鲜艳的双子叶植物，其中以蔷薇科、菊科、豆科、藜科等科种类较多，优势度较大，对群落起重要作用。此外，毛茛科、藜科、唇形科、玄参科、虎耳草科、桔梗科、败酱科、报春花科、伞形科和灯心草科等科种类也可成为群落的次要成分。

草甸一般不呈地带性分布，但却广泛分布在欧洲、亚洲和美洲的森林区内，典型的草甸在北半球的寒温带和温带分布特别广泛。在中国主要散布于东北、内蒙古、新疆和青藏高原，尤其是青藏高原上大面积的高寒草甸是中国植被的特点，组成我国草甸的植物以北温带成分为主。

(6) 沼泽

沼泽是一种湿生的植被类型，分布在土壤过湿、积水或有浅水层并常有泥炭的生境。由沼生植物组成，其中以草本植物为主，也有木本植物，它们均着生于泥中。其共同的特点是通气组织发达，有不定根和特殊的繁殖能力，有些植物具食虫性等。

沼泽分布于世界各地，从赤道到极地均有分布，但不能形成单独的植被带，而是散布于各个地带之中。沼泽可分为 3 类：木本沼泽，主要分布于温带，有乔木沼泽和灌木沼泽之分，优势植物有杜香属(*Ledum*)、桦木属(*Betula*)和柳属(*Salix*)；草本沼泽，类型多，分布广，优势植物有薹草属(*Carex*)，其次有芦苇属(*Phragmites*)、香蒲属(*Typha*)等，在我国分布于东北三江平原和若尔盖高原，沼泽面积最大；苔藓沼泽，又名高位沼泽，优势植物是泥炭藓属(*Sphagnum*)。我国的沼泽主要分布在东北三江平原和青藏高原等地，俄罗斯的西伯利亚地区有大面积的沼泽，欧洲和北美洲北部也有分布。

8.4　生物多样性

8.4.1　生物多样性概念

生物多样性(biodiversity)是在基因、物种、生态系统和景观 4 个层次上及其不同等级水平上的各种生命系统、生物类群、生命与非生命复合体以及与此相关的各种生态过程的总和，包括植物、动物、微生物和它们所拥有的基因、所形成的群落和所产生的各种生态现象。

8.4.2　生物多样性研究的内容

多样性研究的主要内容包括遗传多样性(genetic diversity)、物种多样性(species diversity)或分类学多样性(taxonomic diversity)、生态系统多样性(ecosystem diversity)以及景观多样性(landscape diversity)4 个方面。

8.4.2.1 遗传多样性

遗传多样性也称种内多样性(within-species diversity)，主要是利用形态和细胞生物学技术以及分子标记技术，从不同层次研究物种的遗传变异水平，以确定物种的遗传多样性状况，预测物种生存和进化的潜力，分析种群空间分布格局和异质种群动态，确定种群间的基因流动和个体间的亲缘关系等。

一个物种的遗传多样性表现在3个水平上：物种个体内的遗传多样性即杂合型（heterozygosity），种群内不同个体之间的遗传差异，以及种群之间的遗传变异。也就是说，遗传多样性是生物种群内和种群间的遗传变异。

8.4.2.2 物种多样性

物种多样性研究主要包括物种的调查、编目(inventory)与动态监测以及物种多样性的形成和现状，物种的演化及维续机制，种群生存力，濒危物种的受威胁程度及状况、灭绝速率、致危原因及濒危机制，物种多样性的保护与物种资源的持续利用等，物种多样性调查编目是物种多样性研究的基础，是了解物种多样性现状的根本途径。

（1）物种多样性指数

基于物种的多样性测量指数较多，通常通过3种方法来估算物种多样性：①物种的丰富度（species richness）；②物种丰度(species abundance)；③物种均匀度(species evenness)。

（2）物种多样性的分布格局

物种多样性空间格局通常是通过将物种丰富度分成3个不同尺度来衡量的，即 α-丰富度、β-丰富度和 γ-丰富度。α-丰富度是指一个地区的物种数，指地区内部的多样性；β-丰富度是指局部的、小的和同质的地区物种数的变化；γ-丰富度是指景观水平上一个大的区域内部总的物种丰富度，代表一个地区尺度上的生物多样性特性。生物多样性在地球上并不是连续均匀分布，形成了丰富的空间格局。物种丰富度是目前测量世界范围内生物多样性趋势的唯一方法。物种多样性随着纬度和海拔高度而发生变化。在陆地生态系统中，随着纬度和海拔高度的增加，总的物种多样性下降，形成物种丰富度梯度。物种多样性还受降水量和其他因素影响。

8.4.2.3 生态系统多样性

生态系统多样性研究包括生态系统的组成与结构，生态系统多样性的维持与变化机制，生物多样性的生态系统功能与生态系统管理等。目前生态系统多样性关注的热点集中在人类活动对生态系统多样性的影响以及生物多样性的长期动态监测。我国近几十年来相继建立了一批特定区域的生态定位与长期监测站，承担生态系统结构、功能、演替、物种消长等方面的监测与研究工作。

景观多样性研究主要是在大尺度上开展生物多样性的系统理论研究，制定自然保护区域规划，管理、评价人类活动对生物多样性的影响和制订保护生物多样性计划方案等。

在生物多样性研究中，物种是遗传信息的载体，物种多样性是遗传多样性的物质基础，保护更多的物种和物种居群就是保护了更多的遗传信息；物种也是生态系统多样性和景观多样性的基本单位。生物多样性与生态系统功能的关系已成为生态学领域内的一个重大科学问题。很多研究结果表明，生物多样性能使生态系统具备更高的稳定性和抗入侵的能力，物种多样性为生态系统的优化和多样化提供了可能，使生态系统具有更大的稳定性和兼容性。

8.4.3　影响生物多样性的因素

生物多样性丧失的直接原因主要有生境丧失和片断化、外来种的入侵、生物资源的过度开发、环境污染、全球气候变化和规模化农业生产的影响等。生物多样性丧失的根源在于人口的剧增和自然资源的高速消耗、不断狭窄的农业、林业和渔业的贸易谱、经济系统和政策未能评估环境及其资源的价值、生物资源利用和保护产生的惠益分配不均、法律和制度的不完善等。总之，人口活动是影响生物多样性丧失的主要原因。

影响遗传多样性的因素主要有 4 个方面，包括奠基者效应、瓶颈效应、遗传漂变以及近交衰退，这 4 个因素都会从遗传水平上影响物种种群大小。影响物种多样性的因素包括冰川作用、森林砍伐、栖息地破碎化以及一些随机事件，如疾病、气候、自然灾害等，而影响物种灭绝的关键因素是物种本身的种群大小。导致生态系统多样性退化和丧失的因素主要是人为的过度利用、栖息地的破坏、生物入侵效应污染以及次生丧失。

8.4.4　植物多样性状况

由于重大地质变迁或气候环境的急剧变化，地球上曾经出现过几次大的"集体灭绝"的物种灭绝方式。历史上每发生一次物种大灭绝，地球上的生命进化历史就被中断一次，需要经历一个漫长的过程，生物多样性才能恢复到一个正常水平。生物多样性丧失最直接和最严重的损失就是物种的灭绝，而在近代尤其是近半个多世纪以来，由于人口的激增，对自然资源的掠夺性消耗和人类活动造成的大量的生境破碎，导致了前所未有的世界范围内的生物多样性危机，生物多样性丧失与由人类活动所引发的全球性的生态系统的变化以及人类对生物资源的掠夺性利用相关，以至于生物多样性丧失本身已成为一种全球性变化，引起了国际社会对生物多样性问题的极大关注。目前，根据 Wilson 的统计，全世界已有记载的生物物种有 141.3 万种，其中高等植物有 24.8 万种，估计全世界实际存在的物种大约 3 000 万种。甚至有人预期世界上生物物种有 1 亿种。在欧洲植物区系中，从 20 世纪初到现在已有 10% 的种类消失。在美国的 839 种濒危植物和 1 211 种受威胁植物中，已灭绝 90 种。中国由于地跨热带、亚热带、温带、寒温带以及寒带等多个地质气候带，且地形复杂多变，拥有丰富的生物物种资源，是植物多样性最丰富的国家之一，仅种子植物就有 3 万多种，占世界总数的 11.4%，仅次于种子植物最丰富的巴西和哥伦比亚，位居世界第三。同时，中国也是植物多样性受到最严重威胁的国家之一，在高等植物中濒危种高达 4 000 ~ 5 000 种，占总种数的 15% ~ 20%，在《濒危动植物种国际贸易公约》列出的 640 个世界性濒危物种中，修改为"在高等植物中濒危种高达 3879 种，占总种数的 10.84%"，在《濒危野生动植物种国际贸易公约》(Convention on International Trade in Endangered Species of Wild Fauna and Flora)列出的 640 个世界性濒危物种中，中国就占 156 种，而且已有近 200 种的植物已经灭绝。我国从 20 世纪 50 年代起就开始大规模的生物资源、区系、植被的综合考察，编写出版了全国性植物志以及地区性的植物志等，为中国植物多样性研究奠定了良好基础。

每个物种都包含着极为丰富的遗传信息，是遗传多样性的载体，是生物多样性的重要基础；物种又是生态系统中最基本的生物单位，物种的价值不仅在于它的直接价值，更重要的在于它潜在的巨大价值。任何一个物种的消失会使它所处的生物群落中的平衡受到影响和破坏，任何物种的消失都会伴随丧失许多极为珍贵的(许多是我们目前仍无所知的)遗传多样性资源。在生物多样性保护中，珍稀濒危物种的保护具有其特殊的意义和价值。在极其漫长的地球演变过程中，生物物种随着地质气候的变迁不断更替，然而即使在几次大规模物种消亡的物种更替过程中，仍然有一些物种在巨变的环境中幸存下来，很多是现代珍稀濒危物种，成为不可多得的研究物种起源、系统发育与演化、生物界发展演化规律以及地质年代变更的珍贵材料，具有十分重要的研究价值，因此，珍稀物种的保护已成为生物多样性保护的重点。

生物多样性对人类社会有着巨大的内在价值，因此，生物多样性的丧失和保护越来越受到人们的广泛关注，是社会与经济可持续发展的基础，是人类赖以生存的物质基础，生物多样性的最大价值在于为人类提供适应当地和全球变化的机会。很多物种本身具有巨大的经济价值，经济压力已成为物种濒危或消亡的最直接的原因，人类如果能减少低经济价值的毁坏性的活动，就会减少物种的濒危与丧失。物种多样性保护已成为维持人类社会、经济可持续发展的重要部分。

8.5 碳达峰和碳中和

8.5.1 气候变化与温室效应

气候变化(climate change)是指气候平均状态统计学意义上的巨大改变或者持续较长一段时间(典型的为 30 年或更长)的气候变动。气候变化不但包括平均值的变化，也包括变率的变化。《联合国气候变化框架公约》定义为经过相当一段时间的观察，在自然气候变化之外由人类活动直接或间接地改变全球大气组成所导致的气候改变。将因人类活动而改变大气组成的"气候变化"与归因于自然原因的"气候变化"区分开来。气候变化主要表现为全球气候变暖(global warming)、酸雨(acid deposition)、臭氧层破坏(ozone depletion)，其中全球气候变暖是人类目前最迫切的问题。化石燃料燃烧和毁林、土地利用变化等人类活动所排放温室气体导致大气温室气体浓度大幅增加，温室效应增强，从而引起全球气候变暖。

温室气体(greenhouse gases, GHGs)指大气中由自然或人为产生的，能够吸收和释放地球表面、大气本身和云所发射的陆地辐射谱段特定波长辐射的气体成分。该特性可导致温室效应。大气中主要的 GHG 包括水汽(H_2O)、二氧化碳(CO_2)、氧化亚氮(N_2O)、甲烷(CH_4)和臭氧(O_3)。此外，大气中还有许多完全由人为因素产生的温室气体，如《蒙特利尔协议》所涉及的卤烃、其他含氯和含溴物。除 CO_2、N_2O 和 CH_4 外，《京都议定书》还将六氟化硫(SF_6)、氢氟碳化物(HFC)和全氟化碳(PFC)定义为 GHG。这些温室气体的大量排放导致温室效应。

温室效应(greenhouse effect)是指大气中所有红外线吸收成分的红外辐射效应。温室气体(GHGs)、云和少量气溶胶吸收地球表面和大气中其他地方放射的陆地辐射。这些物质向四处放射红外辐射，但在其他条件相同时，放射到太空的净辐射量一般小于没有吸收物情况下的辐射量，这是因为对流层的温度随着高度的升高而降低，辐射也随之减弱。GHGs 浓度越高，温室效应越强，其中的差值有时称作强化温室效应。人为排放导致的 GHG 浓度变化可加大瞬时辐射强迫。作为对该强迫的响应，地表温度和对流层温度会出现上升，就此逐步恢复大气顶层的辐射平衡。

8.5.2　碳达峰和碳中和概述

气候变化是人类面临的全球性问题。随着全球工业化的高速发展，人们生产生活所产生二氧化碳排放量不断增加，温室气体剧增，对生命系统形成威胁。在这一背景下，世界各国以全球协约的方式减排温室气体，应对全球气候变化。1992 年 5 月 9 日在美国纽约通过了《联合国气候变化框架公约》（United Nations Framework Convention on Climate Change，UNFCCC）（简称《公约》），并于 1992 年巴西里约热内卢地球峰会上由超过 150 个国家和欧洲共同体签署，《公约》在控制气候变化领域有着基石意义。《公约》由序言、26 条正文和 2 个附件组成。包括公约目标、原则、承诺、研究与系统观测、教育培训和公众意识、缔约方会议、秘书处、公约附属机构、资金机制和提供履行公约的国家履约信息通报以及公约有关的法律和技术等条款。公约的最终目标是"将大气中的温室气体浓度稳定在一个能使气候系统免受危险的人为干预的水平上"。在"共同但有区别的责任"原则下，公约包含了针对所有缔约方的承诺。公约中缔约方的共同目标是在 2000 年前将未受《蒙特利尔议定书》管控的温室气体排放量恢复到 1990 年的水平。公约于 1994 年 3 月开始生效。1997 年在日本京都召开的《气候框架公约》第三次缔约方大会上通过了《京都议定书》。京都议定书（Kyoto protocol，KP）规定了发达国家温室气体放量的标准，即在 2008 年至 2012 年间，全球主要工业国家的工业二氧化碳排放量比 1990 年的排放量平均要低 5.2%。

碳达峰（peak carbon dioxide emissions）是指某一个时点二氧化碳的排放量达到历史最高峰值后，先进入平台期在一定范围内波动，然后进入平稳下降阶段，逐步回落。碳排放达峰是二氧化碳排放量由增转降的历史拐点，达峰目标包括达峰时间和峰值。

碳中和（carbon neutrality），也称碳补偿（carbon offset），是指通过计算某活动、工业生产或其他相关活动导致的二氧化碳排放总量，然后通过植物植树造林、森林经营等碳汇项目产生的碳汇量（减排量），抵消相应的排放量，以实现碳排放与碳清除相互抵消，达到中和的目的。碳达峰、碳中和两个概念中的"碳"指二氧化碳，特别是人类生产、生活活动中的二氧化碳。

2020 年 9 月，中国做出承诺，力争于 2030 年前二氧化碳排放达到峰值，2060 年前实现碳中和。中国的这一庄严承诺，在全球引起巨大反响，赢得国际社会的广泛积极评价。"双碳"目标事关中华民族永续发展，事关构建人类命运共同体和人与自然生命共同体，是中华民族复兴大业的内在要求，也是人类可持续发展的客观需要。

本章小结

本章主要叙述了生物圈、生态因子以及植物与环境之间的相互关系；植物在生态系统中的作用；植物生态学中的个体生态学、种群生态学以及群落生态学的基本概念和基本问题。生物多样性主要包括遗传多样性、物种多样性、生态环境多样性以及景观多样性，影响生物多样性的因素主要包括奠基者效应、瓶颈效应、遗传漂变、近交衰退，以及自然灾害和人为破坏等因素。

复习思考题

1. 植物有哪些生态功能？
2. 什么叫种群？种群有哪些基本特征？种间作用的基本类型有哪些？
3. 叙述群落结构及其特征。
4. 简述植物群落的演替。
5. 植被分类的依据是什么？我国有哪些植被类型？
6. 什么叫生物圈？自然环境因子对生态系统的影响。
7. 简述生物多样性的基本概念。生物多样性研究的基本内容有哪些？
8. 影响植物多样性的因素有哪些？

推荐阅读书目

1. Eddy van der Maare, 2017. 植物生态学(第2版). 杨明玉，欧晓昆译. 北京：科学出版社.
2. 戈峰，2020. 现代生态学(第2版). 北京：科学出版社.
3. 姜汉桥，段昌群，杨树华，等，2004. 植物生态学. 北京：高等教育出版社.
4. 蒋志刚，马克平，2014. 保护生物学原理. 北京：科学出版社.
5. 李俊清，牛树奎，刘艳红，2017. 森林生态学. 北京：高等教育出版社.
6. 李博，张大勇，王德，2016. 生态学——从个体到生态系统. 北京：高等教育出版社.
7. Mackenzie A(麦肯齐)，Ball A S(鲍尔)，Vireda S R(弗迪)(影印本)，2003. 生态学. 北京：科学出版社.

参考文献

A. J. 拉克，D. E. 伊文思，2005. 植物生物学[M]. 杨世杰，等译. 北京：科学出版社.

B. B. 布坎南，W. 格鲁依森姆，R. L. 琼斯，2004. 植物生物化学与分子生物学(Biochemistry & Molecular Bi-
　　ology of Plants)[M]. 瞿礼嘉，顾红雅，白书农，等译. 北京：科学出版社.

Ottoline Leyser, Stephen Day, 2006. 植物发育的机理(Mechanisms in Plant Development)[M]. 瞿礼嘉，邓兴
　　旺，译. 北京：高等教育出版社.

白书农，2003. 植物发育生物学[M]. 北京：北京大学出版社.

曹慧娟，1992. 植物学[M]. 2 版. 北京：中国林业出版社.

常杰，葛滢，2001. 生态学[M]. 杭州：浙江大学出版社.

陈灵芝，马克平，2001. 生物多样性科学：原理与实践[M]. 上海：上海科学技术出版社.

陈灵芝，1993. 中国的生物多样性：现状及其保护对策[M]. 北京：科学出版社.

陈宜张，林其谁，2005. 生命科学中的单分子行为及细胞内实时检测[M]. 北京：科学出版社.

崔克明，2007. 植物发育生物学[M]. 北京：北京大学出版社.

方炎明，2006. 植物学[M]. 北京：中国林业出版社.

傅承新，丁炳扬，2002. 植物学[M]. 杭州：浙江大学出版社.

贺士元，邢其华，尹祖棠，等，1984. 北京植物志(上、下册)[M]. 北京：北京出版社.

贺学礼，2004. 植物学[M]. 北京：高等教育出版社.

胡适宜，2005. 被子植物生殖生物学[M]. 北京：高等教育出版社.

姜汉桥，段昌群，杨树华，等，2004. 植物生态学[M]. 北京：高等教育出版社.

李博，2000. 生态学[M]. 北京：高等教育出版社.

李凤兰，2007. 植物学实验教程[M]. 北京：中国林业出版社.

李合生，2006. 现代植物生理学[M]. 北京：高等教育出版社.

李振基，陈小麟，郑海雷，2007. 生态学[M]. 北京：科学出版社.

马克平，钱迎倩，王晨，1994. 生物多样性研究现状与发展趋势.//生物多样性研究原理与方法[M]. 北
　　京：中国科学技术出版社.

马克平，钱迎倩，1998. 生物多样性保护及其研究进展[J]. 应用与环境生物学报，4(1)：95-99.

马炜梁，1998. 高等植物及其多样性[M]. 北京：高等教育出版社，海德堡：施普林格出版社.

强胜，2006. 植物学[M]. 北京：高等教育出版社.

曲仲湘，吴玉树，王焕校，等，1983. 植物生态学[M]. 2 版. 北京：高等教育出版社.

宋永昌，2001. 植被生态学[M]. 上海：华东师范大学出版社.

王伯荪，李鸣光，彭少鳞，1995. 植物种群学[M]. 广州：广东高等教育出版社.

王伯荪，1987. 植物群落学[M]. 北京：高等教育出版社.

王全喜，张小平，2004. 植物学[M]. 北京：科学出版社.

吴国芳，1992. 植物学(下册)[M]. 北京：高等教育出版社.

吴征镒，1995. 中国植被[M]. 北京：科学出版社.

武维华, 2003. 植物生理学[M]. 北京: 科学出版社.

徐汉卿, 1996. 植物学[M]. 北京: 中国农业出版社.

许智宏, 刘春明, 1999. 植物发育的分子机理[M]. 北京: 科学出版社.

杨继, 郭友好, 杨雄, 等, 1999. 植物生物学[M]. 北京: 高等教育出版社, 海德堡: 施普林格出版社.

杨世杰, 2000. 植物生物学[M]. 北京: 科学出版社.

叶创兴, 朱念德, 廖文波, 等, 2007. 植物学[M]. 北京: 高等教育出版社.

叶创兴, 廖文波, 藏水莲, 等, 2000. 植物学(系统分类部分)[M]. 广州: 中山大学出版社.

张景钺, 梁家骥, 1965. 植物系统学[M]. 北京: 人民教育出版社.

张全国, 张大勇, 2003. 生物多样性与生态系统功能: 最新的进展与动态[J]. 生物多样性, 11(5): 351-363.

张宪省, 贺学礼, 2003. 植物学[M]. 北京: 中国农业出版社.

中国科学院植物研究所, 1983. 中国高等植物图鉴(第一册至第五册)[M]. 北京: 科学出版社.

中国科学院中国植物志编辑委员会, 2006. 中国植物志. 第七卷(裸子植物门)[M]. 北京: 科学出版社.

周纪纶, 郑师章, 杨持, 1992. 植物种群生态学[M]. 北京: 高等教育出版社.

周云龙, 2004. 植物生物学[M]. 北京: 高等教育出版社.

朱家枬, 等, 2001. 拉汉英种子植物名称[M]. 2版. 北京: 科学出版社.

祝廷成, 钟章成, 李建东, 1988. 植物生态学[M]. 北京: 高等教育出版社.

Lack A J, Evans D E, 2002. Plant Biology(影印版)[M]. 北京: 科学出版社.

Smith G M(史密斯), 1962. 隐花植物学[M]. 朱浩然, 陆定安译. 北京: 科学出版社.

Campbell N A, 1996. Biology[M]. 4th ed. California: The Benjamin/ Cummings publishing Company.

Ehrlich P R, Wilson E O, 1991. Biodiversity studied: science and policy[J]. Science, 253: 758-762.

Hector A, Schmid B, Beierkuhnlein C, *et al.*, 1999. Plant diversity and productivity experiments in European grasslands[J]. Science, 286: 1123-1127.

James D Mauseth, 1991. Botany: An Introduction to Plant Biology[M]. Philadephia: Saunders college Publishing.

Kennedy T, Naeem S, Howe K M, *et al.*, 2002. Biodiversity as a barrier to ecologica invasion[J]. Nature, 417: 636-638.

Kingsley R Stern, Shelley Jansky, James E Bidlack, 2003. Introductory Plant Biology[M]. 9th ed. New York: The McGraw-Hill Companies, Inc.

Mackenzie A, Ball A S, Vireda S R, 2003. 生态学[M]. 北京: 科学出版社.

May R M, 2002. The future of biological diversity in a crowded world[J]. Curr. Sci., 82: 1325-1331.

McConchie C A, Russell S D, Dumas C, *et al.*, 1987. Quantitative cytology of the sperm cells of *Brassica campestris* and *B. oleracea*[J]. Planta, 170: 446-452.

Murray W Nabors, 2004. Introduction to Botany[M]. San Francisco: Pearson Education, Inc., Publishing as Benjamin Cummings.

Naeem S, Thompson L J, Lawler S P, *et al.*, 1994. Declining biodiversity can alte the performance of ecosystems [J]. Nature, 368: 734-737.

Pearcen D, Moran D W, 1994. The economi value of biodiversity[M]. Cambridge: IUCN.

Randy Moore, W Dennis Clark, Kingsley R Stern, 1995. Botany[M]. London: Wm. C. Brown Pulishers.

Sala O E, *et al.*, 2000. Global biodiversity scenarios for the year 2100[J]. Science, 287: 1770-1774.

Taiz L, Zeiger E, 1998. Plant Physiology[M]. 2nd ed. Sunderland, Massachusetts: Sinauer Associates, Inc.

Thomas L Rost, Michael G Barbour, Robert M Thornton, *et al.*, 1984. Botany: a brief introduction to plant biology [M]. 2nd ed. New York: John Wiley & Sons, Inc.

Tilman D, Downing J A, 1994. Biodiversity and stability in grasslands[J]. Nature, 367: 363 – 365.

Weier T E, *et al.*, 1982. Botany: an introduction to plant biology[M]. 6th ed. New York: John Wiley & Sons, Inc.

Westergard M, 1958. The mechanism of sex determination in dioecious flowering plants[J]. Advances in Genetics, 9: 217 – 281.

Wilson E O, 1988. The current state of biological diversity. //Biodiversity [M]. Washington DC: National Academy Press.

Wilson E O, 1992. The diversity for life[M]. Cambridge: Belknap Press.

附录　中英文专业词汇对照

G1 期　gap1

G2 期　gap2

M 期　mitosis

S 期　synthesis

白色体　leucoplast

败育　abortion

板根　buttress root

半灌木　half-shrub

半具缘纹孔　half bordered pit

半下位子房　half-inferior ovary

半纤维素　hemicellulose

伴胞　companion cell

瓣裂　valvuler dehiscence

孢粉素　sporopollenin

孢粉学　palynology

孢蒴　capsule

孢原　archespore

孢原细胞　archesporial cell

孢子　spore

孢子繁殖　spore reproduction

孢子体世代　sporophyte generation

孢子体型不亲和性　sporophytic self-incompatibility

孢子叶　sporophyll

孢子叶球　cone, strobilus

孢子叶穗　sporophyll spike

孢子异型　heterospory, homospory

孢子植物　Spore plants

苞鳞　bract scale

苞片　bract

胞果　utricle

胞间层　intercellular layer

胞间连丝　plasmodesma

胞吐作用　exocytosis

胞芽　gemmae

胞质分裂　cytokinesis

胞质环流　cyclosis

饱和脂肪酸　saturated fatty acid

保护层　protective layer

保护组织　protective tissue

保卫细胞　guard cell

抱茎　amplexicaul

背腹裂　septifragal dehiscence

背着药　dorsifixed anther

被动吸水　passive absorption of water

被子植物　angiosperm, angiospermae

闭果　achenocarp

闭囊壳　cleistothecium

边材　sapwood

边缘分生组织　marginal meristem

边缘胎座　marginal placenta

编程性细胞死亡　programmed cell death

编目　inventory

变态　modification

表观光合速率　apparent photosynthetic rate

表膜　pellicle

表皮　epidermis

表皮毛　epidermic hair

柄细胞　stalk cell

柄下芽　subpetiolar bud

波状　undulate

薄壁组织　parenchyma

补充组织　complementary tissue

捕虫叶　insect-catching leaf

不饱和脂肪酸　unsaturated fatty acid

不定根　adventitious root

不定胚　adventive embryo

不定芽　adventitious bud

不对称花　asymmetrical flower

不活动中心　quiescent center

不完全花　incomplete flower

不完全叶　incomplete leaf

不育叶　sterile frond

不孕性花　sterile flower

不整齐花　irregular flower

草本植物　herb

草甸　meadow

侧根　lateral root

侧根原基　lateral root primordium

侧脉　lateral vein

侧膜胎座　parietal placenta

侧生分生组织　lateral meristem

侧芽　lateral bud

叉状脉　dichotomous vein

缠绕茎　voluble stem

长角果　silique

长日植物　long-day plants，LDPs

长椭圆形　long elliptical

常绿阔叶林　evergreen broad-leaved forest

常绿树　evergreen tree

常绿硬叶林　evergreen sclerophyllous forest

成花　flowering

成花素　florigen

成熟面　trans cistemae

成熟区　maturation zone

成熟组织　mature tissue

匙形　spatulate

齿裂　teeth dehiscence

齿状　dentate

翅果　samara

虫媒　entomophila

虫媒植物　entomophilous plant

出生率　natality

初级生产　primary production

初生壁　primary wall

初生分生组织　primary meristem

初生根　primary root

初生加厚分生组织　primary thickening meristem

初生结构　primary structure

初生菌丝体　primary mycelium

初生木质部　primary xylem

初生胚乳核　primary endosperm nucleus

初生韧皮部　primary phloem

初生生长　primary growth

初生造孢细胞　primary sporogenous cell

初生周缘细胞　primary parietal cell

穿茎　perfoliate

传递细胞　transfer cell

传粉　pollination

传粉滴　pollination drop

垂周分裂　anticlinal division

春化素　vernalin

春化作用　vernalization

唇形花冠　labiate corolla

雌花　female flower，pistillate flower

雌配子　female gamete

雌配子体　female gametophyte

雌球果　female cone

雌蕊　pistil

雌蕊群　gynoecium

雌雄花单性同株　monoecious

雌雄同株　monoecism

雌雄异株　dioecism

次级电子供体　secondary electron donor

次级生产或第二性生产　secondary production

次生壁　secondary wall

次生分生组织　secondary meristem

次生根　secondary root

次生加厚分生组织　secondary thickening meristem

次生结构　secondary structure

次生菌丝体　secondary mycelium

次生木质部　secondary xylem

次生韧皮部　secondary phloem

次生生长　secondary growth

丛生（簇生）　fasciculate

粗面内质网　rough endoplasmic reticulum

粗线期　pachytene

促成熟因子　maturation promoting factor，MPF

促进扩散　facilitated diffusion

大孢子　macrospore，megaspore

大孢子母细胞　macrospore mother cell，megasporocyte

大孢子囊　macrosporangium，megasporangium

大孢子叶　megasporophyll

大孢子叶球　ovulate strobilus

大纤丝　macrofibril

大型叶　macrophyll

带型　banding pattern

单倍体　haploid

单被花　monochlamydeous flower

单不饱和脂肪酸　monounsaturated fatty acid

单雌蕊　simple pistil

单峰　singlet

单果　simple fruit

单歧聚伞花序　monochasium

单身复叶　unifoliate compound leaf

单生花　solitary flower，solitary

单受精　single fertilization

单体雄蕊　monadelphous stamen

单纹孔　simple pit

单性花　unisexual flower

单性异株　dioecious

单盐毒害　toxicity of single salt

单叶　simple leaf

单轴分枝　monopodial branching

担孢子　basidiospore

担子　basidium

弹丝　elater

蛋白激酶　protein kinase

蛋白质　protein

导管　vessel

导管分子　vessel element

倒阔卵形　broad obovate

倒卵形　obovate

倒披针形　oblanceolate

等面叶　isobilateral leaf

等位基因的特异蛋白　allel specific protein，ASP

低等植物　Lower plant

地衣　Lichens

地植物学　geobotany

电子传递　electron transfer

淀粉粒　starch grain

淀粉鞘　starch sheath

蝶形花冠　papilionaceous corolla

丁字药　versatile anther

顶端分生组织　apical merestem

顶生胎座　apical placenta

顶细胞　apical cell

顶芽　terminal bud

定根　normal root

定芽　normal bud

动力蛋白　dynein

动物界　Animalia

冻原　tundra

短角果　silicle

短日植物　short-day plants，SDPs

对生　opposite

盾片　scutellum

盾形　peltate

钝齿　crenate

钝形　obtuse

多不饱和脂肪酸　polyunsaturated fatty acid

多度　abundance

多回羽状复叶　pinnately decompound leaf

多年生草本　perennial herb

多胚现象　polyembryony

多歧聚伞花序　pleiochasium

多体雄蕊　polydelphous stamen

多原型　polyarch

萼片　sepal

耳垂形　auriculate

二叉分枝　dichotomous branching

二分体　dyad

二回羽状复叶　bipinnately compound leaf

二价体　bivalent

二年生草本　biennial herb

二歧聚伞花序　dichasium

二强雄蕊　didynamous stamen

二体雄蕊　diadelphous stamen

二氧化碳同化　CO_2 assimilation

二原型　diarch

发色团　chromophore

反应中心色素　reaction center pigment

反足细胞　antipodal cell

纺锤丝　spindle fiber

纺锤体　spindle

纺锤状原始细胞　fusiform initial

放线菌　Actinomycetes

非环式电子传递 noncyclic electron transport

非环式光合磷酸化 noncyclic photophosphorylation

非组蛋白 nonhistone proteins

分果 schizocarp

分裂间期 interphase

分泌囊 secretory cavity

分泌组织 secretory tissue

分蘖 tiller

分蘖节 tillering node

分生孢子 conidiophore

分生区 meristematic zone

分生组织 meristem

粉管细胞 tube cell

粉芽 soredium

风媒 anemophily

风媒植物 anemophilous plant

封闭层 closing layer

辐射对称花 actinomorphic flower

辐射状花冠 rotate corolla

腐生 saprophytism

腐生细菌 saprophytic bacteria

复表皮 multiple epidermis

复雌蕊 compound pistil

复大孢子 auxospore

复果 multiple fruit

复合花序 compound inflorescence

复伞房花序 compound corymb

复伞形花序 compound umbel

复穗状花序 compound spike

复叶 compound leaf

副卫细胞 subsidiary cell

副形成层 accessory cambium

副芽 accessory bud

覆瓦状 imbricate

盖被 chlamydia

盖度 coverage

盖裂 circumscissile dehiscence

干果 dry fruit

干细胞 stem cell

干柱头 dry stigma

杆菌 bacillus

柑果 hesperidium

高等植物 higher plant

高尔基体 dictyosome

高脚碟状花冠 hypocrateriform corolla

隔丝 paraphsis

个字药 divergent anther

根 root

根被 velamen

根冠 root cap

根尖 root tip

根瘤 root nodule

根毛区 root hair zone

根托 rhizophore

根系 root system

根压 root pressure

根状茎 rhizome

功能大孢子 functional megaspore/macrospore

共生 symbiosis

共质体 symplast

蓇葖果 follicle

冠生雄蕊 epipetalous stamen

管(筒)状花冠 tubular corolla

管胞 tracheid

管状 tube

灌木 shrub

光饱和点 light saturation point

光补偿点 light compensation point

光反应 light reaction

光合 photosynthetic

光合磷酸化 photophosphorylation

光合片层 photosynthetic lamellae

光合色素 photosynthetic pigment

光合速率 photosynthetic rate

光合作用 photosynthesis

光面内质网 smooth endoplasmic reticulum

光敏色素 phytochrome

光能细菌 photosynthetic bacteria

光系统 I photosystem I, PS I

光系统 II photosystem II, PS II

光周期 photoperiod

光周期现象 photoperiodism

光周期诱导 photoperiodic induction

广歧药 divaricate anther

硅细胞　silica cell

果胶　pectin

果皮　pericarp

果实　fruit

过渡区　transition zone

过氧化物酶体　peroxisome

海绵组织　spongy parenchyma

旱生植物　xerophytes

合点　chalaza

合点受精　chalazogamy

合轴分枝　sympodial branching

合子　zygote

核苷酸　nucleotide

核骨架　nuclear skeleton

核果　drupe

核孔　nuclear pore

核膜　nuclear membrane

核仁　nucleole

核酸　nucleic acid

核糖体　ribosome

核酮糖-1,5-二磷酸羧化酶/加氧酶　ribulose-1,5-bi-
　　sphosphate carboxylase/oxygenase, rubisco

核小体　nucleosome

核小体组蛋白　nucleosomal histone

核型　karyotype

核型胚乳　nuclear endosperm

核质　nucleoplasm

横出平行脉　horizontal parallel vein

横断分裂　transverse division

横桥　cross bridge

横切面　cross section

横卧射线　procumbent ray

红树林　mangrove

后含物　ergastic substance

后期　anaphase

后生动物界　Metazoa

后生木质部　metaxylem

后生植物界　Metaphyta

后熟作用　after-ripening

厚壁孢子　akinete

厚壁组织　sclerenchyma

厚角组织　collenchyma

呼吸根　respiratory root

弧形脉　arcuate vein

胡萝卜素　carotene

糊粉层　aleurone layer

糊粉粒　aleurone grain

互生　alternate

瓠果　pepo

花　flower

花瓣　petal

花柄　pedicel

花程式　flower formula

花萼　calyx

花粉　pollen

花粉管　pollen tube

花粉粒　pollen grain

花粉母细胞　pollen mother cell

花粉囊　pollen sac

花粉生长素　pollen growth factor, PGF

花冠　corolla

花丝　filament

花图式　floral diagram

花托　receptacle

花序　inflorescence

花序轴　rachis

花芽　flower bud

花芽分化　flower bud differentiation

花药　anther

花柱　style

化能细菌　chemosynthetic bacteria

环带　annulus

环境负荷量　carrying capacity

环境因子　environmental factor

环式电子传递　cyclic electron transport

环式光合磷酸化　cyclic photophosphorylation

环纹导管　annular vessel

荒漠　desert

混合花序　mixed inflorescence

混合芽　mixed bud

活动芽　active bud

活性脂质　active lipid

机械组织　mechanical tissue

肌动蛋白　actin

肌动蛋白纤维　actin filament

肌球蛋白　globular actin，G-actin

基本分生组织　ground meristem

基本组织　ground tissue

基粒片层　grana lamella

基生　basilar

基生胎座　basal placenta

基细胞　basal cell

基质　matrix

基质片层　stroma lamella

基着药　basifixed anther

基足　foot

极核　polar nucleus

急尖　acute

集流　mass flow

集群分布　contagious distribution

几丁质　chitin

戟形　hastate

寄生　parasitism

寄生根　parasitic root

寄生细菌　parasitic bacteria

荚果　legume

假二叉分枝　false dichotomous branching

假果　spurious fruit

假花说　pseudanthium theory

假种皮　aril

坚果　nut

减数分裂　meiosis

检验点　checkpoint

简单多胚　simple polyembryony

简单花序　simple inflorescence

简单扩散　simple diffusion

剑形　ensate

渐尖　acuminate

箭形　sagittate

浆果　berry

胶质鞘　gelatinous sheath

角化　cutinization

角质层　cuticle

接合管　conjugation tube

节　node

节间　internode

结构脂质　structural lipid

截形　truncate

茎　stem

茎刺　stem thorn

茎尖　stem tip

茎卷须　stem tendril

精子　sperm

精子二型性　sperm dimorphism

精子囊　spermatangium

精子器　antheridium

精子器原始细胞　antheridial initial

颈卵器　archegonium

颈卵器原始细胞　archegonial initial

颈卵器植物　archegoniatae

净光合速率　net photosynthetic rate

径向切面　radial section

矩圆形（长圆形）　oblong

具短尖　mucronate

具生理活性光敏色素　the active form of phytochrome

具缘纹孔　bordered pit

锯齿　serrate

聚合果　aggregate fruit

聚药雄蕊　syngenesious stamen

蕨类植物　ferns，pteridophyte

均匀分布　uniform distribution

菌柄　stipe

菌盖　pileus

菌根　mycorrhiza

菌幕　velum

菌丝　hyphae

菌丝体　mycelium

菌褶　gills

开花　anthesis，blossom

开花期　blooming stage

开花诱导　flower induction

凯氏带　casparian strip

壳状地衣　crustose lichen

孔裂　poricidal dehiscence，porous dehiscence

跨细胞运输　transcellular transport

块根　root tuber

块茎　stem tuber

阔卵形　broad ovate

阔椭圆形　broad elliptical

类胡萝卜素　carotenoid

类囊体　thylakoid

梨果　pome

离层　abscission layer

离区　abscission zone

离生雄蕊　distinct stamen

离心皮雌蕊　apocarpous gynaecium

离子颉颃　ion antagonism

立克次氏体　Rickettsia

连续型　successive type

联会　synapse

镰状聚伞花序　drepanium

两被花　dichlamydeous flower

两侧对称花（左右对称花）　zygomorphic flower

两性花　bisexual flower

两性花植物　hermaphrodite

两性异形　sexual dimorphism

蓼型（胚囊类型）　Polygonum type

裂果　dehiscent fruit

裂生多胚　cleavage polyembryony

鳞茎　bulb

鳞芽　scaly bud

鳞叶　scale leaf

菱形　rhomboidal

漏斗形花冠　funnel-shaped corolla

卵囊　oogonium

卵器　egg apparatus

卵式生殖　oogamy

卵细胞　egg cell

卵形　ovate

轮伞花序　verticillaster

轮生　verticillate

螺纹导管　spiral vessel

螺旋菌　spirillum

螺旋状聚伞花序　helicoid cyme

裸花（无被花）　nude flower

裸芽　naked bud

裸子植物　gymnosperm

落叶阔叶林　deciduous broad-leaved forest

落叶树　deciduous tree

脉梢　vein end

脉序　nervation

萌发孔　germ pore

密度　density

蜜腺　nectary

末期　telophase

木本植物　woody plant

木射线　xylem ray

木栓层　cork, phellem

木栓形成层　cork cambium, phellogen

木纤维　xylem fiber

木质部　xylem

木质化　Lignification

木质素　lignin

内壁　intine

内果皮　endocarp

内皮层　endodermis

内起源　endogenous origin

内生菌根　endotrophic mycorrhiza

内吞作用　endocytosis

内外生菌根　ectendotrophic mycorrhiza

内质网　endoplasmic reticulum

耐阴植物　shade-enduring plant

囊群盖　indusium

能育叶　fertile frond

拟蕨类　fern allies

年龄结构　age structure

年龄锥体（或称年龄金字塔）　age pyramids

年轮　annual ring

黏菌　slimemolds

镊合状　valvate

偶数羽状复叶　paripinnate leaf

偶线期　zygotene

攀缘根　climbing root

攀缘茎　scandent stem

泡状细胞　bulliform cell

胚　embryo

胚柄　suspensor

胚根　radicle

胚根鞘　coleorhiza

胚囊　embryo sac

胚囊母细胞　embryo sac mother cell

胚乳　endosperm

胚性细胞 embryonic cell

胚芽 plumule

胚芽鞘 coleoptile

胚轴 hypocotyl, plumular axis

胚珠 ovule

配子 gamete, magete

配子体 gametophyte

配子体世代 gametophyte generation

配子体型不亲和性 gametophytic self-incompatibility

披针形 lanceolate

皮层 cortex

皮孔 lenticel

偏斜 oblique

胼胝体 callosity

胼胝质 callose

频度 frequency

平卧茎 prostrate stem

平行脉 paralled veins, parallel vein

平周分裂 periclinal division

匍匐茎 repent stem

奇数羽状复叶 imparipinnate leaf

气孔 stomata

气孔带 stomatal band

气孔蒸腾 stomatal transpiration

气生根 aerial root

气体交换 gas exchange

器官 organ

浅根系 shallow root system

蔷薇形花冠 roseform corolla

乔木 tree

切向切面 tangential section

侵填体 tylosis

球果 cone

球茎 corm

球菌 coccus

全缘 entire

全着药 adnate anther

群集度 sociability

群落 community

群落生态学 synecology

群落外貌 physiognomy

染色单体 chromatid

染色体 chromosome

染色体分带 chromosome banding

染色质 chromatin

热带雨林 tropical forest

韧皮部 phloem

韧皮射线 phloem ray

韧皮纤维 phloem fiber

日中性植物 day-neutral plants, DNPs

绒毡层 tapetum

溶酶体 lysosome

柔荑花序 ament

肉穗花序 spadix

肉质果 fleshy fruit

肉质茎 fleshy stem

肉质直根 fleshy tap root

乳汁管 laticifer

三出复叶 ternately compound leaf

三回羽状复叶 tripinnately compound leaf

三联体 triplet

三生菌丝体 tertiary mycelium

三生木质部 tertiary xylem

三生韧皮部 tertiary phloem

三原型 triarch

伞房花序 corymb

伞形花序 umbel

筛胞 sieve cell

筛分子 sieve element

筛管 sieve tube

筛管分子—伴胞 sieve element-companion cell, SE-CC

扇形 flabellate

伤流 bleeding

上位子房 superior ovary

上位子房下位花 superior-hypogynous flower

上位子房周位花 superior-perigynous flower

上下胚轴模式形成 apical-basal pattern formation

舌状花冠 ligulate corolla

射出脉 radiate vein

射线原始细胞 ray initial

伸长区 elongation zone

深根系 deep root system

肾形 reniform

生长点 growing point

生长轮 growth ring

生活史 life cycle

生态系统多样性 ecosystem diversity

生态因子 ecological factor

生物地球化学循环 biogeochemical cycle

生物多样性 biodiversity

生物圈 biosphere

生殖器官 reproductive organ

生殖细胞 generative cell

湿柱头 wet stigma

十字形花冠 cruciferous corolla

石细胞 sclereid；stone cell

识别 recognition

世代交替 generations alternation，alternation of generations

室背开裂 loculicidal dehiscence

室间开裂 septicidal dehiscence

受精 fertilization

瘦果 achene

输导组织 conducting tissue

束间形成层 interfascicular cambium

束中形成层 fascicular cambium

树皮 bark

树脂道 resin canal，resin duct

衰老 senescence

衰退型种群 declining population

栓化 suberization

栓内层 phelloderm

栓塞 embolism

栓细胞 cork cell

双倍体 diploid

双被花 dichlamydeous flower

双联峰 doublet

双名法 binomioal system

双韧维管束 bicollateral bundle

双受精 double fertilization

双线期 diplotene

双悬果 cremocarp

水媒 hydrophily

水煤传粉 hydrophilous pollination

水生植物 hydrophytes

蒴柄 seta

蒴果 capsule

丝状器 filiform apparatus

死亡率 mortality

四分体 tetrad

四强雄蕊 tetradynamous stamen

四原型 tetrarch

随机分布 random distribution

随体 satellite

髓 pith

髓射线 pith ray

穗状花序 spike

锁状联合 clamp connection

胎座 placenta

苔藓植物 bryophyte

坛状花冠 urceolate corolla

碳达峰 peaking carbon emissions

碳中和 carbon neutrality

糖蛋白 glycoprotein

糖类 saccharide

套被 collar

特立中央胎座 free-central placenta

藤本植物 liana，vine

梯纹导管 scalariform vessel

梯形接合 scalariform conjugation

天线色素 antenna pigment

铁氧还蛋白 ferredoxin，Fd

通道细胞 passage cell

通气组织 aerenchyma

同层地衣 homoeomerous lichen

同功器官 analogous organ

同化组织 assimilating tissue

同名异物 homonym

同配生殖 isogamy

同时型 simultaneous type

同物异名 synonym

同系交配 inbreeding

同型射线 homocellular ray

同型叶 homomorphic leaf

同源器官 homologous organ

头状花序 capitulum

突尖 mucronate

吐水　guttation

托叶　stipule

脱分化　dedifferentiation

椭圆形　elliptical

外壁　exine

外果皮　exocarp

外胚乳　perisperm

外皮层　exodermis

外起源　exogenous origin

外韧维管束　collateral bundle

外生菌根　ectotrophic mycorrhiza

外始式　exarch

完全花　complete flower

晚材　late wood

网纹导管　reticulated vessel

网状脉　netted veins, reticulate vein

微凹　retuse

微管　microtubule

微梁　microtrabecular

微缺　emarginate

微丝　microfilament

微体　microbody

微团　micella

微纤丝　microfibril

维管射线　vascular ray

维管束　vascular bandle

维管束痕　vascular bundle scar

维管束鞘　vascular bundle sheath

维管束鞘细胞　bundle sheath cell, BSC

维管形成层　vascular cambium

维管植物　vascular plants

维管柱　vascular cylinder

维管组织　vascular tissue

尾尖　caudate

温带草原　temperate grassland

纹孔　pit

纹孔导管　pitted vessel

稳定型种群　stable population

无被花　achlamydeous flower

无孔材　non-porous wood

无胚乳种子　exalbuminous seed

无胚植物　Non embryophytes

无融合生殖　apomixis

无丝分裂　amitosis

无维管植物　non vascular plants

无限花序　indefinite inflorescence

无限维管束　open bundle

无性繁殖　asexual reproduction, asexual propagation

无性生殖　asexual reproduction

五原型　pentarch

物质循环　material cycle

物种多样性或分类学多样性　species diversity or taxonomic diversity

物种丰度　species abundance

物种丰富度　species richness

物种均匀度　species evenness

吸收组织　absorptive tissue

系统发育　phylogeny

细胞板　cell plate

细胞壁　cell wall

细胞的分化　cell differentiation

细胞凋亡　apoptosis

细胞骨架　cytoskeleton

细胞核　nucleus

细胞全能性　totipotency

细胞色素　cytochrome, Cyt

细胞型胚乳　cellular endosperm

细胞液　cell sap

细胞遗传学　Cytogenetics

细胞质　cytoplasm

细胞周期　cell cycle

细胞组织分区概念　concept of cell-tissue zonation

细菌　bacteria

细线期　leptotene

下皮　hypodermis

下位子房　inferior ovary

下延　decurrent

纤维　fiber

纤维层　fibrous layer

纤维素　cellulose

纤维状肌动蛋白　filamentous actin, F-actin

线粒体　mitochondrion

线形（条形）　linear

腺毛　glandular hair

镶嵌性　mosaic

小孢子　microspore

小孢子发生　microsporogenesis

小孢子母细胞　microsporocyte

小孢子囊　microsporangium

小孢子叶　microsporophyll

小孢子叶球　microstrobilus，staminate strobilus

小花　floret

小群落　microcoenosis

小型叶　microphyll

楔形　cuneate

蝎尾状聚伞花序　cincinnus，scorpioid cyme

协同反应　concerted reaction

心材　heart wood

心形　cordate

新细胞质　neocytoplasm

形成层　cambium

形成层环　cambium ring

形成面　cis cistemae

性别决定　sex determination

性多态　sexual polymorphism

雄花　male flower，staminate flower

雄配子　male gamete

雄配子体　male gametophyte

雄球花　male cone

雄蕊　stamen

雄蕊群　androecium

雄性不育　male sterility

雄性生殖单位　male germ unit

休眠　dormancy

休眠芽　dormant bud

须根系　fibrous root system

旋转状　convolute

选择性吸收　selective absorption

芽鳞　bud scale

芽鳞痕　bud scale scar

芽生孢子　blastospore

盐腺　salt gland

阳生植物　sun plant，heliophytes

药隔　connective

药室内壁　endothecium

叶　leaf

叶柄　petiole

叶刺　leaf thorn

叶耳　auricle

叶痕　leaf scar

叶黄素　xanthophyll

叶迹　leaf trace

叶基　leaf base

叶尖　leaf apex

叶卷须　leaf tendril

叶裂　leaf divided

叶绿素　chlorophyll，chl

叶绿素 a　chlorophyll a，chl a

叶绿素 b　chlorophyll b，chl b

叶绿体　chloroplast

叶脉　vein

叶片　blade，lamina

叶鞘　leaf sheath

叶肉　mesophyll

叶舌　ligulate

叶隙　leaf gap

叶形　leaf shape

叶序　phyllotaxy

叶芽　leaf bud

叶腋　leaf axil

叶缘　leaf margin

叶枕　pulvinus，sterigma

叶状柄　phyllode

叶状地衣　foliose lichen

叶状茎　phylloid

叶状体　thallus

液泡　vacuole

液泡膜　tonoplast

腋芽　axillary bud

一回羽状复叶　simple-pinnately compound leaf

1 年生草本　annual herb

1 年生植物　annual

衣原体　chlamydia

遗传多样性　genetic diversity

乙醛酸循环体　glyoxysome

异层地衣　heteromerous lichen

异花传粉　cross-pollination

异面叶　dorsi-ventral leaf，bifacial leaf

异配生殖 anisogamy

异形叶性 heterophylly

异型射线 heterocellular ray

异型叶 heteromorphic leaf

异养 heterotrophy

异养细菌 heterotrophyic bacteria

阴生植物 shade plant, sciophytes

引导组织 transmitting tissue, TT

隐花色素 cryptochrome

隐头花序 hypanthodium

营养繁殖 vegetative reproduction

营养器官 vegetative organ

营养细胞 vegetative cell

营养叶 foliage leaf

颖果 caryopsis

永久萎蔫点 permanent wilting point

有胚乳种子 albuminous seed

有胚植物 embryophytes

有色体 chromoplast

有丝分裂 mitosis

有限花序 definite inflorescence

有限维管束 closed bundle

有性繁殖 sexual reproduction

有性生殖 sexual reproduction

羽状分裂 pinnately divided

羽状复叶 pinnately compound leaf

羽状浅裂 pinnatilobate

羽状全裂 pinnatisect

羽状三出复叶 ternate pinnate leaf

羽状深裂 pinnatipartite

羽状网脉 pinnate vein

原表皮 protoderm

原初电子受体 primary electron acceptor, A

原初反应 primary reaction

原分生组织 promeristem

原核生物 procaryotes

原核生物界 monera, prokaryota

原核细胞 procaryotic cell

原基 primodium

原胚 proembryo

原生木质部 protoxylem

原生生物界 Protista

原生质 protoplasm

原生质体 protoplast

原生中柱 protostele

原丝 protofilament

原丝体 protonema

原套 tunica

原套—原体学说 tunica-corpus theory

原体 corpus

原形成层 procambium

原叶体 prothallism

原叶细胞 prothallial cell

原植体植物 thallophyte

圆球体 spherosome

圆形 orbicular

圆锥花序 panicle

孕性花 fertile flower

运动细胞 motor cell

杂合型 heterozygosity

杂合性 heterozygosity

杂性花 polygamous flower

早材 early wood

藻类植物 algae

增长型种群 increasing population

栅栏组织 palisade parenchyma

掌状分裂 palmately divided

掌状复叶 palmately compound leaf

掌状浅裂 palmatilobate

掌状全裂 palmatisect

掌状三出复叶 ternate palmate leaf

掌状深裂 palmatipartite

掌状网脉 palmate vein

褶角 pleated sheet

针形 acicular

针叶林 coniferous forest

真果 true fruit

真核细胞 eucaryotic cell

真花说 euanthium theory

真菌界 fungi

蒸腾拉力 transpirational pull

蒸腾作用 transpiration

整齐花 regular flower

正芽 normal axillary bud

支原体 mycoplasma
支柱根 prop root
枝刺 shoot thorn
枝或枝条 shoot
枝迹 branch trace
枝隙 branch gap
枝状地衣 fruticos lichen
脂肪酸 fatty acid
脂类 lipid
脂双层 lipid bilayer
直出平行脉 vertical parallel vein
直根系 tap root system
直立茎 erect stem
直立射线 upright ray
植物多样性 plant diversity
植物分类学 plant taxonomy
植物界 plantae
植物胚胎学 plant embryology
植物生理学 plant physiology
植物生态学 plant ecology
植物生物化学 plant biochemistry
植物系统学 systematic botany
植物细胞生理学 plant cell physiology
植物细胞学 plant cytology
植物形态学 plant morphology
植物遗传学 plant genetics
指数增长或对数增长或几何增长 exponential growth or logarithmic growth or geometric growth
质膜 plasma membrane
质体 plastid
质体醌 plastoquinone, PQ
质体蓝素 plastocyanin, PC
质外体 apoplast
中层 middle lamella, middle layer
中果皮 mesocarp
中间型纤维 intermediate fiber
中肋 nerve midrib
中期 metaphase
中日性植物 intermediate-day plants, IDPs
中生植物 mesophytes
中心质 centroplasm
中性花 neutral flower

中央控制系统 central control system
中央细胞 central cell
中轴胎座 axile placenta
中柱 stele
中柱鞘 pericycle
终变期 diakinesis
钟形花冠 campanulate corolla
种阜 caruncle
种脊 raphe
种鳞 seminiferous scale
种内多样性 within-species diversity
种皮 testa; seed coat
种脐 hilum
种群 population
种群的数量 population size
种群密度 population density
种系发生 phylogeny
种子 seed
种子萌发 seed germination
种子植物 seed plants, spermatophytes
重瓣花 pleiopetalous flower
重锯齿 double serrate
重要值 importance value
周木维管束 amphivasal bundle
周皮 periderm
周期蛋白 cyclin
周韧维管束 amphicribral bundle
周质 periplasm
皱缩状 crisped
珠被 integument
珠柄 funicle
珠孔 micropyle
珠孔受精 porogamy
珠鳞 cone-scale, ovuliferous scale
珠领(座) collar
珠托 collar
珠心 nucellus
主动吸水 initiative absorption of water
主动运输 active transport
主根 main root
主脉 mid rib
助细胞 synergid

贮藏根 storage root

贮藏组织 storage tissue

贮存脂质 storage lipid

贮水组织 aqueous tissue

柱头 stigma

转输组织 transfusion tissue

着丝点 centromere

子房 ovary

子房壁 ovary wall

子房室 locule

子囊 ascus

子囊孢子 ascospore

子囊果 ascocarp

子囊壳 perithecium

子囊盘 apothecium

子实体 sporophore

子叶 cotyledon

子座 stroma

自花传粉 self-pollination

自交不亲和 self-incompatibility

自交衰退 inbreeding depression

自养 autotrophic

自养细菌 autotrophic bacteria

总苞片 involucre

总状花序 raceme

纵裂 longitudinal dehiscence

组蛋白 histone

组织 tissue

组织特异互补蛋白 tissue specific complementary protein，TSCP